U0081294

銷魂

打造變現力No.1的
超給力
文案生成器!!

MAGIC COPYWRITER

變現力30%

口碑力20%

商品力20%

銷售力30%

Sell Anything to Anyone

CONTENTS

目錄

MAGIC COPYWRITER

Part 3 瞄準客戶心理的 24 個訣竅

Part 4 抓住人心的下標關鍵

Part 5 120 種誘惑人心的文案模版

CONTENTS

CONTENTS

Part 6 剖析社群營銷的文案布局

Part 7 包山包海的經典文案實例

Part 8 熱銷文案檢測系統

Part 9 剁手級文案私藏寶庫

| 推薦序 |

打造賺錢即戰力，五分鐘內我一定成交你！

在當今社會裡，食衣住行育樂樣樣都需要文案，好的文案會吸引大眾的目光，不論從電視廣告，到賣車賣飲料的，我們都能看到業者們用心的經營好文案，就連馬路上的競選廣告看板也是寫出好的文案來吸引大眾的目光焦點呢？在到百貨商圈裡，好的文案能夠吸引你注意再到決定購買！所有商業行為的行銷起源，都是從好的文案開始，沒有賣不出去的商品，只有寫不出來的好文案。有人會說，我又不是做生意的，我只是一般的領薪階級，也需要會寫文案嗎？答案是肯定的。你需不需要寫履歷表？為什麼有些人總是面試一家就錄取，有些人卻是投了數十間公司卻沒有一間通知你面試！履歷也是文案，是一個銷售自己的文案，經過美化後的履歷表能快速讓新公司對你產生興趣，自然通知你面試的機會就大大提升許多。

好的文案在於吸引觀眾們的眼光，第一時間能快速對你的商品產生興趣，所以下的標題及顏色是非常重要的，如何讓人在 1 秒看到的那一瞬間注意到你的商品，這就是成功關鍵。想想看現在人們生活都非常忙碌，以及資訊量的爆炸，要在同業中讓大眾快速的注意到你，標題必須要下的讓消費者相當感興趣，這時就是邁向成功的第一步。當消費者對你的標題感興趣就會願意繼續花時間看你的銷售介紹文，所以內文就是面對成交關鍵。文章必須要能勾起消費者的共鳴，需要有同理心，產品不僅只是需要寫得誘人而已，重點還需要具備能帶給消費者解決問題的能力，別人辦不到了，你非得找我買不可的心理學，這樣品牌建立起來後，回購率也就非常的高。

標題是購買的成功關鍵，那銷售文就是購買的成交關鍵，只需要完成這兩個簡單步驟，直接在文章最下方秀上購買連結，這樣從消費著看到標題到購買的那一刻，相信我絕對不超過 5 分鐘，這 5 分鐘就是決勝負的關鍵。

當然內文不能寫得太冗長，專寫重點就好，消費者的注意力是有限的，必須在他還是感興趣的時間裡讓他完成購買動作，不然文章太長消費者可能會累了，直接跳過不看，這是相當可惜的事。最重要的是銷售文章下方一定要能有立刻購買的管道，這才是打造賺錢即戰力，商品沒有賣到不缺貨的道理。

當然每種產品的文案寫法皆為不同，所以我們應該把這本專門教會您寫好文案的書籍給讀完，《銷魂文案》將會一步步的將各種產品，所需要的各種文案表達方式教會給讀者們，讓各位在自己的領域上活用自如，您還在煩惱自己的收入速度太慢嗎？寫好文案就是賺取你收錢的速度，我是亞洲區塊鏈經濟策略師——羅德 (Freedom, Lo)，在此非常推薦給大家這本全攻略的文案書籍，它將是您不可或缺的武林寶典。

羅德本身是幣神盤勢分析創辦人／全球戰略投資的執行長，對於數字貨幣分析與解盤報價相當神準外，更在自己的第二本創作書上《投資完賺金幣——獲利 300% 的秘密》解開所有市場上一致上的謎題，想了解更多羅德老師的資訊嗎，歡迎掃描旁邊的 QRcode 唷！

資訊任意門

亞洲區塊鏈經濟策略大師

羅德

| 推薦序 |

PREFACE

天上不會無緣無故掉餡餅，機會要自己去發掘！

大家好，我是林子豪 TIGER，從事區塊鏈產業培訓以及投資，大約已經有五年的經驗，也是暢銷書《神扯！虛擬貨幣 7 種暴利鍊金術：首度公開漲 67 倍的秘密》與《數字貨幣的 9 種暴利秘辛》的作者，常跑兩岸三地作巡迴演講和線上講座，主要希望能普及大眾對區塊鏈的誤解以及幣圈知識和如何實戰在這個領域取得成功。大家必須意識到，區塊鏈產業是時代變遷中不可抵擋的趨勢，而區塊鏈產業裡的數字貨幣也是大多數人最無法理解的，總認為是投機與泡沫，甚至一聽到就覺得是詐騙，可是為什麼每過一段時間都會有許多機構與很多富豪和散戶都不斷地在購買呢？甚至比特幣的市值在 2021 年已經跟 Google 差不多了。如果比特幣是一家公司，那他是規模跟 Google 差不多大的公司。這已經不是以前我們認識的比特幣了，時代在變，我們的思維也要不斷的改變才能不被淘汰。

比特幣 (Bitcoin)2009 年問世，從 0.06 美元開始，經歷十餘年，到現在 2021 年比特幣已經成長到前所未見的高點 60000 美元。從默默無聞到聲名大噪形成全球共識，並且成為龐大無法摧毀的產業鏈，這都是時代在改變的證明。而過程當中能夠抓住機會的人，終將改變人生。

人生的機會有很多，只是你肯不肯去發掘而已，我舉區塊鏈的例子也是因為我在這裡面看到了很大的機會，並且非常適合我，也透過區塊鏈短短幾年就實現財務自由，過程中也是有起有落，但我認為最重要的關鍵在於資訊、資源、知識、與工具。

而本書將是你在推廣自己產業的過程中一樣非常好用的工具書，若當你也找到了適合自己的機會，再來就是要如何去抓穩它，只要你也是個創業者，自雇者，你都必須拓展你的業務與客源，才能不斷的倍增收入。在推廣

事業的過程中，我們需要的是編寫文案的能力，因為現在的事業發展和世界局勢都是必需要用到網路行銷的，網路行銷跟文案像是魚跟水一般密不可分，而《銷魂文案》的作者——王晴天博士與陳威樺老師，他們都是這方面的專家，尤其王晴天博士早在2011年領先全台出版《區塊鏈》一書，率風氣之先開創線上挖礦事業。在10年前比特幣還沒有多大效益時，看準了比特幣的潛力超前布署，隨著比特幣一路翻漲，個人獲利近1億元台幣，坐擁「區塊鏈教父」之稱。《銷魂文案》裡統整了很多的文案，幫助各位在行銷上可以加速成功的時間與距離。我認為這本書對每個想要創業或是已經在創業的人都會有幫助，因為無論是在Line，臉書，IG等行銷媒介都需要文案，所以我真心推薦這本書，希望各位能從中受益。

沖勁來商務有限公司 CMO

林子豪 Tiger

自媒體蓬勃發展，眼球經濟時代來臨

所謂生意，是生生不息的創意，有創意的好文案就是眼球經濟的敲門磚。

過去我在小學擔任教師 12 年，離開教育界投入商場後，曾經在新上市股票市場創造出千萬收入，也曾經在房地產、餐飲業有點小成就。在 2020 下半年，我發現網路開店浪潮勢不可擋，於是投入台灣知名的上市公司，擔任網路開店經營顧問，短短 10 個月，光是台灣市場我創下單月業績 8000 萬的超狂成績，而其中的關鍵因素就在於用吸睛的文案達到行銷網路商店的目標。

我與威樺是在發展事業的過程中認識的，我喜歡他的第一本著作《社群營銷的魔法》，也曾邀請他來團隊做分享。現在看到他與王博士合著的《銷魂文案》，我想這是一本可以幫助很多人的書，因為現在經營社群都離不開文案，而這本書裡有很多文案的公式、模板、以及案例可以供各位參考。我相信未來一定有更多跟魔法講盟、王博士以及威樺老師合作的機會。也期待讀者們可以從這本書的內容中受益。

阿拉斯加創富系統總顧問

龍哥
柳大謙

| 推薦序 |

流量時代的鈔級吸金術

如果你問我人的一生中一定要學的一種能力是什麼呢？我會毫不猶豫地說：**「撰寫文案的能力」**，因為文案是一種最有效的溝通，也可以說是最強大的洗腦工具。不管你從事哪一行，文案力是一定要具備的能力，尤其在講求速度的網路時代更加需要文案力，以電商平台來說，網路讓開店門檻變低，但競爭者越來越多，該怎麼吸引消費者目光就是經營品牌的重點！至關重要的文案就是其中行銷的關鍵。

許多新鮮人剛畢業後進到公司，會遇到很多新名詞和新東西，常常會弄不清楚什麼意思，其中一個就是關於「寫文案」這件事。如果你是做行銷企劃、活動企劃、社群經營、廣告宣傳的人，一定對於「文案」不陌生，甚至是你每天上班必須面對的東西，也是你吃飯的工具。但對於剛從學校畢業，進入到職場環境的人來說，文案是過去沒有人提及的話題，更不用說自己也要「寫文案」了。當你跟他們說：**「到處都看得到文案喔，你路上看到的看版、宣傳 DM，還有網路上每天打開的 FB、IG、YouTube 甚至連 Line 裡面，都有文案的存在。」**時，他們會有多驚訝。

學會寫文案有什麼好處，對人生有什麼幫助呢？學會寫文案有六個好處：

1. 成為更有效率的人：能清楚表達想法，擁有抓重點的能力。

2. 成為更體貼的人：能站在受眾角度思考，時刻為他人著想。

3. 成為更敏銳的人：能觀察到細微的氣氛變化，快速補捉到氛圍。

4. 成為更有趣的人：吸收各種知識與話題，在什麼地方都能開聊。

5. 成為更有想法的人：能夠快速找差異，展現出對事物獨特的看法。

6. 成為更樂觀的人：經歷過改稿地獄的我們，還有什麼好怕的呢。

記得當初我在上王晴天大師的眾籌課程時，其中有一個環節就是要寫企劃案向資方呈現你整個計畫，當時是我第一次感受到文案力的威力，同樣一個創業項目，一個好的文案可以募資上千萬甚至上億的資金，反之如果你的文案寫得不好，極有可能一毛錢都募資不到。也常常看到有些項目的產品和技術都很牛逼，但是卻敗在文案上，因為一般人的思維還停留在很早期，總認為產品和服務都做到最好，顧客自然就會上門，殊不知現在這時代要先吸引顧客的眼光，你才有機會去推銷你的產品及服務。

記得當時王晴天董事長有推薦我們學員看一本書，叫做《為什麼創業會失敗》，其中**有一章節**是王晴天董事長當初親自寫的一個文案企劃，那一篇的文案獲得了投資人的青睞，靠著王晴天董事長厲害的文案寫作力成功募資數千萬，那篇文案也成為當時市場上廣為流傳的經典案例。所以在此除了要推薦這本之外，也推薦這本《為什麼創業會失敗》關於創業的書，尤其是王晴天董事長寫的那一篇文案值得你仔細研讀，必定能增加你一甲子的功力。

關於這本《銷魂文案》我更是強力推薦，這本書是你此生必須要有擁有的一本書，書中有許多文案的模版特別適合文筆能力欠佳的人，只要將你的產品及相關介紹套入在文案的模版內，就是一個超級吸金的完整文案了。

王晴天董事長在寫作的能力是眾所皆知的，到目前已經寫作了超過兩百本書以上，是全華人非文學類出書量最多的作者，其實王晴天董事長有另一個比較鮮為人知的能力，就是文案撰寫能力。王晴天董事長的文案力猶如倚天劍、屠龍刀一樣具有殺傷力，文案既出客戶的口袋絕不留下任何現金，因為都會瘋狂搶購文案劍指的商品，如今在千呼萬喚之下，王晴天董事長的超級重磅著作《銷魂文案》終於問世了，一本重達數公斤，頁書高達上千頁的鉅著絕對值得您珍藏。

此書也是集結古往今來最棒的文案以及最經典的案例，在書中一一分享其中的祕密，還邀請陳威樺老師負責其中一部分，可以說是全方位的文案百科全書及參考書籍。

除此之外，《銷魂文案》不僅僅可運用在商業上，連在我們每天發文的社交媒體也用得上，發文也是一種文案，每個人都會發朋友圈，你打上去的每一句話，就是文案，只不過可能是你沒有考慮它的影響力。其實，你也可以運用《銷魂文案》來寫出更精彩的文案，甚至你也可以憑藉你發的精彩文案，一年賺到幾十萬或更多的錢。

運用《銷魂文案》來寫文案，還會有很多好處：

→自我介紹，一段精彩的自我介紹可以迅速讓眾人了解並記住你，加你好友，甚至成為你的粉絲。在流量至上的時代，可以這樣認為：**粉絲就是金錢的代名詞**。

→產品介紹，一篇精彩的產品介紹，就是免費的銷售員，特別是在產品不具知名度的情況下，讓你迅速收回成本，實現收益的良性循環。

→假定你在企業中，如果你負責企業宣傳，通過好的文案為企業實現增收，常常會受到領導重視，還會有比別人多的績效收入，遠遠超出你的工資水平。

《銷魂文案》一書也適合多種職業：

→自創電商品牌，做產品賺錢。這個方向多以快消品為突破口，也比較容易。

→找行銷合作方，很多產品生產者是行業專家，甚至是發明創造者，卻不懂行銷，你就可以找到他與他合作賺錢。

→成為個人技能變現者。在信息化社會裡，每一個人都可以成為一家公司，一個品牌，通過個人專長服務別人，提供價值。這會是今後發展的一個流行趨勢。前段時間以打造個人品牌為使命的澤宇教育，受到了西班牙前首相和義大利總理的接見，就已經證明了這一點。

→成為文案顧問。文案的重要性已為各大企業重視，數萬元一篇的文案已是常事，你還可以成為企業的培訓顧問，幫助企業培訓文案人員。

最後要藉此篇幅再一次感謝恩師王晴天董事長的提拔！尤其王晴天博士 2010 年開始挖礦比特幣，2014 年出版《區塊鏈》，接著一次杜拜行因緣際會地把我帶入了鏈圈與幣圈，2020 年的狗狗幣、幣安幣與 NFT 都讓我們賺了不少，然後 2021 年奇亞幣之役也大放光彩！奠定了魔法講盟是台灣區塊鏈第一品牌的地位，身為魔法講盟 CEO，實在與有榮焉！魔法絕頂，盍興乎來！

魔法講盟執行長

吳宥忠

| 推薦序 |

文案力是行銷的靈魂

親愛的朋友，為了感謝你購買我朋友的書，我要送你一個讓人怦然心動千元好禮！在這之前，請容許我簡單介紹。我是「Google 推薦第一名」的行銷顧問，李健豪。如果你在 Google 搜尋「行銷顧問」，再打個「空白鍵」，你就會發現 Google 推薦你我的名字。因為我在過去 10 年之間，協助超過 60 種不同產業，創造超過二千萬美金以上的營收。我行銷過的產品可以說是「從外太空賣到行天宮」，五花八門。這邊我就不贅述了，有興趣的人可以用上述的方法 Google 試試，你會發現許多有趣的資料。

我顧問諮詢的服務標準是談話 30 分鐘以內，就幫對方想出 5 種以上新的行銷策略、賺錢妙計。在協助過這麼多企業透過「行銷」達到成功目標之後，我以過來人的身分，推薦你一定要好好學習《銷魂文案》。**因為行銷是讓個人或企業利潤增長的「最大槓桿」，而文案力又是行銷的靈魂。**

我看過許多企業、我的客戶，他們 100 分的產品其功能可謂「台灣第一」、「世界第一」，可是他們的生意還是不好，因為他不懂得行銷，最後落得把產品放到倉庫直到過期。我也看過許許多多客戶的產品，並不十分亮眼，只有 75 分，但是他「用對了行銷」，或許只是一個簡單的策略，就讓他的業績大幅成長。有句話說得很有道理，**「產品人人會生產，賣得出去才是王道」**。請問你的公司想要成為「產品世界第一」？還是成為「銷售業績冠軍」呢？如果是後者的話，請你好好運用「行銷」，**它是一把四兩撥千金的「槓桿」。**

不論你來自 360 行的哪一行，我深深的相信：**你的「領域知識」(Domain Knowledge) 加上「對的行銷策略」(Marketing Strategy)，一定會讓你的事業如虎添翼、登峰造極**，這是我在實踐中已經協助客戶達到的、也是我這輩子一直在做的。

「文案力是行銷的靈魂」，在行銷能力想更上一層樓的你，這本書實用的範例，一定會讓你收穫滿滿！為了感謝你購買我好朋友的書——《銷魂文案》，同時也想鼓勵你在行銷領域更上層樓，**我決定免費提供我的一個價值 1280 元的線上培訓**，送給支持王博士、威樺老師、購買了這本書的你！

這堂 100 分鐘的線上培訓，融合了我從剛出社會做業務人員、一路到行銷企劃人員、行銷經理，最後開了自己的行銷顧問公司，這一路走來，最管用的行銷手法。課程也會分享如何**建立「自動化追單系統」**的祕訣，以及我過去如何用這套系統，接到一年 168 萬甚至 900 萬的整合行銷案。更棒的是，**這堂線上培訓教的方法，可以和王晴天博士、威樺老師的這本《銷魂文案》相輔相成**，所以在你購買這本書之後，請到掃描旁邊的 QRcode 索取我送給你的禮物！

掃碼索取贈品

最後，**祝你「學會文案力，行銷更給力」！我們在線上培訓再見！**

國際行銷策略站創辦人

李健豪

PREFACE

| 作者序 |

優秀文案助你跨入「不銷而銷」新境界

當你走在街上，會被什麼樣的招牌吸引而駐足？當你走進書店，又會被什麼樣的書名攫住目光而伸手取閱？當你打開電視，什麼樣的廣告又能引起你的共鳴與認同？其實，無論是招牌、書名，還是廣告，都屬於「文案」。在這些「文案」初步吸引消費者注意力之後，消費者才有可能繼續深入了解這項「產品」，進而增加產品「成交售出」的可能性。因此，一直以來，「撰寫文案」都是各大行業在進行宣傳曝光時，必須直面的困難點，舉凡珠寶、美妝服飾、出版教育、餐飲、創業……等幾乎所有的行業，均必須具備「文案」功底才能如魚得水。否則，即使產品再怎麼優質，若沒有足夠優秀的文案襯托，仍難以打響知名度，更遑論在短期內讓銷售賣家賺個金銀滿缽。

筆者投身出版產業已經三十年，不僅撰寫出版了數百本暢銷書，擁有的黃金團隊更是經手了數萬本書籍的出版與行銷曝光，無不累積了相當深厚的文案功底。如今，筆者聯合社群營銷權威陳威樺，傾力打造《銷魂文案》這本內容包山包海，儼然是文案百科全書般的巨著，除了希望給在文案海洋苦苦浮沉的讀者們一些啟發外，更期望這本書能提供讀者們隨時查閱與練習各類文案的機會，這也是筆者執意出版本書的主因。

筆者本身對於撰寫文案就有諸多小技巧，如：在稿件修改多次、覺得當下版本已經是完美版本時，將稿件置放於抽屜，幾天後再拿出來重新閱覽，總能再次激盪出一些新的火花，揮毫落紙，稿件上的文案便更臻完美。除了將這一類的小技巧毫不藏私地錄入本書外，筆者更將在這三十餘年的出版生涯中達到的新境界——不銷而銷，介紹給眾位讀者，讓讀者成為金牌銷售員——不必說得舌燦蓮花，只單單憑藉足夠優秀的文字廣告，就能吸引住消費者的目光，進而激起他們的購買欲望，最終坐收財富。

以下是我的好朋友，文案的神人級導師威廉寫的一封銷售信，已達爐火純青之地步，供各位初學文案者參考喔！

曾經，有一個學生問我一個問題：威廉導師，假如我目前手上沒有錢、也承擔不起什麼風險，我也不擅長推銷、臉皮很薄，但是又需要很快的賺到錢，你有沒有什麼好的建議可以給我這種人？

答案還真的有！有一種神奇的賺錢方法，它不用本錢、也不用承擔風險、甚至不需要你跟任何人見面推銷。

這個神奇賺錢的方式，就是寫「#銷售信賺錢」，講到這裡，也許你會好奇的想問我：威廉導師，寫銷售信真的能夠賺錢嗎？現代人不是都很少用Email，改用Line啦～微信啦～FB Messenger那些的？

我要跟你說，銷售信真的能夠賺錢，因為我本身已經親身實踐過，用銷售信賺錢好幾百次了，而且直到今天，這件事情依然在發生，甚至是每天都發生！

在最近我的全台（高雄、台南、台中、台北）巡迴課程當中，我將會與你分享到，我是如何透過銷售信實現以下幾點。

#在任何地方賺錢

#在任何時間賺錢

#一邊睡覺一邊有錢進來，實現睡後收入

#可以實現一對多銷售

#可以實現無見面銷售

這堂課我是把原本付費課程的一部份，拿來在免費課程當中講述，事實上，我很少會這麼幹的，以後還會不會這麼繼續做，也還不一定，就看看市場反應再說吧。

課程當中，我會給你一套我自己在用的文字賺錢SOP（標準作業流程），並且解析一套實際案例給你聽，全程乾貨沒有任何一句廢話，我會把我每一句話為何要那樣寫的心機，毫無保留的解釋給你聽。

最後，我想說的是，未來如果疫情持續升溫，這樣的免費實體場我們可能就會停辦，而原本的內容會變成線上版，而且還是收費課程，想學習的話，就請把握這次的機會吧！報名連結如下 https://bit.ly/3uhZRek

各位看官們，威廉大神寫的不錯吧！更多類似的文案範本，請參考本書第 9 章。前文已經介紹過，《銷魂文案》是一本「文案大全」，將由淺入深地，從基礎文案介紹起，更依文案寫作必須關注的重點及類型劃分成八個章節，其中不僅介紹 120 種可以直接套用的文案模板、24 種文案攻心祕訣，更將第 8 章設計成「專門為讀者文案做健檢的系統」，讓讀者能隨時習作、隨時審視自己的文案力！

此外，為避免讀者們單靠紙本閱讀無法領悟《銷魂文案》的奧祕，筆者更準備藉由「立體式學習法」讓讀者們有更深一層的體會。在《銷魂文案》出版後，筆者將會拍攝「新絲路視頻說書系列」，其中也會實際舉出一些收錄於《銷魂文案》中的經典案例分享給觀眾，同時也讓讀者配合觀看，達到近似於「有聲書」的功用。除此之外，魔法講盟也會與文案大神們合作，陸續開設「文案寫作班」，透過專業的師資、菁英的團隊，讓學員一步一步學會如何撰寫高功效的文案。集「書本、視頻、課程」三位一體，這就是「立體式學習法」！筆者期望能透過全面性的整合，規劃出最符合學員的專屬學習計畫，帶領學員邁向「文案大師」的成功之路！

停止學習的腳步，
就是截斷你的財富

你好，我是威樺，是一個社群營銷的專家，也是一個多次站上國際舞台的教育培訓界講師。我曾出了一本書《社群營銷的魔法》未上市先轟動，而且一出版就成為金石堂全國暢銷排行榜的前三名。不過，我的人生不是那麼一帆風順的……。

小時候，我一直希望自己有一天能出人頭地，但我不知道哪一條路適合我。所以我找尋許多的方法。過去十多年來，我看過幾百本關於成功的方法以及成功的故事，也上了許許多多的商業培訓課程，一直在思考「如何才能像他們一樣成功」。例如馬雲如何從一無所有到亞洲首富；郭台銘如何從無名小卒變成台灣首富；貝佐斯如何賣衣服變成世界首富；羅伯特・G・艾倫又如何成為理財大師等等。

國中畢業後我考上了家裡附近的一所公立高職，念了工科，後來因為高職老師的建議，我在大學也繼續往工科研究進修。大學第四年，我得到了去企業實習的機會，當時是在桃園的一家滑軌製造公司，當我工作了一段時間之後，發現了一個驚人的事實，我竟然對工程研發類的工作毫無熱情！

這對當時的我打擊很大，我花了那麼多的時間跟金錢專研一門專業，卻對它毫無熱情，沒有熱情自然也不會在這裡長期發展。更恐怖的是，我沒有辦法在這個領域成長茁壯。當下我意識到，必須快點找到屬於一條自己的路。於是我在大學最後一年選擇延畢，試著去報考研究所，而且是商業類的，因為曾有位老闆告訴我，未來是從商的時代，老闆會是全世界最有錢的人。

經過了一年的努力之後，我順利考上了嘉義的某間國立大學研究所，但是評估進修的結果以及投資報酬率，我沒有繼續深造，而是選擇了服兵役。

退伍之後，為了生活開始到處打工。我做過很多種行業，漸漸發現我對與人互動這件事情極有興趣，也因為身邊朋友的推薦，我開始轉行去做業務。

個性內向且毫無業務經驗的我，結果可想而知，每天不是被老闆罵，就是被客戶罵，有的時候連同事都對我落井下石，也因此換了好幾個業務工作。但是我並沒有放棄銷售類的工作，因為我知道銷售是唯一可以實現我小時候夢想的機會，也是唯一能翻身、出人頭地的機會！於是我一面打工，一面去參加坊間的商業培訓。當時毫無商業知識的我只能利用下班時間進修學習，因為起步得比別人晚，唯有更加努力才行。

我記得有一句話是這樣說的：「**付費是最好的學習！**」為什麼呢？因為當你付了錢給老師，老師才會願意全力幫助你、挺你，而且你才會珍惜這個機會。試著想像一下，如果今天有一個人要跟你學所有成功的方法，但是不願意給你任何好處，你會想花時間跟心力在他身上嗎？所以我報名了很多的課程，加入很多團體成為會員，買了很多的產品。總是幻想那個成功美好的未來，四年過去了，我得到了所有成功的一切了嗎？答案是沒有。這對當時的我打擊很深，以為只要肯付出努力、學費，學習上進就能成功，但是身邊的朋友，有的已經年薪百萬，有的已經成家立業，我卻一直在原地踏步。

直到 2017 年的某一天，我在網路上看到一個廣告，在我那不見起色的人生中激起了一陣漣漪。當時那個廣告文案是這樣寫的：「世界第一行銷大師傑 ‧ 亞伯拉罕即將來台跟你分享世界級的行銷策略」，這個廣告深深打動了我的心！傑 ‧ 亞伯拉罕是我從小崇拜的偶像，更是我很多老師的老師。我心裡有一個微小的聲音告訴我：「我想知道成功者到底在想什麼，他們到底是怎麼做到的？」

所以我到處借錢只為抓住這個改變的機會，報名了這堂課，花了近六位數的學費。當我上完世界級的培訓課程，才發現以前的我太過無知，甚至可以說是太愚昧了，如果可以早五年上到這堂課的話，我的人生絕對不只如此。

人生最大的風險就是不去冒險，以前的我太過自以為是，以為自己已經什麼都知道了，什麼都學會了，所以不願意再持續學習，結果就是四年之後一無所有。所以我開始研究世界大師的成功智慧，並且將之運用在事業上，創造了一些銷售奇蹟，我的業績翻倍成長，人脈變得更廣、更好，收入開始不斷增加。更棒的是，我幫助更多人實現財富的夢想，我的視野變得更開闊了，當然還有其他更多更好的轉變。

資訊的落差就是財富的落差，這就是我為什麼要出這本書的動機。你知道嗎，為什麼人們的生活越來越辛苦，中小企業紛紛倒閉？那是因為資訊更新太快了，你只要一天不學習，就輸給別人一大步了。

在這裡我要特別感謝王晴天博士，因為他所付出的一切，徹底地改變了我。我跟王博士認識也有八年了，這八年來其實我們沒有什麼交集，只是單純在網路上進行交流，但幸運的是董事長對我的能力讚賞有佳，當我說我要自立品牌的時候，董事長就為我準備了舞台以及聽眾；當我說要寫一本有關社群營銷的書時，也就是我的第一本書《社群營銷的魔法》，董事長也是第一個力挺我的人，我相信沒有他就沒有現在的我，沒有他就沒有這本書的存在。少了王博士的幫助，我想我就沒有辦法一次又一次地成長茁壯！

最後我要感謝我的家人和幫助過我的每一位貴人。我的老師曾經告訴過我：「**感恩不如報恩**」。我記住了，所以想把這幾年來我所有學到的商業智慧寫在這本書上，幫助想要成功追求卓越的你，我想這是我回報這個社會最好的方法了。

你相信這個世界上有魔法嗎？當你渴望成功，看過《銷魂文案》100 次以上後，一定會給你滿滿的能量，透過不斷地學習與實操，你也能像得到魔法一般，改變你的人生！

下筆前，你所需要思考的事？

如果您缺乏開始的勇氣，那麼您已經結束了。

——世界知名的推銷員　喬·吉拉德

MAGIC COPYWRITER

什麼是文案？

一句話、書名、電影名、歌曲名……都可以稱作是文案。每個人對「文案」一詞的理解跟想法略有不同，但大體上方向都是一致的。然而，在大家心裡，一提到文案可能會想到：

1. 撰寫文案的目的是為了銷售，而撰寫文案的人就叫文字工作者。
2. 撰寫文案就是在說故事，文案人透過對人性的觀察，利用網路、科技等手段去傳達給消費者。
3. 文案就是為了達成某個目標或利益的工具。如果能達到高點閱率、熱賣銷售或是吸引固定客群，就是一篇經典的爆款文案。而文案展現的方式有好幾種，有的人走搞笑、溫馨、傷感或者是前陣子很夯的流行語「標題黨」。
4. 文案就是利用文字來傳達自己思維的產物。
5. 使用簡短的文字帶給讀者強烈的情緒或是認同感，從而達到自身的目的。
6. 文案本質是商業廣告的產物，告知讀者商品的訊息，吸引客戶購買商品解決消費者需求。

7. 文案的產生最主要是源自於作者對商品的了解，是一種行銷手法。

8. 文案是一種文字的藝術，它的精髓是在於作者創作的敘事方式。

9. 文案是從廣告演變而來，現今是網路時代，人們最常使用的社群媒體即是廣告商最容易且普及的行銷媒介。

其實這幾個答案大部分都是對的，而維基百科上對文案的定義是這樣的：「文案是為了宣傳商品、企業、主張或想法，在報章雜誌、海報等平面媒體或電子媒體的圖像廣告、電視廣告、網頁橫幅等使用的文稿。」有文案人這樣形容文案：「文案是用最少的話，說出最多的東西！」在上述的幾個答案中，有一點要特別跟大家說明，撰寫文案的人，是屬於文字工作者的一種，但文字工作者並不等同是文案撰寫者喔！文字工作者，往大的說，只要跟文字有關的就叫文字工作者，例如：文編、小說家、企劃、排版……，都可以被稱為文字工作者！

從過去的歷史記錄來看，文案的需求是從廣告衍生出來的，英文統稱為 Copywriter，例如廣告的標題、內容以及呼籲行動，這些都跟企業的營利有關。此外，還有許多對文案不同的看法，例如有人認為文案是有目的及策略性的文字、有人認為文案是產品銷售的推手，也有人覺得文案是商業化寫作、文案主要的功能是為了解決客戶的問題。事實上，文案會以任何形式出現，向目標受眾傳遞信息，促使目標受眾產生消費購買商品的念頭。

在這個網際網路、資訊爆炸時代，文案已經不僅僅指的是過去我們所熟知的廣告訊息了，它展現的形式變得更多元更豐富，沒有辦法用三言兩語就將文案解釋清楚。既然文案是起於廣告業，那要探討文案，就得從它的本質——「廣告」來談起。

廣告是什麼？

廣告，簡而言之，就是一種行銷手法。它透過某種方式吸引人們購買商家的產品，又或者是傳達某種觀點使大眾能夠產生認同感。

生活在網路世代、未來是AI時代的我們，很容易被各方所釋放的廣告消息滲入我們的生活，一不小心就會掉入商家布好的套路裡。因此，許多人看到廣告就退避三舍，十分地排斥。筆者認為「廣告」帶給我們的並不全然是負面影響，如果我們可以來好好地認識它，並利用廣告的特性創造利益，那不是很好嗎？

廣告可以簡單分為兩種，硬廣告跟軟廣告。平常我們在報紙、雜誌、電視廣告那種純粹宣傳商品的，就是硬廣告；而軟廣告會使用更隱晦、更細微的方式傳播出去，比如說電視劇裡常出現某種品牌的飲料。很多時候，硬廣告太多，反而引起閱聽人的不適，所以這個時候軟廣告就發揮它的優勢了。成功的廣告，就是能使大眾留下新奇、感動、有趣或是體悟的感受，巧妙地建立起消費者對於商品或是品牌的好感，甚至產生購買的欲望。例如卡洛塔妮羊奶粉廣告：「對面的女孩喝羊奶～好健康好可愛～我也想請媽咪去買～請不要假裝不理不睬～蘋果多酚讓我好健康卡洛塔妮咩咩我喜歡～」猶記得這個廣告剛出的時候討論度很高，第一，這首歌是改編自歌手任賢齊的《對面的女孩看過來》，旋律簡單且原曲的傳唱度高，傳到大眾的耳裡就有一股熟悉感；第二，廣告影片裡，兩位小朋友的互動可愛非常，搭配著廣告歌的意境，讓觀眾感受到有趣且正面的印象，達到了畫面和聲音的記憶鎖定。直到現在，這首廣告歌我還能琅琅上口呢！一聽到這首歌的旋律，就能唱出廣告詞，自然就能聯想到卡洛塔妮羊奶粉。而這就是廣告發揮影響力的一個經典範例，那麼一篇好的銷售文案，當然也繼承傳統的經典廣告特性──「影響力」，本書將這文案的影響力稱為「文案寫作力」，在part 2 會更詳細的說明。

我們再拉回來談文案，在文案這個領域，王晴天博士給了一個最基本的定義，就是：「文案就是有影響力的文字。」雖然只有短短幾個字，卻已經深刻地傳達了文案的價值與意義。因為當我們將設計好的文案發布出去宣傳，就是在傳遞相關地訊息及概念，與目標受眾進行溝通對話，並企圖藉由這些文字，影響他們的思維及行動。因此，筆者認為文案以「有影響力的文字」來作解釋，是最恰當不過了。

而文案可以以各種樣貌展現在大眾的眼前，例如：品牌故事、商品介紹、專欄簡介、書名、商品名、社團招生海報、徵人啟事、臉書經營或課程的名稱等這些都是文案！舉個例子，魔法講盟的高端讀書會「真永是真」，簡單的四個字，很容易讓人記下，且容易引起讀者的好奇。曾經有學員提問，什麼是「真永是真」？筆者回道：其實「真永是真」的定義很簡單，「真永是真」＝「真理永遠是真理」，但它含括的範圍實在是太廣太複雜了！在這個資訊爆炸的時代，全世界的書種就超過上億，每個月出版的新書可能就超過上萬冊，就算你每天能讀完一本書，一年也只能讀完 365 本書，這麼多的書，這麼多的道理，你何時才能通透呢？而這個「真永是真」的讀書會，是由一支專業的團隊，幫你閱覽千萬種書，萃取其中的精華傳遞給你，讓你可以有效地濃縮閱讀的時間，學習到大量的知識與道理，如果你有興趣的話，可以掃旁邊的 QRcode，了解更完整的相關課程資訊。

真永是真．
真讀書會

如今文案已滲透到我們生活的每一個角落，它以不同的包裝向我們傳達大量的訊息，對你洗腦，催眠你下單購買。如果能夠好好的利用文案的 power，你也可以「筆下生金，快速吸睛！」

文字的力量

接下來向你介紹文案最不可或缺的元素——文字。

文字的起源

為什麼會有文字的存在呢？文字的發展軌跡是有源頭可以研究的，在文字發展出來之前，已經有許多初始的文字出現，與其說是文字，更像是一種特殊符號。這些初始文字處於從無文字到有文字之中，它們和現代文字最大的差別，在於這些符號通常不能用於傳遞比較詳細的訊息，而更像是類似用有系統的溝通或表達的符號。以河南出土的賈湖遺址為例，中國較早發現的賈湖契刻符號，就屬於從符號到文字發展的其中一個階段，也有人說，它可能是世界上最早的文字種類之一。

多數人認同一種說法，前3500年左右蘇美人的楔形文字，是較完整的文字記錄。根據一些考古研究報告指出，這種用於記錄的最早期文字，僅是一種輔助記憶的符號，它是由一些簡易的線條所構成的圖像，用以表達視者所指的物體。例如人們畫出一條魚的身形線條，表示他們談論的事物跟魚有關；人們畫出牛頭的線條，表示他們想要討論牛的話題。而這些就是所謂的「象形文字」。隨著時間推移，象形文字不再只是代表它們所圖示的對象，而開始從上下文置入更深的含意。而根據報告指出，埃及的古埃及象形文字較楔形文字稍晚出現。

腓尼基這個名詞來自於地中海國家的一個民族，而大約前1000年左右的腓尼基字母是世界上最早的字母文字。從西方人的認知中，他們認為現在的拉丁字母、西里爾字母皆來自於希臘字母；而希臘字母來自於腓尼基字母。

中國漢字的歷史發展長達數千年，依照發展的時間順序，可以分為秦、漢時期、唐朝時期，宋元時期、明清時期、中國近代和中國現代文字等等。

而漢字是歷史上、也是全世界通用的最古老地文字之一。現今還沒有其他文字像漢字這樣歷久不衰。從以前的甲骨文發展到今天的漢字，實際上已有數千年的歷史。連國小歷史課都有提到，文字的發展大概是從甲骨文、金文、大篆、小篆、隸書、草書、楷書、行書等演變。

文字的發展從「圖畫文字」，到後來的「表意文字」，又演變成「表音文字」這幾個階段。而這幾個階段只是代表各種不同文字出現的順序及關係，並沒有優劣之分。不同類型的文字，結合不同的特徵，就會代表不同的意義。所以只有能夠準確地記錄語言的特徵的文字，才是我們理想中的文字。

文字的功能

隨著社會的演變，「字」的功能和意義也在不停地發生化學反應。在現今社會當中，我將文字的功能分為以下四種：

1. 資訊的交流與傳播：
   人類創造文字是為了人與人之間的相互交流帶來便利，遠古時代的象形文字，是人們溝通上的一大突破，它使人們在交流上可以打破時間和空間的限制與阻礙，也讓古人的生活與知識能被保存下來。文字的產生加速了我們對知識的理解，以及對社會與環境的認識。自從文字成為了資訊的載體，我們不用親身經歷，便能熟知先人的智慧和最新的生產技術，不必親身嘗試便能知悉世界的廣闊，更重要的是文字還能夠表達情感、透露出寫作者的情緒與思想。透過閱讀，能夠培養自身的視界與內涵，而文字的產生，才能使這些知識傳達到閱讀人的世界，可以說是人類最偉大的發明之一。

2. 文化的傳承：
   如上述所言，文字是資訊的載體，更是先人生活的最佳記錄。有了文字，先人種樹，我們得以乘涼。若是沒有文字，我們可能就沒有辦法認識中華文化的代表者之一：孔子，當然也沒有學生們背的要死要活的歷史課，也不會有各式各樣好玩的歷史手遊，更沒有後人津津樂道的唐明皇與楊貴妃、羅密歐與茱麗葉等愛情故事。此外，文字可以是一個民族，甚至是國家的文化代表，不同國家在不同的時期的特別活動、民俗風情、宗教等等，都可以透過文字得以被保存下來。例如：想到蘇美人就能聯想到楔形文字，想到印第安人就能聯想到馬雅文字，想到漢人就可以聯想到漢字，而漢字又有分好幾種型態，再不同時期、地點燦爛地綻放著各自的光芒。所以，文案人必須充分了解文字所包含的意義，巧妙地使用文字背後所代表的文化記憶引起讀者的共鳴，進而說服讀者認同你的理念與思想。

3. 視覺聯想：

   隨著社會快速的發展，文字也提供了商家們另一番新天地，被賦予了另一種商業價值。當我們說起肯德基、必勝客、可口可樂、樂事、Google、Apple、台積電、賓士、IKEA、Costco、FB、Line 等知名品牌或社群平台，腦海就會浮起鮮明的形象或圖象，這就是視覺聯想化。這些商標或是品牌名稱成為了企業的象徵，甚至被塑造成更高級的形象，進而使品牌粉絲加速聚攏。例如：近年來 Apple 迅速崛起，很多人提起 iPhone 就會想到「高品質、熱賣」等字詞，但在 20 年前，誰曾想 Nokia 會跌落雲端，iPhone 能擠至手機品牌的龍頭？而這些事情，又被文字保存並包裝了起來，成為了蘋果歷史的一部分。

4. 製造需求：

   文字像一座橋，讓人與人之間快速的連接起來，透過文字，你可以想像對方的神情、語氣和情緒，能夠掌握文字的人，可以輕輕鬆鬆擄獲對方的心，可以讓他相信你說的是對的，可以讓讀者的腦海中，自動想象出一齣動人的愛情故事、驚悚的懸疑劇場。要做到令人不得不相信你寫的故事，最重要的就是製造讀者的需求！有了明確的需求目標，才能牽動起讀者的情緒，就如上述所說，文字背後是承載著記憶的，利用大眾的共通性、簡單的文字與符號，就可以輕鬆地激起讀者

的認同感喔！

5. 約束力：

文字可以賦予人／事／物一種被約束的力量。我們常說的「契約」，一般來講，僅口頭表達就可以成立。在社會中，「契約」的重要性越來越高，人與人之間互動、交流都少不了它。甚至在「宗教」上，也使用的到。如電影《法櫃奇兵》的「法櫃」也就是「約櫃」，即是以色列人跟上帝簽的約。不過，隨著人類社會越來越發達，為避免不守信用或者記憶混亂而產生的爭執，文字提供了落實公平契約的力量。白紙黑字，一旦雙方達成協議簽訂契約之後，若有爭議，紙本契約就可以當作憑證、保障。

總而言之，文字本身代表的意義、帶來的力量，被越來越多商家看重，成為打造強烈視覺吸引力的有利工具，也對大眾的生活產生了更大的影響。

這一小節跟各位簡單描述了一下文案是什麼，並帶各位了解一下文案的前世今生（從廣告～現今多樣的廣告文案），以及文字本身所擁有的力量。這些都是為了告訴各位撰寫一篇熱銷文案，必須對文案本身具有一定的認知，包括組成文案的要素。所以，緊接著下一小節要跟各位介紹一篇好文案必須要有的組成要素。

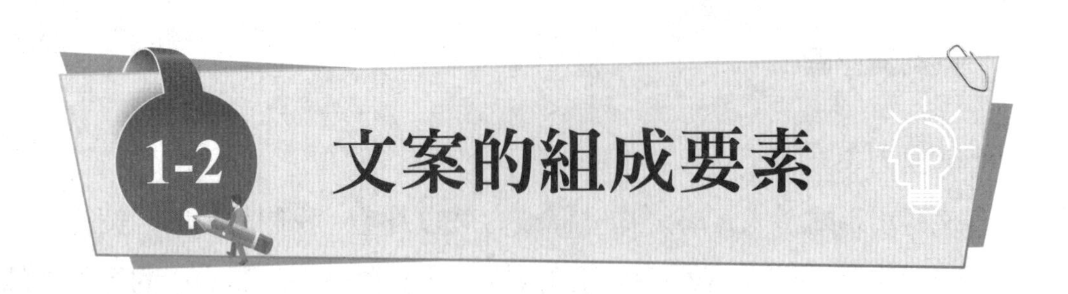

1-2 文案的組成要素

根據各種行業及時代趨勢不同的需求，市場衍生了複雜多元的文案種類，例如公司形象文案、商品文案、企劃文案、活動文案、影片文案、社群文案等等。一篇基本的文案所要包含的要素，在此從結構和核心能力向大家分析，在講文案的基本結構前，會先跟大家略述一個文案撰寫人，所需的 4 個核心能力；而文案的架構，大致分作 3 大類來說明，後續的篇章將會更詳細地向大家解釋每個環節更深入的技巧，以及撰寫各種類型的文案不同的要領。

要素 1：文案人必備的核心能力

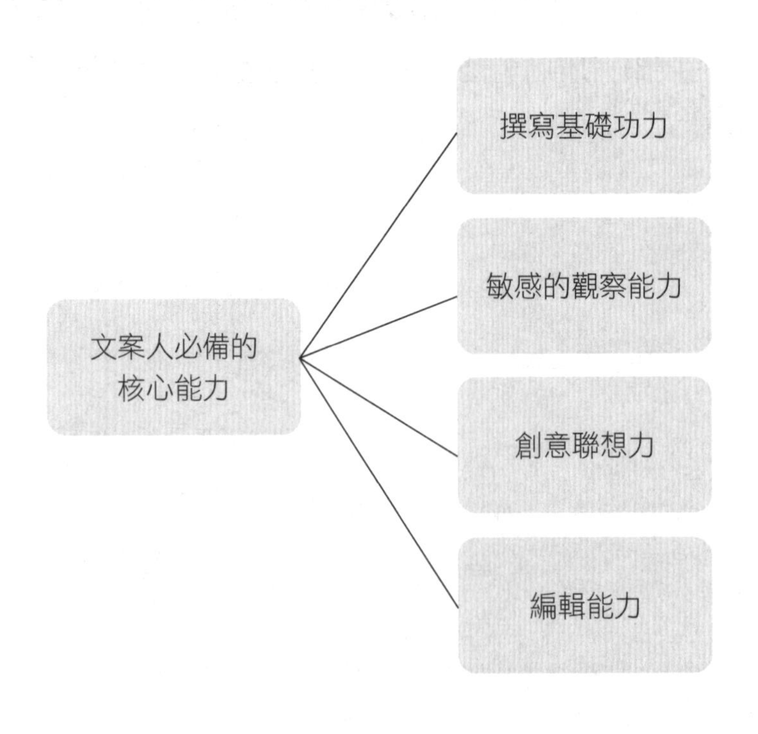

撰寫基礎功力

想要掌握文字的力量，首先，你必須結合現成的資料、閱覽大量各種不同風格的作品，進而搭配顧客的需求，產出專屬於你的高質量文案。不要誤用大量的精力在鑽研華美的措辭、文法、寫作風格，讓你的文案淪為外表精緻卻無用的裝飾品。當然，基礎的文字能力是必須要有的，例如：文句通順、不要有錯別字、具體的視覺文字等等，不然消費者也看不懂你想要表達的意思，更遑論購買你的商品了。

擁有了撰寫的基本能力，你可以在文案的敘事上大展身手，也就是說故事的能力！例如寫出能夠感染人情緒的溫情片段、爆笑的流行語cover、震撼人心的故事描述等等，不要輕忽文字的力量，要讓讀者和你擁有共同的情緒空間和超值的資訊體驗。

敏感的觀察能力

人性是所有消費服務的基本來源，要擁有敏銳的觀察力，第一，你要時時激發探索事物的好奇心，利用你的好奇心探知現今的社會大眾喜歡什麼、缺乏什麼，才有辦法寫出誘惑人心的爆款文案。再者，若沒有探究的求知欲，你要如何快速了解你所服務的公司、產品或者是任何寫文案根本的價值？切記，所有事情都是一體兩面的，除了了解你的商品，你還得將你的對手商品底細全都摸透透，然後拋給自己一個問題：「為什麼消費者要來買我的商品，而不是對手的商品？」這樣一來，文案的重點核心概念，就能在腦海裡逐漸清晰。

第二，觀察消費群眾的一舉一動。了解消費者的喜好、習慣後，就能知道該如何在文案裡與消費者對話。

文案寫作實戰營

一位身穿著白襯衫和黑色窄裙的女士，右手拿著擁有綠色圓圈logo的咖啡杯，左手拿著黑色的筆記型電腦提袋疾步向我走來。我禮貌地朝向她點了點頭，她似乎心情很好，跟我訴說著她哪件專案又完成了，連這杯咖啡都是客戶送的，但她的語速太快，導致我後面都聽不清她在說什麼。過一會兒，那一連串的聲音攻勢戛然而止，原來是她開始享用了手上的咖啡，抿了一口，扯著嗓門說：「我的天！這服務員怎麼回事？！怎麼在我的黑咖啡裡加了糖！」隨後，她就氣沖沖地夾雜著漫罵聲走向大門口。

假如你是巧克力業者，根據這段對話，透過你的觀察，判斷這位女士：

1. 工作類型：＿＿＿＿＿＿＿＿＿＿＿＿＿＿＿＿＿＿＿＿。
2. 性格：＿＿＿＿＿＿＿＿＿＿＿＿＿＿＿＿＿＿＿＿＿＿。
3. 喜好的口味：＿＿＿＿＿＿＿＿＿＿＿＿＿＿＿＿＿＿＿。

好了，觀察完後，你會怎麼跟這位女士推銷巧克力呢？要推薦她哪種口味的巧克力？

請動手寫寫看：

＿＿＿＿＿＿＿＿＿＿＿＿＿＿＿＿＿＿＿＿＿＿＿＿＿＿＿＿

＿＿＿＿＿＿＿＿＿＿＿＿＿＿＿＿＿＿＿＿＿＿＿＿＿＿＿＿

＿＿＿＿＿＿＿＿＿＿＿＿＿＿＿＿＿＿＿＿＿＿＿＿＿＿＿＿

依上述對話判斷，這位女士可能是位講求效率和業績的上班族，通常這類型的人會偶感焦慮，再加上她為「黑咖啡裡加了糖」而感到憤怒，判斷她喜歡較苦的味道，而黑巧克力擁有放鬆心情的效果，所以推薦她黑巧克力再適合不過了！如果能夠和超商合作咖啡配巧克力活動，會更有吸引力喔！

以下提供一些巧克力臉書文案給大家參考，這些文案的特點就是符合時間、天氣發文，還有提供消費者**吃了他們家的巧克力可以獲得什麼感受**的描述，各位讀者在參考這些文案的時候，可以注意一下他們發文的格式、配合時間或節慶撰寫的手法以及跟廠商合作的優惠活動，先做模仿練習，提醒您，這個階段還不到發文的時候喔！

範例 1　明治巧克力臉書文案（取自明治官方臉書）

文案內容

寒流來襲～～～

快讓巧克力與咖啡的完美結合

溫暖你的心

期間：12/7～贈完為止

於HWC黑沃咖啡店任一門市購買咖啡，即贈送明治巧克力一片（口味隨機）

於 FB or IG 標註@meiji_tw 並在黑沃咖啡廳打卡，再加贈一片

範例 2　77 乳加臉書文案（取自 77 乳加官方臉書）

文案內容

歐維氏家族中最暖的的 Mr.72 又來囉

別忘記我可是能夠讓妳變美麗的魔法師！

因為我滿滿的可可多酚能夠養顏美容，讓妳悄悄養成盛世美顏！

歐維氏 72 %醇黑巧克力

感受 72 %純度的可可帶來的濃郁細緻感受，以及入口即化的幸福，滿滿的可可多酚，讓妳更

有自信。

最懂妳的，不是林氏、陳氏、王氏，是歐維氏。

全台四大超商、全聯、量販店皆可找到屬於妳的歐維氏

#ALWAYS 作你的好朋友

#歐維氏濃郁細緻感受美麗

範例 3 妮娜巧克力工坊臉書文案（取自妮娜巧克力官方臉書）

文案內容

用巧克力找回你的快樂！

https：//pse.is/38p2dd.

工作、生活、人際間的關係總讓你喘不過氣嗎？

試著放慢腳步找回簡單的快樂吧！

今晚，來片巧克力拯救你的壞心情～

#巧克力救壞心情

#雙 11 優惠救荷包

https：//pse.is/388w9v

看完了以上這些範例，我們就開始來作模仿練習吧！假如你是巧克力品牌的臉書小編，今日要發一篇主題為「人際關係」的貼文，該怎麼寫呢？請動手試試看：

創意聯想力

隨著你的社會經驗不斷增加，懂得應用過往的一些「經歷」，連結你所要正在面對的事物會更加容易。經過的社會歷練越多，你在處理事情的應變能力會更強，那是因為過往的經驗使你在腦海中能夠快速計算出有效率的解決方式，這樣的能力稱為「聯想力」，換句話說，就是將過去的經驗連結到現在處理的事情，並想出應對策略的能力。聯想力同樣能運用在撰寫文案上！所謂的創意，就是破除認知的侷限，創造新鮮感誘發受眾的好奇心。擁有了「聯想力」，你就不會一昧的遵循別人的作法，可以主動連結你所學到的知識與經驗，融合並消化產出專屬你自己的作品或者是觀點，這個就是創意的基本成分。蘋果創辦人賈伯斯說過：「You can't connect the dots looking forward; you can only connect them looking backwards. So you have to trust that the dots will somehow connect in your future. **你不能預先把現在所發生的點點滴滴向前串聯起來，只有在未來回想今日時，你才會知曉這些點點滴滴是如何串聯的。所以你現在一定要相信，現在發生的這些點點滴滴，將來多多少少都會聯繫在一起。**」所以你一定要想辦法提升你的聯想力，才有辦法創新。

編輯能力

這是文案人所要擁有的最初階能力，簡單來講就是根據蒐集來的資料去融合和潤飾，或是參考其他作品的一些風格去仿寫。在這階段，你的能力僅能在「文字拼湊使用的專業性」上做提升，例如基礎的文法、用字遣詞、語句是否通順、寫作架構的編排等等。

編輯能力可歸結為以下 5 個階段性：

1. 選題策劃：選題是文案寫作的開始，文案寫作的重點是在內容的部分，因此，你必須先決定內容的主旨是什麼，才有辦法策劃好的選題。再者，俗話說：「**好的開始，便是成功的一半。**」所以，好的選題便是寫好內容關鍵的第一步。然而，產出優質的策劃靈感，你一定要有敏感的觀察能力，不管何時何地，都要留意大眾的喜好及流行的趨勢，並結合自己的撰寫能力，策劃出精采的內容架構。

2. 蒐集資料：當你確定了選題方向後，你必須蒐集跟主題相關的資料，不限於書籍、網路文章、影片等等類型的資訊，更重要的是篩選資料的能力，也就是資料過濾、分析和應用的能力。不然，獲得了有質量的資訊，卻不知如何使用，也沒辦法為你的文案增添任何助力。而篩選資料有幾個小撇步：①對於資料的正確性保持懷疑及探究的態度；②查詢大量的資料互相比較；③注意資料的來源。

3. 消化資訊：蒐集完資料後，你要對蒐集來的資料進行理解和消化，再轉化為自己的語氣。注意！只有充分地了解資訊的內容，你才有辦法從自己的觀點切入進行撰寫。

4. 提煉精粹：選好主題進行蒐集和消化以後，還不能提筆寫作，而是要結合所得的資訊及既有的經驗和概念進一步提煉成精華的內容。

5. 整稿撰寫：集結好所有精華的內容後，除了潤飾語句，讓讀者閱讀起來感到舒適以外，記得要轉化為自己的語氣下去撰寫，不然你寫出來的，依然是別人的作品，不是你的。之後，再請他人檢視你的撰寫成果，並請對方提供一些意見給你。因為通常人們對於自己的創作主觀性太強，容易讓文案的重點失焦，但畢竟銷售文案是要符合受眾的口味，若是只有自己看得懂，那就對銷量沒有什麼益處了。所以，適時地採用他人的意見，對於撰寫文案來說，是必要的。

其實文案撰寫就是從「讀者」變成「統整者」、再到「創造者」的過程，先決定好大致的方向及編排，再挑選哪些要捨棄、哪些可以納入使用，然後再構思如何使用文字表達給受眾，而這些都是在撰寫文案前需要細心準備的前置作業。

要素 2：基本的文案架構

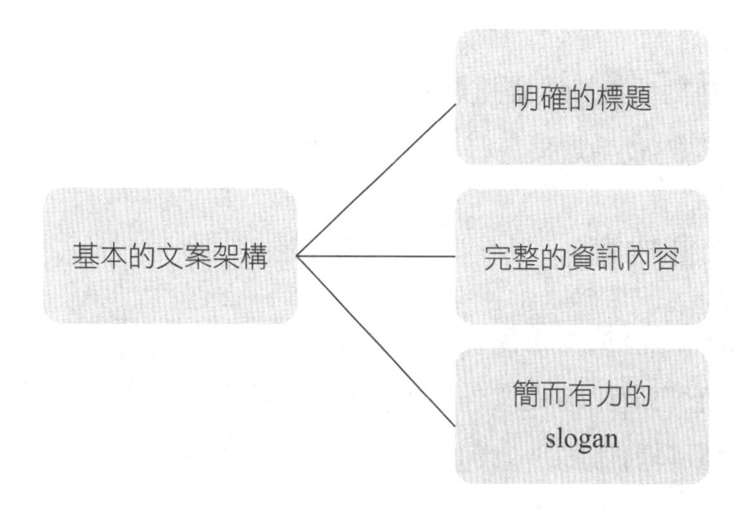

一、明確的標題

確定目標對象的標題是好文案必備的元素，20 %的字卻有 80 %的影響力。廣告之父大衛奧格威曾經說過這樣的話：「On the average, five times as many people read the headline as read the body copy. When you have written your headline, you have spent eighty cents out of your dollar．**平均而言，閱讀標題的人數是閱讀正文的人數的五倍。撰寫標題時，您已經花掉了 80 %的廣告費用。**」換句話說，若你寫的標題沒有辦法吸引到受眾，這 80 %的廣告費用就等於石沉大海了。標題是整篇文案的靈魂鑰匙，如果你的標題無法誘使人們觀看，那麼內容寫得再詳盡、產品 cp 值再高也都是枉然。這邊要特別提醒大家的是，標題是專為目標客戶設計的，而不是給所有大眾看的，如果很貪心的將所有人納入攻略範圍內，目標群體太龐大，反而會讓受眾抓不到文案的重點，導致內容較為空泛，變得索然無味。例如：「一喝就喜歡的羊奶粉」、「最好操作的遊戲 APP」等等，第一，不是所有人都愛喝羊奶，會喝羊奶的人也不知道這個牌子的羊奶有什麼特別之處；第二，最好操作的遊戲是多好操作？像這種太模糊、抽象的用詞讓消費者無感。

一篇文案能不能吸引受眾閱讀，最重要的就是標題了！在現在這個網際網路的時代，資料遍布在世界的每個角落，因此當潛在客戶群在網路上搜尋相關資訊時，為求效率，會依據標題是否符合他的需求、以及購買動機來決定要不要點開這篇文案。

設定好目標對象後，模擬這類顧客群的所處的現況，設計出顧客的情境、購買動機、希望的產品效果等等，就能開始寫出滿足他們需求的文案內容。

二、完整的資訊內容

選定好目標客群及主題後，開始撰寫文案的主體。優質的文案內容除了要能提供有價值的資訊給受眾外，還要與顧客作連結，讓顧客覺得這篇文案是真心為他們量身訂做的，讓他們不僅願意看完整篇文案，還增加了回頭購買的意願，這邊有個小技巧要告訴大家，在文案裡，適時的放入圖表、圖案或者是有效的成果案例，可以幫助讀者了解你要表達的東西，尤其是在網路文案上。

三、簡而有力的 slogan

文案主體完成後，要記得留下產品的訂購資訊或是聯絡管道，例如：線上購物車、品牌追蹤按鈕、Line 連結、官方粉絲團會員條碼等等，也可以結合限時活動或是與其他商家合作推出限定活動，刺激客戶消費。最重要的是，這一句 slogan，不僅要包含這些購買資料，還要有記憶點、不可過長。

好的，想必你已經大概清楚一般的銷售文案是什麼樣子，我們就上面那個喝咖啡女士的例子來做一個簡單的練習，現在請你把格局放大，不再是向某一個客戶推銷你家的產品，而是吸引同種類型的群眾購買你的商品。在此之前，你必須了解一些事情：

1. 這類消費者的喜好／需求

2. 這類消費者通常是什麼樣的職業身分？

3. 自家產品的優勢、購買資訊

構思好大致的答案後，按照本小節要素 2 統整的基本文案架構，試著寫出一般完整的銷售文案吧！另外，本小節只是向大家略述一般普通的文案所需的元素，更多爆款文案的技巧和訣竅，會在後續的章節逐一揭曉。接下來，本書準備了一套基礎的銷售文案模版，各位讀者可以先看看範例文案怎麼寫，再填寫本書為各位準備的練習模版喔！

 銷售文案模版

範例　魔法講盟課程廣告文案

文案內容

【標題】642WWDB 直銷月入千萬魔法班

你是否渴望為自己工作、實現自我、同時獲得物質與精神上的報酬，財富由自己決定，命運也由自己掌握！

疫情衝擊薪情，有高達 9 成 5 的上班族表示想創業，比例創下歷年新高。不過現實是殘酷的，創業一年內就倒閉的機率高達 90％，而存活下來的 10％中，又有 90％會在五年內倒閉。換句話說，每年新成立的公司有 99％在創業 5 年後會倒閉。

相較於其他高風險的獨創事業，選擇比較容易入手和低風險的個人創業模式，同時還能接受系統化訓練和引導，找到能盡情發揮的舞台，成了新創族群的首選。

不需要投資大筆資金，不需要顯赫的家世背景、優良的學歷背景，就可以開始經營一個自己的事業，既可以幫助別人成功，自己也可以成功。風險低、本錢少、隨時隨地都可以營業，對，沒錯，就是直銷！

這堂課有什麼特色
經營直銷事業的 10 大好處
如何讓人脈變成你的客戶與下線？
WWDB642 成功的八個步驟
如何才能讓顧客自動找上門？
太陽制、雙軌制、矩陣制、跳實制的介紹與比較
如何找到有發展潛質的領導人
跟進新人的 6 步驟
如何提高跟進效率？
如何複製成功者的經驗
晉級皇冠、鑽石的四大關鍵
本課程整合 WWDB642 的實務經驗，告訴你如何真正落實運作 642 的 know-how，了解直銷再來決定要加入還是拒絕！

WWDB642 為建構業務的基礎、是發展組織行銷最有利的武器，參加魔法講盟 642 課程結訓後，便能成為 WWDB642 專職講師，至兩岸各大城市開班授課。

超級講師群

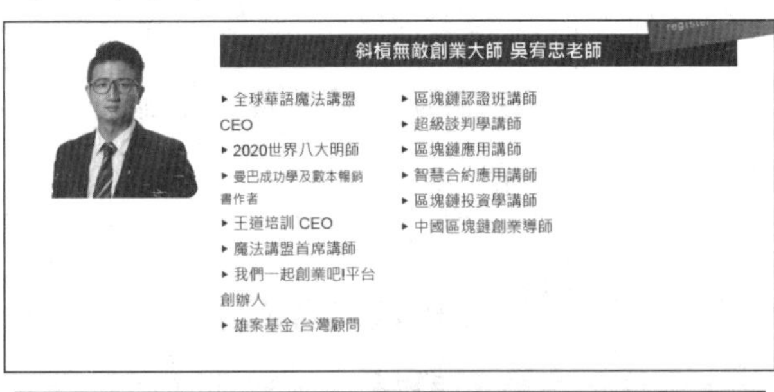

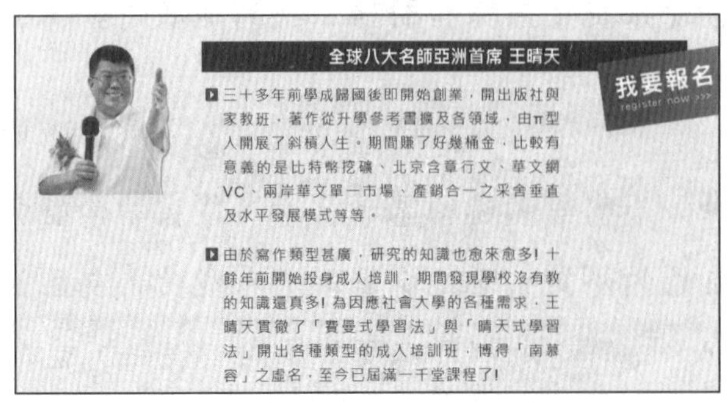

上課時間：2021/5/15（六）13：00~21：00

2021/5/16（日）9：00～18：00

上課地點：新店台北矽谷國際會議中心 2D

（新北市新店區北新路三段 223 號）

費用：優惠價$59800 元；自己人通關密碼價$2980 元

立即報名！（按鈕）

接下來，請讀者動手試試看，假如你是課程活動的主辦方，文案會怎麼寫呢？

• 標題：--。

• 引言：--

--。

1. 這堂課程／商品的特色：

--。

2. 講師簡介／商品規格：

--。

3. 上課地點、時間、費用、支付方式／商品費用、支付方式：

--。

4. 預想客戶的疑難雜症，並先提出解決方案：

---。

5. 呼籲客戶購買行動（例如：購買按鈕）：

---。

閱讀完本小節並練習撰寫銷售文案以後，相信你心中對文案的認知已逐漸清晰。接下來，下一小節要跟各位介紹一下文案可以帶給你的實際好處，而學會寫文案就等於免費聘請一位 super sales 替你賺錢！所以，接下來的內容要請各位更仔細的閱讀，相信你一定能抓住如何更好地使用各種類型的文案方法。

1-3 文案是你免費的業務員

本書寫的內容，可以廣泛地應用在企劃書、提案報告、簡報資料、型錄、廣告傳單、業務推銷信件、海報、新聞稿、網站、廣告手冊、企業部落格、臉書、IG、推特、電子雜誌、電子郵件等等，幾乎所有類型的文章都能適用。

各位讀者，試問當你決定寄送一份廣告傳單給你的客戶，你背後的目的是什麼呢？想必是為了介紹你的事業吧。

但是光只是這樣還不夠的，這份廣告傳單還必須要讓消費者產生「想要買你的產品」的動機，為了達到這個目的，我們一定要設法打動消費者的心。不論是多棒的商品，如果銷售狀況沒有比預期的好，或許是因為我們所寫的銷售文案或廣告內容沒有有效打動消費者的心。

這就和業務員為了獲得拜訪客戶的機會，先寄電子郵件過去打招呼是相同用意。為了得到對方的正面回應，一定要寫出讓對方認為「我想和這個人見面」的內容。如果不能成功打動客戶的心的話，他們是不會想買你的產品的，甚至他們不會想見到你。在這本書之中，完整地蒐集了寫文案所需要的思考方法與技巧。一定能夠提供你撰寫文案的素材，幫助你寫出令目標受眾欲罷不能的剁手級文案。

相信網路稱霸世界的時代已經來臨；未來只會有兩種人，一種是在網路上買東西的人，另一種是在網路上賣東西的人。或許你會想在網路上賣產品賺錢，那麼重點來了，要怎麼樣在網路上賺錢呢？答案是一定要具備一種能力，就是寫文案的能力。

好的文案可以把冰賣到北極，把鞋子賣到非洲，把梳子賣給和尚。因為文案就是你最好的業務員，他可以 24 小時不眠不休地為你工作，而且不要你任何一毛錢。所以那些世界五百強的大企業，都花大錢在請專業的文案師為他們寫文案，利用文案介紹他們的產品、他們的事業。

2015 年筆者之一的威樺開始轉型做電商，而且是跨境電商。人在台灣，卻可以透過一支手機賺對岸的人民幣。為什麼做得到？因為文案撒在大陸的微信、微博、天涯社區……，有人看到了文案覺得很有意思，就來聽線上說明會；聽完覺得不錯，就購買產品或加入團隊。

2017 年有一天他偶然在網路上看到一個活動，這個活動的標題是這樣的：《世界第一行銷大師即將來台！你如何從中獲得驚人的利潤！》當時被這個標題深深地吸引。於是威樺去參加他們的說明會，當下就報名了 100000 元的課程《億萬富翁行銷學》。且在半年後真的上了這個課程，也與世界行銷大師傑亞伯拉罕合影留念，更是拿到了這堂課的結業證書。

亞伯拉罕教了許多文案的寫作技巧，威樺把它變成銷售的話術，運用在工作上，不可思議的事情是，業績得到了明顯的成長。2019 年陳威樺開始正式踏入教育培訓的行業，發現文案的影響力太巨大了，因為現代人都使用智慧型手機，大家每天都會打開 Line、FB 等 APP。每天都會滑手機裡面的訊息。而當他們看到文案內容，如果有興趣，就會點開來看，看完以後若覺得有幫助，他們就會來參加活動或講座。

如果你正在尋找一個方法，不需要口才，也不需要人脈，甚至不用跟人見面開口說話、也沒有自己的產品，就能賺取收入的方法，那麼恭喜你，你找到了，因為本書要跟你探討的就是這種可能性。

坊間有許多老師為了文案這個領域甚至開設了許多課程，本書會把它裡面的精華提煉出來，分享給你。文案寫作它有一種套路但有不同的版本，這些技巧都曾經取得了不同的成功。本書把這些技巧全部先告訴你，然後你做些調整，設計出適合你行業的文案。

為什麼需要文案力

也許你會覺得「文案」是只有創意部或企劃部才要懂的事情，但事實上一般人在生活上使用到文案的機率非常高。例如：

一、履歷表

求職時寫的履歷表，每個上班族在職場上都寫過；當我們投履歷至大公司時，人事部的主管每天除了例行公事外，還要查看每天寄來的求職者履歷。如果你沒有學過寫文案的能力，你有可能不知道怎麼樣寫出好履歷，如何吸引面試官的注意？對方容不容易閱讀？你自我介紹有沒有重點……。這些都會影響你的錄取率，甚至是面試的機會。

二、簡報

上班時做簡報，此時也會用到寫文案的能力，當你在寫文案時，最基本的觀念是：你的對象是誰？例如：對客戶的簡報、主管報告、對同事分享等等。如果你不知道這基本的觀念，那麼你的內容很可能不會被注意，或因此錯失了一些機會。

三、經營部落格或粉絲頁

目前社群媒體相當火紅，以往都是大企業對消費者打廣告文案，現在則是部落客在跟消費者寫文案，例如：開箱文、評估測試報告、旅遊介紹等等。相信他們都有一定的文案寫作能力。基本上因為他們是寫給廣大網友看的，所以通常不是用主觀的角度。文章內容盡量要客觀中立，例如一些 3C 評測文等等，這樣才有公信力。讀者也容易理解：太華麗的詞彙容易造成閱讀上的困難，盡量簡單扼要，讓一般人容易理解。如果大量引用了古人的詩詞或格言，一般人可能沒有聽過，或者是覺得難以閱讀，就會影響到文案的效果。

四、店面廣告

如果是經營實體店面的商家，有時候會想要辦一些促銷的活動，來吸引附近的顧客上門。那麼問題來了，你要如何吸引路過的人？經過一家店面的時間通常只有短短 5 秒左右，這時候你的文案寫作能力，就會決定路人會不會被你吸引。例如：馬可波羅麵包特價VS.超人氣的馬可波羅麵包，這兩個標題就給消費者不一樣的想像畫面。其實各位讀者，我們平時不妨可以看看廣告，想一下這廣告訴求的對象有什麼特徵？他們長什麼樣子？它為什麼吸引我？還有沒有更好的內容呢？這些問題對提升你的文案寫作也會很有幫助的。

五、出書

出書就等於向大眾出示你的名片，當大部分的人都不知道你是誰，而你渴望讓他們快速地了解你跟你有連結，最有效的方法就是出書！不管你在推銷什麼樣的產品、知識或服務，當你被人們當做是「專家」時，就不再是「你找他人」，而是「他人主動找你」。所以，「書」當然也是文案類型的一種。當你出了一本書就越容易建立你的形象、品牌甚至是財富！打個比方，如果有兩個產品推銷員拜訪你，一個有出書，另一個沒有，你會想先聽哪一位說話？

透過「出書」，你可以迅速提升你的價值，打造專業領域的形象，學會寫文案後，你可以透過出書，將自己設定成一個文案寫作大師的形象，開班授課、推銷自己的產品都很有助益。但一講到出書，可能許多人都會害怕出書的困難度，其實，現在出書已非作家和名人的專利，任何人想要出書，都可以尋找專業的團隊來幫你量身打造。

而《社群營銷的魔法》就是透過「華文自資出書平台」出版的。若你不知道出書的方向，沒關係！華文自費出版平台裡有專業的編輯群，你可以向編輯表達你出書和產品服務的理念，編輯可以提供你適合的出書建議，讓你寫書不再像置身於茫茫大海找不到前行的路。若你不知道該如何寫書，沒關係！有位學生上過華文自費平台開設的「寫書與出版實務作者班」，據他所述，有經驗豐富又專業的講師，教你如何企劃、撰寫、出版、行銷一本書的整套流程，還能順利出書！真的很不錯！

以下是作者們出書見證的分享：

1. 專業心理諮商師——呂佳綺：

   身為一名資深的心理諮商師，多年來，我累積了不少面對現在高壓社會，顧客普遍的心理憂慮與如何化解的經驗談，一直想透過寫一本書，和同樣有此困擾與憂慮的人們分享。不過由於我工作繁忙，也對如何寫作一本書的架構沒有任何的概念，因此雖然曾雜寫數篇佳文，卻始終不知該如何統整成書、去蕪存菁，這本想像中的書就在我心中延宕數年。

   後來，聽聞朋友參加了由王博士主辦的出版編輯出書保證班，課後他和我分享許多出版的編輯實務、扎實的出版流程，以及許多不為人知的出版界秘辛，又重燃了我心中想要出書的夢想。於是，我馬上報名參加下一季的課程，果然，收穫溢於言表。

   從這些專業的講師與出版經驗分享中，我似乎尋到了在出版界的知音，不僅在課堂上的不藏私傳授中，看見了自己在創作時的盲點，以及作品一直無法成書的癥結，在各位講師的樂於分享與不吝指導下，在半年內，我就完成了第一本書——《放下，其實沒什麼大不了！》。有了采舍國際專業出版團隊的全力協助，這本書甫出版就榮登金石堂書店暢銷榜，至今仍在暢銷榜長銷之列，再版不斷，出版本書後的實質回饋與人生影響之深更遠遠地超出了我的預期。

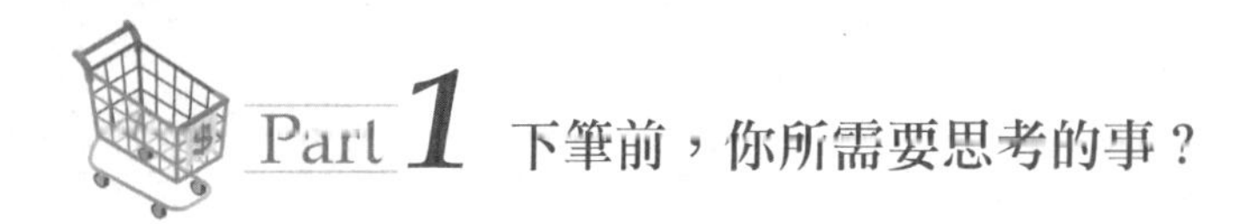

我想，有許多人一定都曾有過出版一本書、想為人生留下些什麼的夢想，我也曾在寫作與出版的路上懵懵懂懂。但，很慶幸地，我遇到了一個好的出版團隊，因為專業的指引與加持，我少走了許多作者曾在出版過程中的艱澀之路，只因為我參加了僅僅兩天卻收穫一生的出版編輯出書保證班。

在兩天的出版編輯出書保證班中，王博士以對出版界的深入了解與遠見，讓我從讀者的視野轉向作者的角度，更掌握了對於出版一本書的態度及對於書店採購通路對於各類書的觀點，以及如何成為暢銷書的秘訣。實務上，從一本書如何確立核心、抓出架構、如何讓每篇文章的見解與書名文案深深抓住讀者的心、如何包裝與行銷、如何掌控創作與出版進度，不論於精神上或實質上，面面俱到，絕不是空談高論，而是讓學員確實能寫出一本已具暢銷書之姿的出版精髓講堂。

當然，因為出了這本暢銷書，除了數年來專業諮商師的背景外，我又多了一個暢銷書作者的頭銜，為自己人生的履歷又添了一筆佳績，我相信參加這課程不只是一個開始，而是一個讓懷有出版夢想的人真正經歷開花結果的過程，我已經身在其中了，你還在等什麼呢？

2. 《商業周刊》網站「職場憲上學」專欄作家——謝文憲：
別人的名片是一張，我的名片是一本。

武陵高中畢業，一心一意要圓記者夢與出書夢的我，因為大學聯考的國文只考四十四分，讓我所有的夢想幾乎成為泡影。

過二十四年，在大學與研究所的求學階段與職場上的奮鬥與努力，加上因為擔任企業講師的機會，認識了城邦集團首席執行長何飛鵬先生與他的團隊，讓我在民國一百年，如願出版第一本我的個人著作：《行動的力量》，本書也被博客來網路書店票選為民國百年百大暢銷書。隨後的《說出影響力》、《故事的力量》有聲書，《教出好幫

手》、《千萬講師的百萬簡報課 DVD》和《人生最重要的小事》陸續出版，讓我的人生因此更加豐富與亮麗了起來。

後來我的兩個專欄：商業周刊「職場憲上學」部落格以及欣傳媒的「憲上充電站」專欄陸續上線，得到非常多朋友的迴響；我的第一個同名廣播節目：「憲上充電站」也開播了。人生在出書後的一、兩年內，一切變得多彩多姿與無限可能。二十幾年前不可能的事，二十幾年後陸續美夢成真，我的故事告訴大家：「您從哪裡開始並不重要，重要的是，您要去哪裡？」不是嗎？

寫書，對於我的企業講師身分最大的好處在於：我每天上課的東西可以變成文字記錄，而這些文字紀錄是一種延續效果，不但可以讓學員在回訓課程時當作參考，同時也是課程結束後學員力圖精進的重要基石。再者，出版專業書籍，對於我的專家地位，以及講師間的差異化行銷，扮演著絕佳的市場定位與領頭羊功效。當然，書也是我的最佳名片，別人的名片是一張，我的名片是一本，無庸置疑的，講師費也在短期內水漲船高。

3. 《啟動幸福人生的密碼》作者——王兆鴻：

經過本次合作，我覺得選擇透過華文自費出版平台出書，真是太明智的決定，在平台的協助下，這一本書就衝上金石堂暢銷榜！我認為它的強項在於：

⑴上市整體行銷包裝強！我已經出版過好幾本書，因經驗不足導致銷售效果不彰，感謝此平台的協助，讓本書《啟動幸福人生的密碼》Level up！

⑵細節不斷確認優化棒！感謝責任編輯在本書出版的過程中，不斷細心確認，並且配合我的習慣一步步地完成。

⑶媒體通路合作讚！本書的新書發表會，在永康街旁金石堂舉行，非常成功，媒體及行銷活動也如火如荼地進行中，實在是十分地開心！

4. 《誰說現在學日文太晚》作者——林有財：

拙著《誰說現在學日文太晚》一書出版，我深感興奮與感謝。筆者自75歲起出版自傳，進而有書寫日文書的念頭。已屆80高齡的我，在華文出版平台的協助下，一步一腳印重整架構、調整內容、新定書名、重寫自序等，加上圖案的設計，使得整本書活靈活現起來。原稿能如此脫胎換骨，都要感謝華文出版平台，不僅讓我實現出書夢想，在籌備過程中，更開展一段學習的旅程。再次致上我的感謝！

「自資出版」是一種由作者自費，交給出版社負責製作；書籍印好後，作者可自行銷售，也可以委託出版社代為洽談發行等出版方式。你只需要專心致力於書籍的創作，其他編製、行銷等繁雜事務就交給專業的出版團隊來為你處理。你只需負擔合理的印製成本及行銷費用，就能享有高品質、低成本的精美著作遍布於廣大的文化市場中，而且大部分行銷結果的利潤都是屬於你的！由於自資出版強調作者為主，故作者對出版品的成敗負有很大的責任，所以作者在撰寫的過程中會更加認真，不敢隨便交差了事。這樣一來，不但確保內文的品質，也表示對讀者的尊重與真誠。

「自資出版」是新時代下的產物，它重新定義了作者與出版社的地位，同時也保障了作者與讀者的權益，想成為某個領域的權威或名人，出一本書絕對是最佳的途徑，既然出書有這麼多的好處，你還再等什麼呢？

事實上，大多數人都沒想過自己為什麼要有寫作文案的能力，其實文案一直存在我們的周遭，只是我們沒有特別去在意或發現；當我們遇到以上的狀況時就一定會用到它。所以我建議您，不妨從今天開始提升自己寫作文案

的能力，多思考多練習。

會寫文案有什麼好處

本書有一大半談論的主題都是「銷售文案」，銷售文案是「直效行銷」(Direct-Response Marketing)這種行銷方式的其中關鍵。直效行銷是指能夠快速、直接、有效地與客戶作互動的行銷方式，例如通過郵寄和電子郵件或面對面溝通。直接行銷不同於一般的廣告傳播，它並不藉助第三方媒體，而是定位於直接與目標客戶個別地作訂購、買賣的動作。

而直效行銷常被使用在與顧客建立長期關係，像是各位常收到活動訊息的Email、Line等等，都是銷售文案的一種，旨在進行「直效行銷」。爭取任何能夠促成直接下單的機會。

銷售文案不只能增加你的收入，在寫文案的過程中，同時也能提升你多方面的軟實力，王晴天博士將這些軟實力統整為 7 個能力：

一、做事效率直線上升

文案也是寫作的一種，為求快速打入受眾視野，必須學會關鍵點的表達，以及凸顯產品的優勢，文案寫作人通常會將一件複雜的事物提煉出一個明顯的主題來設計，並快速找出刺激受眾感官的最佳切入點，下一個具有吸引力的標題。因此，會寫文案的話，你可以慢慢習慣每個句子、文字的組成逐漸符合你想表達的意思，減少流水帳型文字，也不容易模糊文案的焦點和主旨。

這樣的能力在出社會後職場上特別需要，當你開始工作後，你講話、做事能夠快速抓住重點，不僅能提升你的工作效率，還能增加你在職場上的競爭力。

不過這是需要長時間培養而成，必須日日學習、持之以恆。學會寫文案後，你的大腦就能隨時隨地切換關鍵模式，提醒自己，找出重點避免不必要的廢話，消費者耐心有限，若是不能盡快留住顧客的心，不只浪費大半的廣告費用，還得犧牲你的時間和勞力成本！

二、處事更為細心

寫文案最大的成功要素便是要站在受眾角度思考，了解受眾的需求，因此，學會寫文案就能習慣性的為他人設想，因為寫文案的第一步就是要想著要如何寫才能打進他們的心。

若是將細心為他人著想的習慣，用在社交上也是有很大的助益，能夠早一步發現別人想要說出口的想法，洞察人們細微的動作與表現，並在不經意的時候主動幫忙，對方會感到驚喜，覺得你很貼心，想要進一步的跟你交流喔。所以，你會發現當你將文案的技巧爛熟於心後，大家會變得很喜歡跟你交談，因為你總是懂他們的需求或是習慣。

三、思維更加敏銳

寫文案時，通常需要利用筆下的文字影響到受眾的情緒，所以平常也需時時刻刻觀察大眾的喜好、環境的趨勢，透過文字去塑造人們的需求或者是相鄰的情境，才能吸引人群閱覽你的文案，認同你的觀點。所以學會寫文案後，對於人們的情緒反應、表達，會更加敏銳，觀察的點也會更加細緻，例如：一個人喝咖啡時的表情變化、購買商品時猶豫的動作或是看到中意產品時亮晶晶的眼神。擁有敏銳的思維，對生活上的任何事都非常有幫助，比如說賣食物時，可舉辦試吃活動，觀察人們試吃時的表現，再判斷產品是否還需改良或是該如何設計廣告的主題等等。

四、講話變得更幽默

寫文案時，必須收集大量的資料、吸收更多的知識，而這些訊息可以幫

我們更加了解時下流行的話題，增加許多人可能沒有注意到的事，兩者融合，以話題包裝新知識與人們交談，對方會覺得你是一個很有魅力的人喔！例如任何動漫、電影、戲劇、音樂、畫展、舞台劇、天文學、星座學、兩性學、心理學甚至是非自然現象，都能透過在寫文案時大量瀏覽資訊而得略知一二，或許不如專家了解的如此深厚，但談談幾句加上自己的觀點也是可行的。

這樣會讓你的社交圈逐步擴大，因為不管是什麼樣的話題你都能接上，我們的生活也能變得更加多采多姿。而寫文案最好用交談時的語氣下去撰寫，如果平時生活上，人人都覺得你幽默、風趣，若適當地套用至文案的寫作，不僅能拉近與讀者的距離，還能為你的產品大大的加分。

五、思路多元化

成為一個專門寫文案的寫手時，有時候接的案子，可能本身突出的特點不多，你必須利用與別人更為細心、觀察力更加明確的優點，快速找出產品與競爭對手的不同，打造優勢、創造主題，利於消費者快速進入你打造的情境，展現出對任何事物獨到的見解與看法。這樣一來，久而久之就能訓練自己成為想法豐富的人，在職場上，你能快速解決窒礙難行的問題，還可以順便幫同事的忙，獲得好人緣；在朋友交際相處上，你會成為朋友最愛找的那一個，因為不管遇到什麼樣的困難，你都能盡速轉換思考的方向，找出適合的解決辦法。

在社會上，那麼多的人，你要受人矚目或是不被忽略，就得先找尋自己的特點，對任何事物的看法，必須放大來看，轉換一下思路，就能練就一身獨特的觀點與想法，同時也能增加魅力，吸引多人探索你的不同面向。學會寫文案後，找出任何事物的差異點，用文字為產品增添更多的光芒，能使我們成為更有特色的人。

六、性格樂觀化

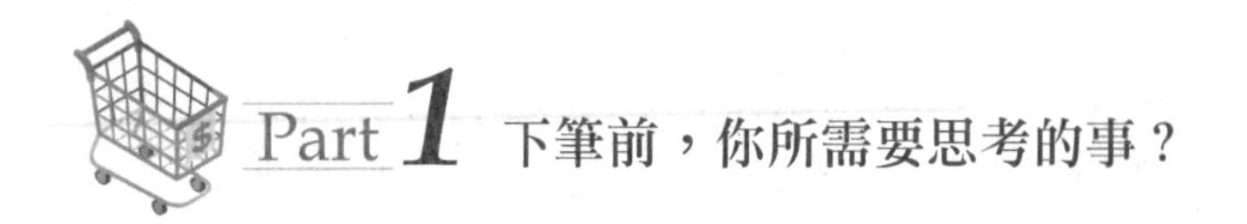

文案寫作者都知道，寫文案很常進入地獄模式的退稿－改稿－退稿－改稿，無限循環。每個人的看法多多少少都會有所不同，一開始還會堅持自己的想法是對的、不容別人隨意修改，但你必須習慣，你寫的文案是要被大眾所接受，今日被上司退回，你還可以辯解一二，等文案發出去以後，若不能被受眾所認同，難道還得發個文告通知大家你創作的理念嗎？在這裡再特意強調一下，文案寫作並不是文學比賽，讀者在意的是如何快速解決他們的需求、如何告知他們更詳盡的使用辦法，所以撰寫文案時，記得放寬心，容納各方的想法，寫出目標客戶都喜歡的寶藏文案！

被退件時，也不要太過氣餒，出去吃個大餐、喝杯手搖飲，假日出去走一走，冷靜下來順利結案比較重要！如果你能貫徹這樣的態度，不僅能夠為你的荷包添金，還能讓你的心理素質加速提升，任何難事都打不倒你！

七、懂得推銷自己

一個合格的文案寫作師，懂得 10 秒內從一個一手二手都有的零亂包包庫，挑出一個鑲金的LV；懂得從一個普妹身上，挖掘她獨樹一幟的特色，打扮成好單純好不做作的純潔白蓮花。也能夠隨手來一段驚喜連連、描摹具體的自我介紹，順利地將自己打造成深具親和力、處處為消費者設想的佛心業務員，讓顧客能專心聽你說、自動按下購物鈕。

這樣的能力，放在職場跟社交上也是好處多多，同樣在一個陌生的環境當中，懂得展現自我的魅力、表達流利的口才，容易讓人心生好感；在面試時，推銷自己就是一個非常重要的元素，一般人資不僅要面對撲天蓋地的履歷表，還要與各式各樣形形色色的求職者面談，若是不懂得推銷自己的優勢，人資時間有限，對你的興趣就會直線下降。

在這個資訊爆炸的時代，經營粉絲追蹤、建立品牌／個人的形象非常重要，只要建立起屬於自己的一套網絡，等你新產品一亮相，就有基礎的曝光度，隨便動動手指發一則貼文就能賺錢，不必再另外花金錢到處買版面。

而現在能夠快速幫你組織粉絲群的工具就是文案，學會寫文案後，不論是企業宣傳、網路直銷、自創品牌、文案顧問、出書、開設文案課程、接案的美食／旅遊／電商／音樂／美妝等部落客甚至是販賣你的營銷能力都非常有幫助！所以說，若是你能夠熟得文案技巧，文案就是你的印鈔機，是你最佳的推銷工具！

銷售文案和一般報章雜誌上常見的廣告文案有很多不一樣的地方，其中一個主要的差別在於銷售文案只有一個目的，那就是「把錢收過來」。銷售文案的目的不是要得獎，不是要人家覺得你文筆好、寫得很有意境、很有想像空間……不是這些。一篇銷售文案寫得好不好有沒有效，衡量的標準只有一個，那就是「有沒有把東西賣出去」。

筆者陳威樺曾做過一種銷售工作，內容是推銷家裡第四台的機上盒，也就是數位電視(Digital Television)，每天中午 12 點進公司開會，之後討論開發地點，然後就到街上挨家挨戶地推銷拜訪，一開始陳威樺很恐懼，也一直被客戶拒絕。當時所在的公司與團隊都會安排一些銷售訓練。在裡面常會教育像是「蒐足多次拒絕，你就會成功。」之類的觀念；又或者是會安排一些激勵課程，透過激勵的方式讓你願意每天起床去面對那些可以預期的拒絕。

這樣的哲學與做法當然也沒錯，不過除此之外，如果你還懂得對你的銷售能力做槓桿借力，例如運用像銷售文案之類的工具來做篩選或者倍增你的影響力的話，就可以花更少的時間做更有效率的事情。意識到了這一點，久而久之就能練就了一身勇氣與陌生開發的本事，學會了一些銷售話術以及解除客戶的抗拒點，威樺也在半年升上了經理，開始帶領自己的一個業務團隊，後來常常業務開發到晚上 9 點，接著去附近的小吃店開檢討會，檢討當日的工作成效。當時為了更有效的提升業績，有時候會留下準客戶的聯繫方式，然後把公司最新的活動或促銷發給他們。

後來看到世界級的行銷大師傑．亞伯拉罕要來台灣授課的消息，威樺非

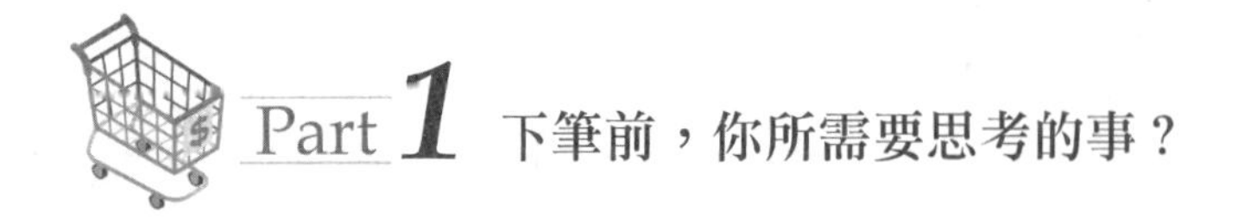

常的興奮而且報名了他的課程，並學到了他所有行銷的精髓（已全數收錄於本書中），其中有一部分就是在討論關於廣告的事。老師看到過的大部分平面廣告以及電台或電視上投放的廣告，幾乎都是形象廣告。它帶來的最好結果是緩慢的產生效益。但是最差的結果是95％使用形象廣告的都是無效的、老師認為浪費的開銷，不會產生任何成果。

大多數廣告只是告訴你投放廣告的公司花了多大的成本，或者表明它們成立的歷史或穩定的時間是多麼悠久，或其他一些裝腔作勢而不引人注意的東西，而大部分人所採用的都是這種做法。它不能向你的消費者傳達任何有說服力的理由，來提升你的經營業績。因此他對你銷售的產品或提供的服務沒有任何幫助。

形象廣告不能產生多好的結果。如果你正在投放形象廣告，建議你馬上將它更換為直接回應廣告。這樣會提供你的潛在顧客他需要的訊息而不是你覺得重要的訊息。向你的潛在顧客提供有關你的產品或服務的性能或特徵，或者告訴他們產品的價值，例如：提供你的產品優於其他競爭者的原因，並使他們理解。

直接回應廣告比形象廣告更有效，因為你的準顧客一點都不關心你或你的事情。他們所關注的只是你的產品或服務能夠給他們帶來什麼利益。你的產品將如何改善潛在顧客的問題，以及節省他們的時間、精力或金錢？你的產品或服務將如何改善潛在顧客的生活，原因是什麼？然後準確地告訴你的目標受眾應該採取什麼行動。告訴他們如何接觸到你的產品或服務，他們應該做些什麼？以及向誰進行諮詢。告訴他們如何以及向誰打電話。告訴他們當銷售人員打電話給他們時該做些什麼。提醒他們這是一個毫無風險的交易。

另外，最重要的是告訴他們使用你的產品或服務能帶來什麼效果。為上述疑問提供你的回答，你將更容易地獲得市場的認同。透過僅僅將形象廣告轉變為直接回應廣告，你將大大提高公司的營收。

總而言之，文案可以帶給你的好處是非常多的。不只能幫你通過面試、讓你的主管和客戶對你的印象更加分、增加升遷機會，還可以提供你一個斜槓賺大錢的管道。更重要的是，你在一次次累積撰寫文案的經驗中，可以讓你的性格、技能更加多元化。所以，真的十分地推薦各位每日都要練習寫文案，無形之中你將會獲得更多意想不到的收穫。

MAGIC COPYWRITER

文案越長效果就越好嗎？

經常有學員說：「**哎呀，這個文案的文字內容太多了，消費者讀不下去；那個廣告的廣告文字太多了，讀者不愛看……。**」事實上，這不是消費者不買的根本原因！你不妨仔細思考看看：如果是你自己要購買那種產品，你會不會希望資訊越多越好？假如你準備購買一套1000萬的房子，你會對銷售員說：「**某某先生／小姐，你的講解不要超過5分鐘，否則我就不想聽了。**」這樣的話嗎？你會有這樣的想法嗎？當價格越高，你就越想了解更多的訊息，以便進行比價。

那為什麼你會有文案長就不會看下去的錯覺呢？答案很簡單：因為你不是真的需要那個產品！或者說你根本就不是那個產品的目標客群！所以那篇廣告文案對於你來說，完全沒有用處。

但值得注意的是，如果你希望人們閱讀你的長文案，就必須注意以下幾點。首先第一段文字要抓住讀者的注意力。有些廣告的開頭是這麼寫的，「世界衛生組織統計……」，如果開頭是這種索然無味的制式文章，就沒什麼消費者會看下去！

如果你要寫很長的文案，以下這些技巧能吸引更多的消費者：

1. 引文段落一定要短而有力，開頭一段太長會使讀者感到壓力。其實所有的段落都要盡可能地短，因為段落長了令人反感！而多分段是比較

明智的作法！

2. 正文第一個字放大一些，一般能多吸引一些消費者。

3. 內容中多插入小標題可以提高消費者讀下去的興趣。一系列安排巧妙的小標題，可以把你想要傳遞的信息，告訴沒時間閱讀內容的人。

4. 用星號或箭頭等特殊符號標示可以引導消費者往下讀！

5. 長文的重要句子要用黑體字強調，以突出重點，也避免版面單調。

6. 多加一些圖片，有圖片會加強文字的力量！

你是老師還是顧問？

想像一下，假設你今天要上山摘橘子，一個人摘不了多少，你需要找更多人幫忙，可是你發現一群人一起摘得更少，因為他們自己都搶光了。如果每個人各取所需，假設甲先生要橘子皮做陳皮，乙先生要橘子瓤做肥料，丙先生要橘子汁提煉精油，丁先生要橘子籽做種植，這幾個人事先講好，一起上去摘，摘的橘子就比較多，因為各取所需。合作就像打麻將，你把不要的牌扔掉，從別人扔掉的不要的牌裡找對自己有利的牌。

每一種文案在排序的時候有四個基本原則，要符合參與方的**最佳利益、最小風險、最簡單、最平衡**。以下分別介紹一下這四個原則：

第一個，最佳利益。各位讀者，你們需要思考，你現在的文案設計，需要哪些人參與，要滿足每個人的最佳利益。每個人不是被你領導，是被自己的價值觀領導，消費者不是在成就你的夢想，是在成就自己的夢想，他發現在你的建議下能成就自己的夢想，順帶地替你做點事。每個人都會選擇最符合自己最佳利益的行為。員工為什麼會離開你呢？因為他們覺得跟著你沒前途可言。客戶為什麼會去找別人呢？因為他們在別人家得到的服務更好、好處更多。經銷商為什麼會去賣別人的貨而不是賣你的貨？因為他們賣別人的貨更輕鬆或是更好賺錢。銀行為什麼不投資你了？因為他們發現投資別人賺的錢更多、獲利更穩。你要相信一句話，**錢喜歡往變大的地方去**。投資股票或投資虛擬貨幣，看的也是投報率，合情合理。為什麼廠商第二年不跟你繼續合作了？因為他們發現跟別人合作銷量更高、利潤更好。所以在寫文案時，你要不斷地反復問自己：今天我的文案設計是否滿足了每一個人最佳的利益？

所有的商業模式裡都有創造價值和傳遞價值的過程，今天這個時代，我們發現傳遞價值的方式發生了很大的變化，可是創造價值的人卻開心了。前幾年過年的時候，大陸杭州有一半的服裝店倒閉了，很多人開始在網路上買衣服了，為什麼？因為他們可以買到更便宜的衣服。2020年因為疫情的影響，許多企業紛紛關門，連誠品書店都關了長年經營的好幾個分店，為什麼？因為電商的時代來了。這個社會變化很快，如果你是真的有價值，你的舞台會更大，你的機會更多。這個時代是真正有價值的人的狂歡節。

請你好好思考一下，你的文案設計規模能做多大，取決於你能裝多少人進來，甚至跨行業、跨領域的裝更多人到你的事業來。要記住文案設計中，滿足別人的最佳利益才能夠引導別人。透過滿足每一個目標客戶的需求，你可以牢牢地抓住每個人的心。

某次課程結束後有個老闆問威樺老師：「**威樺老師，看你每天這麼忙，你應該沒什麼自己的時間吧？**」威樺老師笑著告訴他：「**人只要活著就有時間，我有很多時間，只是我的時間不屬於我，屬於利益。有利益就有時間，沒利益就沒時間。小的利益就有一點時間，大的利益就有很多時間，利益足夠我天天都有時間。所以你別問我有沒有時間，你要告訴我，有沒有利益？**」

第二個，最小風險。大家都知道搶銀行賺錢速度快，但是風險大，而且是違法的。所以很少有人做。銷售人員有時候會遇到一個迷思，就是我給了

你（消費者）最大好處，你怎麼還不加入我的方案呢？其實可能是消費者不想承擔風險。你只要做一件事，就一定有代價，有多大的投入就有多大的風險。就像打麻將下多大的注，就有多大的贏面，但同時就有多大的風險。我們賺錢有一個捷徑，就是你只要活得足夠久，你一定能賺很多錢。不怕賺得少就怕死得早，留得青山在不怕沒柴燒。香港富豪李嘉誠說：「**別人都在考慮如何成功，我考慮的是如何避免失敗，所以我做了各種預備方案來避免失敗。**」

創業通常有三種死法：小企業死在市場競爭，中企業死在融資，大企業往往死在政商關係，就像馬雲曾想要讓螞蟻金服上市，卻遭到了政府的阻撓。做生意首先考慮的是怎樣保住本錢，可是和你合夥的人他們也想保住本錢。你想的是安全，他們想的也是安全。實際上，誰做帶頭大哥，誰就承擔最大的風險，同意嗎？犯罪集團的首腦判得最重，當然，做成了收益也是最大的，這是成正比的。如果你不想承擔風險，那麼你就要思考如何規避、轉移、消除和降低風險。

第三個，最平衡。你不能一味去追求結果，你更要注意結果背後的後果。有時候結果很美好，後果很嚴重。筆者陳威樺在前公司工作的時候，很害怕一個同事，二人是同時進入那間公司工作，威樺花了八個月才從業務升到高級業務，但他卻花了兩個月就辦到了。可是你知道他怎麼做的嗎？他為了個人績效，強占所有同仁的客戶，而且提出許多不平等交易，例如市場價 2000 元的課程他只賣 500 元，而且還送其他公司的 VIP 服務。後來因為支票開太大無法兌現，造成許多學員與公司的不滿，最後因為太多投訴公司開除了那個同事。所以要懂得考慮平衡，平衡每個參與方的價值觀和利益。

什麼是大人物，什麼是小人物？告訴你，只要參與你的系統的，每一個都是大人物。有一個上班族去餐廳吃早餐，跟服務生說：「**再來一根熱狗。**」服務生說：「**一盤麵包只能配一根熱狗。**」他說：「**你知道我是誰嗎？**」服務生問：「**你是誰啊？**」他說：「**我很厲害，我在哈佛大學拿一等獎學金，**

現在在世界五百強工作。」服務生說：「先生，看的出來，你很厲害，可你知道我是誰嗎？」上班族很詫異：「你不就是服務生嗎？」服務生搖搖頭回：「不，我是給你拿麵包的那個人！」大系統裡沒有小人物，企業裡面沒小事，感冒都可以要人命的，你同意嗎？所以文案設計要平衡。所有的事都是人做的，人是一切的根本因素，就像車子不走了要加油，人不幹了是沒動力了。每個行為背後一定有動機，動機背後一定有利益。你必須平衡好每一方的利益，平衡好每一方的價值觀，而且這個價值觀不是你強加給對方的。有一對60歲的老夫婦離婚。倆人辦完手續之後，一起吃最後一頓飯，老頭像往常一樣，把雞腿夾給了老太太，老太太一下就哭了：「這些年來我最討厭的就是雞腿，你從來都不在乎我的感受。」老頭一聽哭得更慘：「從小到大，我最愛吃的就是雞腿。每次我都不捨得吃，都夾給你吃。」

文案設計也是如此，你的內容是要跟消費者溝通的，你要明白消費者的價值觀，舉個例子，威樺跟王晴天董事長第一次見面時，王博士就問：「你的夢想是什麼？」威樺回：「出書以及當講師。」當王博士知道後，馬上就說，願意全力以赴支持威樺的夢想，讓威樺出了《社群營銷的魔法》一書，並站上亞洲八大明師的舞台。

第四個，最簡單。人性喜歡簡單。在做文案設計的時候，天下大事從大處著眼，小處著手，考慮的時候要兼顧每一個環節，要做長遠周全而且環顧整體的規劃，而做的時候要做起來最簡單，要分解流程。所有的事情為什麼能做成呢？那是因為每一個簡單動作，鏈接在一起才組成一個複雜的系統。分解每個環節，讓每個人都能做成。

你知道中國的萬里長城是怎麼蓋的嗎？大多數人都以為是先從一邊起頭開始蓋，然後逐步往前蓋的，其實不然，因為這樣的效率絕對會比預期來得慢許多。事實上是這樣的，當時的官員將工程劃分為每 500 公尺一個區域，再將全體工人分成無數個建築班，每班大約 20 人。一班負責一個工程區城牆。他們讓兩個班同時進行工程，所以 1000 公尺的城牆是從兩端開始蓋起，

然後在中間點會合完成的。這樣會讓工人們不斷地感受到完工時的成就感，當他們再到遠方開始新的工程區時，就會有展開新起點的幹勁，不會因為遙不可及的目標而意志消沉。

這本書完成後約有 65 萬字，著實是個大工程，一開始千頭萬緒不知從何下筆才是對讀者最好的。後來試著把本書內容分成幾個段落，結合起承轉合的特性，先做好目錄的規劃，接著分時段寫每一部分，發現寫書的速度變快了，腦袋裡一直有一些內容可以撰寫，真的變簡單了。這就跟蓋長城的道理一樣，把長期的目標先拆成一個一個的小目標，完成小目標的成就就成了持續的動力囉。

如果有一種記憶的方法讓你兩秒鐘輕鬆記住任何想要記住的事物，你們願意嗎？答案想必是肯定的，因為這是人性。就像傻瓜相機當年問世，造就出一批攝影師，如今手機也擁有照相功能，每個手機用戶都成了攝影師，每天都有人在自拍，對吧？因為太簡單了。所以前面談到，要滿足每個人的最佳利益、最小風險、最簡單、還要最平衡，這樣才能做到大家好，才能和更多人達成共識。大家好才能長久。投票選總統也是滿足大部分人的價值觀，能否成功取決於和多少人達成共識，你要先把原則搞清楚。創業的思維偏了，後面的行為肯定是偏的。

在撰寫銷售文案時，你必須心裡有底，那些閱讀你文案的人可能認識你，但更可能根本不認識你，而你會需要透過其中的文字內容來讓你的目標客戶接受你、喜歡你、信任你，最後願意接受你的建議採取你所設定的行動。優秀的銷售人員都知道，如果在銷售過程中不想引起不必要的抗拒時，就要讓對方產生「我們站在同一陣線」的感受；在撰寫文案時也是一樣，你的立場必須是消費者的朋友、客戶的顧問，你跟他是同一陣線的，你會願意站在對方的立場設想、你會考量他的需求和狀況、你對於他的擔憂與恐懼有著同理心等等。因此在寫銷售文案時，千萬不要犯了「好為人師」的錯誤。

王博士在教導學員撰寫文案時，經常看到有的學員平時說話平易近人、幽默風趣，但只要一寫起文案來，就彷彿化身為學生時代常見的那種嚴肅老師一樣，經常擺出「我是為你好」的態度，去告訴消費者該做什麼，否則的話就會如何……出現許多諸如此類的「上對下」口吻，通常這種文案的效果通常不會太好，因為現在沒有人會喜歡命令式的講解方式。

多數人對於這樣的文章不會有太大的興趣，如果你的銷售文案讓人有這樣的感覺，那麼不需要多久他們就會將你的內容封鎖、將你的銷售文案丟到一邊，去看其他更有趣的東西。所以千萬記得在撰寫銷售文案的時候你的身分就是對方的「顧問」，要帶給他一個能解決他的困擾，或者實現他的需求的好消息，而不是他的「老師」，試要教導或指揮他接下來該怎麼做。

此外平時多跟客戶互動也是非常重要的，為什麼呢，因為只要是人永遠有需求，但你不知道他們當下的需求是什麼，可能今天他生病了所以想追求健康，但是明天他病好了想追求財富地位……這些都是有可能發生的，或者是市場出現了新的產品或技術，人們的需求變了。

再舉個例子，抖音的時代影響了網路行銷的趨勢，現在願意花錢學FB廣告的人越來越少了，因為他們都知道市場的需求變了，但是你知道嗎？也許你還沒收到這樣的訊息，但是這些訊息都很有可能從客戶他們身上得知，因為現代的人都有天天收集新資訊的習慣，你可以從他們身上找到更為好的靈感，去撰寫更貼切的銷售文案。

找出文案的目標受眾

這也是學員經常提到的問題，他們普遍認知「銷售一對多的速度比一對一的速度快，所以寫文案也要以針對廣大族群為主」，這句話看起來很有道理，但實際的成效卻不太好，怎麼說呢？因為消費者會覺得這個訊息跟他沒

有太大的關係。所以這是撰寫銷售文案時，在文字運用上的一個很重要的概念。基本上就是「你平常怎麼跟客戶說話，文案就怎麼寫」，因為好的銷售文案讀起來會像是在和作者交談一樣，相較於一般廣告文宣上的那種「平淡無味」、或者充滿著「想賣弄專業素養」的文字，這種像是兩個人對話般的白話寫法才是最能夠讓消費者投入到你的文案中的方式。

好消息是要做到這一點並不困難，因為它並不像是要寫出好的小說或者詩詞那樣需要經過不少訓練才能做到。事實上只要你知道如何在吃飯或聚會的時候主導出一場互動氣氛熱烈的高參與度對話，那麼就已經具備了寫出這種「一對多文案」的基本要件。

文案有很多種不同的用法，一個是為你的商品獲得更多客戶，還有你可以用在比較遠距的市場上，比如說你真的出一趟遠門去的話可能不值得花這麼多的時間成本，那就可以用文案的方式跟客戶溝通。你可以用文案和客戶做初步的交流，或是你可以用文案的內容和現有的客戶保持緊密、持續互動的關係，也可以讓現有的客戶推薦新的客戶。你也可以使用 AB 法則，就是說你這個文案帶來的效果是一半，另外電話銷售也會帶來一半的效果，那將兩項結合使用的話這個結果就會大大的提升。

魔法講盟在做電話行銷推廣課程的時候有分兩階段開發模式，第一階段就是詢問對方對課程有沒有興趣。如果有，就寄送精心設計的電子郵件文案給他；第二階段叫復訪，就是針對已經確認有興趣，而且收到文案郵件後的學員做進一步的溝通，因為郵件內容有文字、圖片、網址、網站的關係，這在與溝通客戶的過程中起了很大的幫助。像有時候你打電話只是確保對方收到你的文案，但郵件的寄送則可以對於不同的行業有不同的文案寫法。對你而言你要找到一個最佳的組合（開發方案），最適合你的企業（成團隊）、最適合你的市場（精準客戶）。魔法講盟已經用這種方式賺了幾百萬的業績，無論你從事什麼職業或經營何種生意，文案都能為你開通新的銷售通路。

在撰寫銷售文案時，有一個相當有效的方法是，想像你與你的讀者，也就是想像和你的「潛在顧客」一起坐在咖啡廳裡，然後將你會跟他說的那些話用文字或是錄音記錄下來。舉幾個例子，有一個新開的牙醫診所為了招攬生意，向附近居民家裡的信箱投遞信件，內容是關於口腔檢查的重要性，以及提供優惠的牙齒護理方案；汽車推銷大王喬・吉拉德在他長年的銷售生涯中，每個月都會寫一封信給他所有的顧客，內容除了關心顧客的近況，也附上了他的事業最新活動與服務。

如果你沒有嘗試過直效行銷這種方式，那你可能會對它的風險抱有疑問，也就是如何做才能獲得利潤。這樣說吧！即使收到這些郵件，95 %以上的人不會查看，那麼只要剩下 5 %的收件人中有一半能回覆就可以了。下面的數學計算能說明筆者的觀點：假設一封信的成本是 10 元，我們寄 1000 封信需要花 10000 元，如果只有 2 %（20 個人）回應，平均每個人能購買 3000 元商品，那你就能用 10000 元的支出共獲得 60000 元的收入。扣除 50 %的銷售預算和 10000 元的郵寄和廣告費用，再從剩餘部分減去其他費用。你會發現，即使僅有 2 %的回應，在你每投出 1000 封件時仍將能獲得近 20000 元的淨利潤！

當然現在的人比較少用紙本郵件寄送，更多的是用 Email 取代，那你能省下的成本就更多了。順帶一提，Email 是歷史最悠久，全世界通用，而且具有法律效應的一種通訊方式，因為顧客的電話號碼容易更換，偶爾也會有搬家的可能性，更不用說 Line、臉書、微信這些社群媒體。但是幾乎每個人都會有一個以上的 Email，所以文案結合 Mail 的方式還是很有效果的。

這裡提供一個誠心的建議，希望各位銘記在心，一個有效的文案且能帶來利潤的關鍵應該是：

1. 你的文案應該要清楚地說明你能提供給讀者的優勢與好處，獨樹一幟且能解決目標客戶的需求。

2. 你的文案標題要能夠引起消費者的注意力，並誘使對方往下閱讀。

3. 你的文案應該說服消費者接受你的產品並下單。

4. 你的文案應該要符合產品本身的優勢，不要欺騙消費者。（最好需要有一份證書或分析數據）。

5. 你的文案應該要呼籲消費者馬上採取購買行動。

這裡分享一個方法——「假設成交法」，它在撰寫文案的時候常常被忽視，也許是鮮為人知的，但這個方法能夠極大地推動企業的銷售額和利潤成長。這種技巧的構成，是將文案只寫給那些認真考慮購買你產品或服務的人，這與大部分的文案寫法不同，例如：「**你想投資股票嗎？**」或「**你打算買新車？**」而假設成交的做法是，假設潛在客戶確實強烈渴望購買你所提供的產品和服務，在銷售文案問的地方利用假設成交進行陳述。例如汽車經銷商的一封假設成交文案，內容或許會這樣寫道：「**我知道您這幾週來都在出售您的舊車，準備要來購買新車，但我不知道您是否已經準備好要購買了，無論如何在您簽訂購車協議之前，我希望您能考慮一下本公司的汽車。**」如果是一個房仲，希望尋求客戶購買他介紹的房子時，他的假設成交文案中，可能會這樣開頭：「**我想你正準備在市場上購買一間房屋。在您購買房屋之前，我想為您介紹 10 種提高房屋售價和縮短登記時間的最有效的方法。**」如果是一個整形醫生，他在假設成交文案中，可能會這樣說：「**我知道您在考慮做美容整形。**」或「**您的一個朋友對我工作室的美容整形流程十分滿意，因此建議我寫信給您。**」

為了達到績效，文案應該要客製化，而且要呼籲消費者行動，也許是參加一次免費保養，也許是參加一場免費講座。總之就是要在假設成交的文案結尾要求客戶採取行動。

你也可以設計一個給讀者提供資料的表格，例如姓名、電話、Email、位址、注意事項等等。最常用的就是 Google 表單，在後續的章節會提到如何快速製作 Google 表單，讓客戶能夠直接下單，你也能夠同時收到訂單資料。如果使用恰當，你可以蒐集到許多客戶的個人資料。它能大大提高我們的業績績效。

當然成功沒有一個絕對的方法，寫這本書也不是讓大家死記硬背，當然硬背不如買下這本書收藏。本書只是告訴你有多種可選擇的方法，而這些方法你的競爭對手有可能還沒有想到，或者他們也沒有加以執行。只要你理解了這個概念，選擇幾個適合你的，把這些原理、技巧加以改進內化，反覆練習、實作，最終一定可以使你的文案效果爆炸式地增長。

文案依篇幅通常分為長文案和短文案，
依性質來區分為商品文案和傳播文案；
而文案呈現的型態，本章節整理成 4 種模式，
帶你一探熱銷文案套路的祕密。

MAGIC COPYWRITER

2-1 何謂文案寫作力？

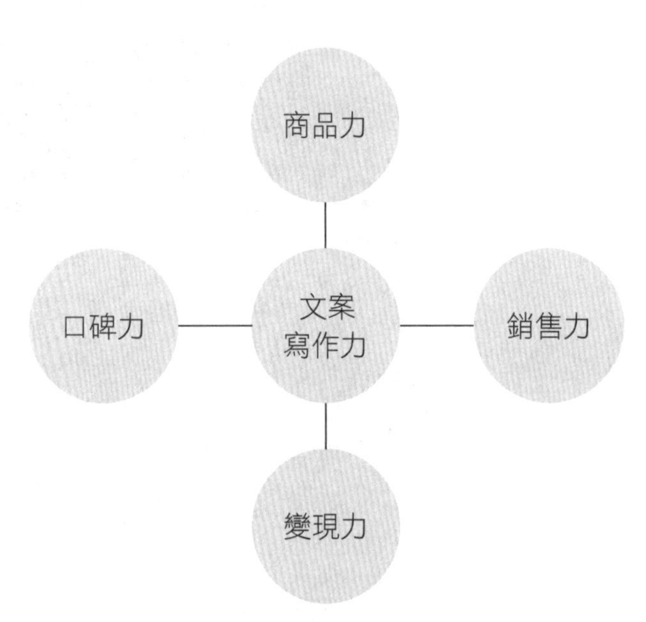

在新媒體縱橫全世界的時代，無論是過去的舊媒體（如：電視、報紙等等），還是現在的新媒體（如：網路平台），都是商家發布廣告、搶占曝光率的戰場。因為隨著人們與電腦相處的時間越來越長，這些地方已然成為了生活必需品，也就是說網路聚集了人們的注意力、潛藏了龐大的客戶基數。雖然潛在客戶體龐大，但網路的世界資訊過多，消費者的注意力被分散在各個角落，針對一則貼文甚至是一條訊息停留的注意力，平均不超過 8 秒！所以，如果你只是不斷設立粉絲團、製作很多平台廣告，根本遠遠不夠，文案必須吸住消費者的眼球才是重點！

為了能在短時間內爭取人們的注意力，你的文字就必須要精準，不該成為閱讀者的累贅，要讓人一眼就能明白你在說什麼，你所推的產品有什麼特

點。因此，所謂的吸金文案絕對不會是一堆詞藻華麗的文字，而是讓消費者在閱讀的過程中，被文字背後的某個點（痛點）刺激到了才會購買，這個就叫做「購買動機」。比如說我們在生活中看到的各種廣告，有沒有那種讓你一看就心動、非買不可的？在寫文案時，就要換位思考，想像自己是消費者，寫出能夠打動自己的文字。初稿完成後，站在消費者的角度去審視你寫的文案，如果你寫的東西連自己都不能被說服，要怎麼要求別人也認同你的說法呢？當你開始以消費者的角度去審視自己寫的文案時，就是讓你的文案邁向高點閱率最重要的一大步！試想著這樣的說法能不能抓緊他人的眼球，不斷地在文字裡注入你的信念，也就是賦予文字的靈魂、文案的價值。你所關注的新知、議題，就是讓你在眾多文案中突破重圍的因素；你所吸收的資訊，都是充實你內涵最佳的養分。

基本上，一個能夠打動人心的文案，需要製造出像和顧客面對面溝通交流的場景一樣。換句話說，就是利用文字將文案塑造成一個活生生的人，必需要有自己的個人特色，像是性格、生活態度、價值觀等等。比如說你想塑造一個具有親和力的「兩性情感專家」，該用怎樣的語氣表達？若是想打造成「樂觀正面的元氣女孩」，又是什麼樣的口吻呢？將這些「被製造出來的人」所擁有的元素，加入你正在撰寫的文案裡，就會顯得你的文案更加人性化，也能夠更加親近消費者。

誘人的文案再加上優質的產品，就像啟動銷量的按鈕，能創造出源源不絕的經濟奇蹟；每個具有銷售力的文案，都分別有其特別的靈魂，稱為「銷魂」，而本書就是教你如何寫出銷魂的文案。

重點來了，要如何寫出銷魂文案呢？筆者王晴天藉助多年行銷和撰寫文案的經驗，為各位讀者統整了以下五種元素：

1. 吸睛標題

2. 刺激消費者購買欲望

3. 贏得消費者信任

4. 明確的購買資訊、連結

5. 追蹤顧客滿意度

以上這五個特點，都會在後續的章節詳細說明、分析，還請各位讀者抱著期待的心情繼續看下去。

除了以上這五個特點，寫出銷魂文案最不可缺少的就是「文案寫作力」，文案寫作力可發揮出產品本身的四大力：商品力、銷售力、變現力、口碑力，以下就跟大家詳細分析一下這四個力。

商品力

什麼是商品力？網上搜尋了很多資料，很少有對「商品力」直接定義的資訊，本書綜觀各種資訊使用這個名詞的情境及作者們對「商品力」的想法，為各位粗略地定義一下「商品力」的義涵：「商品力即消費者受商品整體的影響及吸引力。」簡單來說，當消費者對一項商品有著正面的直接感受，並且產生購買的欲望，就是「商品力」的意思。

「商品力」強調了消費者對商品的主導力，商品力高代表的是民眾越想購買哪一項產品。那商品力的高低牽涉到了背後眾多複雜因素，包含產品的品質、多樣性設計、價格、消費者需求度等等，而本書只探討文案寫作力對商品力的影響。

如何做到高商品力？一個好文案要做到高商品力，必需符合以下幾點：

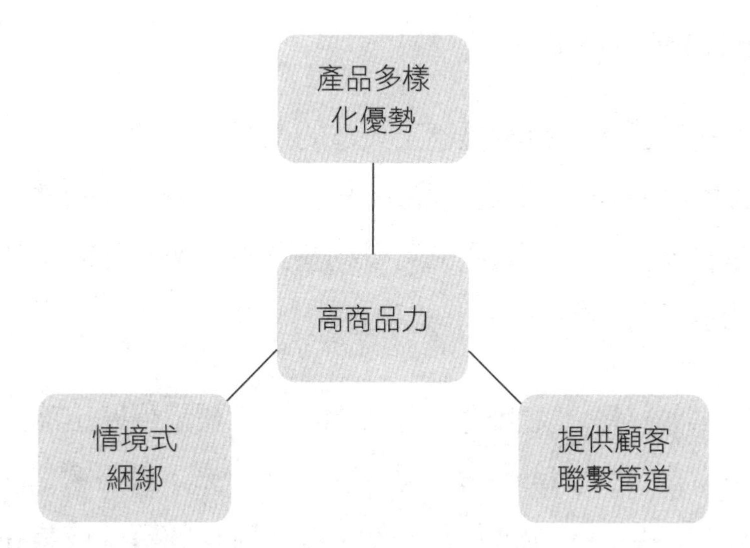

一、產品多樣化優勢

擁有高商品力的產品，通常優點都非常多元，像是多功能設計、品質保證、價格親民等等。以大同製造的星球電鍋文案為例：

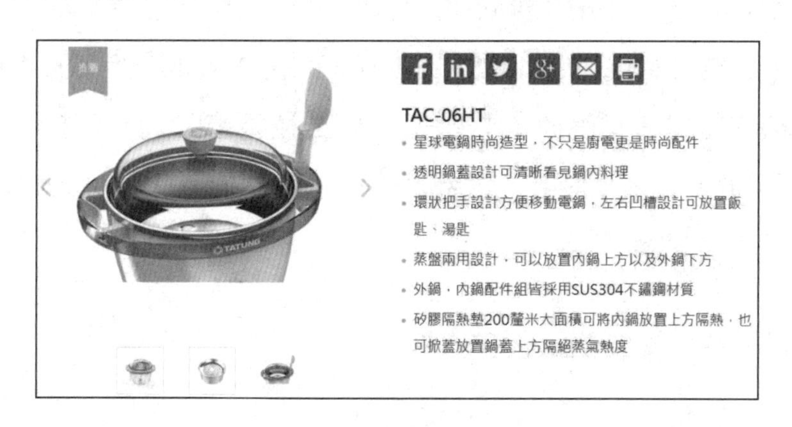

各位可以看到，在這個電鍋的文案裡，凸顯的特色就有 6 種，讓消費者在面對眾多相同價格、規格的電鍋時，可以比較哪一個特色比較多。若是這些特色剛好都符合消費者所需，那麼此產品的商品力就能提升。各位可以看到此文案的右上方有一系列的社群軟體連結，如果消費者對此產品的好感上升，就可以使用這些軟體，將這則廣告傳給他的朋友。這樣一來，不只商品力提升，連帶著大同的品牌力也會跟著增加，讓更多民眾對大同這個品牌產生正面的印象。

二、提供顧客聯繫管道

一個優質的產品，絕對脫離不了人群的生活。在設計產品的同時，要顧慮此產品的獨特性，還要構思此產品是否貼近人們的生活。除了高奢侈品外，多數的消費者都希望買了一個產品可以物盡其用，使用時間越長越好，這樣才會覺得花的錢是值得的。

通常在文案的結尾，尤其是社群文案，一定要記得貼上商品詳細購買資訊、管道，或者是會員、Line 好友連結。這樣一來，就不會造成顧客因為你的文案內容而對產品有興趣，但卻不知道要去哪裡購買，或是在哪裡參加限時活動的情況。要知道不是所有人都喜歡跟粉絲團小編說話，大部分的人都是希望盡量減少時間就能獲取想要的成果，而購買資訊若是不明確，無形中就是在消耗顧客與商家的時間成本。另外，在這邊建議大家可以在文案的最後放上顧客意見調查，並用小獎品誘使顧客填寫意見回饋單，收集客戶真實的想法及名單，有了顧客的回饋意見，對於產品的改良是非常有幫助的！也可以準備後續的再追售。至於聯繫管道，像是在臉書貼文裡，提供活動詳情時，可以附上Line好友的連結，讓臉書的潛在客戶能匯集到Line的名單，以增加更多品牌基礎的曝光度。

這邊提供一些文案範例給大家參考：

範例 1　星巴克臉書文案（圖片來源：星巴克臉書）

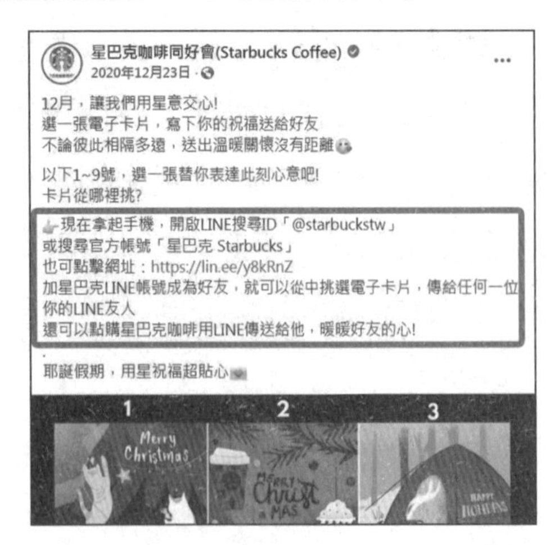

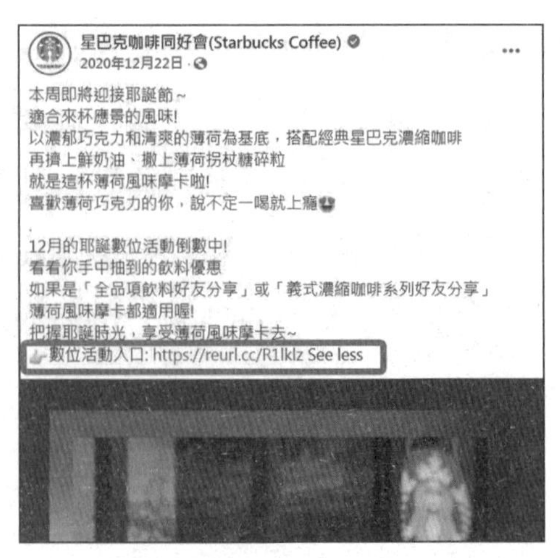

範例 2 **路易莎臉書文案**（圖片來源：路易莎臉書）

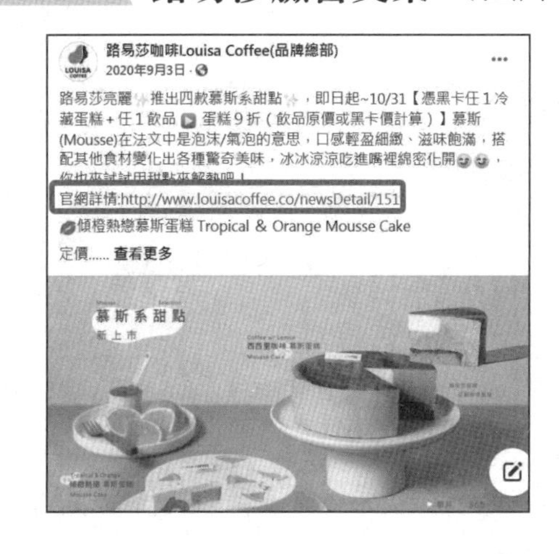

三、情境式捆綁

消費者購物常呈現出「碎片化＋少數固定式」的特點，也就是說消費者平常在購物時，大部分都是採取走馬看花的模式，只有少數商品是一直固定買某種品牌的。因此，在同種商品類的決策上，產品與情境的連結就顯得至關重要。例如拿吃外食的情境來說，第一個被激發的念頭是：要去哪裡吃？假設選擇百貨公司的地下美食街好了，第二個冒出的想法就是：在這麼多種的食物當中，我要吃麵、飯還是速食？假如選擇了速食類，又有不同品牌的競爭，這時消費者就會想：我該吃麥當勞、肯德基還是漢堡王？

發現了嗎？有了具體的需求之後，顧客會對不同種類的判斷做明顯的切割，才會有品牌和品牌對比。所以你寫的文案，必須要讓消費者將產品與需求做捆綁，當消費者有了明確的需求後，連結當下他所處的情境，就會去購買文案裡的產品。

以每年中秋節烤肉必用的烤肉醬來說，猜想大多數的台灣人都會想到「一家烤肉萬家香」的廣告吧！台灣是從什麼時候開始中秋節烤肉的風潮？這是因為 1980 年代台灣兩大醬油廠－「萬家香」、「金蘭」紛紛大力推出了廣告，像萬家香這句「一家烤肉萬家香」的廣告詞，紅遍全台灣，但當時它賣的是醬油而不是烤肉醬。後來，金蘭推出了超洗腦烤肉醬廣告，造就了現在台灣中秋節吃烤肉的特殊習俗。

文案是由廣告演變而來，它當然也留存了廣告對人們強大的影響力，只要善用情境式捆綁，還愁你的產品沒有商品力嗎？

銷售力

銷售文案販賣的不只是產品，更在打造價值認同，我們銷售的產品／服務東西當中，最有價值的是在人們的腦袋裡。

本書將銷售力的解釋分為四種：

1. 一個具有銷售力的文案就是先推銷自己，再推銷理念，最終達到將產品銷售出去的目的。
2. 銷售力文案必備的是一種心理溝通的能力，要讓消費者感受到你的專業。
3. 銷售力是一種問題導向的概念，幫助客戶解決問題、滿足需求。
4. 高銷售力的關鍵是對顧客的承諾，是一種保證的表現。

一個成功的銷售文案，是需要具有銷售力的內容與優質的產品。若是沒有辦法將你的想法影響別人，再好的產品也是賣不出去的。相對的，空有吸引人的文案內容，若你的產品沒有辦法滿足消費者的需求，回購率下降，口碑力、商品力、銷售力就會下降，最終就會影響到文案對產品的變現力。這四個力是環環相扣的，少了一個都會讓文案失去平衡，當然也就會影響文案對產品的助益。

而讓你的想法影響別人，讓別人購買你的 idea（或產品），這種說服他

人的能力，就是文案寫作力當中的「銷售力」。在上述這四種解釋當中，有兩個核心的重點就是「問題導向」、「建立信任」；問題導向指的是顧客接受你的想法，購買這個產品，能夠解決、滿足他們的需求。溫蒂漢堡創辦人戴夫·湯馬斯 (Dave Thomas) 說過：「Whether you sell hamburgers or computers, we're all in the customer service business. Our goal must be to exceed our customers' expectations every day.**不管你是賣漢堡還是電腦，我們都是在服務客戶。我們的目標必需是每天超出客戶的預期。**」一定要抱持著主動積極地找到對方的痛點，並想想我們的產品該怎麼幫助對方解決難題。

如何找到對方的痛點？首先，你先得把目標客群找出來，再將目標客群的消費習慣、需求、喜好調查清楚，以「解決顧客的需求」為目標撰寫文案，就能夠抓住消費者的痛點。把這個核心思想設立好，日日練習，即是培養銷售力最佳的途徑。

再來談談信任的建立，建立信任可以說是銷售產品最重要的關鍵！找出顧客的需求與困擾後，要讓顧客相信，在這麼多解決方法中，為什麼要採用你的說法或是你推薦的這個產品。歸根結柢，就是對顧客的承諾！只要讓顧客看見有那麼多成功案例或是成效的保證，無論你推薦什麼產品，消費者接受的程度都非常高！但如果你沒有拿的出手的證明，消費者說不定連看都不會看一眼，更不要說有機會採信你的說法了！

創造有力證明的方法有很多種，建立權威性、專業性的形象，就是最有效的方法。在上一章有說過，出書就是一個建立專業性的形象很好的方式，除此之外，參加相關性培訓機構所開設的知識課程，拿到證書後，也可以放到你的文案裡增加可信度。參加這種知識型的培訓機構，還有一種好處，就是在這個機構所舉辦的活動裡，你可以建立龐大的人脈，當有一天你的文案或是產品需要有公信力的人物為你做推薦的時候，就不用愁沒有知名人士幫你推薦！

舉個例子，在魔法講盟舉辦的每一場活動都有很多結交人脈的機會，還可以提供舞台，讓你學習公眾演說→講師培訓→兩岸百強PK→登上大中小舞台，累積實戰經驗。另外，這些活動有很大的一個觀念，是提升銷售力很重要的一個方法，就是「以課導客」！意即利用課程吸引客人上門。而這些來上課的學生，除了有可能是你未來的客戶，或許還能為你轉介紹客戶，也有機率成為你的員工、投資人、供應商、合作伙伴，一次滿足你眾多的願望。如果你想更進一步的了解這個課程，可以掃旁邊的 QRcode 參考一番。

講師培訓
課程資訊

世界上致富的最大要素，就是你說服人的速度有多快，當說服力培養到了極致就會變成影響力，而訓練最極致說服力的方法就來自於一對多的演說。現在的企業需要完整的銷售系統，傳統游擊戰的銷售方式，已漸趨弱勢，要達成銷售目標，瞄準目標受眾，透過一對多公眾演說的方法，對外行銷品牌形象、提升企業能見度，自動將用戶吸進來！

IDEA 變現力

近年來可以發現，在網路時代的推波助瀾下，文案不只能讓產品直接銷售變現金，還可以利用文案寫作斜槓賺錢，成了一種時代的趨勢。很多知名人士都說，在網路的世界，擁有文案寫作力，就是擁有了社會的核心競爭力，不管是新媒體、產品推銷、企業形象還是廣告傳播，都需要文案寫作力，才能有極高的變現力。

如何培養自己的文案寫作力，把文案變成印鈔機呢？筆者王晴天就這個問題，依自身的經驗與吸收到的資訊，跟大家分析文案寫作力中，變現力養成的三個步驟，提供各位讀者參考看看。

一、分析文案的能力

培養文案寫作力的第一個步驟，就是分析別人文案的能力。分析別人的文案，不是只參考文字的使用技巧，還要測試這個文案是否真的值得你仿效，測試的方向略分兩類：

1. 檢測最終的點擊率：例如說在官方粉絲團的某一篇文案，你可以先判斷它最後可能的點閱率，並寫下你預測其可能的點閱率最終值的原因。到一定時間後，比較其最後的點閱率是否跟你預測的差不多，若是和預測相差較大，就判斷造成差距的原因並記錄下來，比如是平台的關係、文字與受眾的契合度還是分析的角度出了問題。

2. 社群軟體上好友圈的檢測：當你沒辦法判斷一篇文案是否真的有價值時，可以把文案轉發到臉書、Line、IG、推特、微博等社群軟體進行測試，比如說一句「加班的感受像極了滄桑的愛情」，看看有多少人按讚和回覆，以此測量該文案對大眾的吸引力。

二、統整創新能力

培養統整創新能力，是在訓練文案寫作力必經的過程，本書將它分為 3 個部分跟各位介紹：

1. 統整：將相同主題的文章收藏起來，再把你覺得可用的部分剪下，分成不同的片段，將可用的架構、內容備份好，確定了主題以後，將你之前備份的內容重新分配、組合。例如說你在寫一本古代人物小說，但你對這個人物的背景、性格、經歷不甚了解，這時，你可以透過不同專家寫的論文或是之前就有人為他寫的傳記、文章等等，將這些內容架構拆分歸類，再重新組裝、整合。

   「統整」只是把自己欣賞的作品記錄下來，並不是將統整好的文章重新組裝後就發放出去，統整是訓練一個人不管是文案、文章寫作必備的邏輯能力。每一篇或深或淺的文字作品，都有它的邏輯在，你在統整、紀錄之時，也像是在拆解好幾塊積木模型，又重新幫他們組裝成另一個樣子的過程。

2. 改編：當你擁有了統整文章的能力後，就是需要改編能力的時候了。針對已經被你重新拆分、組裝的內容，像寫閱讀心得那樣，根據自身的實際體驗與想法，融合並展現出自己的觀點和理論。比如說針對一個事件、人物，你用與別人不同的角度去分析，或是跟別人的切入點差不多，但你可以有不同的見解或是分析的更細，又或者是跟別人的角度類似，但你能用不同的實例去佐證你的看法。還有一個方法，就是將文章的內容，加入不同的元素或者是敘述的順序與別人的脈絡相反。

「統整」跟「改編」能力，是培養文案寫作力中最基礎的部分，但不是要你利用這個能力去抄襲別人的作品。更重要的是你要怎麼利用文字重新定義這個事物的價值，以銷售文案來說，在撰寫文案時，你要想的是「我要如何賦予這個商品新的附加價值？」

3. 創新：學會了「統整」跟「改編」能力之後，接下來就是為你的銷售文案注入新靈魂的時候了，這個階段你要做的是利用你培養起來的能力，用自己看事情的角度去撰寫文案，而創新這個部分，分為五個步驟跟各位讀者分析。

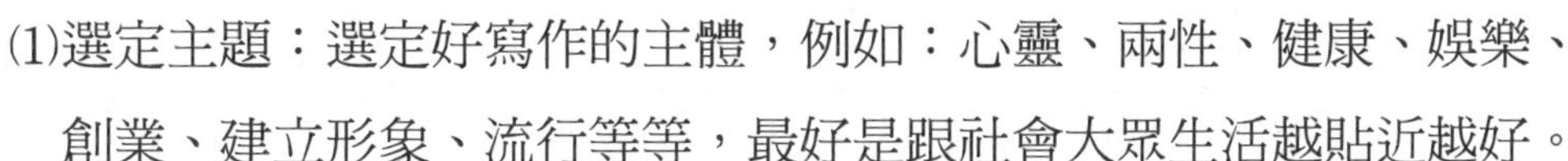

⑴選定主題：選定好寫作的主體，例如：心靈、兩性、健康、娛樂、創業、建立形象、流行等等，最好是跟社會大眾生活越貼近越好。

⑵架設文案結構：想好切入的角度，設立情境，列出文案大綱，將內容邏輯理順。

⑶下標：主標盡量不超過 10 個字，可以用數字強化讀者記憶，以爭取進入目標受眾的視野。

⑷注入內文：將事先收集到的資料，內化並加入自己的感想，填入文案架構內。

⑸設計強力的 slogan：最好短而有力，更重要的是要讓顧客感受到你的承諾，產品效能的保證。

在寫稿的過程中，除了大量的搜集資料，別忘了前一章所說的觀察力，結合受眾的需求，將你學習來的知識展現給顧客看，讓顧客感受到你的專業，增加信服力，這時再將你創造出來的 idea 影響顧客的決定。基本上，任何寫作都逃離不了「實踐」二字，每日至少規定自己寫 1～5 篇的文案，字數不限，你的文案寫作力才會快速成長喔！

三、文案變現的管道

學會了文案變現的方法，但沒有地方可以發布你的文字作品，寫得再好也是枉然，本書蒐集了一些資訊，整理過後分享給你，希望能提供你一些實質幫助：

1. 公眾網路平台投稿：最簡單的，首先大家可以在搜尋引擎輸入關鍵字「投稿」二字，就可以看到很多投稿的相關訊息；再來就是根據你平常喜歡流連的網路平台、粉絲團關注，詢問看看他們是否有在徵寫手。推薦幾個寫作的投稿平台給你參考看看：

⑴《行銷人》：

數位、科技、廣告、經營等行銷內容平台。

網址：https://www.marketersgo.com/opinions/

投稿信箱：news@marketersgo.com

字數規定：短稿文長約 800～1200 字；長稿 3000 字以內。

⑵關鍵評論網：

對時事的觀點評論

網址：https://www.thenewslens.com/contact

投稿信箱：oped@thenewslens.com

字數規定：建議 1500 字以上。

⑶思想坦克：

新聞觀點評論

網址：https://www.voicettank.org/contributors

投稿信箱：voice@voicettank.org

字數規定：提供真實姓名、筆名、Email與150字以內的自我介紹；每字 1.5 元，每篇以 1500 字為限。

⑷知識家：

商業、科技、生活、職場投稿

網址：https://www.knowledger.info/submit/

投稿信箱：knowledger.service[@]gmail.com

⑸ INSIDE：

網路、行銷、科技、生活、資訊媒體相關投稿

網址：https://www.inside.com.tw/contact

投稿信箱：contact@inside.com.tw

⑹若水學院：

課程文案

網址：http://www.waterstudy.org/csjob.html

投稿方式：填寫應徵表單。

⑺ 104 高手：

含任何文字創作徵稿的交流平台

網址：https://top.104.com.tw/caseList? cats=3001000

剛開始投稿的時候，一定會有些困難或找不到方向，這都是成為一個文案師必經的路；在跟案主溝通的時候，也會有來來回回修稿的過程，這是一個磨合期，很正常的，不必過於憂慮、焦躁。就像求職一樣，找到適合的工作，就可以穩定下來，有份定期的收入，在投稿文案得過程中，一旦有合作蠻順利的案主，就可以談固定投稿，為自己加薪！

2. 自媒體平台：如果你想自己做主，不想受人指使就能透過文字變現的話，自媒體平台就是一個很好的選擇。所謂的自媒體，就是利用各大社群軟體設一個公開帳號，在上面發布一些文字或影片來取得他人的關注，例如：YouTube、Instagram、Facebook、Twitter、微博、部落格、Mobile01、Dcard 等等，如果文章寫的不錯，就會有一些商家來邀請你為他們寫文案，也就是俗稱的「業配文」。

每個平台都有它的優缺點，有的人利用文字創造財富，有的人邊寫邊懷疑自己，便被淹沒在無窮無盡崩潰的泥沼裡；其實，只要善用每個平台的特性，創造自身的品牌力，你的文字就有價值，也就可以輕鬆利用文案變現！

IDEA 口碑力

在以前傳統的社會裡，一個知名的攤販、商家是利用人們口耳相傳的能力，創造品牌的定位，例如：老字號的鼎泰豐小籠包或是郭元益喜餅店。時代快速更迭，這些老牌的品牌店為了避免被埋沒在時間的洪流裡，也學會了為自己的企業「說故事」。以郭元益為例，以下是他們官網架設的品牌故事：

「清朝有位進士替郭元益寫了一幅對聯『元吉其旋無往不利，益動而巽與時偕行』，橫批『大哉乾元益進無疆』，這幅對聯即為郭元益百年傳承的餅時精神之最佳詮釋。

郭元益與台灣這塊土地的情分深遠，西元 1708 年，郭氏先祖郭龍即已由福建漳州渡海來台。西元 1867 年，創辦人郭樑楨於人文薈萃之地「八芝蓮林（清末改稱士林）」的發源地——舊街（即現今士林神農宮一帶）開設糕餅店鋪，將祖傳餅藝發揚光大，並以郭氏福建祖厝「元益」為名，創立糕餅店根基。

西元 1945 年，第三代經營者郭欽定將「元益」上冠郭姓而成「郭元益」，並取當時在地鄰野之草山山麓中常見梅樹花形為餅章，取其堅忍而芬芳，外顯見優雅之特質與郭元益之沉穩內斂、踏實質樸相呼應。如同家徽精神，期待後人秉持做餅良心，不忘初心的態度，成為品牌化的開端。遂以一根扁擔的傳奇，讓郭元益糕餅持續在台灣傳承出新開花結果，綻放餅食文化之燦爛光芒。

專注於傳統糕點的演譯與創新中，品牌蛻變從面面俱到的穩定發展，到以傳統底蘊的創新理念，不變的是誠實做餅，誠心奉上，品質堅持一如初衷。讓伴手禮成為傳達人與人之間情感的表現，特有的歷史文化氛圍，造就旅人們視為在地風味之象徵，並以喜餅禮盒見證百萬對佳偶，榮獲連續 10 餘年消費者心中第一品牌，以相同的喜悅投入彌月禮盒，讓百年品牌成為當代生活的美好時光。」

這是一個典型的文案範例，利用過去郭元益的歷史，強調真誠、品質保證以及時間的見證。用文案讓原本就有口碑的自己再上一層好口碑的形象創造品牌力，也是文案寫作中口碑力的展現。

那麼新產業要如何利用文案創造好口碑呢？想一想，你平常要買東西之前，會不會有上網查評價的習慣？每次筆者去大賣場購物時，都會先查一查這個產品的評價好不好，以免買到雷貨。而這個網路上的評價，就是所謂的「電子口碑」，前文我們在講變現力時，有提到現在商家都會請有影響力的網紅或寫手，為他們寫業配文，而這個業配文就是口碑。

其實，口碑就是指人與人之間交流下的產物，好的網路評價就是好口碑，壞的網路評價就是壞口碑，文案師利用自身的文案寫作力，讓消費者認為這個產品很棒，就是文案寫作力中「口碑力」的效果。

現在有很多企業利用網路文案「口碑力」的力量，以活潑、生動的方式貼近目標受眾，創造了可觀的收益；由此可見，文案寫作力的重要性。

要怎麼樣才能寫出具有口碑力的文案呢？整理了 5 個重點提供你參考：

一、保持真誠的態度

在銷售文案時，最忌諱的就是誇大卻不實的產品內容，又或是散播太多好評，就是俗稱的「養網軍」，一旦被廣大的網友們識破，反而會給受眾品牌負面的印象。而撰寫具有口碑力文案最大的目的就是希望能增加受眾對品牌良好的形象，如果急於求成，過度誇大自己或是刻意去中傷其他品牌，反而有很大的概率，會損害自己的形象！

二、評估產品／品牌／服務的性質，選擇容易引起受眾討論的主題

文案人必須了解沒有一個產品是適合任何主題的，必須透過對產品徹底的了解後，選擇與時下高討論度的主題做結合，例如時尚衣飾、美妝、流行娛樂相關的等等，確保之後在做討論度引導的時候，能夠順利引起受眾的回應。就如前文所提過的，文案人除了要了解產品的優勢，更要時時觀察社會大眾，因為要求進入大眾的視野範圍內，首要的重點就是要貼近受眾的生活。

三、討論度引導

首先，你可以透過品牌所經營的官方社群帳號，以及容易出現相關主題的論壇，例如：YouTube、Instagram、Facebook、Dcard、PTT、Mobile01 等等，觀察有哪些人正在討論你的產品。又或者直接另外寫一篇開箱文，看看底下網友們的反應，順勢提供話題讓談論度延續下去，比如說你可以舉辦限時回應或投票可以抽獎的活動。以下提供一些蠻會做熱度引導的範例給你參考。（圖片來源：這群人官方 YouTube 頻道、Dcard 官方 YouTube 頻道、這群人臉書貼文）

【Dcard 尋奇EP4】能接受另一半是母胎單嗎？女生洗澡平均要一小時？| Dcard.Video

觀看次數：423,563次　　6489　67　分享　儲存　…

Dcard
38.9萬 位訂閱者　　訂閱

吃飯滑 Dcard 很麻煩嗎？沒關係我們直接講給你聽！

☞一天洗兩次澡這很正常?

顯示完整資訊

428 則留言　　排序依據

新增公開留言...

已由「Dcard」設為置頂

Dcard　3 個月前

這集怎麼講這麼多🍎..............................

-

啊，看完影片也來我們的 IG逛逛吧~ ~ ~💘

☞https://pse.is/QWPBM

只顯示部分內容

399　　回覆

這群人 TGOP
1月1日下午6:07 ·

🔥重要公告🔥
這群人IG辦抽獎啦!
限定口味生乳捲直接送!
只到1/4(一) 快去抽一波RRRRR
#群編提醒
#快去抽那個酷東西

另外這陣子廣受大家好評
各路創作者及藝人好朋友們都搶著吃的『雪戀莓生乳捲』
只到1/19 (二)就要結束了!
還來不及跟上的草莓風潮的
快把握機會R
傳送送一波:現在預購做一個驕傲草莓族>>https://bit.ly/3mZi63B
亞尼克
#聽說現在上亞尼克官網 #登錄送200元購物金 #蛋糕錢直接省 #這群人

當目標受眾看到的文案，進一步談論你的產品時，要積極、持續地與他們進行互動，這樣就能增加消費者對你的好感度，進而提升你的口碑力。也就是說，必須讓消費者有一個暢通的管道與你溝通，這樣一來，不僅能收集消費者的意見，持續推出好產品，還可以讓他們擴散、傳播你的產品消息或活動。比如在各個社群官方網站中，一定要有留言、發送訊息的功能，或是提供明確的郵件地址，讓消費者可以輕鬆地給出意見，並且要盡快處理消費者的疑問或困難，或者是即時回應消費者滿意度的回饋。

四、追蹤成效

網路加強了言論的傳播功能，每個人傳達想法也變得更加容易，要維持口碑力的效用，需得長期持續觀察，並將人們在各個網路平台對產品的評論蒐集起來。一來，可以檢視你的文案吸引力有多強，二來，也方便了解受眾的感受，保持優點並改善缺點。比如說你一次可以投放兩種不同版本的文案到臉書上，測試哪一種版本的文案更受人喜歡，觀察人們在底下留言的部分，將讀者對文案的建議蒐集起來，當作下次文案撰寫的養分。若是要延伸到加強品牌力的部分，除了要維持產品的熱度，還得小心負評的產生，一旦負評過多，不只口碑力會下降，還會影響到銷售力、商品力甚至是變現力，品牌力也會隨之崩解。

五、顧客推薦文案

商品推出一陣子後，若培養起來固定的客戶群，可以問問他們是否願意為你的品牌或商品寫推薦文案，當然建議你也要給對方一些回饋，像是贈品等等，這樣對方答應你寫推薦文的機率會比較高喔！如果顧客願意的話，可能會碰到顧客詢問這類的問題：「**我願意幫你寫推薦文案，因為你們家的商品很不錯。但是，我不知道該從何寫起比較好？**」這時，你就可以提供給顧客早已寫好的推薦文案範本，並請對方參考撰寫，這樣就比較容易將顧客好評累積起來喔！

閱讀到這裡，你是不是覺得連邀請別人寫好評都很麻煩呢？沒關係！這邊已準備好顧客推薦文案的模版！你只要把相關資訊填上去即可，這樣，是不是就方便多了呢？現在，就請讀者動筆試試看吧：

◈簡單的自我介紹：__________。當初因為有__________的煩惱／需求，開始尋找__________這類的產品／課程／服務。後來在__________的機緣下，我接觸了__________。剛開始使用__________，覺得__________。後來因為這個__________（產品／課程／服務），獲得了__________。建議有__________的需求或煩惱的人，一定要購買這個產品／課程／服務。

範例

大家好，我是王晴天。當初因為有想學製作短影片的煩惱，所以到處尋找有開短影片教學的課程班。後來在跟泰倫斯的一次談話中，發現泰倫斯就是這方面的專家！所以特別尋求泰倫斯的教學幫助，開始接觸了短影片製作。剛開始學的時候，覺得短影片的製作程序很複雜，但在泰倫斯的耐心與細心指導下，逐漸學會了短影片製作，並發現短影片製作不僅好玩，還可以運用在各個平台上賺大錢！

真是太划算了！

魔法影音
課程資訊

後來，我覺得這麼棒的技術應該讓更多人知道。於是，建議泰倫斯開班授課，提供 1 對 1 教學服務，教導學員融會貫通為止。沒想到，一開課就收到學員們的踴躍報名！名額都已經快滿了！所以，建議各位需要製作短影片的朋友，一定要趕快報名泰倫斯的魔法影音課程！

2-2 廣告文案的種類分析

對於文案的傳遞方式來講，有一點需要注意的就是文案的類型，不同類型的寫作方法及應用場景都是不同的，了解文案都有哪些類型，並且在什麼情況下使用哪種類型的文案，對於在寫文案的我們來說，是必須要重視的問題。

文案的價值在於傳遞訊息，特別是產品價值訊息。一個好的文案，可以讓目標受眾對產品的認知從無到有、保持統一，或者認識升級，從而為後續的市場推廣、產品銷售創造良好的氛圍。

為了達到這個目的，文案寫手需要注意兩個問題：文案訊息內容以及訊息傳遞方式。本小節重點比較偏向於後者。因為文案的本質是溝通，而在人和人的溝通中，你說什麼很重要，但更重要的是你怎麼說。有時候，同樣的意思，會因為表達方式的不同，最終達到不一樣的效果，有時甚至還會有天壤之別的情況。

廣告文案依據企業銷售目的，分為傳播型文案和商品文案兩種，並且不拘於任何的呈現方式。比如說，若你受餐飲業者所託，為他們撰寫電視廣告的文案，而他們的目的是為了「打造他們企業良好形象」，那麼以這個目的下去撰寫的文案，就叫「傳播型文案」。這時，就可以寫一個企業捐助、社會關懷的形象廣告，又或者是寫一則企業專為消費者著想的情懷廣告等等，以感性的訴求來產生共鳴與認同。但是，如果現在同樣是要為這個餐飲企業寫一則電視廣告文案，而他們的目的是為了「快速帶來銷售量」，那麼以這樣的目的設計出的文案，就叫「商品文案」。這時，文案的撰寫角度就非企業整體，而是為特定的商品量身訂作。

IDEA 傳播文案

通常企業都會僱用專業的文案師為他們的品牌設計宣傳文案，是為了透過文案影響消費者對企業的觀感，擴大企業的知名度，進而讓目標客群相繼購買他們的商品，如高價名牌精品包或平價連鎖速食等。然而，每個企業對傳播文案持有不同的觀點，比較具代表性的是以下幾種：

- ◈ 廣告的目的在於改變目標消費者的思想與行為。
- ◈ 廣告的最終目的是銷售商品。測試廣告是否有效最好的方式就是從銷售業績來追蹤。
- ◈ 好的廣告要能幫助企業打造長期良好的形象。要衡量廣告的效果，不僅要看廣告的曝光度、還有點擊率，甚至是銷售結果。最重要的，是能讓消費者持續消費，讓公司的產品和服務成為消費者生活的一部分。
- ◈ 通過廣告文案和消費者溝通，建立與目標消費者之間的連結關係。促使消費者願意購買我們的商品而非競爭對手的產品。

筆者威樺很喜歡逛街，休假沒事就到商圈，百貨公司逛逛。有一次經過台北小巨蛋，看到一個很大的明星照片，圍繞著台北小巨蛋。但它並沒有介紹什麼商品，也沒有賣什麼東西。一開始不是很能理解這有什麼意義，因為在小巨蛋外牆刊登廣告，費用是高得驚人！但想一想後，總算能理解了，他們會這麼做，是在打造個人品牌與知名度，而這就是傳播文案的一種，在公車、捷運都會看到類似的傳播文案。

就如同前述所說，打造品牌定位是傳播文案的重點。除了我們一般看到的品牌廣告，最常見的就是各個企業網站很愛放的品牌故事，以下提供一些範例，供您參考：

範例 1 路易莎品牌文案（取自於路易莎官網）

文案內容 1

【標題】路易莎的精品咖啡夢

因一句「懂得喝義式咖啡才是行家」創辦人黃銘賢初嚐 Espresso，強烈風味震撼了味蕾，定下做杯好咖啡的決心。堅持手工烘豆、細細翻動、控制火侯，尋找甜蜜點讓咖啡豆完美釋放風味，歷經四年研發出經典配方，以義大利女神 LOUISA 為名，守護讓所有咖啡愛好者喝杯好咖啡的信念，堅定對精品咖啡文化的熱情，並於 2006 年創立第一間門市，開啟路易莎精品咖啡連鎖品牌的世界藍圖。

文案內容 2

【主題】品牌故事

路易莎咖啡創始 2006 年，第一代商標為 LOUISA 女神化身為火焰烘焙著咖啡豆，藉著犧牲與奉獻賦予咖啡生命，在千錘百鍊中，更鍛鍊出自身的價值，就象徵著每一位路易莎咖啡的夥伴，堅持製作美味咖啡的精神，感動每一位客人，更在艱辛的工作中鍛鍊自己的價值，在路易莎咖啡中成為最專業的吧台師傅。路易莎第二代識別於 2011 年，將品牌識別色定調為黃橘色，並露出 LOUISA 女神的側臉，髮絲由咖啡花朵組成，佩戴著咖啡紅漿果的耳環，LOUISA 女神幻化為大地之母，孕育著大地生態，種植出最高品質的咖啡豆。路易莎第三代全新識別系統於 2016 年上市，以橘、黑、白為主色調，LOUISA 女神從咖啡飲品的提供者，轉型為咖啡文化的領航者，藉由多年的消費市場經營，準確掌握台灣咖啡文化核心，在下一個十年，企圖重新塑造屬於台灣人的咖啡地圖。

關鍵評析

這組文案的主題為「咖啡夢」，強調一開始只是抱持著「想提供客人高品質咖啡」的初衷賣咖啡，之後才慢慢站穩腳跟、擴展事業版圖，不僅將品牌定位成發展台灣咖啡文化的企業形象，更逐步用「台灣人的咖啡夢」影響世界。

它更以「增添榮耀感」的技巧，引發受眾共鳴，例如：文案最後一段「LOUISA 女神從咖啡飲品的提供者，轉型為咖啡文化的領航者，藉由多年的消費市場經營，準確掌握台灣咖啡文化核心，在下一個十年，企圖重新塑造屬於台灣人的咖啡地圖」，強調自台灣發跡的路易莎將走向全世界，這也意味著光顧路易莎的客人們，也是見證路易莎創造佳績的一分子，讓消費者有種與有榮焉的感覺。

更特別的是，路易莎的 logo 設計一代一代，不斷持續革新，設計與文案的連結性非常強，讓每位到路易莎喝咖啡的消費者，甚至是路過看到路易莎 logo 的人，都能想起路易莎的品牌故事。

範例 2 誠品品牌文案（取自於誠品官網）

文案內容 1

【主題】品牌名稱的由來

誠，是一份誠懇的心意，一份執著的關懷

品，是一份專業的素養，一份嚴謹的選擇

取名「誠品」，代表著我們對美好社會的追求與實踐。

英文名稱 eslite，由法文古字引用而來，為菁英之意。

象徵努力活出自己生命中精彩的每個人。

文案內容 2

【主題】創辦人故事

「誠品，不只是一間書店，

更是一個空間，一個安頓身心的場所。」——創辦人吳清友先生

誠品創辦人吳清友先生（1950～2017）生於台灣台南市；1972 年畢業

於台北工專機械科（今台北科技大學）。早年從事專業餐廚與旅館設備的銷售經營；1989 年創立誠品書店。

誠品的起源，來自於吳先生對人及土地的終極關懷，帶領團隊在城市中創作一處又一處能讓人安頓身心、自在閱讀，進而實踐各種美好想像、展現多元精彩的文化場域，使誠品成為獲得國內外諸多肯定的華人文化創意品牌之一。吳先生多年來堅守不變的經營理念，及在藝文業界的深耕努力，屢獲社會各界及媒體給予獎項肯定，曾獲「《今周刊》2012 年財經風雲人物—台灣最有影響力領導者」、香港設計中心 (HKDC)「設計領袖大獎」(Design Leadership Award 2011)、受邀為【Discovery 台灣人物志 II】代表人物，更榮獲台北市政府文化局頒發台北文化獎以茲追思紀念。

關鍵評析

文案 1 將「誠品」這個品牌名稱拆分，藉由仔細說明名稱由來，帶給客戶一種誠懇與專業的態度，成功營造出誠心為客戶著想的形象；文案 2 切入的觀點卻截然不同，強調「誠品書店不只是賣書，它賣的更是書的氛圍，以及提供消費者最舒適的讀書環境」，但最終目的仍與文案 1「誠品」這個品牌命名的用意相互呼應，都是以客戶觀感為中心主軸。這兩則文案的目標都是為了打造誠品專業、品質保證、舒適環境，以及為消費者著想的良好形象，是一套蠻典型的傳播型文案。

範例 3　薰衣草森林品牌文案（取自於薰衣草森林官網）

文案內容 1

【標題】二個女生的紫色夢想

我們是這樣無可救藥的愛戀咖啡、愛戀旅行、愛戀流逝而過的光影與氣味，並用畫筆與音符留住這些心情與故事！

在台北外商銀行工作了六年的詹慧君與來自高雄的鋼琴老師林庭妃在接觸了很長一段時間西方的香藥草後，一直夢想擁有一畝自己的薰衣草田，在一個可以身心安靜的地方。為了圓這樣的憧憬與追求簡單純樸的生活，兩人扛著全部的家當來到山很多樹很多的中和村。

這裡離城市很遠，遠到地圖不標示、有的行動電話也派不上用場。車過中和村後，小路沿著潺潺小溪平緩而上，層層山巒，陽光空氣在樹林花叢間遊走，梅花、桃花、李花、山櫻花、油桐花、檳榔花、野薑花、梔子花、含笑花、桂花在季節中輪番上演。螢火蟲、野兔、大冠鷲、竹雞、紫嘯鶇在山林間自在出沒。山谷裡散居的二十餘戶人家，組了守望相助隊，一邊巡邏、一邊淨溪及保育生態，犯罪在此絕跡，晚上睡覺大門不必上鎖，離家幾天不必擔心家裡的雞犬沒人照料。

而我們為了打造屬於自己的理想天地，也在節省營建成本的考量下，主體建築與花園是我們與園主王媽媽一家人從除草、整地、挖土、搬石頭、排列步道、種花到蓋房子，全是每個人利用休假日，一磚一瓦一草一木，親手打造起來的。值得一提的是王伯伯除了同意我們砍掉五十株他種了十多年的檳榔樹外，更把全部的檳榔園改種上一畦一畦的薰衣草田與香草田。

我們希望來這裡的客人都可以感受到，生活中難得的寧靜與在寧靜後身、心、靈的滿足感與豐厚的踏實，在薰衣草森林您可以隨興的看看書、聊聊天，或者坐在樹下聽風的聲音，用全身的每個感官去感受自然環境的變化。感謝您不辭辛勞、不畏路途遙遠，來到薰衣草森林。我們誠心的歡迎您到山上走走，看風入林間，聽山川草木唱歌。或是體驗三五天的山居歲月，過一種簡單樸實的生活，認識、照顧香草，學作手工餅乾與香草料理。

文案內容 **2**

【標題】紫丘種下的夢想

在這幸福的紫色山丘，有著一個打造幸福國度的夢想，藉由結合手邊現有的資源以及熱血沸騰的雙手，來完成夢想實踐的第一步。

在這紫色國度中，我們希望讓來過的朋友們都能留下美好的印象，並將我們的理念和溫暖傳遞出去……。

關鍵評析

這組文案以「追求夢想」為主題，藉由文案 1 前半部的故事敘述，營造出兩位勇敢實踐夢想的普通女生，將一步一腳印創造出來的世外桃源——薰衣草森林，毫不藏私地分享給消費者的形象；另外，也使用大篇幅的類疊修辭，點出各類動植物徜徉其間，具象化薰衣草森林欣欣向榮的場景。

由於現今都市社會越趨繁忙，汲汲營營努力了一段時間的都市人往往會排定「走向郊區」的散心行程，這也使觀光農場、觀光工廠、賞花平台等「親近自然」的場所如雨後春筍般冒了出來，想要被消費者「看見」，廣告文案就是能爭取客源的一條路。

這組文案從「薰衣草森林」建立的緣由開始，再以「桃花源」落地生根作結，能充分讓消費者在了解「薰衣草森林」之餘，也被她們的故事所感動，最終情不自禁地想為這兩個歷經創業艱辛的女孩，採取消費支持的行動，可見這組文案的成功之處。

範例 4　鼎泰豐品牌故事（取自於鼎泰豐官網）

文案內容

緣起

提到鼎泰豐，總讓人先聯想到皮薄餡鮮、封口有著完美黃金十八摺的小籠包。然而在這樣的盛名之下，鼎泰豐這個名字是從何而來？又是如何誕生？有關鼎泰豐的傳奇是這樣開始的。

鼎泰豐創辦人楊秉彝先生，出生於一九二七年的中國山西省。一九四八年的夏天，二十一歲的楊秉彝先生在國共內戰時期，毅然決然地坐上「花蓮號」，從上海漂洋過海地來到了台灣闖蕩，並找到了台灣的舅舅。在舅媽的協助之下，楊秉彝先生得到他在台灣的第一份工作，就是在「恆泰豐」擔任送貨員。兩年後，由於工作勤快，為人忠厚老實，老闆便開始讓他負責看帳和管理店內進出貨的工作。二十八歲時與同樣在「恆泰豐」工作的賴盆妹結婚。婚後繼續在油行工作了三、四年，直到有一天，老闆因為轉投資失誤，使得「恆泰豐」受到牽累，一蹶不振，最後油行被迫解散，秉彝夫婦只好不捨地離開，此時的秉彝已經三十一歲了。

離開油行後的秉彝夫婦決定自行創業，那麼新店名要取什麼好呢？楊秉彝先生想了想，他是向「鼎美油行」批的油，而自己又出身於「恆泰豐」，不如就取名為「鼎泰豐」吧，也算是感念「恆泰豐」老闆夫婦對他的恩情，也於此構成了「鼎泰豐」的雛型，此時是一九五八年。當時電話很難申請，信義店現在仍在使用的二三二一八九二七的電話，是向山西老鄉時任監察委員買的，趁買電話之便，又拜託同鄉監委向于右任先生索了一幅字當招牌「鼎泰豐油行」，四十多年來一直懸掛在信義店鼎泰豐的入口處。

秉彝憑著以前在「恆泰豐」油行建立的人脈和良好商譽，「鼎泰豐」油行的業務很快就上了軌道，累積了一點積蓄後，夫妻倆東湊西湊的在信義路上買下了一個店面，把油行遷入這邊，就是鼎泰豐信義本店現址。到了一九七二年左右，罐裝沙拉油問世，民眾對於購買油品的習慣有了全新的改變，卻也因此「鼎泰豐」油行的生意受到前所未見的衝擊，生意越來越差，楊秉彝夫婦日夜愁眉苦臉：「這樣下去也不是辦法！」然而山窮水盡疑無路，柳暗花明又一村，就在楊秉彝夫婦以為這是他們事業的盡頭時，卻萬萬沒想到這次的事件成為「鼎泰豐」轉型的契機。楊秉彝夫婦接受「復興園」唐老闆的建議，把原本賣油的店面改成一半賣油，一半賣小籠包。而「鼎泰豐」的小籠包在毫無宣傳之下，憑著真材實料，客人吃過皆讚不絕口，吃過的客人一個帶一個地上門，生意極佳。就這樣「鼎泰豐」結束掉油行的營運，正式

經營起小籠包與麵點的生意，而「鼎泰豐」成為國際品牌的傳奇故事也就此展開。

信念

一、細節是最完美的服務
餐飲服務，講究的是服務的溫度與彈性。鼎泰豐的服務是發自內心的真誠，以客戶需求為第一優先，主動提供服務，期許每一個細節都能累積出鼎泰豐的服務理念與品牌價值。

二、不創造一日的業績
楊紀華先生從父親鼎泰豐創辦人楊秉彝先生手中接管後，將原本小吃店的經營模式，轉型為企業經營管理，達到飲食國際化與世界接軌的目標，以提供最佳品質與完善服務為第一項目，不創造一日業績的理念，並提升品牌的能見度，達到永續經營的目標。

三、品質是生命
原料的嚴選堅持、食材的細膩處理、烹飪的嚴謹調味、上桌的品質服務，每一個環節都謹慎面對，層層把關，才能將這份信念送到客戶的餐桌上。

四、品牌是責任
對美食的堅持，是對客人的一種責任，每一刻都是真正打動消費者的關鍵時刻，每一個細節都是累積鼎泰豐金字塔的砂礫，鼎泰豐的用心，可以讓每一個人嚐到安心。

關鍵評析

這組文案雖然與上一組文案主打的類型與客群都有所差異（這組文案屬於餐飲類型，上一組文案屬於觀光類型），但它們起首的方式卻如出一轍——都是以故事傳記的模式作為開頭。這個寫法非常適合各行各業使用，尤其是以標榜「古老」、「傳統」或帶有「傳承」性質的

品牌形象。

此外，這組文案更將品牌定位成「從台灣本土小吃，成功拓展到全世界」的傳奇故事，不僅將企業格局擴大到國際，也讓台灣消費者能夠共享榮譽感。文案中後段更利用過去顧客留下的好評價，增加品牌的口碑力，最後更是以「品牌是責任」來承諾產品的品質，讓消費者能夠安心品嚐鼎泰豐出品的美食，是一組非常有力道的廣告文案。

品牌故事沒有規定一定要怎麼寫，不過，最常見的套路就是說一個故事：品牌的緣起與背景的架設、品牌的優勢、品牌的願景與承諾。你可以發現各家公司對於品牌故事的套路可謂是不盡相同，但是要做到在眾多資訊海當中脫穎而出的關鍵，就是要學會說故事，直白一點講就是寫出與消費者的共鳴點。關於如何學會說故事，後續的章節會詳盡地跟各位讀者說明。

IDEA 商品文案

說到商品文案，很多人常會覺得很頭痛！其實，要寫出能夠吸引人的商品文案，並沒有想像中的困難，我們只需要注意以下兩點即可：**第一個是目標受眾**。寫文之前必須弄清楚，這個文案是要寫給誰看？你在對誰溝通？千萬別以為只要隨便寫一篇文章，就可以吸引一大堆人購買！**第二個是特色**。意思是不能只是在文案中塑造華麗的詞彙，更需要明確提到自家商品有哪些具體的特色、利益，而這些是對消費者有幫助的。

掌握了這兩點之後，我們就會對文案寫作有一個具體的概念。另外，這裡為各位整理了文案鋪陳的流程，提供您商品文案寫作的參考：

一、 商品文案的重點在於喚起讀者的共鳴

也許你曾看過很多的文案，上頭寫了密密麻麻的功能、規格和特色，價格看起來也很合理，但成效卻不理想，你覺得發生了什麼事？答案是因為這些文案沒有鎖定目標受眾，也並未使用他們聽得懂的語言來溝通，自然也無法激發消費者的共鳴。所以，喚起共鳴是很重要的一個步驟。

台灣有一位區塊鏈專家，她投資虛擬貨幣第一個月就賺了百萬以上，而且當時她只有 18 歲，是一個小女生。有些人可能 18 歲還在餐廳打工，一個小時才領 70 元而她卻已經月收百萬了！後來有學員去聽她演講，她講的是一堂陌生開發結合區塊鏈。這些學員對金融商業是一竅不通，但卻聽得懂她在說什麼，這是因為她不會在過程中講一些很專業的術語。她不會說：「×3 矩陣找到三人就對碰出局」、「冷錢包的安裝與使用流程」這類的。

她在課程中說得很簡單，例如：「區塊鏈是未來的趨勢，我是用一種安全無風險的平台投資。」或是「每天跟兩個朋友談，連續每天做這件事就可以了。」之類的簡單術語。這讓聽的人會覺得很簡單，我們也可以做得到之類的，她成功的激發在座聽眾的共鳴。

二、 深入了解潛在顧客的困擾與需求

很多人寫文案只是從公司立場或經營者立場出發，但光說自己想講的東西是沒有用的；如果不能換位思考，無法深入理解潛在顧客的困擾與需求，又怎能期待對方會買我們介紹的好商品呢？

重點來了，要如何了解潛在顧客的煩惱和需求呢？首先你得先定位商品的目標受眾。比如說你是奶粉的供應商，那麼你就要想，哪個年齡層、哪種

狀況的人會需要奶粉？答案是20～65歲的人，極有可能是目標受眾。一是剛生下孩子的爸爸媽媽，二是隔代教養的爺爺奶奶，會需要買營養的奶粉給小嬰兒喝。將潛在客戶的基礎資訊調查完後，再繼續深挖。比如說這些目標受眾的購買喜好、喜歡在哪個地方購買，以及對產品有什麼特別需求等等。準備好較詳細的顧客資料後，就可以推判、篩選出潛在客戶的需求了。

三、為潛在顧客帶來解決方案

在了解潛在顧客的問題與需求之後，就可舉出我們所提供的建議解決方案。並且要記得，在文案中強調使用之後可以帶來的具體效果。如此一來才能強化消費者的信任關係與支持。

在上一個步驟時，我們已經調查出潛在顧客的需求和煩惱，接下來就是將顧客的煩惱與情境做連結。試想如果你有這些煩惱，會是處於什麼樣的情況？以上一個步驟的舉例——奶粉來說，假如筆者是一個新手爸爸，由於希望孩子能夠健康地長大，所以希望能夠買一個營養滿分、小孩子又喜歡喝的奶粉。另外，由於個人偏好的關係，希望奶粉是源自於紐西蘭的牛奶。設想的情境：「在網上尋找了很多奶粉的品牌，但不知道哪一些是安全可信的來源，且不懂什麼樣的營養成分是對孩子好的。」將潛在客戶的需求及情境設計出來後，就可以提出相對應的方案解決對方的問題了。例如：按照剛剛設想出來的情境，提供的方案可以是「某某醫院的名醫介紹本產品含有DHA、葉黃素，是幫助嬰兒成長的可信配方。來自於紐西蘭的天然乳源，讓寶寶吃的開心，爸媽也安心。限量試用申請，名額有限！」有了名醫的背書，就能增加顧客對自家產品的信任度，且消費者也能知道究竟是什麼營養成分才是對孩子最好的，如此一來，消費者最重要的需求就解決了。次要就是滿足潛在客戶的偏好要求，像是紐西蘭的乳源、試用品等等。

四、進一步採取行動呼籲，轉換訂單

前面鋪陳了那麼多，如果最後消費者還是沒有下單，豈不是很可惜？有

許多台面上的講師，授課內容還不錯，與台下學員的互動也很好，但是最後卻沒有人購買他所推介的產品或項目。而這正是因為談完了解決方案和可以帶來的好處之後，忽略了再進一步呼籲大家要採取購買行動。要知道，即便是蘋果的CEO賈伯斯，他在iPhone發表會中也不忘大聲疾呼，要所有聽眾與觀眾去購買 iPhone 手機！所以，我們更要謹記，要在商品文案中置入強而有力的行動呼籲。

針對抓住潛在顧客注意力的部分，本書有幾個建議，**第一個是講好處、第二個是結合時事，第三個是激發消費者好奇心**。講好處的意思是觸動目標受眾的需求，讓大家也想要購買某屬性的商品；而結合時事，則是根據一些最新的新聞報導，可以多提提最近流行的話題，例如美國大選、疫情等等，讓大家感受到我們的不同之處。最後，激發好奇心也很重要，可以多從商品本身有趣、成分或內容講起。

而在文案內容的撰寫上，建議讀者們可以多看看本書提供的範例，進而找出差異，並營造出與眾不同的風格。無論像是以前的全聯福利中心、福斯汽車，都紛紛建立了鮮明的特色，這一點也值得參考。這邊，再分享一些實例給大家參考：

範例 1 **亞曼尼黑霜商品文案**（取自於BEAUTY美人圈／撰文者：Bonnie）

文案內容

【標題】年輕只差這一瓶乳霜！修護大神亞曼尼黑霜奢養肌膚，預約護膚還能體驗全球限量黑霜面膜！

說到頂級乳霜，造型極簡、渾身散滿精品質感的亞曼尼黑霜是美妝內行人的夢幻逸品！包裝美、質地高級只是標配，亞曼尼黑霜的修護功力更是大神等級，換季波動的膚況，疲憊顯老的肌膚都能被它妥妥修護、恢復健康光彩，保養不費力GET年輕膚質！現在更推出限量版黑霜面膜，一片面膜富含滿滿一罐亞曼尼黑霜精華，快來預約護膚體驗，新年一掃疲憊黯沉，幫肌膚開光、迎來好運連連的 2021！

亞曼尼黑霜的神級修護力來自珍稀黑曜岩精萃，是 Giorgio Armani 研發團隊耗時多年、從火山礦物中萃取出的能量成分，富含微量元素，與肌膚構造相似、能快速被吸收，啟動肌膚修護機制，抗老乳霜搭配 95 %超精純密蘿蘭天然成分，修護力更是加乘！這邊科普一下，【密蘿蘭】是一種超級植物，生長於嚴峻的乾燥極地環境，即使乾枯十年，只要一滴水就能一夜起死回生，亞曼尼研發團隊將手工摘取的密蘿蘭，在其最乾枯同時凝聚最強重生力的黃金階段，以獨家科技萃取出重生力極高的濃縮精萃運用在肌膚保養上，能啟動肌膚最深層的修護力，使肌膚迅速重返如新生般的澎潤光澤。

無論哪一種膚質都需要修護保養，因此亞曼尼黑霜貼心推出兩款細膩質地，滿足每種膚質與肌齡的需求：偏油膚質的網友分享亞曼尼黑霜「輕乳霜」清爽舒適，不給肌膚負擔，連夏天都想使用；肌膚乾燥卻不喜歡乳霜厚重感的網友也說，亞曼尼黑霜「經典版」潤而不膩，很快就被肌膚吸收，留下紮實的水潤呵護。

亞曼尼黑曜岩乳霜能快速修護乾荒黯沉肌膚，例如熬夜後的疲憊膚況或冬季乾冷造成的乾癟鬆弛肌；穩膚作用更是令人驚豔，泛紅肌膚使用乳霜明顯改善不穩膚況；問題肌膚如冒痘出油、又乾又油也能用黑霜來調理平衡、預防肌膚出狀況，提升整體膚質的水嫩感及光澤度。黑霜的優異保養表現，讓網友大讚：「雖然它很貴，為了肌膚好、犧牲荷包也值得啦～」
#顛覆乳霜質地想像，「雪融霜」一抹即融，抗老保溼乳霜兼具輕盈膚觸&潤澤實感，一用就會愛上！

#即刻體驗肌膚頂級奢養！入手亞曼尼黑霜趁現在最優惠，直接升等時尚紅 VIP，還有機會把黑霜面膜帶回家

青春不等人，但是有亞曼尼黑曜岩抗老乳霜、青春直接Long Stay！還在觀望就是跟好膚質過不去，因為現在入手亞曼尼黑霜，直接升等時尚紅VIP，還有機會獲得全球限量的黑霜面膜一片（價值NT1600），只送不賣就等你帶回家！

關鍵評析

光看標題「年輕只差這一瓶乳霜！」就頗能吸引顧客的目光，尤其是那些以「永保青春」為志向的女性顧客，若她們發現了一款能讓自己保持青春美麗的產品，即使售價再高，也肯定有人願意買單！

再看向文案後半段，它把這個產品的優勢寫的清清楚楚，如：「神級修護力來自珍稀黑曜岩精萃，是 Giorgio Armani 研發團隊耗時多年、從火山礦物中萃取出的能量成分……抗老乳霜搭配 95 %超精純密蘿蘭天然成分，修護力更是加乘！這邊科普一下，【密蘿蘭】是一種超級植物……」。此段文案除了以「神級」進行誇飾，強調產品的修護能力外，更在之後的文案提及「Giorgio Armani研發團隊」，這裡採用的文案技巧是「加入看起來很厲害的英文名詞」。也許消費者根本對於「Giorgio Armani」毫無了解，但卻不妨礙他們將「Giorgio Armani」視為一個非常專業、強大的研發團隊，這種寫法也可以應用於各行各業的文宣上。最後，文案也花費大量的篇幅介紹「密蘿蘭」這種植物，不斷強調並加深消費者對於此產品的優質觀感。

這則文案更深入強調「亞曼尼黑霜」的兩種版本——「輕乳霜」和「經典版」，這裡用的文案小技巧是「給消費者選擇的可能性」。想像一下，若將某個產品放在你面前，即使洋洋灑灑地寫了一堆它的優點與特質，但你仍可能堅決不買；但若將兩種產品放在你面前，分析兩種產品各自擁有的優點與特質後，問你要選擇哪一款，你大概率會二者擇一。

文末，更附上「優惠活動」的推薦，這也是一種非常常見的廣告文案寫法。所有的消費者都想買得更划算，企圖以最省錢的方式購入心儀的產品，因此，若能有額外的優惠，便能大大增加讀者下單的可能性！

範例 2 蕾莉歐商品文案（取自於蕾莉歐官網）

文案內容

【標題】急救美容神器！海藻多元植物精華保溼液

絕佳的「美容急救聖品」，內含海藻萃取精華，可有效促進肌膚的代謝，強化肌膚防護，持久保溼功效，能使疲憊的肌膚，維持彈性與飽滿，清爽不油膩，留住肌膚年輕光采，使肌膚柔嫩光滑、緊緻；可淡化及預防眼周細紋。

關鍵評析

這則文案也是光就標題「急救美容神器」就能吸引消費者的目光，且在內文中列舉出產品的特色（海藻萃取精華）、使用效果（有效促進肌膚的代謝，強化肌膚防護，持久保溼功效）等部分內容，讓消費者對此產品更加了解，逐漸加深「洗腦」的力道。

除此之外，從文案的敘寫形式不難發現，此產品的目標受眾是 28 至 60 歲的女性。這個年齡層的女性由於長時間的工作或加重的生活壓力負擔，使她們的皮膚快速老化，為了維持皮膚的彈性，通常會尋找能夠滿足需求的功效型產品。因此，她們面對這種將產品功效凸顯地一清二楚的產品，很難不心動！

範例 3 香奈兒 5 號商品文案（取自於每日頭條）

文案內容 1

I wear nothing but a few drops of Chanel No.5.

我只穿香奈兒 5 號入睡。

文案內容 2

Every woman alive loves Chanel No.5。

每一個女人活著都渴望有一款香奈兒 5 號。

文案內容 3

A woman who doesn't wear perfume has no future.

不用香水的女人沒有未來。

文案內容 4

It's not a journey,every journey ends,but we go on. The world turns,we turn with it.Plans disappear,dreams take over，but wherever I go,there you are. My luck,my fate,my future.Chanel N5.Inevitable~

這不是一段旅程，旅程總有終點，但我們在繼續。世界在轉，我們也隨著改變。當計畫消逝，夢成為主宰，無論我走到哪裡，都有你。我的幸運，我的命運，我的未來——香奈兒 5 號，無可避免的。

關鍵評析

從這組文案中可以看出，文案的長短並不一定與廣告效益成正比。儘管越長的文案能帶給消費者越多的產品訊息，但事實上，過多的文案也會造成消費者閱讀時的障礙，甚至讓部分不喜歡閱讀大篇幅文字的消費者選擇「直接跳過」，造成不利於產品廣告的反效果。

這組「香奈兒 5 號」的廣告文案就是一個短文案的好例子，它前三則的文案都只有短短一句話，但分別利用了各種筆法彰顯產品的特色，包括具象化（香奈兒 5 號是一款香水，只能經由聞、嗅來使用，但文案 1 用「穿」將它具象化，塑造一種「擁抱香水入眠」的場景）、強調必要性（文案 2 及文案 3 用「每一個女人活著都渴望」及「不用香水的女人沒有未來」來強調香奈兒 5 號對於女人的重要性，成功形塑一種「女人沒有香奈兒 5 號就矮人一階」的狀態）。

最後，儘管文案 4 的用字較多，但與前幾組的範例文案相較，文字數量還是頗為精簡。其中以「旅程總有終點，但我們在繼續。世界在轉，我們也隨著改變」強調產品會不斷更新、進步，帶給消費者一種「進行中」的動態感；最終更以「我的幸運，我的命運，我的未來——香奈兒 5 號，無可避免的」作結，將產品與消費者的幸運、命運、未來作連結，令消費者將「對光明未來的期許」轉嫁到產品身上，引出「只要用了香奈兒 5 號，就能掌握自己的未來，並能走向光明」的想像。

範例 4 蘭蔻商品文案（取自蘭蔻官方臉書）

文案內容

【標題】極光水在手，寒流算什麼？

極光水免溼敷！秒發光！

今天寒流來襲

真的好想躲在被窩裡啊

（啊！不小心講出內心話了）

除了做好保暖

也要顧好肌膚狀況喔

極光水保養超簡單

不用再花時間等溼敷

搖一搖一擦秒發光

首選急凍救星「#極光水」

馬上領取試用 → https://bit.ly/3hdBatG

領完試用，今晚就能在被窩裡好好保養了

#有誰也都擦極光水嗎

#蘭蔻

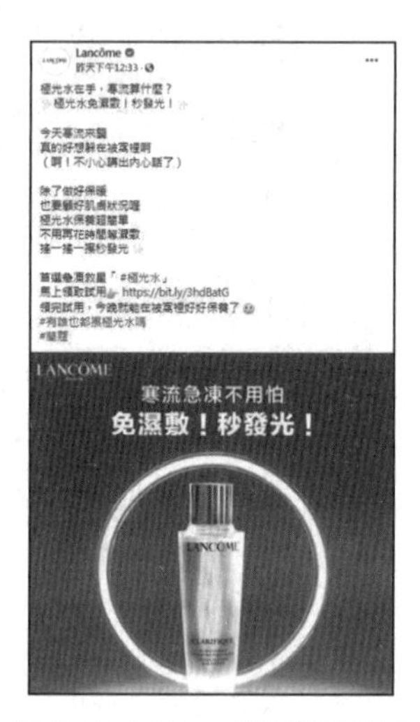

（圖片來源：蘭蔻臉書）

關鍵評析

這一則文案發布於冬季，許多人冬天時，面臨到肌膚容易乾燥、龜裂、不舒服的狀況。而此文案從標題到內文都圍繞著這個煩惱打轉，彰顯產品不僅能滿足消費者需求，更能立即見效。像這樣的文案，對潛在客戶來說，很有吸引力。

文案中段「真的好想躲在被窩裡啊（啊！不小心講出內心話了）」更以詼諧逗趣的筆法撰寫，能讓消費者會心一笑，進而更為關注下方的文字敘述。

另外，此文案的標題「極光水在手，寒流算什麼？」也很有記憶點，除了凸顯產品優勢，文末也有列上試用活動的網址，是很典型的社群銷售文案。

範例 5　《真永是真·魔法筆記：本世紀全球華人圈最偉大的高端演講》

文案內容

時刻對「知」抱持謙虛的態度與情懷，
不氣餒地再次熱烈追求而永無止盡，
探詢真理背後的真理，永不停止追求！

真永是真，讓您獲得不斷前進的原動力，
邀請您一同追求真理，分享智慧，慧聚財富。

高效率、高細緻度、高完整性的七大超強筆記術
關鍵字筆記法
大綱分類筆記法
康乃爾筆記
麥肯錫筆記
心智圖筆記法
九宮格筆記法
QEC 筆記法

不論是課堂筆記、演講心得、讀書報告、活動規劃、文案發想、行動紀錄……等都適用！

真永是真——透過知識核心的傳遞，引發您個人對知識的謙卑與追求的渴望，助您將學識提升為智慧，再昇華為真理！

全球華人圈最偉大的高端演講，讓您加強學習，創新思維，提高智慧的能力！

智慧是開啟真理大門的鑰匙，發現和認識真理的科學方法，連接實踐

與思想的橋梁，承接實踐，啟迪思想。

在無意間改變你我思維的方式以及面對的態度，激發你追求真理的動機，引起你更深入探究的興趣，正向的面對生活，開啟不一樣的π型人生！

真永是真，為您解讀萬種圖書之精髓，與您分享知識之精華！

目錄

記筆記的速效黃金法則

關鍵字筆記法

大綱分類筆記法

康乃爾筆記

麥肯錫筆記

心智圖筆記法

九宮格筆記

QEC 筆記法

關鍵評析

這組書籍文案中，第一大段是在闡述產品理念，強調書名「真永是真」的名詞定義，讓消費者迅速抓到作者想傳達給自己的意念與精神——探詢真理，永不止息；第二段才開始展現此書所有的特色，善用數字抓住消費者注意力（高效率、高細緻度、高完整性的七大超強筆記術），幫助消費者快速了解這本書能帶給他什麼，進而促使消費者下單購書。

若仔細拆解一些成功的商品文案，你會發現他們在打動消費者的環節，都有幾個共同點：第一個是以潛在顧客為重心，說故事影響，但不是說教，說教的效果不好，因為沒人喜歡被說教；再來主動提出問句，也就是問題，刺激潛在顧客思考，藉機拉近與潛在顧客的距離，激發共鳴點；以及文案內

容要營造獨特的風格，展現你的不同之處。

老話一句，商品文案的重點在於以人為本，而不是文筆的賣弄。從理解目標受眾的核心需求開始，進而觸發受眾需求和好奇心，便能讓商品文案發揮效用，甚至有接不完的訂單！

最後，為了方便各位複習，本書整理一下廣告文案種類的重點，做成結構圖，提供給各位參考：

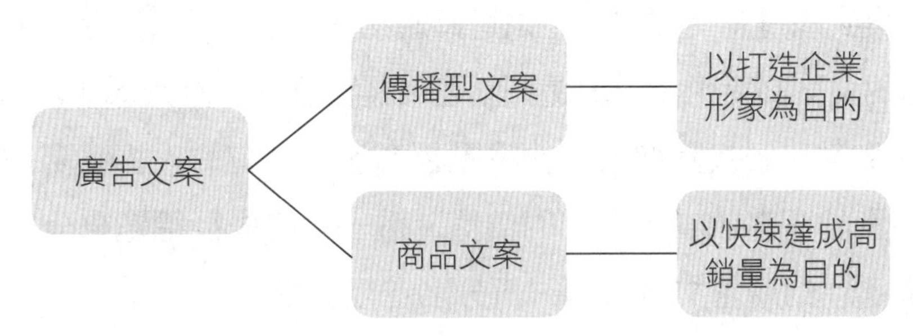

2-3 長短文案的種類分析

文案到底是寫長文案好，還是寫短文案好？不僅是新手，連撰寫多年的文案高手也會討論這個話題，其實這真的沒有標準答案。有的人喜歡寫短的文案，一次就把所有的重點都寫進去；有的人喜歡寫長文案，因為他們要不斷的塑造、哄抬商品的價值。這一章節先從標題來分析，下面是以一些產品過往的廣告文案為例，再分別進行解說。

1. 雀巢咖啡：

「味道好極了」

雀巢公司是一間瑞士的飲料公司，它是世界上最大的食品製造商之一，且成立超過 150 年了。近年來股價也很穩定，那像這種老字號的公司，其實光標題就足以說服很多人了。只要你曾經是喝過他們咖啡，並肯定他們的產品，那這樣的標題就會吸引你再次消費或是了解。

2. 麥氏咖啡：

「滴滴香濃，意猶未盡」

作為全球第二大咖啡品牌，麥氏的廣告文案可以說是經典中的經典。與雀巢不同的是，麥氏咖啡塑造一種安靜的氛圍，企業希望我們細細品嚐每一滴的咖啡，感受他們與其他品牌的不同之處。後面四字「意猶未盡」用的很

妙，讓消費者看到就能連想到品嚐咖啡的感受。意在鼓勵消費者喝完再喝，成為麥氏咖啡忠實的支持者。

3. 麥氏咖啡：

「好東西要與好朋友分享」

分享是人的天性，麥氏希望掌握人的這個特性，研發出高品質的咖啡，試圖讓消費者認同。接著鼓勵消費者分享，他們可以用累積點數的方式，分享拿折扣的方式讓更多人認識麥氏咖啡。好的咖啡不需要解釋。只需將品嚐咖啡的感受深深植入消費者的心中就行。

4. M&M 巧克力：

「只溶於口，不溶於手」

只溶於口不溶於手這句話想說的是，這麼好吃的巧克力，應該迫不及待的品嚐，放入口中享受其中的美好滋味，而非拿在手上。各位讀者是否可以想像到那個畫面了呢。想想小朋友們拿到巧克力的反應，應該是迫不及待的想打開包裝品嚐對吧。M&M 就是想要描繪出這樣的畫面。

5. 德芙巧克力：

「牛奶香濃，絲般感受」

首先我們來探討德芙這個品牌，德芙由字母D、O、V、E四個單字組成，每個字母分別代表了一個英文單字DO 、YOU 、LOVE 、ME。所以全部連起來是Do you love me。翻譯成中文的意思是「你愛我嗎？」企業將這四個單字的第一個字提出，組成一個新的單字 DOVE。製造德芙的瑪氏食品認為，應該接觸消費者最細微的情感，所以用「絲般感受」一詞來吸引消費者，並試圖給他們食品美好的味覺體驗。

6. 可口可樂：

「永遠的可口可樂，獨一無二好味道」

從「永遠」一詞即可看出可口可樂的雄心壯志，可口可樂希望永遠得到市場的認同，所以他們研發出了獨一無二的碳酸飲料，而事實上也引來許多消費者的追隨。最有名的例子就是華倫・巴菲特 (Warren Edward Buffett)，他是可口可樂的粉絲，更是可口可樂的大股東。

7. 百事可樂：

「新一代的選擇」

與可口可樂相似的是另一個品牌百事可樂，百事可樂主打年輕人的市場，從「新一代」這三個字即可看出。百事可樂認為他們需要表現出跟可口可樂的不同之處，所以鼓勵新世代的年輕人選擇百事可樂，而這也剛好符合資訊爆炸的現代趨勢。所以百事可樂的成績大家有目共睹。

8. 大眾甲殼蟲汽車：

「想想還是小的好」

六十年代的美國汽車市場是大型車的天下，當時甲殼蟲剛進入美國市場，推廣業務非常不容易，直到美國一個廣告大師威廉・伯恩巴克 (William Bernbach) 出面幫忙，他研究完甲殼蟲的特性之後，運用廣告的力量，改變了美國人的觀念，他認為小型車靈敏且在許多道路行走時是更方便的。這個概念使

美國人認識到小型車的優點。從此，大眾的小型汽車就占有市場的一席之地。

9. Nike：

「Just Do It」

Nike的招牌語「Just Do It」相信大家都不陌生。Nike將它結合在Michael Jordan、Kobe Bryant 這些知名的運動選手。鼓勵大家做出自己的選擇。而熱愛運動，甚至是球星的粉絲們。看到這樣的標題無不瘋狂。所以也成功地幫Nike 打出一片市場。

10.Nokia：

「科技始終來自於人性」

Nokia直到被智慧手機取代之前，長期以來都是手機界的龍頭老大。Nokia的標語「科技以人為本」正好寫出了許多消費者的心聲。在資訊爆炸的現代，人們最困惑的是不知道如何做選擇，感覺好像什麼產品都需要，又感覺好像什麼產品都不需要。這時出現了一句「科技以人為本」重新點醒了消費者的選擇意識。是的。我們選擇 Nokia 的目的不就是為了生活更方便嗎？

11.De Beers：

「鑽石恆久遠，一顆永流傳」

這句廣告語從小聽到大已經耳熟能詳。直到現在還是會在各大平台上看到這則標題，可見得它的魅力不一般。人人都知道鑽石的取得不容易，也知道它的耐久度與硬度。所以象徵愛情是再貼切不過。而事實上也打動了許多想結婚的新人們。堪稱廣告文案界的一大奇蹟。

12.IBM：

「四海一家的解決之道」

IBM是美國一家跨國科技公司及諮詢公司，主要商品是電腦硬體與設備，眾所皆知比爾蓋茲當年是跟 IBM 合作才順利的把微軟推廣到全世界。所以「四海一家的解決之道」旨在幫助世界解決更多商業設備的問題，這個標題名符其實，事實上 IBM 的股價也一直很穩定成長。

13.柯達：

「串起生活每一刻」

在智慧手機普及的時代之前，柯達一直都是照相業的龍頭老大。利用相機記錄生活的每一刻，徹底地掌握了消費者的需求。尤其是工作跟旅遊有關的人。絕對需要一台柯達相機，愛旅行的戀人更是毫無懸念。雖然後來被新科技取代，但是這句經典標題直到現在還具有一定的影響力。

14.山葉鋼琴：

「學琴的孩子不會變壞」

這是台灣最有名的廣告語之一，每個父母都希望自己的孩子成龍成鳳。而它抓住父母的心態，採用攻心策略，不像一般的企業一直講鋼琴的優點，而是從學鋼琴的過程中如何有利於孩子身心成長的角度，吸引孩子的父母注意。事實上這一點的確很有效，因為父母十分認同山葉的觀點，於是購買山葉鋼琴就是必然的結果了。

15.人頭馬 XO：

「人頭馬一開，好事自然來」

人頭馬來自法國干邑地區，是世界上最有名的白蘭地品牌之一。人頭馬並非一般人能享受得起，因為價格昂貴的因素，因此喝「人頭馬 XO」大多數是中年富人。讀者們回想一下，中年富人家的客廳里，總是擺放著一排的洋酒對吧。其中，放在最顯眼位置的，肯定是「人頭馬 XO」。

所以有一個傳說是這樣的，當你喝到人頭馬，你的好運就來了。因為你已經開始融入了富人圈。懂嗎？

16.鹿牌威士忌：

「自在，則無所不在」

在這個廣告標題中，那個鹿頭人身的傢伙感覺總是一副神情自若的樣子，這是因為他經常喝鹿牌威士忌的關係，企業就是要塑造那種讓你羨慕的感覺。並邀請各位享受一下鹿牌威士忌。這種標題攻心的力量，常常比精確的描述還有效。

其他再分享幾種不同行業的標題文案，請看：

1. 眼藥水廣告：滴後請將眼球轉動數次，以便藥水布滿全球。

2. 花店廣告：送幾朵花給你最愛的人，但不要忘了你的妻子。

3. 餐館廣告：請來本店用餐吧！不然你我都要挨餓了

4. 空調廣告：本產品在世界各地的維修工是最寂寞的。

5. 理髮店廣告：雖為毫髮技藝，確是頂上功夫。

6. 美容院廣告：請不要向本店出來的女子調情，她也許就是你的祖母。

7. 新書廣告：本書包括十個短篇小說，我熬了許多個夜晚才寫出，現以一百元奉獻給讀者，也就是說一個短篇才值十元。

短文案範例

看完了標題的文案，我們再來研究短文案。想在美國亞馬遜網站賺全世界的錢嗎？那麼，你就要有短文案的能力，將商品的亮點呈現在消費者眼前。跟標題文案相比，短文案內容多了一點點，請各位耐心讀下去：

範例 1 教育部臉書文案——還校（取自教育部官方臉書）

文案內容

「你是忘記了，還是害怕想起來？」

過去在學校所學的知識，你還記得多少呢？
你是忘記了，還是根本沒念？
還是為了感謝老師，所以把老師教給我們的寶貴知識，通通物歸原主，還給老師了？
在教師節這個日子，讓我們除了感謝老師之外，同時也一同跟老師懺悔：
「對不起，你教我們的，都忘光了。」

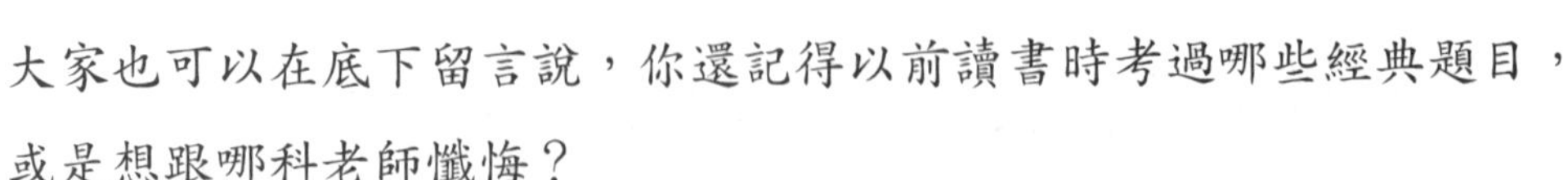

大家也可以在底下留言說，你還記得以前讀書時考過哪些經典題目，或是想跟哪科老師懺悔？
不過現在的教育已經跟以前不一樣了，像108課綱增加了很多選修課，教學的主體從老師改成學生，讓學生選他們想學的課程，激發他們的學習熱情。

此外還新增了探究與實作課程，培養學生發掘問題、思考問題及解決問題的能力和態度，學到的東西都會深刻記在腦海裡。

108 課綱，讓學生所學的，不再還給學校。

#還校

#教師節快樂

關鍵評析

這篇文案應該很多人都很喜歡，它其實是用了 2019 年行銷圈非常愛用的電影梗——「你是忘記了，還是害怕想起來？」。這句 slogan 是源自於台灣驚悚電影《返校》的廣告語，尤於簡短又與劇情連結，隨著電影好評不斷、人氣水漲船高之下，開始被網友們在社群網路上照樣造句，風行了起來。於是，各大廣告商爭相使用這句 slogan，且往往都能引起消費者的注意。而這篇文案正是使用了《返校》的電影梗，將主角設定為「把學校知識通通還給老師的學生」，讓人不經會心一笑。看到此篇文案的學生們，代入感也會十分地強烈！更妙的是，文案的後半段提到了 108 課綱，將 108 課綱的特色回扣到文案的主角，告訴讀者 108 課綱可以讓常常忘記課文的學生，將所學的知識深刻地記在腦海裡。這樣一來，彼時 108 課綱甫上路，教育部既能達到宣傳 108 課綱的效用，還能呼籲學生們不要輕易將課程內容還給老師。再者，這篇文案的發布日期靠近教師節，也是開學的月份，正好可以加強塑造「主角」一開學就將課本忘光光的形象，還能因應當下的時節，讓學生、家長更有感。

範例 2 麥當勞犯睏文案（取自於梅花網）

文案內容

說好出門走走，我卻睏成了狗。

在哪裡犯睏，就在哪裡躺平。

睏意總比公車先到、不僅有座位還免票。

生活，有時是很多個必須要熬的夜。

一般情況打工人、特殊情況睡美人。

「靠得住」的人，可能也和你一樣睏。

認真工作的計畫，趕不上犯睏帶來的變化。

真想找個角落，打個大哈～欠！

睏意上頭，聽什麼都像催眠曲。

是誰？！在我的精神食糧裡，下了「蒙汗藥」。

關鍵評析

這是麥當勞在冬天發布的一則海報文案，以「睏」為主題，將生活中愛睏之人的形象，具體地呈現出來；巧妙的是，單看這則文案，可能會不曉得他要賣的是什麼產品，但仔細想想，要怎麼解決這種打擾生活計畫的困擾——「犯睏」呢？我想大部分人都會想到咖啡吧！對！這組文案賣的就是咖啡！看出來了嗎？廣告文案的套路就是：設想需求→提出解決方案。

範例 3 街頭類文案 （取自於梅花網）

文案內容

◈ 跌倒吧，沒人提醒你要小心。

◈ 昨晚做夢不祥，寫在西牆、太陽一照，化為吉祥。

◈ 那些樓宇人事看起來不值一提，真正望過去的時候，又停在眼裡不肯走。

◈ 原諒向日葵愛上月亮，原諒鱷魚愛上聖女果，就是原諒愛、就是原諒彩虹色的詩意。就是原諒孱弱的心在暗夜下的燃燒，原諒她、原諒她們，這本是浪漫的出入口。卻被這鐵鑄的世界，烙上反常的寓言。

◈ 我也許活不過 125 歲，但我要按我的方式去生活。

◈ 我相信，夢裡能到達的地方，總有一天，腳步也能到達。

關鍵評析

曾有一陣子很流行街頭文案，它們的文字非常簡單，雖然沒有精緻的美術設計和排版，但是文字帶給人的力量卻是異常巨大的。比如說，這幾條街頭文案裡，最特別的是第一句「跌倒吧，沒人提醒你要小心。」它其實是一個貼在階梯上的警示標語，但它的效用卻遠比直接告訴行人「小心階梯」還來的引人注意，因為它跟往常我們看到的警示語思路不同，所以更容易被注意。第二條文案「昨晚做夢不祥，寫在西牆、太陽一照，化為吉祥。」則是以「夢」作為切入點。現代人可能因為工作或環境壓力過大，造成睡眠品質下滑，進而導致噩夢頻頻；當人們做了惡夢，往往會擔心害怕一陣子，直到惡夢的內容逐漸被淡忘。然而，這條文案卻鼓勵人們將惡夢的內容寫出來，攤在陽光下，讓陽光將不祥之夢「淨化」，轉為吉祥，藉此穩定人們的情緒。這則文案能讓人學習到的正是「反向思考」。最後一條文案「我相信，夢裡能到達的地方，總有一天，腳步也能到達。」則是強調「實踐夢想」的重要性。正所謂「坐而言不如起而行」，就像知名故事〈窮和尚與富和尚〉的主旨一樣，千里之行始於足下，空想再多，若沒有確實開始行動，往往停滯不前，始終無法完成夢想。

這幾條文案有些其實非常適合當作自己座右銘，或者將它們做成標語放在公司門面附近，提醒自己的同時，也讓來往的客戶感受到公司的優質格調！

範例 4 電影《一秒鐘》海報文案（取自於壹讀網）

文案內容

⑴我永遠也忘不了，小時候看電影時的某種情景，那種難言的興奮和快樂就像一場夢。電影，陪伴我們長大。夢，伴隨我們一生。總有一部電影會讓你銘記一輩子。銘記的也許不僅是電影本身，而是那種仰望星空的企盼和憧憬。《一秒鐘》獻給所有愛電影的人 By 張藝謀

⑵電影放映機只要一開，聲音一起來，這是最好聽的音樂。

⑶那些真正心動的瞬間，彌足珍貴。

⑷看電影是一場狂歡，是那個物質與精神極度匱乏的年代，一種仰望星空般的快樂。

⑸通過「膠片」的不斷「轉動」，傳遞一份情感，這讓我特別迷戀。

⑹膠片時代結束了，它是一代人的情懷與回憶。它離我們遠去，但電影人對它依然心存懷念和敬畏。

關鍵評析

《一秒鐘》是一部中國劇情片，由中國知名導演張藝謀執導。故事主角張九聲聽聞女兒即將要在《新聞簡報》中出鏡，為了見到多年未見的女兒，冒著生命危險逃出勞改農場，希望在電影院裡播放的《新聞簡報》中看到女兒。電影內容中主角遇到許多的困難，深入人心，而導演的目的是希望用這部電影的故事力提醒消費者重視親情；另一方面，是將膠片塑造成另一個主角，喚起人們過去對電影的記憶與感動。而這些文案，皆是承載了電影想要表達給觀眾的主旨。

範例 5 電影《聽見她說》的文案（取自於梅花網）

文案內容

⑴我承認，我活在微博和朋友圈裡。看的是綜藝裡的明星，畫的是最熱門的仿妝，穿的是誰誰誰上臉上身上腳的同款，聊得是稍縱即逝的熱搜，過的是輕薄短小的生活，不容置疑的標準，簡單輕率的判斷，刻舟求劍的效仿，掩耳盜鈴的附和。狹窄。逼仄。

⑵我不是對鏡子失望，鏡子有什麼錯，鏡子是誠實的，鏡子是無辜的，我是對自己失望。

⑶這是個看臉的時代，對嗎？不對，不全面。不光要看臉，還要看胸看腰看屁股，看頭髮看指甲，看腳後跟。顏值似乎成了某種話語權。

⑷美的標準是什麼？是誰定義的這樣的標準？這樣的標準又是為了誰定義的？我沒有質疑高白瘦。我質疑的是「一定」。

⑸如果身體總能修復，意味著傷害不存在嗎？從今以後沒有人再能傷害你了，你是完美的。

⑹時間過得好快呀，我也一下長這麼大了，為什麼要因他的錯，而懲罰你而懲罰我呢，你自由了。

⑺你那麼懂事，為什麼你夜夜還會在洗手間裡哭？

⑻所有的聲音，那都不是我的喉嚨，該怎麼做，我有我的方式。

關鍵評析

《聽見她說》是由中國著名女演員趙薇發起，並擔任監製的獨白劇。劇中聚焦於重男輕女、高齡單身（敗犬）、家暴、物化女性等女性面臨到的性別刻板印象，這些問題嚴重影響到現代女性的生存權利。趙薇希望透過這個獨白劇，揭露出現代社會對女性的壓迫，並讓社會大眾更加重視兩性平權，進而為女權發聲。除了劇情相當的豐富多元外，獨白劇的海報文案，更細膩地點出了女性在這個社會上將面臨到的問題與困難，相當發人深省。

範例 6 《令人心動的 offer》第二季文案（取自於知乎／原創者：江楠）

文案內容

人生就是戰鬥，每時每刻。

⑴學會接受遺憾，學會接受過程比結果更重要。

⑵年齡不是藉口。

⑶坐冷板凳的時候，一定要自己找事做。

⑷上班之後才明白，如果不溝通，很容易被誤解。

⑸喝酒不如做美麗的 PPT。

⑹學會拒絕，是成熟的表現。

⑺初入職場與校園的區別：一時的成功或失敗並不代表未來，專業精神比知識更重要，更加看重團隊合作。

關鍵評析

《令人心動的 offer》是騰訊視頻於 2020 年製作的綜藝節目，主軸為描繪夢想著成為律師的年輕人們將在一定時間內加入位於中國上海市的君合律師事務所。其中，有許多充滿正能量的文案短句，各位可以蒐集起來，當作自己的參考詞庫。

範例 7 褚橙新文案（取自於數英網／作者公眾號：文案包郵 **ID：kol100**）

文案內容

⑴最美的早晨，百葉窗把陽光切好，擺在床上。你倒了杯牛奶，把橙子切好，擺在窗台，看她醒來。

⑵如果你有兩個橙子，你應該用一個去換一朵玫瑰花。

⑶時間裡堆疊出來走心的甜，不敷衍。

⑷有時候我會覺得，人類的情話可以不用語言，一顆橙子就夠甜了。

⑸好吃的定義，沒有一個準確答案，實建褚橙給出其中之一，就是吃完之後口腔裡莫名的舒適。

⑹此時的秋，天空、月亮、草木都美。在秋天裡，我想忘記一些事情，

忘記一個秋天、一張面孔。一整年了，我只想記住一個橙子的味道。

關鍵評析

這個帶點詩意的文案有個特點，它不斷使用「轉化修辭」，如編號 1 的文案「最美的早晨，百葉窗把陽光切好，擺在床上。你倒了杯牛奶，把橙子切好，擺在窗台，看她醒來。」百葉窗不可能「切好」陽光，也不可能將切好的陽光擺上床，但其實前半段的作用是為了帶出後半段「切好的橙子」，也就是這段文案簡單的用幾句話，就構築出一幅「早晨陽光灑入床沿，戀人準備牛奶和橙子作為早餐」的情狀，溫馨感十足。

此外，編號 4 的文案也將橙子的優點具體化，不直接說橙子很甜，而是以「情話」去形容橙子，反而帶給讀者自行腦補橙子甜度的想像，因為通常「情話」會讓人直接聯想到甜蜜的感覺嘛！這個技巧好用又有效！後續有一個章節也會跟大家特別解說這個類型的文案寫作技巧。

範例 8　網易嚴選反消費主義廣告（取自於 MP 頭條）

影片文案

每年這個時候，都有人告訴我，你應該這樣消費：

要想讓人嫉妒，就要先擁有嫉妒。沒有人能真正擁有這塊錶，只不過是為下一代保存。締造傳奇的路上，必須要有一個昂貴的行李箱，堅持敷一款面膜，就能改寫命運。

想要讓不可能變成可能，先收藏一雙好鞋。太。吵。了。

我只想聽聽自己內心的聲音，締造傳奇的不是出發的工具。

而是出發的勇氣，改寫命運的不是外在，而是熱愛。

讓不可能變可能的，不是腳上的鞋，而是腳下的路。是我感受的溫度、是我留下的足跡、是我創造的味道。定義了獨一無二的我。要我所熱愛的生活，不由消費主義定義，由我定義。要消費，不要消費主義。

關鍵評析

每年的雙 11 節日（光棍節），各平台電商無不試圖用盡一切方法，讓消費者瘋狂購物、囤貨，但有一年，網易嚴選卻做了一件不一樣的事，它告訴我們雙 11「要消費，不要消費主義」。這是利用消費者逆反的心理，技巧有點類似於範例 2 的「跌倒吧，沒人提醒你要小心。」它便以這句文案，創造出更大的熱度與收益。除了利用「逆反心理」，文案末段的「要我所熱愛的生活，不由消費主義定義，由我定義」也帶有一絲「自己的人生自己掌控」的觀念，讓明顯更注重自由的現代人眼睛為之一亮，也讓文案更具有生命力與說服力。

範例 9 **Nike 品牌文案**（取自於每日頭條——NIKE最全熱血文案欣賞）

文案內容

【標題】捲土重來．科比復出

他不必再搏一枚總冠軍戒指，
他不必在打破 30000 分記錄後還拼上一切，
他不必連續 9 場比賽獨攬 40 多分，
他不必連全明星賽總得分也獨占鰲頭，
他不必為一場勝利狂砍 81 分，
他不必一次又一次地刷新「最年輕」紀錄，
他不必肩負整個洛杉磯的期望，
以至於跟腱不堪重負，
倒地的那一刻，他不必站起，
他不必再站上罰球線投進那一球，
也不必投進第二球力挽狂瀾，
他甚至不必重回賽場。
即使柯比已不必再向世人證明什麼，他也必定捲土重來。

關鍵評析

這則文案是 2013 年 12 月 9 日，35 歲的柯比．布萊恩終於在對陣多倫多暴龍隊比賽時，揮別同年 4 月中旬阿基里斯腱撕裂的傷痛，正式復出，NIKE 便以他在球場上屢次攻下的奇蹟為題材，撰寫了這篇文案。其中引用了「柯比在 34 歲時成為 NBA 史上最年輕的 30000 分先生」、

「2006 年創下自己職業生涯中最高的單場 81 分紀錄」等事蹟，在歌頌柯比的榮光的同時，也將 NIKE 本身「信奉個人拼搏精神」的信念帶給讀者。NIKE 成功把它的品牌文化貫徹到廣告文案中，建構出文化戰略的重點部分。如果想要看到更多的海報內容可以上 Nike Basketball 的官方網站。

只要是對籃球特別感興趣，常常熬夜觀看 NBA 賽事的人，自然對柯比的光輝事蹟毫不陌生。可惜的是，帶給全世界熱愛籃球觀眾的柯比・布萊恩於 2020 年 1 月驟然逝世，只遺留下他的「曼巴成功學」能給大家借鏡……。如今，剛好看到這則文案，立即勾起球迷們的回憶，讓眼淚不由自主地落下，這也達到 NIKE「連結及強化讀者情感」這個技巧的最終目的。

範例 10　大眾銀行廣告文案（取自於鄭州廣告設計公司企宣圖官網）

文案內容

【標題】不平凡的平凡大眾

馬校長，不會樂器，不懂樂理，但他有個合唱團。15 年來，他堅持每天放學後教孩子們唱歌。他像父親一樣，用歌聲教他們長大。他對孩子們說：「你能唱出那麼美的聲音，就表示上帝對你與眾不同。」

你也要愛你的與眾不同

在合唱比賽的重要日子，孩子們嚇壞了，校長告訴他們：「閉上眼睛，張開嘴巴，只管唱出身上的你自己。」最後，當純樸優美的原住民山歌在賽場上響起，清清亮的童音和孩子們烏黑真誠的雙眼，贏得了賽場所有人的喝彩。這一刻，觀眾們的心也跟著熱血沸騰。合唱比賽大獲成功，這一天，他終於讓天使相信，自己就是天使。

廣告影片

關鍵評析

這則廣告文案改編自南投縣信義鄉久美國小的真實案例，其中的旁白更請到卑南族出身的張惠妹配音。故事敘述馬校長在偏僻山區資源有限的情況下，自己兼任合唱團指揮，教導原住民小朋友練唱，在不懈的努力之下，小合唱團不僅出了專屬的CD，練唱的過程也被拍成紀錄片上映，甚至還被改編成彰顯「台灣人守本分、認真工作、愛拼才會贏」的代表廣告，總算是走出了屬於自己的一片天。源自真實故事的文案往往最扣人心弦。這則廣告文案的字字樸實、句句真摯，即使沒有堆砌華麗的詞藻，也一樣可以成為經典！由此可見，文案撰寫重點在於「跟讀者的情感連接」，只要能與消費者「共情」，往往最能打入人心。

範例 11 長城葡萄酒廣告文案（取自於鄭州廣告設計公司企宣圖官網）

文案內容

【標題】三毫米的旅程，一顆好葡萄要走十年

三毫米，瓶壁外面到裡面的距離。不是每顆葡萄，都有資格踏上這三毫米的旅程。它必是葡園中的貴族；占據區區幾平方公里的沙礫土地；坡地的方位像為它精心計量過，剛好能迎上遠道而來的季風。它小時候，沒遇到一場霜凍和冷雨；旺盛的青春期，碰上十幾年最好的太陽；臨近成熟，沒有雨水沖淡它醞釀已久的糖分；甚至山雀也從未打它的主意。

摘了三十五年葡萄的老工人，耐心地等到糖粉和酸度完全平衡的一刻才把它摘下；酒莊裡最德高望重的釀酒師，每個環節都要親手控制，小心翼翼。而現在，一切光環都被隔絕在外。黑暗、潮溼的地窖裡，葡萄要完成最後三毫米的推進。天堂並非遙不可及，再走十年而已。

關鍵評析

北京奧美十年前為長城葡萄酒寫的文案，今天再看依然如此出眾。這則文案筆者最喜歡的地方在於，它用擬人化的方式，將葡萄酒的製作

過程都呈現出來，這反而是一個很好的賣點。怎麼說呢？有時你在這個專業領域，覺得平平無奇的製程反而是你這個商品或品牌的特色，因為一般大眾未必會知道這些事情，所以自然而然就可以成為文案的素材之一。

長文案範例

接下來討論的是長文案，20 年前流行語常常來自廣告文案，今天廣告文案來自流行語。當時都說做廣告文案的不是作家就是詩人，都擁有一顆想要拿著筆當大砲，改變世界的心。但現今為了滿足消費者的需求，只能天天找熱門話題和吐槽點。

長文案與短文案比較起來，能夠給予產品介紹更大的篇幅，更廣泛的創作空間，賦予文案本身更強大更豐富的能量。這就是為什麼有些好的文案看似篇幅長，但在讀完卻發現它們的創造者其實已經精簡到了極致。

下面就為大家整理一批批經典的長文案，品味一番那些字句的魅力。

範例 1 **華為廣告片《在一起，就可以》**（取自於梅花網）

影片文案

你知道腳下的土地已經是前線了嗎？

你站在洪水剛退的果園，那裡是前線。

你看著沒什麼人來的餐館，那裡是前線。

你為新產品發布被外派一個月，那裡是前線。

你來到空無一人的畢業會場，那裡是前線。

你盯著上線前出問題的代碼，那裡是前線。

你在的每吋土地、每個講台、每條小路，都是前線。

生活突然把我們推到前線，我們環顧四周。

華為廣告片

本能地想找一個方向，找一個依靠，找一個答案，然而，找到的是許多和我們一樣上下求索的人。

我們看著彼此，但當疲倦的人看向疲倦的人，其實已經看到了力量，

當困惑的人看向困惑的人，其實已經看到了答案。

當年輕的人看向年輕的人，其實已經看到了未來。

我們看到直播助農讓遼闊的國土沒有距離。

看到對科技的堅持正在改變世界。

看到後廚裡的煙火氣息重新燃起。

看到家裡的掌聲和台下一樣熱烈。

看到征程雖遠，但後來者已在路上。

在乎我們的人和我們在乎的人一起向前，就沒有害怕二字。

尋找方向的人和尋找方向的人一起向前，

本身就是方向。

朋友，對手，家人，兄弟，陌生人，請一起！

趕路的，等待的，篤定的，不期而遇的，請一起！

跨過山河大海的，心有雄關漫道的，剛邁出第一步的，請一起！

請永遠記得，

我們有無數分歧，但走在同一條路上。

無論縱橫萬里的征程，還是油鹽醬醋的日子，

在一起，就可以。

關鍵評析

這個文案來自中國手機大廠華為 2020 第一支品牌廣告大片，這支廣告片名為《在一起，就可以》，敘事重心放在天災人禍頻仍的 2020 年，影片提到 2020 年在中國南方爆發的洪水，以及因肺炎疫情導致空無一人的餐館和畢業會場……。影片以「無論前面的路有多艱險，只要我們在一起，就可以」為中心主旨，藉由 2020 年爆發的各種天災，強調不屈不撓、衝破困境的精神，影片中每一個面臨困境的人，最後都拿出華為手機，靠著華為手機邁過自己的困境，迎向新的未來。

華為這部廣告影片，雖然影片長度不到三分鐘，但不僅利用影片剪輯技巧，將各個小故事串連在一起，迅速抓到觀眾的注意力，還用自家品牌的手機做置入性行銷，同樣也是一則非常優質的廣告文案。

範例 2 三星 GALAXY 廣告文案（取自於大嘴收納屋）

文案內容

【標題】輸入超快：莉莉篇

10：20AM

莉莉：我想死！（2 分鐘前）

櫻桃：啊？你開玩笑吧？（1 分鐘前）

櫻桃：分手了？就知道那小子不可靠！（1 分鐘前）

櫻桃：為高富帥死還說得過去（1 分鐘前）

櫻桃：你如花似玉的，死了多可惜（1 分鐘前）

櫻桃：我是說你死了帥哥們會覺得可惜的（1 分鐘前）

櫻桃：不是約好了下週去香港 Shopping 嗎？機票和酒店都訂好了。我還約了幾個負責刷卡的富二代呢。（1 分鐘前）

櫻桃：好男人還沒絕種呢（1 分鐘前）

櫻桃：別鬧了你又不是剩女（1 分鐘前）

櫻桃：再說你死了，你家人怎麼辦？你爸媽就你一個獨生女，他們多疼你啊（1 分鐘前）

櫻桃：你呀到底怎麼了？昨天還好的，還說要環遊世界呢！（1 分鐘前）

櫻桃：被炒魷魚了？你就當休假嘛（1 分鐘前）

櫻桃：女孩子要什麼事業呀，有事業線就行！（1 分鐘前）

櫻桃：以你的姿色，去哪不是 CEO 祕書（1 分鐘前）

櫻桃：莫非是你那個男上司對你有企圖？（1 分鐘前）

櫻桃：竊喜吧，那是你魅力的體現（1 分鐘前）

櫻桃：其實你條件好，該混娛樂圈。絕對一大堆老闆捧你，一堆乾爹！

你早出道的話，就沒范爺什麼事了。不過圈裡太黑，不被潛是不可能的！（1 分鐘前）

櫻桃：無所謂，紅了再說（1 分鐘前）

櫻桃：這年頭就命是真的，不能不要！（1 分鐘前）

櫻桃：我想不出你有什麼理由尋死（1 分鐘前）

櫻桃：你若該死那我沒法活了！（1 分鐘前）

櫻桃：在哪兒呢？我馬上來找你（1 分鐘前）

櫻桃：我陪你一起死！（1 分鐘前）

莉莉：昨兒買的包今天就大減價了！！！（10：20AM）

關鍵評析

長文案不一定要高大上，也不一定要引經據典，更不一定要像在寫名著一樣咬文嚼字，三星 GALAXY 的這篇文案就是如此。創意的出發點很簡單，卻能很自然地表現出產品的特點，正是所謂的「接地氣」類型的文案，觀察生活，不過就是如此。

看出來了嗎？從文案中的「櫻桃」在短短一分鐘內輸入了 22 則訊息可以看出，這其實是三星炫耀自家品牌手機性能的一種手法！有趣的是，櫻桃也在短短一分鐘內想到好友莉莉「想死」的各種可能，也勾起消費者的興味，讓他們想持續看下去，究竟櫻桃還能開多少「腦洞」，成功加深了消費者對於這個廣告文案的印象，也增加了消費者向他人推薦口耳相傳的可能性。

範例 3 天下文化品牌文案（取自於每日頭條）

文案內容

【標題】我害怕閱讀的人。

不知何時開始，我害怕閱讀的人。就像我們不知道冬天從哪天開始，只會感覺夜的黑越來越漫長。

我害怕閱讀的人。一跟他們談話，我就像一個透明的人，蒼白的腦袋

無法隱藏。我所擁有的內涵是什麼？不就是人人能脫口而出，遊蕩在空氣中最通俗的認知嗎？像心臟在身體的左邊。春天之後是夏天。美國總統是世界上最有權力的人。但閱讀的人在知識裡遨遊，能從食譜論及管理學，八卦周刊講到社會趨勢，甚至空中躍下的貓，都能讓他們對建築防震理論侃侃而談。相較之下，我只是一台在MP3世代的錄音機；過氣、無法調整。我最引以為傲的論述，恐怕只是他多年前書架上某本書裡的某段文字，而且，還是不被螢光筆劃線註記的那一段。

我害怕閱讀的人。當他們閱讀時，臉就藏匿在書後面。書一放下，就以貴族王者的形像在我面前閃耀。舉手投足都是自在風采。讓我明了，閱讀不只是知識，更是魔力。他們是懂美學的牛頓。懂人類學的梵谷。懂孫子兵法的甘地。血液裡充滿答案，越來越少的問題能讓他們恐懼。彷彿站在巨人的肩膀上，習慣俯視一切。那自信從容，是這世上最好看的一張臉。

我害怕閱讀的人。因為他們很幸運；當眾人擁抱孤獨、或被寂寞擁抱時，他們的生命卻毫不封閉，不缺乏朋友的忠實、不缺少安慰者的溫柔，甚至連互相較勁的對手，都不至匱乏。他們一翻開書，有時會因心有靈犀，而大聲讚歎，有時又會因立場不同而陷入激辯，有時會獲得勸導或慰藉。這一切毫無保留，又不帶條件，是帶親情的愛情，是熱戀中的友誼。一本一本的書，就像一節節的脊椎，穩穩的支持著閱讀的人。你看，書一打開，就成為一個擁抱的姿勢。這一切，不正是我們畢生苦苦找尋的？

我害怕閱讀的人，他們總是不知足。有人說，女人學會閱讀，世界上才冒出婦女問題，也因為她們開始有了問題，女人更加讀書。就連愛因斯坦；這個世界上智者中的最聰明者，臨終前都曾說：「我看我自己，就像一個在海邊玩耍的孩子，找到一塊光滑的小石頭，就覺得開心。後來我才知道自己面對的，還有一片真理的大海，那沒有盡頭」。

讀書人總是低頭看書，忙著澆灌自己的飢渴，他們讓自己是敞開的桶子，隨時準備裝入更多、更多、更多。而我呢？手中抓住小石頭，只為了無聊地打水漂而已。有個笑話這樣說：人每天早上起床，只要強迫自己吞一隻蟾蜍，不管發生什麼，都不再害怕。我想，我能想像蟾蜍的味道。

我害怕閱讀的人。我祈禱他們永遠不知道我的不安，免得他們會更輕易擊垮我，甚至連打敗我的意願都沒有。我如此害怕閱讀的人，因為他們的榜樣是偉人，就算做不到，退一步也還是一個，我遠不及的成功者。我害怕閱讀的人，他們知道「無知」在小孩身上才可愛，而我已經是一個成年的人。我害怕閱讀的人，因為大家都喜歡有智慧人。我害怕閱讀的人，他們能避免我要經歷的失敗。我害怕閱讀的人，他們懂得生命太短，人總是聰明得太遲。我害怕閱讀的人，他們的一小時，就是我的一生。我害怕閱讀的人。尤其是，還在閱讀的人。

關鍵評析

這是一條台灣奧美廣告公司早年為天下文化出版公司25週年慶活動創作的文案，相信讀者可能已經很熟悉了，細節不多說。這條文案堪稱是「兜售希望不如兜售恐懼」的典範之作，讓消費者因為恐懼而購買，買的是填補恐懼的心安。

範例 4　**勞斯萊斯品牌文案**（取自於熱備資訊）

文案內容

【標題】這輛新型勞斯萊斯，在時速六十英里時，最大鬧聲是來自電鐘。

什麼原因使得勞斯萊斯，成為世界上最好的車子？

「其實沒有什麼奧妙，無非是對細節的一絲不苟」，勞斯萊斯公司一位著名的工程師這麼說：「說穿了，根本沒有什麼真正的戲法，這僅不過是耐心地注意到細節。」

《汽車》雜誌的技術主編報告：「在時速六十英里時，最大的噪音來自電子鐘。引擎出奇的寂靜，三個消音裝置把聲音的頻率在聽覺上撥掉。」

每部「勞斯萊斯」的引擎在安裝前都開足馬力運轉了七小時，而每輛車子都在各種不同的路面試車數百英里。

「勞斯萊斯」是為那些自己開車的車主自己設計的，它比國內製造的最大車型小 18 英寸。

本車有機動方向盤、機動剎車及自動排檔，駕駛與泊車易如反掌，無須司機在旁。除駕駛速度計之外，在車身與車盤之間，互用無金屬之銜接。整個車身都加以封閉絕緣。完成的車子要在最後的測驗室經過一個星期的精密調整。在這里分別受到 98 種嚴格的考驗。例如：工程師們使用聽診器來注意聽輪軸所發的微弱聲音。

「勞斯萊斯」保修三年，從東海岸到西海岸已經建立起了新的經銷網及零件供應站，在服務上不再有任何麻煩了。著名的「勞斯萊斯」引擎冷卻器，除了亨利·萊斯 1933 年去世時紅色的姓名第一個寫母 R 改為黑色外，再沒更改過。

製造汽車車身前，先塗五層底漆，每次都用人工磨光，之後再上九層油漆。移動方盤盤上的開關，你就能夠調整減震器以適應道路狀況（駕駛不覺得疲勞是本車顯著的特點。）另外有後車窗除霜開關，控制著由 1360 條看不見的在玻璃中的熱線網。備有兩個通風系統，因而你坐在車內也可隨意關閉全部車窗而調節空氣以求舒適。

座位墊面是由八頭英國牛皮所製，足夠製作 128 雙軟皮鞋。鑲貼胡桃木的野餐桌可從儀器板下拉出。另外有兩個可以從前座後面旋轉出來。你也能有下列額外的隨意選擇，例如做咖啡的設備、電話自動記錄器、床、盥洗用冷熱水、電刮刀和電話。你只要壓一下駕駛者座下的板機，就能使整個車盤加上潤滑油。儀器板上的計量器，指示出曲軸箱中機油的存量。

汽油消耗量極低，因而不需要買特價汽油，是一種使人喜悅的經濟。具有三種不同的製動系統：兩種水力製動器，一種機械制動器。勞斯萊斯非常安全，而且十分靈活，可在時速 85 英里時安靜地行駛。最高時速超過 100 英里。

勞斯萊斯的工程師們定期訪問以檢修車主的汽車，並在服務時提出忠告。

賓利是由勞斯萊斯公司生產，除了引擎冷卻器之外，兩車完全樣，是同一工廠中同一群工程師精心打造的。對駕駛勞斯萊斯不感興趣的人，不妨買一輛賓利；在廣告圖片中，勞斯萊斯售價在主要港口的交貨價格 13550 美元。假如你想得到駕駛勞斯萊斯或賓利的愉快體驗，請與我們的經銷商接洽。他的名號寫於本頁的底端。

噴射引擎與未來

某些航空公司已為他們的「波音 707」及「道格拉斯 DCS」選用了某些航空公司已為他們的波音 707 及道格拉斯 DCS 選用了勞斯萊斯的渦輪噴射引擎。勞斯萊斯的噴射螺旋槳引擎用於章克子爵機、愛童 F-27 式機及墨西哥灣·圭亞那式機上。在全世界航空公司的渦輪噴射引擎及噴射螺旋槳引擎，有一半以上是向勞斯萊斯訂貨或尤其供應。勞斯萊斯現有員工四萬二千人，而本公司的工程經驗不侷限於汽車及噴射引擎。另有勞斯萊斯柴油發動引擎及汽油發動引擎，能作許多其他用途。本公司的龐大研究發展資源正從事對未來作許多計畫工作，包括核子及火箭推進等。

關鍵評析

這則廣告文案就是很典型的資訊型商品文案，高價位的產品很常使用這種長文案，將產品所有的優勢都呈現在文案裡，讓顧客更了解他們的新產品。

範例 5 **Chochoco Wedding 法式手工喜餅文案**

（取自於 **Chochoco Wedding** 官網）

文案內容

【主題】重溫回憶的甜蜜下午茶

「我就是要巴黎浪漫午茶甜點，來宣告人生裡最甜蜜的決定！」

擁抱法國女人精神的妳淺淺地笑著說。
經過愛情攪拌翻滾過的戀人，兩顆心是如此地緊密，
融化在一股單純而飽滿的喜悅裡，香氣四溢。
這是屬於幸福的一刻，值得細細品味的香醇無比。
天大的好消息值得揮霍一個法式午茶的舒服時光，浸過紅茶的瑪德蓮，勾起往日的迷你記憶；輕飄飄的法式棉花糖，妝點極緻浪漫情境；敲響著有天使之鈴稱呼的可麗露，讓喜訊冉冉升入天際；在甜蜜入口的那一刻彷彿親臨婚禮現場，布滿花瓣的紅毯、清脆的鈴聲、笑開的臉龐與不自覺地熱淚盈眶，如此暖心地感動，就該用最美好的滋味提起。
所有的精緻下午茶甜點，一切為此而生，還記得與三五好友在法式甜點店度過優閒愉快的下午嗎？
希望將精緻的午茶點心妝點您的婚禮禮盒，每一種妳喜歡甜點款式都將在禮盒中供您選擇，搭配成獨一無二的法式婚禮喜餅，想像一下每個至親好友收到禮盒拆開品嚐搭配茶點就可以原味重現的把優閒午後的珍貴記憶一一重現……。

關鍵評析

既融合了戀人間結婚的喜悅，利用「下午茶」這個主題，連接新人與至親好友的溫馨回憶，還順勢凸顯了喜餅禮盒的優勢——多樣化精緻

的糕餅，是一個滿典型的廣告文案，推薦大家可以參考他們是如何把主題扣入文案內容裡的。

範例 6 **Longines 浪琴表廣告文案**（取自於《天下雜誌》）

文案內容

【標題】勇於探險、超越自我浪琴表精準演繹不凡魅力

「只有在探險中，一個人才成功地認識自己，找到了自己。」——法國作家安德烈．紀德 (Andre Gide) 的探險哲學，正是人生的演繹。世界瞬息萬變，所有的未知，引領人類進步的欲望，一旦踏上遠方的探險之路，就永遠都不會停下來——Longines 浪琴表 Spirit 先行者系列腕錶，正是彰顯如此的先鋒精神，勇敢前行，行無止盡。

1931 年，美國飛行員艾莉諾．史密斯歷經失敗仍不放棄，與信任的Longines 浪琴表腕錶一起締造了 32576 英尺的飛行。1932 年，愛蜜莉亞．艾爾哈特配戴著Longines 浪琴表計時碼錶，以 14 小時 56 分鐘完成單人飛越大西洋的創舉。1938 年，熱愛飛行與電影的霍華．休斯測量環球飛行時間：3 天 19 小時又 14 分鐘，使用的正是 Longines 浪琴表擁有專利的機上天文導航裝置。1936 年，保羅．埃米爾．維克托用七週時間橫跨格陵蘭冰冠，陪伴他的浪琴表計時，不畏嚴酷的極地氣候，持續精準運作，幫助維克托計算所在地經度。

「沒有浪琴表，就沒有我的成功。」維克托道出探險家的動人心境。

世局多變，唯有勇者面前無險路。活躍在工作與生活之間的現代探險家，敢於跨越世代、不設限自我，積極創造屬於自己的極致人生。Longines 浪琴表 Spirit 先行者系列腕錶的設計，承襲歷史上著名冒險家所配戴的腕錶——他們在征服天空、大地與海洋時仰賴的浪琴表時計，創造不凡旅程的永恆時刻。而今，Longines 浪琴表推出全新系列向這些探險家致敬，他們的先鋒精神雋永流長，將跨越時空鼓舞新世

代勇於超越自我。

專業精準工藝，助探險者無懼前行

冷靜洞察的瞬間一念、行動決策的里程布局，現代生活的挑戰是分秒必爭的探險。Longines 浪琴表腕錶精準堅固的製錶工藝，曾經陪伴探險家深入世界祕境、對抗極端天候、航越未知海域，開拓新航線與締造飛航記錄的旅程，今日也將為現代探險家的先鋒創舉產生貢獻。負載探險家的信賴，Longines 浪琴表將其精準工具錶提供給愛蜜莉亞・艾爾哈特(Amelia Earhart)、保羅・埃米爾・維克托(Paul-Emile Victor)、艾莉諾・史密斯(Elinor Smith)與霍華・休斯(Howard Hughes)等探險家，以專業技術助探險者飛向無畏新境。

將精彩歷史重現於世，Longines 浪琴表推出全新 Spirit 先行者系列腕錶，融合創新與傳承，以當代線條和元素詮釋傳統飛行錶特色。大尺寸的錶冠、面盤層次、水晶鏡面的梯形設計、面盤字型、菱形刻度以及大型螢光棒形指針，皆是源自過往航空探索歲月的元素，經過改造與更新，與現代設計完美融合。而經過磨砂、啞光、拋光或浮雕的精心設計細節，以及搭載箱形藍寶石水晶鏡面含雙面多層防眩光處理、旋入式錶冠，以及用六枚螺絲固定的鐫刻錶殼底蓋，展現極致工藝之美。

除了優雅特質，Longines 浪琴表 Spirit 先行者系列腕錶搭配卓越的尖端技術，搭載獨家矽游絲自動上鏈機芯（L888.4 與 L688.4），帶來傑出的精準性及耐用性，並具備瑞士官方天文台的「天文台錶款」認證，且全系列提供 5 年保固。採用矽材質游絲的先進機芯，正是取其輕盈且抗磁場與震動影響的材質特性，提升腕錶的精準性與壽命。

頂級機芯、多款面盤與錶帶設計，更添美學魅力

Longines 浪琴表 Spirit 先行者系列包含大三針含日期顯示錶款（40 與 42 毫米）以及一款計時碼錶（42 毫米），面盤樣式涵蓋啞光黑、磨砂

霧銀與藍色太陽紋，且鑲有五枚星星——五星象徵機芯品質與可靠性優化的最高等級。Longines 浪琴表為 Spirit 先行者系列腕錶提供搭配不鏽鋼錶帶、深棕色、淡棕色或藍色皮革錶帶的選擇；大三針含日期顯示錶款另備有「Prestige」版本，此版本附有三條可互換快拆錶帶：不鏽鋼錶帶、皮革錶帶，以及棕色皮革 NATO 錶帶，為探險美學更添魅力。

Longines 浪琴表以豐富歷史傳承，如同其飛翼沙漏的品牌商標，為熱愛飛行探險的先鋒精神獻上禮讚。全新 Longines 浪琴表 Spirit 先行者系列腕錶，與過往曾經賦予信任的傳奇先鋒者驕傲同行，宣揚他們追求卓越、全力以赴的的不朽精神。當時光流轉，今日 Longines 浪琴表 Spirit 先行者與時俱進，要與現代探險家活躍創新的風範攜手共進：超越性別與自我，滿懷抱負，樂於挑戰不可能的事，在環宇世界任真飛行，勇敢追夢。

關鍵評析

長文案具有「篇幅較長」的固有特色，這也使它擁有能盡情展現自家的新產品所有優勢的功效。目前市面上許多高價位的商品，就較常使用長文案來增加產品曝光度，以及縮短與受眾之間的距離。為了要讓消費者對高價商品買帳，必須盡可能包裝產品的優點與特質，越多的產品優勢，能讓讀者越有「買到賺到」的感覺，進而下單購買；反之，短文案固然可以利用它的「精簡」優勢拉到一些不喜閱讀文字的消費者，但卻很難將高價商品所有的特色在有限的文字下敘說清楚。

範例 7 Mercedes-Benz 廣告文案（取自於《天下雜誌》）

文案內容

【標題】以成就定義價值，Mercedes-Maybach GLS

我們該如何定義「富有」？以財產數字做標準或許易懂直觀，然而金錢並不能呈現富有的全貌。美國知名商業雜誌每年都會公布全球富豪行榜，能名列其中者皆擁有普通人無法想像的豐厚身家，但讓他們能

在全世界呼風喚雨，擁有舉足輕重影響力的原因，並非資產數字大小，而是成就過的偉業。而在各自領域之中、具有舉足輕重影響力的政商名流、藝人、企業家們，幾乎都有一種共同「彰顯成就」的語言與方式、那就是一台屬於自己、獨一無二的 Mercedes-Maybach

專心實現理想方能邁向顛峰
Larry Page 是個充滿好奇心與理想主義的人，致力於開發科技改變世界，靠著他開發出來的演算法，與合夥人 Sergey Brin 在一個車庫裡面創造了Google搜尋引擎。Page並非商業奇才，甚至連優秀管理者都算不上。他只專注在實現比擴張公司或提高利潤更為遠大的目標，此理念亦影響了Google企業文化，願意將資源投注在看似毫無利潤但卻對全人類有重大意義的領域上，比如打造Google Earth、全球藏書電子化或者是打造AlphaGo人工智能等等，最終讓Google母公司Alphabet成為市值全球排名第五的偉大企業，讓無數人生活方式徹底改變。

Brian Chesky、Joe Gebbia 因無力支付房租，所以在屋子裡面放了 3 張氣墊床，並架設簡單網站宣傳。這時候誰也沒想到，一開始的出發點只是為了解決閒置房屋和短期住宿需求，最後竟能成創下千億美元IPO記錄，Airbnb 可說是近年來經營共享經濟模式最為成功的企業代表。在發展過程中Airbnb並非一路順遂，甚至在找尋資金時被創業孵化器 Y Combinator 創辦人評價為「這是一個糟糕透了的點子」。然而最終 Y Combinator 還是給了 Airbnb 第一筆資金，原因在於 Brian Chesky 與 Joe Gebbia 擁有堅不可摧的新念，他們相信 Airbnb 會成功，因為這能徹底打破房東與租客資訊不對等的問題，翻轉現有市場生太。找到獨有商業模式並不少見，然而面對無數挫折卻毫不氣餒，仍堅持信念並創造出傳奇故事的，沒多少企業能比得上 Airbnb。

價格只是抵達卓越後的副產品
對這些真正意義上的頂級富豪而言，億萬財產並非終極目標，金錢本身只不過是一個數字或手段，甚至只是一件枝微末節不值得關心的小事。對他們最重要的事情，是如何實現自己的理想。財產，只是過程中創造的副產品罷了。頂尖人物如此，工藝與科技的結晶又何嘗不是？Maybach 之名為何能在汽車產業屹立不搖，始終位於豪華品牌之顛，其原因也在於此，Maybach 想要製造的不是一輛豪華汽車，而是一件完美傑作。

擁有百年歷史的 Mercedes-Benz，兩位品牌創辦人其一為在 1886 年設計全球第一款四輪汽車的 Gottlieb Daimler。Gottlieb Daimler 與自己工程師好友 Wilhelm Maybach 成立了 DMG 公司，成為當代汽車產業領導者 Daimler 集團前身，兩人合作這段期間 Wilhelm Maybach 替 DMG 打下堅實技術基礎。雖然 Wilhelm Maybach 後來轉投入航空業而離開 DMG，但他仍無法忘懷對汽車的熱愛，因此以其拿手的引擎與車體技術，結合豪華客製化服務，在 1921 年正式推出 Maybach 品牌車款，並旋即成為能與 Rolls-Royce、Bentley 並肩的頂級豪華車廠。

1960 年 Maybach 由 Mercedes-Benz，這兩個淵源深厚的品牌終於再次結合，並進一步讓 Maybach 成為集團旗下子品牌：Mercedes-Maybach。

首款 Maybach 休旅旗艦 Mercedes-Maybach GLS 登場
在 2019 年 4 月紐約車展首度亮相後，Mercedes-Maybach GLS 旋即受到世人關注，因為這是繼 S-Class 頂級豪華旗艦房車後，Mercedes-Maybach 的第二款重要作品，同時更是首度掛上 Maybach 之名的休旅車款。台灣市場也在第一時間內導入 Mercedes-Maybach GLS 600 4Matic 車型，滿足層峰客戶的需求。

一如品牌從創立之初便持續追求完美的精神，Mercedes-Maybach GLS 從外觀開始就展現令人折服的細膩美感。採用復古經典元素以原有車型為基礎，重新塑造極致奢華氣質，從細節就展現絲毫不妥協的頂級

工藝水準。從水箱護罩、車身飾條到前後保險桿下護板，Mercedes-Maybach將這些原應粗壯樸質的配件換成兼具優雅與質感的銀色設計，凸顯出與一般休旅車款的差異。搭配開關門會自動伸縮的電動登車踏板，不僅減去幾分悍勇之氣，同時也讓車身外觀整體性和完成度更上一階。

打開車門後，Mercedes-Maybach GLS 600 4Matic 標配為 5 人座設定，針對後座買家亦提供 4 人座版本，後座改為雙獨立座椅，具備電動調整功能且可斜躺，冷熱溫控與按摩功能也是基本配備。為了帶給車內乘客毫無死角的舒適感受，除了 4 人座的後座、5 人座雙外側後座外，雙前座椅、全車車門扶手、中央扶手甚至車門飾板都有加熱套件，即使在寒冷冬天也不會令乘客感受到一絲寒冷。

維持從品牌創立以來的優良傳統，Mercedes-Maybach 提供 GLS 極為豐富的客製化選項，不止車身或內裝配色可選，從襯墊、皮革材質，甚至是座椅泡棉用料或形狀都可以接受客戶要求訂製。不過即使是標準配備，也採用 Nappa 皮革頂級用料，就連後車廂蓋板都以 Nappa 皮革包覆，不僅提升車室質感，同時也能發揮優秀隔音效果，提供乘客寧靜舒適的車室環境。

在堆疊細節與豪華質感的同時，Mercedes-Maybach 替 GLS 600 4Matic 搭載一具 4.0 升 V8 雙渦輪增壓引擎，並應用 EQ Boost 輕油電系統，可額外增加 22 匹馬力，綜效輸出達到 558 匹馬力與 74.4 公斤米扭力。搭配 9G-Tronic 手自排變速箱，運轉細膩平順，兼具強大性能與乘駕舒適性，充分滿足金字塔頂端消費者的需求。

Mercedes-Maybach GLS 600 4Matic 擁有集團最先進且最完整的頂尖主被動安全輔助科技，包含智能停車輔助含 360 度環景顯影、Pre-Safe 主動側撞防護、主動防撞輔助、多光束智慧型 LED 頭燈等等。智慧駕駛輔助系統標配 Distronic 智能定速測距輔助、主動式換道輔助系統、智能限速偵測輔助、高速公路上的進階自動再次起步功能、Pre-Safe PLUS 主動後方安全防護等，有效保護車內乘員與車外行人，以前所未見的智慧帶來安全且輕鬆的奢華旅程。

奢華價值再定義
「富有」與「奢華」的終極面貌，無法用價格一概而論，其共同之處皆在追求各自領域的頂點與卓越，不計代價只為了實現心目中那個完美理想。無論是富豪排行榜在列的大人物，還是集結百年傳承與無數人心血結晶的汽車藝術品

Mercedes-Maybach GLS 600 4Matic，傳統價值觀已不足以衡量其成就，唯有自身方能定義何謂成功。

關鍵評析

不知道各位有沒有發現，通常長文案不只是圍繞著一個產品說話，它大多數會與品牌故事或定位連結，好讓固有客群既保持熟悉感，還能夠嚐到一些新鮮的滋味。如同這篇文案，它是以兩位創辦人的故事為主，從中帶出新品的介紹。不僅凸顯新品的優點，還能回扣到品牌的宗旨，讓整個品牌的價值再昇華。這是與強調「快速展現個別魅力」的短文案不同的地方。

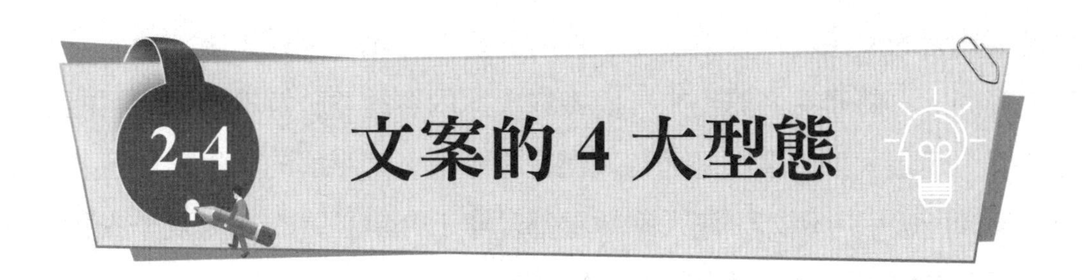

2-4 文案的 4 大型態

前面的章節講了許多文案的種類，而這一小節要跟各位介紹的是，文案人在「撰寫」文案時的 4 種寫法，也就是文案完成時呈現的 4 大型態。

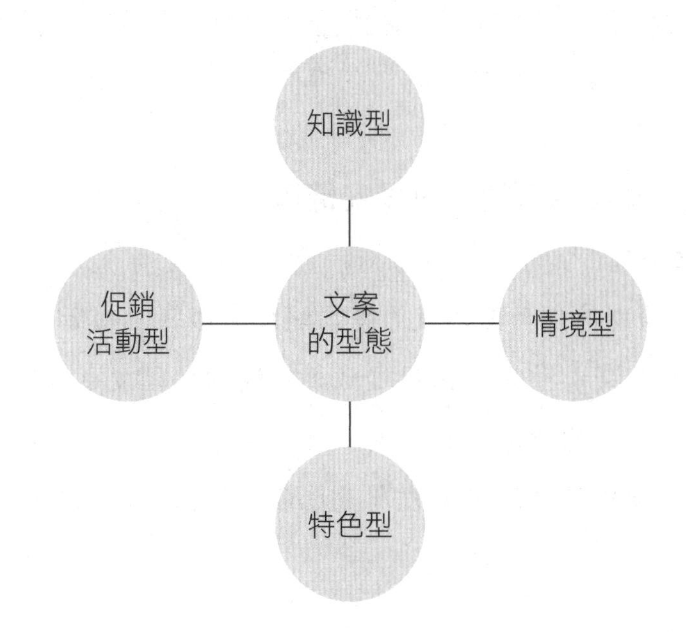

知識型文案

一、開門見山型

這一類型的文案，是直接將產品曝光在標題上，讓消費者明明白白地知道這就是廣告。在此想跟各位探討的是，要如何勾起消費者的好奇心又不會引起消費者的反感呢？答案就是下標時先將問題拋出來或是讓消費者一看就產生疑問，再將產品名露出來，而後在文案內容裡逐一解答消費者可能產生的疑惑。建議大家這麼做是因為人們往往會被一知半解的訊息或是意義不完全的事情所吸引。例如：連大牌韓星都愛穿！今年必買的 5 款夏季衣物（哪個明星？為何連明星都愛穿？哪 5 種？）。

二、隱晦型

這一種寫法，下標時先拋出一個明確問題，等消費者點入網頁內在詳細的為其解惑，而在內容中以提出建議或範例的名義，較自然地推銷產品；或是下標時直接告訴消費者你可以為他提供什麼知識，於文末時再推薦你的產品。例如：遠離癌症，吃就對了！醫師推薦的 10 大防癌祕訣（消費者心想：吃什麼才能防癌？）。

範例 1　文案取自於：《早安健康》

文案內容

【標題】頭皮屑分兩種，教你從「頭皮屑形狀」判斷！

季節轉變不僅鼻子容易出現過敏，就連你的頭皮也會開始亮紅燈，頭皮敏感的人會出現紅、腫、癢，甚至是令人尷尬不已的頭皮屑，你的頭皮到底缺少了什麼？頭皮屑竟也分成乾性和油性？早安健康教你從「頭皮屑形狀」來判斷！

頭皮屑你我都有，當頭皮屑過大就是不正常

頭皮屑是屬於皮膚正常代謝的產物，不管男女老少每個人都有，但是如果你的頭皮屑是呈現大顆且可以清楚看見的，那就是屬於不正常的皮膚代謝，通常常見於頭皮敏感的族群，健康的頭皮屑呈現透明細小狀，在原本經過正常角質化脫落的皮膚細胞是透明且細小的，需要在強光下才能顯現，但頭皮容易敏感的族群會因頭皮細胞過度代謝、角質化不完全，出現比一般人還大片的頭皮屑。

此外，大眾普遍認為出現頭皮屑是因為頭皮過油所導致，但其實這是一個常見的迷思，基於此觀念頭皮敏感的民眾常會購買錯誤的洗髮精，如：含抗菌因子、洗滌力過強的產品來洗頭，結果使用後不僅沒改善，反而讓頭皮更為敏感，頭皮屑狀況更嚴重，所以挑選合適的洗髮精非常重要。雖然頭皮屑稱不上是病，且也不會影響生命安危，但卻會嚴重影響人際間的關係，甚至被認為平時清潔都沒做好，頭皮屑才會如此多。

為了讓讀者更了解自己的頭皮，破除頭皮屑的產生是因為頭皮過油的觀念，早安健康教你從最簡單頭皮屑的外觀來做判斷你是乾性和油性頭皮屑，由內而外、從問題根本解決，選對適合的洗髮精，才是和頭皮屑說掰掰的捷徑。

外觀評估：乾性頭皮屑／油性頭皮屑
頭髮表面：頭髮乾燥如柴、無光澤／頭髮泛油光、髮質溼黏
頭髮氣味：通常無特殊氣味／易有刺鼻油垢味
頭皮屑大小：中等／中等至大塊，甚至片狀
頭皮容易敏感、乾性頭皮的族群特質，你中了幾項：

1. 最外層的頭皮因無法有效保持水分且皮脂腺分泌過少而容易出現乾燥感。

2. 生活作息差或正值季節轉換之時，頭皮會明顯感受到腫脹緊繃感。

3. 即使剛洗完頭，過沒多久就會發癢，那代表你的頭皮可能已經屬於發炎狀態。

4. 使用傳統且洗滌力、保溼力差的洗髮精，容易在短時間內又出現頭皮屑，一天可能需要洗頭超過 2 次以上。

如何改善頭皮敏感的問題：

1. 生活作息：保持充足且有品質的睡眠，減少睡前使用手機的習慣，能夠有效改善睡眠品質、睡眠中斷、淺眠等問題。

2. 挑選對的洗髮精：使用專為頭皮敏感族設計，德國獨家配方保溼性強的 Alepcin Hybrid 藍瓶洗髮精，不僅給予頭皮敏感、易有頭皮屑者深層的清潔，還為髮根注入保溼成分。頭皮就猶如顏面，保溼力才是控油關鍵，由內而外解決根本問題，不只強調保溼力，內含咖啡因的成分能夠有效強健髮質，讓失去光澤的乾性頭髮恢復健康的色澤及光澤，這才是正確改善敏感肌的方法。產品使用非常簡單，僅需使用溫水先將頭皮稍微打溼，塗抹保溼性強的 Alepcin Hybrid 洗髮精於患部做頭皮按摩，記得切勿用指甲搔抓頭皮，避免產生微創型傷口而再次感染患部，接著要讓洗髮精停留在頭皮上兩分鐘，然後再使用指腹輕搓並沖洗乾淨。

3. 飲食習慣：少吃刺激性食物，例如：過於辛辣的麻辣鍋、過於油膩的燒烤。

4. 壓力調適：藉由運動或休閒活動排解工作上緊繃的壓力，參加瑜珈、皮拉提斯等運動課程，配合韻律呼吸達到身心靈的平衡。

關鍵評析

這一則文案就是知識型文案常用的手法——隱晦，也許很多人剛看到這篇文案的時候，並不明白它到底在「賣」什麼。仔細看了一會兒，才發現洗髮精巧妙地置入到文案裡了，而且並不會引起閱讀者太大的反感。這就是知識型文案的優勢所在，它可以提供廣告訊息很好的藏身之處，潛移默化地引導消費者購買產品。

範例 2　文案取自於元氣網

文案內容

【標題】營養學博士照吃垃圾食物！營養學教授：這 4 種飲食習慣比吃泡麵、薯條還傷身。

「老師，你怎麼看起來很累，頭髮都白了，又很稀疏？」天天見面的學生偶然的一段話，讓擁有 30 年營養學背景的中山醫學大學營養學系教授王進崑驚覺：保養身體不能光靠理論，身體正在求救中！

為了重拾健康，王進崑重新調整飲食，現在 50 幾歲的他總被學生和朋友調侃，還保持著 30 幾歲的外貌與活力……

三餐吃多少？我用 21 比例來分配

我的太極飲食遵守每天三餐依照七分飽原則，三餐總量不高於 21 的比例。舉例來說，早餐如果吃 7 分飽、午餐 10 分飽，則晚餐不要吃超過 4 分飽。也就是在早餐一定要吃的原則下，調整午晚餐的進食量，我通常會建議大家午餐可以多吃，而晚餐可以少吃。

不過，如果早餐只吃 3 分、午餐吃 7 分，按照 7 分飽食的大原則，那晚餐最多還是吃 7 分就好，因為晚餐最靠近睡眠時間，吃太飽很難消化，千萬不要認為自己早餐、午餐吃得少，晚餐就毫無顧忌的吃到撐。通常我的三餐分配比例：早餐 7 分、午餐 7 分、晚餐 3 分。

我是營養學博士，但照吃垃圾食物

吃東西看起來簡單，但其實是一門學問。我們常會在報章雜誌上，看到許多有關「垃圾食物」（例如漢堡、薯條、可樂、泡麵等）的報導，這些所謂的垃圾食物真的不能碰嗎？如果真是如此，為什麼許多人還是那麼愛？

其實，垃圾食物吸引人的地方在方便與美味，當然它也提供熱量、飽食感與營養，最大的問題出在營養失衡。但是大家可以想想自己平時吃的食物，營養夠均衡嗎？如果答案是否定的，那你吃下肚的豈不也是垃圾食物？

我每天都在談「營養與健康」，很多人誤以為我完全不會碰垃圾食物。事實上，我並不是完全不吃，因為它們真的非常方便，說實在的，有些吃起來還滿美味的。不過，這並不代表我只吃這類食物，因為我懂得如何平衡，了解運用正確的太極飲食之道，垃圾食物當然可以吃。

這類營養失衡的食物，我不會連續兩餐食用，若是這餐吃了泡麵或是漢堡，下一餐會立即補充大量蔬果。如果因為外食或所處環境，食物選擇沒那麼自由，也會盡量選擇蔬果與全穀雜糧較多的餐點，並且避免碳酸的含糖飲料，例如汽水。

我認為所有食物都可以食用，只要不跟宗教與個人喜惡衝突（如因宗教信仰不吃豬肉），大可多方面嘗試。以我個人為例，平日會選擇多樣化的植物性食物，但遇到出國時，受限於環境或時間，我還是會入境隨俗，比如北非或西藏高原的主要食物為肉類，我也會隨緣食用，但是回到台灣，會立即恢復蔬果與全穀雜糧為主要攝取來源。而參加聚會或在餐廳用餐時，我也會控制食用量。

常常聽到很多人吃大餐時，會說：「這餐吃太多了，明天操場要多跑幾圈。」、「這餐吃大餐，下一餐就不吃了。」也有人為了吃大餐，特地幾餐空腹；或吃了一頓大餐後，就連續幾餐都不吃。其實，這都是錯的。

平時就不應該暴飲暴食，也不要以絕食、斷食或餓肚子的方式，進行餐與餐之間的互補。這種過於劇烈的做法，非但毫無太極相生的精神，更容易造成身體機能無形的傷害。

一小匙薑黃粉，防失智又抗癌
薑黃素是從薑黃根中萃取所得的黃色天然物，自古就被人類發現具有保健功效，近年科學更證實了薑黃素有抗發炎、清除自由基、穩定血糖、預防失智、抗癌等效果。煮菜時加一小匙薑黃粉，便能攝取到薑

黃素來維持健康。

薑黃素雖然具有許多保健功效，其化學結構卻不利於人體吸收。近年來研究顯示，奈米化能有效提高薑黃素的生物利用率，因此，奈米化的薑黃素產品在市面上隨處可見。其實，把薑黃與其他食材一起煲湯，就能獲得奈米化的薑黃素，但時間至少要 10 小時；另一個方法是將薑黃與胡椒一起烹調，因為胡椒中的胡椒素能大大提高薑黃素的生物利用率；另外，還可以從咖哩獲得薑黃素。

薑與薑黃是不同的植物，從外型上就能區別。生薑的表皮顏色為淡黃色，形狀呈不規則形狀；薑黃的外觀顏色偏黃，形狀為長條狀。

市面上有許多薑黃粉產品，顏色有深有淺。消費者或許會感到疑惑：「深色薑黃粉就含有較多的薑黃素嗎？」原則上薑黃顏色越深，薑黃素含量越多，然而有些廠商為了使薑黃顏色一致，會將多種薑黃粉混合後再販售，甚至也有薑黃粉產品的深黃色可能是染色而來。因此，以顏色判斷薑黃素含量並不可靠。

我在此提供 3 個小祕訣，教你輕鬆分辨出哪一種薑黃粉所含的薑黃素較多。

用嘴巴嚐試：選購薑黃粉時，可取少量放進嘴巴裡品嚐。薑黃素帶有微微的苦辣味，濃度越高，苦辣味越明顯。

水中分布法：因為薑黃素有很好的分散性，所以將薑黃粉放入水中攪拌後，薑黃素含量高的產品會呈現「均勻混濁」的情況；若出現成團結塊的現象，代表油脂含量高，而薑黃素的含量相對較低。

酒精溶解測試法：把薑黃粉放入酒精或酒類中（如高粱酒），攪拌後，如果薑黃粉能完全溶解於酒精中，表示薑黃素含量高。

書籍介紹

書名：王進崑營養學，白髮變黑髮，年輕15歲：薑黃、蜂蜜、辣木、木鱉果、青梅……營養學博士的太極飲食法，用天然食材強化自癒力。

作者：王進崑
出版社：大是文化
出版日期：2020／12／30
作者簡介／王進崑

從小立定志向學「食品營養」、土生土長的台灣大學食品科技研究所博士。從求學階段到現今的教學、研究與服務，30年來沒有一天離開過食品營養，因為他堅信，只有靠「吃」才能把健康吃回來。

於2016年獲頒國際食品科技聯盟院士。曾任中山醫學大學營養學系主任、附設醫院營養部主任、健康管理學院院長、副校長與校長、台灣營養學會理事長以及亞洲營養聯盟執委。

現任中山醫學大學營養學系教授，並擔任全球最大的保健食品學會——國際保健營養學會（The International Society for Nutraceuticals and Functional Foods，簡稱ISNFF）執行長，在國內外營養學界均享有崇高的聲望與地位。

關鍵評析

這一則文案就是很典型的知識型文案，前面都在講保持營養平衡的重要性，於文末時才展露他的目的——推書，合理又不突兀。再者，因為這本書跟本篇文案是有關聯的，所以不會給人有種被搶塞廣告的感覺，自然就容易讓消費者卸下心防，購買產品。

三、懶人包型

這類的文案，就是標題下「攻略」、「懶人包」、「推薦文」、「指

南」等類型的文案，可以給消費者一種快速全面了解的感覺，對於現代忙碌、要求時間效率的我們來說，是再方便不過了！而這邊提供一個小技巧，就是盡量不要讓文案被時間綁住！例如：2020 國內旅遊指南之類的。這樣容易讓消費者下意識地忽略你的文案，因為大部分的人，都希望在搜尋引擎上找到最實用、最新的資訊！所以說建議你文案的內容，盡量是符合長時間都可以使用的，這樣一來，你的文案才能維持穩定的點閱率，稱霸搜尋引擎！

至於要如何將自己的產品融入文案裡，這裡提供你一個建議，在撰寫知識大全、懶人包時，可以以自家的產品作舉例，這樣既不會造成消費者有種被硬塞廣告的感覺，也可以將自己的產品曝光出去。舉例來說，假如你是一個服飾業者，而你們家賣的都是偏韓系的衣服，那你標題可以下「跟著韓妞這樣穿！既時尚又保暖的秋冬穿搭攻略」，內容就將你家服飾搭配好後拍照放置文案內，再用文字加以解說，或是放上你的圖片社群連結，讓消費者點進去就能詳細地看到你的文案內容。慢慢地與你的思路連接，進而下單購買你的產品。

四、時下活動型

這種類型的文案，比較注重於培養固定顧客群，而不是純粹的推銷產品。可以與時下最流行的戲劇、娛樂、時事或者是節慶活動做結合，讓顧客感受到你對他的尊重與關心，如果將你的商品訊息塞的滿滿滿，可能會造成反效果，流失顧客群喔！到時候消費者收到你的訊息時，心裡可能會這樣想：「厚！又是一個來推銷的。」舉例來說，過年時節你可以寫這樣的文案：「還在苦惱該怎麼買嗎？教你如何 2000 元完購一桌年菜！」，如果是時尚美妝業者則可以這樣寫：「韓劇《女神降臨》妝容大解析！10 秒就能上手！」內容以輕鬆與客戶交談為主，切記！這階段的文案旨在拉近與消費者的距離，即使要穿插自家產品訊息，也不宜超過 20 %。

情境型文案

這類型的文案常用的手法就是製造、模擬情境或者是破題法，再以時事下去包裝。

情境型文案是利用消費者心理設計出扣人心弦的文案，也是商品文案中最多人用的文案，而通常情境型文案跟知識型文案混搭著用的機率非常高！提醒一下各位，其實文案並沒有硬性規定該怎麼寫，最主要還是看執筆人對目標客群長期以來的互動或調查，再根據自己對客戶的了解下去調整、搭配文案的寫法。所以，才會有混搭著不同寫作技巧的文案出現，各位也不必拘泥於固定的寫作手法喔！

那麼，要怎麼製造情境呢？首先，你必須先列出產品的所有特色，再分析這些特色可以解決什麼樣的問題。而為求情境「真實」，你必須想想是什麼樣的人會有這些困擾。條列式寫出來後，一個真實的人，寫實的情境就出來了！

當情境製造出來以後，我們就要設法滿足情境中主角的煩惱或需求，而這個情境中的主角就是我們的目標客戶群；我們為了滿足目標客群的需求，所設計出來的方案就是情境型文案的精髓。所以，情境型文案的套路就是：列出產品特色→找出產品可以解決什麼樣的問題→分析哪一類人是目標客戶→製造情境→提出解決方案。現在我們就來練習看看吧！

文案寫作實戰營

步驟 1 ▶ 產品特色

範例 支援 5G 網速、128GB 記憶體、5000mAh 電池容量、4+1 鏡頭、處理器 S865 的智慧型手機。

-
-
-

步驟 2 ▶ 產品可以解決什麼問題？

範例 順暢網速，看劇不用等、超大記憶體不怕資料沒地方放、超強續航力，可以不用一直充電、多角鏡頭不放過任何時刻的美麗、高階處理器，讓遊戲不再卡卡卡。

-
-
-

步驟 3 ▶ 什麼人需要這項產品？

範例 喜歡玩手遊、自拍或愛看劇的學生、社青。

-
-
-

步驟 4 ▶ 情境產生

範例 玩遊戲一直卡頓，看劇總是讓你等到天荒地老嗎？這款手機含有超飆網速、高階處理器，還有頂級電池容量，讓你娛樂無受限，歡樂無極限。

-
-
-

步驟 5 ▶ 減短一下，下標（推判目標客戶的需求）

範例 化身電競神隊友，拍出宅男女神範：○○手機讓你一次擁有！

範例 玩出新績，拍出美肌：專屬你的電競神器！

-
-
-

下標之後，以被你製造出來的情境為基礎，開始延伸成整個文案的內容，而進行到文案內容的這個階段，就是將產品特色完全展現出來的最佳時刻。

一般在下標的時候，都是挑 1～3 個產品最特別的地方下去寫，到了寫內文的時候，就不用再害羞啦！有什麼招儘管使出來，但是必須要確實、具體，更要貼近目標客群。否則，顧客被你的標題吸引進來之後，發現 5 個產品特色中只有一個符合他的需求，不僅僅購買的欲望會降低，品牌的形象也會大打折扣。

促銷活動型文案

這類型的文案營造的是時間的緊迫感，以及不常見的超值優惠來吸引客人。例如：售完為止、活動只到今天、限時＊折……。建議不要經常以同樣的商品來做活動，這樣會讓顧客覺得現在買不划算，或者是反正之後會有促銷，現在不買沒有關係；如果是比較高價位一點的品牌，不太建議常常用這種文案，偶爾使用限時促銷會短暫大幅提升銷量，經常使用的話，會給消費者養成「不促銷，就不買」的習慣。

所以提醒各位讀者小心使用促銷型文案，挑準時機再下手，才可保持品牌的熱度。這裡有一個小技巧要告訴大家，通常在寫這類型文案時，要把最吸引人的優惠放到前面，因為消費者的耐心有限，若是在前幾秒沒辦法擊中他的痛點，要讓消費者掏錢下單可就不容易了。

特色型文案

引述知名演說家 Simon Sinek 賽門．西奈克最著名的話：「People don't buy what you do; they buy why you do it and what you do simply proves what you believe.人們買的不是你做了什麼，他們買的是你為什麼這麼做。而你做的只是簡單地印證你所相信的理念。」

特色型的文案強調建立品牌與顧客關係的基礎上，提醒目標客群產品或服務與其他品牌不一樣的地方，讓消費者能夠清楚地知道，這個產品或服務能為他們解決什麼樣的問題，從而贏得消費者的認同，以及對品牌的信賴。品牌信賴感建立起來後，消費者買的就是你的信念。

特色型文案與其他型態文案不同的地方是，重心在於區別自身產品或品牌與競爭對手的差異，常使用的手法就是創造簡潔有力又具有品牌代表性的 slogan，舉幾個例子：

◈豐田汽車：車到山前必有路，有路必有豐田車。

◈黑松沙士：不放手，直到夢想到手。

◈統一 CITY CAFE：整個城市，就是我的咖啡館。

◈統一 CITY CAFE：一杯溫暖，讓城市還是城市，距離不再距離。

◈香吉士檸檬：加點新鮮香吉士檸檬，讓冰茶閃耀陽光的風味。

◈特步：特步，飛一般的感覺！

◈Apple：Think Different.

◈伊萊克斯冰箱：眾里尋他千百度，想要幾度就幾度。

這種強調品牌獨特性的 slogan，用簡短的字句就展現了產品、品牌價值或者是非得存在於市場的理由。通常品牌故事會使用這種手法來下標，因為它並不僅限於推銷某個產品，而是在做品牌定位。樹立了特色形象後，必須爭取顧客的信心才能使消費者下單。

在一般商品文案中，使用特色型文案手法加強顧客信賴度的技巧有二，一是邀請在這個領域有權威性的專家、名人推薦你的產品；二是請具有影響

力的公眾人物或是風評不錯的網紅幫你代言。而這個推薦的部分建議放在文案的標題或是內容的前頭，越顯眼越好，這樣就容易進入顧客群的視野，其效果則會隨著代言人的影響力而有所變化。

文案的內容，如同上文所述，將你產品的特色盡數展現出來，讓消費者清楚地知道產品的資訊，以及為什麼要買你的產品。而文案的最後，如果能夠提出跟別人不一樣的承諾或保證，才可以使目標客群安心地購買你的產品，最簡單的例子就是路邊攤那種「不好吃，不用錢」，或是一般產品廣告的「連續使用 2 星期，保證有效」等等。

當特色型文案發揮效用後，不僅能吸引新的品牌粉絲，還能夠留住忠實顧客保持銷量的穩定，因為他們是基於你的理念而同樣獲得價值觀的認同，簡單來說，就是消費者與品牌之間產生了共鳴，他們買的是品牌的概念、風格、習慣、品味和承諾，同時也相信這個品牌的產品是為他們量身訂作。例如說香奈兒代表的是「優雅、自信、經典」的形象，對於香奈兒的粉絲來說，購買香奈兒就是時尚、氣質和魅力的表現，這就是品牌定位成功的地方，將品牌塑造成表達自我的象徵。

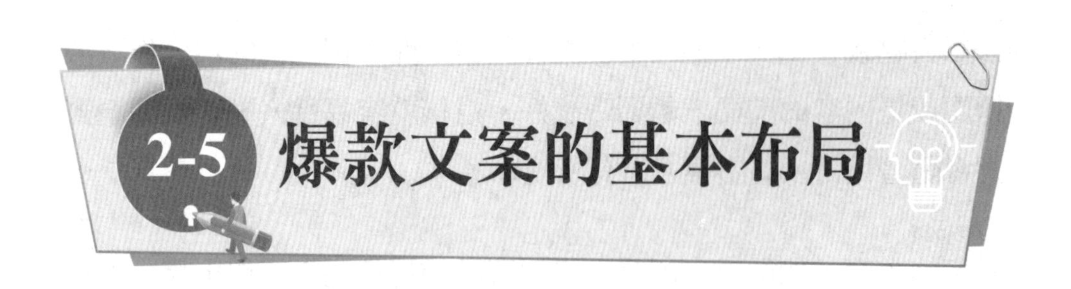

筆者王晴天平時極愛閱讀與學習，當看到不錯且有感的文字、語句或內容就會記錄下來。例如：量大是致富的關鍵、銷售是通往夢想的唯一途徑、掌握趨勢就能掌握未來……。在與客戶、學員溝通的過程中腦海裡就會想到這些名言。文案也是一樣，我們只是把話術變成了文字，還是在跟客戶溝通。

針對文案撰寫，本章節分成這幾個部分來分析，各位可以從各個角度來探討，怎麼樣設計出自己的文案，這幾個部分分別是：文案的計畫、文案的主題、文案的標題、文案的寫作順序、文案的視覺化。當然後面還會有更多實際的案例可以向你說明，現在，先從這幾種不同的角度來分析，幫助你用不同的角度學習如何為你的文案布局。

IDEA 文案的計畫

為文案做計畫，也就是為廣告本身做計畫。廣告的計畫在決定廣告的目的，以及決定各種能有效地達成廣告目的的手法。

我們每天接觸很多廣告。身為文案寫手，當然會常常觀察別人寫的廣告文案。也許你會常常發牢騷：「這廣告沒意思」、「這廣告無趣」。然而像這些「這是有趣的」、「這是無聊的」的評論標準，並非經過深思熟慮的。但，或許這種快速評分的方式也是審視廣告是否有效的辦法之一。有時候，

評價廣告的方法，也不一定非要照著企劃書的次序來做。反而是你以消費者的角度下去檢查時，對廣告文案的修改方向是最精準的。

廣告計畫在於決定廣告目的，同時擬定認為可以達到廣告目的的各種方法。這裡所謂的廣告目的並非「廣告銷售術」中論及的「銷售」。即使「銷售」是企業活動的目的，但對廣告活動而言，這個定義未免太過狹隘。比較接近「銷售性廣告」意義的是類似直接信函之類的廣告。有人說：「**廣告目的的擬定，是為了消費者購物所作的事先準備工作。**」這話雖然是站在消費者的立場來說廣告目的，卻仍然充滿疑惑。又有人說：「**廣告目的的擬定是為了更容易推銷商品和服務。**」這種說法不過是片面之詞。廣告有各式各樣的目的，很難一言以蔽之。但為了要寫出有效果的文案，對這些廣告目的必須有所認識，並且要能熟練達到廣告目的的方法。本章節把廣告目的分為下列數種：

心理的目的(Psychological objectives)

◈為了把產品或服務的新用途，或一種嶄新的點子介紹給消費者所作的廣告。

◈為了把產品和消費者能得到的利益相結合所作的廣告。

◈為了使消費者了解，使用此產品，可以避免那些問題所作的廣告。

◈為了把名人與產品相聯結所作的廣告。

◈為了把消費者的希望與產品相聯結所作的廣告。

◈為了把稀有的東西與產品相聯結所作的廣告。

◈為了使消費者重新想起舊的創意或名言所作的廣告。

◈為了表示此產品或服務能如何滿足消費者的基本需求所作的廣告。

◈為了刺激消費者的無意識需求所作的廣告。

◈為了改變消費者的認知與態度所作的廣告。

IDEA 行動的目的(Action objectives)

◈為了勸誘消費者增加對產品的使用次數所作的廣告。

◈為了增加消費者更換產品的次數所作的廣告。

◈購買熱潮過後，為了勸誘消費者購買該產品所作的廣告。

◈為了使消費者更換別種產品所作的廣告。

◈為了使少數人影響多數人去購買該產品所作的小廣告。

◈為了請消費者試用該產品所作的廣告。

◈為了使消費者指名購買該產品所作的廣告。

◈為了吸引消費者索取樣品或其他物品所作的廣告。

◈為了使消費者到店頭購買該產品所作的廣告。

IDEA 企業的目的(Institutional objectives)

◈為了顯示該公司富於公益心而作的廣告。

◈為了加強員工關係而作的廣告。

◈為了增強股東對公司的信賴而作的廣告。

◈為了向大家宣布該公司為業界之先鋒而作的廣告。

◈為了拉攏業界從業人員加入該公司而作的廣告。

◈為了炫耀該公司的產品和服務銷售範圍廣泛而作的廣告。

市場行銷的目的(Marketing objectives)

◈為了刺激該產品的基本需求而作的廣告。

◈為了確立該產品的選擇性需求而作的廣告。

◈為了刺激本公司銷售人員積極的工作態度而作的廣告。

◈為了擴張本公司產品的銷售量，針對零售店而作的廣告。

◈為了招募零售店而作的廣告。

除了有為上述的單一目的而製作的廣告之外，尚有結合數種目的而製作的廣告。以下為一個擬定廣告目的的步驟：

1. 在心中描繪出訴求對象的輪廓。

2. 要以產品為中心？還是以公司形象為中心？

3. 向一般大眾訴求？還是向特定消費者訴求？

4. 直接促使消費者有所行動？還是有間接性的目的？

5. 希望求得消費者什麼樣的心理反應？

文案計畫的意義

舉行企劃會議可以決定廣告目的，而文案寫手不一定要參加企劃會議。就算出席，他的發言權也不一定很大。然而，文案寫手和廣告目的的交集是起自廣告目的實施階段，也就是從參與製作會議開始。之前在日本，有部分文案寫手把自己當作超人，認定文案寫手是企劃會議中的主角，這是很誇張的錯誤。為什麼呢？前述的各項廣告目的，如何互相組合以成為適合於本次廣告作業的廣告目的，應該是由專門負責的企劃者來作，因為他們對於自己文案的設計內容是最清楚的。而文案寫手的任務是把擬定好的廣告目的具體化，所以他要具備一切跟廣告目的有關的知識與觀念。同時，也要能熟練運用準確傳達廣告目的的方法。

商品的特點

我們經常使用「商品特點」這句話。然而能正確使用的情形卻出乎意外的少。「商品特點」是由產品特色中選出，用來證明該商品的方便性。也就是說服消費者購買該商品的充分證明。那麼在文案中要如何表現「商品特點」呢？在這裡筆者將對此問題作一研究。以魔法講盟的 WWDB642 課程文案為範例，請看以下介紹：

他成為一位優秀的組織團隊領導人，是因為他選擇了 WWDB642 系統

什麼是 642 系統？在美國全名叫 World Wide Dream Builders.WWDB，在直銷界提到系統，一定會提到「642」。「WWDB642 系統」猶如直銷的成功保證班，當今業界許多優秀的領導人，包括雙鶴集團的全球系統領導人古承濬、如新集團的高階領導人王寬明等，均出自這個系統。更有人以出身 642 為傲。因為它代表著接受過完整且嚴格的訓練擁有一身的好本領。

究竟什麼是「642」？為什麼它可以成為卓越系統的代名詞？642 系統是創始於美國安麗公司的團隊。1970 年 Bil Britt 加入安麗公司。1972 年，Britt 成為安麗鑽石級直銷商。而在 Yager 的下線中除了 Britt，另外還有兩位是鑽

石級的，加上他自己，總共是四位鑽石。到了 1976 年。Britt 覺得這樁生意越來越難拓展，六年來他的下線當中不但沒有新增加的鑽石，反而連自己鑽石的寶座都很難維持。於是，他們開始思考問題所在：直銷事業是不是只有少數有特殊才能的人才有機會成功？因為事實顯示：他用了兩年時間成為鑽石，但另有許多幾乎與他同時期開始的下線夥伴，經過五～六年都還不能做上來。1976 年，他終於找出突破瓶頸的關鍵：複製(Duplication)。什麼是直銷組織的複製？如何複製？

有一個牧師、傳道人把《聖經》的智慧結合商場實經驗，「複製」的概念發展了一個龐大卻神祕的粗織(WWDB 642)為了服務組織內部廣大會員，WWDB642 成立了自己的餐廳，讓廣大會員有用餐的去處；因為賺很多錢，所以 WWDB642 成立了自己銀行和保險公司；為了讓廣大會員加油能更方便，他們成立了自己的加油站，為了讓廣大會員可以環遊世界，WWDB 642 擁有許多自己私人飛機、買下許多小島、鑽石村……

這個組織以教育訓練為基礎，造就無數百萬富翁，會員超過 60 萬人包括《富爸爸．窮爸爸》作者羅伯特．清崎、潛能激勵大師安東尼．羅賓、《有錢人想的跟你不一樣》哈福．艾克。不過 WWDB 642 真正的核心精神是教育訓練，因為這套系統也適合用在傳統產業。」

許多人研究複製的理論，但真正因複製而獲益的人不多，因為幾乎沒有幾個人能徹底了解「複製」的精神。但是從 1976 年開始有突破性的發展，到 1982 年，Britt 的組織網共產生了 45 位鑽石。當時 Britt 的私人飛機，機身尾翼上印著 642。所以就冠上 642 做為系統的名稱。三流的人賣產品，二流的人賣服務，一流的人賣的是系統。想要增加被動收入嗎？要如何建立一套源源不絕的被動收入生產線呢？唯獨 WWDB 642 系統可以做得到！

何謂 642 系統？各家直銷領袖幾乎將 642 系統變質了，而我們有最正宗，來自美國的 WWDB642。642 系統真正厲害的是，擁有一套完整的訓練方法，幫助組織進行寬度、深度的延續，關鍵在人與集會中的「複製」。如何訓練有自由思想的夥伴們，100 %的複製，運用的是 642 系統，在美國，運用 642 系統的集會上，很少聽到產品的銷售，幾乎談的是人、體系運作、系統運作等事情；但他們卻占整個公司總業績 72 %以上。由此可見 642 的威力。「WWDB642」已經全面中文化訓練！有興趣、有熱情、有決心的。歡迎加入我們的行列。結訓後可自行建構組織團隊，或成為 WWDB642 專業講師。可至兩岸及東南亞各城市授課。歡迎您來親身參與！

以上是舉這個課程，來解釋如何描述商品特性。各位讀者也可以試著去描述你商品的特性。當然接下來還有很多的案例可以探討。

當我們越以專家自居，就越可能創作一些天馬行空、虛華不實的事。這說法其實不正確。如果是真正的專家，他必定能充分地運用一切技巧，寫出更接地氣的內容，而不是虛華不實。像 WWDB642 這個文案是以許多資訊的累積，完整地傳達給消費者，用以塑造專家的形象。

將文案寫手的意念以單純的寫法傳達給讀者，這種方法常常是成功的。但這並非因為文案寫手或稿件表現的「樸質直接」。而是因為這種文章運用了單純化的技巧與集中式的說明。聰明的你想必已經了解這層道理。登在臉書的許多廣告，有些之所以是一則好廣告，理由在於它明確地點出了商品特點之所在。商品特點是什麼？有不少廣告人誤用了這句話：「**商品特點是消費者對商品主觀的認定，以此提高消費者對該商品的關心度，並提供消費者購買此商品的理由。這是相當重要的觀念。不，應該說這是最重要的觀念。**」簡單說就是要站在消費者的立場去找出商品特點。又有人說：「**廣告文案必須提供足夠的購買理由消費者。**」而這個購買理由主要就是商品的方便性，要說服消費者相信只有自己的商品才能實現這些方便性，必須將作為證明的理由寫出來。而最好的證明方法就是點出商品特點。那麼所謂商品特點就是指站在消費者或讀者的立場，向消費者或讀者證明何以能從本商品或服務中得到利益。

現在從這個觀點再把 WWDB642 的文案檢討一次、找出符合商品特點認定標準的說詞：

組織行銷高層領導通用
快速上手簡單好複製
世界各領域企業皆能使用
完成度最高的複製系統

這幾句針對商品特點的介紹，如果換成以利益為考量的介紹，可以改寫如下：

您可以學到優秀企業家的思維。
您可以認識許多同好。
您可以學會快速打造團隊的關鍵。
您可以實現人生許多的夢想。

商品特點能夠在消費者心中留下強烈的印象，這也是前面提到：「它之所以是一則好廣告，理由在於它明確地點出了商品特點之所在。」的原因。雖然如此，這則廣告代表的意義並不能用「給它明確的訴求」這一句話所能概括的。因為這則廣告所代表的意義、商品特點和銷售之間的關係，不是一句簡單的「給它明確的訴求」所能道盡。的確在與其他競爭商品比較長短時，商品特點是極為有效的。但也並非表示，點出了商品特點的廣告就必定能促進銷售。有很多廣告主誤解了其中的意義。

廣告主往往對足以拿來與其他品牌競爭的特點誇大其辭，認為該特點本身就能發揮促銷的作用。實際上，商品特點本身只不過是素材，無法發揮什麼功效，唯有有效地加以運用，才能發揮其價值和效力。那麼怎麼去有效地運用呢？就是要把商品特點當成能被消費者和讀者接受的方便性的證明。為了避免誤解，這裡要再次強調，商品所具備的特色並不就等於「商品特點」，唯有能與方便性相結合的商品才稱得上是「商品特點」。

商品特色和商品方便性之間的關係在前面「文案計畫」那一段內容中已經說明過。其中對文案寫作綱要有以下的解釋：文案寫作綱要是由文案寫手根據廣告目的和廣告企劃書而作成的表格。提出商品特色以作為商品方便性的證明。在文案寫作綱要的兩邊：商品特色和商品方便性，訴求力高而能吸引讀者注意的，當然是商品方便性。當文案寫手準備製作文案寫作綱要時，他會從工廠設計部或市場行銷部等處獲得很多有關商品特色的資料，以分別哪些可當作商品特點用，哪些只是平常的商品特色。

至於分別的方法，可以探取實踐主義的方法：親自使用該商品、到工廠與原設計人和製造者交談、參觀生產過程、與商店店主交談、從消費者那裡詢問缺陷之處等等。另外也可以探取研究現成資料的學院派方式。那麼到底採取哪一種方法？可以視文案寫手的習慣、時間而定。舉例來說：

「他成為一位優秀的組織團隊領導人，是因為他選擇了 WWDB642 系統」

這則廣告的訊息事實上是文案寫手向親歷其事的顧客、學員、領導者調查來的。這則廣告的目的在吸引學員報名 WWDB642，這是無庸置疑的。不過有些時候，因為客觀條件的改變，也有必要重新檢討文案寫作綱要所列的事實是否符合需要。您不妨把你手邊寫好的文案寫作綱要拿出來，重新檢查一番，或許會有不同的發現。現在，提供一些商品特點的依據，供您參考：

◈識別資料：例如公司名稱、商品名稱。

◈該商品的特徵。

◈製造該商品的元素。

◈製造該商品的元素的出處。

◈該商品的結構。

◈參與該商品生產的人員的經驗熟練度。

◈該商品的生產過程。

◈製造該商品的特別方法。

◈該商品的變更設計或改良點。

◈商品具備以往同類商品所欠缺的優點。

◈該商品使用時效果。

◈該商品的測試資料。

◈該商品的特別用途。

◈該商品的獨家特色。

◈該商品的價格。

◈該商品的庫存量。

◈以上各項的混合運用。

此外，和商品本身無關的特點也可以列舉，例如：

◈包裝和標籤。

◈附有保證書。

◈可以郵購或電話訂貨。

◈分期付款等的付款方式。

◈途貨服務。

◈保修服務。

◈生產工廠或生產設備。

◈製造廠商的歷史、發展、信譽。

◈為該商品設立的生產或市場研究機構。

◈製造廠商的經營理念和經驗。

◈製造廠商的財務狀況。

請注意，以上所列舉的素材並不一定可以直接拿來當作商品特點使用，如果未經必要的處理就直接使用的話，寫出的廣告文案往往會變成所謂廣告人一廂情願的廣告文案(Advertiser's Copy)。

文案的調查

撰寫文案之前，一定要對產品及目標客群作充分的調查。因此，許多文案寫手都會與市調人員合作。但是，在合作的過程中，文案寫手和市調人員因為立場不同而引起的紛爭，似乎永遠沒有休止的一刻。不過，創造性和調查真的不能相容嗎？市調結果真的會使文案寫手感到綁手綁腳嗎？要如何得知你的廣告是好是壞？事前調查的效果是有限的。如果有誰能事先決定廣告成功與否，他早就成功了。所以，除了事先調查，這裡還想提供各位一個方法：「你不妨看看做好的廣告，如果你自己都不心動，那就是不好的廣告；但如果你看了之後，感到欣喜，想繼續下去，且願意為此行動，那就是好廣告。」

無論怎麼樣枯燥的調查資料，也許都可以透過某種運用技巧使之發生效用，但是，過度重視市場調查，往往會創作出毫無吸引力的廣告，這樣的例

子相當多。文案寫手對調查的看法到底如何？根據分析，廣告公司文案寫手認為有用的調查，數據如下：

消費者調查（偏好、購買動機等）……………29.9 %
市場調查（通路、銷售狀況等）……………12.7 %
文案測試……………………………………………25.4 %
商品調查（商品特點、用途）………………14.9 %
心理調查……………………………………………10.4 %

廣告不是文案寫手可以獨立完成的。一個成功的廣告文案，必須要有充分的事前調查。由此可知，文案寫手和市調人員必須同心協力，分工合作才行。而文案寫手的工作是等待創意的誕生，這不是一蹴可及的，是個人經驗和才能的累積結果。

個人的經驗和才能，實際上光是「經驗」，就有必要足足用一整章的篇幅來解釋。不過現在，我們暫且把經驗解釋作：文案寫手認為具有意義而願意納入記憶的狀況。文案寫手有必要加深並增廣經驗。至於不足之處，就有賴於「調查」這種集體式累積知識的幫助。如何針對個人或集體的經驗抽絲剝繭，從中引申出一些結論。則要靠個人的才能如何利用調查資料。而這實際上就是文案寫手的工作。換言之，市場調查資料不過是幫助文案寫手加深並增廣其經驗領域的方法。不先了解這一層道理，便會製作出缺乏吸引力的廣告。

不論你讀哪一本文案書籍，一定會讀到有關調查的內容。這可分成兩種。第一，如果這本書由文案高手的人所寫，仔細地說明調查的效力。另一方面，如果是調查學專家或調查學者寫的書，他們會高唱調查是文案寫手的創作泉源、要大大重用、是市場行銷時代的文案寫作指導等等。

而市場調查可以提供文案寫手下列三點效用：

1. 提供事實。

2. 調查結果的研究報告可以被引導為下判斷的根據。

3. 文案寫手以訪問員身分出現時，可以直接了解消費者。

本章節整理出幾個寫文案要有的正確觀念與心態，分別是：

◈ 絕不要寫不想讓親朋好友看的文案！相信你必定不會有欺騙家人的想法，那麼也不可以欺騙自己！應該製作連自己都想看的東西。

◈ 一般的家庭一天接觸約 100 則廣告。廣告文案的競爭也日益激烈。如果想使大眾看到你的文案，應該使你的文案獨特而出眾。

◈ 文案創作是一項銷售技術，不是娛樂，也不是純藝術，不可以隨興之所至。

◈ 銷售是很嚴肅的事情。不可以打觸擊球。每次出擊都要使盡全力打出全壘打。

◈ 要掌握主導權，不可以等客戶要求你做這個或做那個，要以利他的立場來打動客戶的心。

◈ 每一則單獨的文案都是讓客戶對商品印象的長期投資。不容許對此原則稍有褻瀆。

◈ 進行新的廣告活動前，要研究商品，調閱以前的廣告作品，研究競爭商品的廣告和調查資料（而且要做得徹底）。

文案的強調

「強調」是一種無形之力，是比較的問題。是在眾多東西之中突出其中一兩個的方法。極端地說，廣告本身也是一種強調的表現。而文案寫手可以

憑藉其力很得體的去強調，這裡舉魔法講盟公眾演說班的文案為例子，說明其如何使用「文案的強調」。

範例

【標題】公眾演說班暨世界級講師培訓班（4日完整班）

為什麼要學公眾演說？公眾演說早已被運用於「銷售式演說」，著名的代表人物有：蘋果創辦人賈伯斯、微軟創辦人比爾．蓋茲、股神巴菲特等企業家。而「銷售式演說」為他們帶來了大量的財富！但現在許多業務人員，甚至是企業家用的還是「一對一行銷演說」，老實說效果實在有限。如果可以掌握「一對多」的演說技巧，成交率就能如坐火箭般直線上升。「一對多行銷演說」可以做到：

快速提升銷售成功率，使您快速致富！

系統性的管理組織、激發團隊潛能，使團隊產生強大向心力！

演說者擁有舞台魅力。打造知名度，絕對不是一件難事！

英國前首相邱吉爾(Winston Churchill)說：「一個人可以面對多少人說話，就意味著他的成就有多大。」

靠公眾演說成為國家領袖，前美國總統歐巴馬(Barack Obama)原本是名默默無名的伊利諾州參議員，他的初選對手的財力與知名度遠大於他。然而聽過他的演說的人，都很難不被他感動而投票給他。歐巴馬非常善於演講，雄辯的口才、燦爛的笑容，領袖魅力爆表。這些因素使他從基層一路走到白宮，最後傳奇性地當選美國總統。也是美國總統史上第一位非洲裔的黑人總統。

用公眾演說成就品牌：蘋果公司創始人之一的賈伯斯(Steven Jobs)打造出了如宗教般的品牌。他對簡約及便利設計的推崇贏得了許多忠實的追隨者。每當賈伯斯出席產品發表會時演說，全球的蘋果迷都為之瘋狂。熬夜觀看，他們被稱為「果粉」就像信徒虔誠地熱愛著蘋果的產

品。

比爾・蓋茲成為首富的祕密：我只是和 1200 人講了我的項目，900 人說 NO，300 人加入，其中 85 人在做，85 人裡有 35 個全力以赴，而其中有 11 人讓我成就為百萬富翁。

公眾演說是一個事半功倍的工具，能讓你花同樣的時間卻產生數倍以上的效果！

誰需要學公眾演說呢？

想在你打造專家形象的人
企業老闆、高階主管
所有行業的銷售人員
想快速致富的人
想學好公眾演說的人
想訓練好口條的人
想短時間達成目標的人
想改變自己人生的人

這堂「公眾演說」有什麼特色？

公眾演說的最高境界要能收人、收心、收魂、收錢。最成功的演說，要能把自己「推銷」出去，把客戶的人、心、魂、錢都「收」進來。本次課程囊括了一場成功演說／銷售式演說所必須達成的要件說明，如果一個人沒打算要讓別人知道他的想法，他就沒有理由說話；然而如果他願意主動與他人分享，背後就一定有其目的，無論是教導、宣傳理念、推銷到轉移焦點都有可能。一場出色的演說，不只是講者將自己的思想表達出來，更需要事前精心規劃的演說策略、內容和流程，既要能流暢地表達出主題真諦，更要能符合觀眾的興趣，進而達成講

者完成一場成功演說的目標，也就是收人、收心、收魂、收錢！

本課程教會你日常生活中的溝通、交際與說服技巧！
本課程教會你在公眾場合開口就能說，並且條理分明，言之有物！
本課程教會你複製並精進世界級大師催眠式的銷講布局！
本課程教會你打造個人舞台魅力和感染力！
本課程教會你掌握充滿力量的演說元素，互動、控場、打開群眾熱情的開關！

本課程教會你在演說中發生任何突發狀況時，也能應變自如！

你是否也有上台面對公眾說話的恐懼？

美國幽默作家馬克・吐溫(Mark Twain)大部分的收入來自於演說，而非寫作，他曾說：「演說家有兩種：會害怕的和說謊的。」對多數人來說，站在講台上說話，就像是在身上沒有降落傘的情況下，被強迫從高空的飛機上一躍而下那樣的恐懼。有許多國外研究都做過「人類害怕的事物」的相關調查，例如：《*The Book of Lists*》雜誌發表了「人類最恐懼的事物」，在 3 千名受訪的美國人當中所得的排行榜如下：

No.1. 在群眾面前演說
No.2. 高處
No.3. 昆蟲
No.4. 貧窮
No.5. 深水
No.6. 疾病
No.7. 死亡
No.8. 飛行
No.9. 孤獨
No.10.狗

我們很容易看出為什麼大家害怕「高處」、「深水」、「疾病」和「飛行」，這是因為這些事物可能導致死亡，但是「在群眾面前演說」竟然超越了死亡所帶給人們的恐懼，可見，人類有多麼地害怕站到舞台上與觀眾對話。

公眾演說可以經由後天訓練改善、適應、上手

一場好的演說是有公式可以遵循的，只要了解公式並練習技巧，任何人都能成為一位優秀的講者。透過專業訓練，就算你真的完全沒有上台演說的經驗，也能學會一位演說家是如何表達言語、肢體動作、眼神以及帶動現場氣氛的技巧。

學會公眾演說，你將能達成：

快速克服上台恐慌症
產品／服務熱銷狂賣
個人魅力、知名度飆升
激發團隊熱情與潛能
影響力、收入直翻倍

好的演說有公式可以套用，就算你是素人，也能站在群眾面前自信滿滿地開口說話。讓你有效提升業績，讓個人、公司、品牌和產品快速打開知名度！

公眾演說不只是說話，它更是溝通、宣傳、教學和說服，你想知道的——收人、收魂、收錢的演說祕技，盡在本次課程完整呈現！

以上就是魔法講盟公眾演說班的介紹，有興趣的話，可以掃旁邊的QRcode。讀者們可以看到不斷強調公眾演說的好處，以及魔法講盟提供的資源。這是為了讓各位可以選擇魔法講盟，進而改變你的命運。區塊鏈大師吳宥忠就是最好的例子，公眾演說讓他從素人搖身一變知名講師、公眾演說讓他從出書新手變成暢銷

公眾演說班

書作家、公眾演說讓他每個月有五位數的被動收入、公眾演說讓他在家族出人頭地。這是你想要的嗎？如果是，推薦你加入魔法講盟完成你人生的夢想。

文案的主題

什麼樣的文案會給人深刻的印象呢？就是中心主題統一的廣告文案。中心主題又是什麼呢？它是「表現的基礎，貫通整則廣告，具有支配力的特質，被重覆使用的東西」。文案主題的設定要運用「集中」和「排除」的技巧。

有人曾說：「**創意是什麼？就是把構想用簡單、直截了當的方法寫成令人印象深刻的文章。也就是說，撰寫能夠貫穿整則廣告的文案。如果某項產品有 USP（個人獨特優勢），就發揮這個 USP，如果沒有，就要運用一些引人注意的手法。**」又有人說：「**如何成為一位優秀的文案寫手呢？我認為如果能夠使你自己成為一名優秀的設計師，那就對了。**」前面所引用他的話可以說極具深刻意義。請特別注意「撰寫能夠貫穿整則廣告的文案」這一點。「能夠貫穿整則廣告的文案」就是廣告的主題之所在。在藝術的領域經常使用主題這個字眼，廣告中所謂的主題，是指一種表現的基礎，涵蓋整則廣告深具支配作用的特質，並且是可以反覆運用的。正所謂：「主題是一種可以當作中心的創意，以主題為中心可以組成一則完整的文案。」套用最近的流行語，可解釋為「訊息意念(Messageidea)」，即是可以傳遞訊息的創意。

主題的效用

主題的定義，就如前面提到的，是一種「表現的基礎。涵蓋整則廣告支配作用的特質，並且是可以反覆運用的。」主題負有給予廣告一種統一感的機能。廣告主題旨在給予消費者統一的印象，使效果更加強烈、更加明確，並且更能持久。

在前面曾說過，標題必須具有使消費者認為「這是講給我聽的」的特質。

這種特質就是明確性和特定性。這段文字說明了標題的機能：能使消費者作「一瞬之間」的辨識，這也可以說是主題的機能。如果太多的訊息在文案中交錯出現，那種在「一瞬之間」或是在幾分鐘內使消費者留下某種印象的任務便無法達成。所以，我們要依文案的需要來限定主題的機能，並且要使文案不離主題，也就是要使文案容易理解。這或許可說是一種心理學上的技巧吧。

前面的章節內容中，曾提過類似這樣的概念：「在標題中，把廣告主題描述殆盡，消費者看了標題就能瞭然於胸。這個技巧看似簡單，實際非常困難。把廣告主題層次井然地表現在標題和內文的第一段到最末段，如果不這樣做，就無法將主題明確地傳達給消費者。」在這段文字裡，並沒有使用中心主題這四個字，只是說「主題」罷了。不過，想必各位已經知道，它指的就是我們現在要討論的「中心主題」。

總之，在下搶眼的標題之前，必須將主題的框架明確的設定。因為，主題就像是一棟建築物的鋼筋、基底。若是主題想表達給消費者的意義不明確，那麼當讀者看到文案成品時，也沒有辦法接收你想傳達的訊息。

主題的設定

文案創作的一項難題，就是如何找出中心主題。雖然文案寫手設定主題後，撰寫標題也十分地費勁。但是如何透過廣告目的，找出適合的中心主題，卻是撰寫文案得過程當中，最困難的一個環節。因為找出來的中心主題要能「統整整個廣告活動」。在此，再次引用一句名言：「**如何成為一位優秀的文案寫手呢？我認為如果能夠使你自己成為一名優秀的設計人員就對了**」。

在商品文案當中，設定主題最有效的方法，就是根據消費者的需求，設計一個情境，並預先提供需求的解決方案。依據這個解決方案，構圖出一個簡易的文案大鋼，再開始進行撰寫，會容易許多。而這個文案大鋼，必須要包含的就是消費者的需求、解決方案、產品特色、保證效果以及預期消費者

的疑問心理。這樣一來，整個文案的設計，才能緊緊抓住消費者的心思。

文案的標題

回顧過往，那些被人們傳誦的廣告，幾乎都是因為標題的緣故。不相信的話，你回想一下，把浮現在你腦海的一則廣告說你的朋友聽，你會發現你所脫口而出的，八成是廣告的標題。因此也有人認為，文案寫手應該花更多的時間在寫標題上而非內文，由具重要性的標題開始思考是理所當然的事。

現在的消費者每天接觸到大量廣告，注意力很容易被分散，所以我們要設法藉由廣告標題，吸引他們閱讀文案內容。吸引消費者的注意力，決定於一瞬間。標題的功能也全靠這一瞬間的發揮。再來，假設標題成功地抓住消費者的注意，他也不一定會一次從頭到尾讀完。有不少消費者以標題來揣測全書意旨，也就是俗稱的「標題黨」。為了預防這樣的問題，標題必須要有下列的功能：

㈠吸引消費者的注意。

㈡從眾多消費者中篩選出可能的目標客戶。

㈢使目標客戶對內文發生興趣。

㈣要能夠誘發目標受眾有所行動。

當然，標題負有很多使命，但要視該文案的目的而定。

吸引消費者的注意力

筆者王晴天依著過往的經驗，分析會吸引消費者的標題，通常都是與其關聯性較高者，要不然就是令消費者感到新奇、驚訝、有趣等，引起消費者情緒起伏高漲的標題。比如說：「99％女性會喜歡的男性類型」、「培養成功的孩子，你所需要知道的 10 件事」、「驚！鄰居家的貓會後空翻！」等等。可以享見，前面 2 種標題，就是為目標受眾所設計的標題；後者，當然就為了博讀者一笑，純粹吸引點閱率的誇飾性標題啦。

本書從一開始就一直提醒各位選定目標受眾的重要性。以車子和調味料舉例，你覺得男性對哪一者會比較感興趣？大多是車子對吧。像這樣測定男女對商品所抱持的興趣傾向，在廣告計畫階段相當有用。如果經過調查，目標受眾對商品的關聯性高，就盡量從該商品的特性出發以決定主題，進而設計具有吸引力的標題。

從消費者中選出可能的目標客戶

廣告不是為了捉住所有人而創作的。事實上這也是不可能的事。就算在廣告裡說要送 100 萬現金，也無法讓每一個人一字不漏地看完它。當然也有相反的可能性，例如廣告內容是大眾化的商品，像牙膏、肥皂等等。「所有的閱讀者都是可能的消費者，廣告也希望能吸引所有人的目光。」這似乎言之有理，但實際上是不可能的！廣告是由許多要素構成，而點閱廣告的讀者也各有所好，就算一個商品具有解決所有讀者煩惱的有力利益點，以牙膏為例，雖然可以主張「使牙齒潔白美麗，防止蛀牙。」但是，讀者中如果有人對現在使用的品牌很滿意，深信：「我的牙齒是白的。」而廣告卻強調：「使牙齒潔白美麗，防止蛀牙。」這樣對這些人來說，就沒有足夠的吸引力。

所以，即使是販賣大眾化商品的公司，也有很多也是將目標客群的需求具體化地呈現在廣告裡，分別向不同的消費群做訴求。

另外，在標題中放入產品名或公司名，會降低消費者閱讀這則內容的機率。推薦各位一個不錯的市場調查法，運用個別的廣告、分別向不同的消費群推廣的這個舉動在行銷學上有一個名稱，叫做 A ／ B 法則，簡單說就是同時發送不同的內容去吸引不同的受眾，這種做法可以增加工作效率，有助於

挑出廣告商品目前的使用者。而筆者曾經使用 A ／ B 法則測試，發現放產品／公司名在標題裡，成效不太好。所以，與其把品名和公司名放入標題，不如圖像化呈現給消費者就好。

如何使目標客戶對廣告內容產生興趣

廣告文案的機能中，說服消費者的任務主要是靠內容。因此，標題即使已經完成了任務，把廣告主題描述殆盡，讓消費者看了標題就瞭然於胸，還必須誘導被抓住目光的目標客戶繼續閱讀內容。這個技巧看似簡單，實際非常困難。有一種原理是：把廣告主題層次井然有序地表現在標題、內文的第一段到最末段。如果不這樣做，就無法將主題明確地傳達給消費者。無論如何，為了充分使標題發揮，誘導消費者閱讀內文的機能，我們必需讓消費者這樣想：「天啊！這則廣告就是為了我而設計的！」而且要以目標客戶從本商品可得到的利益為基礎，來設計主題概念。成功吸引到目標客戶並讓其對廣告內容產生興趣後，就要設法誘使目標客戶執行購買這個行動。

標題分類

很多人根據各種不同的標準為標題分類。但幾乎都停留在形式化的階段。以搭乘飛機旅行為例：一般文案表現又分成氣氛、格調、服務、風景、經濟性。可以明顯區隔出各家航空的特色，如速度、時間表、設備、膳食、安全性等等。按照這樣的邏輯，可簡單分類成以下這些標題：

◈新聞性的標題

◈以好奇心為訴求的標題

◈以感情為訴求的標題

◈指導式的標題

◈沒有標題的廣告

很多廣告人對標題、文案和其他廣告要素的分類不以為然。本書也希望省略對標題的分類。可是，把標題的種類記在心中，對文案寫手整理文案和訂定寫作方向有所助益。

標題的分類法如果「依內容和主題分類是有效的。因為標題所提的內容比寫標題的技巧更能影響廣告效果」。這裡舉出五種以內容為分類基礎的標題，並解說各個的效果。

◈以商品的便利性為主，但不包含商品名的標題

◈以商品的特質作基礎，但不包含商品名的標題

◈以商品的便利性為主，且包含商品名的標題

◈以商品的特質作基礎，包含商品名的標題

◈以人性利益(Human interest) 為主的標題

1. 以商品的便利性為主，但不包含商品名的標題：
   當你想使目標客戶看廣告內文時，這種標題會有更強的效果，但它在吸引力的部分有點欠缺。會有一些風險，就是目標客戶可能沒有時間看內文，導致無法仔細閱讀內文，喪失潛在客戶。

2. 以商品的特質作基礎，不包含商品名的標題：
   被認為是影響力最弱的標題。但是如果遇到商品有很引人興趣的狀況，這類型的標題也具有相當地價值。

3. 以商品的便利性為主，包含商品名的標題：
   這個和第 1 點的類型相比，一樣都具有吸引目標客戶興趣的吸引力，雖然能選出現在的使用者，但卻沒有辦法刺激沒有使用過此產品的人去閱讀該廣告。此種標題適用於廣告內容單純、內文不受重視的情況。另外，如果想使第 1 點類型廣告的商品更具競爭力時，也可使用

這個類型的做法。

4. 以商品的特質作基礎，包含商品名的標題：
   和第 2 點一樣，對目標客戶興趣的吸引力弱，就連現在的使用者可能也沒有什麼興趣。

5. 以人性利益為主的標題：
   此類型必得包含吸引人們興趣的廣泛內容，有針對人心的訴求力，同時需要暗示給目標客戶的一些好處。這個好處是「從閱讀這則廣告文案」才能得到的好處。反過來說，要使目標客戶期待，他們可以從閱讀剩下的文案得到什麼好處。

關於標題的技巧，還有很多問題。但是到底選擇何種型式去呈現，並非最重要的問題。對初學者來說，只要先了解標題可以從知識和經驗的重組中獲得就可以了。標題的技巧，在這裡各位讀者只要記住一個重點就是：「你是要對誰說什麼？」，這樣就可以了。更詳細地標題技巧，會在後續的章節為你說明。

 文案的寫作順序

能使消費者沒有負擔而順暢地閱讀的文案就是符合寫作「順序」的文案。也就是使消費者能抱著興趣去閱讀的一種文案寫作技巧。這個技巧共有六項，將一一地介紹在什麼情況該採用哪一項技巧。以下舉魔法講盟的招牌課程「Business & You」文案為例。

範例　**「Business & You」文案**

文案內容

為什麼每年都有上萬員學員報名 Business & You 國際品牌課程？

原因是：

由五位世界大師所接力創辦的課程

要學習就跟有結果的人學習。跟普通結果的人學習不如跟世界大師學習。BU的特色就是結合世界各領域大師包含荒野上的先知——富勒博士(R. Buckminster Fuller)、企管大師彼得杜拉克(Peter Drucker)、富爸爸窮爸爸羅伯特清崎(Robert.Kiyosaki)、銷售大師布萊爾辛格(Blair Singer)、成功學大師博恩・崔西(BRIAN TRACY)，教練的級別決定學員的表現。由世界大師帶領，加入你成功的速度。

你可以在這堂課程中學到：

㈠創業成功心法&方法：不僅細膩剖析全球百大創業家的成功之道，更導入T、N、R三大落地實戰Model，讓您創富、聚富、傳富，保證一創業就成功！

㈡經營事業，以終為始：學會如何靠借勢、借資、借力成就自己的事業，並傳授借力致富成功樣版，建構核心競爭力，讓客戶自己找上門。

㈢大老闆的賺錢系統：教您打造自動賺錢機器，建構自動創富系統，創造多重被動收入！

㈣幸福人生終極之祕：提升您的思考力、溝通力、執行力、想像力、判斷力、領導力、學習力及複製力，揭開人性封印，讓您邁向人生幸福最高境界！

㈤成功直銷八大心靈法則：告別玻璃心，善用挫折力量轉化為成功，培養高IQ、EQ與FQ，揮別魯蛇標誌。

㈥自我價值實現：將缺點與威脅轉為優勢與機會，找出幸福快樂富足

方程式，一手掌握事業、志業、家庭，活出精彩新人生！

15日完整課程：

BU是1日班+2日班+3日班+4日班+5日班，共15日完整課程。整合成功激勵學與落地實戰派，借力高端人脈建構自己的魚池，讓您徹底了解《借力與整合的祕密》。一日齊心論劍班+二日成功激勵班+三日快樂創業班+四日OPM眾籌談判班+五日市場ing行銷專班，讓您由內而外煥然一新，一舉躍進人生勝利組，幫助您創造價值、財富倍增，得到金錢與心靈的富足進而實現財務自由的康莊之路。只需十五天的時間，學會如何掌握個人及企業優勢、整合資源打造利基，創造高倍數斜槓，讓財富自動流進來！

多元化的內容：

一日齊心論劍班：由王晴天博士帶領講師及學員們至山明水秀之祕境+家相互認識、充分了解，彼此會心理解，擰成一股繩兒，共創人生事業之最高峰。以大自然為背景，一群人、一個項目、一條心、一塊兒拚、然後一起贏！古有《華山論劍》，今有《齊心論劍》，「齊心」的前提是互相深度認識，大家充分了解，彼此會心理解。

二日成功激勵班：以《BU藍皮書》為教材。根據NLP科學式激勵法，激發潛意識與左右腦併用，搭配BU獨創的創富成功方程式，同時完成內在與外在之富足。創富成功方程式：內在富足外在富有：利用最強而有力的創富系統，及最有效複製的know-how持續且快速地增加您財富數字後的「0」。NLP創意思考與問題解決：一次學會「自我成長力」、「人際關係力」、「情緒控管力」、「腦內思考力」、「執行完成力」五大關鍵力。提升您的觀察判讀與換位思考能力，掌握有效傾聽及魅力表達技巧，設定更Smart的生活或工作標的，有效地完成短期與長期目標，引爆生命原動力。

三日快樂創業班：以《BU紅皮書》與《BU綠皮書》兩大經典為本，保證教會您成功創業、財務自由之外，本班也將提升您的人生境界，達到真正快樂的幸福人生之境。此外，本班藉遊戲讓您了解 DISC 性格密碼、對組建團隊與人脈之開拓能發揮關鍵之作用。

四日 OPM 眾籌談判班：以《BU黑皮書》超級經典為本，手把手教您眾籌與BM（商業模式）之T&M。輔以無敵談判術，完成系統化的被動收入模式。參加學員均可由二維空間的財富來源圖之左側的 E 與 S 象限，進化到右側的B與I象限，藉由從零致富的 AVR 遊戲式體驗，達到真正的財富自由！

五日市場 ing 行銷專班：傳授絕對成交的祕密與終級行銷之技巧。以史上最強的《市場ing》之〈接〉〈建〉〈初〉〈追〉〈轉〉為主軸，教會學員絕對成交的祕密與史上最強、最完整的行銷之技巧，課間並整合了WWDB 642絕學全球行銷與大師核心祕技之專題研究，讓您迅速蛻變成絕頂高手，超越卓越，笑傲商場！堪稱目前地表上最強的行銷培訓課程。你可學會；絕對成交的祕密、終極行銷技巧、接建初追轉 5 大銷售步驟、WWDB 642 系統！

一次學費、終身復訓：
參加 BU 課程只需要繳交一次性的學費，之後將是終身免費複訓，免費複訓最大的好處是可以結交到不同的人脈+甚至到中國內地上課更可以結交到中國各省市的頂尖人脈。如同各知名大學的EMBA就是結交高端人脈的好地方。由於商場上認識的人脈，其關係是非常薄弱的，通常 24 小時內沒再次聯絡就忘記了對方。但是透過 15 天的課程彼此從商場上那種嘘寒問暖的關係，轉變為 15 天從早到晚關在一間教室，為了爭取小組的高分彼此熟悉、激勵、合作。晚上還住在同一間旅店，這樣就變成緊密的同學關係，到時就有商業合作的商機或是商業對接的機會。通常因為彼此是同學的關係，要取得這樣的機會就比較容易多了，上課的本身固然重要，但是有時候上課的背後所帶來的利益更加的可觀。

學員見證：
一個產品有沒有效？不是銷售人員說了算，因為他們只會說好的那一面，他們只想得到你的訂單。但是假設是由第三方介紹這個產品，那公信力會大幅提升了。讓我們來看看有誰推薦這個課程

會計師王人傑：我是國際 BU372 期結業生。Business & You 指引了我的人生新方向，因此認識的人脈助我順利進入中歐國際工商學員任教。感謝 BU，讚嘆 BU，更推薦 BU！

交大教授方守基：我從 BU 的學生成長茁壯為 BU 的講師。一路走來 Business & You 影響我、幫助我了一輩子！欣聞 BU 華語版引入台灣，這是兩岸培訓界的一大盛事！BU 終於建構了華語授課與華文教材的體系，可喜可賀！在此大力推薦 BU，這個課程確實可以改變您的一生啊！！

企家班 EMBA 講座教授邱茂仲：參加 Business & You，你會發現認識的人真的很不一樣。由此形成的團隊也很與眾不同，他們能帶給你的改變與成長，遠比你想的多更多。一般培訓講師的經歷頂多是只開過一家公司。然而 BU 的講師來自各行各業，擁有實戰經驗發揮落地精神。在 BU 不僅能突破自我、改變現況，更重要的是能成為獨當一面的超級講師！！

能順暢的讀下去的就是「有順序的文案」。消費者不必有任何心理負擔，能夠抱著興趣開讀，這是一種寫作上的技巧。當然，文案是否能順暢的讀下去，還牽涉了字體的大小、類型、行間距離、字體顏色等問題。不過主要還是在於如何把文案寫得流暢易讀。

關於文案寫作順序的技巧實在不少。至於要採用哪一項，則必須視文案的主題和文案的分量而定。這裡列舉了七種形式的文案寫作順序，並進一步地探討：

一、心理學上的順序(Psychological sequence)

常用的是源自於美國路易斯提出的「AIDA」廣告公式，所延伸的「A.I.D.C.A」文案架構。A=attention吸引注意；I=interest引發興趣；D=desire勾起欲望；C=conviction有力的保證說明；A=action呼籲購買。這是依消費者心理學，所列出的文案寫作 5 大步驟。當寫作文案時，應該強調這五大步驟的哪一項呢？這要依廣告目的而定。其次，標題要強調哪一項？文案內容要強調哪一項？文案寫手必須對這些問題下明確的判斷。否則就難以寫出「有順序」又有效的文案。

二、解決疑難式的順序(problem-solution sequence)

常用的例子如下：提出某項煩惱→本公司的產品能解決這個煩惱→為什麼呢？證據是……→請盡快購買使用。這種寫作順序，有兩個條件：第一是文案要長。其次是必須提出令人信賴的有力證據。在第一個的階段，可以試著去擴大消費者的煩惱，讓消費者對現存的解決辦法感到不滿意。如此巧妙的運用，成功的機會越大。而最後一個的階段，也有人是省略不寫的。不過，若在結尾沒有一個呼籲消費者購買的口號，很容易喪失產品成交的機會。

三、演繹式的順序(deductive sequence)

演繹式遵循的是由一般到特殊，由概括到具體的順序。演繹式先呈現概念、原理等，再呈現例子和具體材料，和歸納式順序的寫作方法意念相同，只是觀點不同。演繹式呈現方式，依據的是接受學習的理論，遵循的是演繹推理的規則。先說產品對消費者的好處，再提出產品的特點作證明，是為演繹式的順序。

四、歸納式的順序(inductive sequence)

歸納式遵循的是由特殊到一般，由具體到概括的順序：先呈現例子和具體材料，再呈現概念、原理等。感覺是不是很熟悉？沒錯，這個與前面提到的「演繹式的順序」是相反的。歸納式呈現方式，依據的是發現學習的理論。從思維的過程看，歸納式學習遵循的是歸納推理的規則。所以「歸納式的順序」是比較能引起消費者的興趣；而「演繹式的順序」卻是比較能讓消費者心服口服。

五、描述式的順序(descriptive sequence)

圖片在文案中占了很重要的地位，可以用圖片為輔，文字為主的方式，好讓消費者可以更加明白您想要表達的意思。且圖片能讓文案更加生動、有趣，在一大篇文字敘述下，圖片能吸引消費者的吸引力，還能促使消費者耐心的將文案看完。

六、新聞體的順序(news sequence)

新聞式文案寫作順序，是先把主要的訊息在標題中描述出來，然後在文案的前二、三段敘述重點。也就是新聞報導的形式。這種寫作順序最有效的用法是在標題和文案的第一段，說明產品的好處，然後再說產品的特點。

七、故事體的順序(narrative sequence)

故事體的寫作順序，有事件始末，有登場人物，有時間次序。有的時候，也可以用倒敘的方式，會顯得較為有趣。通常會用於篇幅較長的文案。確立故事的主題後，將故事的主角具體化，再選用情節套路，以情感的力量刺激消費者的購買欲望。切記！主角盡量是用討喜的性格，不然一個被消費者討厭的主角，他的故事又怎麼會吸引消費者繼續閱讀呢，更別說購買產品了。

透過故事的力量，使消費者購買產品，就叫作「故事行銷」，是王晴天博士非常喜歡的一種文案操作模式。因為故事行銷實在太重要了，所以本書會另開一個小節，留在 2-6 跟各位詳盡解說。

由以上的說明可以得知，「順序」並不是什麼新的東西，只要稍微具備些理論和寫作方面的基本知識就能了解。不過並不是說有了這方面的知識，懂了這種原理，就能寫出色的文案。文案是否出色，和文案寫手的想像力、創造力、組織力大有關係。只是如果具備豐富的想像力等能力，再加上專業寫作原理，寫出來的文案會更加出眾。

IDEA 文案的視覺化

文案寫手如果不能寫精彩的文案，當然不能稱作文案大師。然而，最近業界有一種新的說法，認為文案大師不只要能寫精彩的文案，甚至要懂得如何把文案視覺化，這也是文案大師的責任之一。所以文案大師的工作是製作出文案和 DM 相契合的廣告。

文案寫手的視覺化能力單靠文案發揮力量的廣告相當少見。把文案經過視覺化處理，再加上圖片，能夠加強廣告的傳達力。日本有位頂尖的文案大師，曾這樣說道：「**文案，是構成廣告的一項要素。而且，文案是帶動整則廣告的要素。這個帶動作用也就是文案的機能。因此，把文案從廣告中剔除，不只是不自然的事，更是犯了無視文案機能的大錯。文案既然是廣告中具有帶動作用的要素，就不應該忘記文案和廣告中其他要素如何取得密切配合的重要性。文案以及包裝文案的視覺表現，可以說類似骨骼和肌肉的關係。先有骨骼，而後有相配稱的肌肉附生其上。**」換句話說，文案傳遞訊息的機能，得靠與廣告中各種要素的配合，才能發揮出來。有這樣看法的文案寫手日漸增多。文案寫手不再是寫文案，他們還負擔了協助視覺化表現的責任。你也可以這麼認為：「如何成為好的文案寫手呢？先使自己成為一名優秀的美編設計人員」。

熟練的運用文字和構圖，能使創意的傳達更具效果。任何一項也不容輕忽。能正確地整合兩者的，便是優秀的文案寫手。學員經常會問：「**如果碰到一個問題，文案寫手和美編設計人員都各自堅持己見，不肯讓步，遇到這種情況，要怎麼辦才好呢？**」答案很簡單，誰的方法能使訊息的傳遞較容易了解，就用誰的意見。雖然寫文案和美編設計之間意見有所分歧，由於雙方都是成人，都具備足夠的辨別能力，所以應該會有兩者合而唯一且讓人滿意的結果。

關於文案寫手在視覺化表現中所扮演的角色，有另一種說法和建議。他們認為：文案寫手的職責是寫好文案，要把全部的精力貫注於此。了解太多或者涉及的太過龐雜，反而危險。美編設計方面的工作還是交給專家來做。本書的建議是，文案寫手只要用草圖將文案的視覺化表現交給美編設計人員就行了，不必製作正式的稿子。因為，如果文案寫手正式製作一張視覺表現的稿子，那麼美編設計人員能做些什麼呢？是把它拆散重組？還是略加修飾？所以，文案寫手只需做小型的草圖，而後由美編設計人員把這個視覺化的構想予以擴大解釋即可。

視覺化的方向

廣告不能僅靠文字的呈現。文案寫手或多或少需要具備視覺化表現的能力。至於是否要製作視覺化表現的草圖或設計圖，則是另外一回事。曾遇有一位美編設計人員，感嘆說：「**沒有視覺表現能力的文案寫手，常寫出令我無從設計起的廣告**」。這是常常會發生的事。姑且不論這位美編設計人員的能力如何，看了這段話，不由得低首沉思。如何求得有效的視覺化表現，是文案寫手遭遇的難題之一。很多廣告界先進試過各種分類。比方說：

◈只有產品的構圖。

◈經過裝飾的產品的構圖。

◈能夠表現出使用該產品的好處和不用該產品的壞處之構圖。

◈標題的戲劇化。

◈單一情景的戲劇化。

◈科學證明的戲劇化。

◈故事性廣告的戲劇化。

◈文案細節的戲劇化。

◈文案比較。

◈圖案與商標。

◈圖畫與圖表。

雖然有這麼多的分類，但是，優秀的視覺化表現並不限於此。視覺化表現的好壞可以取決於文案寫手和美編設計人員的想像力。因此，文案寫手應該重視想像力的訓練，以求視覺化能力的提高。

2-6 創作爆款文案的 key point

- 創作爆款文案的 key point
  - point 1：容易上手的 3 種文案寫作技巧
    - 懸問式開頭法
    - 回憶式寫法
    - 排比層遞式寫法
  - point 2：寫文案前，要先學會說故事？
  - point 3：何謂故事行銷？
  - point 4：如何自然地寫出故事行銷？

Point 1：容易上手的 3 種文案寫作技巧

一、懸問式開頭法

大家在中學時期國文課應該有學到「設問」這個修辭法吧？其中，設問分為「提問、激問、懸問」等等。通常懸問在作文裡，是沒有一定解答的，有的作者也不知道答案，純粹只是想讓讀者思考、引發互動；還有一種可能，就是作者故意營造一個疑問的氣氛，提供讀者想像空間，再慢慢引導讀者認同他的觀點。不是平鋪直敘的告訴讀者答案是什麼，而是透過各種線索、案例，讓讀者自己腦補出你要的答案或是效果。創造爆款文案就很適合用這種寫作技巧，特別是後者這種打造出來的效果，不容易引起讀者反感，還可以銷售自己的產品！

那要如何利用懸問式開頭法創作爆紅文案呢？這裡分為三個重點跟大家說明：

1. 代入思考：

改編熱門事件或戲劇＋代入角色＋例子＋觀點

首先，你可以找一個最近很夯的戲劇或者是時事，挑裡面最具爆紅潛力的關鍵詞，稍微挖空、改編一下，或者是直接引用熱門事件來闡述你的觀點，提出疑惑，就能吸引很多人點開你的網頁。之後再將消費者代入劇中或熱門事件中的角色，引導消費者「換位思考」問題的答案，再舉幾個現實中的例子，讓消費者能夠快速了解你在說什麼，也能印證文末你所提出的觀點。

2. 反常識組合：

意外標題＋數字分析點＋套用文案中角色＋觀點

「反常識」，也就是我們一般人不太容易這麼想或者是非直覺式的思路。顧名思義，下標的時候要故意跟平常人的思考迴路相反，引起消費者的好奇心點進你的網頁。開頭先闡述一下故事的背景、轉折的情節以及令人意外的結果，再詢問消費者對這個事件的看法，之後用具體的數字條列問題核心，並套用文案中的角色一一去分析，向消費者解釋為什麼你的觀點足以成立。這樣一來，消費者就能順著你的思

路，認同你的觀點。

3. 推翻舊有理念：

大家熟知的人事物＋人們既定的印象＋多個例子推翻印象＋觀點

「大家熟知的人事物」，是指你可以用知名人士、公眾人物、節慶、時事，向大家提出問題。文案的一開頭可以先描述一下大家對這個主題既定印象，再用轉折的語氣設計疑問。例如：yahoo 新聞〈吃糖到底有多可怕？一件欺騙世人 50 多年的真相〉，一開頭是這樣寫的：**「你愛吃糖嗎？還是你是位健康食品主義者？你知道其實在無形之中你同時也攝取了大量的糖嗎？相信大家對於健康食品的第一印象一定會認為是低脂、低熱量吧？」**

這一段是在闡述一般人對健康食品的既定想法，接下來馬上推翻大眾對健康食品的想法：**「而這些健康食品（如燕麥飲品、早餐穀片等）為了去除脂肪同時並維持口感，必須添加大量且各式各樣的糖讓消費者買單，這也是為什麼明明吃了很多健康食品，但不瘦反胖的原因！」**之後再設計疑問：**「那為什麼這些健康食品仍有這麼高的人氣呢？」**

緊接著敘述原因，並以多重數據論證：**「這一切可能都要追溯到一份 50 多年前，並在 2016 年時被揭露的期刊，而其中有這麼幾句話是這麼說：『**We are well aware of your particular interest, and will cover this as well as we can.**（我們非常看重你的意見，我們將盡可能「搞定」此事。）**Let me assure you this is quite what we had in mind, and we look forward to its appearance in print.**（我很確定這就是我們想要的，期待這些內容盡快發表、印刷出來。）』這一篇是來自於製糖業高層並被刊登在頂級醫學雜誌 **NEJM**（新英格蘭醫學雜誌）上的『軟文』，第**

MAGIC COPYWRITER

一句話來自於當時哈佛大學著名的營養學教授 Dr. Hegsted，第二句話來自於製糖公司的高管 John Hickson。而這究竟是怎麼一回事？這一切要先回到 50 年前的美國說起，我們都知道高糖、高脂、高熱量是美國人的飲食特色，而當時各大糖巨頭組織的糖業為了維持糖類市場銷售，不斷對營養學專家進行滲透。其中最直接且有效的方式，就是讓幾位營養學專家以相當於現在 5 萬美元（約新台幣 150 萬元）的方式在雜誌上發表「糖無害」的觀點。至此之後的 10 年間，不管是學術文章還是官方膳食指南，都沒有指出糖的危害，一直到 2012 年時，美國出現了 70 萬多例因心血管及代謝疾病相關的死亡紀錄，其中已被證明有 10.8 % 的冠心病死亡及 14.8 % 的糖尿病死亡與含糖飲料相關。」

最後回扣到標題：「到底糖的危害有哪些？根據研究顯示目前除了造成與肥胖、糖尿病、高血壓、痛風等疾病外，更會提高冠心病的危險機率，研究更發現，每天只要多喝 1 份 330 毫升含糖飲料，冠心病的風險就增加 16 %之高！」

以推翻消費者既定印象的寫作手法，不僅能讓消費者留下深刻印象，還能夠讓消費者照著你的想法，去做任何決定。這是筆者非常喜歡的寫法之一，各位也可以試試看！

現今文案以不同形式出現在我們的生活周遭，有時候撰寫文案並不只是要銷售產品，而是要維持品牌或網站的「基本熱度」，鞏固基礎的粉絲。這個概念在「知識型文案」那個章節提過，如果忘記了，或是還不是很了解，可以回過頭複習一下喔！另外，有些文案看起來不像是以推銷為目的，但確實是以銷售產品為目的的文案，是為了避免消費者反感而用其他形式呈現在讀者面前。有可能是新聞稿，也有可能是你絕對意想不到的雞湯文。所以，建議你不要侷限於文章或文案的定義，要參考爆款文案的寫法，最好的方式就是打開 Google，查詢關鍵字，點進你最想看的那篇文章就對了！

二、回憶式寫法

人們很喜歡聽故事，尤其是越貼近自己生活的，牽動情緒的效力越強。你可以藉由大部分人生活周遭都有可能碰到的人事物下去著手，比如說有關親情的返家過節，有關愛情的七夕情人節，有關友情的畢業季等等。只要是圍繞著「感情」的主題，都很容易用回憶式寫法影響消費者。那要如何使用回憶式寫法呢？這裡有一個小套路可以教你：**選定主題＋選擇主角＋現況跟過去的對比＋以物寄情。**

上述有說過，人很容易被「感情」的主題影響情緒，所以在選擇主題時，你可以從友情、愛情、親情這三個方面下手；主角方面建議用第一人稱的手法，方便消費者代入情緒；再藉由你的視角描述某件人事物過去的模樣；之後再用產品拉回消費者的回憶，最後下個正面的觀點或 slogan 就可以了。舉個例子，以返鄉探親為主題好了，假如你是食品製造業者，在過年期間推出了禮盒的產品，你就可以「回憶親情」的手法下去寫：

又到了返鄉探親的時刻，經過了漫長的塞車時段，終於回到了記憶中無論多晚都會為我亮著燈的老家。看到許久未見的老母親，依舊挑著菜根為全家的晚飯做準備，看著母親粗糙、顫抖的雙手，想起小時候我跟哥哥經常打架，母親為了我們停止爭吵，常常做著綠豆椪、雪花餅給我們吃，讓我們轉移注意力。現在，母親頭髮白了大半，雙手也不如年輕時的穩健有力，我想了想，拿起早已準備好的糕餅禮盒，與母親共享這份包著回憶的綠豆椪，吃一口，暖入心，再咬一口，甜蜜滿溢笑容裡。「品一口團圓，〇〇〇糕餅」。

不曉得看到這裡，「回憶式寫法」你學會了嗎？現在，我們就跟著套路逐步練習看看吧！

文案寫作實戰營

步驟 1 ▶選定主題

範例 返鄉探親。

- ---
- ---
- ---

步驟 2 ▶選擇主角

範例 自己。

- ---
- ---
- ---

步驟 3 ▶現況與過去穿插對比

範例 母親粗糙無力的雙手與過去善作烘培的巧手。

- ---
- ---
- ---

步驟 4 ▶以物寄情

範例 綠豆椪。

- ---
- ---
- ---

三、排比層遞式寫法

這個技巧就是撰寫文案內容蠻常見的一種，利用排比增加氣勢，再用一層層的邏輯堆疊分析理念。排比，這個修辭，我們從小到大在國文課都有學過，教育百科裡對排比的解釋是這樣的：「參差排比，凡在語文中，將原有整齊的字句，錯雜排列，或故意使字句長短不一，一方面增美文辭，一方面調節辭氣的一種修辭技巧，稱為參差排比。如：蔣中正〈我們的校訓〉：『我們在學校裡，一定要尊敬師長，要聽先生的話，要守學校的規矩。』短語排比，凡在語文中，用結構相似，性質相同的短噢，上下排比，使聲勢壯大，文義推廣的修辭技巧，稱為短語排比。如：劉勰《文心雕龍》：『若總其歸塗，則數窮八體。一曰典雅，二曰遠奧，三曰精約，四曰顯附，五曰繁縟，六曰壯麗，七曰新奇，八曰輕靡。』反句排比，凡在語文中，用結構相似但意義相反的句子，上下排比的一種修辭技巧，稱為反句排比。如：諸葛亮〈出師表〉：『親賢臣，遠小人，此先帝所以興隆也；親小人，遠賢臣，此後漢所以傾頹也。』」排比用入文案中，適合放置結尾，用於增加渲染消費者情緒，加緊腳步擄獲消費者心的一個手法。

層遞，教育百科這麼說：「凡兩個以上的事物，有大小輕重等比例，依次序層層遞進的修辭法，稱為『層遞』。如『天時不如地利，地利不如人和』。」而層遞放入文案裡，是用於論證時層層剝解，步步分析，先排列問題再解釋為什麼，最後再呼應前頭所說的觀點。

將排比和層遞結合起來變成一個套路，就是：**觀點＋逐步分析＋排比增加氣勢＋與前文前後呼應**；如果是 5 句以下的文案就是：**排比＋層遞＋商品。** 例如，某個純淨水廣告：「挑逗的水，遊戲的水，補充的水，冒險的水，享樂的水，成長的水，發現一瓶好水。」

當然排比跟層遞的順序可以調換，端看文案寫作人要如何依照商品及目標客群，調配最適合目標受眾的文案。

Point 2：寫文案前，要先學會說故事？

到這一小節，我們來複習一下文案的定義，簡單來說，文案就是一種溝通的工具，是為了達成「目的」而撰寫的文字。所以，寫好文案的第一步就是清楚地定位好目的。如果到最後才發現目的定錯了，那文案就不可能會發揮良好的效果，因為方向錯了，終點就不會是正確的。以一般的銷售型文案來說，最終目的就是要讓消費者看完內容後，促發其「想購買」的欲望，以藉此變現。而能夠達成目的文案可以分為 7 個標準，如：清楚傳達、獨特記憶點、提供想像空間、情感渲染、創造驚訝、說服引導、品牌／產品定位等等。

一、清楚傳達

無論你的文案最終目的是為了銷售產品，還是宣揚你品牌的理念，好的標準就是「不會讓人誤解」。比如說，今天你寫文案的目的是為了讓大家清楚明白，你的品牌是平價中高品質的衣服代表，每件衣服都是對顧客的承諾。但你的文案裡，卻一直強調創業如何艱辛，如何維持品質的部分反而草草帶過，這樣會讓顧客聚焦的視野模糊，無法體會到你真正想傳達的意思。

二、獨特記憶點

這從以前大眾的電視廣告就是不變的道理，放在資訊海裡的網路文案就更是如此了。不曉得各位讀者去大賣場或是網路商店，選擇某一樣產品時，會不會覺得很煩惱？在這麼多牌子裡，我該選擇哪一項產品？文案也是一樣，在一排千篇一律的資料裡，我該點進哪個網頁？身為爆款文案師，你要做的就是寫出消費者的「為什麼」。而創造這個「為什麼」，最快的方法就是寫出「獨特的記憶點」，因為獨特，引起消費者閱讀你的文案；因為有記憶點，只要提到這類的產品，就會聯想到你的文案，自然就會想起你的品牌。

三、提供想像空間

要讓別人照著你的想法走，不是一個勁的說，你不做的話會怎麼樣，或是照著我的話，你才能怎麼樣。就跟一般父母要求小孩子照著他們規劃的路走，很多小孩想要反抗的道理一樣。你必須解釋或分析清楚為什麼要選擇你的理由，並給你家的產品至少一個附加價值，讓消費者「自行思考」為什麼要選擇你的產品，而不是競爭對手的產品。例如：「吃冷凍的羊肉爐，不僅能減少煮飯的時間，還能高度還原如餐廳現煮的，更能即時和家人一起享用美好的時光。」這個「高度還原」就是產品的附加價值。

四、情感渲染

當消費者進入你提供的想像空間後，利用親情、愛情、友情等感情三元素，讓消費者認同你的說法，使情感產生共鳴。這樣的手法就是情感的渲染，是情境型文案必備的元素之一。如果你提出的說法，無法與消費者產生連結、情感的共鳴點，他自然就不會心甘情願地掏錢買單。

五、創造驚訝

一個吸引力十足的文案，尤其是情境式文案，如果一開始就讓人想到你最後想說什麼，自然消費者就不會有興趣繼續看下去。那要如何創造消費者意想不到的 idea 呢？最容易上手的手法就是「反差組合」，也就是說將看似相反的事物或論點組合在一起，會有加強情感的作用喔！詳細的「反差組合」用法，會在 Part 5 跟各位讀者說明！

六、說服引導

若你成功地讓消費者認同你的觀點，請加速乘勝追擊，提供產品的購買資訊。最簡單的就是附加一點誘因，效果就會更加良好，像是附贈優惠之類的，引導顧客下單；除了簡單的誘惑因子，你可以適當地在結尾添加一些「刺激」，也就是說給讀者一些心理壓力，促使他立刻「購買」的行動。「刺激購買」，分為正向和逆向操作，這部分比較難，我們後續在 Point 4 為你詳細說明。

七、品牌定位

能夠讓你的產品、品牌在眾多競爭對手中區別開來，最好的辦法就是做品牌／產品定位，定的是你品牌／產品的價值、市場的地位。俗話說的好，人的命運是掌握在自己的手裡，品牌也是一樣，與其等著市場為你的品牌做評分，還不如一開始將自己的品牌定位好，以免遭受競爭對手的打壓。文案中，利用故事型文案打造品牌定位的案例不少，其中「品牌故事」就是最常見的，前面「傳播型文案」那個章節，已向各位說明品牌故事的寫法與案例，若是忘記了，可以再回過頭複習喔！

以上說了那麼多並不是要求大家所有標準都要做到，而是依據眾多熱銷文案分析出來的一些要點，提供各位讀者做參考。要達成這些標準，最重要的就是要學會「表達」。表達是在日常生活中我們最常用到的，表達可以讓我們接觸、了解更多的人和事，讓這個世界更認識我們，要讓別人可以被我們說服，最基本的就是要學會表達。

人們都很愛聽故事，透過故事能夠有效地吸引別人，所以一個人說故事的能力，可以代表他影響別人的程度。舉例來說，不管在職場還是學校裡，能夠大方地侃侃而談、全身上下散發正能量的人，大部分的人對他們的印象都是很有魅力、擁有正面觀感的吧！因為他們都很會表達自己，他們都是會說「故事」的人。那樣如何學會說故事呢？每個人都有屬於自己獨一無二的「故事」，我們可以將自身的經歷當作最好的素材，結合你的目的再「表達」出來，就是一個很棒的故事。

綜合上述，在這個世代，學會表達自己，就越能夠影響別人；若是要將「表達」的能力放入文案裡，最好的方式就是學會說故事！前面提到達成文案目的的 7 個標準，通通都是要學會表達自己才能夠做到的，其中，要做到「提供想像空間」、「情感渲染」、「創造驚訝」、「說服引導」等等，學會說故事乃是必要的元素！

Point 3：何謂故事行銷？

故事+文案＝行銷

前面我們說到，要能夠影響別人，最有效的辦法就是說故事，而寫銷售文案的目的是為了行銷，若是將故事的強大影響力放入文案裡，達成銷售的亮眼成績，那麼故事就是你提升文案吸引力不可或缺的最佳工具。

看到這裡，你會不會覺得：「**所以說，幫文案編一個故事就是故事行銷囉？**」事實上，市面上大多的企業都是這個樣子的，但很多都打動不了消費者的心，因為他們都忽略了一個重點，**故事行銷不是單純的編造故事，而是將這個品牌或產品真實的故事寫進文案裡**。舉個例子，在「傳播文案」那個章節中，有舉過一個薰衣草森林的品牌故事分析給各位讀者，不曉得各位還記不記得？以前筆者威樺和家人曾經去過這個薰衣草森林，當我們一行人到達薰衣草森林之後，母親就開始滔滔不絕地講起這個薰衣草森林的品牌故事，還一邊不停地打開錢包買東西，記得那時母親說過：「**這兩個女孩子為了夢想那麼辛苦，我們要多支持他們一點。**」你看，這就是故事影響顧客的一個實例，因為這個故事帶給消費者強烈的代入感，再加上在薰衣草森林那裡真的有如文案所說，良好的自然環境，清新的薰衣草香，好吃的下午茶，很多個家庭帶來的歡笑聲……。一直深植在腦海裡，讓人有想要一去再去消費的動力。

一個好的故事型銷售文案，除了要給消費者留下深刻的印象，最重要的就是改善消費者的困擾，給消費者帶來正向的改變。而一般的銷售文案，也必須具備快速傳播的效果，才能發揮最大的銷售力。以下是本章節為你整理 5 個故事行銷的重點，是撰寫故事型文案前必備的準備工作。

一、品牌的價值定位

上一小節，有跟各位說明品牌定位的重要性，那到底要怎麼樣才能將品牌的地位定好呢？這邊有準備幾個小撇步，請大家看完各個選項的說明後，寫下答案練習看看吧！

1. 品牌的產品能為消費者提供什麼服務，給消費者什麼感受？

   這個地方，請大家從單一個產品放大到整個品牌企業來看，請想一想公司的產品有什麼樣的共通點？例如：高價位的頂級香水、產品成分都是來自義大利純天然有機認證的植物源。能夠給消費者的感受：味道好聞不刺鼻、不會造成過敏、使用起來自然、清新、魅力更加分、包裝設計時尚好看、多款氣味可供衣物搭配選擇等等。

   - --
   - --
   - --

2. 關注我的品牌有什麼好處？

   這個部分，就是為培養品牌粉絲專門設計的，你可以規劃一些活動、優惠、好禮，以鞏固顧客群，例如：會員生日禮、購買點數、會員折扣週之類的。

   - --
   - --
   - --

3. 我們要選擇誰當我們的受眾？

   從產品的功能及優點中，你可以判斷什麼樣的人會喜歡品牌的產品？在「情境型文案」那個章節，我們已經有稍微練習過產品受眾的設定，相信你一定不陌生，提供幾個受眾群，由你自己思考、選擇你的品牌受眾。例如：時尚貴婦、時常拜訪大老闆的高級業務員、主管階層女／男性、年輕的小資群、家庭主婦／夫、普通上班族、貴族學生、普通學生群等等。

-
-
-

4. 分析在市場中，我們有什麼樣的優勢？

首先，你要先分析競爭對手的優缺點，再條列出自家產品的優缺點相互比較，再使用 xy 橫縱軸的方式，定位自家產品在市場上的位置。以上述舉的香水為例：我的品牌優勢有純天然的植物成分、多款氣味可供衣物隨意搭配、精心設計的包裝及大小，隨身帶也是時尚；劣勢的部分就是價格較高。

-
-
-

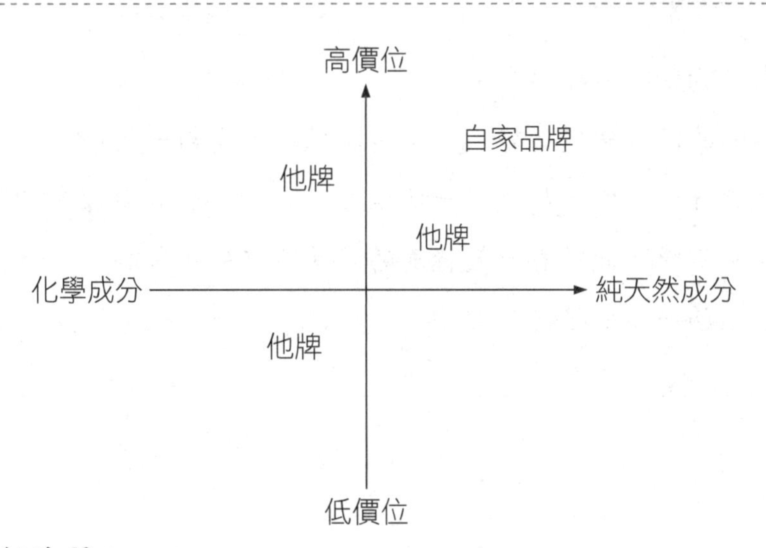

- xy 軸練習：

5. 品牌理念及購買品牌產品的理由

品牌定位的中心思想就是品牌理念和消費者購買的理由，還記得前面章節說過：「消費者購買的不是你做了什麼，而是購買你的為什麼」這句話嗎？你要**給消費者一個購買的理由**，目標受眾才會心甘情願的購買你的產品。將上述4個選項填完以後，設定自家品牌的理念就容易多啦！設定好品牌理念後，再加上前面選擇了目標受眾，結合起來就是你給消費者購買的理由。以上述舉的香水為例：理念＝提供時尚女性魅力的泉源；購買理由：知性女人魅力的象徵、多款氣味可以天天搭配不同的衣服，讓妳成為人群中最耀眼的存在、氣味好聞不刺鼻，任何人聞了都喜歡。

- 品牌理念：
- 購買理由：

二、產品價值的定位

1. 產品的功能有哪些？

品牌的定位確定好後，現在請將你的眼光由大放小，專注在單個產品上有什麼功能、特色，一樣以香水為例：含有檸檬、香草、琥珀、薄荷等調料，此款香水最特別的是其淡淡的皮革香氣，為柔和的氣氛當中添加一點個性美。

-
-
-

2. 誰需要我們的產品？

從品牌受眾中再縮小範圍，例如：選項（1）的香水，是專為時尚貴婦中，較活潑且具有領導能力的女性設計的。

-
-

•

3. 消費者用了我們的產品，會有什麼好處或感受？

例如：使用此款香水，不會太過濃郁引起他人的不適，還可以表現個人的魅力特色。若是較平價的產品，建議可以辦個試用活動，將顧客的正面回饋寫入文案裡，能大大增加文案的可信度。

•

•

4. 賦予產品一個新的價值：

定位好品牌跟產品的地位後，你必須想一些新奇的點子，給予民眾刺激，將有趣的活動或話題重新將產品包裝過，會讓消費者有種既熟悉又有新鮮感的滋味。舉例來說，大家就算沒吃過也應該聽過OREO餅乾吧？起初，OREO是主打檸檬口味的餅乾，但生意慘淡，於是仿效起 Hydrox 的巧克力奶油餅乾。同樣是巧克力夾心餅乾，但 OREO 以非常驚人的速度贏過了 Hydrox。這是為什麼呢？因為 OREO 打出了「轉一轉，舔一舔，再泡一泡牛奶」的廣告，引發了轟動性的風潮。它賦予了普通的巧克力夾心餅一個趣味的新吃法，在此之前，很多人都沒想到要把餅乾放進牛奶裡，再拿出來吃吧？至此之後，大家一提到巧克力夾心餅，就會想到OREO，一拿到OREO就會先打開來舔一舔再吃。**這也是故事行銷很重要的一個目的，就是藉由故事的影響力，賦予產品一個新的正向價值。**但這個價值不是說產品完全改造了再推出，而是另外給消費者一個心理感受。

三、根據文案發布的地方設定文案架構

在這個自媒體非常多元的時代，一般室外的大型廣告或是電視廣告，不再是文案輸出的唯一途徑，甚至各個網路、社群、影音平台已成了現今文案需求的大宗，文字、影音都能用來傳播故事，也都算是文案的一部分。建議根據文案的輸出來源，來設定不同文案的架構呈現方式，使故事型文案達到

最好的銷售效果。最簡單的分法就是，通常品牌文案發布的地方是室外的看板、企業網站品牌故事或是百貨公司內的一些品牌形象看板；而銷售文案常出沒在社群網頁、一般購物網等等。品牌文案，比較注重情感的堆砌、理念形象的建立，內容長度的部分，在企業網站上的通常內容較長，在室外看板的內容較短，爭取的是短時間讓民眾留下印象；而銷售文案，在一般線上、紙本雜誌書籍，通常高價位產品會使用長文案來引導受眾購買，而一般社群、購買網站，通常用的是短文案，爭取快速引導消費者下單。以下這個表格，統整了文案輸出地中文案架構的差異，希望能夠幫助你了解：

<table>
<tr><th colspan="2"></th><th>品牌文案</th><th colspan="2">銷售型文案</th></tr>
<tr><td rowspan="2">線上</td><td>企業網站</td><td>標題＋起源＋願景＋承諾＋口碑認證＋社群連結</td><td colspan="2">標題+有趣的日常+網站或其他社群連結</td></tr>
<tr><td>社群網頁</td><td>標題+需求+產品功能+購買連結</td><td colspan="2">標題＋內文（需求情境+解決方法）＋引導行動（購買連結）＋標籤</td></tr>
<tr><td>線下</td><td>室外看板</td><td>具有吸引力且有品牌代表性的標語＋ QRcode</td><td>書籍雜誌</td><td>品牌介紹＋需求情境＋產品功能＋使用後的感受＋ QRcode</td></tr>
</table>

四、選擇故事主題與劇情走向

「情境型文案」這個章節提說過，故事主題用感情三元素（愛情、親情、友情）最好發揮，而這感情三元素算是故事的背景。這邊說的主題就是確定故事最後的走向，也就是說你設定的這個故事，要帶給人們什麼樣的意義。我們以一則探討連環殺人案的犯人，背後殺人動機的故事為例好了。假設創造這個故事的人，是想要告訴讀者「人們的漠視助長了惡」。於是設定故事中犯人的殺人動機，是源自於犯人從小被家暴，卻無人幫助的後果。那麼，這個作者想要告訴讀者的訊息，就是此篇故事的「意義」。設定好了背景跟結尾，設計故事的劇情就容易多了。

五、準備故事的基本素材

point 3 的一開始就跟各位說過，最好的故事素材就是自己。所以你必須足夠了解自己品牌／產品的任何底細，才能夠寫出行銷力最強的故事。分享幾個可以做為品牌／商品故事的素材：

1. 品牌的理念與目標

2. 創辦人的背景與經歷

3. 品牌建立的契機與心路歷程

4. 產品研發的動機與過程

5. 對產品的堅持與保證（例如：品質保證）

6. 品牌／產品的名稱由來

7. 顧客的好評推薦

8. 品牌／產品的榮譽

9. 員工的感動事蹟（例如：公司福利感想、與顧客溝通時感動的瞬間）

不少企業都會採集員工的工作心得，在社群網路上分享，以達到正面的曝光與宣傳，建議有創業的朋友們可參考看看。

範例

你、Sharon Chen、王擎天和其他56人　18則留言 6次分享

讚　留言　分享

檢視另15則留言

Helen Ho
謝謝董事長～在2020有這麼暖心的福利，感恩！在好多公司今年都縮減福利的情況下，我們也太幸運了吧>///<

許雅棋😃 覺得興奮——和王擎天及其他 12 人。
2020年12月23日 ·

爽爽爽！就是爽！史上頭一遭最最霸氣最最貼心的員工福利即將兌現！
采舍國際王董事長5年前個人出資，購買位於遠雄左岸的一間房子做為員工福利。
今日正式與房仲簽約，將以2000萬為底價賣房。
感謝我們最佛心的王董在如此嚴苛的環境中，仍提前發放員工福利，且王董還規劃將再購屋做為員工福利，真是太甘心了！！
身為采舍的員工及魔法講盟核心弟子可享有分房福利，超級振奮人心的啦！

＃采舍國際幸福企業＃
＃全球華語魔法講盟暖心企業＃
＃最照顧員工的老闆王董事長＃
＃采舍於台北國際書展將有史上最大展位A416＃

許雅棋 覺得開心──和**王擎天**及**其他 13 人**。
2月2日 ·

成..交..了！！！驚爆2021超震撼的好消息！
是的！千萬不要懷疑！去年底才說要提前賣房按記功比例給員工發放分房福利，今天在住商不動產正式簽約高價售出啦！果然房好就搶手呀！
這真是采舍國際王董事長送給員工及魔法講盟核心弟子最大手筆的新年紅包了，感謝再感謝在此嚴峻的時局還特別給我們加碼送暖打氣。
羨慕嗎？跟對老闆荷包飽飽福氣滿滿！

采舍國際好幸福
全球華語魔法講盟超暖心
最照顧員工的老闆王董事長
改變人生的5個方法番外篇實證

許雅棋 在慶祝特別日子──和**王擎天**及**其他 14 人**。
3月25日下午7:15 ·

OH～YA！采舍國際超大喜事～王董事長豪擲重金犒賞員工！
近日采舍的員工臉上有著滿滿的喜悅，
沒錯！有記功的同仁們已經領到分房大紅包囉！！
就是要這麼神速！就是要如此爽快！
王董一邊發放大紅包，一邊繼續物色下一個要提供給同仁分房的福利，有這麼照顧員工的老闆，身為采舍人繼續拿出拼勁跟著王董衝衝衝！！！

采舍國際人逢喜事精神爽
超疼員工的王董事長
分房大紅包美夢成真

Sharon Chen、王擎天和其他46人　　16則留言

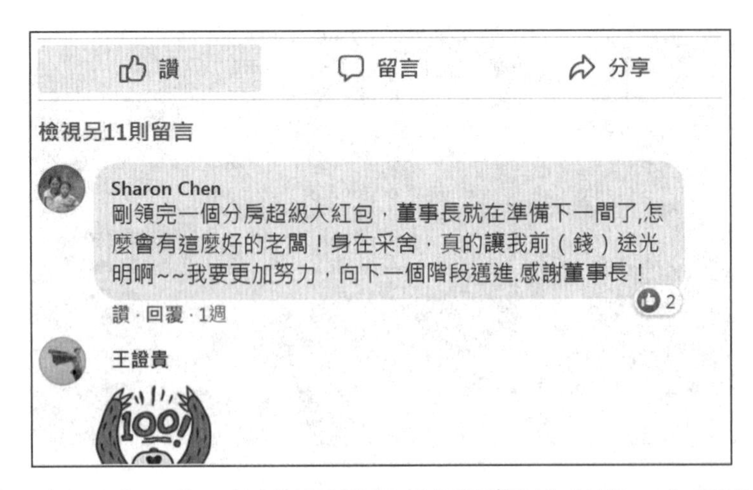

以上這 9 個元素，你可以每個都拆成好幾個故事寫，定期發在社群網頁或官網上，用來爭取進入消費者視野的時間以及維持自家公司在市場上的影響力；又或者濃縮成一篇具有指標性的品牌故事。

 Point 4：如何自然地寫出故事行銷？

我們來整理一下本章文案的重點以及故事行銷的核心，就可以得出一個故事型爆款文案的套路：

選擇目標受眾製造需求（情境型文案講過）→選主題（結局，或要傳達的意思）→先寫出自己本身的故事當素材買產品能解決什麼影響讀者情緒（驚訝、難過、爆笑等等）→結尾

結尾之後，如果是銷售型文案，就在結尾之後放上購買連結，方便消費者點進去就能夠購買；如果是品牌文案，就在結尾之後放上社群粉絲團的 QRcode，讓初次瀏覽網頁的消費者，直接轉化成你的固定客戶名單。

什麼樣的文案能讓消費者不會覺得生硬，又開心地自動購買你的產品呢？總結一下故事行銷的核心：**真實、貼近、感動、意義、價值、刺激購買**。

一、真實

很多行銷人在推銷他們的產品的時候，都很喜歡誇大事實，但成效都不好，因為觀眾只會覺得他在吹牛。俗話說：「**說話要有憑有據。**」因為有證據，才能使人信服。所以建議大家可以拿自身經歷當故事素材，畢竟發生過的事實，比較能夠讓人放下懷疑、身歷其境。

除了拿自身經歷當素材，要組成一個完整的故事必須要有主角、主題跟素材，主題跟素材的部分已經在前文講過了。而主角的部分，用第一人稱的角度最有代入感，若要縮短與民眾的距離，可以在下標的時候，找一個與故事主角理念、形象最貼切的知名人物，與之連結。例如：廚師界的吳寶春、汽車業的 LV 之類的。這樣更能夠提供消費者「真實的」想像空間。

二、貼近

人往往關切的都是自身相關的事物，舉例來說一個不滿 18 歲的學生，如果跟他說：「想不想知道變年輕的祕密？」他一定會覺得：「關我什麼事？」所以說，你在選擇好目標受眾時，要去想這類人平常會去關注什麼事，寫出與之相關的文案內容，一旦目標受眾看到，就會自然而然點開觀看了。

三、感動

感情三元素：親情、友情、愛情。能夠打動人心的，通常都是故事中有困境、阻礙，最後來個轉折，有個皆大歡喜的結局。而感情三元素＋困境與阻礙時，就會產生想要哭泣的情緒；而意外＋驚喜，就是劇情中的轉機。這些都會在第五章詳細的跟大家說明。

四、意義

前文有說過，不管是寫文案還是故事或戲劇，一定要有一個主旨。**簡單來說，帶給人們正向的寓意，才能夠留下深刻的印象**。

五、價值

在前面已經教過大家如何定位品牌和產品的價值，再加上時不時附加產品新的心理價值，就能夠將產品重新包裝，引起熱潮。什麼是新的心理價值？比如說將同一種口味餅乾，換成另一種形狀和包裝；再用文字打造餅乾新的形象，讓消費者感到有些新鮮或有趣的感覺。

六、刺激購買

在 Point 2 有跟大家前情提要，說服引導分為正向和逆向。「正向刺激」，就是告訴消費者，如果你擁有了我的產品，自身價值就會提升一個檔次，或者是生活品質變得更高級；「逆向刺激」，就是用誇飾的語氣告訴消費者，如果不買我的產品，可能會產生什麼負面的後果。運用「逆向刺激」時，真的要很小心，弄不好反而會引起消費者的反感，讓消費者對品牌留下自大的印象。

Part 2 花了好大一個篇幅跟各位分析各種文案類型的套路，以及故事行銷的介紹，這些都是熱銷文案技巧的濃縮版。下一個篇章，要跟您剖析文案中的顧客心理學，熟讀完 Part 2 後，相信你可以快速掌握 Part 3 喔！

B&U
Business & You
保證有結果的國際級課程

市場ing
史上最強、最完整的行銷學
Marketing and Sales
B&U

創業創新
NLP激勵
出書出版
借力人脈
642
行銷銷售
B&U

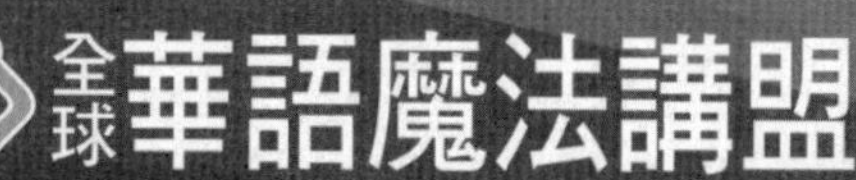
全球華語魔法講盟
Magic

Part

3

瞄準客戶心理的 24 個訣竅

人們不希望有四分之一英寸的鑽頭。
他們想要的是四分之一英寸的孔。

——現代營銷學大師　特德．萊維特

MAGIC COPYWRITER

3-1 吸金文案的 5 步導向法

依照消費者心理，本章先整理出了 5 個銷售文案的導向法，就是「3W2H」，為您做個簡單的開頭介紹，後續章節會再為您深入剖析消費者心理，進行更詳細的解說。

銷售型文案講求快速抓住目標受眾的需求，並提供消費者可以解決困難的產品。所以，想要寫出吸金文案，我們必須從目標受眾的心理來下手。以下來解析吸金文案 5 大口訣——「3W2H」：

導向 1 WHO：對誰說？

> 這篇銷售文案的目標受眾是誰？
> 主要是寫給誰看的？
> 寫文案之前，要先考慮你的產品適合哪一類的群眾？

考慮好以上問題後，分析這類人的個人資料與興趣、習慣，以下本篇設計了一個調查單，你試著填填看，這有助於你找到較具體的目標受眾：

文案寫作實戰營

受眾背景資料統計調查

年齡群：

主要性別：

居住地區：

職業：

社會地位（例：主管階層）

教育程度：

婚姻狀況：

收入：

受眾興趣統計調查

「飲食類」

◈ 甜／鹹／苦／辣／酸：

◈ 喜歡的餐點類型前 5 名：

日式（壽司、大阪燒、丼飯）、韓式（泡菜、年糕、石鍋拌飯、銅盤烤肉）、義式（義大利麵、披薩、焗烤）、台式（臭豆腐、過貓菜、冷筍沙拉、蚵仔麵線、甜不辣）、原住民料理（竹筒飯）、泰式（月亮蝦餅、椒麻雞）、港式（小籠包、燒麥）、美式（漢堡、薯條、炸雞）、客家菜（梅干扣肉、薑絲大腸、客家小炒）、北京菜（北京烤鴨、京醬肉絲）、上海菜（醃篤鮮、南翔小籠）、法式（橙汁鴨胸、法國生牛肉塔、卡酥來砂鍋、紅酒燉牛肉）、川菜（老皮嫩肉、麻婆豆腐）

◈ 喜歡的外食來源前 3 名：

路邊攤、小吃店、自助餐、便當店、速食、超商、吃到飽、快炒、高級餐廳

◈ 一天有哪幾天外食（%）：早／午／晚／皆不

◈ 一週內外食頻率（%）：

◈ 一餐能接受的消費金額：

◈ 民眾偏好的外送平台：

Food pada、honestbee、Uber Eats、有無快送、foodomo、Deliveroo

◈ 偏好的飲料類型前 5 名：

手搖飲料（例：珍煮丹、50 嵐）、瓶裝茶類飲料（例：超商紅茶、綠茶）、鋁箔裝飲料（例：奶茶、蔬菜汁、果汁）、乳酸飲料、乳品（調味乳、牛乳、羊乳）、碳酸飲料、現煮咖啡、罐／瓶裝咖啡、現榨蔬果汁、運動飲料、提神飲料（例：蠻牛）

「影音類」

◈ 民眾喜歡的線上影音內容類型（%）：

電影／微電影／影評／電影電視預告、音樂／ MV、戲劇／連續劇／

偶像劇、美食、旅遊、兩性、綜藝娛樂、搞笑趣味影片、電玩、動漫、專業購物開箱文……

◈ 民眾喜歡的影音串流平台前 3 名：

YouTube、愛奇藝、Dailymotion、Line TV、Netflix、KKTV、WeTV、巴哈姆特動畫瘋、LiTV、friDay 影音、myVideo、Google Play 電影、iTunes 電影

◈ 民眾可接受影音廣告的時間：

◈ 民眾可接受的影音串流平台付費金額：

◈ 民眾使用影音串流平台的頻率：

◈ 民眾觀看影音之習慣設備：

桌上型電腦／筆記型電腦、智慧型手機、平板、電視

「線上遊戲類」

◈ 民眾從哪些管道得知現在玩的遊戲（%）：

App store ／ Google play、親朋好友介紹、網路搜尋、社群軟體廣告、電視廣告、戶外廣告（大型看板／大眾運輸廣告）、遊戲公司官網、遊戲論壇

◈ 每週平均玩線上遊戲的時間（天）：

◈ 每天平均玩手機遊戲的時數：

◈ 平均每月花費在線上遊戲的金額：

決定好目標受眾以及目標受眾的喜好後，創造目標受眾需求的情境就容易多了，你可以模擬出來這類型的人有什麼樣的個性、購買習慣跟喜好，想想看這類人平常都再追求什麼。之後可以列出此類民眾與品牌／產品的關聯性，有助於創造一句有利的 slogan，或一個頗具吸引力的文案開頭。

 導向 2 WHY：為什麼要買你的產品？

還記得上一章說過：「消費者買的不是你做了什麼，而是買你的為什麼。」這句話嗎？如果連你自己都不相信自家的產品，你又如何讓人信服呢？想像一下，假如你是消費者，看到標題會不會想進去看？這個產品能不能滿足我的需求？將購買產品的理由列出來後，放到文案裡面，能夠幫助消費者了解你的產品。比如說，假如你是化妝品的業者，撰寫文案時，你要想想目標受眾在買化妝品時，最害怕的一定是買到傷害皮膚的或成效不佳的；最想買的一定是成效佳、價格又親民的全方位優良產品。從這些訊息你可以推判出，消費者想知道的資訊有：

1. 明確的成分標示。

2. 天然的植物來源。

3. 平易近人的價格。

4. 網路評價。

5. 權威或名人推薦。

將消費者需求列出來後，如果你的產品剛好有這些功能或條件，那太好了，盡量把這些優勢秀出來，以這些資訊為基礎來寫文案，告知目標受眾「我們的產品最適合你」！例如：

「網紅○○○強力推薦的超效遮瑕霜」
「99 %網友推薦、cp 值超高的氣墊粉餅」
「風靡全亞洲的超天然美妝神器」

看完舉例後，現在請你開始動筆寫下目標受眾的需求，以及設計幾款初步的文案！寫完了目標受眾的需求後，接下來要跟各位探討的是產品與目標

受眾的連結。

 導向 3 What：你想說什麼？

在列好產品的資訊後，寫文案前你必須先問自己這些問題：你可以為消費者提供什麼？用了你的產品後，消費者能獲得哪些生活上的改善？你發文的目的是什麼？那麼你又該如何傳達你的意思給消費者呢？

很多人寫文案時，常犯一個很大的錯誤，就是「全篇都在講自家的產品多好」，可他們沒有想到的是，儘管你把自家的產品誇的天花亂墜，消費者的目光還是不會停留在你的文案上。這時你大概會想：「你上一段不是才講，要把產品的優勢盡量秀給消費者看嗎？」是的，請注意！這裡用的是「盡量」，尤其當你的文案只有一句話的時候，**你必須挑選產品跟目標受眾關聯性最強的部分吸引消費者！**這就跟選擇目標受眾的道理一樣，如果你將自己認為很棒的地方通通放進文案裡，反而很容易模糊消費者的焦點，也就是說每個都強調，結果等於每個都沒有強調到。消費者會想：「喔！你的產品很好，但跟我有什麼關係呀？」所以你要找出一般人最 care 的點，針對那一點給予痛擊。因此，導向 3「what」的重點就是：**寫出產品與消費者的連結點**。

在寫文案的時候，你要明白地釋出「我懂你的感受，了解你的痛苦，本產品就是你的真命天品！」要讓目標受眾知道你是為他而想！那麼，如何才能寫出為消費者著想的文案呢？前一章，已經跟各位分析過很多熱銷文案套路的用法，其中，情境式文案是最好用的，那這邊就提供你幾個常用的句型模版，可直接套用：

1. **如何……。**

例：「如何寫出人人都想看的文案？3 種爆款文案套路大公開。」

2. **……祕密／祕笈……。**

例：「文案生成祕笈，5 步驟讓你文字變現金！」

3. **怕……，……。**

例：「怕孩子輸在起跑點？快看新絲路視頻！」

4. **為什麼……。**

例：為什麼別人總是不聽我說話？超人氣諮詢師的 6 個祕訣。

5. **……秒就懂！**

例：知識變現，1 秒就懂！

6. **……是真的嗎？**

例：吃水煮、喝清淡，就能減肥，是真的嗎？

7. **你是否……？**

例：你是否正在為不想浪費而煩惱呢？

只要能讓消費者腦中產生畫面，你的文案就成功了一半！如果在下筆前，目標還是不明確，你可以設計一個 3W 表格，將目的、目標客戶設定好之後，再想如何連結客戶與產品的關係即可。

參考範例：

WHO	可能會使用產品的人	個人習慣、基本資料調查
WHY	購買產品的理由	列出產品賣點
WHAT	想要達成的目的／效果 例：製造疑問→提供方法解惑→引導下單。	撰寫手法選擇 例：知識型文案寫法（詳見第 2 章）

MAGIC COPYWRITER

導向 4 HOW：告訴消費者如何做？

當 3W 鋪滿文案內容後，倒數 2 個口訣就是提醒消費者購買產品的動作。也就是說，文案前面講完產品的好處後，告訴消費者如何使用產品就能改變眼前的困境，並提供一些權威的推薦文、專家觀點或者是使用者見證分享，加強文案的可信度。

接下來，就是放上購買連結或是報名表單，讓消費者正處於心動的時候就可以直接購買，不然很多人看一看，本來想買但因為找不到下單按鍵或購買方式太複雜就索性不買了，白白損失一票客戶，豈不可惜？以下就是一個下單方式清楚的範例，各位可以參考看看：

範例　魔法講盟《借力致富》課程文案

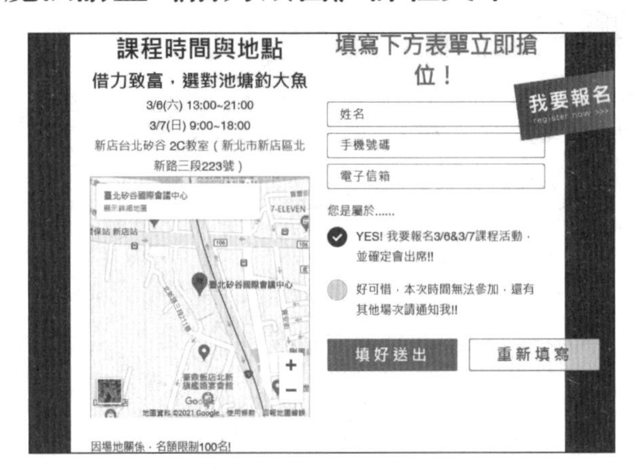

導向 5 How much：標示產品價格

通常顧客若對一個產品有興趣，最後關心的就是價錢。試想這就跟你去大賣場買東西，找到一些與期望值差不多的產品後，會相互比價的道理是一樣的！在標示產品價格時，你可以賦予產品最高規格的價質後再打個折扣，既讓消費者覺得撿到便宜，也能讓你賺取適當的利潤。

除了標示價格，這個階段就是累積固定客群名單的時候了！你可以在文案的最後放上其他的社群連結、客服電話、Email 或是實體店面地點，讓新顧客自動轉化成你的聯絡名單，也能方便客戶時常關注你家的新產品。

看完了這 5 個導向法，不知道你的收獲多少？在這一小節的最後，本篇將這 5 個導向法的重點整理成一個表格，藉由邊看說明邊填寫的方式，希望能幫助你快速理解。

特色與說明	答案填寫	參考元素
受眾類型模擬消費習慣（例如：重質不拘價）		性別、年齡、收入、職業、個性、消費狀況
受眾喜好（例如：喜歡設計簡單但材質優良的衣服）		價值觀、購買偏好
可能的需求（例如：哪裡有風格不過於華麗，但實用又有特色的服裝？）		我們產品符合哪些需求
與產品的關聯性（例如：此產品有特殊的剪裁設計，絕對不退流行，但整體又不會太過浮誇）		列出賣點，並記錄受眾購買此產品的可能性比例、推薦與回購率
與品牌的關聯型（例如：本品牌的衣服就是走質感又實用的日系穿搭）		列出該品牌符合需求的產品，並記錄顧客的回購率
顧客回饋的收集可分為「使用過產品」或「看過品牌任一產品」的廣告觀點分享		設計一些調查表單，分別是顧客使用後的意見調查，可用於產品改善或文案利用；以及閱讀過本產品廣告的消費者，對本產品或品牌的印象，以改善文案撰寫角度。
品牌粉絲培養度調查		將每一個產品回購率統整好，並記錄顧客回購的原因，藉此檢驗品牌下的每個產品是否符合品牌創立的方向，以及成長度是否符合標準。

待您填完這個表格後，一份簡易的顧客人物誌 (persona) 就完成了！在後續的行銷過程，您可以將收集到的目標郵資填充在這份顧客人物誌中，包括顧客提出的問題等等。如此一來，將大大提升您行銷策略的精準度。

探討完吸金文案的 5 部導向法後，下一小節就是要來教您如何提升文案銷售力，讓您能夠建立紮實的基礎，抓住潛在客戶的消費痛點！

最後，以下是吸金文案 5 部導向法的步驟圖，希望能幫助你加深記憶！

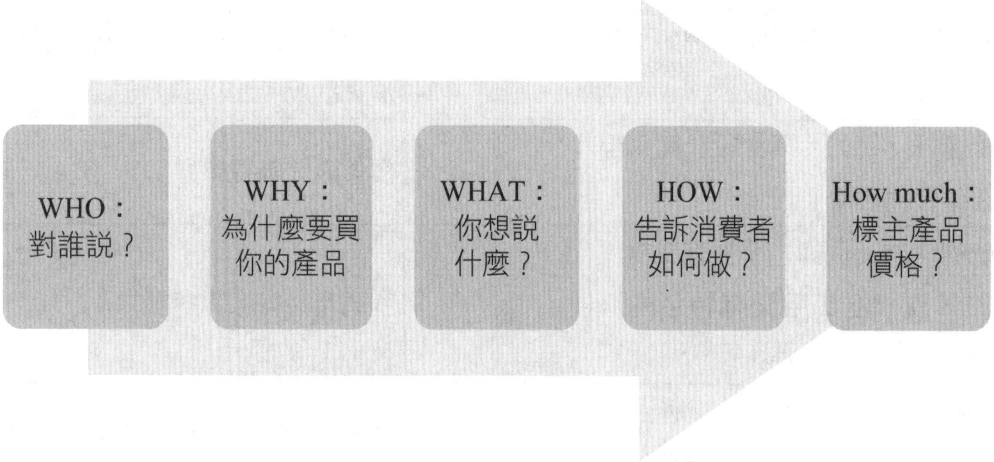

WHO：
對誰說？

WHY：
為什麼要買
你的產品

WHAT：
你想說
什麼？

HOW：
告訴消費者
如何做？

How much：
標主產品
價格？

這種情況有沒有在你身上發生過呢？明明手上的資金都快用完了，你一再的警告自己，看到東西不能亂買。但看到特價、促銷、買一送一，或是 2 折起跳這些廣告文案，腦中消費的欲望還是被勾起來了。也許你當下會深吸一口氣，告訴自己：「忍住！不要衝動！」。但繼續往下看，又看到大大的紅字「僅限今天！」於是你心中的理智線就馬上斷裂，立刻拿出信用卡衝了過去……。像這種時常刺激我們的消費欲望，即是寫出吸金文案的關鍵。

商家常用消費心理學吸引客戶消費，因為影響購買決策的因素不是人的理性而是感性。大多數人都很容易被情緒所牽引，老闆祭出點小優惠，人們就很容易被牽著鼻子走。所以，要學會寫出爆款文案，得先研究消費者心理學，找出目標受眾容易被挑起購買欲望的原因。

以下列出 10 種常見的消費者心理學分析，你可以觀察看看，如果你是消費者的身分，自己被成交的原因是什麼；如果你是授人委託，撰寫銷售文案，可以研究使用下列哪些方式來提升自己的文案銷售力。

一、顧客研究：消費者的不理性

每個人在購物時，心中都有一把尺。你要懂得從消費者最有興趣的需求中勾引。一般來說，理性的人，在不確定的狀況下做決策時，會根據收益和投報率算出期望值，來找出最適合的方案。但事實是，消費者常常憑「直覺」在做決策。

在最佳的理想情況下，明明這樣做收益更大，而顧客的行為卻偏離了這個理性選擇。比如說他們看到 50 %的折扣比 10 %的折扣更便宜，可是這個商品對他們的需求可能是比較低的，但他們卻難以克制自己大腦裡面的消費欲望，而選擇購買折扣較多的那個商品。

所以，偶爾你可以透過發優惠券的方式，勾起消費者的消費欲望。當你的目標是讓他們多花錢時，善用顧客的非理性心理，可以有效增加營業額。

二、確定效應：厭惡風險論

同樣的行銷預算，要設計買一送一，還是讓消費者抽獎呢？如果你現在想辦個活動增加店面的人氣，準備了一筆預算想做促銷，並規劃出了兩種促銷方案：

A.針對某款衣服，買一送一，吸引客戶。
B.針對同款衣服，購買即送一張刮刮樂，有五分之一的機率獲得大獎。

同樣的預算，你覺得是買一送一好？還是抽獎活動好？當面對確定的較小利潤（買一送一）時，和不確定的大利潤時（抽取大獎），你覺得客戶的到底比較喜歡哪一個呢？其實在人性中有個有趣的心理現象叫做「確定效應」。而確定效應指出，大多數人都是不理性的。他們不願意為了高風險高價值的優惠，而放棄確實能得到的價值較低的優惠。換句話說：處於收益狀態時，多數人都是厭惡風險的。

回到剛剛的例子，80 %的消費者都喜歡確定的相對較小利潤。做個看上去平凡的買一送一，你會有更好的營銷效果。舉另一個例子，如果你是開酒館的，你也想辦個促銷活動。那麼是買兩瓶酒送一瓶酒呢？還是在活動期間，白酒直接打 66 折呢？本質都一樣，但你覺得哪個效果會更好？如果選擇買二送一，每買二瓶酒能確地的拿到一瓶 100 %免費的白酒。而消費者大多喜歡 100 %這個數字，畢竟人們在面對收益狀態時，大多都是非理性的厭惡風險

者。面對有風險的大利潤，和確定的小利潤，他們更希望見好就收。

三、沉沒成本：會吵的孩子有糖吃？

假如有一次你在購物時，看到了朝思暮想的商品。你很喜歡這個商品，可是身上的錢不夠，跟老闆討價還價了老半天，老闆還是不願降價，這時你有什麼方法呢？也許你大可以假裝說我不要了，然後轉頭就走，可是到最後老闆根本就不在乎，他心想你走就算了，反正一定有人買。遇到這樣的情況，其實你還有另一種方法可以嘗試，這種方法叫「沉沒成本」。

人們在決定做一件事情時，不僅會看這事在未來對他有沒有好處，也會看在過去他付出了多少。像是購物時，你可以試試在店裡反覆挑選、試穿衣服，不停地與老闆溝通。老闆在你身上耗費了大量的時間與精力，為了不讓他的付出與時間化為烏有，迫於無奈之下會給你更多的優惠。或是你可能曾遇過，某些小孩在店裡大鬧一場後，老闆已經精疲力盡，最後家長出面溝通，老闆可能就會給他們一些的優惠，趕緊打發他們。

在商場上，當客戶對你的商品心動時，你可以設法跟客戶溝通，讓客戶先付訂金。當客戶回到家中，即使購買的衝動消失了，也有可能為了不損失訂金和時間成本，回頭購買你的商品。

沉沒成本是一個既定的付出成本，在現實生活中的例子很多，他可以是金錢、時間、心力或是情感。有的時候，人們會因為不想浪費這些成本，而去做自己不喜歡的事情。比如說，你去電影院買了一張票，入座看了 10 分鐘後，才發覺這部電影實在不符合自己的期待，但距離播放完畢還有至少 2 小時的時間，現在就走不就浪費掉電影票錢了嗎？這時，你會選擇直接離席，還是為了不浪費票錢，硬是坐在位置上發呆 2 小時呢？如果是選擇後者，那這發呆的 2 小時，就是沉沒成本。

基於這種心態，如果有目的的製造對方的沉沒成本，將有利於交易的成功率。相反地，如果能認清沉沒成本所帶來的心理陷阱，面對並克服它，就能做出理性的判斷，減少更多的損失。想知道更多有關「沉沒成本」的知識嗎？敬請關注「真永是真．真讀書會」。

真永是真．真讀書會

四、現狀偏見：安逸造就了侷限性

假如你待在現在住的房子已經有 30 年了。忽然有一天，在經濟許可下，你的家人想要換房子，你會不會持反對票？有位學員前幾年搬了家，本來要搬離舊家時還蠻捨不得的。甚至，新家裝潢的過程中，碰到了一些小問題，就冒出了「還是住回舊家」的念頭。不過，搬來了新家一個月，他就不想念舊家了，甚至都不會想回去看看。

舉這個例子，是想告訴大家，人們通常在面對新的環境或變化時，會感到不安，會認為保持現狀，就是最好的選擇。而這個心態，就是「現狀偏見」。就像平常很多勵志小語，都鼓勵大家要打破現狀、跨出舒適圈，才能夠獲得新的技能、看到更美的風景。

那麼，在商場上要如何打破消費者的「現狀偏見」呢？答案是推出試用商品，或是新品優惠期。假如你是賣保養品的廠商，面對已有慣用品牌的客戶，你可以讓他帶走幾包試用品，或是當作別的產品的贈禮，讓消費者使用；一旦消費者習慣了你的產品後，就會拋棄舊品牌，開始使用你的產品。就像筆者搬家的例子一樣，一開始要搬家時，都覺得還是舊家好，但是搬來沒多久，就愛上了新家。

五、迷戀小概率效應：同樣是 1 元，但顧客卻感覺到了物超所值？

你有沒有想過為什麼很多人都喜歡買彩券呢？在這裡，你需要理解一種叫做「迷戀小概率」的消費者心理概念。舉個例子，老闆今天想送消費者一些小禮物：

A：100 元現金。

B：一張花 100 元買的彩券。

一個是可以確定得到的迷你利益，一個是用迷你成本換得的一張彩券。這張彩券的中獎機率非常小，但是如果真的中獎，有可能會獲得好幾百萬元。各位，如果你是消費者，你會選哪個呢？若是筆者，會選彩券。

但是你有想過為什麼 100 元的「確定收益」對你吸引不大，而一張需要承擔風險的彩券卻具有偌大的誘惑力呢？關於消費者買彩券的行為，與「確定效應」之間的矛盾，有學者做過研究發現，在涉及「小機率」時，某些情況下（例如成本很低，只有 100 元），人們會從「確定效應」所導致的厭惡風險，反轉為風險偏好者，這是人們的「僥倖」的心理所致。因此，消費者會選擇承擔具有微小風險的彩券。心想：「反正損失不大，萬一中獎了呢？」

我們可以運用消費者這個心理，抓住讀者的目光。例如某些網路商城會舉辦 1 元購物日的活動，喊著限量商品 1 元的口號，吸引消費者的注意力。很多人就會想，反正只是上去碰碰運氣，不會額外再花錢。結果，創造了商家頗豐厚的收益。

六、反射效應：既定損失下的偏好風險

如果你想做個自動化的投資顧問服務系統，可以根據數據分析，針對任何一個虛擬貨幣，自動提出投資建議。依照它的投資建議，會有不小機率賺大錢，但也有一定的風險會有損失。本來以為在虛擬貨幣上賺到錢的人，能夠對風險有一定的承受性，所以會對這樣的服務有興趣，但是事實上卻相反。

為什麼呢？根據消費者心理學，處於收益狀態時，因為「確定效應」，人會厭惡風險，覺得有收益就好；而處於虧損狀態時，因為「反射效應」，人們偏好風險，更容易傾向「賭個大的」。

「反射效應」指的是人們感覺到自己已經在損失的情況下，不甘心受損而心存僥倖，選擇承受更大的風險。因此，你不應該把你的服務賣給已經賺到錢的人，因為這些人在既有的收益之下，不願再受風險的折磨。相反的，你應該把你的服務賣給在虛擬貨幣中虧過錢的人，因為這些人會心想：「都已經虧了，賭一賭說不定能翻盤，甚至賺更多呢。」

七、合算偏見：占便宜心理

你是否有過這樣的經驗，手裡拿著 2 份賣相同料理的餐廳 DM，試算哪一個的套餐更划算，哪一個的會員制度更好康？假設 2 個餐廳都有消費積分卡，在價位相同的情況下，一個是 10 個空格的；另一個是蓋好 2 個章的 12 格積分卡。雖然都是 10 格空格，但是蓋好 2 個空格章的店家，你會不會覺得比較好康一點？

我們先站在消費者的身分思考一下，從零開始的積分活動，感覺「優惠」好像離我們比較遠。像這種在交易過程中，人們對感覺上「占便宜」的心理偏好，就叫做「合算偏見」。當我們換成賣家的身分時，假如是 10 格空格的那家餐廳，該怎麼辦呢？

我們可以把積分中的集滿 10 格送特餐，改為 15 格。然後設計一個小遊戲，像是只要說得出店家最新活動就蓋 5 格印章。最後來點小提示，例如在牆上貼相關的廣告。這時，顧客就會覺得積分活動的難度降低了。但其實，這個小遊戲就是給顧客一個占便宜的機會，讓他站在 5 格印章看著 15 格空格，雖然還是差 10 格，卻感覺沒那麼遙遠。

總而言之，我們要讓顧客在消費時，不僅要買商品，也要買到占便宜的感覺。讓顧客覺得算贏了店家而占到便宜，就是「合算偏見」。

八、規避損失：面對損失，本能的逃避

如果你是一個商場的負責人，因為最近人力成本的增加，所以決定以後

客戶結帳時，要酌收手續費，要不然就是選擇自動化結帳的機器。可是消費者就不開心了，他們不知道為什麼又要跟他們多收錢，而且自動化結帳機器數量不多，用起來不如人工的安心。因此，相繼決定去競爭對手那消費。

怎麼辦呢？有什麼方法，可以在加收手續費的情況下，讓消費者理解並接受你的做法？首先，我們要站在消費者的角度來思考，今天消費者之所以抗拒這突如其來的手續費，是真的覺得不合理嗎？不一定。其實大部分的消費者，只是因為面對突然的損失，而產生的逃避心理。

所以什麼叫做規避損失？想像一下，當你中彩券 10 萬元，很開心地去兌換獎金，結果主辦單位通知你系統錯誤，不能領獎金了。明明沒有額外損失，但是「失去」卻比「獲得」更有感，對吧？聽起來人們好像是對「失去」比較敏感，那應該叫「敏感損失」呀？但其實人性對於「失去」，遠遠不只「敏感」而已。比如說投資股票，賺的時候往往見好就收；但賠的時候，總是會想要再等一等，一直將股票攥在手裡。這是因為逃避損失的感受，遠比直接損失還來的好受多了。而這種不願意接受損失的心態，就叫做「規避損失」。

回到剛剛的商場例子，直接收取手續費，會引發消費者對於損失的負面情緒。所以我們可以換種做法，將手續費增加到商品的原始價格中。如果選擇自動化結帳機器，消費者還可以獲得一些折扣。這樣一來，消費者選擇自動化結帳的人數多了，既不會放棄在你這裡購物，你也可以節省人力成本。

九、語意效應：調整語意，讓對方占便宜

假設你在醫院擔任護理士，你負責疫苗施打的工作內容。這時你遇到了一個困擾，就是當你詢問病患「想打疫苗」和「不想打疫苗」時，有超過 70 %的病患都不想打疫苗。但打疫苗真的很重要，尤其是疫情嚴峻的當下。這時候我們該怎麼辦呢？

首先我們來看看原因，「打疫苗」比「不打疫苗」還要多花錢、還要忍

受痛苦。這種提問的模式觸發了病患心中的「損失規避」。他們感覺打疫苗損失更大，所以大部分人選擇不打疫苗。而在這種解決方法中，你可以使用一招「語意效應」。例如：「方案一：打疫苗，可以降低得病風險，並得到1000 元的政府補助。方案二：不想打疫苗，這意味著你得病風險增加，並無法得到 1000 元的政府補助。」這裡指的 1000 元，是政府補助的優惠價格。改完之後，方案一選項的語意變成了「得到」。你可以降低生病的風險，還得到優惠。方案二選項的語意變成了「失去」。你可能有機會生病，而且還失去政府的補助。在改了語意的表述下，選擇打疫苗的比率就大幅地增加了。

再舉一個例子，假設你是賣米的，你想讓顧客覺得跟你買，可以占到便宜。那麼你可以先在量秤上少放些米，然後一點點的增加，顧客就會一直有得到好處的感覺。然而如果你先多放米，再一點一點的減少，顧客就會有一直失去的感覺，可能就會對你產生不好的印象。

所以在商場上，可以利用「語意效應」這個心理原則，通過話術，減少顧客的「失去」的感受。讓消費者持續地跟我們購買產品。

十、比例偏見：倍率效應

假設你賣一個 3000 元的鍋子。為了促進銷量，你打算贈送一個價值 150 元的餐具給客戶。你原本以為客戶應該會更喜歡跟你購買產品，但事實上大家根本就對贈品無感，為什麼會這樣呢？是因為送太少嗎？其實不一定是這樣，只是你的話術讓顧客感覺送的太少了。大多數顧客心想，我買了一個3000元的鍋子，你只送 150 元的贈品，算起來只有 5 %的好處，沒什麼感覺！而這種現象是出自於消費者心中，有一個微妙的價值判斷，稱之為「比例偏見」。

「比例偏見」，就是在很多情況下，消費者對於比例跟倍數的變化，遠比數值本身地變化還來的敏感。回到剛剛那個鍋子的舉例，你可以把這 150 元的贈品，變成一元換購的優惠活動。當消費者聽到這樣的消息，就會心想：

「我只要花 1 元，就可以獲得 150 元的產品，這種倍率差也太划算了吧！」於是，你不僅獲得了顧客的好感，還多賺了 1 元！

回過頭來複習一下，最初我們原本給他的優惠比例只有 5 %；但之後我們讓消費者追加 1 元來換購，消費者會有一種用 1 元來買到 150 元商品的倍率感，他們會覺得占到了便宜。所以，之後就會繼續跟你購買產品。

除了換購，還有一招叫做放大價值的撇步。促銷時，價格低的產品可以用打折的方式，而價格高的產品可以用降價的方式，讓消費者感覺到更多的優惠感。比如說：80 元的產品，你只想打 9 折，也就是便宜 8 元。想讓顧客覺得划算，就直接喊著打 9 折的口號就行了，如果直接說：「**便宜 8 元！快來買！**」大概路過的人，會覺得你怪怪的吧！但如果今天你是賣高達 1 萬元的產品，也只想打 9 折，就等於減價 1000 元。對於消費者來說，減價 1000 元的口號會比打 9 折，還來的有感。

了解完消費者心理的理論後，下一小節是撰寫文案時實際執行面的技巧運用，還請各位保持耐心繼續看下去。

3-3 寫到對方心裡的 9 個重點

「想要寫進顧客的心裡，必須要解決他們生活上實際的問題。」

曾經有一個做英語教學的朋友來諮詢，他們產品的賣點是讓學員從 0 基礎快速成長到開口說出流利的英語。他針對這個賣點寫了幾句賣點文案，來勾引學員想要報名上課的欲望，但都沒有成效。後來仔細分析發現他寫的文案並**沒有直擊消費者的痛點。**這邊再提醒各位一次，觀看文案的學員只會關心他們可以得到的好處、能否解決他生活上的困擾，他們不會過度關心產品的整體內容！

他之前寫的文案都是圍繞產品本身來說的，所以消費者看了沒有什麼感覺。而這件事不是只有發生在這個人身上，許多的人都會有這個狀況，所以這裡再提醒一次：「現在的消費者不缺產品，缺的是一個解決問題的方案」。但是，我們怎麼樣才能快速挖掘出產品賣點以及對消費者的好處呢？

教你另外一個方法：「挖掘產品的賣點」。這個技巧神奇在什麼地方呢？哪怕你是文案新手，只要你順著這個技巧去思考，方向絕對不會錯。而這個技巧，可以說是自我感覺良好文案的剋星，而 99 %的新手朋友犯得最多的錯誤就是自我感覺良好！看到這裡，你是不是很想知道這個技巧到底是什麼？現在就告訴你，**答案就是用問句挖掘出產品的賣點！**我們來仔細探討一下，究竟「賣點」要怎麼樣才能找出來？比如說一個行銷課程的講師，要找出課程的賣點，就是要先問自己，課程和學員有什麼關係？對學員有什麼好處？因為學員最希望解決的是：「我們憑什麼相信你？」

一般在寫商品文案的時候，都會先思考這個問題。賣點就是刺激客戶的消費欲望、找出消費者的痛點。要告訴消費者，使用我們的產品會有什麼好處。

好了，知道了這個「挖掘產品的賣點」技巧之後，到底要怎麼用呢？以上述那位做英文教學的朋友為例，並於下方做一個拆解，把整個賣點好處的挖掘過程攤開在你面前，幫助你更好理解：

1. 把賣點直接說出來：

   例：0 基礎也能快速成長到跟老外說英語！

2. 第一次問：0 基礎也能跟開口跟老外說英語和我有什麼關係？我有什麼好處？

   答案是：即使沒有學過英語，我們也能在短時間內讓你開口說英語，為你的生活帶來許多便利。

3. 第二次問：花最少時間，為生活帶來很多便利和我有什麼關係？有什麼好處？

   答案可能是：職場或旅遊會需要說英語，但是您可能沒有太多時間學英語。而這個課程能幫助你在短時間內就能開口說英語，甚至跟老外溝通也沒問題！

4. 第三次可以問：短時間內就能開口說英語，應付職場或旅遊各種問題和我有什麼關係？有什麼好處？

   答案可能是：在職場上，能夠讓上司另眼相看，為自己的工作表現加分；出國旅遊時，問路或理解當地文化都能得心應手。

5. 撰寫文案：成為英語會話高手，只要 3 個月！職場、旅遊都能通！

到這裡就差不多了，是不是發現 3 次問答後的文案，要比之前只說「讓你快速從 0 基礎到開口說英語！」要好多了？為什麼呢？因為更貼近人的生活，能解決人生活中實際的困難，且有了數字化，就更具體，所以消費者聽了更容易被打動。

為了幫助你更好的理解，再來舉 2 個例子：比如你是賣地瓜的，賣點是好吃有營養，用上面的方法，怎麼寫才能勾起消費者了解欲望呢？一步一步來，首先：

1. 把賣點直接說出來：
   答：「我們的地瓜好吃有營養！」

2. 第一次問：地瓜好吃有營養和我有什麼關係？有什麼好處？
   答：因為好吃有營養的地瓜可以當早餐吃。

3. 第二次問：地瓜可以當早餐吃和我有什麼關係？有什麼好處？
   答：因為除了好吃有營養，做起來很方便。

4. 第三次問：做起來很方便和我有什麼關係？有什麼好處？
   答：因為你再也不用早起做早餐，和牛奶、果汁搭配都可以，3 分鐘就能開啟元氣滿滿的一天。

5. 撰寫文案：3 分鐘營養早餐達人：地瓜也能這樣吃！

相對於一開始的「地瓜好吃有營養！」感覺有沒有什麼不同？改寫後的文案，把地瓜營養又方便的賣點出來了。對於不喜歡早起做早餐的消費者，這樣的標題就很有吸引力。再比如：你是在賣除痘霜的，賣點是塗一塗，痘痘可以自動脫落。我們以這個例子，再練習一遍：

1. 把賣點直接說出來：
   例：塗一下，痘痘就脫落了！

2. 第一次問：痘痘自動脫落和我有什麼關係？有什麼好處？

例：因為再也不怕長痘痘了。

3. 第二次問：再也不怕長痘痘和我有什麼關係？有什麼好處？
   例：這樣你去吃炸雞、麻辣火鍋⋯⋯就再也不怕長痘痘了。

4. 撰寫文案：1 秒去痘霜，大吃大喝也不怕！

各位讀者，你覺得最後改寫的文案，是不是比「塗一塗，痘痘自動脫落！」更加能夠戳中消費者的內心呢？**其實寫出能夠讓消費者動心的重點，就在於你有沒有瞄準他的痛點！**以這個文案來說，就是針對客戶想吃火鍋，但是又怕長痘的麻煩而寫！而這個幫助消費者避免痛苦，解決煩惱的初心，就是擊中消費者痛點的關鍵！

看到這裡，我們可以得出一個結論：「**直接說產品的特色，是無法打動消費者的**」。當你將產品的特色列出來後，要將消費者的需求寫出來。以自問自答的方式，將賣點順著邏輯產出來。這樣一來，你寫出來的文案，才能夠幫助消費者消除他的煩惱。

在這裡整理了 9 個寫到對方心裡的重點，能幫助你在文案撰寫或事業上有新的突破，非常實用！我們趕快來看看：

重點 1	• 你的產品的特色是什麼？
重點 2	• 你的產品要賣給誰？
重點 3	• 你的客戶的需求是什麼？
重點 4	• 你的產品有哪些科學認證？
重點 5	• 你的產品有哪些顧客見證或名人推薦？
重點 6	• 你能為產品創造出哪些需求？
重點 7	• 你能為產品設計什麼故事？
重點 8	• 你能為產品增加哪些附加價值？
重點 9	• 你能為產品設計哪些滿意保證？

重點 1：你的產品的特色是什麼？

當你在設計文案的時候，必須注意的兩個方向：

㈠你要了解自家商品的功能
㈡你要了解潛在客戶的需求

當我們在寫文章的時候，對於「商品」及「目標對象」要很熟悉。依熟悉程度的高低所得到的結果將會有很大的不同。也就是說，很多人寫不出讓人忍不住下單購買的文案，很有可能是因為沒有先熟悉自己商品的功能，與掌握潛在客戶的需求。如果你在思考「目標受眾」及「需求」時，是這樣想：「會買我們商品的人，大概是這種類型的人吧」、「這個商品的功能，大概是為了解決這些需求吧。」這個所謂的「大概」，可說是偏於自己的想像與猜測。特別是關於「目標對象」的設定，很容易陷入個人的主觀盲點裡。例如：某位客戶明明「希望能買到適合他的蘋果手機」，業務員卻不停地對他推銷：「oppo 是最棒、最好用的！」想必要這位客戶掏錢購買，是件不太容易的事吧！如果沒有了解對方心中的想法的話，就會發生如上述般牛頭不對馬嘴的狀況。

無論是再怎麼棒的商品，對於需求性相對較小的人來說「不需要的東西等同沒價值」。筆者觀察到，大多數人們通常只會寫自己想寫的，例如我們常常可以看到文案上寫著「我們的服務是最周到的！」但是淨寫些自己想寫的往往不會得到好結果。

許多文案新手常犯一個錯，就是準備了一些自己覺得很棒的內容或服務，花了很多的心思。結果在社群平台發表的時候，得到的反應卻不如預期。這不是網友的錯，是市場調查沒做好的緣故。所以後來改變了作法，當有一些內容或資訊想要分享的時候，會先用調查的方式詢問網友，再根據網友回覆的數度以及數量來決定要不要認真準備那些內容和服務。

能被認定為是一篇「好的文案」通常不是以「自我」為定位，而是從「對方的立場」而寫的文案。不論是什麼樣的商品，一定要先理解潛在客戶的想法之後，才能寫出讓人感受到實用性的文章。寫出讓人會想繼續看下去的文章，才可稱得上是從客戶的立場而寫的文章所以，對於希望擁有「蘋果手機」的客戶，就必須把「蘋果手機」的相關建議提供給他，讓他有「這個商品適合我」的想法。或者對於「想跟上流行」的客戶，就可以把「最新的蘋果營銷方案」介紹給他，讓他有「想要買更多」的想法。也就是說，只要是能站在對方的立場而寫的文案一定可以更有效的做成買賣。

如果你不知道你的商品的特色，就無法寫出「令人難以抗拒的銷魂文案」。所謂的「知道」，意思是對商品完全知悉。例如：學員問關於行銷的問題，不論提出什麼樣的問題，授課講師都能立刻回答，而且還能超前回答他之後可能會延伸的問題。這都是源自於講師十分了解這方面的專業知識，在撰寫「令人難以抗拒的銷魂文案」時，你也必須做好準備。而準備的第一步驟，就是分類出商品的特色為何。例如：某家餐廳希望能爭取到與一些公司行號合作之機會。他們試著提出對公司的服務特色如下：「我們提供此服務已超過 3 年、共超過 500 件成功合作案例。我們配合客人的年齡或喜好，可以應付各種細微的烹調要求。像是食材的種類、煮法、比例……。我們所提供的餐點保持『安全、美味、營養』三方面的平衡，早上十點前訂餐的話，可在中午十二點前配送到府。」當然光是提出商品特色還不夠，最主要的目標是為了找出商品的「必勝賣點」。

主要的賣點：我們的餐點保持「安全、美味、營養」三方面的平衡。
次要的賣點：選擇配合使用者的年齡或喜好準備相關的菜色。
普通的賣點：早上十點前訂餐的話，可在中午十二點前配送到府。

以上是把商品特色用順序排列的例子。要把哪個特色列為「主要的賣點」，則需要依照目標的需求與企業政策的相互配合來討論。如果可以明確提出商品主要的賣點的話，也就比較容易寫出有效的銷售文案。另外在沒有熟悉商品特色的狀況下，只是寫了一堆華麗的詞句、商品特色卻模糊不清的銷售文案，不論是再怎麼棒的商品，還是無法傳達其優勢給潛在客戶。也就是說，這商品依然很難賣出去。所以徹底思考商品的特色，是撰寫銷售文案時不可缺少的事前準備。

重點 2：你的產品要賣給誰？

在設計銷售文案時，必須思考這個商品（服務）是要賣給誰的（顧客）。例如：在化妝品的推銷宣傳裡，對「延緩衰老」這樣的敘述比較容易有感覺的，應該是開始煩惱黯沉與皺紋的 30 多歲顧客吧！延緩衰老是指防止老化，重返年輕的「抗老」。如果你向肌膚還保持相當彈性的 10 多歲或 20 多歲的顧客推銷「延衰老」產品，應該很難得到這些客戶們的共鳴。而某些含油分較多的抗老化妝品，或許也有人因為用了卻造成粉刺或痘痘的反效果，所以他們不喜歡。從這個例子可以看出，為了把商品確實送到真正需要的人手中，我們有必要把目標顧客明確劃分出來。像是消費者的居住地、年齡層、職業、配偶、家庭成員、家庭年收入、興趣、消費習慣、朋友圈、健康狀況……。

在進行目標顧客設定的時候，像上面一樣以分類的方式描繪出目標顧客的方法是很有效的。假設是「住在台北市的 40 歲家庭主婦」這樣明確的數據，就可以想像接近 40 歲的女性們，抱持著什麼樣的價值觀、過著什麼樣的生活、有著什麼樣的金錢觀、抱著什麼樣的目標與夢想、他們會因為什麼樣的事情而感到高興、會因為什麼樣的事情而難過、他們的交通工具是什麼、家庭成員有誰、他們愛吃的美食是什麼、他們喜歡的衣服是哪些品牌、他們愛看的雜誌是什麼……。這個我們在 3-1 口訣 1 的部分提過，若是您忘記如何設定目標客群的話，可以返至 3-1 的整理表格練習看看喔！

接著我們試著深入探究比較具代表性的角色，便可大概推論出這個族群消費者的價值觀。而最重要的是，從他們喜歡的資訊裡，便可蒐集到目標顧

客所喜歡的關鍵字以及需求。為什麼這麼說呢？因為即使訴求的方向性是非常正確的，但是如果沒有善加利用目標顧客所熟悉的詞句或表達方法的話，還是無法得到消費者的共鳴。

當然光是依賴想像與推測出的人物，還是無法捕捉到目標顧客的所有資訊。所以必須盡量和可能成為目標顧客的人們長時間相處。多找機會交談，聆聽他們內心的真實需求。要記住，在設計銷售文案的靈感，總是能在目標顧客身上找到。

重點 3：你的客戶的需求是什麼？

決定了商品（或服務）的目標顧客之後，接下來就是調查目標顧客的需求。即使知道商品要賣給誰，如果沒有明確的抓住目標顧客的需求，還是無法寫出「讓人難以抗拒的銷魂文案」。

近年來由於少子化現象，學生的不足，造成許多學校招生的困難。學校紛紛降低他們招生的門檻。但家長們總希望自己的小孩能成龍成鳳，進到好的學校。學校的主要目標是「重視孩童教育的家長」，那需要好學校的「家長」們到底真正需要的是什麼呢？可能就是：

㈠希望孩子能進到好的教育環境。
㈡希望能安全接送孩子上下課。
㈢不只帶小孩，也希望小孩可以協助幫忙做家事。
㈣希望能遇到經驗豐富、可信賴的老師。
㈤希望能有人一起討論小孩教育的問題。

這些需求，是眾多家長們的需求當中比較常見的。不過如果能夠掌握如上述所指的需求，就比較容易寫出引起家長們興趣的文案。例如，針對第二點的需求，就可以強調「突然需要加班的時候，只要一通電話，就可以請同學的家長們幫您接送小孩。」；針對第五點的需求，就可以強調「關於養育小孩的種種問題，歡迎您與我們的老師一起商量。」

目標客戶的需求，通常與「不」這個字息息相關。只要能知道這個「不」所代表的意義，就能成為抓住客戶需求的關鍵。再說的更清楚一些，在這世界上，有許多不同種類的「不」，包含：不滿意、不喜歡、不方便、不湊巧、不平等、不自由、不好、不景氣、不相信、不公平、不知道、不愉快、不明白、不健康、不快樂等等。我們可以針對這些「不」，寫出消費者喜歡看的文案。例如會買保健食品的人，可以想像他有以下幾種狀況：

㈠身體有許多慢性病不舒服。
㈡眼睛疲勞不方便。
㈢生病住院不方便。

然而，在常買保健食品的人之中，應該也會有人「希望眼睛視力不會變差」或是「希望身體不會變糟」這類包含「不」字需求的人吧。此外如果是有運動習慣的人，或許也會有「跑步時肌肉無力，很不方便」這樣的「不」字需求。如上所述，目標顧客所擁有的「不」字需求，有很多不同的類型。

範例

身體痠痛【不】→想要有一副健康的好身體【需求】
只有一個病痛纏身的身體【不】→想要有一副逆齡的健康身體【需求】

只要看得到客戶所隱藏的「不」字的話，自然也能看見他們的「需求」。而只要看得到他們的需求，接下來就能找到解決的方法了。

想要有一副健康的好身體【需求】

有了保健食品，就可以跟慢性病說掰掰了！【訴求】

想要有一副逆齡的健康【需求】
有了這套保健食品，就能變身成一位逆齡的健康人士【訴求】

【不】、【訴求】、【需求】這三個元素是一組的，為了向客戶有效傳遞訴求，一定要掌握到目標客戶的需求。而為了有效掌握到客戶需求，一定要知道他們有著什麼樣的「不」。要知道目標顧客的「不」與「需求」，有個辦法，就是親自和潛在客戶接觸溝通。如果目標顧客是學生的話，就設法到學生族群出沒的地方訪問；如果目標顧客是家庭主婦的話，就和家庭主婦閒話家常；目標顧客是銀髮族的話就和銀髮族相處一段時光。和目標顧客相處的時間越長，就更能抓住他們心中的想法、渴望以及需求。

閒聊是個好機會。因為隨意的閒聊，往往比較能聽到對方的真心話，例如：假日比較喜歡出去旅行，還是比較喜歡待在家裡看電視、打電動？從幾位學生的聊天中聽到的意見，或許就能將個人歸類為「某個類型」的人。如果能成功抓住目標顧客的需求，接下來就能有方向地思考該怎麼訴求商品了。以上述學生的例子來說，對於某些類型的人要讓他們想要買我們商品的話，該思考的是我們得使用什麼樣的切入角度來寫文案比較好。抓住目標之需求是在找出商品與目標顧客間的共鳴，這是很重要的。

重點 4：你的產品有哪些科學認證？

「如果使用這套教學課程的話，您的記憶力會變好喔！」對於有「想提升記憶力」需求的客戶而言，不論銷售人員再怎麼自信滿滿地推銷商品，也不見得會熱賣。這是為什麼呢？原因是對方的「不相信」。所以為了賣出商品，必須使消費者願意相信，也就是說，要加進讓人可以接受的素材。這裡整理了以下三個方向：

㈠加進科學根據。

㈡加進數據（實驗過的成績）。

㈢得到相關權威認證。

擁有以上三個數據佐證，你會更容易贏得客戶的信賴與支持。我們進一步來舉例與探討：

1. 加進科學根據：

範例 1　魔力肽

胜肽是由數個到數十個的胺基酸所組成，同時也是組成蛋白質的前驅物，屬於小分子的蛋白質。胜肽最大的特點就是容易消化、容易吸收，而不同組合的胜肽，對身體的作用也不盡相同。

範例 2　魔法蔬果汁

魔法蔬果汁是結合數十種無農藥蔬菜瓜果類的精華，是現代人最方便的營養補給方式。可幫助調整體質，準備身體防禦能量。經過嚴選蔬菜、瓜果及草本植物等食材，傳承日式傳統發酵技術，充分保留食材的營養精華。添加植物乳桿菌，幫助全方位調節生理機能，使每天活力滿滿！

特別推薦對象：三餐外食族、長期服藥患者、冬天手腳易冰冷的朋友。

這個商品，為什麼會有效呢？為什麼會好喝呢？為什麼可以短時間便有成效呢？為了回答消費者心中所抱持的「為什麼」，有必要仔細地提出科學根據，尤其是當目標客戶心中有許多對相關商品的知識，一定要更加小心謹慎地提出根據。因此，在寫文案的時候，可以先假設顧客的問題，再思考如何解答。例如：

產品目標：幫助客戶追求健康

顧客心聲：為什麼使用你的產品就可以得到健康？

答：因為我們的商品內含嚴選蔬菜、瓜果及草本植物等食材

顧客心聲：為什麼使用嚴選蔬菜、瓜果及草本植物就可以得到健康？

答：因為這些營養可以幫助身體全方位調節生理機能。

只要根據的說服力越強、數據越多，越容易被顧客接受。而添加的資訊最好以研究機關的統計或實驗數據等學術性的證據較為理想，也比較有公信力。

如果沒有以上機關提供數據，從書本裡找出很像是根據的敘述，也是一種方法。如果你說「雖然沒有一些根據，但因為這個東西真的很好，請試試看！」的話，誰也不會想買的。

2. 加進數據（實驗過的成績）：

範例 1

我們邀請了男女共 100 人，請大家使用這套學習方法執行 1 個月。結果「效果卓越」有 60 %、「效果普通」有 25 %、「效果不佳」有 15 %，不過實際上有 85 %的人回答是「有效果的。」

範例 2

我們邀請了 50 名銀髮長輩，實際體驗我們的產品兩個禮拜。結果，回答「身體變更健康了」的人高達 90 %（共 45 人）、回答「沒有反應」的人僅僅占 10 %（共 5 人）。

從消費者實際體驗所蒐集到的數據，正是提高商品可信賴度的依據。而且以具體的數字表示，更有助於新客源的開拓。

3. 得到權威認證：

舉例來說，像這種的文案：「世界級胜肽權威黃博士說『微生物發酵的產物都是一些小分子、蛋白質、胜肽。而其中胜肽對人體的健康幫助極大。』」，就是展現權威認證的一個表現。教授、學者、企業家、網路紅人等，都是一些比較有知名度和影響力的人。若是能得到在各個領域的權威或專家認證，就能提高商品的可信賴度。如果是位名不見經傳的普通人，他說：「**這款健康補給品推薦給健康出了問題的人**」，想必很少人會回應吧。但是如果是像「醫院內科門診的名醫○○醫師」這樣的權威性代表，說了相同的話，顧客就會產生「因為是這個領域的權威說的，應該可以相信吧」的信賴心理。如果是美食類，可以請藝人或網路紅人代言。以美食家而聞名的藝人，只要說：「**這家拉麵店的味噌拉麵非常的好吃，大家一定要來試試。**」大家聽到應該就會想吃了吧。這種在某領域的知名人物，也可以說是「權威」的影響力。還有，若是能請本身擁有一定粉絲量的網路紅人推薦，對消費者來說也會有強大的說服力。

IDEA 重點 5：你的產品有哪些顧客見證或名人推薦？

賣任何商品都可以用的行銷手法，並且可以展現前所未有地高度需求效果的，就是「顧客好評」。

學員上了課程之後的反饋

即使培訓公司再怎麼強調：我們是最棒的，我們幫助了許許多多的人。也不一定能打動學員的心。但是如果是由第三方背書，甚至是毫無利益關係的人為你做推薦，這樣的說服力會增加，因為學員的心聲就是第三方的客戶背書。

像是在《社群營銷的魔法》中，就請到六位各行各業的權威及代表性人物為這本書推薦。如果作者一直說自己是最棒的，那沒有說服力，但是請他們這些大人物幫這本書說一兩句話，就會讓其他人認為：「這個作者應該有兩把刷子」。

不論是什麼樣的例子，借用顧客好評等於相當具體地在宣傳該商品的好處（購買者得到的利益）。這也是顧客好評會變成強而有力的說服素材的理由。另外，比起只有個人的顧客好評，要是能夠多蒐集數個的話更能增加說服力。而且，比起匿名的顧客好評，具名的，本身更有知名度的更好。

此外，光是「很好啊」、「很方便」這樣的評語，很難能夠當做參考基準。最好能使用具體的詞句形容，例如是怎樣的好？使用前和使用後有什麼變化？數值是多少等等。在問卷調查的問題項目裡可多花一些心思。

名人見證

除了顧客見證以外，名人推薦可以說是絕對的加分條件。以本書為例，各位可以看到本書推薦序有許多名人為《銷魂文案》做推薦，而這些人在他們所在的領域，可以說是屬一屬二的重磅級人物。由他們來幫這本書籍做介紹，本書的價值就能更上一層樓。各位讀者可以想像一下，若把推薦序拿掉，當作全新的書翻閱看看，與之前閱讀本書的感覺有什麼不一樣？

所以，你在設計文案時，可以邀請相關領域的權威或名人來幫你做推薦，若是你邀請的那個人，需要推薦文案的參考範本，Part 2 口碑力的部分有模板可以直接套用！

重點 6：你能為產品創造出哪些需求？

說到沒有察覺到自身的問題或需求的人，其實市場上有很多，對於那些沒有察覺到的人，向他們推銷解決此問題的商品時，對方的反應通常是很冷淡的。因為他們沒有抱持著解決問題的必要意識。對於這樣的顧客，本篇的建議是「設法讓他們自我察覺」。

「您有長期慢性病的困擾嗎？」看到這句話的瞬間，對方可能會心想：「這麼一說，最近好像都睡不好的樣子。」他們開始回想自己是否有類似的症狀。其實這代表對方「雖然沒特別在意，但開始察覺自己似乎也有這樣的問題」。因為成功導引出本人的問題意識，這時如果介紹他可治療慢性病的藥方，應該購買意願會大幅提升。對於根本不覺得自己有慢性病的人來說，即使介紹「可治慢性病的藥方」給他，他也不覺得自己需要使用。也就是說，對於在潛意識中其實已經發現問題或需求的人而言，喚醒自覺的詞句是很有效的。

「您家裡是否也有已經存放多年，都沒在使用的東西呢？」

看到這句傳單上的廣告文案時，勢必會有人想起「房間裡那台健身器材已經好幾年都沒在用了啊，浴室裡有台壞掉的馬桶，也一直放著呢」。如果潛意識下被成功影響，那麼當看到「免費回收、處理不使用的物品」這樣的服務，接下來很容易就會產生「那就拜託他們幫忙處理」的想法。

在文案的後面，如果能夠加上慢性病長期會對身體產生什麼樣的困擾的話，或是一些類似的說明、介紹補充胜肽不足的商品的話，試想那些客戶，會不會想試看看這個商品呢？

舉個例子，在編寫《社群營銷的魔法》時，作者就有產生「查一下目標顧客對於問題與需求是否有自覺」的需求。如果顧客（讀者）的自覺薄弱，那麼在撰寫《社群營銷的魔法》初期階段，將「顧客自覺」喚醒同樣也是使用「為產品創造需求」的撰寫手法。

重點 7：你能為產品設計什麼故事？

人是容易對故事產生感情的生物。人們之所以會對小說、戲劇、動漫等等著迷，是因為被這些內容當中的故事力引起了共鳴。之所以會因觀看運動賽事而覺得感動，一方面是因為競技中流露出運動員的專業技術，另一方面是因為每位頂尖運動員都有背後努力不懈的故事，而獲得感動與啟發。所以很多廠商喜歡找體育明星代言，都是因為他們個個都有著令人感動的故事。也就是說，故事本身有撼動人心的影響力。

對商品（服務）來說也是同樣的道理。姑且不論商品的特色或內容，如果商品本身曾經發生過什麼樣的故事，人就會不知不覺地受到吸引。就如同在第二章「故事行銷」中所說過的：**故事行銷不是單純的編造故事，而是將這個品牌或產品真實的故事寫進文案裡**。故事所帶來的效果有以下三點：

㈠容易打動人心。
㈡容易留下深刻印象。
㈢容易口耳相傳。

例如：想對小孩傳達「努力的重要性」時，與其對他說「努力很重要」，不如在他拿出好的表現的時候，對他說「你真努力」。為什麼呢？因為①小孩的努力被看見了，他會受到感動。②即使長大後小孩依然會記住這件事情。③這些都是容易發生的故事，很容易口耳相傳。而這些都是故事影響力的一種展現。

商品的由來、商品的理念、商品的研發、商品的好處、商品的名稱、商品的功能、商品的價格、公司的信念、座右銘、社長與員工的人品，以上各項都是可以成故事的素材。其實還有更多、更多。如果你覺得「這個商品好雖好，但不知道他有什麼特色」、「不是什麼很特別的商品」這樣的情況，不妨想想上述條件。

【無故事】這是一本成功勵志的優質書籍。

【有故事】這本書的內容，是我過去五年花了超過 30 萬以上，跟世界三個不同領域的大師學習，又花了兩年實際操作過後整理出來的。這本書幫助了無數人提升商業智慧，幫助許多企業解決事業發展的問題。

以上是將「商品的由來」與「商品的好處」為前提設計出來的故事範例。「這是一本成功勵志的優質書籍」、「這是我過去五年花了超過 30 萬以上，跟世界三個不同領域的大師學習，又花了兩年實際操作過後整理出來的」。兩者相比，人們很難不被後者這個故事所吸引吧。正在閱讀此書的你是不是也有：「如果是這樣的書籍，真想買來看看」的想法呢？

為產品設計故事，是屬於故事行銷的範圍之內，有關故事行銷的介紹與撰寫方法，已在 part 2 的第六小節，有著不小篇幅的敘述，看到這裡，若是您還不是很熟悉，記得回到 2-6 複習一下喔！

 重點 8：你能為產品增加哪些附加價值？

如果是可以寫長篇文章的社交平台工具，包含各種網路平台等等。有必要在收尾階段為讀者的購買動機再推上一把。在 2-6 的 point 4 裡，已經有跟各位介紹「正向刺激」與「逆向刺激」的使用方法，本小節要跟各位介紹的是另一種刺激購買的手法，就是「追加其他好處（為產品增加哪些附加價值）」。例如：在保健食品的文案中，葉黃素的主要好處是「保護視網膜」；「其他的好處」的部分，像是「維持良好的血液循環」、「抗氧化」等等就是屬於附加價值的範疇。若顧客知道這些的話，購買動機說不定就會大增。

主要好處的訴求，當然很重要。但並不是指其他的好處不必寫比較好的意思。如果有充裕的文案空間，追加描述他的好處是可以提升購買率的。這個想法可以運用在各式各樣的案例當中。例如：看到某家料理店傳單的 A 先

生心想：「這道蝦仁炒飯看起來真好吃啊，可是今天在家無法出門，真可惜。」他打消買商品的想法了。但是接下來如果他瞄到傳單的最後附加以下這句話，結果會得如何呢？「如果是○○區、以及○○區的顧客，我們也有提供外送服務！」假如 A 先生的住所剛好是這兩個區域內，應該會立刻打外送服務電話了吧。也就是說，如果追加好處沒有寫在傳單上，很可能就這麼錯失一部分的潛在顧客了。

此外，追加好處也可以另外多設計一些福利，例如在外送的時候也可以送一些折價卷，點數卡等等，讓消費者日後願意重複消費。

重點 9：你能為產品設計哪些滿意保證？

也許你也有這樣的親身體驗，在網路上看到了一個瘦身器材，正猶豫是否要購買這套健身器材時，當你看到了最下面網站說：「這個產品我們提供一年的保固期。」看完後便立刻決定購買。由此可見保固或售後服務，也會成為消費者判斷購買此商品（服務）與否的基準。

範例

文案內容

為了讓您能夠長期安心地使用，本商品有從購買日起提供一年保固。萬一商品有瑕疵，在商品送達後 1 個月內可接受退貨；若不滿意在本超市買的食品，請您攜帶商品的購買收據到一樓服務櫃檯，我們將退還購買金額；在一年保固期內，按照使用說明書的使用狀態下，萬一發生故障或發現商品瑕疵，本公司將免費維修。

像是「如果過了幾年產品發生問題的話，不知道還能不能修？」，「都花了 10 萬元沒用多久就壞掉了該怎麼辦？」，「都付了學費，如果沒能按時去上課的話該怎麼辦？」等等。正在考慮是否購買的人們，心中都有許許多多的不安，而在保固或售後服務裡，有著消除這樣的抵抗感的力量。

此外，保固或售後服務，也有展現出「對此商品有絕對自信」的信心，以及「我們是要和顧客做長期生意」的決心。換句話說，當你把商品加上保固或售後服務，等於向客戶宣告，買賣關係不是「賣出商品就結束」。汽車銷售大王喬吉拉德說：「**成交是下一次銷售的開始。**」當然商品的價格越高，保固或售後服務的重要性也會提升。如果是動輒數百萬的商品，保固的敘述可能需要更加詳細的描述。畢竟一旦顧客對於商品抱有不安或抗拒，是不會購買商品的。保證品質、保證退款、保證滿意等等，要用怎樣的保固或售後服務才可以去除消費者的不安或抗拒感呢？答案就是在弄清楚目標顧客的心理需求之後，再提出相對應的保固或售後服務！

任何企業存在的意義，都是為顧客提供價值。要嘛解決顧客的問題，要嘛幫助顧客實現夢想。換句話說，企業的基本功就是為顧客創造價值的能力！但是如何發現市場上顧客的痛點和問題？如何理解顧客夢想的生活方式是什麼？如何以更有優勢的方式為顧客實現這一切？才是創造文案行銷成功的重點。換言之，你賣的不是產品，而是解決方案。更進一步的說，你的產品永遠要聚焦在顧客真正想要的結果上，而且你要比競爭對手在「滿足顧客需求」這一點上，更有優勢。

不管你用什麼模式、平台、渠道……經營你的事業，最終都要給顧客輸出價值。以此為基準，設計高價值的內容才是王道。如果產品是 1，文案是 0，再多好的商業模式，如果文案不行，最後都是竹籃打水一場空。有位深圳的房地產大亨王董提起關於房地產炒房的訣竅時，他很嚴肅的說：「**一般人都以為做房地產的關鍵在地段，其實這是錯誤的！請問地段是怎麼炒熱起來的呢？一定是靠好內容！正是因為有了好內容吸引人來，這個地段才炒熱起來。成為人們心目中的好地段，所以很多都只是表象罷了！**」

在美國西部，那麼荒涼的地方都有一推人蜂擁而至，你猜猜原因是什麼？當然是為了實現他們的淘金夢！俗話說：「**好酒不怕巷子深，貴族的女兒不愁嫁。**」如果你的酒不好賣，你抱怨巷子太深，其實那只是因為你的酒還釀的不夠香！只要你的東西足夠好，很快會口碑相傳。因為全世界最好的行銷就是口碑行銷：一傳十，十傳百，百而千，千而萬，天下皆知！

安麗生活日用品成立初期，只有 8 款日用品，當時並沒有花太多廣告費宣傳。為何今日能成為直銷界的龍頭老大？就是因為它的產品好、制度佳，大家願意口耳相傳。

過去的時代固然給了很多企業家亂世出英雄的空間，這段時間八仙過海各顯神通，很多企業已經累積了一定的資本。但是 5G時代來臨，隨著國家經濟增長速度的放緩，少子化來臨，人力成本不斷上升，市場競爭不斷加劇，傳統經營中那種追求機會、速度、結果，但忽視核心競爭力、質量及效率的模式已經逐漸受到挑戰，到了不得不終結的時候了。

短短幾年，柯達不見了，Motorola 不見了，Nokia 不見了……，這些曾經稱霸世界的龍頭老大們為什麼會走下坡路？是值得每個企業家思考和警惕的嚴肅話題。反觀新興市場，新的趨勢一直出現，世界首富換成貝佐斯(Jeff Bezos）、馬斯克(Elon Musk)，電動車取代傳統車，更令人匪夷所思的是，加密貨幣的價值超越了傳統貨幣。舉個例子，比特幣(BitCoin)在 2009 年問世，當時一顆價值不到 200 元台幣，2013 年最高紀錄來到一顆 3 萬多台幣，2017 年最高達到 17000 美金，也就是一顆約 500000 台幣，到了 2021 年一顆比特幣的行情達到 52000 美金，也就是一顆約 1400000 台幣。而且這還不到結束，因為許多的分析報告指出，未來一顆比特幣將達到 3000000 台幣，甚至是 5000000 台幣。這太不可思議了，我們都無法理解其中的原因，但是這就是時代的變化。

從另外一個角度看，2019 年很多中小企業日子很難過，2020 年以後的日子更難過，在當前疫情爆發、社會轉型、企業轉型的關鍵時期，很多中小企業正面臨前所未有的經營壓力。例如原物料價格上漲、勞資成本增加，資金供給困難等等一系列問題，都在嚴重的困擾著中小企業的生存和發展。以餐飲業、旅遊業為首的台灣中小企業倒閉潮正洶湧襲來！這種大環境的變化下，其實都是我們的機會。筆者王晴天常說一句話：「**不忘初心，方得始終。**」這句話讓我們重新思考，重新學習，重新開始，一切回到原點：從利他的角度出發，相信各位可以透過這本書的內容，真正的為消費者創造最大化價值！

3-4 用話術操縱人心

「寫文案就等於跟消費者面對面交談」

所以，寫文案前要先學會如何用話術操縱消費者的心。

想必你已經迫不及待要發揮自己寫文案的創意了，你有滿腦子的想法、廣告創意想要發揮，這很正常，寫文案好玩的地方就在這裡。不過在那之前，我們必須從最基本的做起，才能打好文案創作的基礎。就像蓋房子要打地基是一樣的道理。我們為何要做品牌廣告(Brand advertising)？它有哪些地方符合更廣泛的經營和行銷原則、又是如何辦到的？這些基本原理你必須先知道。

廣告文案是行銷的一門學科，因此學行銷等於是為接下來所有廣告宣傳鋪路，包括文案寫作。不知道你對行銷和文案的領域究竟了解多少，所以前面都是為你來個基礎認知訓練。千萬別著急！把本書從頭看到尾，將有助於你的事業快速成長。本書的章節環環相扣，堅信這樣的學習流程，對你了解廣告文案很重要。因此請將你的心思留在這些精彩的書籍久一點，保證後面的內容會更有趣！

文案的撰寫一切都和人有關，我們雖稱讀我們文案的人為消費者，但要記得他們最主要還是有喜怒哀樂、七情六欲的血肉之軀。當你對人越了解，你的廣告就越能展現效果。本書探討的原則都很直截了當，但這些原則訴求的對象卻不是如此。人多半複雜難懂、非理性而且衝動。所以很多科學家都要花上數十億經費做消費者研究，試圖了解他們。但我們從來沒能參透消費者心理。就連消費者對於自己為什麼要買這個東西，常常也是一頭霧水。有一個研究報告指出，將近 70 %消費者是憑衝動消費。換句話說，消費者自己都無法解釋為何而買。這就是為什麼消費者成了我們在做文案測試時不可測的未知數，他們讓文案寫作這個領域複雜難解，但也令人為之著迷。我想幫助你了解文案設計是怎麼回事，不過對於文案訴求的消費大眾，我們恐怕永遠摸不透。

接著聚焦你的目標市場，並非每個人都是你文案訴求的對象。廣告需要特定目標，也就是所謂的目標市場。在掌握到哪類人是目標市場之前，不要輕易去寫文案。假設有人要你幫他撰寫文案，你該問的第一件事就是：「誰是目標市場？」你要是連這個問題的答案都一知半解，注定寫不出有效的文案。許多文案寫手，沒有將目標市場的資料準備齊全，倒是不少大企業的行銷部門已將目標市場徹底調查過了。包括客戶、獨立研究公司、廣告公司的客戶企劃或客戶經理、獨立品牌機構等等，所以，文案寫手與行銷部門的合作，有助於優化文案的變現力。知道目標市場實在太重要了，這是所有廣告文案的起點，指引你如何策劃整個文案撰寫。

目標市場匯聚一群年齡、收入、教育程度、婚姻狀態、有無子女、子女數、居住地、族群，甚至種族相近的人。拜網路發達之賜，行銷人員得以縮小目標市場的定義範圍，全因他們可追蹤消費者的消費行為。或許有朝一日，人人都會收到完全為自己量身打造的客製化文案，但在到達那種程度之前，仍有很長一段路要走。為了創造能引起消費者共鳴的品牌訊息，我們必須針對消費者做目標市場分類。作為文案寫手，了解目標市場是你施展創意文案最重要的第一步。

每個人一看到各式各樣的廣告，心裡都會這樣問自己：「我能從中得到什麼？」直接明快地回答這個問題，是你身為文案寫手的職責。關於「我能從中得到什麼？」的疑問，消費者不會自己去找答案，你必須把答案給他們，你的廣告文案必須回答這個重要問題。你沒有必要強行推銷答案，讓消費者不愉快。只是答案要清楚明瞭，如果模稜兩可的話，那就留不住消費者了。

如果無法擄獲目標客群的注意，接下來就沒戲可唱。你難以喚起他們的興趣，就不能說服他們購買產品。

消費者在追求他們的人生，而是我們要追著他們跑。他們才不在乎我們是什麼牌子或推什麼廣告，要引起他們關注只有一個辦法，就是必須讓他們一見到文案，就知道這個產品／服務是可以帶給他們好處的。

文案的最終目的是為了銷售，銷售產品就是一般我們所說的商品文案，銷售企業形象的就是品牌文案，也就是所謂的傳播文案。不管最後的目標是什麼，都逃不過「行銷」兩個字。前面兩章我們花了很多時間打基礎，有一個非常重要的概念，不管你目前吸收了多少，起碼這個概念是必須要牢牢記住的，那就是「寫文案就等於跟消費者面對面交談」！所以寫文案之前，你必須學會「說」，學會溝通，你才有辦法模擬情境，將誘惑人心的話術謄在紙上，變成吸金力百分之百的爆款文案！

Super sales 教你寫文案！

學習銷售的話術，最好的辦法就是從那些超級銷售員 Super sales 的身上學習！接下來會與你分享之前收集的一些銷售話術的重點，以及銷售員對戰消費者的實體經驗，希望能給你撰寫文案的靈感。

美國知名廣告大師德魯・艾瑞克・惠特曼 (Whitman, Drew Eric)，曾提及多數的消費心理學是根據人類的 8 大欲望所設立的，德魯・惠特曼稱這 8 大欲望為「8 大原力」：

1. 生存欲：滿足生活、物質的基本需求，渴望身體健康、活的長長久久。

2. 食欲：追求美食佳釀的享受。

3. 安全感：喜歡待在舒適圈，避免任何恐懼、痛苦和危險。

4. 性欲：尋求滿足性的需要。

5. 舒適感：追求上等的生活品質。

6. 成就感：享受贏過別人、傲視群雄的優越感。

7. 保護欲：保護自己所愛之人的責任感，滿足「愛人」的心理需求。

8. 歸屬感：獲得某組織、團體、社會或者是某人的雙向認同感。

這 8 個原力，是人的本能，好比我們每天都需要吃飯（生存欲、食欲）、會本能地避開對我們有害的人事物（生存欲）、有男／女朋友時，會有想要照顧對方的想法（保護欲），這些本能是很難避開或擺脫的。所以，如果能將你的行銷手法與這 8 大原力，緊密的相連在一起，就能夠成為刺激顧客消費的強大驅動力。

以下這些銷售話術，是運用 8 大原力的最佳範例：

一、認同話術

認同對方的行為而非一昧的恭維對方，要讓對方知道他的某個行為或觀念勝過 80 %的人，這樣既滿足了對方的優越感，還會對你這個人，甚至品牌產生認同感。這是屬於成就感和歸屬感的範圍。

範例

客人：「我每天都陪著我兒子唸英文，不僅僅是讓他在我的監督下好好讀英文，更重要的是，如果我叫兒子去唸書，自己卻跑去看電視，那就不是立下了一個不好的示範嘛」

銷售員：「您這個想法真的很棒耶，大多數的家長只會叫小孩子自己去唸書，殊不知很容易造成反效果，像我還在當小孩子的時候，最討厭大人叫我自己去唸書（笑）。而且自己一個人唸書真的很孤單呢！」

客人：「對對對，陪著孩子唸書還可以增進母子間的感情，好多鄰居朋友都很羨慕我的孩子又乖又聽話呢！」

銷售員：「哇！真的很不簡單也！那您在與孩子一同唸英文時，有遇到什麼困難嗎？」

客人：「唉！老實說，我發音不好，很怕耽誤了孩子英文啟蒙的時間。」

銷售員：「林媽媽，別擔心！最近公司推的這一款有聲故事書真的很不錯，它每一個篇章都有發音檢測鈕，您可以跟兒子一同練習發音，遇到不會的單字或文法可以掃旁邊的QRcode，有專業級老師錄的教學影片喔！」

客人：「哇！太好了，這下我就可以安心的跟兒子一起學英文了！」

二、評論話術

很多人在買東西的時候，會先去網上看看這個商品的評價吧？就連每次要去新的餐廳吃飯時，都會先上網查這家餐廳有幾顆星的評價，如果超過 4 顆星就會很想去，但低於 3 顆星，就會怕怕的，不太敢前去用餐。這個是屬於 8 大原力中安全感的部分。因此，當你在跟對方銷售產品時，可以秀出你們家的消費者意見調查表，或者是在網路上的評價回饋。這樣一來，就能提升顧客的安全感，在購買產品時，比較不會猶豫。

範例

銷售員：「小姐您眼光真好！這罐面霜，上禮拜衝上了 QQ 百貨總產品銷售力排行榜第一名！我有好幾組客人，一次都訂購好幾瓶呢！」

客人：「真的啊？那這個面霜有什麼特色呢？」

銷售員：「這款面霜可以 24 小時鎖住肌膚的水嫩，還可以淡化眼袋的深層，不用怕熬夜！更重要的是，這個面霜一罐至少可以用 1 年，不用擔心會很快就用完！一年就買這一次，很划算吧？！」

客人：「好像還不錯呢！可以試用看看嗎？」

銷售員：「當然可以！」

——試用後——

客人：「我要買 6 罐！連家人的份一起買！」

銷售員：「好的！謝謝您的惠顧！」

三、權威話術

市面上很多產品都會在廣告文案上放「〇〇〇專家認證」、「〇〇〇醫生推薦」，試想大家應該都不陌生！這種手法就是利用 8 大原力中「安全感」來行銷。尤其是保健食品、美容用品、醫療產品等等，如果有專業領域的人告訴消費者，這產品不錯，可以用！那消費者就會安心很多，畢竟專業的都說沒問題，總比來路不明的產品還來的可信多了。

範例

客人：「您好，我想要買一款防蛀牙、潔淨力、保養牙齦都很有效的牙膏，請問有推薦的嗎？」

銷售員：「有的！這款牙膏是台大牙科醫師〇〇〇推薦的含氟牙膏，〇〇〇醫生指出，使用「含氟牙膏」可以有效預防蛀牙，且這款牙膏不僅有潔牙效果，預防牙周炎、舒緩牙齒敏感性問題都很有效喔！」

客人：「好的，我就買這一款！」

四、資訊話術

有很多人都覺得不管是文案還是廣告都是越短越好，其實這一點是個很大的迷思！在不同情況下，適用的文案本就不同。更何況很多消費者喜歡擁

有詳細資訊的產品，比如有位朋友，每次他出去買東西，都會盯著產品考慮很久，兩手分別拿著文案各有長短的產品，明明兩個商品都看了那麼久，最終卻選擇長文案的商品，問他：「**為什麼考慮了那麼久，最終卻選擇這個產品？**」他答道：「**原因有二，一是這兩個產品是同屬性的，短文案的那個產品雖然便宜，但資訊太少，我無從判斷它的可信度；二是長文案的這個產品，不僅資訊多，上面還有圖示的使用方法，並留下線上諮詢的網址連結，顯得比較有誠意，且安心多了！雖然貴了一點，但可以接受。而且這個產品還有……特色，感覺好酷，可以顯示我的眼光不凡！**」從這個例子看來，詳細的資訊不僅能滿足消費者的安全感，還能激發向他人評論產品，建立專業、仔細、品味等形象的成就感。

範例

客人：「請問這個書包跟普通的書包有什麼差別？」

銷售員：「您好，您選擇的這款書包，有全台最先引進的自動收縮技術，它可以在下雨時保護您的書還有書包本身不被淋溼，還可以裝下普通書包兩倍的量，而且它還有特殊的氣墊設計，即使您背的東西是別人的兩倍，但背起來卻比別人的書包還輕！」

客人：「真的假的！有這麼神嗎？」

銷售員：「來來來，我現場有普通書包，還有一疊書，您分別都裝這個書量到這兩個書包裡，親自背背看，就知道有沒有那～麼～神！」

——試背後——

客人：「哇！真的欸！太酷了吧！那請問這個書包有詳細的使用說明書嗎？我想帶去跟同學炫耀時用的。」

銷售員：「有的！有的！現在就幫您放在書包裡，謝謝您！」

五、跟風話術

這個話術就是利用大部分的人愛跟流行的心理意識。您有聽過「從眾效應」這個說法嗎？從眾效應是指人們在做出決定或思想的時候，常會受到多數人的一致思想或行為影響，從而跟著大眾的行為做判斷。

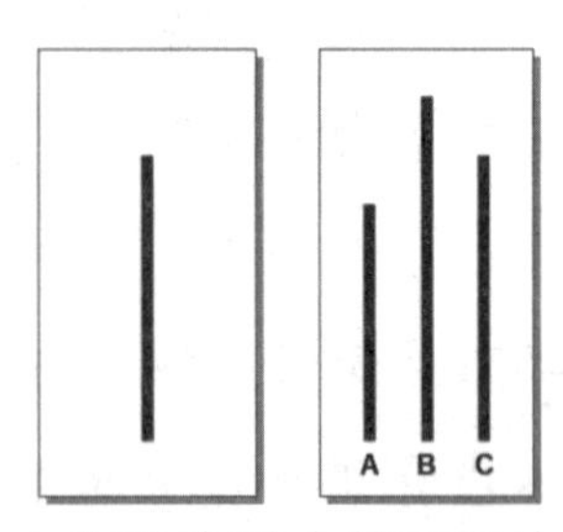

在阿希實驗中使用過的兩張卡片，左邊的是標準長度的直線，右邊的是需要被試判的

我們來看1956年知名心理學家所羅門·阿希所做的從眾實驗（資料來自維基百科），實驗過程如下：

實驗者以史瓦茲摩爾學院的男性大學生為被試，每組7人，坐在一排成半圓形，其中6人是實驗者的助手，只有一位是真正的被實驗者，被試者並不知道其他6人的身分。實驗開始之後，實驗者向所有人展示了一條標準直線X，同時向所有人出示用於比較長度的其他三條直線A、B、C，其中有一條和標準直線X長度一樣。然後讓所有人（其中包括6位助手和1位真的被試者）說出與X長度一樣的直線。實驗者故意把真的被試者安排在最後一個，前面6位由實驗者的助手偽裝的被試者們。在某些試驗中，他們會給出正確答案，而有的時候則會給出錯誤答案，最後由真的被試者判斷哪條直線和X長度一樣。

實驗結果是被試者做出所有回答中，有37％的回答是遵從了其他人意見的錯誤回答，大概有3／4的人至少出現了一次從眾，大約有1／4的人保持了獨立性自始至終沒有一次從眾發生。

結論：

由於在阿希的試驗中，並沒有給不從眾者任何處罰，也不會對從眾者進行任何獎勵。所以根據分析，從眾的原因可能主要有兩種：

一種是在面對多數人完全一致的回答時，被試者開始相信自己的意見是有錯誤的。在阿希實驗之後，實驗者詢問那些在回答錯誤的被試者，有少數

人聲稱自己看到的就是那樣。證明了這一點。

另外一種情況是：被試者屈從於多數人的判斷，做出和其他人一致的回答，以便被多數人所接受。在另外的變形實驗中，被試者們單獨回答問題時，就很少看到被試者屈從於其他人的判斷。也證明了這一點。

同時，在另外一些變形試驗中，如果實驗者的助手偽裝成的被試者們回答的答案不一致的話，哪怕只有一個人回答了不同的答案，也會顯著的降低被試從眾的概率。證明了在團體中不同意見的重要性。

我們從阿希從眾實驗當中看到，團體對個人所產生的影響非常大。因此，在銷售的過程中，利用從眾效應的力量，就可以大概率的驅使消費者購買你的產品，這是屬於 8 大原力中歸屬感的範圍；且消費者購買你的產品後，甚至還會有成就感的產生，認為自己也跟上流行，走上時代的尖端。

範例

銷售員：「小姐您好，請問有需要幫忙的地方嗎？」

客人：「您好，我想買一套連身裙，但不知道該選擇哪一款的比較好？」

銷售員：「好的，請問有什麼顏色或特殊的設計需求嗎？」

客人：「我喜歡明亮一點的顏色，然後要顯瘦一點的，其他的沒什麼要求。」

銷售員：「好的，為您介紹一款洋裝，這是今年最流行的一個款式，淺灰色格紋吊帶短裙，搭上白色的內搭衣，既可以秀顯腰身，視覺上還能拉長身材的比例，看起來會比較高喔！而且，我實在覺得您很幸運……」

客人：「喔？怎麼說？」

銷售員：「這一款洋裝每次進貨不到一個禮拜都銷完了！和您差不多年齡的女孩，幾乎 8 成都會買這一款，本來缺貨，剛好今天早上這套洋裝才進來就被您遇到了！可不是運氣很好嘛！」

客人：「真的喔！難怪最近在網上陸陸續續看到有人穿類似的衣服，感覺很好看欸！決定了！就買這一款！」

六、恐懼話術

網路上，常有類似這樣的標題：「不擦防曬，小心快速衰老！」、「常喝手搖飲，癌症找上你」、「缺少這個營養素，壽命恐少 10 年！」這種話術是利用 8 大原力中生存欲跟安全感的部分，告訴消費者如果不怎麼樣可能會有怎麼樣的危險，或者是擁有項產品後，可以減少危險找上門的機率。消費者為了避免遇到這個危險，心理上就會把這個產品自動抹上好幾層濾鏡，產生購買產品的急迫感。

範例

銷售員：「您好，這是我們的新產品——〇〇〇營養素，不曉得您平常上班會不會有肩頸痠痛、兩眼昏花的情形發生？而且越來越頻繁？」

客人：「是呀！天天坐辦公室，一整天下來，我連桌上紙條的字都看不清了！」

銷售員：「哎呀，這是現代人常有的文明病，因為長時間都維持同樣的姿勢，再加上有的時候我們會不自覺駝背，就很容易引起肩膀痠痛、僵硬的情形發生；而且整天待在電腦桌前，過於專注於螢幕上，使得眨眼的頻率減少，造成眼睛疲勞、酸澀，甚至有的時候眼前還會呈現模糊不清的情況。」

客人：「對啊！有一次，我還將我兒子的衣服看錯，放到我女兒的房間裡，害得那兩個小朋友大吵一架呢！」

銷售員：「哈哈！那您得好好賠償小朋友們了。」

客人：「可不是嘛！」

銷售員：「其實，這些文明病，您不要看它的症狀還算輕微，就忽略

它，我之前聽說有一個男子，才 30 歲，因為長期的工作疲勞，不僅視力倒退嚕，肝也發炎了欸！所以說長時間的保養，真的很重要，是減少文明病對我們身體損害最好的方式喔！」

客人：「那要怎麼樣保養會比較好呢？」

銷售員：「比如您時常眼睛痠痛，除了要有充足的睡眠時間，平時也要多吃青菜、水果，下班回到家時，可以用溫熱毛巾敷在眼睛上 5～10 分鐘；再來，上班時每使用 3C 產品 1 小時可以稍微瞇眼讓眼睛休息 5 分鐘，也可離開一下座位走動走動，緩解一下疲勞。如果可以，再加上我們公司專為上班族設計的決明子青茶，一天喝一杯，有助於緩解身體疲勞、護眼、護肝，還有減肥的效果喔！」

客人：「這麼厲害！那要如何使用啊？」

銷售員：「很簡單，一包就是一杯的量，用熱開水沖泡 10 分鐘，即可飲用喔！非常方便！」

客人：「真的假的！給我來 3 盒，謝謝！」

銷售員：「好的！感謝您的惠顧！」

演講大神的說話技巧

擁有表達能力的人，同時就握有影響力。在傳統一對一拜訪銷售的方式裡，無論你的表達能力再好，你一次就只能影響一個人，而且還不一定能成功銷售。這樣下來，豈不是太耗費時間成本了嗎？如果能給你一個舞台，憑藉3吋不爛之舌的表達力，一次就能影響多人，增加銷售成功的機率，不是有效率多了嗎？這樣的銷售方式就是所謂的一對多銷售——「銷售式演說」。

現在越來越多人利用演講的力量進行銷售，透過一場成功的銷售式演說，可以大幅提高公司的收益，像是新書發表會、產品發布會、融資路演等等，都是使用銷售式演說的操作模式。演講時，必須明確地表達自己的觀點，使用臉部表情、手勢動作、言詞表達、聲音控制及舞台張力來增加演說的感染力，可以拓展自身的知名度，個人影響力也會倍數的成長。巴菲特說過：「**學會演說，是一項可以持續使用 5、60 年的資產。**」中國近代女革命家秋瑾也對演說評論過：「**要想改變人的思想和觀念，非演講不可。**」因此，學會上台演說，可以說是投資自己最重要的一個方式。

一般聽眾參加演講的目的，通常是為了快速地吸收別人的經驗與學識，所以積極地報名各種演講活動。筆者王晴天認為，能夠大幅提升透過演講學習的效率，有 2 種方法：

費曼式學習法：為求上台演講、報告時，能明確地將重點「說」出來，而廣泛地學習、累積知識與經驗。

晴天式學習法：以將重點想法「說」+「寫」出來為目標，不停地吸收、學習知識，是費曼式學習法的升級版。

王博士常常跟學員說，對學生來說最好的學習方法就是輪流上台授課。因為透過準備授課資料的過程中，必須花很多精力去理解這門學科，才能夠教導台下的觀眾，同時在籌備授課資料的過程中，也能夠增強自己的實力！這個就是所謂的「費曼式學習法」！那如果連授課教材都是學生自己寫的話，學習效率就會更高，也就是「晴天式學習法」！所以，想要快速提高自己的軟實力，公眾演說就是一個非常好的方式！透過準備演講資料的過程中，你更能夠將整件事情的邏輯理順，為了能夠在上台時清楚地表達自己的觀點，你就會從中搜索大量的資料，無形之中就能累積自己的能力！若是能夠將你演講時累積的知識精華載入成冊，那麼出書就會是你最佳的名片！透過寫書，能夠快速地一邊學習知識，一邊打造專屬於自己的邏輯系統，在跟客戶溝通時，更能夠建立起專業的形象，同時也能讓客戶對你的信賴感直線上升。

這時，你大概會想：「說了這麼多，演講跟文案到底有什麼關係？」提醒各位讀者，演講稿的撰寫也是文案的一種喔！文案的目的是說服消費者購買自家的產品、宣傳品牌的理念；而演講是要讓聽眾認同自己文案內容的觀點，進而達到宣傳的目的，這麼說來，演講當然是一種文案力的表現呀！

接下來，要跟各位分享的是銷售式演講必備的重點流程：

一、以故事帶主題

在準備演講稿的的時候，你訂的主題一定要明確，並且與有趣、熱門的話題做連結，要去思考我現在要推銷的產品，有什麼特點是與時下流行的事物有關係的，或者是人們經常會去在意的長青話題。比如說七夕情人節到了，你要推銷你們家的項鍊、飾品，這時主題就可以設「脫單」、「魔法師」、「兩性」、「失戀」等話題下手。知道為什麼說「失戀」可以當作情人節促銷活動的主題嗎？因為跟一般人腦迴路越不同的話題最容易引起大眾注意。就跟為什麼有「反差萌」這個詞的出現一樣，外表看似冷酷，但個性十分活潑、逗趣的人，帶來的反差感容易引起別人的興趣，甚至好感，這樣的情況就叫反差萌。

演講一開始，不外乎就是要自我介紹，要注意的是，現代人受科技的影響，通常注意力不到 5 分鐘，你的自我介紹如果不能在短時間內引起大眾的興趣，那之後他們更不容易聽你推銷自家的產品了。所以，你要控制自己在短時間內，把自我介紹的「重點」說出來：

◈你是何方神聖？有什麼突出的學經歷？

◈為什麼要聽你說話？有什麼好處嗎？

◈我要如何相信你說的是真的？

將這幾個重點說出來之前，你要向觀眾拋一個話題，引起觀眾興趣之後，簡單明瞭的告訴觀眾答案是什麼，再做解釋。切勿胡亂瞎扯一片天，或者是說一些漂亮的廢話、過度恭維的話，這樣只會讓觀眾覺得，不知道你到底想要表達什麼，甚至不曉得聽這場演講有什麼意義。若是你成功的讓觀眾產生正面的情緒，他們就會耐心地聽你的自我介紹，也會為你增添不少舞台魅力。

很多人都喜歡聽故事，所以你在自我介紹時，一定要用說故事的方式跟觀眾們溝通，通常勵志的題材很容易引起觀眾的共鳴，常見的套路：平凡的自己→為夢想努力→遇到挫折、阻礙→獲得轉機→終於成功。像這樣帶有正能量的故事，才容易讓觀眾對你產生好印象。

二、按照需求，對症下藥

在演講之前，一定要做好功課，就如同寫銷售文案一樣，你要先調查自家的產品受眾群是哪一類人？他們平日的愛好習慣是什麼？可能在生活中會遇到什麼樣的困境與煩惱？再與自家的產品做結合，要往「產品可以幫助客戶解決什麼樣的煩惱」這個方向下去想，演講的時候，比較能引起觀眾的注意力，也才能為你帶來收益。比如說我開辦這個課程是想幫助誰（目標客群）？報名這個課程能解決什麼樣的困境（需求）？

關鍵在於你能不能讓觀眾認同你的說法，使觀眾聽你演講的時候，不停地點頭，你也可以不斷地拋出肯定性疑問，只讓觀眾回答「是」或「不是」，給你一些回應即可。這樣一來，你在台上說話的時候，才會越來越有底氣，台下的觀眾也不容易睡著。

三、主題發揮

到這個階段，你就可以把在準備演講稿時想好的故事呈現給大家了！如同第一點所述，可以準備一些時下熱門的話題，或者是像節慶、健康這種長青型話題，引起觀眾注意。

在本書裡，一直提及故事的重要性，你可以用很多個故事來包裝你的話題，但大方向的背景目標不能混淆，最有可信度的故事就是有真實這個特點，你可以用很多個顧客回饋，來給大家做個見證，比如說使用前後的圖片比對、顧客在網路上留下的評論等等，也可以用影片的方式，請具有權威、專業性的人來幫你做個推薦（如下圖）。而最好的故事就是你自己！你可以親自使用自家產品，用拍照的方式存證，讓大家親眼見到你使用這個產品後，變的有多好。

四、刺激消費

這個階段就是不斷地重複解決困境的快樂感受，比如說提供有很多客戶一直跟你回饋說用這個產品有多少好處的證據，或是這個產品的銷量突破了哪些記錄；也可以適當地提及，如果不使用這個產品或者是你的建議，可能會有哪些損失。提醒您，不要想整場的人都認同你的說法。因為每個人是獨特的個體，都有不同的生長環境、個性以及喜好，我們能做的就是將目標群眾鎖定，解決他們的需求，那麼產品自然而然就能火速地銷售出去。

最後，就是提醒觀眾，要如何購買你的產品，可以推個優惠活動，加速地吸引客戶的購買行動。提醒各位，觀眾是很健忘的，能現場成交的，絕對不要拖到以後，若是顧客有疑慮，也不要催他們，互相留下聯繫方式才是重中之重。

引發觀眾回應的小撇步

跟各位介紹完銷售式演說的流程後，要跟大家分享演講時能夠刺激觀眾迴響的一些小話術，希望能對你有幫助。

1. 把掌聲送給在座的每一個人，感謝大家給了我們那麼好的機會分享，給了我們一個非常棒的舞台發揮。

2. 請盡情地鼓掌吧！為別人，同時也是為了值得過的更好的自己。

3. 讓我們用掌聲來預祝未來成功的自己！

4. 我有一個小毛病，就是遇到人就會緊張，一緊張就會臉紅，又臉紅又緊張的，就會大舌頭（結巴一下），聽說掌聲可以治療這個症狀，大家願意幫忙我一下嗎？

5. ……………你們說是嗎？

6. 當別人都在玩樂的時候，我們正在努力變得更好，那是不是要來點掌聲讚美自己一下？

3-5 文案是活的？

文案是活的？為什麼這麼說？因為每一款產品的生命週期不一樣，例如曾經風靡一時的通訊工具大哥大，現在市場上已經看不到了，甚至不到 5 年，未來的家具是智慧型家具、掃地機器人、智慧廚房之類的。時代變遷，你怎麼看待你今天的生意、每一個產品的不同週期的表現，和你怎麼判斷你目前的項目暫時處在哪個週期？這時候就要談到產品生命週期。

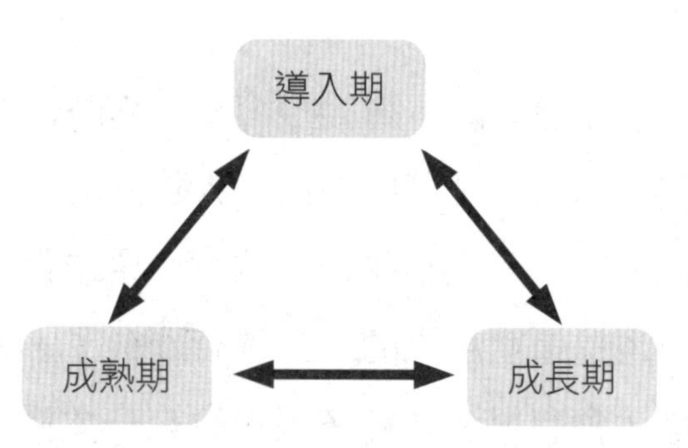

第一個週期，叫導入期，就是原來沒有這個產品，你是第一個做的。這是第一個節點；然後進入了成長期，快速增長的週期；接著進入了成熟期，市場開始穩定；最後是衰退期，市場飽和了，產品賣不動了。

導入期有什麼特點？市場很難做啊，因為大家對你的產品陌生、不夠信任。你要重新塑造價值、累積客戶見證、花錢打廣告做行銷、教育顧客成本通常比較高。但是如果你能熬過這段時間，就可以成為領航者，撐不下來就成了烈士。國家是由先人犧牲建立起來的，導入期是由烈士的屍體鋪出來的。如果你是導入期進入市場的，那麼你的文案就要特別花心思。

導入期的產品什麼時候能夠爆紅起來呢？也許一個偶發事件就可以讓他紅起來。像是疫情期間，口罩賣到缺貨了，還需要實名制登記。假設現在政府突然規定不能用消毒酒精了，那麼其他可替代的原料就會突然炒熱起來。王晴天博士常說：「**政策就是趨勢、趨勢就是商機。**」畢卡索活著的時候，他的畫作都沒人理睬。他死後以後，忽然一堆富豪搶著要買他的畫作；出書有什麼好處？也許你現在出書沒有得到社會重視。但假設有一天你怎麼了，你書的價值就會飆升也不一定。所以，隨著先烈死了一批又一批，更多同行業者進來發展，市場逐漸成熟了出來了，也會進入了成長期。

成長期有什麼特點？可以用幾個字來形容，產品變得更好賣，市場知名度更高、收錢變得更容易！手機剛普及的時候，一支手機可以抽 25 %的利潤，當時做手機生意的人都發財了。十幾年前房地產市場好的時候，做房地產的那一批商人都發財了。

如果你是成長期前期進去的，賺錢很容易，這時候的你的戰略重點是放大目標，快速的融資、擴張。凡是成熟期賺大錢的品牌，都是在成長期快速的增長曲線裡成長起來的。而文案廣告投放、市場擴張、招募代理商、有錢就用力往市場上砸，也是這麼起來的。不過時間久了，大家一看賺錢，就會跟風，在成長期後期，會有很多同行像雨後春筍一樣冒出來，隨著競爭對手越來越多，市場逐漸成熟了，這就進入了成熟期。

成熟期的特點是什麼？對手更多了，開始拼服務了，規則形成了，標準清晰了，利潤透明了。市場漸漸變成紅海，競爭規則已經很明確。如果你的產品目前正處於成熟期，目前你要做的不是放大規模，而是思考下一步怎麼辦。因為下一步就是衰退期，寒冬就要來了。我們要為下一波來臨提前布局，否則大環境一變，你會被打個措手不及。這時你的戰略重點就是再創新，重新讓自己進入到新的導入期。在這段期間，即便沒有突破，你依然有成熟期的紅利可以吃老本。可是一旦創新突破，你就會進入新的成長期，如同鳳凰般浴火重生！

Nokia手機曾經做到世界第一品牌，可是手機已經進入了成熟期後期，蘋果手機對手機規劃了新的藍圖，賈伯斯重新定義了手機，開啟了智慧手機時代。令手機行業重新進入了新的導入期，並引爆了新的成長期，Nokia最終黯然收場，落到被別人收購。所以，成熟期的產業一定要再創新，要碼內容創新，要碼服務創新，要碼產品創新。但是要記住，你不能為了創新而創新。你要基於帶給客戶新價值，更好的結果來創新。這樣你的創新才有意義！

文案也要創新，你不能說同樣一個文案，你寫了一年還是一字不動。這樣別人看也看膩了。本書的建議是結合時事，例如：疫情、美國大選、區塊鏈之類的。創新是什麼，就是再創業，持續再出發。一棵老樹為什麼能夠一直活著？因為它不斷的長新的樹枝出來，不斷地自我更新！你也要進行持續的升級，隨時檢討自己是否隨時保持絕對競爭力，是否寫出更貼近客戶需求的文案！

恐龍為什麼滅亡？因為牠們無法適應變化的環境。大企業為什麼會倒？就死在一個「大」字上！因為體制規模太大，如同溫水煮青蛙、反應跟不上。時代在變，各位要把事業規模做小，把資產做輕，把業績做大。用輕商業模式來經營，用未來的思維來經營，用價值思維來創新！柯達是全世界第一個發明數位照相的，結果卻因為放不下膠卷的利益，藏了這項技術。結果最後還是死在這項技術手裡，被別的相機公司幹掉。

有時候，人要學會主動走絕路，因為絕處逢生是生路。大陸的騰訊社交QQ曾經做到了第一，但是他們已經預見到未來的危機，所以他們在思考新的發展。當網路時代發達的時候，他們創造了微信，而且用微信來幹掉QQ，這是自殺式創新！你不革自己的命，別人就來革你的命。與其被別人革命，不如主動革自己的命！

成熟期不創新的企業版圖，很快就會進入衰退期。衰退期有什麼風險？要筆者來說：競爭對手越來越多，利潤越來越少。當你和同行打交道的時候，片地哀嚎、寸草不生、血流成河。這樣的場景，都是在提醒你，衰退期正在來臨。此刻唯一的戰略就是收拾包袱，快速的退出，讓他們繼續打下去。你的生意就像秋後的稻米，要快速收割，再不收割，稻米都爛在地裡了！識時務者為俊傑。看著戰況不好，你要趕緊撤退。

總而言之，隨著時代趨勢，文案還是有其必要性。無論是逐漸式微的舊媒體，還是越趨發達的新媒體，都需要依靠文案的力量，來創造利益。不過，寫作文案的角度、方法，要隨著人、事、物的演變，而有所變化。記住！文案是依客戶的需求而寫。客戶有新的煩惱，你就不能用舊的文案來搪塞他。站在幫助客戶解決問題的情況下撰寫文案，才是創造爆款文案的不二法門。

抓住人心的下標關鍵

從 0 開始，也能成為文案大師！

4-1 下標題的重要性

4-2 吸睛標題的隱藏技巧

4-3 標題的 10 大寫法

4-4 經典文案標題剖析

4-5 金句 slogan 大收集

不要將投資限於金融領域。投資自己，您將獲得豐厚的回報。

——嘉信理財創建人　查爾斯・斯瓦布

MAGIC COPYWRITER

4-1 下標題的重要性

在現今這個資訊爆炸的時代，獲得訊息的管道眾多，除了傳統的電視傳媒，還有網路世界的資料，種類繁雜且流通迅速。想要在一大片資訊海之中脫穎而出，快速抓住閱讀者的目光，「下一個好標題」就是決勝的關鍵！反之，就算是再好的產品、文案內容，要是標題下不好，也無法完全地展現產品的銷售力。

美國行銷大師斯．高汀曾說過：「Marketing is a contest for people's attention.（**行銷是一場奪得別人注意力的比賽。**）」一個經過精心設計的文案標題，能有效地吸引人們的目光，進而促使他們閱讀文案內容，增加購買商品的機會，甚至還能發揮分享、轉介紹等延伸收益。因此，學習如何下一個具有吸引力的標題，是撰寫《銷魂文案》不可或缺的重點之一。

從事社群行銷的人都知道，一封廣告訊息，鎖住消費者目光的有效時間為 8 秒鐘。若是文案在這 8 秒鐘內無法成功地吸引消費者點開閱讀，下場就是直接被略過不理，長久時間下來，消費者就會覺得此帳號無法提供他有效的資訊，索性封鎖刪除。簡單來說，標題就是人們對文案的第一印象，如果這個第一印象跟消費者沒有相關性或是不夠新奇，那麼，這篇文案就不可能產生效益；但若是標題告訴消費者，這篇文案能提供他有用的資訊，或是直接告訴消費者這篇文案會給他帶來什麼好處、能幫他解決什麼問題。這樣一來，就能取得消費者的注意力，邁向成功銷售的第一步。

在下標題之前，要先決定產品的目標客群。只有將目標客群設定好，才

能依據這類人的生存環境、喜好、習慣，推判他購買產品的情境、動機以及購買產品後期望的效果，進而撰寫出滿足目標客群需求的文案。如何決定目標客群的辦法，已在Part 2詳細的為大家介紹過了，若是還不熟悉，可至Part 2複習喔！

你是否有曾有這樣的困惑，就是感覺自己寫出了一篇超棒的內容，但閱讀和點擊率卻少的可憐？寫得東西沒人要看、賣的東西沒人要買，原因就是文案寫得不夠吸引人，沒辦法直擊消費者的痛點。舉個例子，讓我們來看看這三篇標題（以下三篇分別出自大象公會、Social Beta、李叫獸）：

「燒紙錢的由來」
「Under Armour 的營銷策略」
「互聯網文案寫作方法」

修改過後：

「焚燒的紙錢，祖宗收到了嗎」
「超越 Adidas，追趕 Nike Under Armour 在市場營銷方面做了哪些？」
「月薪 3000 和月薪 30000 寫文案的差別」

你感受到其中的差別了嗎？是不是對修改過後的標題比較有興趣了呢？沒錯，問題就出在標題上！下一個吸金又吸睛的標題，除了要注意文字不要過於冗長，還要兼具趣味、震撼性。有些文案的標題雖然字數不多，但是不夠有力，讓消費者讀完後覺得乏味又無聊；有的雖然有把產品的特色呈現在標題上，但是取的又臭又長，消費者反而很容易忽略你要表達的重點，這種事情在Google引擎上就最為明顯，因為標題太長，無法容納下的字就只能以「……」呈現。萬一你要表達的精髓正好被埋沒在「……」裡，那不是很可惜嗎？

別擔心，本篇將提供你幾個下標題的模板。以後撰寫文案標題絞盡腦汁的時候，不妨直接套用。

看書多、文筆好就能寫出好文案了嗎？寫出了好文案，作為營銷文案來用就一定有好效果嗎？答案是「未必」。

接下來，讓我們來看看，如何使用這些技巧，讓你寫出的文案標題，更受讀者青睞，擁有更多點擊和轉換率。

下標題的 11 個基本要點

雖然我們時常抱怨「廣告騷擾」，但也無法完全抵抗住吸睛的廣告標題和內容所帶來的誘惑，例如：「如何在短短 3 個月內把 30 萬變成 200 萬？」、「他天天吃大魚大肉，可是體重從未超標，是因為……」。

因此，優秀的文案寫手要知道如何使消費者主動地去了解他撰寫的文案。如果你想要寫出誘惑人心的標題，可以試著去模仿他人的文案，再稍微修改一下也無妨。

以下分享 11 個下標題的基本要點，這都是我們平常在作招商宣傳時，會去考慮的因素，相信你可以從中受益許多。

1. 保持真誠：真誠是銷售中非常關鍵的一個元素。真誠可以讓你打破隔閡，就像與你的客戶直接溝通一樣。讓你的客戶知道你是在為他解決問題，而不是只為了賺他口袋裡的錢。要知道目標受眾是很聰明的，誰都不喜歡跟騙子買東西。不管是文案內容還是標題，你在文案中所標榜的特色，必須是真實的。不能為了製造誇大的效果，把產品沒有的東西寫進文案裡。

2. 縮短受眾範圍：在設計文案前，必須確立你的目標受眾是誰。然而，在下標題時，因為空間及時間有限，我們必須再縮小受眾的範圍，針對特定的族群或事件。比如說，一個賣羊奶粉的業者，今日出了一個特別為體弱的小嬰兒設計的一款羊奶粉。就必須在羊奶的需求用戶當中，再匡列出體弱小嬰兒的需求特點，並設計出相對應的需求情境，寫下滿足客戶需求的標題才能吸引顧客。例如：「預防過敏，增強抵抗力。來自紐西蘭精心挑選的全方位防護羊奶粉」。

3. 確立目的：你不是漫無目的的到處撒文案，而是要有一個明確的目標。我們回想一下，假如你使用的文案投放工具是臉書好了，你就要思考人們當初為何想要用臉書？可能是為了與他人聯絡或者找些樂趣，又或者研究些有用的文章。如果你提供了人們需要的東西，便更容易產生合作的機會。

4. 以一個目標開始：首先考慮你要發文章的社群平台（不同平台處理方式和效果都不一樣）。在台灣，Facebook、Instagram 更為流行且能夠很好地處理即時信息，適合長篇的文案內容。設計不同的標題，使用 AB test，在不同的時間發布在不同的網站上。然後分析結果，將好的文案運用到下一次的宣傳活動中去。以此類推，你之後下的標題當然就越能抓住受眾的心。

5. 為消費者而寫：試著養成一個習慣，每次寫完一篇文案，就會問自己的一個問題：「如果我是消費者，會想點開這個標題嗎？」這是一個很重要的問題。在你創作文案的時候，盡量把自己當成消費者。你要思考是什麼原因促使你想點開這篇文案？如果你能夠成功地了解，是什麼能夠誘使消費者有點閱的衝動，然後創作出滿足消費者需求的內容。才能夠發揮銷售力最大的潛能。

6. 寫出抓住眼球的標題：寫出完美文案的祕訣在於標題。這也是王博士常說的「以吸人眼球的標題開始，激發消費者的好奇心。如果你的標題不夠吸引人，你剩下的文案寫得多好都不重要了，因為沒有人會看下去。很多人總是傾向於先內容後標題，但是標題應該得到比後面內容更多的重視。」因為標題就像是一篇文案的門面，若是人們連點開都不願意，內容當然就看不到了。

7. 實用度爆表的標題：意思是說，你下的標題要能對應到消費者的需求。比如說，有頭痛煩惱的人，會想看到的標題是：「緩解頭痛 3 大步，不需吃藥就可以很有感！」。如果你只是寫：「了解頭痛的成因，就可以緩解頭痛，對症下藥！」這樣吸引到的消費者就比較少。因為頭痛的人，最想知道的是解決頭痛的「辦法」，而不只是「原因」。這是一般人常犯的錯誤，也是關於內容營銷的大忌，急著將文案內容呈現在標題上，卻模糊了焦點。

8. 寫出容易閱讀的標題：老實說，很多文案寫作者都會犯這個毛病，以為寫的專業一點，就能營造出很神、好厲害、有權威的形象。殊不知，消費者遇到這種壓根就看不懂的標題，大部分都會直接略過不看。所以說，一般商業文案的標題，盡量寫的越淺顯易懂、越清楚最好。

9. 激發好奇心：意即「激發人點擊欲望的描述語句」。讓消費者一看到標題，就想趕快點開來看。有一種方法是這樣的：在下標題時，利用疑問語句引發好奇心。例如：「你知道只要 5000 元就能斜槓微創業嗎？」、「你知道為什麼口罩不能用酒精消毒嗎？」另外，提醒大家，適時地添加與時下熱門事件有關的關鍵詞，也是一個吸引消費者點閱的好方法。

10. 號召行動：許多商業性的文案大多都是用來招生與招商用的，我們經常使用號召執行的口號來激發消費者思考與行動。為了促使人們按下購買或報名鍵，我們常常添加一些急促性的用語，例如：馬上行動掌握機會、最後一個名額送完為止、5 折優惠只剩一天等等。

11. 選擇合適的時間點行銷：這在社群網路中，顯得更為重要。測試人們在什麼時間點，會使用哪些網路平台，進而執行文案投放的動作，**<u>因為在對的時間發文，才能夠發揮文案的價值</u>**。要如何測試人們在這些網路平台瀏覽的時間呢？各位可以看看下面這兩張圖，以臉書為例，打開你的粉絲專頁後，左邊有一個「洞察報告」的地方。點進去後，按左邊「貼文」，就可以看到你在什麼時間發文比較容易被受眾看到。根據臉書的洞察報告顯示，一篇貼文不到 6 小時，就會被其他排山倒海的資訊所淹沒。因此，掌握受眾活躍在網路的時間，就等於締造超銷文案的重要關鍵。同理，投放實體廣告，也必須注意受眾的活動範圍及時間，比如說架設捷運廣告看板，就需要考慮捷運人潮的範圍以及高峰期的時長。

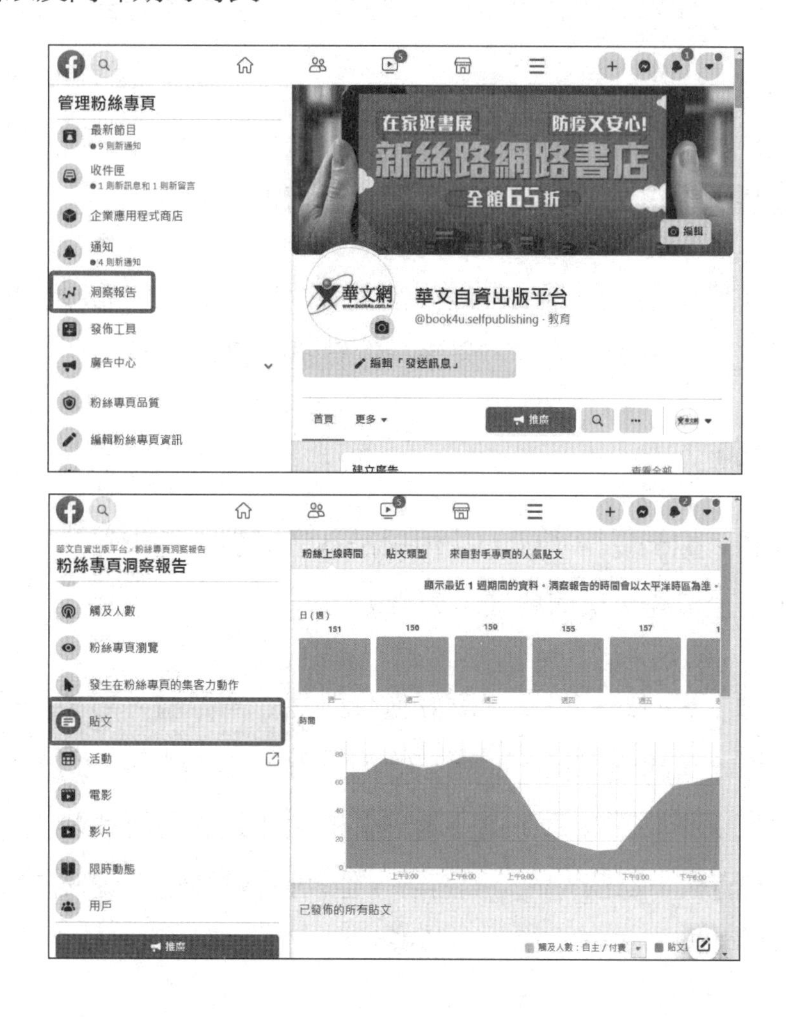

總之，在寫一份銷售文案時，作為文案寫手應清楚地定位你想對誰寫文案，通過何種管道對其營銷最為有效？此外，還應該努力想出刺激他人閱讀，與高質量、易讀性高的文案標題。

下標題的原則

9 成以上有效吸引消費者點閱的標題往往遵循這 4 個原則：

1. 價值感：直白地告訴消費者為什麼要花時間看這篇文章？

2. 緊迫感：如果消費者現在不點擊你的文章會錯失什麼？

3. 實用性：讀這篇文章可以獲得什麼？

4. 獨特性：你得文章與其他競爭對手有何差別？

遵循這 4 個原則，你下的標題對消費者來說就是比較有吸引力的。在此基礎上，再使用一些寫作技巧，來提升你標題的誘惑力。

好標題的定義

各位讀者，你們覺得標題的功用只是為了吸引人進來嗎？不是的。如果文章內容配不上標題，反而會壞了口碑力。

一篇文章，沒有好的標題，就好像你雖然才華洋溢，形象卻很差，增加了被別人發掘、賞識的難度，而現在的消費者，往往僅花 2 到 3 秒鐘瞄一眼標題，來決定要不要讀文章。這不是他們的錯，是因為時代變了，在這個資訊快速更迭的時代，每個人的時間有限，他們只會閱讀感興趣的文章。那麼，好的標題，要怎麼定義呢？首先各位要知道：

1. 標題是給人看的：每個人的喜好和需求很都不同。大多數人首先想知道的是：你這篇文案跟他有什麼關係，對他的好處是什麼。待他點進內文之後，就可以利用情感上的共鳴，誘使消費者下單。另外，標題還有一個劃分人群的作用，也就是本書常提到的過濾篩選目標受眾。同樣的一個文案，因為看的人都有各自不同的興趣、愛好、價值觀和學識，所以對文案的感受也都不同。因此，常久以來你也會更清楚真正你的潛在客群哪一類人。

2. 標題是給機器看的：你的文案是給消費者看還是給搜索引擎看呢？其實兩者都得兼顧！因為好的標題能優化搜尋，讓 AI 機器幫你識別、排名。若是能讓標題的排名靠前，就能吸引更多的潛在客戶閱讀你的文案，等同於搜索引擎自動推薦你的文案。所以尋找關鍵詞就變得至關重要，我們得設法多加入別人比較會搜索的關鍵詞。也就是說你要去觀察通常需要自家產品的人，他的需求是什麼，他會在搜尋引擎上填寫什麼樣的關鍵詞。當然你可以使用 Google 關鍵詞工具，或者一些分析工具，來幫助你要添加進標題中的關鍵詞。例如：以「自資出版」作為關鍵詞，探查華文自資平台的搜索排名。

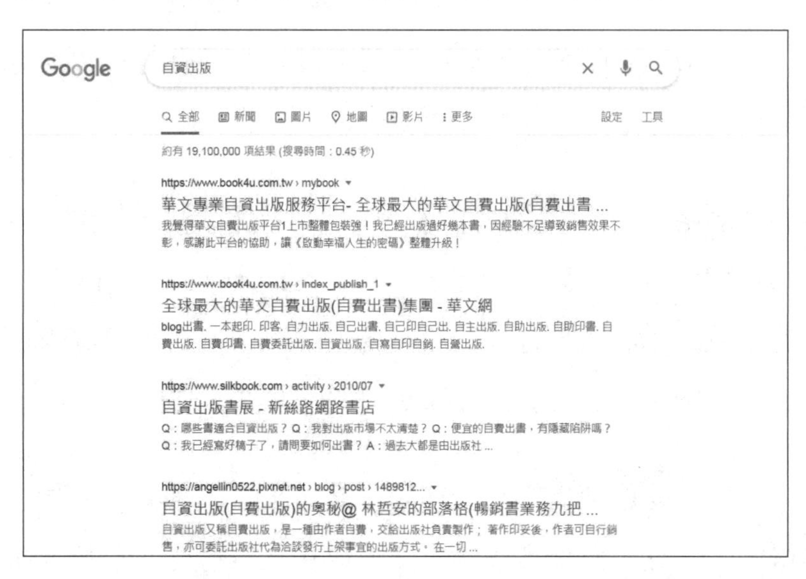

接下來下一小節要跟各位探討，無論是寫文案標題還是文案內容，為了更好的傳播我們的情緒和目的，都會用到一些修辭手法來輔助。

15 種修辭手法

15 種修辭手法
- ❶比喻
- ❷擬人
- ❸押韻
- ❹引經據典
- ❺頂真
- ❻回文
- ❼矛盾法
- ❽對偶
- ❾層遞
- ❿誇飾
- ⓫轉折
- ⓬雙關
- ⓭重複
- ⓮排比
- ⓯設問

本書將坊間很多的文案，不斷地分析、拆解、應用，最後總結出 15 種常用的修辭手法來分享給各位。其實不是要你硬背或理解，只是希望當你需要撰寫文案的時候可以參考本書，畢竟。這本書的目的就是在幫助你成長與成功，不是嗎？現在，我們就開始來研究吧！

1. 比喻：使用某個事物來形容另一事物的對比手法。能幫助文案增強畫面感和想像空間，幫助消費者理解文案的內容。例如：①肝若好，人生是彩色的；肝若不好，人生是黑白的。（許榮助寶肝丸廣告）②世界上有一種專門破壞人際關係的怪物，叫做時間。

2. 擬人：擬人就是把事物賦予靈魂，讓本來不具備動作、感情的事物，變得像人一樣有動作和感情，讓產品更加具體化，整篇文案也更顯得生動。例如：①溫柔的春姑娘走了，火辣辣的夏女郎，就來到了人間。②蝴蝶是美麗的公主，每天起床就會把自己打扮得漂漂亮亮。

3. 押韻：前一句話和後一句話的韻腳相同，這是讓整句語句產生節奏感的手法之一。例如：①世間所有的內向，都是聊錯了對象。（陌陌廣告語）②所有的精打細算，都是在為愛打算。（支付寶廣告語）

4. 引經據典：就是引用古老的故事或詞句，增添語句的豐富度，將我們要傳達的內容，更貼切地呈現出來。例如：①古代占地為王，現代流量為王。②劉備三顧茅廬，企業用人唯才。

5. 頂真：前文的尾端與後文的開頭使用相同的字或詞，這種手法能加強語氣，且能使整個句子更有關聯性。例如：①世界再大，大不過你我之間。（微信廣告語）②邊吃邊配，邊配邊吃。

6. 回文：上下的句子，詞彙大都相同，但排序相反，形成回環往復的樣式。使文章充分地表示事物間的聯繫，用在文案裡，更能將重點聚焦起來。例如：①你不理財，財不理你。（理財周刊廣告語）②連霸中山，山中傳奇。

7. 矛盾法：矛盾就是把兩個意義相反的詞，放在一句話中，使整句話達到強烈的對比效果。例如：自律給我自由。（keep 廣告語）

8. 對偶：兩句話字數相等，句法相似且平仄相對。例如：①看得見柔軟，摸得到滑順。②讀書抓重點，吃麵挑生鮮。

9. 層遞：後面一句話承接之前的那一句話，一層比一層深入，使文案更加引人入勝。例如：①我們的光采，來自你的風采。②汽車發明者，再次發明汽車。（賓士廣告語）

10. 誇飾：為了加強語勢，對事物的形象、特徵、作用、程度等方面的用詞刻意擴大。例如：①鑽石恆久遠、一顆永流傳（鑽石品牌 戴　比爾斯）。②勁量電池渾身是勁。

11.轉折：主要目的是藉由上下句子的轉變，強調文案中想要表達的重點，而且通常重點都埋於最後。例如：①重要的不是享受風景，而是成為風景。（方太廣告語）②你的下一台電腦，何必是電腦。（蘋果廣告語）

12.雙關：利用同義或同音的特性，打造文案的趣味性，加深消費者對品牌或產品的印象。例如：①我每天只睡一個小時，皮膚依然晶瑩剔透。②一盤蒸氣的剁椒魚頭，不該和任何人裝熟。（綜藝《嚮往的生活》）③要刮別人的鬍子之前，先把自己的鬍子刮乾淨。

13.重複：為了強調文案要表達的意思，故意在文案中重複某種詞語或句子。例如：①普通的改變，將改變普通。（淘寶廣告語）②打折，就是打折。

14.排比：將三個或以上結構、長度、意義相似的句子排列起來。可以幫助增強文案的氣勢和情感。例如：①小而美、小而冷、小而省。②你早上起床時，南極的企鵝正躍出水面；你在上班時，烏山的猴子正吃著餅乾；你吃午餐時，四川的貓熊翻滾了一圈，當你下班回家時；歐洲的背包客喝著佳釀在東區名店。

15.設問：文案中使用的設問，很常採用自問自答的方式。讓上下句子前後呼應或加強肯定語氣，企圖讓消費者認同自己的想法。例如：①誰治好了我的公主病？我的小公主。（華為廣告語）②喜歡嗎？爸爸買給你！

讓消費者自動幫你下標題

前面說了這麼多下標題的重要性和要點，相信您對下標已經有足夠的基礎認識了，但是不是覺得這些資訊就像一盤散沙，遍布在大腦的各個角落，

無法組合起來？別擔心！本篇已經幫你統整了一套吸睛標題的一套製作流程了。只要按造這個標準程序，就能夠自然而然寫出消費者想要的標題！

參考相關屬性的文案和書籍
↓
寫出至少 10 個不同模式的句子
↓
刪減成 3 個以下的標題進行投票
↓
修飾標題，定案！

一、參考相關屬性的文案和書籍

剛開始下標題的時候，很容易陷入不知道該如何下手的窘境。這個時候，可以從網路上搜尋一些相同性質的文案，並挑選幾個點閱率高的標題進行分析；又或者可以上網路書店，觀察一些暢銷書的書名，哪些是你一眼望去就相中的書，別忘記你現在就是消費者的身分，依照你的直覺，最吸引你的那些標題，同樣也吸引著你的目標客群！

挑選幾本書後，可以看看它們的目錄，目錄中每一個章節名稱都是標題，一樣將吸引你的標題記錄下來，最後再閱覽這些書的簡介資料，把醒目的句子收集起來。將參考的所有句子整理、排列好後，分別在每個句子的後面，寫下它為什麼吸引你的原因。

再來就是進入句型拆解分析的階段了！此階段要分析的事情有兩種：一是挑出這些句型的枝幹當作模版。以「從零開始，抓住人心的下標關鍵」為例，把認為是精華的部分挑選出來，就會變成「從……開始，……的關鍵」，而「從……開始，……的關鍵」就是一個句型模版了；二是分析這些標題想要吸引的目標客戶，哪一些與你的目標客群相似，就可以參考它撰寫的方式。

如何分析這些文案標題想要吸引的目標客群呢？在4-1就有提到：下標題前，要先推判目標客戶可能會購買商品的情境、動機和預期的成果。所以，我們在拆解這些標題時，就可以去思考，這些標題是依據目標客戶何種需求下去撰寫的。將這些需求都分解出來、排列好後，與你的目標客群需求最符合的，就是最適合你的文案練習模版。

二、寫出至少10個不同模式的句子

將拆解好的模版排列好後，練習寫出至少10個不同句型的標題。因為好的標題，是在寫作的過程中不斷的進化，也可以理順你對文案本身的邏輯，亦能夠更加了解你的產品與目標客群間的關係。你可能會想：「**一次寫出10種不一樣的句型，也太強人所難了吧？**」剛開始練習寫文案時，可能連寫出一個字都很困難，更何況是10個以上不同的句型，對吧？所以說，你在第一個步驟蒐集參考資料時，一定要大量的閱讀，隨時將你心動的文案標題記錄下來，這樣才有頭緒開始練習「寫」文案標題。

三、刪減成3個以下的標題進行投票

寫出10個以上不同的句型後，挑選出3個以下的句型並稍加修改一下，放到網路上供消費者投票。如果平常就有在經營社群粉絲團的朋友，此階段就是促進與粉絲間互動的最佳機會，不僅不會造成消費者無法消化廣告的現象，還能讓消費者感覺正在參與創作的過程。是比較活潑且有效的固粉方式。若是還沒有公開的社群粉絲專頁的朋友們，也不用太擔心，可以將你的文案標題放在你平常使用的社群平台上，讓你的親朋好友幫你投票，練習怎麼與消費者互動，了解大眾感興趣的地方，再繼續培養下一批消費者，累積固定的粉絲群。

以下是王晴天博士覺得非常好地一個與粉絲互動的範例，《啟動幸福人生的密碼：阿爸父為你設計的精品人生》作者——王兆鴻老師的臉書貼文。

據該書的責任編輯所述，封面的初稿設計出來時，兆鴻老師非常煩惱該如何選出消費者喜歡的封面。於是，他將兩份初稿放至粉絲專頁，供潛在客戶自行投票出喜歡的封面樣式。

結果，讀者的反應熱烈，紛紛在底下留言，有的還給出一些微調的建議。

前面的章節有提過，文案本身就是跟消費者溝通的橋樑，是要賣消費者的需求品。與其獨自奮鬥了許久，還可能抓不到消費者想要的；不如直接拿去給消費者挑選，讓他們自動幫我們產出具有吸金力的文案標題！

最終，兆鴻老師決定選擇票數最多的第一張封面，並稍加修改一下。成書非常好看，上架至書店後，我特地跑去實體店面看。結果，在一排排的眾多書籍中，第一眼就吸引我目光的書，就是兆鴻老師所著的《啟動幸福人生的密碼：阿爸父為你設計的精品人生》。

四、修飾標題，定案！

粉絲投票結果出來後，分析消費者為何選擇某個標題的原因，記錄下來並將沒選中的標題收進資料庫，而選中的標題，自己再稍加修飾後，就可以定案了！這種透過粉絲投票的方式，篩選出來的標題，比自己苦惱想了半天蹦出的一行字，還來的有吸引力。

好的文案是經由時間不斷打磨與積累的，俗話說：「**魔鬼藏在細節裡。**」每個時期爆紅的文案標題，類型都可能有所不同。定期培養觀察網路社群文章、雜誌、書籍、新聞等等的習慣，分析爆紅文案背後的成因，才是固定產出吸金文案的最佳良方。

4-3 標題的 10 大寫法

標題的 10 大寫法
- ❶數字符號
- ❷反問句
- ❸抱大腿借熱點
- ❹實用乾貨
- ❺驚喜優惠
- ❻引用對話
- ❼對比法則
- ❽對號入座
- ❾戲劇衝突
- ❿好奇懸念

文案標題的三秒法則

何謂三秒法則呢？其實這只是一個比喻，這句話的意思是，如果標題不能在 3 秒內讓消費者點閱文章，那麼它就沒有價值。

所以，本篇用 10 個「套路」的方法來描述，讓各位也能用來「套路」別人。而這 10 種方法並沒有前後順序之分，分別是：數字符號、反問句、抱大腿借熱點、實用乾貨、驚喜優惠、引用對話、對比法則、對號入座、戲劇衝突、好奇懸念。我們來看看以下的套路：

一、數字符號

《改變人生的 5 個方法》

「1 台筆電＋ 1 條網路線，30 天內年收百萬！」

《10 秒一貼不用抄！超人氣商用英文 Email 立可貼大全》

當你看到這兩個標題，你最先注意到的是什麼？沒錯，就是數字。人的大腦會優先識別數字，所以數字標題，可以刺激人們的大腦，打開消費者對於獲取價值的欲望，而且數字符號聚焦重點，使消費者能快速吸收理解。

二、反問句

「100 塊的手錶，也值得分享到臉書？」
「如果不能吃甜點，要這張嘴還有何用？」

反問句是用疑問的方式誘發消費者的好奇心，如果恰好消費者對這個主題有興趣，那麼，他就會點擊閱讀你的文案。然而，反問的語氣比較強烈，往往容易刺激消費者的大腦，若是內文能打破消費者的過往認知和思維誤區，引發消費者的思考，就可以吸引消費者成為你的忠實粉絲。

三、抱大腿借熱點

「用了這些少女心好物，只有劉德華才配得上我」
「四大公投懶人包，20 秒了解詳情！」

這個大腿可以是知名企業、學校、名人、明星、熱門大事件等等。特別是現在網路熱度當道，粉絲為王的時代，名人帶來的獲益是不可小覷的。

四、實用乾貨

「與朋友合照只有你最胖？3 招幫你去憂愁！」
「拖延症末期也能 1 年讀完 100 本書！」

蠻多消費者喜歡這類的文章，因為可以直接獲取別人辛苦研究的成果，且能解決他們現實生活中的煩惱，極符合現代的特色——簡單、快速。所以市場上很多「祕笈」、「攻略」、「3 分鐘解決」、「10 秒就能改善」等等標題用語，而這些都是運用這個手法吸引消費者。

五、驚喜優惠

「Prada、香奈兒等精品破盤超低價，售完為止！」
「臉書爆紅上篩瘋了的設計師包包，居然只要 1 元錢」

優惠類的標題盡量以具體的事物來當形容詞，怎麼說呢？舉例來說，如果是精品包包大特價，你就不能寫「高價值人氣包包大特惠」，這樣消費者還要花時間想「多高價值？」、「多難得？」諸如此類的問題。記住，**當消費者思考的時間拉長，成交的機率就會降低**。所以，我們在寫文案時，要幫消費者縮短思考時間，才能增加被吸引的人數。比如說，「高價值的精品包包」即使沒有名牌貨，你也可以借他的東風來刺激消費者，可以改成「包包界的 Cartier 最少打 5 折，只在今日！」Cartier 是世界知名的珠寶品牌，放在文案裡，代表的是高檔、A 貨，可以讓消費者自行腦補大特價的是媲美名牌的高檔貨，這時再加一點急迫性的詞語，像是「售完為止」、「只有今天」等等，就能使消費者付出購買行動！

範例 1 魔法講盟 WWDB642 課程優惠訊息

範例 2 **魔法講盟電梯文宣**

六、引用對話

「平日最容易忽視的電器，關鍵時刻能救你一命！」

「引用對話」這個文案手法指的是利用「你」、「我」等等的字詞，讓消費者自動將自己帶入你寫的文案裡，就好像你直接與他對話一樣，增強文案與消費者間的聯繫，使消費者認為這是為他而寫的文案。

七、對比法則

「生理期用這 3 件小物，比紅糖水管用 100 倍」
《從魯蛇到魯夫的創富之路》

這類標題主要是以具體的事物、觀念相互比較，讓消費者感覺到畫面感或思想的衝擊，誘使消費者的好奇心點擊文案閱讀。像這種文案會讓人覺得有點誇張又不

會太誇張，比較不容易引起消費者的反感。

八、對號入座

「雙魚座有哪些難以啟齒的小怪癖？」
「長相中等的姑娘如何進階到『美』」

這個「對號入座」，可以是自己，也可以是你熟悉的一類人。比如「長得很像人，但是不會說人話的東西」可以是消費者一直討厭的那些人，也可以是自己。「看起來很快樂，卻是最容易陷入憂鬱情緒的人」可能是消費者的朋友，也可能正好戳中他的心聲。全憑消費者對號入座，產生點開文章的欲望。

九、戲劇衝突

「在結婚前夕，才發現女朋友還有 4 個男朋友！」
「交往了 10 年，才發現女朋友竟然是男的！」

看看這些範例是不是很像電影情節？現實中要出現這種場景實在不容易，所以能夠帶給消費者刺激、好奇，進而產生想要點擊文章的衝動。這種手法就類似於故事型的文案寫法：某個人平常有著種種矛盾的行為，消費者跟故事裡的人一樣，都猜不透這個人為什麼會這樣做，到了故事的尾聲才真相大白。其實這個人是在非常艱難的境遇下，才會做出一些常人無法理解的事情，只是平常我們不會去注意也沒想過要去了解。這樣的衝擊才能引起消費者的共鳴或是興趣，因為現實生活中很難碰到，也不曾想過。

十、好奇懸念

「我們狠殺一對美國老夫婦的房子售價，當我們去收房時……」
「跟風買這些口紅，你只會越來越醜！」

這個標題寫法是開了一個話題深埋伏筆，將消費者的注意力集中起來，但又不立即公布答案，目的就是要勾起消費者的好奇心。而讀者為了填滿他的求知欲，就會立即點擊你的文案。

4-4 經典文案標題剖析

無論是哪一種形式的廣告文案，消費者的第一印象，也就是他們看到的第一個畫面、文字，就是標題。因此，文案標題絕對是決定這則文案成功或失敗的關鍵。假如消費者對文案標題的第一印象是無趣的或者是跟自己本身沒有關聯性，那麼，這則廣告文案就不可能吸引潛在客群；但如果這則廣告提供了有用的訊息，或是承諾看完這則廣告文案會有很多好處且可以解決它的煩惱，那麼這個第一印象就可能贏得消費者的注意力，可以說下一個強而有力的標題是吸引潛在客群購買商品的第一步。

但具體來說，到底什麼是「第一印象」呢？本篇用另外一種角度分析。假設今天跟一個陌生人見面，我們對對方的第一印象就是他的外型與穿著；如果是在網路陌生開發，第一個看的就是對方的封面和大頭貼；如果是看廣告，第一印象就是圖片是否吸睛；對於電子郵件廣告，第一印象取決於寄件人和主旨欄。每人每天大都會收到 10 到 30 封的廣告信，當然不可能全部點開來看，第一時間當然是先看寄件人和信件的標題。因此，前文才說能夠吸取目標受眾注意力的標題，才是廣告信、廣告文案成功的關鍵要素。

這裡推薦一個小撇步，建議你準備一個資料夾用來蒐集一些精選範例，以便日後在構思自己的文案時當作參考素材。假如你一時想不出廣告標題該怎麼寫，也沒有相關的素材可以參考，以下的範例會是對你最有幫助的靈感來源。

20 種經典標題的寫作訣竅

除了 4-3 的標題 10 大寫法，本書作者將平日蒐集、日積月累的資料庫，篩選出一些經典標題，進行分析，並整理成 20 個訣竅供大家參考。

1. 在標題裡提出疑問：例如，「台灣人有哪些美國人沒有的優點？」
2. 創造新名詞：例如，「『強化牆壁修繕膏』在牆壁形成保護膜，讓你的房子壽命延長十年。」
3. 傳播新資訊：可以運用「快訊」、「新推出」、「新發現」、「發布」等詞彙。例如：魔法講盟發布一項最新的斜槓微創業方案。
4. 呼籲行動：以提供消費者意見的口吻，使消費者採取行動。例如：「把水潑到這台防水手機試試」。
5. 提供實用資訊：例如，「如何避免在投資時犯下錯誤？」
6. 強調優勢：將你的產品／服務特色凸顯出來。例如：「即日起，我們的最新產品提供預購，一鍵下單七天內送達。」
7. 具體化比較：利用現有的、已知的事物進行比較、比擬，使消費者的腦海浮出畫面。例如：「只需要家用一半的用電量，就能夠解決貴公司電腦耗損的問題。」
8. 引述見證：載明客戶或名人的見證，增加潛在客戶的信任感。例如：「超過 50 萬的會員證明，我們的蛋白質健康食品可以幫助人們遠離疾病。」
9. 祕訣：用「大解密」、「祕笈」、「獨家公開」等字詞，營造神祕、獨特、只跟讀者說的感覺。例如：「我們的免費報告揭露鮮為人知的祕密，告訴你百萬富翁如何理財。」

10.添加時間元素：例如，「不必久候，10 秒申請使用帳號。」

11.強調價值：先以「高價值」定位產品的高度，再用「低價錢」刺激消費。例如：「價值 1000 美元的美股股市快訊，現在只要超低價 599 元就能買得到！」

12.提供消費者難得的好消息：以打破既有觀念的手法，強調你帶來的好消息是不容錯過的。例如：「銀髮族也可以擁有好體力。」

13.製造需求情境：先點出目標客戶的需求及煩惱，再提供解決方案，強調自家的產品／服務能解決他的煩惱。例如：「沒時間上進修部？參加我們的在職進修計畫吧。」

14.提出挑戰：以提出挑戰的手法，刺激消費者點開你的文案。例如：「你的收入經得起財富檢測嗎？」

15.提供承諾：利用「退費」、「保證」等字詞，強調你提供的承諾是真實的。例如：「保證應用軟件開發速度增加 3 倍，否則退費。」

16.低價優惠：以具體的價格強調你提出的優惠方案，對消費者來說非常划算。例如：「主機連接 1 台網路，每月只要 100 美元。」

17.畫大餅：例如：「讓您收入增加 20 倍！」

18.買就送：強調買產品就可以獲得超高價值的贈禮，以便吸引顧客。例如：「免費送給您！現在訂購，就送價值 200 美元的免費好禮。」

19.提供協助：告訴消費者你可以提供他協助，幫助他完成願望或是解決煩惱。例如：「協助您在未來 90 天內推出突破性的營銷計畫，而且完全免費！」

20.矛盾對比：以看似矛盾的說法及承諾，強調產品的優點。例如：「不需要冷氣，您家裡的每個角落就能立刻涼爽無比！」

再次強調，標題是廣告文案的一部分，其功能在於消費者引起注意，是說服消費者購買產品的第一步。賣弄文句或誇張吹捧，都不是構成出色標題的要件。標題需點出閱消費者的需求，切忌用一些華麗詞藻堆砌出空虛的文句。可惜許多文案寫手為了凸顯創意而寫作，導致精心的設計模糊了銷售重點。假如非得在文意精妙和簡單直接之間作選擇，會建議選擇簡單直接。雖然有可能不會贏得廣告大獎，但至少能夠多賣點產品。

你可能會覺得很無聊，為什麼說過的話要一直重複地說？因為現代人一天需要接收與處理的資訊量，高達 3.6 萬 GB。想要有效地吸收資訊，就需要不停地複習。而本書的內容相當的多，私以為沒有人會記住這本書所有的內容，所以重點的地方才不斷的重複地說，就是為了要加深你的印象。

 營銷大師的 42 種下標祕訣

下標的功力是隨著一天天的練習奠基而成。沒靈感的時候，你可以看看營銷大師的寫的標題，也許可以給你不錯的靈感。

世界行銷大師傑・亞伯拉罕曾出過一本大全集，後來有翻譯成繁體教材，其中，就有關於文案的標題設計。所以，現在要跟你分享的是營銷大師曾寫過的 42 種被證明能造成瘋狂銷售量的標題，並加以進行解析和評論。

1. 「如何讓人一瞬間喜歡你的祕密」：
   當時投放這個廣告的公司耗資大約$ 500000 美金，它吸引了數以萬計的人。其中，僅僅成交一筆生意就讓該公司賺得滿缽滿盆。筆者覺得，這個標題是使用到前文寫作手法中提到的「祕密」和「時間元素」手法，勾起消費者的好奇心，產生想進一步了解的欲望。

2. 「一個小錯誤讓一個農夫每年損失$3000 美金」：
對於人們來說，「損失」帶來的恐懼，恐怕比「獲得」帶來的歡樂還要來得深刻。就如同我們在「3-4 用話術操縱人心」中，提到的「恐懼話術」就是運用消費者的恐懼心理，刺激消費者立刻下單購買。當從事農業的相關人士看到這個標題時，就會想趕快了解到底是什麼情況導致農夫每年損失 3000 元美金，以免自己也犯同樣的錯誤。

3. 「給那些丈夫不會省錢的一個妻子的建議」：
老實說，像「提供建議」、「提供協助」這樣的詞語，是很容易吸引人們的注意力。因為這種詞語傳達給消費者的訊息是：「我想幫你、不會強迫你」，不會讓人有壓迫感。消費者心想：「只是看看而已，聽聽別人的意見，也未嘗不是一件好事。」所以這些看似普通又兼具關懷的詞語，反而容易讓消費者卸下心防，願意聽聽你的建議。現在回來看這個標題，假如常抱怨另一伴愛花錢的妻子們看到這個標題時，心中會非常有感觸，進而產生認同，而像這樣的人其實並不少，所以這個標題能夠吸引到的人數是非常眾多的。

4. 「聚會上您是否曾像個局外人？」：
世界上孤單、寂寞的人很多，他們常出沒在各個公眾場合，想與人親近、盡力地想融進人群當中，卻時時刻刻覺得自己像個局外人。而這個標題就是針對這些人打造了相似的情境，當這些人看到這個標題，就會自動將自己代入到這個情境裡，產生情感的共鳴，進而跳下商家早已鋪好的套路裡。

5. 「一個新發現『如何讓一位相貌平平的女孩變漂亮』」：
看到這個標題時，一些比較敏感的人，應該能直接聯想到前面「寫作訣竅」中的第三點——傳播新資訊。「快訊」、「新推出」、「新發現」、「宣布」這類的詞眼，會讓消費者感到新鮮，想立即填補求知欲。至於「如何讓一位相貌平平的女孩變漂亮」則會吸引眾多的女性點開來看，因為愛美是人的天性，如果有人說可以提供直接變美的方法，一定會吸引到非常多人想一探究竟。同樣運用此手法的標題案例有：「偉大的新發現，趕盡廚房的異味！讓室內的空氣就像鄉間的空氣一樣新鮮」、「做個 1 分鐘的測試，測試一種新的剃鬚膏」、「現在宣布新一版的百科全書，讓學習變得具有趣味」。

6. 「如何贏得朋友和影響他人」：

「如何」這個詞可以說是廣告標題的常勝軍，因為在潛意識裡它帶給人們的訊息是：「我可以告訴你解答」。獲得一群好友、擁有偌大的權力是許多人一生追逐的夢想。那麼，達成這樣的目標，勢必要吸取很多資料。因此，「如何贏得朋友和影響他人」這個標題，吸引力也是非常強大的。在傑・亞伯拉罕的著名標題裡，有很多類似的案例，例如：「我如何在一夜之間增強我的記憶力？」、「一種新的海泥是如何在 30 分鐘內改善我的膚色的？」、「如何給你的孩子補多額外的鐵，用這 3 個奇妙的點子吧！」、「如何利用一塊小小的地創造奇蹟！」「如何規劃你的家讓它更適合你？」。

7. 「還有誰想成為螢幕明星？」：

功成名就誰不想呢？尤其是現今的微網紅當道崛起。加上近年韓國娛樂圈縱橫全世界，許多人開始有當明星的夢想。雖然這個標題看似沒有針對某一個族群或人，但事實上它就是寫給有明星夢的人看的。這個標題不是像眾多標題一樣，直接使用「如何」、「怎麼做」等詞語，而是用「還有誰」這個詞隱晦地告訴消費者「想成功就點進來看吧」。既新鮮又有趣，推薦讀者們可以挖空練習寫「還有誰……」，並丟入市場看看效果如何。

8. 「學習英語您犯過這些錯誤嗎？」：

相信英語是大部分人在學時極為畏懼的大魔王吧！當消費者看到「這些錯誤」時，就會迫不及待地想知道這些錯誤是什麼？我是不是也有

犯過這些錯誤呢？而這就是吸引消費者的重點。怎麼說呢？還記得在前面的章節有提過：寫好一篇文案，最重要的是時時刻刻以目標客群的角度去閱讀文案。無論是自己寫的，還是網路上你覺得非常有吸引力的文案都記錄起來，並將這些文案吸引你的原因，以及吸引你的字詞都記下來。之後，當你在下標題時，就可以適時地套用這些字詞撰寫。筆者的學生，通常都採用這樣的練習方式，效果都很不錯！

9. 「為什麼一些食物在你的胃裡『爆炸』？」：

「為什麼」這個詞，用在標題裡也容易引起消費者的興趣。它跟「如何」這個詞放在標題裡會產生的效果是相似的。當消費者看到「為什麼」這個詞就會啟動被催眠的模式，下意識的想知道答案。在傑・亞伯拉罕寫過的標題裡，也有好幾個是運用這個手法。例如：「為什麼有人一直在股票上賺錢？」、「為什麼〇〇（品牌名稱）今年更耀眼？」等等。

10.「讓你的手在 24 小時內更完美，否則全額退還」：

這個標題吸引人的地方就在於「全額退還」這個詞。通常消費者在購物的時候，都會有害怕踩雷的心理。萬一，在衝動之下購買的物品買回家使用之後，才發現不符文案上寫的那麼好用，心情定會不美麗。所以，我們要消除消費者的不安，才能夠使他們安心購買產品。那要如何消除顧客的不安呢？就像這個標題一樣，寫出產品的特色之後，再給出一個有力的承諾。舉個例子，一般小吃攤偶爾會出現「不好吃不用錢」這樣的 slogan，還有「保證能安全的走過冰面、泥濘地或是雪地，否則我們會幫你付拖車費！」同樣也是運用這個手法。

11.「您可以微笑面對金錢的煩惱，如果按照這個簡單的計畫」：

這個標題點出了目標客群的煩惱之後，告訴消費者只要你點進來看這個計畫就能解決問題。其實是運用催眠式指令句的手法，先幫你畫了一個美好的願景，後面引導你做點擊標題的動作。這時，讀者下意識就會照著你的指令行動。

12.「當醫生感覺『糟透了』時所做的事情」：

生病了就要看醫生，這是再普通不過的常識。但當醫生生病時，除了看醫生這個選擇外，還會做什麼呢？當消費者看到這個標題時，就會好奇、思考這個問題，想要了解專家會採取什麼行動。而且，正因為平常人們生病時都會看醫生，所以下意識的就會覺得這個標題是很有可信度的，因為是「醫生」這樣的專業人士做的事情，所以可以賦予這個標題很大的保證。同理，像是「醫生證明：3 個女人中有 2 個可以在 14 天讓皮膚更完美」這個標題，也很容易吸引消費者，因為有專業人士的保證。

13.「6 個熟悉的皮膚問題，你想解決哪些呢？」：

一般人看到這個標題會有可能有這樣的想法：「讓我看下去，看看我是否有這 6 個裡面的一個。」因為，標題不是寫「你想不想？」而是「你想解決哪些？」用肯定疑問句的標題誘導消費者看下去，消費者就不會有猶豫的時間考慮要不要點擊這個標題。類似的案例有：「6 種類型的投資者，您是哪一種呢？」。

14.「從$10 美元到$15 美元的暢銷書裡，您想要哪些？每個只要$5 美元！」：

這個標題透露給消費者的訊息就是：無論是 10 美元還是 15 美元的書籍，通通給你最低優惠——5 美元。雖然沒有直接寫最低優惠，但消

費者看到這個標題，就會直接認為這個優惠是非常難得的，產生想趕快下單購買的想法。

15.「妳曾聽說過一個正在減肥的女人還可以同時享有 3 頓美食嗎？」：

通常人們對於「減肥」的印象就是要控制飲食、多運動，但這個標題卻顛覆了人們以往既有的思想，不但無需勞動，同時也能繼續滿足口腹之欲，符合現今追求的「懶人無痛減肥法」。這個手法正是運用「4-3 標題 10 大寫法」中的第七點——對比法則，利用人們思想上的衝擊，來勾起消費者的好奇心。

16.「發掘隱藏在您薪水裡的財富」：

這個標題實在太吸引人了。如果能在既有的財產裡，挖掘從來不曾注意到的財富，真是作夢都會笑啊！誰都希望有永無止盡的錢可以花，現在告訴你一個可以獲得「隱藏」財富的資訊，怎能不心動！而且「隱藏」這個詞，帶給消費者的訊息還有：「本來就是你擁有的東西，但是因為你的忽略，造成額外的損失。」依據消費者的恐懼心理，會自然而然地想趕快彌補損失而被標題吸引。類似的例子還有：「隱藏在你農場裡的巨大利潤」、「隱藏在你潛意識裡的恐懼」、「數以千計的人都擁有無價的天賦，只是沒有被發掘出來！」等等。

17.「我是如何運用一個『蠢方法』致富的」：

這種自相矛盾的說法很容易激起消費者興趣。首先，在人們既定的印象裡，致富可能需要很厲害、困難的方法才能達成。但是，這個標題顛覆了人們的思想，刺激了人們求知欲。再來，「蠢方法」帶給人的感覺是容易的、簡單的，所以會讓消費者覺得：「有這麼簡單的方法，可以幫助我完成願望，何樂而不為呢？」進而點擊這個標題。

18.「孩子不聽話是誰的錯呢？」：

孩子不聽話一直是許多爸爸媽媽們煩惱的課題。有些家庭會因為子女教養的問題，使得夫妻雙方不停的爭吵。所以有類似經驗的家長們看到這個標題，不禁會想：「是在說我嗎？說不定這個資訊，可以幫助我解決這個煩惱！」就被吸引住。

19.「您是否有一支『令你擔心』的股票？」：「你是否……」這個句型非常好用！它很容易讓消費者代入你設下的情境裡，誘使消費者點擊標題。類似的案例還有：「你是否做過這10件讓人尷尬的事情？」、「在人群中，你是否總是覺得孤單寂寞」等等。

20.「161 條新的道路，通向男人的心。就在這本令人著迷的烹飪書裡。」：

兩性議題一直都是熱門話題。想要維持兩性關係的另一半一定會被這個廣告標題吸引。除此之外，它還使用了「4-3 標題 10 大寫法中的第一點——數字符號，聚焦消費者的視野。再來，它帶給消費者兩個訊息：「想要抓住男人的心，就得制服他的胃」、「想制服男人的胃，就要買這本書」。有沒有很熟悉？又是一則催眠式指令句，誘使消費者購買標題裡說的書。類似的

案例有：「一本兼顧理論與實務的最佳入門指引——《改變人生的 5 個方法》」。

21.「您的孩子為你難過嗎？」：

這個標題同樣對爸爸媽媽們很有吸引力，親子關係中，除了開心的事還有憤怒跟傷心的事。而這個標題，正是針對這些爸爸媽媽們設計的情境，當這些人看到這個標題，就會不由自主地聯想到自己跟孩子的相處模式，進而產生想要了解更多孩子們內心的想法，並改善彼此間緊繃的關係。

22.「給那些想寫作的人，但是還不能開始的人。」：

這個標題讀起來會讓苦於寫作的人感到很親切。事實上，「給……」、「致……」等句型多年來頻繁的被使用。神奇的是，人們對這些標題的熱情，沒有被時間所沖淡。其實，關於寫作，筆者感觸頗深，許多人對寫作很有興趣，不論是想寫短篇文章或長篇的書籍，因為各種原因都無法開始動筆。這類型的人在看到這個標題就不禁想起寫作這條路上的種種經歷，相信懷抱著寫作夢的人，也會不由自主地被這個標題吸引吧！

23.「當你轉彎時，這個魔幻般的燈，在你打開它之前，就已照亮了高速公路。」：

這是一則關於大頭燈的廣告，目的是在表達這個車燈讓駕駛們可以避免在特殊情況下無法開車燈的困擾。對於常常開車的人士來說，這個產品是很方便的。再者，這個標題賦予產品魔法般的能力，充分地展現產品的優點，以及消費者為什麼要買這個產品的原因，藉此抓住目標受眾的注意力。

24.「我們對我們的胃所犯的罪。」：

看到這個標題，就會忍不住地想：「我犯了什麼罪？」。「犯罪」是一個非常有震懾力的詞，擺在哪裡都足以吸住消費者的目光。再來，多數人很常會忽略自身的健康，時間久了就會有一些小毛病出現。當這個標題進入消費者的視野，就會勾起消費者的好奇心：「我們做了什麼，讓我們的胃受了罪？」

25.「有『老闆般思維』的人」：

看到這個標題消費者會立刻想去點開來看，檢查一下自己身上是否有老闆的特質：「當老闆要有哪些特質呢？」、「我是一個好的老闆嗎？」又或者「我可以當老闆嗎？」、「真正的老闆都做了些什麼呢？」這個標題利用了一個老闆這個關鍵字，不僅吸引許多想要當老闆或者本身是老闆的人的人，還勾起了許多員工們的好奇心。其實，就算不當老闆，也必須培養「自己就是老闆的心態與思維」。類似的案例有：「致我們的童年」、「給那些有一天會辭職的人」。

26.「小小的漏洞讓你變窮」：

這又是依消費者心理學中「害怕損失」所設計的標題。通常根據「害怕損失」所設計的廣告標題，都有不錯的成效。就像〔真永是真・真讀書會〕提到的「木桶理論」，在企業經營裡，「木桶理論」的意思是指一個團隊裡真正的綜合實力，往往要看能力最弱的人。因為，當一個木桶裝滿了水，若木桶壁上有一個木板最短，那麼水就會往那裡流失，直到水平線低於最短高度的木板。也就是說，想要增強整個企業團隊的實力，首先要把能力最弱之人的實力給提升起來。同理，這個標題是要告訴消費者，如果不把漏洞、缺點補起來，那麼你的財富就永遠沒辦法增加太多。而消費者為了要把漏洞補起來，就會點擊這個標題。

27.「被 101 個釘子刺穿仍保持原有的氣壓」：

這個標題是源自於汽車輪胎的廣告。通常輪胎最怕釘子，哪怕是一根鐵釘，輪胎都有可能被刺破。而這個標題卻告訴消費者，他們家的輪胎即使是被 101 個釘子刺穿，還可以保持原有的氣壓、硬度。也就是說，它是用具體的例子，來形容他們家的輪胎是最棒的。並引導消費者認同他們的說法。這樣一來，就會讓消費者眼睛為之一亮，想立馬購買使用看看。

28.「經常做伴娘，卻未曾是新娘」：

這個標題讓單身者很是心塞了。它設計了一個單身者落寞的情境，有類似感受的消費者看到了這個標題，就會產生情感的共鳴。在 Part 1、Part 2 常常提到設計情境、情感共鳴的重要性與實施辦法。忘記的人可以回過頭複習看看喔！

29.「先別購買，直到你已經看懂了商機」：

這個文案標題讓筆者想到某年雙 11 購物節，竟然有廠商逆向操作，宣布不參加雙 11，贏得不少的名聲和流量。而這個標題，也是打感情牌，以消費者的角度設計標題，就好像告訴消費者：「我是為了你著想」、「我是為了你好」。當消費者看到這個標題，就會卸下心防，繼續閱讀文案內文。

30.「我擺脫掉了贅肉，還省下了錢」：

這個文案標題對於長期減肥或想減肥的人來說，非常有吸引力。一般來說，很多人減肥都會花很多錢吃藥、運動、上課等等，但這個文案標題卻告訴消費者減肥也可以不用花很多錢，消除了許多人的煩惱。而且，這與一般人對減肥的印象（花錢還沒有效）不同，對消費者的思想上造成了衝擊。所以，即使沒有想要減肥的人，也會對這個標題感興趣。

31.「新的蛋糕——你會大力的讚揚改良者！」：

「新的……」跟「新發現」、「新推出」的那組文案蠻類似的。人們總是對於「新鮮的」、「未知的」事物感到有趣、好奇，還帶有一絲的恐懼。所以，當有「新的……」的標題出現，通常都能讓消費者的目光多停留一些時間。而這個標題迫折號之後寫「你會大力的讚揚改良者！」，則是提供承諾給消費者，讓消費者放心購買這個蛋糕，心想：「就給這個蛋糕一次機會吧！」。

32.「你曾看過從你心底發來的『訊息』嗎？」：

這個標題描述著每個人的內心都有另一個自己，這個「自己」傳出某些重要的訊息，卻時常被我們忽略。讓人不禁想知道這些被忽略的心之訊息是什麼，跟自己現在的處境、未來的發展有什麼關係。

33.「你從未看過這樣的訊息」：

「從未」是一個關鍵詞，因為一般人都以為他們知道很多道理。還有另外一種人，特別渴望成功，這樣的人他們願意去嚐鮮，所以當他們看到「從未」兩個字，就會產生好奇，甚至更進一步地閱讀內文。

34.「數以千計的人做到了他們以前從未想過的事情」：

這是一家音樂學院使用的廣告標題。目的是要告訴消費者，只要報名了這家音樂學院，就可以達成看似不可能的音樂夢。無疑地，這是在提供消費者一個承諾，好讓消費者安心報名。現在很多補習班的廣告標題，也是使用這個手法。

35.「怎樣可以買入一個好的舊車？」：

這個標題是出自 10 幾年前的廣告，當時擁有汽車的人不多，這個廣告一推出就產生了許多訂單。因為這個廣告，不僅標題吸引了目標客群，廣告內容還充分展現了二手車完好的性能，並告訴消費者買這些車不需花很多錢。當時的人看到這個廣告時，心裡想的是：「即使是二手車也沒關係。只要性能是好的，照樣可以開出去遊山玩水。既然不會花很多，為什麼不買呢？」

36.「放下酒杯，否則我把你踢出這個家」：

這是一個關於戒酒的廣告標題。讀起來很霸氣且畫面感充足，可以想像是一個人十分希望家人戒酒的情境。若是有相同經歷的人，看到這個標題，就很容易被吸引住吧！

37.「又有個女人在等她的男人，她很精明，但『口氣』不太好」：

這個標題明顯是使用「雙關」的修辭技巧，各位可以到 4-2 複習「雙關」的解說內容。這裡的「口氣」可以指口中的氣味，也可以是脾氣，若是口中的味道不好，就得使用廣告中的產品——牙膏來改善口氣的問題。這個廣告標題，由於使用了「雙關」技巧，使的整體閱讀起來頗有趣味，且曝光產品的手法非常自然而不生硬，是一個非常值得參考的標題範例。

38.「自來水筆在灌水之前會『打嗝』但是灌水後從來不會！」：

這個標題非常的特別，會讓人不禁好奇是什麼樣的筆會打嗝？而這正是使用了修辭技巧中「擬人」的手法，打嗝是人類或其他動物習慣會做的動作，筆怎麼可能會打嗝呢？顯然地，它是藉由把筆擬人化，吸引消費者的注意力。

39.「上個月，我很害怕，老闆差點解僱我！」：

這個標題中使用到了「我」這個字，還記得「4-3 標題的 10 大寫法」中的第 6 點「引用對話」嗎？這個標題正是使用了「引用對話」的寫法，讓消費者有種面對面說話的感覺。且標題是帶有強烈情緒的口吻，讓人也跟著緊張起來，不禁想：「到底發生了什麼事，為什麼老闆要解雇你呢？」類似的範例有：「想像一下如果這個事情發生在你的婚禮上！」、「別讓香港腳讓你『跳』起來！」、「他們升職成了你的頂頭上司？」等等。

40.「我們的國人素質很差嗎？」：

「我們」這個詞帶有親切的口吻。事實上，大部分的人都是自私的，我們只會關心跟自身周遭有關的人、事、物。如果這個標題只是寫：

「國人素質很差嗎？」應該會有很多人選擇略過。但這裡用了「我們」這個詞，就會讓消費者感覺這個「國人」是包含自己的，所以會立即點擊這個標題。文字的力量真的很奇妙，有的時候只是少幾個或多幾個字，會讓整句話的意思轉了個彎。

41.「一個名不見經傳地的理髮師竟然在 4 個月裡掙了$ 8000 美金」：
看到這個標題，消費者可能會覺得：「如果理髮師可以做到，我應該也是可以的吧！」一般人對於理髮師薪水的印象是不會有那麼多的，所以看到這個標題就會覺得：「是不是有我不知道的致富方法呢？而且理髮師都能做到了，代表這個方法應該不會難於登天，好想試試看！」

42.「每兩罐越桔果醬省 200 元……限量！」：
還記得 Part 3 在講消費者心理學時，有提到大部分的消費者都有著占便宜心理。所以，看到這個標題中「省」這個詞，再加上「限量」這種急迫性的詞，會促使消費者有購買的衝動。事實上，現在很多商家的文案標題、標語都是使用這個手法，而且每次用成效都很好。

7 種商品廣告標題精選賞析

接下來是專為商品設計的標題，你除了看到標語外還會看到裡面的詳細介紹，也有一些評論和分析，也許這樣會幫你產生一點不一樣的靈感。

範例 1　麥氏咖啡更名報紙商品文案

文案內容

【標題】麥氏換上新名字

你鍾情的麥氏咖啡，現在已經換上新名字為麥斯威爾。香醇幼滑，帶來百分之百純咖啡滿足感。享受悠閒一刻，全新麥斯威爾咖啡。

關鍵評析

有時候會看到一些企業換名字，有時候也會看到一些朋友換名字，因為牽涉到很多因素，大部分是因為姓名學的關係，人們總希望能夠變得更好。而這個咖啡換上新名字，也許有這一層意義，但也可以藉由換名字，讓消費者有重新認識該品牌的感覺。且這個標題會讓消費者好奇，這個年代久遠的老品牌要換名字呢？

範例 2 紅牛飲料商品文案

文案內容

【標題】還在用這種方法提神？

都新世紀了，還在用這一杯苦咖啡來提神；你知道嗎；還有更好的方式來幫助你喚起精神：全新上市的強化型紅牛功能飲料富含氨基酸，維生素等多種營養成分，更添加了 8 倍牛磺酸，能有效激活腦細胞，緩解視覺疲勞，不僅可以提神醒腦，更能加倍呵護你的身體，令你隨時用有敏銳的判斷力。提高工作效率。

關鍵評析

這其實是紅牛在自說自話，他們希望消費者不要喝咖啡，改喝他們的紅牛提神飲料，所以用「還在用這種方法提神？」這種質疑式的標題。有些消費者願意買單，是因為他們被質疑式標題勾起了興趣，又被紅牛後面補上的說法說服。各位讀者可以將最後幾個字換成自己的產品練習看看。例如：「還在用這種方法理財？」、「還在用這種方法減肥？」等等。

範例 3 DIPLOMA 奶粉商品文案

文案內容

【標題】試圖使他們相會？

親愛的扣眼：你好，我是鈕扣，你記得我們已經有多久沒在一起了？儘管每天都能見到你的倩影，但肥嘟嘟的肚皮擋在你我之間，讓我們有如牛郎與織女般地不幸。不過在此告訴你一個好消息，主人決定極力促成我們的相聚，相信主人在食用 DIPLOMA 脫脂奶粉後，我們不久就可以天長地久，永不分離。

關鍵評析

也許一開始你會以為這是牛郎與織女的故事，可惜這不是浪漫的故事，而是一個非常現實的問題。為什麼這麼說呢？因為「試圖使他們相會」指的是衣服的鈕扣，描述的是兩邊的鈕扣扣不起來。為什麼扣不起來？是因為肚子太大了。緊接著，後面又說：「食用 DIPLOMA 可以永不分離」，代表著 DIPLOMA 主張使用他們的脫脂奶粉後，可以有效減脂肪、降三高，重新找回苗條身材。這樣一來，就會給消費者一個正向的衝擊，本以為是浪漫的故事，結果是用恢諧、有趣的口吻介紹減肥聖品，非常幽默且實際。

範例 4 鮮菜果蔬商品文案

文案內容

【標題】為什麼討厭蔬菜的小朋友開始愛吃蔬菜了？

在你品嚐過各種零食之後，甜的、鹹的、酸的東西想必你吃過不少、很容易膩的、是不是？現在，我們把蘋果、菠蘿、香蕉啦，還有刀豆、黄瓜、胡蘿蔔、土豆什麼的製成原味、香脆可口的新款小零食。這就是來自陽光下的貝爾脆天擺果蔬脆片，25 克貝爾脆就有 250 克新鮮果蔬的營養。對不喜歡吃蔬菜的孩子來說是最好的補充。從今天起，還有一周的免費品嚐活動，在各大食品店舉行，千萬不要錯過唷！

關鍵評析

「為什麼小朋友討厭蔬菜」似乎是許多家庭的問題，所以這個標題一開始就點出了許多消費者的困擾，容易吸引目標客群的目光。不吃蔬菜小朋友容易便祕，叫他們吃他們又不喜歡，其實有很大原因是因為口味不合小朋友的喜愛，所以他們不吃。鮮菜果蔬食品試圖解決這個大眾需求，他們把蔬菜做的美味，吸引小朋友，而當小朋友喜愛，解

決了父母的煩惱，就願意為此買單。所以這是一個非常有魅力的文案，而事實上這也幫助了品牌打開通路。

範例 5 凱洛格玉蜀黍片商品文案

文案內容

【標題】這是一個一心一意戴著帽子吃凱洛格玉蜀黍片的年輕人

這可以嗎？媽媽哪兒去了？她在別的地方，她很放心地不管他。小孩子很活潑。他舀出了牛奶，再把那些金黄的玉米片用調羹盛進去，看起來他認為那些東西很好吃，當他咀嚼的時候，發出沙沙的聲音。他吃起來嘴裡很舒服，既脆又薄。它們風味絕佳種甜甜蜜蜜的味道，這使他舉起羹勺。凱洛格玉米片對小孩和大人都有引起食欲的力量，它已經有 50 年以上的歷史。當洛克威勒替我們畫這個小孩的時候，這就是他想努力捕捉的人，也許這會喚起你去查看你所儲藏的凱洛格玉米片的想法。你知道嗎？一旦你有了一整包，你知道的下一件事，就是你把玉米片都吃光了。

關鍵評析

凱洛格玉米片給人的印象是咀嚼時的口感很脆，對小孩和大人都很有引起食欲的魅力，它已經 50 年以上了。自然很懂得捕捉消費者的飲食欲。而這個文案標題非常特別，「一心一意」其實是在為文案內容埋伏筆，讀起來就知道這是一個有故事和情感的文案，讓人不禁想繼續看下去。

範例 6 瑞士歐米茄商品文案

文案內容

【標題】見證歷史把握未來

全新歐米茄碟飛手動機械表，備有 18K 金或不銹鋼型號。瑞士生產，始於 1848 年。對少數人而言，時間不只是分秒的記錄，亦是個人成就的佐證。全新歐米茄碟飛手鑲系列，將傳統裝飾手鑲的神韻重新展現，正是顯赫成就的象徵。碟飛手鑲於 1967 年首度面世，其優美典雅的造型與精密科技設計盡顯貴氣派，轉眼瞬間即成為殿堂級的名表典範。時至今日，全新碟飛系列更把這份經典魅力一再提升。流行的圓形外殼，同時流露古典美態；金屬表圈設計簡潔、高雅大方，燈光映照下，綻放耀目光芒。在轉動機件上，碟飛更顯工藝精湛。機芯僅 2.5 毫米薄，內裡鑲有 17 顆寶石，配上比黃金罕貴 20 倍的錢金屬，價值非凡，經典時計，渾然天成。全新歐米茄碟飛手鐲系列，價格由 8 個至 20 萬元不等，不僅為您昭示時間，同時見證您的傑出風範。備具純白金、18K 金鑲鑽石、18K 金，及上乘不銹鋼款式，並有相配襯的金屬或魚皮鑲帶以供選擇。

關鍵評析

這個標題是在介紹他們的歐米茄碟飛手動機械表，是瑞士生產的。其實對多數人而言，時間不只是分秒的記錄，也是個人成就的見證。現在的成果，是過去的自己努力打造的。所以，標題才會定為「見證歷史把握未來」。以一般人的角度來說，一個人的身價也可以從他戴的手錶也可以略知一二。而許多菁英勢必非常看重時間的重要性，所以看到這個標題會產生共鳴感。

範例 7 寶來汽車商品文案

文案內容

【標題】奔跑，奔跑者之間的語言

他、他們、天生的運動者。以奔跑為生、以奔跑為樂。以奔跑為表情、以奔跑為語言，以奔跑為態度、以奔跑為價值。不以物喜，不以己悲；平凡態度，超越平凡。寶來，超越平凡。

關鍵評析

在這個的廣告內容中，他們以運動者為題材。用運動員的奔跑為生、奔跑為語言，奔跑為態度來介紹寶來的汽車，給人一種正面陽光的形象，所以標題才會定為「奔跑，奔跑者之間的語言」。獨特、好記又貼切，吸引許多的愛車人士。

廣告標題是文案短句的一種，廣告標語(slogan)也同屬於文案短句，通常代表著整個品牌形象或產品的精神象徵。所以，本章節才會將平常收集了一些廣告金句放在這一小節分享給大家，希望可以對各位讀者有所幫助！

30 種品牌廣告標語賞析

首先，這裡準備 30 個案例，是比較偏亞洲市場的品牌廣告標語，讓讀者們區分一下跟前面的文案標題有什麼差異或相同的地方。我們接著繼續看下去：

1. 我會像大樹一樣高！（出自克寧奶粉）：

   這個標語同樣是使用了文案三秒法則中「引用對話」的手法，當爸爸媽媽們看到這個標語就會想到自己的孩子；當小朋友看到這則標語，就會想到自己，進而對克寧奶粉產生好的印象。

2. 康師傅泡麵，好吃看得見（出自康師傅）：

   這個廣告標語一出之後，便領先眾家泡麵品牌。且用「看的見」來形容好吃，更引發了消費者想買來吃吃看的欲望。

3. 喝匯源果汁，走健康之路（出自匯源果汁）：

這句廣告標語充分地展現匯源的品牌精神，以維護消費者健康之名設計這個 slogan，打造品牌良好的形象。

4. 孔府家酒，叫人想家（出自孔府家酒）：
   這是央視第一支白酒的廣告。時代背景關於大陸改革開放初期，當時農村青年開始離鄉進城，經過時光與社會歷練，對於家鄉的思念日益濃厚。而這句文案標題寫出了這些在外打拼的人對家地思念。

5. 新飛廣告做得好，不如新飛冰箱好（出自新飛冰箱）：
   這是中國廣告文案史上特別有名的一個廣告，被很多大學課本的品牌使用、模仿。不僅是家電行業，過去的新飛冰箱就連廣告也是一直被學習的對象。

6. 波導手機，手機中的戰鬥機（出自波導手機）：
   這句文案最火紅的時刻，大概是 2007 年春晚在趙本山和宋丹丹的小品中被改編成「下蛋公雞，公雞中的戰鬥機，哦耶！」的時候，戰鬥機帶給人的印象就是性能好、戰鬥力十足，所以用戰鬥機形容波導手機就代表自家手機是非常厲害的。

7. 喝孔府宴酒，做天下文章（出自孔府宴酒）：
   孔府宴酒曾經是孔府招待設宴的專用酒，也曾經是央視的黃金時間廣告之一，當時以一句大氣磅礡的「做天下文章」，打中文人雅士的心，可惜後來又受到了法律糾紛的種種影響，讓孔府宴酒陷入了水深火熱的境地，現在被破產拍賣中。

8. 鄂爾多斯羊絨衫，溫暖全世界（出自鄂爾多斯羊絨衫）：
   這句像是企業願景的文案，一句讓鄂爾多斯人無比自豪的廣告語曾經聞名全國，董事長王林祥的個性大膽前衛，看準趨勢執行改革，讓鄂爾多斯在市場上占有一席之地。

9. 果凍我要喜之郎（出自喜之郎果凍）：

各位讀者別小看這句話。這在當時的大陸可謂是最受歡迎的廣告詞之一，廣告一發布以後，快速獨占市場資源，讓人們想到果凍布丁就想到喜之郎。而這也是後來最頻繁被使用的廣告標語撰寫方式，既能體現品牌獨特性，亦能定位產品的價值。類似的例子不勝枚舉，例如：「困了累了喝蠻牛」、「攜程在手，說走就走」、「有問題就問Google大神」、「喝了娃哈哈，吃飯就是香」、「要想皮膚好，早晚用大寶」等等。

10.飄柔，就是這麼自信（出自飄柔洗髮水）：

這也是一句耳熟能詳的經典廣告語。有頭屑就是不自信，沒有頭皮屑，不用怕女孩子不跟你靠近，當年飄柔廣告就是這麼演的。

11.農夫山泉有點甜（出自農夫山泉）：

這是農夫山泉非常早期的slogan了，但這句到現在仍很有影響力。比如說後來農夫山泉跟中國有嘻哈合作，大力地把品牌推廣出去，就是用這個廣告標語改造成許多有趣的文案，例如：「農夫三拳有點疼」，可見這句文案標語的魅力依然不同凡響。

12.家有三洋，冬暖夏涼（出自三洋空調）：

許多廣告標語不只的詞語用的精妙，還會使用押韻來加深消費者的印象，或者找一個相關的詞語做「諧音」，也能打造不小的影響力。

13.邦迪堅信，沒有癒合不了的傷口（出自邦迪 OK 蹦）：

這個也是用到修辭技巧中的「雙關」，既能夠體現對品牌的自信，還能聯繫到感情的道理，讓人讀起來心情都好了起來。

14.人頭馬一開，好事自然來（出自香港人頭馬）：

這是幾十年前風靡全香港的洋酒經典廣告語，把人頭馬自然地放進廣告標語裡，讓人一讀就能琅琅上口，一看到這個來自法國的白蘭地，就能聯想到這個廣告標語。甚至還想著：「打開看看，會不會真的有

好事發生呢？」

15.人類失去聯想，世界將會怎樣？（出自聯想）：

這是聯想集團著名的廣告詞，這句話啟發我們，只要可以聯想，一切都能變成現實。再者，這又是使用了「雙關」這個技巧，這個「聯想」可以指的是聯想力，更是這個品牌的名字，更容易讓消費者記住這個品牌。

16.PIZZA HUT HOT 到家（出自必勝客）：

這個廣告語應該大多數台灣人都耳熟能詳吧！必勝客的英文名字就是 PIZZA HUT，而「HOT 到家」則是展現了他們優質的外送服務。一讀起來，就可以很容易地記起來，讓消費者每次想叫PIZZA外送，都會想到必勝客。

17.你累了嗎？（出自蠻牛）

這個廣告語也是非常經典，使用了很多年。每次電視廣告裡呈現的都是一個人過度勞累，然後都會蹦出另一個人問他：「**你累了嗎？**」讓觀眾一看就知道：「累了就要喝蠻牛」。於是，這個廣告語造成大面積的影響，幾乎霸占了提神飲料的地位。

18.我的地盤，聽我的（出自周杰倫《我的地盤》一曲）：

文案標語也可以一首歌曲的精華。《我的地盤》這首歌是周杰倫在2004年發行的專輯《七里香》中的一首歌曲，由周杰倫作曲，方文山作詞，洪敬堯編曲。當時，這首歌曲不僅獲得了第十一屆全球華語音樂榜中榜年度最佳歌曲獎提名，還是2004年中國移動通信的廣告曲，廣告中周杰倫拿著移動通信的娃娃，上面印著「我的地盤，聽我的」字樣，讓人一眼就明白，這個廣告是要表達移動通信電話品質很好。

19.事業我一定爭取，對你我從未放棄。（出自愛立信手機）：

愛立信集團（Telefonaktiebolaget L. M. Ericsson），在台灣的子公司以

「台灣愛立信」這個名字從事商業活動。而這個文案標語，是出自於以前劉德華的一個廣告，廣告中劉德華飾演一個優秀成功人士，與女朋友相約出遊，但當時飛機要起飛了還不見人影。直到最後一刻，女友接到電話，電話中劉德華深情地說：「**事業我一定爭取，對你我從未放棄。**」幾乎打動所有女子的芳心。

20.長城永不倒，國貨當自強（出自妮皂角洗髮禁膏）：

各位讀者們有看過電視劇《霍元甲》嗎？這個文案標語是引用自《霍元甲》主題曲《萬里長城永不倒》。1997 年，香港回歸，中國人的民族主義意識越來越強烈。奧妮趁此機會推出了這個廣告片，打出了這句廣告標語，並大量宣傳這個廣告，加上在報紙上的投放，據說花費超過 2000 萬金額，創造非常廣大且成功的營銷成績。

21.沒有最好，只有更好（出自澳柯瑪冰箱）：

這句文案，就像台灣首富郭台銘最常說的一句話：「**沒有最好的辦法，但是一定有更好的辦法**」。這是看似所有品牌都能用的一句文案。但有時候就因為簡單，所以容易被理解，也容易打開市場通路的開關。

22.溝通從心開始（出自中國移動通信）：

這個廣告內容是這樣的，一個十幾歲的小女孩拿出手機，撥通了離她很遠的爺爺那邊的電話，跟他聊了一下天之後，這句文案緩緩出現。是一支非常早期的個廣告，它讓人民第一次知道，原來通訊對人們之間的聯繫是如此重要。

23.深入成就深度（出自南方周末）：

《南方周末》是南方報業傳媒集團下屬的大型綜合性周報，而這個文案標語正是代表著《南方周末》創立的精神。希望能夠把每一個產業和事件隱藏的一些問題仔細地分析，真正地帶給讀者啟發。而這也是《南方周末》受到市場大眾熱愛的原因。

24.簡約不簡單（出自利郎男裝）：

各位讀者可以上網搜尋一下他們的男裝，沉穩中帶著自信。當時他們在各大電視螢幕上使用他們這個廣告標語宣傳，後來的 3 年裡，利郎男裝的銷售翻了整整 10 倍。從此以後，利郎男裝品牌也成了「成熟穩重的男人」的首選，更是創造了中國男裝一個紀錄。

25.消除口臭（出自李施德林漱口藥水）：

李施德林是台灣很有名的漱口藥水品牌之一。有時候對於新出的產品而言，直接、直白地講出產品功能及效果，便是最好的廣告語。因為目標客群對新產品陌生，他們首先關心的不會是新品牌的由來與成分，而是它給消費者帶來的好處是什麼。

26.快、快、快速見效（出自 Anacin 去痛片）：

Anacin 由 William Milton Knight 發明，並在 1916 年左右首次使用。這句廣告文案詞使用了三次「快」切入消費者的內心，正所謂滴水穿石，Anacin 就是希望讓目標客群相信他們的產品是可以快速改善症狀的。不過這種文案撰寫方式需謹慎就是了，畢竟在有些國家療效的內容是禁止寫上去的。

27.有空間，就有可能（出自：別克汽車）：

別克，是由美國通用汽車公司在美國創立的一個品牌，別克與別的汽車品牌訴求不同，它們將焦點放在車子的「空間」上。然而，這個獨立於同業的汽車廣告反而讓市場更加喜愛，這也幫助他們在發展品牌時有效地爭取到了更多的訂單。

28.7 層淨化（出自：樂百氏純淨水）：

樂百氏集團是廣東省一家食品飲料公司。當年「礦泉水」和「純淨水」可謂是競爭激烈。樂百氏剛推出時，使用了這個廣告標語，利用數字展現他們的品牌堅持——為了純淨，27 層淨化。成為了獨特的品牌特色，成功的打入了市場。由此可見，利用數字可以使文案發揮極

大的影響力，這都是適用在各個行業裡的。

29.小身材，大味道（出自：Kisses 巧克力）：

好時之吻 (Kisses) 是由美國好時公司所出產的巧克力糖果，這個文案運用了對比的修辭手法，雖然不大，但是味道很濃郁、綿密。「小……，大……」這種句型，過去被廣泛的使用。例如歌手張韶涵剛出道的時候，媒體給他的定位就是「小小的身體，大大的能量」。而這個形象也成功地深植在大眾的腦袋裡。

30.眾裡尋他千百度，想要幾度就幾度（出自伊萊克斯冰箱）：

伊萊克斯，是一家瑞典的跨國家用電器製造商，這是偏早期的廣告標語。運用雙關、諧音的方式，將古詩與產品聯繫起來。既有趣也能體現品牌的優點，讓人一讀，不禁會心一笑。

以上是關於標語的解釋與分析，不知道各位讀者看完有什麼感想。這一章彙集了最有力、最吸引人、和最有效的標題和標語，相信能夠幫助你擊中客戶痛點。

在眾多廣告文案當中，標題可以說是最重要的因素，因為它就像您發送給顧客、潛在客戶、老闆、廠商、員工的任何銷售信或書面資料中的開場白。也像是你或你的同事進行銷售策略的會議或者一對一討論時，說出來的第一句話。同理，標題就是你與你的潛在客戶開始談話的開場白。總之，設立標題的目的是吸引您的目標受眾的注意力。

你的潛在客戶就是：你的標題設定零距離對上你所希望接觸的對象：你的目標市場的注意力。也就是說**在設計文案標題時，應該要盡量縮短與潛在客戶的距離**。例如：如果你想吸引房屋業主，就應該將「業主」一詞放在標題中。你應該要清楚明白的告訴消費者，你的產品或服務是可以帶給他們好處的。

然而，標語(slogan)不一定是在文案內容當中最前面的地方，但它一定是整篇文案的精髓，所以很多時候它也可以單獨出來，當作一句廣告文案。不需過多的綴飾，只需為產品或品牌的形象，創造出一句最合適的招牌即可。什麼是最合適的標準呢？**記住這 4 個重點：特色、價值、獨特、好記。**

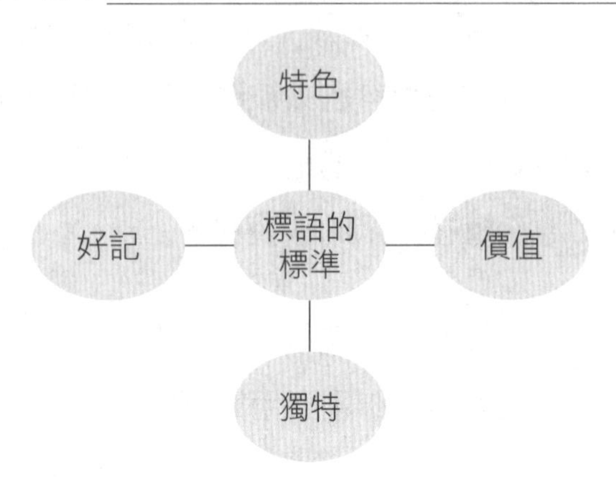

 145 個經典的形象 slogan

接下來，要跟大家分享的是知名品牌、企業形象和影劇的經典 slogan，比較偏電視和實體廣告，提供給各位參考看看！

- 幸福怎能說不用。（台新銀行信用貸款）
- 喜歡嗎？爸爸買給你！（台北銀行樂透彩）
- 僅次於床上的睡眠體驗。（花色優品睡小寶）
- 它很醜，但它能帶你到想去的地方。（大眾甲殼蟲）
- 再忙，也要和你喝杯咖啡。（雀巢咖啡）
- 在東京失戀了，幸好酒很烈。（極上吉乃川，賣給少女的酒）
- 太不巧，這就是我。（阿迪達斯：Well this is me.）

- 一年買兩件好衣服是道德的。（中興百貨）
- 長得漂亮是本錢，把錢花得漂亮是本事。（全聯超市）
- 在世界範圍內的交流，只有音樂和巧克力不受語言的限制。（日本樂口巧克力糖）
- 來自民間，屬於全民。（民視廣告）
- 打開車門就是家門。（滴滴打車）
- 世間所有的內向，都是聊錯了對象。（陌陌）
- 只有遠傳，沒有距離。（遠傳電信）
- 別趕路，去感受路。（沃爾沃）
- 用快樂美容，絕無副作用。（《悅己》雜誌）
- 最溫馨的那盞燈，一定在你回家的路上。（萬科）
- 沒有 CEO，只有鄰居。（萬科）
- 認真的女人最美麗。（台新銀行）
- 用實力讓情懷落地。（JEEP）
- 多喝水沒事，沒事多喝水。（味丹企業股份有限公司）
- 世界上有種專門拆散親子關係的怪物，叫做長大。（台灣奇美液晶電視）
- 全國電子，足感心ㄟ。（全國電子）

◈ 管他什麼垢，一瓶就夠。（3M 魔利萬用去污劑）

◈ 真正喜歡你的人，24 小時都有空；想送你的人，東南西北都順路。（滴滴打車）

◈ 放膽改變，放大你的世界。（台灣大哥大）

◈ 他忘記了很多事情，但他從未忘記愛你。（央視公益廣告《打包篇》

◈ 你未必出類拔萃，但肯定與眾不同。（台灣求職服務機構 104 銀行）

◈ 愛，是陪我們行走一生的行李。（2016 年央視春節公益廣告《行李》）

◈ 與其在別處仰望，不如在這裡並肩。（騰訊微博）

◈ 彈指間，心無間。（騰訊 QQ12 週年的廣告）

◈ 原來我們這麼近。（統一企業 麥香系列）

◈ 什麼都有，什麼都賣，什麼都不奇怪！（Yahoo!奇摩拍賣）

◈ 我能經得住多大詆毀，就能擔得起多少鮮美。（范冰冰代言的 Nokia N9 廣告《不跟隨》）

◈ Yesterday you said tomorrow.（Nike）

◈ 身未動，心已遠。（旅遊衛視）

◈ 重要的不是什麼都擁有，而是你想要的恰好在身邊。（斯柯達汽車，金融卡業務廣告的汽車告）

◈ 你本來就很美。（自然堂）

◈ 所有的光芒，都需要時間才能被看到。（錘子手機）

- 漂亮得不像實力派。（錘子手機）
- 十年，三億人的賬單算得清，美好的改變卻算不清。（支付寶）
- 肌膚與你，無盡可能，肌膚與你，越變越美。（玉蘭油）
- 比女人更了解女人。（雅芳）
- 美來自內心，美來自美寶蓮。（美寶蓮）
- 你值得擁有。（歐萊雅）
- 服適人生。（優衣庫）
- 卸下你心裡的圍牆，你會發現生活的原味。（萬科）
- 草的力量，無可限量。（泰山仙草蜜茶）
- 哪裡有寒冬，哪裡就會有人燃起灶火。（回家吃飯 APP）
- 自律給我自由。(Keep)
- 每個時代，都悄悄犒賞會學習的人。（職業教育機構尚德）
- 人生沒有白走的路，每一步都算數。(New Balance)
- 沒人罩，也要有證照。（聯成電腦）
- 人生 30 財開始。（國泰世華銀行財富管理）
- 一面科技，一面藝術。（小米手機）
- You are more beautiful than you think.（多芬 Dove）
- 不喧嘩，自有聲。（別克君越）

◈ 唯一的不同，是處處都不同。（蘋果 6S）

◈ 學鋼琴的孩子總不會變壞。（山葉鋼琴）

◈ 沒有好看的衣服，只有好看的身材。（某健身機構）

◈ 故鄉眼中的驕子，不該是城市的遊子。（某地產廣告）

◈ 懂你說的，懂你沒說的。（別克君威）

◈ 我要的，現在就要。（QQ 瀏覽器）

◈ 沒人上街，不一定沒人逛街。（天貓）

◈ 如果說人生的離合是一場戲，那麼百年的緣分更是早有安排。（百年潤發）

◈ 喜歡就表白，不愛就拉黑。（麥當勞）

◈ 夏天很熱，愛要趁熱。（哈根達斯）

◈ 服從你的渴望。（雪碧）

◈ 愛情給使崎嶇還是值得乾一杯。（喜力啤酒的情人節文案）

◈ 越欣賞，越懂欣賞。（軒尼詩酒）

◈ 我們不生產水，我們只是大自然的搬運工。我們不生產八卦，我們只是娛樂圈的搬運工。（農夫山泉）

◈ 有兩樣東西我不會錯過：回家的末班車和盡情享受每一刻的機會。（德芙）

◈ Office 不用太大，裝得下夢想就好。（辦公室租賃廣告）

◈ 一味標榜內涵而忽視門面，也是種膚淺。（悅己雜誌）

◈ 只要步履不停，我們總會遇見。（淘寶）

◈ 一切言語，不如回家吃飯。（回家吃飯 APP）

◈ 唯有美食與愛不可辜負。（下廚房）

◈ 有人驅逐我，就有人歡迎我。（豆瓣，我們的精神角落）

◈ 男人不止一面。（七匹狼）

◈ 偉大的反義詞不是失敗，而是不去拼。（Nike《活出你的偉大》系列廣告）

◈ 有兄弟，才有陣營。（紅星二鍋頭）

◈ 曾是夢想家，夢沒了，只剩想家。（統一的茗茗是茶）

◈ 沒有一定高度，不適合如此低調。（萬科蘭喬聖菲）

◈ 踩慣了紅地毯，會夢見石板路。（萬科蘭喬聖菲）

◈ 唯有時間，讓愛，更了解愛。（鐵達時）

◈ 讓好奇心不再孤單。（知乎）

◈ 多少崎嶇，走過。（飛利浦電熨斗）

◈ 就算你衣食無感，也覺得你處處需要照顧。（梁朝偉代言的丸美眼霜廣告《眼》）

◈ 一生，活出不止一生（人頭馬）人生不受限，一生可以活出不止一生。

◈ 熱愛我的熱愛。（雪佛蘭汽車）

◈ 未來，為我而來；讓未來，現在就來。（雪佛蘭汽車）

◈ 熱血灑向哪裡，青春都會落幕。（電影《觀音山》海報文案）

◈ 你忘記的，我都記得。（電影《37 次想你》海報文案）

◈ 每個人只能陪你走一段路。（電影《山河故人》海報文案）

◈ 將所有一言難盡，一飲而盡。（紅星二鍋頭）

◈ 個人都是生活的導演。（土豆網）

◈ 味至濃時是故鄉。（下廚房）

◈ 這一生，我們都走在回家的路上。（央視公益廣告《回家篇》）

◈ 門外世界，門裡是家。（央視公益廣告《門》）

◈ 別把酒留在杯裡，別把話放在心裡。（2016 年父親節瀘州老窖微電影）

◈ 方太，讓家的感覺更好。（方太櫥具）

◈ 溫暖親情，金龍魚的大家庭。（金龍魚）

◈ 好迪真好，大家好才是真的好。（廣州好迪）

◈ 更多選擇，更多歡笑，就在麥當勞。（麥當勞）

◈ 萬家樂，樂萬家。（萬家樂電器）

◈ 新春新意新鮮新趣，可喜可賀可口可樂。（可口可樂）

- 雅芳比女人更了解女人。（雅芳）
- 鶴舞白沙，我心飛翔。（白沙香煙）
- 原來生活可以更美的。（美的空調）
- 如果說人生的離合是一場戲，那麼百年的好合更是早有安排。（百年潤發）
- 白裡透紅，與眾不同。（雅倩護膚品）
- 臭名遠揚，香飄萬里。（臭豆腐）
- 促進健康為全家。（舒膚佳）
- 晶晶亮，透心涼。（雪碧）
- 牙好，胃口就好，身體倍儿棒，吃嘛嘛香。（藍天六必治）
- 美國貨，本土價。（戴爾 DELL）
- 煮酒論英雄，才子贏天下。（才子男裝）
- 當太陽升起的時候，我們的愛天長地久。（太陽神）
- 情系中國結，聯通四海心。（聯通）
- 明天的明天，你還會送我「水晶之戀」嗎？（水晶之戀果凍）
- 想知道「清嘴」的味道嗎？（清嘴）
- 晚報，不晚報。（北京晚報）
- 做光明的牛，產光明的奶。（光明牛奶）

◈ 聰明人選「傻瓜」。（傻瓜相機）

◈ 給你一個五星級的家。（碧桂園）

◈ 金窩銀窩，不如自己的安樂窩。（房地產廣告）

◈ 彈指一揮間，世界皆互聯。（《互聯網周刊》）

◈ 時間因我存在。（羅西尼表）

◈ 一呼天下應。（潤迅通訊）

◈ 當代精神，當代車。（上海別克）

◈ 百聞不如一鍵，不打不相識。（愛普生打字機）

◈ 不為誘惑誰，只為呵護美。（美容連鎖店廣告語）

◈ 輸入千言萬語，奏出一片深情。（四通中外文文字處理機）

◈ 補鈣新觀念，吸收是關鍵。（龍牡壯骨沖劑）

◈ 三千煩惱絲，健康新開始。（潘婷洗髮水）

◈ 想想還是小的好。（大眾甲殼蟲汽車）

◈ 早一粒，晚一粒，遠離感冒困擾。（出自：康泰克感冒藥）

◈ 山高人為峰。（出自：紅塔山香煙）

◈ 四海一家的解決之道。（出自：IBM）

◈ 網聚人的力量。（出自：網易）

◈ 男人就應該對自己狠一點。（出自：柒牌男裝）

◈ 男人應有自己的聲音。（出自：阿爾卡特手機）

◈ 聆聽並不代表沉默，有時安靜也是一種力量。（出自：鉑金手飾）

◈ 我們的光彩，來自你的風采。（出自：沙宣洗髮水）

◈ 認真的女人最美麗。（出自：台新信用卡）

225 個網路廣告金句

本書作者多年來在網路上蒐集了不少優秀的案例，每當覺得吸引到自己的文案短句，都會整理、收藏起來，寫文案時再出來參考、鑽研。而在這個龐大的資料庫裡，從中挑選了 225 個還不錯的網路廣告金句，推薦給各位參考，如下：

◈ 在房地產行業獲利的最佳機會是什麼？答案會令你大吃一驚。

◈ 用聽的也能學行銷。

◈ 我們有 15 種不同賞心悅目的顏色，5 種尺寸，不到 200 元。

◈ 與其他品牌相比，選擇多 5 倍，取貨地點多 2 倍。

◈ 每天 24 小時聽候您的差遣，全年無休。絕不另外收費。

◈ 帶走我的錢包，留下 100 美元作為生活費，72 小時內我將不花自己的錢買到本地最好地段的房屋。

◈ 誰不希望洗得更乾淨？無需努力洗刷就可辦到！

◈ 賺錢如此簡單，太不道德了！

- 我們幫你讓狗狗聽懂主人的話。
- 房仲業客戶難開發？房市低迷？66 萬名客戶讓你經營。
- 這是一則流傳在台北高中生之間的傳奇故事。
- 兩個故事很短，卻感動了許多人。
- 完全免費！您絕不可錯過的一堂課！
- 最後倒數 5 小時！建構 24 小時全年無休的網路自動販賣機，讓錢自己流進來。
- 有 100 塊錢在本文最後等著你。
- 我妹妹靠寫日記 3 個月減重 15 公斤。
- 花蓮政大書城民宿，免費住宿抽獎進行中！
- 學會談判！讓全世界都聽你的！
- 滿百送千！
- 當爸媽真的很累，沒有密技怎麼行！
- 品味，你的第二張名片！
- 未滿 18 歲請勿閱讀本郵件。
- 用一首歌牢記 50 個英文單字。
- 填履歷送 1000 元 7-11 禮券。
- 沒飽不買單，燒肉隨便吃。

◈ 39 歲負債族靠三個覺悟賺到千萬身價。

◈ 從 5 萬到 3 億的創業實例分享。

◈ 讓你業績多 3 成、年薪多 48 萬的祕訣。

◈ 你應該建立不只一條收入管道。

◈ 我做一輩子機殼，還不如賣雞排。

◈ 說對三句話，業績多九倍。

◈ 出書，沒有你想像中那麼難。

◈ 如何用 10 %的薪水賺 100 萬。

◈ 不看盤，每月輕鬆賺 20 萬。

◈ 如果你的電腦資料今天發生了意外，那你明天還能如常使用嗎？這有一個保證 100 %有效的方法，可以確保意外永不發生。

◈ 真奶茶傳奇！狂銷 60 萬包！

◈ 終於！科學家們發現了在 10 天內看上去更年輕的新方法！

◈ 年末特賣，本地傢俱經銷商將打折清理所有庫存，贈送 100 多萬美元！

◈ 傢俱店的超低價格可能被視為「不公平」競爭！

◈ 誰還想購買一屋子的傢俱，且至少 6 個月內不用付款？

◈ 你在購買傢俱時，會犯這些錯誤嗎？

- 你願意步行三個街區的距離，去購買你需要的所有傢俱，並享受高達50 %的優惠嗎？
- 本地商人發誓，他所銷售的如此便宜的傢俱沒有一件是偷工減料！
- 如何把箱子上面的白紙變成金錢！
- 最新的報告：頂尖廣告專家揭露 10 個驚人祕密！
- 如何讓你的信用卡賺錢！
- 一位主婦驚人的飲食祕密！
- 水是你最好的藥！
- 有一天，我的商品可以使你變富！
- 你是否有勇氣賺取 500 萬美元？
- 3 個途徑讓你快速致富。
- 讓人們喜歡你的祕密。
- 一個訣竅如何讓我成為銷售冠軍。
- 你在求學中也會犯這些錯誤嗎？
- 一定不要接受含有這五個名詞的房地產合約。
- 為什麼一個小小的錯誤讓農民在一年裡損失 3000 萬美元。
- 你知道如何讓員工掏心掏肺的為你工作嗎？
- 贏得所有人的歡心的小孩。

◈ 買房子時犯的最大錯誤。

◈ 你能指出 7 種常見的創業錯誤嗎？

◈ 10 種讓人們保持貧窮的習慣，10 種讓你變富的習慣。

◈ 告訴你十個更好護理頭皮的祕密。

◈ 如何使一個愚蠢的觀點變得有價值。

◈ 四個問題，揭示按摩師的治療原理，讓你快速學會。

◈ 享受美食的時候，同時也能減肥？

◈ 對你來說是慚愧的，當富人能輕易的賺錢時，而你不能。

◈ 潛藏在你家裡的財富。

◈ 用最好的顏料裝飾你的房子，讓他賣得更好。

◈ 如果你的藥劑師不負責任，你可能會死。

◈ 3 秒鐘，教你如何保護自己。

◈ 5 種最快的方法，讓你不吃藥也能消除頭疼。

◈ 24 小時內讓你的手更靈巧，無效退款。

◈ 讓數千個從未想過自己也會彈吉他的人，在七天之內學會，否則退款。

◈ 我們沒有保護好我們的胃所留下的後患。

◈ 一個理髮師，跟房地產專家一樣，在 4 個月賺了 8000 美元。

◈ 當醫生感到厭倦時，會做的事。

◈ 揭示超市是如何讓你買更貴的東西，還能持續的購買。

◈ 讓平凡的女孩變漂亮的新觀點。

◈ 60 鐘讓你的閱讀速度提高一倍。

◈ 191 種方法抓住男人的心，烹飪者必備的神奇方法。

◈ 0℃不結冰，長久保持第一天的新鮮。

◈ 致富方法的對與錯，用一些小的暗示提高你的利益。

◈ 如何拯救你的婚姻。

◈ 一種新的泥土，如何在 30 分鐘以內，改善我的容貌。

◈ 如何贏得朋友和人們的尊敬？

◈ 我的大嘴巴讓我成為百萬富翁？

◈ 有一個祕密藏在這本書當中！

◈ 五個令人不安的事實。

◈ 10 個方法來保護你的孩子免受校園暴力的危害！

◈ 如果你認真閱讀我的文章，我給你一個免費的禮物。

◈ 100 日賺錢計畫！

◈ 你能負擔得起世界上最昂貴的賺錢書？

◈ 為什麼有些人總是在股市賺錢？

◈ 他們以為我瘋了？

◈ 想成為骯髒的富翁嗎？

◈ 20 種途徑讓你快速出售你想出售的房子。

◈ 7 個途徑幫助你整理皮包，節約時間和金錢！

◈ 不要為這本書支付一分錢，直到它讓你了解它的力量！

◈ 將改變你生活的 25 種產品。

◈ 美國 100 個最佳的新發現。

◈ 如何在家節省 5000 美元同時助於拯救地球。

◈ 私房房主小心：需要避免的 5 個大騙局。

◈ 十個輕鬆削減大筆帳單的方法。

◈ 真正有效的減肥。

◈ 立即消除腳痛的新方法。

◈ 醫生永遠不會告訴你的 40 件事。

◈ 困難時期的最佳理財計畫。

◈ 你的汽車修理工不會告訴你的 15 件事。

◈ 你廚房中隱藏的健康危險。

◈ 節省 2500 美元！網路銀行家告訴你如何做。

◈ 你的瓶裝飲用水安全嗎？專題報導。

- 激勵你的孩子：他們需要聽你說的 7 件事。
- 白手起家的百萬富翁的祕訣。
- 維生素騙局：10 種不要吃的維生素。
- 吃得更好，付的更少。
- 最佳的新工作，包括你可以在家做的 12 個工作：你現在需要知道。
- 如何削減你的抵押貸款利息。
- 雜貨店不會告訴你的 10 件事。
- 心臟健康祕訣：該指南可以救你的命！
- 沒有人告訴過你的 10 件減肥之事。
- 針對忙碌人士的一個簡單的健康飲食計畫。
- 如何培養出懂得關心人的孩子。
- 不要再為油費而苦惱：太陽能汽車在這裡。
- 你的電腦維修工不會告訴你的 10 件事。
- 你的服務員永遠不會告訴你的 20 個祕密。
- 拯救你的記憶！保持高效記憶的祕訣。
- 為了她的節日，獻上您純金般的心！
- 為你省錢的 10 個簡單小裝置。
- 史上最有趣、最實用的笑話。

- 新的信用卡陷阱：不要被騙！
- 抵抗肥胖的 19 個新招：輕鬆、健康、迅速。
- 你的醫生落伍了嗎？6 個關鍵的徵兆。
- 垃圾換現金：知識變現的頂級祕訣。
- 為你節省數千美元的裝修技巧！
- 800 個史上最巧妙的健康、健身、營養、賺錢方法。
- 減肥食品：今天獲得肌肉，明天減去脂肪！
- 10 分鐘內增強肌肉：針對你的胸部、背部、腿部、和腹部的最佳訓練。
- 引發性高潮的終極祕訣。
- 男人必須知道的 15 種穿衣訣竅。
- 消除緊張的 6 大訣竅。
- 25 種有益於男性身體的食物。
- 800 條最佳的營養、健身，戀愛、和穿衣建議。
- 財務安全的 4 個途徑：你應該選擇哪條？
- 如何從不良貸款中賺大錢。
- 終級「提款機」：2 位賭場大亨如何把暴力的搏擊俱樂部轉變成十億美元的體育巨頭。

- 找到最適合你的節育方法，你永遠不會從醫生口中聽到的祕密建議。
- 以前從未有人向男人提及的 25 個性問題。
- 任何人都能烹飪的 20 種便宜又簡單的東西。
- 特價之夏！
- 每天保持完美皮膚的祕方。
- 獲得細緻的皮膚，不再需要化妝品的遮護。
- 讓他興奮的 21 個方法（屢試不爽）。
- 終於來了！針對你所有的關於性和愛的問題的答案。
- 讓你的身材更性感的 50 個穿衣小技巧。
- 一件令我尷尬的愚蠢事成就了我的英語水平。
- 員工每天都有做不完的工作，老闆卻越來越輕鬆？
- 解祕不為人知的社群營銷掙錢祕訣。
- 發現 3 個簡單的方法讓你變得更加自信。
- 暴露利用人性掌控人的祕訣。
- 重大新聞：科學家發現，每天吃這些最容易致癌。
- 簡單學會這三個網路掙錢祕訣，讓你年輕就可以退休。
- 我是怎樣在一天利用網路掙到 20000 元？
- 不要犯和我同樣的錯誤，因為我為這些錯誤付出了 10 萬元的代價。

- 最新突破：不用吃任何減肥藥物就可以很輕鬆減肥的食物療法！
- 最安全、最新的理財方法。
- 一個 22 歲的無家可歸的小孩如何在兩年的時間裡成為億萬富翁的真實故事。
- 我敢說，當你吃了這些美味的餅乾後，你還會想吃。
- 我很生氣，很多人都在使用這些錯誤的致富方法。
- 令人不可思議的網路創富祕訣，即使你沒有人脈、沒有資金、沒有經驗，都可以打造你的網路帝國。
- 如何不停地燃燒掉體內脂肪。
- 招聘女祕書：長相像妙齡少女，思考像成年男子，處事像成熟的女士，工作起來像一頭驢子！
- 給想與女性約會但卻遭到拒絕之痛的男性的一封公開信！
- 將改變你的生活的 20 個驚人趨勢。
- 新的減肥方法，7 個自我測試，想吃什麼就吃什麼。
- 新發現：快速消除廚房味道的技巧！使室內的空氣像鄉村一樣安靜清新。
- 提高存款的 10 個方法。
- 醫生如何拿你的生命冒險：7 個保護你自己的方法。
- 提高大腦敏感度的極大祕訣。

- 永不放棄：6 則激勵人心的故事。
- 金錢警報：需要避免的 10 種新騙局。
- 小心！兒童飲料中的危險。
- 你不需要支付這些新的隱性費用。
- 頂級醫療突破及其對你的益處。
- 低於 50 美元的 50 個不錯的禮物。
- 「當我告訴你減掉 8 或 10 公斤時，其實是指 20 公斤。」
- 鯊魚來襲！一則驚人的倖存故事。
- 消費者救濟：如何買到物超所值的東西。
- 錢包裡，最重要的是什麼？
- 南極漂泊生活，我們不得不相信我們可以倖存下來。
- 你不會忘記的記憶妙招：重新培訓你的大腦的新方法。
- 驚奇的故事，非凡的人物，有趣的笑話。
- 你的瓶裝飲用水安全嗎？專題報導。
- 避免激烈競爭（並尋找新的發展機會）的一種非常簡單的方法！
- 警惕各種詭計和陷阱，以避免您辛苦掙來的錢被騙走。
- 自己做老闆，一天賺的錢相當於一週的工資！
- 如果您能以 10 元的價格買入，然後立刻轉手在網上賣 99 元，那麼，

您是否願意這樣做呢？

◈ 每天 24 小時，任何時間去任何地方，每分鐘收取 1 美元。

◈ 買貴退差價！

◈ 任選 4 本書籍，每本 5 美元。

◈ 您能在整個季節享受到美麗的、健康的、幸福的人生！

◈ 經濟專家揭露了一個創建財富的祕訣，每個人都可以用它來打造一個無憂無慮的未來。

◈ 當您知道了這些祕密之後，只要你會複製和貼上。那麼您就可以非常快速、容易地賺到更多的錢。

◈ 廣告代理專家向您揭露一些有效的祕訣，幫您創作出非常優秀的廣告和銷售信，使您得到大量訂單。

◈ 20 個祕密工具，使您可以立刻建立自己的生意，擁有自己的自由時間，並且獲取更多的錢。

◈ 在我們新的奢華溫泉浴場和海灣勝地享受頂級服務的 50 個理由。

◈ 在緊迫的經濟環境中，能夠長期保持利潤增長的 6 種方法。

◈ 每個人都可以學習的 20 種網路上賺錢的方法。

◈ 10 種提高您的粉絲專頁訂閱量的簡單方法。

◈ 只需一美元，毫不費力的得到 12 張光碟！用這個價錢，不可能買到更多的東西了。

◈ 任何人都能學會的 20 種訓練狗狗的方法。

◈ 實現成功的 9 個步驟。應該做些什麼，以及應該什麼時候做。

◈ 好的家政服務可以為您節省很多錢。我們提供這種特別超值服務，1 個月只需要支付 100 元，並且告訴您 50 種節省時間和金錢的方法。

◈ 購買日常用品的 10 種簡單的省錢方法，無需使用優惠券，也不用跑遍整個小鎮去貨比很多家！

◈ 使醫生變得富有的 12 種特別的納稅策略。

◈ 用不到 100 美元，你能買到的最好的褲子。

◈ 在雇用一家討債公司之前，您必須要知道的 7 個問題，以及對於每個問題的優質答案。

◈ 免費！教您如何成為一位無人可擋的談判家，可以在任何時候、以任何方式、從任何人那裡得到您想要的東西。

◈ 免費報告……向您揭露關於潛意識的驚人事實。

◈ 我們會從每 100 位持有股票的人當中抽取 3 個人，免費向他們提供我們近期的意見！

◈ 水質專家提供免費的水質分析。您平時的飲用水是絕對安全的嗎？

◈ 世界上只有想不通的人，沒有走不通的路。

◈ 一個價值 1 萬美元的想法。下面告訴您如何去實踐它。

◈ 催眠是如何改變您的生活，將潛力轉變為財富？

◈ 好消息：您有機會使用 10 年來最有效的行銷工具 30 天！

◈ 趁早下「斑」，請勿「痘」留。

文案寫作實戰營

分享了這麼多下標題的重點和範例，不知道你理解了多少？以下準備了一個練習題，請從本章學習到的內容，進行標題創作吧！

1. 請閱讀以下文案內容，判斷文章想表達的重點，以及目標客戶為何種人，並推估其購買需求，下幾個適合的【標題】：

   很多時候，再有力量的武器，也戰勝不了心理戰術，再有計畫的行動，也抵不過一句撼動人心的話語。人與人之間的心理博奕才最有殺傷力和說服力，因此唯有掌握他人心理，通曉與人交往的讀心法，攻克對方的心，才算真正握有能掌控全局的優勢。

   每個人的生活、工作，都離不開與他人來往，但為什麼有些人在人際交往中能夠如魚得水、左右逢源，有的人卻舉步維艱、進退維谷呢？原因就在於忽略了心理戰術的應用，學點心理策略，在洞悉人心的基礎上掌控人心，讀懂他人內心的想法，以解決社交上可能會面臨的種種問題，就能改難為易，成為贏得人心、化被動為主動的社交高手。

- --
- --
- --

2. 請閱讀以下文案內容，下幾個適合的【標題】：

   我們極力使環境保持整潔，
   但是卻任由心裡的垃圾隨意堆積，
   這難道不是極其弔詭的事嗎？
   這種看不見、摸不到的垃圾，
   卻是能最快擊垮我們的心靈癌症。

先處理自己的情緒，再處理遭遇的問題

用情緒來解決問題，就好比提一桶汽油去滅火一樣

一本最容易實行的情緒管理手冊，不再讓自己氣 PUPU

教你疏導情緒、坦然面對現實與即時解決問題的能力

讓情緒轉化為生涯成功的推進器

-
-
-

3. 請閱讀以下文案內容，下幾個適合的【標題】：

有別於傳統的自資出版或自行開出版公司的模式，作者不需要耗費太多的人力及金錢在不熟悉又瑣碎的事務上，也不需因作者或出版的書籍知名度較大出版社遜色而感傷，更不需要辛苦奔波拓展通路卻一無所獲。

在一切講求專業、效率的時代，您可以與頂尖專業的出版機構合作，只需專心致力於內容之創作，負擔合理的印製成本及行銷費用，即可享有高品質、低成本的精美書籍流通於廣大的文化市場中，坐享大部分行銷結果的利潤。

新型態的「自資出版」重新定義作者與出版商資訊對等的地位，也兼顧了作者與讀者的權益，所以吸引越來越多人的投入，以期能在文壇發光發熱，成為下一個「J.K.羅琳」。

-
-

•

4. 請閱讀以下文案內容，下幾個適合的【標題】：

命因《易》而改，運隨《易》而轉！

自漢朝獨尊儒術開始，《易經》就成為儒家尊奉的「五經之首」！《易經》雖為卜筮之書，卻蘊藏中華文化特有的哲學與宇宙觀，萬事萬物中，均可感受到《易經》強調的「陰陽變化」道理。

想一窺未來的運勢？本書帶你顛覆既定命運！

本書以最新觀點切入剖析《易經》，將現代生活哲學融入上古經典之中。無論你在生活中面臨事業、財運、健康、感情，還是人際關係迷局，都能透過本書釐清迷惘、消除不安！

想鑽研艱澀難懂的《易經》內容？本書替你剖析彙整！

本書將《易經》中的 64 卦 386 爻，進行全方位的彙整，並列上完整的白話文釋義，更在書末附注詳細的「易經字典」，讓你一讀就通！此外，每卦之後皆有「卦揭」，揭示與該卦相關的古今中外文史小故事，讓你能與人侃侃談《易經》！

成功，從掌握自己的命運開始！

與易學大師王晴天一起，知命造運，易論天下！

推薦加購最簡易精美的《超譯易經占卜牌》搭配使用，

書卡雙劍合璧，各式疑難雜症迎刃而解！

•

•

•

5. 請閱讀以下文案內容，下幾個適合的【標題】：

在這個不斷迭代 Update 的後網路區塊鏈時代，

所有的資訊都呈現爆炸性的成長、飛躍！

「知道的人」賺「不知道的人」的錢！

「早知道的人」賺「晚知道的人」的錢！

「資訊多的人」賺「資訊少的人」的錢！

現在，給自己一個機會，讓魔法講盟帶你「跳」進 ESBIH 新世界！

- --
- --
- --

以上的內容與你分享，祈願你不再錯過好機會，期許你可以心想事成。祝願你能取個自己和市場都滿意的好標題。

MAGIC COPYWRITER

120 種誘惑人心的文案模版

一看就心動！1 分鐘寫出攻心文案

廣告不是交易，而是會建立品牌。

——廣告教父　大衛・奧格威

MAGIC COPYWRITER

5-1 提升文案吸引力的 7 個方法

方法 1：營造專為顧客著想的形象
方法 2：文字盡量簡潔有力
方法 3：減少抽象的用詞
方法 4：組合式寫法
方法 5：運用情感的力量
方法 6：意想不到的故事情節
方法 7：文案的優化要點

看完了前面的內容，你已知道撰寫文案的基本概念了嗎？相信你已磨刀霍霍準備開始動筆了，但你知道其實只有新手才會從頭開始創作文案嗎？為什麼這麼說？因為好的文案寫手都是藉由模仿那些成功的經典文案成長起來的。

而本章蒐集了 120 種文案模版，就是要讓你快速模仿，變成撰寫文案時可以隨時取用的素材。前面幾個章節，已經介紹了寫文案的基本步驟，本章節就是在基礎之上，教你一些進階版文案技巧、剖析爆款文案操縱人心的祕訣，讓你的文案寫作力更上一層樓，並列舉幾個文案範例，製作成模版供你

練習，希望能幫助到你！

接下來，要跟你分享的是寫文案的方法進階版。總共分作 7 點跟你分享，當作本章節的開頭序幕。

那麼，為什麼在模版之前要整理這麼多寫文案的方法給各位呢？因為本書的撰寫動機，是希望正在學習撰寫文案的各位變得越來越好。所以，除了練習用的模版外，這些寫文案的技巧與內容都是為了幫助您打下厚實的基礎，還請各位耐下性子，細細品讀。

方法 1：營造專為顧客著想的形象

歷史上投遞次數最多的銷售信

這裡先用一個故事做開頭，主角是一位寫銷售信的專家，他曾經只撰寫了一封銷售信就賺回了 1.78 億美金。他的名字叫蓋瑞．亥爾波特 (Gary C. Halbert)，是世界上頂尖的文案大師，更是郵件式銷售的專家。

為什麼要用銷售信當作開頭呢？因為銷售文案除了銷售頁的文字撰寫與製作以外，還包含了銷售信的寫作與運用。而「銷售頁」指的是承載著銷售訊息的頁面，且通常有讓消費者直接購買商品的渠道；「銷售信」則是附含銷售活動訊息的信件，隨著時代的演變，現在銷售信通常是以 Email 的方式傳播。然而，這個銷售信成功的祕密，亦是所有爆款文案最重要的元素。

蓋瑞．亥爾波特曾經寫的這封銷售信（約 50 年前），可以說是「世界上最賺錢的銷售信」，僅僅用 350 個字，卻讓他賺了 1.78 億美金。除此之外，他後來把這封信的所有權賣給了 Ancestry Search 公司，要價 7 千萬美金。

這封信賣的商品是一份售價兩美元的家族歷史報告。上半部分是根據這位麥克唐納先生的家族歷史繪出的盾形徽章，下半部分則是記錄了姓氏的起源、含意、祖訓以及名人等等。信的內容如下：

Dear Mr. Macdonald：Did you know that your family name was recorded with a coat-of-arms in ancient heraldic archives more than seven centuries ago？

My husband and I discovered this while doing some research for some friends of ours who have the same last name as you do. We've had an artist recreate the coat-of-arms exactly as described in the ancient records. This drawing , along with other information about the name , has been printed up into an attractive one-page report.

The bottom half of the report tells the story of the very old and distinguished family name of Macdonald. It tells what the name means , its origin , the original family motto , its place in history and about famous people who share it. The top half has a large , beautiful reproduction of an artist's drawing of the earliest known coat-of arms for the name of Macdonald. This entire report is documented , authentic and printed on parchment like paper suitable for framing.

The report so delighted our friends that we have had a few extracopies made in order to share this information with other people of the same name.

Framed, these reports make distinctive wall decorations and they are great gifts for relatives. It should be remembered that we have not traced anyone's individual family tree but have researched back through several centuries to find out about the earliest people named Macdonald.

All we are asking for them is enough to cover the added expense of having the extra copies printed and mailed. (See below.) If you are interested , please let us know right away as our supply is pretty slim. Just verify that we have your correct name and address and send the correct amount in cash or check for the number of re-

ports you want. Well send them promptly by return mail.

Sincerely,

Nancy L. Halbert

PS. If you are ordering only one report , send two dollars ($2.00). Additional reports ordered at the same time and sent to the same address are one dollar each. Please make checks payable to me , Nancy L. Halbert.

翻譯如下：親愛的麥克唐納先生，您知道您的姓氏是在七個多世紀前的古代紋章學檔案中用紋章記錄的嗎？

我和我的丈夫在為我們的一些朋友做同樣的研究時發現了這個名字像你一樣姓。我們有一位藝術家完全按照古代記錄中的描述重新製作了徽章。該圖以及有關該名稱的其他信息已被打印成一張引人入勝的一頁報告。

該報告的下半部分講述了麥克唐納(Macdonald)家族非常古老而知名的故事。它講述了這個名字的含意、起源、原始的家庭座右銘，其在歷史上的位置以及分享它的著名人物。上半部分是藝術家以麥克唐納(Macdonald)最早的姓氏徽章而畫的作品。整個報告都記錄在案，真實可靠，並像適合裱框的紙張一樣打印在羊皮紙上。

這份報告讓我們的朋友非常高興，所以我們就多做了幾份，以便與其他同姓的人分享這個訊息。

加框後，這些報告不僅可以作為精美的牆上飾物，而且是送給親友最棒的禮物。特別聲明，我們沒有追溯到任何人的個人家譜，而是針對數個世紀的姓名史作研究，以找出最早的名為麥克唐納德的人。我們只需要你付給我們在製作和郵寄這些報告過程中所產生的額外成本（具體見下述）。如果您有興趣，請盡早通知我們，因為我們的供應量很小。只需驗證我們的姓名和地址正確無誤，然後以現金發送正確的金額或檢查所需報告的數量即可。收到你的匯款後，我們將立即為你寄出報告。

誠摯地

南希．亥爾波特（蓋瑞老婆）

特別提醒：如果你需要這份報告，請寄兩美元($2.00)。額外的報告如果同時發往同一地址，每份增加一美元即可。支票的收款人請寫上我的名字，南希．亥爾波特。

這一封信是蓋瑞以老婆的口吻寫的一封銷售信。為什麼蓋瑞要以老婆的名義寫這封信呢？試著思考一下，「**我和我丈夫在幫助一位和你同姓的朋友做家族歷史調查……**」與「**我和我的妻子在幫助一位和你同姓的朋友做家族歷史調查……**」這兩句話相較起來，哪一句讀起來比較有親和力？在那個時代，大老闆或超級銷售員以男性居多。用婦人的口吻寫下這句話，讀起來就好像一個單純對姓名學有興趣的家庭主婦，跟你分享研究的喜悅，你不會覺得她只是為了賣你商品而寫這封信。所以，蓋瑞很多的銷售信都讓妻子署名。

以妻子的名義撰寫銷售信的這個想法，是來自於某天蓋瑞吃早餐時在報紙上看到的一則故事。故事中，一個熱衷於生活的小老太太，於工作坊和圖書館之間來回往返，利用閒暇時間在圖書館學習時，發現了一枚姓氏的徽章。之後，她用水墨畫的方式，為那個徽章做了副本圖像。後來，她靈機一動依照電話簿上的姓名，畫了一些簡單的徽章素描在明信片上，並寄發給這些人，邀請他們購買專屬於自己的姓氏徽章。

於是，蓋瑞仿效這位小老太太的故事，以妻子的名義設計了這封銷售信，並廣泛地發布到各個角落，除了開頭的「○○○先生／小姐」以外，其他都沒有變動。而這封銷售信為他帶來了每日 30 萬美金的收入！

事實上，蓋瑞在寫這封信以前做過 AB test，他將信件的內容和包裝弄成

了私人信件和制式銷售信件的樣式，大量寄給名單上的所有人。得到了兩個結果：第一，私人信件的樣式收到的回音比較多；第二，姓氏較為稀少的人，對這封信比較有興趣，因為他們的姓氏比較少人知道，所以會相信這封銷售信是為他們所寫的。

看完了這個故事，你發現這封銷售信成功的祕密了嗎？沒錯！**因為這封信傳達給消費者的訊息是：只為你著想、專為你設計非常有價值的東西**，再加上只是酌收了一點點的處理費用就能得到這份報告，所以消費者就很欣然地下單了。如同《改變人生的 5 個方法》只需收 99 元的處理費，就可以獲得書籍的行銷手法一樣。

《改變人生的五個方法》優惠

絕對有效的銷售信模版

看完這個銷售信的故事以後，你是不是也想使用銷售信來日進斗金呢？這裡準備了一個銷售信模版，是使用了多年，集結了許多文案課精華產下的結晶。照著這個模版撰寫，也能寫出一封讓人銷魂的文案。預祝你可以成為下一個蓋瑞．亥爾波特！

- 信件標題：--------------------------------
- 開頭稱謂：--------------------------------

• 引言：

• 正文：

→ 為什麼需要這個產品／服務？

→ 商品資訊（包含產品規格、成分、如何領取產品）

→ 鼓勵消費者購買行動（銷售頁連結、QRcode、Line ID 等等）

→ 承諾／保證

• 急迫性語句（例：限量、限時）：

• 祝福語：

• 簽名（最好有制式的簽名檔，稱謂也可以另外取一個小名）：

範例 魔法講盟〈真永是真・真讀書會〉銷售信

信件主旨：

想知道如何透過一場讀書會，快速讀透上千本書的知識嗎？

信件內文：

親愛的朋友 您好
不知道您是否有過這樣的煩惱：
要讀的書太多，不知從何下手？
快速接收完書籍的內容，卻無法完全內化為自己的知識，為己所用？

在這個資訊爆炸的年代，快速接收訊息，又快速忘記，是時代的特徵。若能夠一次吸收所有碎片化的資訊，轉化為自己的精神財富，就可以超越世界上 90 ％以上的人，成為這個社會不可或缺的人才。

那麼在這個世界上，有沒有可以一次完全吸收大量知識的方法呢？答案是有的，以下就要來跟您介紹能夠您一次讀透上千本書籍的演講——〈真永是真・真讀書會〉

培訓史上最高端的演講〈真永是真・真讀書會〉，是亞洲八大名師王晴天博士率魔法講盟旗下的知識服務團隊耗費十餘年，閱讀並深入研究數萬本書後，析出了其中幾百個人生必須要了解的大道理，由國寶級大師王晴天博士，落地且詳實地講給您聽。

在大師的引導下，目標講述 999 個真理全都融入到每一場演講裡，讓您不僅能「獲取知識」，更「引發思考」，進而「做出改變」！

如果您對這場演講有興趣，可以點選下方連結，獲取優惠好禮：
https://www.silkbook.com/activity/k_f_lecture/

願以此信祝福您每一天都充滿了幸福和喜悅！

全球華語魔法講盟敬上

方法 2：文字盡量簡潔有力

〈營銷魔法學〉這組課程裡，其中有一堂是關於文案寫作，課程中會要求學生寫出一篇屬於他自己的文案，然後放在學員的社交平台（例如臉書，Line）。這一切都不容易，當你還在累積學習經驗的階段，務必得磨練個人寫作技巧，而那唯有靠練習、練習、再練習方有所成。老話一句：「**熟能生巧。**」想成為優秀的文案寫手不能光靠憑空想像，而是要有實際的行動。

好的文案寫作有多重要，且又有多難呢？在國小時代大家就有深刻的感觸，還記得國小的時候，老師給了我們許多作文的題目，要激發我們的想像力，提升我們的文字表達力。當時寫作的主題種類繁多，只是國小的我們，不可能懂得一些深奧的詞彙，所以老師要求我們寫作的原則當中最注重「符合題意」。不僅是要符合文章的主題，連內文的字字句句都要充滿意境。

然而，文案與作文兩者相比較之下，文案寫作就顯得爽快俐落、簡潔有力、輕快活潑而且口語化多了。這類寫作善用標題、副標題、幾句話加上圖片，也有些作者常在一段話之後加上結尾以強調言盡於此，讓文章有抑揚頓

挫、更有些韻律感。

〈營銷魔法學〉課程中學員練習寫文案時，老師會要求他們每一個標題不得超過十個字，也許你會像學員一樣提出疑問：「**那要怎麼寫？**」。沒錯，重點是要怎麼做才能運用簡潔的文字寫出精彩的文案？筆者這裡有些小祕訣可供參考。不過讀者們可得一而再、再而三地勤加練習。俗話說：「**知易行難**」，就像開車游泳一樣，需要反覆嘗試摸索加上大量練習。你學生時期的寫作可能有一些習慣，也許根深蒂固不容易改變，但是只要讀者們照著下列指導方針，就能有效改善這些缺點。

- 多在句子中使用動詞：例如追、趕、跑、跳這些動態動詞可使你的句子更生動，也能夠避免消費者視覺疲勞或缺乏想像的空間。讓你想傳達的意思，更容易地被消費者接收到。

- 減少使用艱深的詞彙：在文案的世界裡，複雜的字詞是能免則免，為什麼呢？因為你不知道看文案的人是什麼樣的人，也許是長輩，也許是年輕人，也許他不是這領域的專業人士，你寫得越專業，他們越不能理解；你寫的文法、字詞越高深，他們越不想看。所以盡量用簡單陳述的方式，少用一些專業術語或華麗的詞藻。例如：可以多使用像「賺錢」、「健康」、「漂亮」、「幸福」等大家都聽得懂的字詞。

- 善用標點符號的力量：最常用的符號以使用的位置區分為「句中」、「句尾」。

  ⑴「句中」：如逗號（，）、頓號（、）、冒號（：）、分號（；）、破折號（——）等等。逗號跟頓號都是用於語氣停頓的時候，不過逗號是用於句子和句子之間，頓號是用於字詞與字詞之間。分號在文案寫作技巧中，是排比法時不可或缺的角色，用於分開相同屬性的複句中。冒號是用於引用人物說話或者是解釋說明的時候。而破折號在文案中通常用於語氣的轉變和補充說明時候。

⑵「句尾」：顧名思義，是為句子做個完美的 ending。常見的符號有：句號（。）、問號（？）驚嘆號（！）等等。句號，即是一般句子結束後會用到的標點符號。問號，是文案寫作技巧中疑問式必備的標點符號，主要是為了引起消費者的好奇心。驚嘆號，即是用於強調、驚喜和感嘆的時候。不過要注意的是，在正式的文案寫作中，不能將驚嘆號疊在一起用，例如：「！！！」。

⑶除了「句中」跟「句尾」符號外，還有引號（「　」、『　』）、書名號（《　》）、刪節號（……）、連接號（～）等等。善用這些標點符號，不僅能讓你的文案讀起來更加通順、乾淨，還有加強文字力量的作用喔！

方法3：減少抽象的用詞

各位讀者應該有看過類似像這樣的文案吧：「超精美的禮品，等你來拿喔！」、「男孩們都喜歡的酷炫球鞋」、「能夠快速上手的寫作功略」等等。每次看到這些文案筆者都會想：「**禮品是有多精美？是我的菜嗎？**」「**男孩們都喜歡？幾歲之間的男孩？**」「**能夠快速上手，是有多快？**」因為想像不到，所以無法體會，自然沒有辦法說服消費者購買商品。因此，寫作文案很重要的一個技巧，就是盡量避免使用過於模糊不清的敘述語句。如何避免抽象，邁向具體化？這邊有幾個小撇步可以跟你分享。

◈善用數字

◈少碰形容詞，改用動作代替

◈多加利用具體的專有名詞

善用數字

假設在大賣場購物時，你正想從一排貨品架上，挑一罐適合的奶粉買回去給家裡的小孩喝。一款奶粉上頭只寫「豐富的鈣含量」、「保護力持久」、「小孩都喜歡的奶粉品牌」等文字；另一款奶粉寫「補足孩子一日所需，含鈣量 70 %」、「96 %的小孩都愛喝」、「一天 4 匙，總計 25 天的分量，不怕喝不完！」等等。你會想選哪一款呢？是不是有了數字，就比較能夠了解產品的資訊？所以，市面上 8 成的文案書、文案師都會說「文案不需詞藻華麗的技巧」，就是這個意思。尤其是商品文案，有了數字的加持，能夠增加產品客觀的成效，更完整地與消費者連接，也就更能吸引消費者。

少碰形容詞，改用動作代替

其實，不論是寫文案還是寫文章，甚至是語言溝通，「少用形容詞」都能夠加強語句本身的氣勢。比如說，「**我的鞋子真的超級爛**」對比「**我的鞋子才穿著跑步不到 30 分鐘，就破洞了**」，顯而易見地，後者比較有畫面感，聽者或是讀者才能夠接收到這雙鞋子到底有多爛。所以，當你寫完一篇文案時，可以試著將文案裡的形容詞替換成動作，也許成效會比單用形容詞來得更好喔！

這邊講的少碰形容詞，不是要你在寫文案時綁手綁腳，強迫自己不用形容詞。這裡要表達的是：**寫文案時，盡量減少單獨使用形容詞**。若要用到形容詞，可以搭配動作，將整句話顯得更加具體。比如說：

原句：「媽媽煮的咖啡，真的超級好喝。」
修改後：「媽媽煮的咖啡，好喝到我可以一口氣喝下三杯！」

利用「一口氣喝下三杯」這個動作，來加強前面的形容詞「好喝」，讓讀者明白這個咖啡好喝的程度。

多加利用具體的專有名詞

這裡說的專有名詞，不是要各位去背各領域的專有名詞。而是要用現實生活中既有的人事物，來形容你所要表達的事情。例如：

「這個警察好帥」→「這個警察帥的可以跟韓國影星朴寶劍相比！」
「他的爸爸超級有錢」→「他的爸爸每日都派司機開賓士來接他」
「這件羽絨衣好暖和」→「穿上這件羽絨衣，就像在 35 度的暖氣房裡」

用實際生活上就有的人事物來比擬，更能夠與消費者連接。各位在寫文案時，可以練習看看把空洞的形容詞，轉換成專有名詞，就可以讓自己遠離抽象的寫作方式喔！

方法 4：組合式寫法

其實這招跟前文所講的具體化很像，但是方法 3 提到的「多加利用具體的專有名詞」，有點類似「以物擬物」的概念。而「組合式寫法」就如同它的升級版，是「以事件比擬事件」的手法。現在，這裡將其分為「對比」及「反差」組合來解說。

打造對比組合

這一招就是利用等價物值的概念來提升商品價值的手法。例如，若你要幫魔法講盟的「打造自動賺錢」課程寫文案時，可以這麼寫：「當人們還在為買不起香奈兒包難過時，聰明的人已經來報名可以讓他們賺百萬個香奈兒包的優質課程」。魔法講盟的課程跟購買香奈兒的事件擺在一起，藉由高價值的品牌包（實物）來拉抬高價值的課程（軟實力），魔法講盟課程的價值就提升

了不少（算是一種借力使力的概念吧）。

製造反差組合

Part 2 曾跟各位提過「反差組合」這個用法，它其實跟方法 6「意想不到的故事情節」有點像，同樣都是強調抓住人們「沒有想過」、「驚訝」等情緒下去撰寫。只不過，反差組合並不限定於寫故事型文案，一般較短篇幅的商品文案也可以使用。

使用「反差的組合」的技巧，在於寫作前就得先確定兩種相反的事件。比如說：「我在沒有家人的除夕夜裡，吃團圓飯」。除夕夜是家家戶戶吃團圓飯的日子，應該是和樂融融的一番景像。但，若是把它跟「沒有家人的除夕夜」這樣孤獨、寂寞，一個人吃團圓飯的畫面擺在一起，就顯得具有衝擊感。有畫面、有衝擊，就能夠吸引消費者來看你的文案。

方法 5：運用情感的力量

本書在 Part 2 時，有跟各位提過感情分為親情、友情、愛情等三個元素，這是以感情為主題的故事型文案成不成功的最大因子。

人是理性及感性兼備的物種，且大部分的人較偏向感性，所以感情是最常被利用的元素。只不過感情的力量很大，如何能夠運用感情的力量，創造具有吸引的爆款文案就是一個很大的課題。有很多從事商業文案撰寫的人在創作上很容易遇到「作品感動了我，卻感動不了人」的窘境。要怎麼突破這個瓶頸呢？本書很常提到的觀念就是寫文案要多「觀察」，所以，每當作者在追劇或看書時，都會上網看網友們的評論，觀察這些故事感動到他們的原因，必要時，可以加入到文案裡。

好的，說了這麼多，到底要如何在寫文案時，發揮情感的力量呢？各位謹記以下這 3 個步驟，就能夠輕鬆地將消費者的心抓得牢牢的！

困境與挫折

假如你正在看一部電影，電影的主人公從頭到尾一生都過的很順遂，沒有什麼需要挑戰的難關，或者困難發生，你會不會覺得很無聊？

回想了一下過去看過的戲劇，或者聽過故事，最常讓人淚如雨下的，就是主角們遭逢困境或者是挫折，又回憶起過去美好時候的情節。這個「回憶」就是加速人們哭泣的催化劑，因為過去的美好，與現在的不幸產生了強烈對比，加重了難過、遺憾的感覺。

遺憾的情緒

根據研究，最容易觸碰到人們的心，就是這個令人感到「可惜」、「懊悔」等遺憾的情緒，而這種情緒就是一種對人心的刺激。當前面的劇情將人們的感情刻畫地越暖，後面遺憾發生時，後座力就有越強。尤其是當困境發生時，人們就會開始懊悔，過去習以為常的幸福，怎麼沒有好好珍惜、掌握。所以，套用前面所說的感情三元素，確定好主題，搭配著遺憾的情節，你也可以輕鬆地打動你的目標受眾！

以物寄情

抓緊了打動人心的訣竅後，如何將感情的力量運用在商品文案裡呢？最有效的方法，就是將商品當作人們感情的象徵。比如說，婚戒可以當作歷經千辛萬苦，長跑 8 年的感情象徵。若以這樣的方向下去撰寫文案，當消費者看到這則文案時，腦中就會蹦出「〇〇婚戒就是愛情的證明」。日後當他要結婚時，很大的概率會購買這個戒指。

再舉一個例子，如果是幫某個泡麵品牌寫文案，就可以將主題設為親情，內容大綱可以是：「**一個努力準備高普考的考生，每日阿嬤都會煮一碗麵給**

他吃，但考生經歷考試失利後，就對阿嬤發脾氣，從此離家出走，到台北工作。每當工作遭遇困難時，他都會想起阿嬤為他煮的那一碗麵。於是，走到超商買了某某牌泡麵，邊吃邊加重對阿嬤愧疚及思念的情緒，猝不及防地哭了出來。爾後，衝到鄉下老家，想跟阿嬤道歉。阿嬤只說沒關係，阿嬤煮麵給你吃……」最後再稍加修飾就可以了。以這個例子來看，泡麵成了祖孫倆的親情象徵，在文案裡既不會有不自然的感覺，反而還能給消費者留下一個正面的形象。至於以物寫物的寫作套路，已經在 Part 2 詳加描述過了，大家可以再前翻閱，再複習一下。

方法 6：意想不到的故事情節

確定好主打的情感路線、完美地將商品與故事連結後，最後結尾的地方，最好來個轉折的劇情，絕對會讓目標客群永遠記住！

一則故事除了有負面的情緒外，如果有個「意想不到的情節」，就能更加吸引讀者！近年來喜歡懸疑劇的觀眾逐漸增多，最有力的證明，就是這幾年越來越多的懸疑台劇，《想見你》就是一個例子。懸疑劇之所以吸引人，就是因為它一環緊扣著一環，總讓人猜想不到後續的劇情。每看一集，觀眾就會想「接下來故事會怎麼發展」呢？如果之後的劇情大部分都印證了觀眾的想法，大概觀眾也不會有興趣看下去吧。反之，結尾若是再放一個驚喜或是意外，就容易被觀眾記的長長久久。

同理，撰寫文案你可以有既定的脈絡或架構，但是你一定要再想一個驚喜，勾住消費者的心。這樣一來，就算是同一種套路，在消費者的眼中就是一個完全不一樣的故事。

方法 7：文案的優化要點

當一篇文案初稿完成了以後，最重要的就是文案修稿的部分。有寫文案經驗的人都知道，文案不是能夠交稿就可以了。當初稿完成以後，要再細細推敲，將一些冗言贅詞、錯字，或是沒有抓到重點的地方修改掉，再將作品呈給主管、雇主。但交稿以後，往往會開啟瘋狂修改的地獄模式，有的時候甚至要改 10 次才能夠定案。這時，你常會聽到雇主或是主管說：

「我覺得這個不夠有力欸，感覺沒有什麼重點」
「覺得普普通通，沒有吸引力」
「這則文案強調的是什麼？這個產品是要賣給誰？」

當你聽到這些話的時候，一定會很頭大，甚至會覺得是不是被針對。出現這些負面想法後，請先靜下來想一想。其實雇主不是要找你麻煩，而是提供一些市場性的要求讓文案得以改善的更好。當你將文案呈給雇主後，雇主就是第一個讀者，而雇主肯定比一般的社會大眾還要了解自家的產品吧？如果連雇主都說服不了，甚至是看不懂文案在寫什麼，某種程度上也是反應你的文案拋到市場後的結果。

當你碰到被退稿的的狀況該怎麼辦呢？這一小節就是要來教大家文案的優化流程：

將文稿放置抽屜一段時間後，再拿來品讀一番 → 將文案的形容詞、贅詞，用筆圈起來刪掉 → 將文案中最不吸引你的地方劃起來並加以修改 → 再次閱讀文案，核對主題、理順邏輯

一、將文稿放置抽屜一段時間後，再拿起來品讀一番

在修稿之前最好讓自己不要看到文案，尤其是在被雇主退稿之後，你的腦中思緒可能會非常地混亂，因此，可以將文案先放置抽屜 2～3 天（視個人狀況而定），再拿出來修改。也許你曾聽過一種說法，人的腦袋就是一台電腦，當電腦被木馬程式侵入時，就會出現不正常、當機的情況。而這個木馬程式就好比我們的負面情緒。這些負面情緒會干擾我們的思路，控制我們思考方向，容易讓我們產生一些平常不會犯的錯誤。遇到這種情況，我們一定要適時地清空這些情緒，就像我們安裝的防毒軟體，一段時間會清除電腦的一些廢棄物、惡意程式。

調整好自己的狀態以後，你會發現面對原本的文案，開始有了一些不同的見解，想法也會比較正面、客觀。接下來，就可以進行優化文案的下一個階段。

二、將文案中的形容詞、贅詞，用筆圈起來刪掉

文案 3

人在成長的過程中，多多少少會受點傷

正視傷痕→接受傷口→重新開始

獻給每個受傷的人，讓阿爸父撫平你心底的痛。

心理療癒 ok 蹦

◎買書即可報名領取免費聖經一本

◎隨書附贈價值 3000 元 1 對 1 提升英語能力諮詢卷

上圖是《啟動幸福人生的密碼：阿爸父為你設計的精品人生》的封面文案初稿，不知道你看到這份文案的時候，看到了哪些問題呢？首先，我們要先把太過瑣碎、不明確的用詞圈起來。以這份文案為例，剛看到這份文案的時候，產生了一個疑惑，「多多少少會受點傷」這句話，是要表達受了很多傷呢？還是難免會受了些傷？感覺用「多多少少」這個詞有些過於普通，抓不到重點的感覺，於是編輯將「多多少少」改成了「難免」這個詞。

我們再來看第二個案例（如上圖），王博士在改這份文案的時候，看到「把知識變現，進而產生收入，讓您的人生開外掛」這句話，覺得唸起來似乎不太通順，而且少了些氣勢。於是將「進而」刪掉，在「收入」2字前加入「智能型」3個字，用以強調前文所說的「知識變現」。這樣修改過後就變得更加明確、有力度。

您還記得方法3說過的「少碰形容詞」嗎？其實，主管或雇主常說的「文案不夠具體」，其實就是形容詞過多的緣故。而形容詞如果用的太多，沒有與動詞做搭配，很容易就會變成冗言贅字，讓文案整體閱讀起來，主旨不夠明確。所以，在修改文案時，除了要將不通順或者是重複性過多的語句、文字圈起來外，也要將多餘的形容詞刪掉，改成名詞或是動詞，再不然就是要配合著動詞一起用。

三、將文案中最不吸引你的地方劃起來並加以修改

文案3

人在成長的過程中，多多少少會受點傷

正視傷痕→接受傷口→重新開始

獻給每個受傷的人，讓阿爸父撫平你心底的痛。

心理療癒ok蹦

◎買書即可報名領取免費聖經一本。

◎隨書附贈價值3000元1對1提升英語能力諮詢卷

再以《啟動幸福人生的密碼：阿爸父為你設計的精品人生》的封面文案為例，將「多多少少」改成難免之後，整體的文案還是覺得少了些什麼。《阿爸父》的責編表示，為了強調這本書是為了療癒人心而作，於是在「接受傷口」後面加上了「得到醫治」四字，並在「讓阿爸父撫平……」這句話加上「徹底」二字，與動詞「撫平」二字搭在一起後，顯得有力量多了。這個案例告訴我們，主旨的重要性，怎麼說呢？在修改文案時，將不吸引人的地方優化成功有一個小撇步，就是再次閱讀文案以後，若是你不知道哪裡不夠吸引人，請把你自己當作第一次閱讀此文案的消費者，將你覺得這篇文案傳達的主旨寫下來，與你最初定下來的主題，做一個比較。

人在成長過程中，難免會受些傷
表面上完好無缺，卻時刻影響著你的生活
正視傷痕 ⟶ 接受傷口 ⟶ 得到醫治 ⟶ 重生開始！
本書獻給每個受傷的靈魂，讓阿爸父徹底撫平你心底的痛。

四、再次閱讀文案，核對主題、理順邏輯

在寫文案時，本書中強調「確立主題」，因為主題就是文案的靈魂。你希望這篇文案帶給消費者有什麼樣的影響和感受，寫下來之後，記得要留存好，等到修改文案時，會發揮很大的效用。

當初稿完成後，請將自己當作初次看這篇文案的消費者，將這篇文案帶給你的感受，以及它所傳達的主題寫下來。與最初定主題時的資料拿出來核對，看看有哪些差異、邏輯是否通順。再思考要如何重置語句的擺放順序、使用什麼樣的詞彙，才能補強文案的力度。

在學完進階版的文案寫作教學後，下一個小節，要為您進一步地解析那些熱銷文案能夠操縱人心的祕密。

5-2 掌握文字操縱人心的祕密

我們再從最基本撰寫文案的原則開始討論並加以擴伸。我們為何要做品牌廣告文案？有哪些地方符合更廣泛的經營和行銷原則？它又是如何辦到的？

廣告是行銷傳播的其中一門學科，因此學習行銷傳播等於是為了廣告文案鋪路。本章的每個小節彼此環環相扣，堅信這樣的學習流程，對你學習廣告文案是非常有幫助的。

建立與消費者之間的聯結

閱讀你的文案能從中得到什麼呢？你必須把答案主動給消費者。消費者不會耗費心思去找答案，如果他不明白這則文案可以帶給他什麼，就不會有購買的欲望。所以說廣告始終與人息息相關，雖然「消費者」這個詞彙聽起來冷冰冰的，但是凡是人都有七情六欲，越了解消費者，你的廣告就越能帶來「銷果」。如果你不直接告訴消費者這則文案能帶給他什麼好處，試圖強迫推銷的話，反而會遭到消費者的厭惡。

因此，在創作好的廣告文案之前，必須先了解消費者平常是怎麼看廣告文案的。根據研究指出，消費者在閱覽文案時有既定的順序。但我們先談談廣告文案的四個面向，一般我們在網站上看到得平面廣告有：圖片、標題、產品及正文。而消費者第一眼會注意到的是圖片，因為視覺傳達訊息的速度

是最快的，所以廣告要引起注意，圖片也是關鍵要素。再來消費者會看到標題，期望找到比圖像更詳盡的說明。接下來消費者的目光會向下游移到產品，看看這個產品是否跟自己有所相關，最後才會仔細看正文。各位讀者們，你知道有多少人會看廣告正文嗎？根據調查顯示僅有 20 %。對於投入文案寫作的你，這件事意味著：「假如你不重視消費者的利益，不僅 80 %的消費者會對你的廣告視而不見，連剩下 20 %的潛在客戶也把握不住，因為他們覺得這則廣告文案跟他們無關。」

對現代人來說，尤其是對那些大企業家、億萬富豪來說，他們惜時如金。通常只會花極短時間瞄一下你的廣告，短到眨眼瞬間。你或許很滿意自己的廣告文案，但他們未必買單，甚至有的時候，你的廣告文案對他們來說反而是種麻煩，他們並不在意你花了多少心思，寫了什麼文案。而你必須想辦法讓他們在意。最有效的辦法就是告訴消費者：「從你的文案內容中能得到什麼好處？」

既然有 80 %的消費者不會認真看過你的廣告文案，那麼另外 20 %為什麼願意拜讀呢？我們可以這麼想，他們從你的標題裡，看到了他們真的非常感興趣的東西。如果拿釣魚來比喻。就是有些魚兒特別喜歡我們準備的魚餌。而這些魚兒就是所謂的「目標受眾」。既然消費者已經被吸引住了，我們就必須想法子讓這些目光轉換成訂單，而廣告文案正是執行此任務的重要角色。

重點來了，如何抓住消費者的注意力，進而轉換成訂單呢？接下來，按照以下這 4 個步驟精煉文字，就可以讓消費者掉入我們設計好的套路裡：

讓消費者對自己不滿意 → 挖出獨特的銷售賣點 → 增加文字的精準度 → 輸出文案：讓新媒體成為你的行銷利器！

購買欲望的加速劑

讓消費者對自己不滿意

行銷人員及他們聘用的廣告操縱者握有很大的特權，可以讓消費者對自己不滿意。怎麼說呢？因為只要消費者不滿足現狀或者產生欲望，就會去購買那些原本他們心儀的產品。

不過別把消費者看得太天真，廣告操縱之所以能奏效，在於它給了我們想要的答案，而且輕鬆、迅速又實惠。所以，在製作廣告之前一定要做足市場調查，確認消費者的需求跟喜好。若只是盲目地投放自己喜歡的廣告，恐怕難以抓住目標受眾的心。

同理，任何的文案都要先調查目標受眾的喜好，撰寫時製造消費者的需求情境（製造情境的技巧請看Part 2），讓消費者對於自己的現狀不滿意，產生立即想改變現狀的欲望，才會被你的文案吸引。

挖出獨特的銷售賣點

消費者購買產品，是因為該產品可以帶給消費者利益、滿足欲望以及解決消費者當下的困境。而在眾多相同屬性的產品當中脫穎而出，讓消費者一有這個需求，就馬上聯想到你的產品，這就是「獨特的銷售賣點」(Unique selling point)。

早在幾十年前，美國的廣告大師——羅瑟・瑞夫斯(Rosser Reeves)發布了一套獨特銷售主張——USP 理論(Unique selling point)。而這個 USP 理論有三項基本要點：

1. 每個廣告都必須給消費者一個「利益承諾」。也就是說，你要清楚地告訴消費者你的產品有哪些特殊功能或優點可以解決他的困境或是滿

足他的需求，而這些特殊功能就是產品的「賣點」。

2. 產品的賣點，一定是競爭對手所沒有的，這樣才符合「獨特性」。這個獨特性就是符合USP理論最重要的條件。讓消費者在眾多商品中一眼望過去，只看見你家的產品。

3. 你提出產品賣點一定要擊中消費者的痛點，才能夠吸引目標受眾的目光，讓消費者有購買產品的衝動。

總而言之，獨特的銷售賣點就是一個能與競爭對手區隔開來的標的，而撰寫一則銷魂文案就是要做到利用文字突出產品或服務的 USP，讓消費者一看就想買！

重點來了，要如何挖出產品獨特的銷售賣點呢？以下跟你分享幾點挖出USP的方法：

1. 分析競爭對手的產品與文案：
   在還沒有挖出產的獨特銷售賣點前，可以將競爭對手們的產品集結起來，歸類出有什麼特點是他們有的而我們沒有的。之後，再將競爭產品的廣告文案與剛剛歸類出來特點相互對照，仔細觀察這些文案是如何包裝他們產品的賣點。除此之外，也可以先分析該品牌營造給消費者的形象，查看他們的商品文案是否跟品牌形象有所結合。

2. 分析競爭對手推出產品後的市場反應：
   除了了解競爭對手是如何撰寫文案以外，也要去觀察這些廣告、商品文案投放置平台後，消費者的反應如何。若有好評，就記下顧客喜愛該產品的原因，思考是否能成為撰寫文案的素材。若有差評，便小心比對自家產品是否有這些疏失。如果廣告文案投入市場後，沒激起什麼浪花，也要去分析該文案是否有什麼問題無法吸引到目標受眾，自己在寫文案時，要小心避開這些缺點。

3. 分析產品與競爭對手不一樣的地方：

了解競爭對手的產品後，統整出自家產品的特色有哪些是競爭產品沒有的。把這些產品特點分析出來之後，將從競爭產品市調那裡收集到的顧客喜好資料拿來與其比對，判斷這些特點是否能被目標受眾所喜愛、接受，如若符合這些喜好條件，這些產品特點即是「獨特的銷售賣點」。

了解了獨特銷售賣點的整個脈絡以後，這裡提供了一個分析表，幫助你直接將產品的銷售賣點寫下來。

獨特銷售賣點分析表		
產品特點	競爭對手	自家產品
能帶給消費者什麼好處？		
目標受眾是哪類人？		
目標受眾的需求為何？		
產品可以解決消費者什麼困擾？如何解決？		
客戶喜愛／厭惡產品的原因		
產品的獨特性		

獨特銷售賣點不限於一個產品或任何形式，比如說在撰寫傳播文案時，也要找出該品牌的「獨特銷售賣點」。而同一個產品當中，又有可能有多種「獨特銷售賣點」，而這些賣點都是能幫助增加文案吸引力的良藥！**總結一下成功的「獨特銷售賣點」於市場中必須要有的元素：「獨特性、需求關聯性與說服力」**。

增加文字的精準度

當你完成了一篇結構鮮明的文案後，就要來檢視一下你的文字精準度。若是文案使用的文字過於冗長、段落間節奏不順，即使瞄準了消費者的痛點，也會變成力度不夠使得文案吸引力大大下降。

以下分享幾點增加文字精準度的祕方，請各位收下：

1. 減少冗言贅字：刪除多餘的名詞、形容詞、語助詞。例如：「非常」、「或許」、「喔」、「嗯」等等。如何判斷字詞是多餘的？即是刪除後不影響句意傳達的詞彙。

2. 保持閱讀順暢無礙：在讀文案時，若有卡卡的、不順的地方，就要立即檢查是否有贅句、可否換句話說？例如：「其實如果我在今天來的路途上，看見非常多不勝多的杜鵑花。」→「今天我在來的路上，看見綿延不絕的花海。」

3. 製造段落間的節奏感：若要使文案中某段落間的節奏變快，可使用動詞短句；若是要製造慢的節奏，可使用長句搭配。撰寫文案時，尤其是長文案可使適時地將長短文句搭配或融合，使文案整體閱讀起來生動又活潑。

4. 文案中盡量將「我」改成「我們」，縮短與消費者的距離。

5. 不用每句都加驚嘆號！這樣會讓人覺得你很大驚小怪。

6. 開頭引言的部分，可使用一些疑問句勾起消費者的好奇心。例如：「你知道嗎？」、「你是否……？」等等。

7. 文案一旦內容篇幅較長的時候，可以試著將某些內容分點化，也就是將部分內容條列出來，尤其是闡述產品賣點的部分。

8. 文案中，文字盡量以親切的口吻撰寫，並且符合「人物設定」。也就是說在撰寫文案時，你要先設想好你是以什麼樣的角度跟消費者對話。例如：以親切、自來熟的市井大媽口吻撰寫文案，那麼文案閱讀起來會是什麼感覺呢？

輸出文案：讓新媒體成為你的行銷利器！

下一章節會詳細解說社群營銷的文案範例，此處我們先大概介紹一下新媒體。有別於舊媒體，新媒體泛指利用電腦、手機、網路、社群平台、APP 等等媒介進行資訊的傳播，而舊媒體是透過某種機械裝置或平面媒體發布訊息，例如：報刊、紙本雜誌、電視、廣播等等。

因應於新媒體的崛起，廣告逐漸以網路為接觸消費者的行銷渠道。透過這些新媒體、數位科技行銷產品或服務，也就是所謂的「網路行銷」。網路行銷包含這些形式：SEO 行銷(SEM)、互動式行銷（例如：投票遊戲）、EDM 行銷（銷售信）、展示型廣告(Banner)、聯盟行銷等等，而這些網路的行銷方式很常會運用到銷售頁(Landing page)讓消費者執行購買的動作。

那麼，什麼是銷售頁呢？在本章節一開頭時就有提到，銷售文案時常以銷售頁和銷售信的形式呈現。而銷售信或是其他網路媒介(Google、YouTube、Facebook、Instagram，Twitter、投放廣告等等)通常會附上銷售頁的連結，讓消費者能夠更進一步了解商品。簡單來說，銷售頁就是單獨的商品購買網頁（一頁式和多頁式）。這個網頁會專注於同一個商品或服務作介紹，並有一個明顯的購買按鈕，方便消費者直接下單。許多行銷人員，會設計一個表單和銷售頁連在一起，當消費者按下購買鍵時，該行銷人員就會收到訂單及客戶資料。

範例 魔法講盟「阿米巴稻盛經營學」課程銷售頁

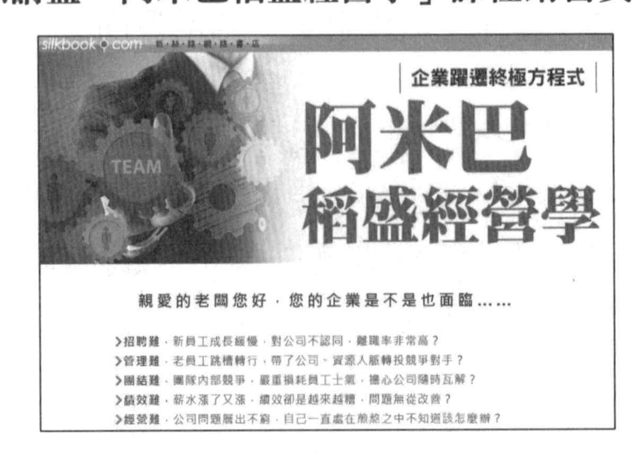

企業不能自動化運營，老闆自己身兼數職每天疲憊不堪，想拓店卻分身乏術，面對資源過剩和市場競爭日益白熱化的嚴峻挑戰，企業如何求得生存與發展？

如果您有以上的問題，別擔心

阿米巴稻盛經營學能解決您所有經營企業的疑難雜症心

全球許多知名企業都已經在取經阿米巴稻盛經營學的經營模式

以企業的經營哲學和經營理念為基礎，凝聚人心。

將企業劃分為一個個小的經營單位，責任明確。

將經營權逐漸下放並快速培養人才，權利清晰。

事前規劃、過程管理、事後評估風險，風險可控。

通過內部獨立核算的機制，培養經營者。

以純利潤為重點考核目標，利潤倍增。

建構相對公平的績效與分配體系，文化強企。

這樣做，
公司一定強

我要報名
register now >>>

人心是企業永續經營的基礎！

採用阿米巴稻盛經營最大的優勢，是讓每個成員都對企業經營抱著一股使命感，變得非常主動積極，打造出心手相連、全力以赴、透明公正的組織。能憑藉全體智慧和努力，主動改善工作流程與進度、即時反應市場脈動、減少作業成本，完成企業經營目標，實現企業飛速的進展。從自我成功到管理領導，無論是企業或個人，都能從中獲得啟悟。任何想精進自我的人，必學！

一套成功打造兩間世界五百強企業的方法

銷售最大化、花費最小化、員工老闆化！不管是哪種企業，只要能引進阿米巴稻盛經營的方法並讓它正常運作，必定可以實現以每一位員工為主體的企業管理，也可以像日本航空那樣一口氣改善低迷的業績。不只是企業經營者，也希望有更多的商業人士學習此經營之道，對組織發展有所貢獻。

適合參加的對象

我要報名
register now >>>

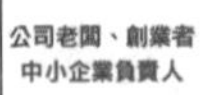

公司老闆、創業者
中小企業負責人

準備接班的企業二代

高階主管
（協理、經理、
總監、特助……）

商業團隊負責人、
企業內儲備幹部、
中高階經理人、專案主管

店長、
經營團隊的領域菁英、
準備創業的準老闆

你將從這堂課學會

我要報名
register now >>>

阿米巴稻盛經營學的秘訣

阿米巴經營模式的特點

如何利用稻盛經營學創造高利潤

如何導入阿米巴模式

阿米巴稻盛經營之績效激勵

企業轉型更要轉心
讓員工做老闆才能徹底解放老闆
不論任何行業，都能套用阿米巴稻盛經營模式
成效威力絕對超乎您的想像！

我要報名
register now >>>

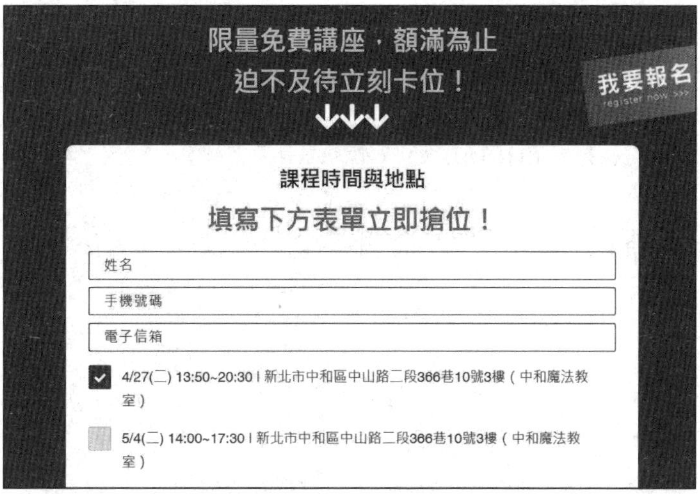

限量免費講座，額滿為止
迫不及待立刻卡位！
我要報名
register now >>>
課程時間與地點
填寫下方表單立即搶位！
姓名
手機號碼
電子信箱
4/27(二) 13:50~20:30 | 新北市中和區中山路二段366巷10號3樓（中和魔法教室）
5/4(二) 14:00~17:30 | 新北市中和區中山路二段366巷10號3樓（中和魔法教室）

Part 1 有「基礎的」銷售文案模板，在這裡則是提供「絕對成交的」銷售文案步驟模板給你！首先，我們結合一下本小節的內容，整理出升級版銷售文案的架構，以下方表格呈現，請各位依據自家產品的狀況，在空白欄位填上與左欄相對應的答案：

1	產品的 USP	
2	消費者的需求情境	
3	產品如何解決消費者的問題	
4	消費者購買產品的原因	
5	設想顧客購買產品後可能會有的困擾，並提供解決方案	
6	呼籲消費者下單	

將架構重點整理出來之後，就開始照著步驟模板練習吧！按照這個模版練習，不用 10 分鐘就能寫出一篇攻心的銷售頁文案。

文案寫作實戰營

步驟 1 ▶ 拋出消費者的痛點（標題）

範例 家裡的頭髮一堆，吸塵器沒辦法吸乾淨怎麼辦？

-
-
-

步驟 2 ▶ 描述問題或需求發生的原因或情況（引言）

範例 家人的毛髮很多，有些細小的毛髮吸塵器沒辦法吸乾淨。

-
-
-

步驟 3 ▶ 強調問題的嚴重性（引言）

範例 你知道嗎？要是忽略這些毛髮，可能會滋生塵蟎，如果被小孩子吸入，恐會引起哮喘等呼吸道疾病！

-
-
-

步驟 4 ▶ 提出解決方案（文案內容）

範例 那麼，要如何徹底清潔這些毛髮呢？○○○黏頭髮神器可以有效清潔細微的毛髮和灰塵，特殊的滾輪與伸縮握把設計讓你輕鬆將家裡打掃的乾乾淨淨！

-
-

步驟 5 ▶ 展現產品的獨特性（文案內容）

範例　擁有業界 NO.1 的黏性和耐用性，一個禮拜只需用一次，不用煩惱很快又要換一把！

-
-
-

步驟 6 ▶ 列出產品資訊（包含照片、規格、價位等等）

-
-
-

步驟 7 ▶ 設想消費者購買產品後的困境，並提供解決方案（文案內容）

範例　產品購買後，若有瑕疵可使用免費退還更換服務。

-
-
-

步驟 8 ▶ 刺激消費者下單（包含優惠、顧客或名人見證，旁邊放購買鍵）

範例　母親節福利！凡是在 5 月購買即可享有 8.5 折優惠！

-
-
-

除了網路行銷，社群營銷的興起，也是新媒體日益發達所致。社群平台不只是各大品牌、企業投入行銷布局的市場，個人品牌像是網紅、直播主、1人公司等等，也陸續跳入競爭激烈的社群營銷市場，可見網路能帶來的獲益及影響力有多大。然而，網路行銷不可避免的會使用到文案，文案的輸出媒介也逐漸導向網路媒體。所以，一個專業的文案寫手，除了將寫作技巧練的爐火純青以外，適度地了解網路行銷的資訊是必要的。

100 種短文案套用模版

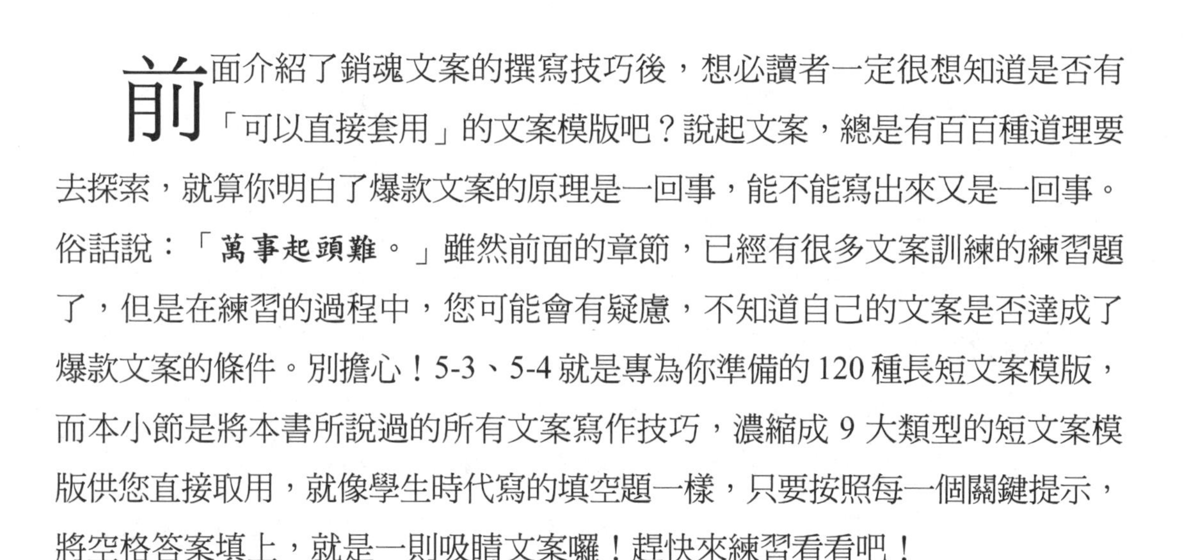

前面介紹了銷魂文案的撰寫技巧後，想必讀者一定很想知道是否有「可以直接套用」的文案模版吧？說起文案，總是有百百種道理要去探索，就算你明白了爆款文案的原理是一回事，能不能寫出來又是一回事。俗話說：「**萬事起頭難。**」雖然前面的章節，已經有很多文案訓練的練習題了，但是在練習的過程中，您可能會有疑慮，不知道自己的文案是否達成了爆款文案的條件。別擔心！5-3、5-4 就是專為你準備的 120 種長短文案模版，而本小節是將本書所說過的所有文案寫作技巧，濃縮成 9 大類型的短文案模版供您直接取用，就像學生時代寫的填空題一樣，只要按照每一個關鍵提示，將空格答案填上，就是一則吸睛文案囉！趕快來練習看看吧！

IDEA 肯定式語句

此類型的短文案是以肯定的語氣讓消費者明確接收到你給的資訊，更重要的是，我們可以利用肯定式語句，來強調產品、品牌的特色，也能夠影響消費者來認同我們的觀念。

範例 1　不是……，而是……。

文案內容

- 學測決定的不是人生，而是通往人生的其中一條道路。
- 快樂不是花費了多少錢，而是擁有多少價值的人事物。

- 我不是為了錢而喜歡你，而是為了喜歡你去改變我的價值觀。

關鍵提示

或許你感覺到了，這是一個在文案裡最基礎的，也是最容易想到的句型。而這種句型常常用在勵志、愛情等等主題的文案。上半句是顛覆一般人對某種事物的印象，下半句就是文案師想傳達給消費者的訊息。

接下來請讀者試試看：

- ________不是________，而是________。
- ________不是________，而是________。
- ________不是________，而是________。
- ________不是________，而是________。
- ________不是________，而是________。

範例2 是的，確實是……。

文案內容

- 是的，確實是我的錯，我當時應該告訴你這件事。
- 是的，我們的產品確實是有國際認證的優質產品，你可以放心購買。
- 是的，我們的商店確實是24小時營業，你在大半夜也可以來找我們消費。

關鍵提示

這種句型是利用肯定的語氣，來襯托出商家、產品的特色。

接下來請讀者試試看：

- 是的，確實是________，________。
- 是的，確實是________，________。
- 是的，確實是________，________。
- 是的，確實是________，

____。

•是的，確實是________________，

____。

範例 3 這是……，你是……。

文案內容

- 這或許是你最幸福的一天，你是少數幾個被選中獲得優惠券的人。
- 這是百裡選一的旅遊優惠，而你就是那個幸運兒。
- 你是萬中選一的練武奇才，拯救世界和平的任務就靠你了，我這裡有本祕笈只要〇〇元，請你務必收下！

關鍵提示

這種套圈圈的手法，就像去超市買了商品，商家說你中獎了一樣。但事實上消費者只是拿到了早已設計好的折價券與回購券而已。而這種肯定型文案就是加強消費者的幸運感！

接下來請讀者試試看：

•這是________________，你是________________。

•這是________________，你是________________。

•這是________________，你是________________。

•這是________________，你是________________。

•這是________________，你是________________。

範例 4 從來沒有比……更……。

文案內容

- 從來沒有比這更天然的肥皂了，保證讓你的肌膚更亮麗迷人。
- 從來沒有比這更便宜的電視機上盒了，保證讓你高畫質、多選擇的享受看電視的喜悅。
- 從來沒有比這便宜的書籍了，保證讓你家的書房填的滿滿滿。

關鍵提示

利用「從來沒有」和「更簡單」、「更便宜」的關鍵詞來幫助消費者得到他們想要的結果。而「簡單」、「便宜」乃是現代人所愛追求的，所以會特別有影響力。而這幾個詞也是讓肯定型語句發揮效用的關鍵詞語，建議你練習時，也可以使用這些詞彙看看。

接下來請讀者試試看：

•從來沒有比＿＿＿＿＿＿更＿＿＿＿＿，＿＿＿＿＿＿＿。

•從來沒有比＿＿＿＿＿＿更＿＿＿＿＿，＿＿＿＿＿＿＿。

•從來沒有比＿＿＿＿＿＿更＿＿＿＿＿，＿＿＿＿＿＿＿。

•從來沒有比＿＿＿＿＿＿更＿＿＿＿＿，＿＿＿＿＿＿＿。

•從來沒有比＿＿＿＿＿＿更＿＿＿＿＿，＿＿＿＿＿＿＿。

範例 5 無論你是……，我都可以……。

文案內容

- 無論你是男女老少、富有或貧困，我都可以幫助你得到健康的人生。
- 無論你是高學歷或不愛讀書，我都可以讓你快速學會英文。
- 無論你是老闆或員工，我都可以讓你不做事也有被動收入。

關鍵提示

一般人最在意的就是這個產品（服務）跟他有沒有關係。也許你的服務真的很棒、你的產品真的很好、你的計畫真的可以成功，但消費者會產生「不知道適不適合我」的想法。這時候就可以寫這樣的文案來讓消費者卸下心防。

接下來請消費者試試看：

•無論你是＿＿＿＿＿＿＿＿＿＿＿＿＿＿＿＿＿＿，
　我都可以＿＿＿＿＿＿＿＿＿＿＿＿＿＿＿＿＿＿。

•無論你是＿＿＿＿＿＿＿＿＿＿＿＿＿＿＿＿＿＿，
　我都可以＿＿＿＿＿＿＿＿＿＿＿＿＿＿＿＿＿＿。

•無論你是＿＿＿＿＿＿＿＿＿＿＿＿＿＿＿＿＿＿，
　我都可以＿＿＿＿＿＿＿＿＿＿＿＿＿＿＿＿＿＿。

• 無論你是＿＿＿＿＿＿＿＿＿＿＿＿＿＿＿＿＿＿＿＿，
我都可以＿＿＿＿＿＿＿＿＿＿＿＿＿＿＿＿＿＿＿＿。

• 無論你是＿＿＿＿＿＿＿＿＿＿＿＿＿＿＿＿＿＿＿＿，
我都可以＿＿＿＿＿＿＿＿＿＿＿＿＿＿＿＿＿＿＿＿。

範例 6　……是短小精簡的，……。

文案內容

- 我們書的內容都是短小精簡的，只希望把最有效的內容跟你分享。
- 我們餐廳的料理都是精簡套餐，熱量都是由專業的營養師把控，想保持身材的女孩們可以安心食用！
- 這個蛋白質的成分是精心設計的，我們從來不會加油添醋在裡面。

關鍵提示

「精簡」這個詞可以讓產品整體 CP 值飆高。因為很多商人都會誇大其辭的宣傳產品，讓消費者產生恐懼的心態。又或者可以讓想掌握某種事物的人，可以安心使用產品。所以，「精簡」這個詞放在肯定型語句裡，對讀者來說也是有加分效用的喔！

接下來請讀者試試看：

• ＿＿＿＿＿＿＿＿＿＿＿＿＿＿＿＿＿＿是短小精簡的，
我們從來不＿＿＿＿＿＿＿＿＿＿＿＿＿＿＿＿＿＿＿。

• ＿＿＿＿＿＿＿＿＿＿＿＿＿＿＿＿＿＿＿＿是精緻的，
我們從來不＿＿＿＿＿＿＿＿＿＿＿＿＿＿＿＿＿＿＿。

• ＿＿＿＿＿＿＿＿＿＿＿＿＿＿＿＿＿＿＿＿＿＿＿＿，
我們從來不＿＿＿＿＿＿＿＿＿＿＿＿＿＿＿＿＿＿＿。

• ＿＿＿＿＿＿＿＿＿＿＿＿＿＿＿＿＿＿＿精心設計的，
我們只希望＿＿＿＿＿＿＿＿＿＿＿＿＿＿＿＿＿＿＿。

• 我們＿＿＿＿＿＿＿＿＿＿＿＿＿＿＿＿＿＿＿＿＿＿，
只希望＿＿＿＿＿＿＿＿＿＿＿＿＿＿＿＿＿＿＿＿＿。

範例7 給我……（時間），……。

文案內容

- 給我一分鐘，我保證不會超過。如果你不滿意，我馬上就走。
- 給我30秒的時間讓我自我介紹，相信我不會耽誤您寶貴的時間。
- 時間就是金錢，我的工作就是幫你賺時間跟錢。

關鍵提示

「時間」對每個人來說都是珍貴的，尤其是億萬富翁、成功人士。所以你用時間來描寫，就有可能對影響到這些特別重視時間觀的人。又或者是沒有太多時間可以閱覽訊息的人。而這裡填上的時間不宜過久，這樣才能讓數字起到聚焦的效果。

接下來請讀者試試看：

- 給我________（時間），________________。
- 給我________（時間），________________。
- 給我________（時間），________________。
- 給我________（時間），________________。
- 給我________（時間），________________。

假設型語句

範例1 如果……，那麼……。

文案內容

- 如果你不愛我了，那麼請離開我的世界。
- 如果你收入不夠，那麼請記得來找我，我有一些方法……。
- 如果我的產品真的幫不了你，那麼費用由我負擔。

關鍵提示

這是利用假設的口吻來描寫，可以給消費者畫一個夢想，內容最好是

跟目標客群有關，這樣一來，寫出來的文案才能夠讓消費者有購買產品的衝動喔！

接下來請讀者試試看：

•如果＿＿＿＿＿＿＿＿，那麼＿＿＿＿＿＿＿＿。
•如果＿＿＿＿＿＿＿＿，那麼＿＿＿＿＿＿＿＿。
•如果＿＿＿＿＿＿＿＿，那麼＿＿＿＿＿＿＿＿。
•如果＿＿＿＿＿＿＿＿，那麼＿＿＿＿＿＿＿＿。
•如果＿＿＿＿＿＿＿＿，那麼＿＿＿＿＿＿＿＿。

範例 2　如果你……，那麼……。

文案內容

- 如果你想創業，那麼你肯定對這個資訊感興趣。
- 如果你想成功，那麼你肯定對這個課程感興趣。
- 如果你想學會寫文案，那麼你肯定對這本《銷魂文案》感興趣。

關鍵提示

這是假設消費者對這個訊息有興趣的前提下寫的，那麼，如何把它修改的好呢？答案是鎖定目標受眾的需求。

接下來請讀者試試看：

• 如果你＿＿＿＿＿＿＿＿＿＿＿＿＿＿＿＿
那麼＿＿＿＿＿＿＿＿＿＿＿＿＿＿＿＿。
• 如果你＿＿＿＿＿＿＿＿＿＿＿＿＿＿＿＿
那麼＿＿＿＿＿＿＿＿＿＿＿＿＿＿＿＿。
• 如果你＿＿＿＿＿＿＿＿＿＿＿＿＿＿＿＿
那麼＿＿＿＿＿＿＿＿＿＿＿＿＿＿＿＿。
• 如果你＿＿＿＿＿＿＿＿＿＿＿＿＿＿＿＿
那麼＿＿＿＿＿＿＿＿＿＿＿＿＿＿＿＿。
• 如果你＿＿＿＿＿＿＿＿＿＿＿＿＿＿＿＿
那麼＿＿＿＿＿＿＿＿＿＿＿＿＿＿＿＿。

範例 3 如果你能……，我將……。

文案內容

- 如果你能給我五分鐘，我將改變你的成功思維。
- 如果你能配合這套減重計畫，我將會非常感激，且有自信幫你找回健康。
- 如果你能介紹兩個朋友過來，你將免費享有這個產品。

關鍵提示

如果消費者願意配合，如果消費者願意了解，利用「如果」這個詞要求消費者配合，後半句再提供目標客群的需求，就能使消費者走入了我們的營銷套路裡。

接下來請讀者試試看：

•如果你能______________________________，
我將______________________________。
•如果你能______________________________，
我將______________________________。
•如果你能______________________________，
我將______________________________。
•如果你能______________________________，
我將______________________________。
•如果你能______________________________，
我將______________________________。

範例 4 如果你……，將會……。

文案內容

- 如果你渴望成功，這將是最激勵你的訊息！
- 如果你渴望娶到好老婆，我將告訴你一個最棒的消息。
- 如果你為禿頭所苦，我將介紹你一個最棒的產品。

關鍵提示

這也是一個假設型的文案，先模擬消費者的需求，再給他一個解決需求的希望。

接下來請讀者試試看：

•如果你________________________________，
　我將會________________________________。
•如果你________________________________，
　我將會________________________________。
•如果你________________________________，
　這將是________________________________。
•如果你________________________________，
　這將是________________________________。
•如果你________________________________，
　這將是________________________________。

範例 5　如果你不需要，可以留給需要的人。

文案內容

- 如果你不想成功，你可以關掉這個訊息。因為…………。
- 如果你認為穿搭服飾對你不重要。請你不要繼續再看下去。
- 如果我的資訊對你沒幫助，請把他留給有需要的人。

關鍵提示

這種過濾式的文案不知道各位讀者有沒有經歷過，事實上這種文案很常用。因為每個人都希望看到文案的是潛在客戶、是對我們服務有興趣的。而太多無關的人士看到我們的文案，如果是付費的廣告文案，那對投放的業者會有比較大的損失。他們寧願多花點錢讓有意向的客戶觀看，也不想讓不會消費的無關人士觀看文案。另外，這樣的模式可以激起消費者的好奇心，當消費者產生想要了解文案訊息的念頭，就成功了一半了。

接下來請讀者試試看：

•如果＿＿＿＿＿＿＿＿＿＿＿＿＿＿＿＿＿，
可以＿＿＿＿＿＿＿＿＿＿＿＿＿＿＿＿＿。
•如果＿＿＿＿＿＿＿＿＿＿＿＿＿＿＿＿＿，
可以＿＿＿＿＿＿＿＿＿＿＿＿＿＿＿＿＿。
•如果＿＿＿＿＿＿＿＿＿＿＿＿＿＿＿＿＿，
可以＿＿＿＿＿＿＿＿＿＿＿＿＿＿＿＿＿。
•如果＿＿＿＿＿＿＿＿＿＿＿＿＿＿＿＿＿，
請留給＿＿＿＿＿＿＿＿＿＿＿＿＿＿＿＿。
•如果＿＿＿＿＿＿＿＿＿＿＿＿＿＿＿＿＿，
請留給＿＿＿＿＿＿＿＿＿＿＿＿＿＿＿＿。

範例 6　如果你對……感到很擔心，你不妨聽一聽……。

文案內容

- 如果你對國家的未來感到擔心，你不妨聽聽我的一個建議。
- 如果你對孩子的未來感到擔心，我介紹你一家補教機構。
- 如果你對市場的未來感到擔心，不如聽聽我的分析。

關鍵提示

有些人天生比較負面，或者他是危機意識比較重的人。就可能會對這種句型的文案有興趣，因為貼近他的個性與價值觀。當然這對樂觀的人也可能有效。將設定好的文案主題填進去後，用親切的口吻推薦消費者聽聽看你的說法。

接下來請讀者試試看：

•如果你對＿＿＿＿＿＿＿＿＿＿＿＿＿感到擔心，
不妨＿＿＿＿＿＿＿＿＿＿＿＿＿＿＿＿＿。
•如果你對＿＿＿＿＿＿＿＿＿＿＿＿＿感到擔心，
不如＿＿＿＿＿＿＿＿＿＿＿＿＿＿＿＿＿。
•如果你對＿＿＿＿＿＿＿＿＿＿＿＿＿感到擔心，
可以＿＿＿＿＿＿＿＿＿＿＿＿＿＿＿＿＿。

•如果你對＿＿＿＿＿＿＿＿＿＿＿＿＿＿＿＿＿＿＿＿感到擔心，姑且＿＿＿＿＿＿＿＿＿＿＿＿＿＿＿＿＿＿＿＿＿＿＿＿＿＿。

•如果你對＿＿＿＿＿＿＿＿＿＿＿＿＿＿＿＿＿＿＿＿感到擔心，試試看＿＿＿＿＿＿＿＿＿＿＿＿＿＿＿＿＿＿＿＿＿＿＿＿＿。

範例 7 如果我給你一個比你現有的……更……，你有興趣嗎？

文案內容

- 如果我給你一個比你現有的工作崗位更高薪的職務，你有興趣嗎？
- 如果我給你一個比你現有的事業更有發展的策略，你有興趣嗎？
- 如果我給你一個比你現有的社群營銷模式更有效的營銷策略，你有興趣嗎？

關鍵提示

這是一種好上加好的概念，就好像有人已經念了一個博士學位，還要再去念其他專業的博士學位，只為了好上加好。這對正在極欲往上爬的人來說，特別有吸引力。

接下來請讀者試試看：

•如果我給你一個比你現有的＿＿＿＿＿＿＿＿＿＿，你有興趣嗎？

•如果我給你一個比你現有的＿＿＿＿＿＿＿＿＿＿，你有興趣嗎？

•如果我給你一個比你現有的＿＿＿＿＿＿＿＿＿＿，你有興趣嗎？

•如果我給你一個比你現有的＿＿＿＿＿＿＿＿＿＿，你有興趣嗎？

•如果我給你一個比你現有的＿＿＿＿＿＿＿＿＿＿，你有興趣嗎？

範例 8 如果你很……，我這裡有方法可以幫助你。

文案內容

- 如果你很努力工作，但你還渴望擁有更好的成就，你聽聽我的方案。
- 如果你很認真地對待自己的未來，非常希望打破現狀的話，我這裡有一個建議，或許正是你現在所需要的。
- 如果你很努力減肥，已經達到最初設定的門檻了，但還是想在更短的時間內變得更完美。我這裡有一套減重方案，可以讓你 1 個禮拜內降低 5 %的體脂肪。

關鍵提示

這是一種用鼓勵的方式，促使消費者能接受我們的觀念或說法。先肯定消費者，再提供消費者一個好上加好的建議。

接下來請消費者試試看：

- 如果你＿＿＿＿＿＿，＿＿＿＿＿＿還＿＿＿＿＿＿，我這裡＿＿＿＿＿＿＿＿＿＿＿＿。
- 如果你＿＿＿＿＿＿，＿＿＿＿＿＿還＿＿＿＿＿＿，我這裡＿＿＿＿＿＿＿＿＿＿＿＿。
- 如果你＿＿＿＿＿＿，＿＿＿＿＿＿還＿＿＿＿＿＿，我這裡＿＿＿＿＿＿＿＿＿＿＿＿。
- 如果你＿＿＿＿＿＿，＿＿＿＿＿＿還＿＿＿＿＿＿，我這裡＿＿＿＿＿＿＿＿＿＿＿＿。
- 如果你＿＿＿＿＿＿，＿＿＿＿＿＿還＿＿＿＿＿＿，我這裡＿＿＿＿＿＿＿＿＿＿＿＿。

範例 9 如果你正想購買……，千萬不要！

文案內容

- 如果你正想報名某某培訓的講師課程，千萬不要。因為我們的方案帶給你的成效一定比他們更好。
- 如果你正想在專賣店購買 iPhone 新手機，千萬不要！我建議你攜帶門號來我們這裡辦理！因為我們有目前全國內最優惠、最划算的手機購買方案。
- 如果你正想購買菜市場的特價蔬菜，千萬不要！我介紹你去一個品質更有保障、或有多項國家級認證的超市。

關鍵提示

這是針對有消費欲望的消費者寫的，原本消費者看中了某個商品，但

你卻阻止了他。你必須把理由跟替代方案準備好。否則他依然會決定執行他的行動而不是聽從你的建議。

接下來請讀者試試看：

•如果你正想購買__________千萬不要！__________。

•如果你正想購買__________千萬不要！__________。

•如果你正想購買__________千萬不要！__________。

•如果你正想購買__________千萬不要！__________。

•如果你正想購買__________千萬不要！__________。

範例 10　如果我們免費送你……？

文案內容

- 如果我們免費送你一套房地產線上教學影片試用一星期，你會嘗試完成以下這 3 項要求嗎？
- 如果我們免費送你一套健檢體驗，你會嘗試介紹朋友來試上一次有氧舞蹈的課程嗎？
- 如果我們免費送你一套旅遊體驗券，只需加入我們的會員，你會接受嗎？

關鍵提示

「免費」或「試用」，一直以來都有明顯的吸引力和影響力。所以很多廣告都強調免費一詞。也許是部分免費，也許是免費一些時段。經過多項調查後，數據顯示這兩種「免費」的確都能刺激買氣。所以，建議文案的上半句填寫免費的物品，下半句寫你想要消費者執行什麼樣的動作，好讓這則文案可以為商品或公司帶來更多利益。

接下來請讀者試試看：

•如果我們免費送你__________，

____？

•如果我們免費送你__________，

____？

- 如果我們免費送你__________，
____？
- 如果我們免費送你__________，
____？
- 如果我們免費送你__________，
____？

範例 11 如果你對〇〇〇很關注，這封信就是為你寫的。

文案內容

- 如果你對鑽石製作流程很關注，這封信就是為你寫的。
- 如果你對養殖豬隻很關注，這份報告就是為你所寫的。
- 如果你對飼養寵物很關注，這個影片就是為你準備的。

關鍵提示

這個文案句型非常明顯就是要過濾消費者，讓真正對文案的議題有興趣的人點閱，就能提高產品被購買的機率。

接下來請讀者試試看：

- 如果你對__________很關注，
____。
- 如果你對__________很關注，
____。
- 如果你對__________很關注，
____。
- 如果你對__________很關注，
____。
- 如果你對__________很關注，
____。

範例 12 如果你認為我隨信附上的（現金）能換取你一分鐘的話，……。

文案內容

- 如果你認為我附上的（禮卷）能換取你一分鐘的話，考慮一下認真讀讀這封信的內容。
- 如果你認為我附上的（產品試用包）能換取你一分鐘的話，考慮一下閱覽這個短影片。
- 如果你認為我附上的（書籍）能換取你一分鐘的話，考慮一下認真讀讀這封信的內容。

關鍵提示

這種文案就是先拋出好處讓消費者看見，再誘使消費者執行你的要求。

接下來請讀者試試看：

- 如果你認為__________能換取你一分鐘的話，
____。
- 如果你認為__________能換取你一分鐘的話，
____。
- 如果你認為__________能換取你一分鐘的話，
____。
- 如果你認為__________能換取你一分鐘的話，
____。
- 如果你認為__________能換取你一分鐘的話，
____。

範例 13 如果錢不是問題，你會怎麼做？

文案內容

- 如果錢不是問題，我們現在有三個方案，你會選哪個？
- 如果錢不是問題，這套保險計畫，你會投入多少？
- 疫情越來越嚴重，如果錢不是問題，你會施打自費疫苗？

MAGIC COPYWRITER

關鍵提示

大部分人消費時一定會考慮的其中一個問題就是錢。所以這句文案的重點就是要消費者先把付錢的焦點轉移。先思考購買產品的好處。

接下來請讀者試試看：

•如果錢不是問題______，______。

•如果錢不是問題______，______。

•如果錢不是問題______，______。

•如果錢不是問題______，______。

•如果錢不是問題______，______。

範例 14 如果你有……，這將會是你……。

文案內容

• 如果你有想要成為團隊領導人，這將會是你所讀過的最令人大開眼界的內容。

• 如果你有想要出書，我給你的訊息將會是你所讀過最令人大開眼界的。

• 如果你有想要投資公司，這將會是你所讀過的最令人大開眼界的信。

關鍵提示

如果你本身對這方面有所研究或行動，例如參加直銷計畫或購買相關產品，那當你看到這種文案的時候就會很在意。

接下來請讀者試試看：

•如果你有想要______，
這將會是______。

•如果你有想要______，
這將會是______。

•如果你有想要______，
這將會是______。

•如果你有想要______，

這將會是＿＿＿＿＿＿＿＿＿＿＿＿＿＿＿＿＿＿＿＿。

•如果你有想要＿＿＿＿＿＿＿＿＿＿＿＿＿＿＿＿，

這將會是＿＿＿＿＿＿＿＿＿＿＿＿＿＿＿＿＿＿＿＿。

誇飾型語句

範例 1　驚人的〇〇〇……。

文案內容

• 驚人的報名人數，今年的八大盛會已經突破了 1000 人次！
• 驚人的銷售量，《改變人生的五個方法》第一個月就已經賣出了 20000 本！
• 驚人的點閱率，新絲路視頻點閱數已到達 10 萬人次。

關鍵提示

用具體的數字，營造商品爆款的現象。吸引消費者的好奇心，了解你的產品。

接下來請讀者試試看：

•驚人的＿＿＿＿＿＿＿＿＿＿＿＿＿＿＿＿＿＿＿＿＿。
•驚人的＿＿＿＿＿＿＿＿＿＿＿＿＿＿＿＿＿＿＿＿＿。
•驚人的＿＿＿＿＿＿＿＿＿＿＿＿＿＿＿＿＿＿＿＿＿。
•驚人的＿＿＿＿＿＿＿＿＿＿＿＿＿＿＿＿＿＿＿＿＿。
•驚人的＿＿＿＿＿＿＿＿＿＿＿＿＿＿＿＿＿＿＿＿＿。

範例 2　我看著他……，好像他瘋了一樣。可是……。

文案內容

• 我看著她每天玩樂，好像瘋了一樣。可是她每天的收入是我的 5 倍。
• 我看她吃大魚大肉，好像瘋了一樣。可是她的身材依然維持得很好。

- 我看著我的同事每天拼命工作，好像瘋了一樣，可是他的業績依然不好。為什麼呢？

關鍵提示

「瘋了一樣」，用這種誇飾的語氣埋伏筆，為的就是和下一句話呈現強烈的對比，進而吸引消費者的眼球。

接下來請讀者試試看：

- 我看著他＿＿＿＿＿＿＿＿好像他瘋了一樣。可是＿＿＿＿＿＿＿＿。
- 我看著他＿＿＿＿＿＿＿＿好像他瘋了一樣。可是＿＿＿＿＿＿＿＿。
- 我看著他＿＿＿＿＿＿＿＿好像他瘋了一樣。可是＿＿＿＿＿＿＿＿。
- 我看著他＿＿＿＿＿＿＿＿好像他瘋了一樣。可是＿＿＿＿＿＿＿＿。
- 我看著他＿＿＿＿＿＿＿＿好像他瘋了一樣。可是＿＿＿＿＿＿＿＿。

範例 3 連……都……。

文案內容

- 連奧客都抵擋不了的好味道！媲美米奇林餐廳的 7 道小吃食。
- 連國文老師都驚呆了！30 秒讓你化身學霸的一本書！
- 連周興哲都甘拜下風！5 種混音區的練唱祕笈。

關鍵提示

利用厲害的人事物，襯托你要表達的事情或是銷售的物品。

接下來請讀者試試看：

- 連＿＿＿都＿＿＿！＿＿＿＿＿＿。
- 連＿＿＿都＿＿＿！＿＿＿＿＿＿。
- 連＿＿＿都＿＿＿！＿＿＿＿＿＿。

- 連＿＿＿＿＿都＿＿＿＿＿＿＿＿＿！＿＿＿＿＿＿＿＿＿＿＿＿＿＿。
- 連＿＿＿＿＿都＿＿＿＿＿＿＿＿＿！＿＿＿＿＿＿＿＿＿＿＿＿＿＿。

範例 4 史上最……！

文案內容

- 史上能量最強的能量水晶！〇〇大師的史詩級演說！
- 史上最離奇的失蹤案件！30 年未解的密室謎團。
- 史上最豐富的文案大全！超過 10 位行銷權威的鼎力推薦！

關鍵提示

用「史上」這種衝擊性的詞語，抓住消費者的眼球，引導顧客點擊你的文案。

接下來請讀者試試看：

- 史上＿＿＿＿＿＿＿＿＿＿＿＿＿＿＿＿＿＿＿＿＿＿＿＿＿＿。
- 史上＿＿＿＿＿＿＿＿＿＿＿＿＿＿＿＿＿＿＿＿＿＿＿＿＿＿。
- 史上＿＿＿＿＿＿＿＿＿＿＿＿＿＿＿＿＿＿＿＿＿＿＿＿＿＿。
- 史上＿＿＿＿＿＿＿＿＿＿＿＿＿＿＿＿＿＿＿＿＿＿＿＿＿＿。
- 史上＿＿＿＿＿＿＿＿＿＿＿＿＿＿＿＿＿＿＿＿＿＿＿＿＿＿。

範例 5 全身的……。

文案內容

- 全身的毛孔都在噴張！超過 60％的中獎機率！
- 全身的血液都在沸騰！BTS 演唱會門票免費送！
- 全身的細胞都戀愛了！讓你一吃就上癮的精緻小甜點！

關鍵提示

使用人人都有的身體構造或特徵，營造非常興奮或哀傷等極端的情緒，讓消費者忍不住想了解你的文案內容。

接下來請讀者試試看：

- 全身的＿＿＿＿＿＿＿＿＿＿＿＿＿＿＿＿＿＿＿＿＿＿＿＿＿。

- 全身的________________。
- 全身的________________。
- 全身的________________。
- 全身的________________。

範例 6 抓住……。

文案內容

- 文案寫作 3 大步，抓住消費者眼球的攻心祕訣！
- 米其林食譜大公開！抓住總統味蕾的經典配方！
- 圖解金剛經，10 分鐘抓住千年精髓！

關鍵提示

利用「抓住」這個動詞，讓短文案整體更加具體化，使消費者更加明白此篇文案可以為他帶來什麼好處。

接下來請讀者試試看：

- 抓住________________。
- 抓住________________。
- ________抓住________________。
- ________抓住________________。
- ________抓住________________。

範例 7 超……。

文案內容

- 超越極致美！○○○美容液 3 大功效！
- 超出想象的完美之作！《改變人生的 5 個方法》教會我的事。
- 超過 90 %的人都受惠！魔法講盟的學員優待方案。

關鍵提示

「超」後面連接的詞語，一定要是非常具體且極端良好的。這樣才可以給消費者造成衝擊，為產品帶來加分的作用。

接下來請讀者試試看：

- 超____。
- 超____。
- 超____。
- 超____。
- 超____。

疑問型語句

範例 1　你可以幫我個忙嗎？……。

文案內容

- 你可以幫我個忙嗎？我現在正在填公司問卷，只需要你一分鐘的協助就好。
- 你可以幫我個忙嗎？我的講座需要有聽眾，你只要聽聽就好。
- 你可以幫我個忙嗎？這個月我還缺了一點業績，如果你願意幫助我，我將會報答你。

關鍵提示

這是利用同情心的一種開頭，正常善良有愛心的人看到這個開頭都會願意幫忙，除非他們感受到來者不善…………。

接下來請讀者試試看：

- 你可以幫我個忙嗎？________________________________。
- 你可以幫我個忙嗎？________________________________。
- 你可以幫我個忙嗎？________________________________。
- 你可以幫我個忙嗎？________________________________。
- 你可以幫我個忙嗎？________________________________。

範例 2 你還在為……擔憂嗎？

文案內容

- 你還在為子女的生活費擔憂嗎？
- 你還在為父母的健康擔憂嗎？
- 你還在為三高的體質擔憂嗎？

關鍵提示

這個開頭試圖講出消費者的心聲，讓目標客群覺得這句話好像是為了他而說。

接下來請讀者試試看：

- 你還在為__________擔憂嗎？
- 你還在為__________擔憂嗎？
- 你還在為__________擔憂嗎？
- 你還在為__________擔憂嗎？
- 你還在為__________擔憂嗎？

範例 3 你有想過每星期可能會在不知不覺中額外花費 5000 元嗎？……。

文案內容

- 你有想過每星期可能會在不知不覺中額外花費 5000 元嗎？趕快停下這筆不需要的開銷。
- 你有想過每星期可能會在不知不覺中額外花費 80000 元嗎？你知道有一個更省錢的方法嗎？
- 你有想過每星期可能會在不知不覺中額外花費 10000 元嗎？讓我來告訴你更好的做法。

關鍵提示

每星期額外花費 5000 元！這可不是一個小數目。但重點是什麼事情需要每個禮拜額外花費 5000 元？消費者會有好奇之心，所以這種文案很容易提升點擊率。當然你可以把 5000 元的金額作調整，因為這只是一

個參考範例。

接下來請讀者試試看：

•你有想過＿＿＿＿＿＿額外花費＿＿＿＿＿＿嗎？

＿＿＿＿＿＿＿＿＿＿＿＿＿＿。

•你有想過＿＿＿＿＿＿額外花費＿＿＿＿＿＿嗎？

＿＿＿＿＿＿＿＿＿＿＿＿＿＿。

•你有想過＿＿＿＿＿＿額外花費＿＿＿＿＿＿嗎？

＿＿＿＿＿＿＿＿＿＿＿＿＿＿。

•你有想過＿＿＿＿＿＿額外花費＿＿＿＿＿＿嗎？

＿＿＿＿＿＿＿＿＿＿＿＿＿＿。

•你有想過＿＿＿＿＿＿額外花費＿＿＿＿＿＿嗎？

＿＿＿＿＿＿＿＿＿＿＿＿＿＿。

範例 4　你認為怎麼樣能一天賺 1000 美元？……。

文案內容

- 你認為怎麼樣能一天賺 1000 美元？我的看法是這樣的。
- 你認為怎麼樣能一天賺 1000 美元？其實你只需要三個步驟。
- 你認為怎麼樣能一天賺 1000 美元？我做得到，而且我認為你也可以做得到。

關鍵提示

你認為怎樣一天賺 1000 美元？如果是一天賺不到 1000 美元的人就會好奇，進而了解更多的內容。

接下來請讀者試試看：

•你認為怎麼樣能＿＿＿＿＿＿＿＿＿＿＿＿。

•你認為怎麼樣能＿＿＿＿＿＿＿＿＿＿＿＿。

•你認為怎麼樣能＿＿＿＿＿＿＿＿＿＿＿＿。

•你認為怎麼樣能＿＿＿＿＿＿＿＿＿＿＿＿。

•你認為怎麼樣能＿＿＿＿＿＿＿＿＿＿＿＿。

範例 5 你是不是為（產品／服務）花費了太多的錢？……。

文案內容

- 你是不是每個月都花 3000 元在買日用品？我告訴你一個邊買邊賺錢的機會。
- 你是不是花了太多錢買廣告？我告訴你個更好的辦法。
- 如果你當時聽我的建議，是不是就不用為了這個產品花不必要的費用了。

關鍵提示

為了某個服務花了「額外」的錢，人們都會對額外的損失更加敏感，所以非常容易被這種句型的文案吸引。

接下來請讀者試試看：

- ＿＿＿＿＿你是不是＿＿＿＿＿＿＿＿＿＿＿＿＿＿＿＿＿＿＿。
- ＿＿＿＿＿你是不是＿＿＿＿＿＿＿＿＿＿＿＿＿＿＿＿＿＿＿。
- ＿＿＿＿＿你是不是＿＿＿＿＿＿＿＿＿＿＿＿＿＿＿＿＿＿＿。
- ＿＿＿＿＿你是不是＿＿＿＿＿＿＿＿＿＿＿＿＿＿＿＿＿＿＿。
- ＿＿＿＿＿你是不是＿＿＿＿＿＿＿＿＿＿＿＿＿＿＿＿＿＿＿。

範例 6 之前／上次……，你覺得如何？……。

文案內容

- 上次跟你分享的商機，你覺得如何？我還沒得到你的回應。
- 上次跟你分享的餐廳，你覺得如何？我們有空再去嚐一次。
- 上次跟你分享的旅遊計畫，你覺得如何？我們正在統計人數。

關鍵提示

這是一個追售的文案模式，主要針對之前曾接觸過的消費者，而這種文案比較不適合大量發送，因為每個人的狀況都不一樣。較適合客製化的設計，也比較花心思。

接下來請讀者試試看：

- 之前／上次＿＿＿＿＿＿＿＿＿＿＿＿＿＿＿＿＿＿，你覺得如何？

我們________________________________。

- 之前／上次________________________，你覺得如何？

我們________________________________。

- 之前／上次________________________，你覺得如何？

我們________________________________。

- 之前／上次________________________，你覺得如何？

我們________________________________。

- 之前／上次________________________，你覺得如何？

我們________________________________。

範例 7 你是否想過為什麼有些人在……？

文案內容

- 你是否想過為什麼有些人在趨勢領域很專業？
- 你是否想過為什麼有些人在教育小孩很有心得？
- 你是否想過為什麼有些人在錄製影片特別容易？

關鍵提示

利用廣泛的問句引發消費者的思考，若消費者思考不出的答案，或是得到的答案不明確，他們就會想要知道你的見解是什麼。

接下來請讀者試試看：

- 你是否想過為什麼有些人在

________________________________？

- 你是否想過為什麼有些人在

________________________________？

- 你是否想過為什麼有些人在

________________________________？

- 你是否想過為什麼有些人在

________________________________？

- 是否想過為什麼有些人在

____?

範例 8 你想……而且在某某時間點嗎？讓我告訴你如何做到。

文案內容

- 你想知道如何從兩個月之內從 100 公斤瘦到 60 公斤嗎？讓我告訴你如何做到。
- 你想知道從醜小鴨變到天鵝，素人變網紅，而且在三個月之內嗎？讓我告訴你這個流程。
- 你想參與從 10000 元賺到 13000 元，30000 元漲到 40000 元，而且在一天之內嗎？讓我告訴你如何做到。

關鍵提示

這是一個比較明確具體的文案，他直接講出了消費者想要的結果，而且有一個明確的數字。這樣來，一般消費者就會想要去研究其中的過程是否可行。

接下來請讀者試試看：

•你想____，
而且____，
讓我告訴你如何做到。

•你想____，
而且____，
讓我告訴你如何做到。

•你想____，
而且____，
讓我告訴你如何做到。

•你想____，
而且____，
讓我告訴你如何做到。

•你想____，

而且＿＿＿＿＿＿＿＿＿＿＿＿＿＿＿＿＿＿＿＿＿＿＿＿＿＿，
讓我告訴你如何做到。

範例 9　我有一個問題，我想成為……。

文案內容

- 我有一個問題，我想成為特級壽司師父，做出更多美味的壽司，這個創業計畫沒問題嗎？
- 我有一個問題，我想成為一個活動魔術師。這個表演還行嗎？
- 我有一個問題，我想成為商業模式的設計師。這個有份初稿，你可以提供一些意見嗎？

關鍵提示

這個文案是先拋出主旨，再誘導消費者執行你希望他做的動作。
接下來請讀者試試看：

•我有一個問題，我想成為……
＿＿＿＿＿＿＿＿＿＿＿＿＿＿＿＿＿＿＿＿＿＿＿＿＿＿＿＿？

•我有一個問題，我想成為……
＿＿＿＿＿＿＿＿＿＿＿＿＿＿＿＿＿＿＿＿＿＿＿＿＿＿＿＿？

•我有一個問題，我想成為……
＿＿＿＿＿＿＿＿＿＿＿＿＿＿＿＿＿＿＿＿＿＿＿＿＿＿＿＿？

•我有一個問題，我想成為……
＿＿＿＿＿＿＿＿＿＿＿＿＿＿＿＿＿＿＿＿＿＿＿＿＿＿＿＿？

•我有一個問題，我想成為……
＿＿＿＿＿＿＿＿＿＿＿＿＿＿＿＿＿＿＿＿＿＿＿＿＿＿＿＿？

範例 10　如果證券投資每 12 個月可以盈利 50 %，你會感到開心嗎？

文案內容

- 如果外匯投資每天可以賺 1000 到 3000 元，你會感到開心嗎？
- 如果加入我們團隊只要一次費用，卻可以每月領被動收入，你會感到開心嗎？

• 如果你找到相契合的另一半，你會感到幸福嗎？

關鍵提示

這是一個投資計畫的文案。筆者的建議是在後面要放一個免責聲明。因為所有的投資都有風險。當然，其他種類的文案也可套用，比如說感情元素的文案。

接下來請讀者試試看：

•如果________________________________，
你會________________________________。
•如果________________________________，
你會________________________________。
•如果________________________________，
你會________________________________。
•如果________________________________，
你會________________________________。
•如果________________________________，
你會________________________________。

範例 11 簡單兩個問題，請問如果你…………？

文案內容

• 簡單一個問題，如果你每個月花 2000 元購買這份保單，你是否會有壓力？
• 簡單三個問題，你的健康計畫是什麼？何時做？期限是多久？
• 簡單兩個問題，如果你的房子賣掉了？你接下來會怎麼做？具體的規劃是什麼？

關鍵提示

前面的「簡單」就讓消費者覺得很輕鬆，這應該是一個可以很快結束的事情，他們就會好奇想要看下去。

接下來請讀者試試看：

- 簡單＿＿＿＿個問題，＿＿＿＿＿＿＿＿＿＿＿＿。
- 簡單＿＿＿＿個問題，＿＿＿＿＿＿＿＿＿＿＿＿。
- 簡單＿＿＿＿個問題，＿＿＿＿＿＿＿＿＿＿＿＿。
- 簡單＿＿＿＿個問題，＿＿＿＿＿＿＿＿＿＿＿＿。
- 簡單＿＿＿＿個問題，＿＿＿＿＿＿＿＿＿＿＿＿。

IDEA 親近型語句

範例 1　坦白的說，我很困惑……。

文案內容

- 坦白的說，我很困惑要不要告訴你這個好消息，但我怕你不相信我……。
- 坦白的說，我很困惑告訴你這個訊息，會不會讓我丟了飯碗。
- 坦白的說，我很困惑要不要介紹你這個產品，因為已經太多人因此受惠，而且名額不多了。

關鍵提示

這是用一種講內心話的方式，吸引消費者閱讀。當你說你越不想說，消費者就會越想知道，最後變成他主動想要讀取你的訊息。

接下來請讀者試試看：

- 坦白的說，我很困惑＿＿＿＿＿＿＿＿＿＿＿＿。
- 坦白的說，我很困惑＿＿＿＿＿＿＿＿＿＿＿＿。
- 坦白的說，我很困惑＿＿＿＿＿＿＿＿＿＿＿＿。
- 坦白的說，我很困惑＿＿＿＿＿＿＿＿＿＿＿＿。
- 坦白的說，我很困惑＿＿＿＿＿＿＿＿＿＿＿＿。

範例 2 老實說，我最近很困擾……。

文案內容

- 老實說，我最近很困擾我的髮量，但是自從我接觸了這個產品之後……。
- 老實說，我最近很困擾我的肥胖，但是使用了這款減肥神器後就不擔心了！
- 老實說，我最近很困擾我的業績，但是看了《銷魂文案》後，績效獎金成倍數增長！

關鍵提示

這個「困擾」後面接的是目標客戶的煩惱，下半句再順帶出你的產品／服務可解決他的問題，讓目標客戶明確地知道這個產品是他非常需要的。

接下來請讀者試試看：

- 老實說，我最近很困擾＿＿＿＿＿＿＿＿＿＿＿＿＿＿＿＿。
- 老實說，我最近很困擾＿＿＿＿＿＿＿＿＿＿＿＿＿＿＿＿。
- 老實說，我最近很困擾＿＿＿＿＿＿＿＿＿＿＿＿＿＿＿＿。
- 老實說，我最近很困擾＿＿＿＿＿＿＿＿＿＿＿＿＿＿＿＿。
- 老實說，我最近很困擾＿＿＿＿＿＿＿＿＿＿＿＿＿＿＿＿。

範例 3 我之所以寫信給你，是因為……。

文案內容

- 我之所以寫信給你，是因為我們的汽車現在提供新的服務了。
- 我之所以寫信給你，是因為我太在乎你了，我怕你錯過這個機會。
- 我之所以寫信給你，是因為我們許久沒有聯繫了。想趁這個機會跟你聊聊。

關鍵提示

為了告訴消費者訊息，特地用寫信的方式通知。就像汽車銷售大王喬．吉拉德一樣，他每個月都會固定寫信給他所有的顧客，讓顧客感受到

他非常看重顧客本身。

接下來請讀者試試看：

•我之所以寫信給你，是因為______________________________。

•我之所以寫信給你，是因為______________________________。

•我之所以寫信給你，是因為______________________________。

•我之所以寫信給你，是因為______________________________。

•我之所以寫信給你，是因為______________________________。

範例 4　我迫不急待的寫信給你……。

文案內容

- 我迫不急待的寫信給你，是因為我要結婚了。
- 我迫不急待的寫信給你，是因為現在在特價優惠某個產品。
- 我迫不急待的寫信給你，是因為我發現了一個很棒的事業。

關鍵提示

利用「迫不及待」這四個字，表現出一種很緊急的狀態，對於那些生活快節奏的人來說，比較有吸引力。而且能夠顯示出你非常重視這位消費者。

接下來請讀者試試看：

•我迫不急待

____。

•我迫不急待

____。

•我迫不急待

____。

•我迫不急待

____。

•我迫不急待

____。

範例 5 我想告訴你關於……。

文案內容

- 我想告訴你關於同行不敢說的祕密，就是……。
- 這筆投資，我想告訴你關於這類人的未來發展性。
- 我想告訴你關於這個老師的事情，他將幫助你變得更好。

關鍵提示

「我」這個詞如果是出自於本身是一個很有影響力或知名度的人所說出來的，會特別有效。而後面要告訴消費者的訊息，是要帶給消費者非常有衝擊性的。

接下來請讀者試試看：

- 我想告訴你________。
- ________我想告訴你________。
- ________我想告訴你________。
- ________我想告訴你________。
- ________我想告訴你________。

範例 6 過去我很少告訴別人……。

文案內容

- 過去我很少告訴別人，○○成功的祕密。
- 過去我很少告訴別人，找到一個好老公的方法。
- 過去我很少告訴別人這個很棒的投資機會。

關鍵提示

過去我很少告訴別人的事情是什麼？是他的祕密，還是不方便透露？總之「很少」這個詞會讓人更在意。

接下來請讀者試試看：

- 過去我很少告訴別人________。
- 過去我很少告訴別人________。
- 過去我很少告訴別人________。

- 過去我很少告訴別人________________________________。
- 過去我很少告訴別人________________________________。

範例 7 我發現了一個很重要的東西感到非常興奮，並且想馬上和你分享，所以……，現在請你……。

文案內容

- 我發現了一個很重要的機會感到非常興奮，並且想馬上和你分享，所以我坐下來認真的研究了一陣子，我花一些的時間給你寫這封長信。現在請你花幾分鐘時間讀一讀。
- 我發現了一個很重要的產品感到非常興奮，並且想馬上和你分享，所以我坐下來使用過後，我再花寶貴的時間給你寫這封長信。現在請花幾十分鐘讀一讀。
- 我發現了一個很重要的投資案感到非常興奮，並且想馬上和你分享，所以我花費時間整理資料，並利用我寶貴的時間給你寫這封長信。現在請花幾分鐘讀一讀。

關鍵提示

要讓讀者感受到你的誠意，就好像有福同享的朋友一般。讓消費者覺得他只要花短短的時間，就能獲取別人辛苦準備的資訊，產生「占便宜」的心理。

接下來請讀者試試看：

- 我發現了一個________________，並且想馬上和你分享，
  現在請你________________________________。
- 我發現了一個________________，並且想馬上和你分享，
  現在請你________________________________。
- 我發現了一個________________，並且想馬上和你分享，
  現在請你________________________________。
- 我發現了一個________________，並且想馬上和你分享，
  所以________________________________，

現在請你＿＿＿＿＿＿＿＿＿＿＿＿＿＿＿＿＿＿。

•我發現了一個＿＿＿＿＿＿＿＿，並且想馬上和你分享，

所以＿＿＿＿＿＿＿＿＿＿＿＿＿＿＿＿＿＿＿，

現在請你＿＿＿＿＿＿＿＿＿＿＿＿＿＿＿＿＿＿。

範例 8 我知道你很忙，但……。

文案內容

- 我知道你很忙，但我不想看你這麼忙下去，我決定告訴你工作效率光速成長的祕密。
- 我知道你很忙，但你的健康已經出了問題，你知道嗎？只要 3 個步驟，就可以知道你是否是這疾病的高危險群。
- 我知道你很忙，但孩子的幸福不能等。你必須有所改變。

關鍵提示

很多人的忙，是因為無奈地忙、是因為老闆要他忙、是因為家人沒人照顧所以他忙。如果你的目標客戶是這類族群，你就可以用「忙」這個字影響他，飾演誠心想幫助他的角色。

接下來請讀者試試看：

•我知道你很忙，但＿＿＿＿＿＿＿＿＿＿＿＿＿＿＿＿。

•我知道你很忙，但＿＿＿＿＿＿＿＿＿＿＿＿＿＿＿＿。

•我知道你很忙，但＿＿＿＿＿＿＿＿＿＿＿＿＿＿＿＿。

•我知道你很忙，但＿＿＿＿＿＿＿＿＿＿＿＿＿＿＿＿。

•我知道你很忙，但＿＿＿＿＿＿＿＿＿＿＿＿＿＿＿＿。

範例 9 最近我……，我想分享給你這個祕密。

文案內容

- 最近我用一套有效的減肥計畫，幫助我和我的朋友成功瘦下來了，我想和你一起分享。
- 最近我買了一份保險賺了一大筆錢，我想和你一起分享這個過程。
- 最近我投資區塊鏈平台有了穩定的收益，我想告訴你這個祕密。

關鍵提示

請注意「最近」這是一個關鍵字。「十年前」或者「去年」的方法不一定現在還適用，就像社群營銷的趨勢一樣。對於想賺錢的人來說「最近」這個詞會特別打動他。

接下來請讀者試試看：

- 最近我＿＿＿＿＿＿＿＿＿＿＿＿＿＿＿＿＿＿＿＿，
  我想＿＿＿＿＿＿＿＿＿＿＿＿＿＿＿＿＿＿＿＿。
- 最近我＿＿＿＿＿＿＿＿＿＿＿＿＿＿＿＿＿＿＿＿，
  我想＿＿＿＿＿＿＿＿＿＿＿＿＿＿＿＿＿＿＿＿。
- 最近我＿＿＿＿＿＿＿＿＿＿＿＿＿＿＿＿＿＿＿＿，
  我想＿＿＿＿＿＿＿＿＿＿＿＿＿＿＿＿＿＿＿＿。
- 最近我＿＿＿＿＿＿＿＿＿＿＿＿＿＿＿＿＿＿＿＿，
  我想＿＿＿＿＿＿＿＿＿＿＿＿＿＿＿＿＿＿＿＿。
- 最近我＿＿＿＿＿＿＿＿＿＿＿＿＿＿＿＿＿＿＿＿，
  我想＿＿＿＿＿＿＿＿＿＿＿＿＿＿＿＿＿＿＿＿。

範例 10　我寫這封信給你，是因為我聽說了……。

文案內容

- 最近我聽說你們公司再為了缺乏客戶而苦，我這裡有一套系統……。
- 我傳這個訊息給你是因為我在外面聽到你的負評，我想趕快幫你渡過難關。
- 我寫這封信給你，是因為我聽說了你們公司這套健身器材壞掉了。我推薦你一套更耐用的。

關鍵提示

俗話說「商業聲譽」對經營企業的人來說非常重要，因為好的商譽可以吸引更多人來消費，商譽敗壞這可會讓人對你避而遠之。所以這些「風評」都具有一定的影響力。利用這一點，來吸引一些有危機感的客戶。而你可以將這個「負面風評」替換成任何一個對方可能有的缺點，一樣有不錯的效果。

接下來請讀者試試看：

•我寫這封信給你，
是因為＿＿＿＿＿＿＿＿＿＿＿＿＿＿＿＿＿＿＿＿。

•我寫這封信給你，
是因為＿＿＿＿＿＿＿＿＿＿＿＿＿＿＿＿＿＿＿＿。

•我寫這封信給你，
是因為＿＿＿＿＿＿＿＿＿＿＿＿＿＿＿＿＿＿＿＿。

•我傳這個訊息給你，
是因為＿＿＿＿＿＿＿＿＿＿＿＿＿＿＿＿＿＿＿＿。

•我傳這個訊息給你，
是因為＿＿＿＿＿＿＿＿＿＿＿＿＿＿＿＿＿＿＿＿。

範例11 作為我們的特別客戶，在接下來的幾天裡我將為你送上非同尋常的服務。

文案內容

- 作為我們的貴賓，我們幫您做一系列的健康檢查。照顧您的健康。
- 作為我們的學員，我們將不定時的提供您課程的訊息。期待您的再次光臨。
- 作為我們的合作夥伴，我們將提供一套完整的培訓計畫。你可以從中得到…………

關鍵提示

注意「特別客戶」是一個關鍵詞，是為了讓客戶感覺到自己是被特別優待的，對於追求尊榮感的人來說，這將會特別有吸引力。

接下來請讀者試試看：

•作為我們的＿＿＿＿＿＿＿＿＿＿＿＿＿＿＿＿＿＿＿＿，
我們將＿＿＿＿＿＿＿＿＿＿＿＿＿＿＿＿＿＿＿＿。

•作為我們的＿＿＿＿＿＿＿＿＿＿＿＿＿＿＿＿＿＿＿＿，
我們將＿＿＿＿＿＿＿＿＿＿＿＿＿＿＿＿＿＿＿＿。

- 作為我們的______________________________，
  我們將______________________________。
- 作為我們的______________________________，
  我們將______________________________。
- 作為我們的______________________________，
  我們將______________________________。

範例 12 專為老客戶設計的「優惠」活動。

文案內容

- 為了感謝用戶持續使用中華電信，即日起開放 499 元吃到飽方案。
- 慶祝「雙十一」活動，魔法講盟線上課程當日會員價 88 折。
- 年末清倉活動，老客戶快來看看唷！

關鍵提示

這裡的「優惠」一詞，是針對老客戶回頭設計的。一個企業要長久生存，一定需要老客戶的持續支持，所以要適時地釋放福利讓客戶回頭。

接下來請讀者試試看：

- 我們提供____________優惠，______________________________。
- 我們提供____________優惠，______________________________。
- 我們提供____________優惠，______________________________。
- 我們提供____________優惠，______________________________。
- 我們提供____________優惠，______________________________。

範例 13 良善的你，可以幫我一個忙嗎？……。

文案內容

- 優秀的你，是否可以幫我個忙，我正在做問卷調查。
- 帥氣的你，是否可以幫我個忙，我正在找男模試鏡。
- 聰明的你，是否可以幫我個忙，我正在辦團購活動。

關鍵提示

先稱讚對方，再請求對方幫忙。如果對方吃你這一套的話，後面你要求的幫忙他就會願意配合。

接下來請讀者試試看：

- ________________是否可以幫我個忙，________________。
- ________________是否可以幫我個忙，________________。
- ________________是否可以幫我個忙，________________。
- ________________是否可以幫我個忙，________________。
- ________________是否可以幫我個忙，________________。

範例 14 配合你的要求，……不過你需要……。

文案內容

- 針對你的需求，我很高興為你寄去一套客製化的投資計畫，不過需要你花費 100 元…………把訊息附上的匯款帳戶回寄給我們。
- 針對你的現狀，我很高興為你寄去一份創業計畫書，不過需要你花費 100 元…………把隨信附上的連結回寄給我們。
- 配合你的要求，我很高興為你寄去一本萬用文案的手冊，不過需要你花費 200 元…………把訊息附上的聯繫方式傳給我們。

關鍵提示

這是一個針對已經溝通接觸過的客戶寫的文案，在這裡把所有的計畫以及需要付出的代價都寫進去，而且在結尾有要求行動。但是要特別注意，這個代價不能太大，不然很容易流失客戶。

接下來請讀者試試看：

•針對你的需求，

-- 。

•配合你的需求，

-- 。

•依照你的需求，

-- 。

•針對你的現狀，

-- 。

•按照你的現狀，

-- 。

範例 15　我是……，我不是……，但是……。

文案內容

- 我是威樺，是一個作家。我不是一個專業的區塊鏈講師，但是我要和你分享的是一個不可思議的區塊鏈平台。所以我用我的見解來描述。請原諒我拙劣的演講內容。
- 我是阿民，是一個釣客。我不是一個專業的捕魚專家，但是我要和你分享的是一個不可思議的釣魚平台。所以我用我的見解來描述。請原諒我拙劣的演講內容。
- 我是顏總，是一個投資客。我不是一個專業的外匯分析師，但是我要和你分享的是一個最新觀察的股票。所以我用我的見解來描述。請原諒我拙劣的演講內容。

關鍵提示

這是一種自圓其說的文案寫法，明明就是要打廣告，但卻說自己只是要跟對方分想一點小東西。這樣的用意是讓消費者放下戒心。

接下來請讀者試試看：

•我是-- 。
我不是-- ，
但是-- 。

MAGIC COPYWRITER

•我是＿＿＿＿＿＿＿＿＿＿＿＿＿＿＿＿＿＿＿＿。
我不是＿＿＿＿＿＿＿＿＿＿＿＿＿＿＿＿＿＿＿，
但是＿＿＿＿＿＿＿＿＿＿＿＿＿＿＿＿＿＿＿＿。

•我是＿＿＿＿＿＿＿＿＿＿＿＿＿＿＿＿＿＿＿＿。
我不是＿＿＿＿＿＿＿＿＿＿＿＿＿＿＿＿＿＿＿，
但是＿＿＿＿＿＿＿＿＿＿＿＿＿＿＿＿＿＿＿＿。

•我是＿＿＿＿＿＿＿＿＿＿＿＿＿＿＿＿＿＿＿＿。
我不是＿＿＿＿＿＿＿＿＿＿＿＿＿＿＿＿＿＿＿，
但是＿＿＿＿＿＿＿＿＿＿＿＿＿＿＿＿＿＿＿＿。

•我是＿＿＿＿＿＿＿＿＿＿＿＿＿＿＿＿＿＿＿＿。
我不是＿＿＿＿＿＿＿＿＿＿＿＿＿＿＿＿＿＿＿，
但是＿＿＿＿＿＿＿＿＿＿＿＿＿＿＿＿＿＿＿＿。

範例 16 老實說，……並不是對每個人都敞開的。

文案內容

- 老實說，這個講師培訓計畫並不是對每個人都敞開的。
- 老實說，我們的投資團隊並不是對每個人都敞開的。
- 老實說，101 大樓的大門並不是對每個人都敞開的。

關鍵提示

這是一個過濾篩選的文案，就像有些廣告開頭就說「我的課程太貴了，不見得適合你」之類的，先過濾沒有消費可能性的讀者。另外也是暗示消費者要更重視這個內容。

接下來請讀者試試看：

•老實說，＿＿＿＿＿＿＿並不是＿＿＿＿＿＿＿＿＿＿＿＿。
•老實說，＿＿＿＿＿＿＿並不是＿＿＿＿＿＿＿＿＿＿＿＿。
•老實說，＿＿＿＿＿＿＿並不是＿＿＿＿＿＿＿＿＿＿＿＿。
•老實說，＿＿＿＿＿＿＿並不是＿＿＿＿＿＿＿＿＿＿＿＿。
•老實說，＿＿＿＿＿＿＿並不是＿＿＿＿＿＿＿＿＿＿＿＿。

範例 17　這個邀請函只是給屈指可數的幾個人的，包括你。我希望你能接受我的邀請，即使你不接受，我也會送你一個禮品，完全免費。

文案內容

- 這堂課程只是給少數幾個人的，我希望你參加，即使你不報名，我依然準備了一個禮物給你。
- 這次說明會只是給少數幾個人的，我誠摯地邀請您參加，即使您不加入，我依然準備了晚宴招待您。
- 這個體驗券只是給屈指可數的幾個人的，包括你。我希望你能接受我的邀請，即使你不接受，我也會送你一個禮品……完全免費。即使你不接受，你也可以送給別人。

關鍵提示

這跟上一個文案很像似，但最後卻多了一句「即使你不接受，我也會送你一個禮品，完全免費」比起上一個文案會更有影響力。

接下來請讀者試試看：

- ____________只是給少數幾個人的，____________。
  我希望你能____________________，即使你不接受，
  我也會________________________________。
- ____________只是給少數幾個人的，____________。
  我希望你能____________________，即使你不接受，
  我也會________________________________。
- ____________只是給少數幾個人的，____________。
  我希望你能____________________，即使你不接受，
  我也會________________________________。
- ____________只是給少數幾個人的，____________。
  我希望你能____________________，即使你不接受，
  我也會________________________________。
- ____________只是給少數幾個人的，____________。

我希望你能________________________，即使你不接受，

我也會________________________。

範例 18 我能想像你是一個怎麼樣的人……。

文案內容

- 我能想像你是一個安分守己的人，所以我要跟你介紹一個保險計畫。
- 我能想像你是熱愛學習的人，所以我這份造紙計畫你應該會有興趣。
- 我能想像你是一個有智慧的人，我相信你一定能理解我的夢想。

關鍵提示

如同我前面所說，每個人都是最在意自己的。所以當聽到別人對你的評價的時候。你會特別在意。上半句填評價，下半句再帶入文案的主旨，引導消費者行動。

接下來請讀者試試看：

- 我能想像你________________________，
________________________。
- 我能想像你________________________，
________________________。
- 我能想像你________________________，
________________________。
- 我能想像你________________________，
________________________。
- 我能想像你________________________，
________________________。

驚喜型語句

範例 1 這是個絕佳的好機會！

文案內容

- 現場三折起，這是個絕佳的好機會！要買要快。
- 這是個絕佳的好機會！現在加入我們會員你可以享有許多福利。
- 這是個絕佳的好機會！改變你的生活品質，就要選擇我們的產品。

關鍵提示

絕佳的好機會！什麼機會？成功的機會、賺錢的機會、找到另一半的機會？有欲望的消費者大部分會為此而一探究竟。你也要把握機會推銷自己的產品／服務。

接下來請讀者試試看：

- 這是個絕佳的好機會！＿＿＿＿＿＿＿＿＿＿＿＿＿＿＿＿。
- 這是個絕佳的好機會！＿＿＿＿＿＿＿＿＿＿＿＿＿＿＿＿。
- 這是個絕佳的好機會！＿＿＿＿＿＿＿＿＿＿＿＿＿＿＿＿。
- 這是個絕佳的好機會！＿＿＿＿＿＿＿＿＿＿＿＿＿＿＿＿。
- 這是個絕佳的好機會！＿＿＿＿＿＿＿＿＿＿＿＿＿＿＿＿。

範例 2 在接下來的幾天，我……。

文案內容

- 在接下來的幾天，我將帶著我的健身器材送給你一個不一樣的未來，內容是……。
- 在接下來的幾天，我會跟你分享我是如何從小白變成一個講師……。
- 在接下來的幾天，我將會教你如何創造多元化收入……。

關鍵提示

「在接下來的幾天」就會讓人聯想到，接下來的幾天都會收到我們的訊息。這個文案句型要讓消費者知道：「如果你沒興趣，可以回信說不想再看到相關訊息。但你如果沒這麼做，我們就會持續的發訊息給你。」把選擇權提供給消費者。

接下來請讀者試試看：

•在接下來的幾天，我

---。

•在接下來的幾天，我

---。

•在接下來的幾天，我

---。

•在接下來的幾天，我

---。

•在接下來的幾天，我

---。

範例 3 恭喜你……。

文案內容

- 恭喜你在我們公司已經消費 10000 元，我們要送你一張貴賓卡。
- 恭喜你達到我們借貸的門檻，你可以預支 300 萬的金額。
- 恭喜你成功減重 10 斤，我們準備神祕禮物要給你。

關鍵提示

「恭喜」有慶祝之意，而當消費者被恭喜的時候，就會特別在意是什麼事情被恭喜。因為升官發財嗎？因為中獎嗎？有慶祝之意總能引起消費者的注意，相當有效。但也有可能被認為是詐騙訊息，所以內容要足夠完整，避免消費者誤會。

接下來請讀者試試看：

•恭喜你---。

•恭喜你---。

•恭喜你---。

•恭喜你---。

•恭喜你---。

範例 4 我幫你準備了價值○○○元的禮物。

文案內容

- 親愛的朋友你好，我幫你準備了一份價值 5000 元的體檢資格。就等你報名！
- 我幫你準備了價值 3000 元的美容護膚體驗，你只需要承擔一半的價格喔！
- 我幫你準備了價值 2000 元的行銷軟體，你只需要 500 元註冊費。

關鍵提示

「我幫你」這句話有一定的影響力，因為不是每個人都願意幫人。所以不少人看到此類型的文案會很有興趣。而你準備的禮物必須是目標受眾喜歡的，且看起來要有足夠的分量。否則，沒辦法對銷售成績起到多大的效用。

接下來請讀者試試看：

- 我幫你準備了價值____________________，
  你只需要____________________。
- 我幫你準備了價值____________________，
  你只需要____________________。
- 我幫你準備了價值____________________，
  ____________________。
- 我幫你準備了價值____________________，
  ____________________。
- 我幫你準備了價值____________________，
  ____________________。

範例 5 我們給……，你就是其中之一。

文案內容

- 我們給我們里民的成員附上了招待券，你就是其中之一。
- 我們給報名我們說明會的成員附上了邀請函，您是其中之一。

- 我們給曾經消費過的客戶一張優惠券，鄭重邀請您回來參加我們的活動。

關鍵提示

這句文案表現出了給消費者的尊重，讓消費者覺得自己與眾不同。他不僅會得到尊榮感，也會更願意重視你的訊息。請你在空格處填上目標客戶即可。

接下來請讀者試試看：

- 我們____，你就是其中之一。
- 我們____，你就是其中之一。
- 我們____，你就是其中之一。
- 我們____，你就是其中之一。
- 我們____，你就是其中之一。

範例 6 這個世界變了，我希望你……。

文案內容

- 以前的人戴口罩搶錢，現在的人帶錢搶口罩。我希望你不是其中一個。我們這裡提供了很多的防疫資源。
- 以前上課需要東奔西跑，現在只需手機上網學習，我希望你可以使用我們的工具。
- 5G 的時代來臨了，我希望你錄製廣告可以用更有效的方法。例如我們公司有一套軟體。

關鍵提示

世界在變本來就是理所當然的事，但是如果結合時事，就可以創造一

些話題吸引消費者，例如疫情、健康、旅遊、奧運等等。

接下來請讀者試試看：

- ________變了，
  我希望你________。
- ________變了，
  我希望你________。
- ________，
  我希望你________。
- ________，
  我希望你________。
- ________，
  我希望你________。

範例 7 ……週年／紀念／特賣／優惠，……

文案內容

- 新絲路 20 週年感恩回饋！凡是新絲路會員買書僅付運輸費，即可 0 元購書！
- 魔法講盟老顧客優惠，全館課程 7 折起！
- 慶祝晶晶服飾 10 週年紀念，推出獨家特惠 1 ＋ 1 套餐，挑 1 件送 1 件，而且只需付最便宜的那一款！

關鍵提示

想出一個特賣的理由，讓消費者覺得買到賺到。

接下來請讀者試試看：

- ________特惠，________。
- ________週年感恩回饋，________。
- ________週年感恩回饋，________。
- ________紀念優惠，________。
- ________紀念特賣，________。

MAGIC COPYWRITER

範例 8 沒有更……只有最……。

文案內容

- 沒有更便宜，只有最便宜！連同業都驚訝的殺手級折扣。
- 沒有更划算，只有最划算！連廠商都震驚的破盤超低價。
- 沒有更漂亮，只有最漂亮！媲美專櫃的開架式美妝。

關鍵提示

要讓消費者強烈地感受到你給的東西是最划算的，所以空格處填上的必須是其他競爭對手沒有的特點，包含免費、折扣、品質保證等等。這些也將成為你的獨特銷售賣點。

接下來請讀者試試看：

- 沒有＿＿＿＿＿＿只有＿＿＿＿＿＿＿＿＿＿＿＿＿＿＿＿＿＿。
- 沒有＿＿＿＿＿＿只有＿＿＿＿＿＿＿＿＿＿＿＿＿＿＿＿＿＿。
- 沒有＿＿＿＿＿＿只有＿＿＿＿＿＿＿＿＿＿＿＿＿＿＿＿＿＿。
- 沒有＿＿＿＿＿＿只有＿＿＿＿＿＿＿＿＿＿＿＿＿＿＿＿＿＿。
- 沒有＿＿＿＿＿＿只有＿＿＿＿＿＿＿＿＿＿＿＿＿＿＿＿＿＿。

引導型語句

範例 1 你或許已經……。

文案內容

- 你或許已經發現了我們的產品跟別人的不一樣。那是因為……。
- 根據這兩張前後對比圖，你或許已經發現了讓自己快速變年輕的獨家祕方。
- 你或許已經發現了，我是真心誠意的想幫助你，請相信我吧！

關鍵提示

這種利用預測的表達方法，上半句是用來抓住消費者的注意力，而下

半句就是要引導消費者接收到你想傳達的資訊。

接下來請讀者試試看：

•你或許已經________________。

•________你或許已經________________。

•你或許已經________________。

•________你或許已經________________。

•________你或許已經________________。

範例 2　在查看我們的記錄時，我發現你……。

文案內容

- 在查看我們的記錄時，我發現你已經達到我們 VIP 貴賓的門檻了，你將享有全館商品最優惠的折扣價。
- 在查看我們的記錄時，我發現你已經三個多月沒消費了，你可能會損失某些權益。
- 在查看我們的記錄時，我發現你非常適合我們公司的方案，請你務必抽空了解。

關鍵提示

這是在蒐集了客戶的資料的前提之下寫的。可能是真的針對某個客戶，也有可能只是大數據顯示，但不管是哪一種，這類文案的開頭，會讓消費者覺得這個內容是為了針對他而寫的，而下半句則是填寫你要引導消費者執行的動作。

接下來請讀者試試看：

•在查看我們的記錄時，我發現你________________。

•在查看我們的記錄時，我發現你________________。

•在查看我們的記錄時，我發現你________________。

•在查看我們的記錄時，我發現你________________。

•在查看我們的記錄時，我發現你________________。

範例 3 想像一下，……。

文案內容

- 想像一下，六個月後的今天，你成功變美的畫面。
- 想像一下，六個月後的今天。你站上萬人的舞台。
- 想像一下，六個月後的今天。你的愛人用羨慕的眼光看著你。

關鍵提示

利用「想像」這個詞，勾出消費者的美好畫面，這種畫面越清晰，越容易讓他們有所做為。

接下來請讀者試試看：

- 想像一下，
  ______________________________。
- 想像一下，
  ______________________________。
- 想像一下，
  ______________________________。
- 想像一下，
  ______________________________。
- 想像一下，
  ______________________________。

範例 4 給你一個機會，……。

文案內容

- 給你一個機會，這裡有一個生意可以幫助你。
- 給你一個機會，這個產品只要研發成功了，我們就可以賺上一筆。
- 給你一個機會，改變你的身型。你只需要……。

關鍵提示

「機會」人人都想了解，尤其是對那些有強烈欲望的人來說，無論是賺錢的機會、健康的機會、回饋社會的機會，他們都會感到興趣。而下半句再提出你想要他執行的動作，比較容易成功。

接下來請讀者試試看：

•給你一個機會

-- 。

•給你一個機會

-- 。

•給你一個機會

-- 。

•給你一個機會

-- 。

•給你一個機會

-- 。

範例 5　這是一封你從未收到過的……。

文案內容

- 我把所有你要的數據都寫進去了。這是一封你從未收到過的資料。
- 這是一封你從未收到過的信，我從未提出過這種優惠。
- 這是一封你從未收到過的訊息，因為我們現在有了新的方案。

關鍵提示

空格可以填上「訊息」、「資料」、「數據」等等。但關鍵是在「從未」這個詞，它會讓好奇的人們忍不住想去閱覽。

接下來請讀者試試看：

•這是一封你從未收到過的信

-- 。

•這是一封你從未收到過的信

-- 。

•這是一封你從未收到過的信

-- 。

•這是一封你從未收到過的信

--。

•這是一封你從未收到過的信

--。

範例 6 面對現實吧，……。

文案內容

- 面對現實吧，她其實沒有那麼愛你。
- 面對現實吧，這個計畫少了我是沒有效的
- 面對現實吧，你的收入已經無形之中變少了。

關鍵提示

好一句沉重的話，這句話把許多充滿美好想像的人拉回了現實，而下半句也要讓消費者感受到強烈的衝擊性，才能夠吸住消費者的目光。

接下來請讀者試試看：

•面對現實吧，

--。

•面對現實吧，

--。

•面對現實吧，

--。

•面對現實吧，

--。

•面對現實吧，

--。

範例 7 請原諒……，但我敢以○○○元打賭……。

文案內容

- 抱歉，但我敢拿 1000 美金跟你賭，我的方案一定業界屬一屬二的。
- 請原諒我的魯莽，但我敢以 10000 元打賭，我減重的成功率一定比你高。

- 抱歉，但我敢拿500美金跟你賭。這筆投資建議保證讓你躺著賺！

關鍵提示

這句話開頭就要消費者原諒他，因為接下來的字句是帶有刺激性的，所以要平衡一下整體的語氣，才不會讓消費者覺得你是個自傲的人。另外它提出了「打賭」一詞，就會讓消費者想要看賭注的內容是什麼。

接下來請讀者試試看：

- 請原諒我＿＿＿＿＿＿＿＿＿＿
  但我敢＿＿＿＿＿＿＿＿＿＿。
- 請原諒我＿＿＿＿＿＿＿＿＿＿
  但我敢＿＿＿＿＿＿＿＿＿＿。
- 請原諒我＿＿＿＿＿＿＿＿＿＿
  但我敢＿＿＿＿＿＿＿＿＿＿。
- 請原諒我＿＿＿＿＿＿＿＿＿＿
  但我敢＿＿＿＿＿＿＿＿＿＿。
- 請原諒我＿＿＿＿＿＿＿＿＿＿
  但我敢＿＿＿＿＿＿＿＿＿＿。

範例8 你可以合法的「賄賂」我們。……。

文案內容

- 你可以合法的「賄賂」我們。只要你把資金拿來買你所需要的方案。
- 根據這個產品的方案，你可以合法的「賄賂」我們。還可以拿到更好的價格。
- 加入我們社團，就等於我們都是你的夥伴，你可以合法的「賄賂」我們。

關鍵提示

「賄賂」這一名詞，本身就和「違法」有不解之緣，但是前面寫了「合法」的詞句，就會讓人引起想像，一種合法的賄賂會是什麼樣的方式，進而引導消費者將下半句的內容跟「合法賄絡」聯想一起。

接下來請讀者試試看：

•你可以合法的「賄賂」我們。

--。

•你可以合法的「賄賂」我們。

--。

•你可以合法的「賄賂」我們。

--。

•你可以合法的「賄賂」我們。

--。

•你可以合法的「賄賂」我們。

--。

範例9 我們向……致敬。

文案內容

- 我們向賈伯斯致敬，因為他發明的手機改變了我們的生活。
- 我們向 Kobe 致敬，他的運動家精神深深地打動了我們的心。
- 我們向傳奇今生致敬，因為他的唇膏讓我們找回了自信。

關鍵提示

「致敬」表示尊敬，也表示這個〇〇〇有一定程度的成就。所以才會有致敬的詞彙出現。而要求消費者向某個事物致敬，也就是要他們重視這個〇〇〇，好引導消費者也重視下半句的內容。

接下來請讀者試試看：

•----------------------------致敬，

--。

•----------------------------致敬，

--。

•----------------------------致敬，

--。

• ________________致敬，
____。

• ________________致敬，
____。

範例 10 自認為「無所不知」的……，因為那些自以為是的……，並且認為這跟他們沒關係。

文案內容

- 對那些自認為「無所不知」的學生們不必讀這封信，因為那些自以為是的學生們，非常滿足於自己的知識，並且認為這個進修跟他們沒關係。
- 自認為「無所不知」的老闆們不必讀這封信，因為那些自以為是的老闆們，非常滿足於自己的成就、事業，並且認為我們的產品跟他們沒關係。
- 自認為「無所不知」的家長們不必讀這封信，因為那些自以為是的家長們，非常滿足於自己孩子的學業，考試成績，並且認為好學校跟他們沒關係。

關鍵提示

這是一封具有挑釁意味的廣告文案，但就如同前文所說，這對某些特定族群的人還是有效果的，例如那些對自己的某方面還不夠滿足，渴望向前的人。

接下來請讀者試試看：

• 自認為「無所不知」的________________________，
因為那些自以為是的________________________，
並且認為這跟他們沒關係。

• 自認為「無所不知」的________________________，
因為那些自以為是的________________________，
並且認為這跟他們沒關係。

MAGIC COPYWRITER

•自認為「無所不知」的______________________________，
因為那些自以為是的______________________________，
並且認為這跟他們沒關係。
•自認為「無所不知」的______________________________，
因為那些自以為是的______________________________，
並且認為這跟他們沒關係。
•自認為「無所不知」的______________________________，
因為那些自以為是的______________________________，
並且認為這跟他們沒關係。

範例 11 只要……，就能……。

文案內容

- 只要你仔細閱讀，在這封信的最後有價值 2000 元的禮物等你。
- 只要你幫我看過並轉載內容，我將會給你 VIP 福利。
- 我把 100 元藏在這篇文案的內容裡面，只要你願意認真閱讀，就可以得到它。

關鍵提示

這是為忙碌的現代人所設計的，讓消費者覺得只要花小小的代價，就能換取到特別的優惠，有種占便宜的感覺，就能使消費者的目光駐足在你文案。

接下來請讀者試試看：

•在這篇文案的最後有______________________________，
只要你______________________________。
•在這篇文案的最後有______________________________，
只要你______________________________。
•只要你______________________________，
我承諾______________________________。
•只要你______________________________，

我承諾＿＿＿＿＿＿＿＿＿＿＿＿＿＿＿＿＿＿＿＿。

- 只要你＿＿＿＿＿＿＿＿＿＿＿＿＿＿＿＿＿＿＿＿，

我承諾＿＿＿＿＿＿＿＿＿＿＿＿＿＿＿＿＿＿＿＿。

範例 12 首先我想給你……讓你……。

文案內容

- 首先我想給你一套系統讓你明天投資就賺錢。
- 首先我想給你一個 APP 讓你明天下單就有雙倍獎勵。
- 首先我想給你一個帳號讓你明天儲蓄就有翻倍紅利。

關鍵提示

這種立即性獲得的方案多是跟投資金融類有關。而你也可以使用這種訊息來提升任何銷量或流量的成果。

接下來請讀者試試看：

- 首先我想給你＿＿＿＿＿＿＿＿＿＿＿＿＿＿＿＿＿＿＿＿

讓你＿＿＿＿＿＿＿＿＿＿＿＿＿＿＿＿＿＿＿＿。

- 首先我想給你＿＿＿＿＿＿＿＿＿＿＿＿＿＿＿＿＿＿＿＿

讓你＿＿＿＿＿＿＿＿＿＿＿＿＿＿＿＿＿＿＿＿。

- 首先我想給你＿＿＿＿＿＿＿＿＿＿＿＿＿＿＿＿＿＿＿＿

讓你＿＿＿＿＿＿＿＿＿＿＿＿＿＿＿＿＿＿＿＿。

- 首先我想給你＿＿＿＿＿＿＿＿＿＿＿＿＿＿＿＿＿＿＿＿

讓你＿＿＿＿＿＿＿＿＿＿＿＿＿＿＿＿＿＿＿＿。

- 首先我想給你＿＿＿＿＿＿＿＿＿＿＿＿＿＿＿＿＿＿＿＿

讓你＿＿＿＿＿＿＿＿＿＿＿＿＿＿＿＿＿＿＿＿。

範例 13 請……，我將……。

文案內容

- 報名我的課程，我再額外贈送一套行銷軟體。
- 參加我們魔法講盟的出書出版班，我再送限量版的台北國際書展的貴賓券。

- 今天來跟我買筆電，我額外加送滑鼠與滑鼠墊，且有台北市長的親筆簽名。

關鍵提示

這牽涉到 Unique Selling Proposition（獨特的銷售主張），也就是你提供只有你能提供的服務，他人無法提供。當消費者覺得物以稀為貴的時候，他們就會選擇你。

接下來請讀者試試看：

- 請跟我________________________________，
  我將________________________________。
- 請跟我________________________________，
  我將________________________________。
- 請跟我________________________________，
  我將________________________________。
- 請跟我________________________________，
  我將________________________________。
- 請跟我________________________________，
  我將________________________________。

範例 14 這是一套專屬於你的○○○。

文案內容

- 這是一套專屬於你的旅遊計畫，你可以帶著你的家人一起享受，而且還享有折扣與點數累積。
- 這是一套專屬於你的營銷系統，針對你的團隊夥伴使用習慣，以及相關數據設計而成，非常簡單上手。
- 這是一套專屬於你的鋼琴，他的鍵盤不會太長，而且硬度適中，還有簡易的教學，連小朋友都可以快速上手。

關鍵提示

這是一個客製化的廣告文案，針對特定人士所寫，所以你也可以看看你的客戶檔案，然後試著寫出專屬他的廣告文案。

接下來請讀者試試看：

- 這是一套專屬於你的________________________________，
  ____。
- 這是一套專屬於你的________________________________，
  ____。
- 這是一套專屬於你的________________________________，
  ____。
- 這是一套專屬於你的________________________________，
  ____。
- 這是一套專屬於你的________________________________，
  ____。

範例 15 你渴望……，但是……。

文案內容

- 遠雄左岸的房價大約都 4000 萬起跳，但是現在卻有一個機會可以五折入手，你只需要…………。
- 法拉利的 488 車型的市場價格是 1800 萬左右，但是你今天只要滿足一個條件，你可以免費使用一個月。
- 你渴望的 iphone12 目前的市場價是 23000 起跳，但你若能找 10 個朋友團購，將可免費獲得一隻 iPhone12。

關鍵提示

這句文案是針對那些想買卻不敢買，或是對價格望之卻步的人所寫，這個文案可以讓消費者知道原來還有新的選擇，透過執行文案中的要求就可以實現他的夢想。

接下來請讀者試試看：

- 你想要____，
  但是現在______________________________________。
- 你想要____，

但是現在＿＿＿＿＿＿＿＿＿＿＿＿＿＿＿＿＿＿＿＿＿＿＿＿＿＿。

•你想要＿＿＿＿＿＿＿＿＿＿＿＿＿＿＿＿＿＿＿＿＿＿＿＿＿＿，
但是現在＿＿＿＿＿＿＿＿＿＿＿＿＿＿＿＿＿＿＿＿＿＿＿＿＿＿。

•你渴望＿＿＿＿＿＿＿＿＿＿＿＿＿＿＿＿＿＿＿＿＿＿＿＿＿＿，
但是現在＿＿＿＿＿＿＿＿＿＿＿＿＿＿＿＿＿＿＿＿＿＿＿＿＿＿。

•你渴望＿＿＿＿＿＿＿＿＿＿＿＿＿＿＿＿＿＿＿＿＿＿＿＿＿＿，
但是現在＿＿＿＿＿＿＿＿＿＿＿＿＿＿＿＿＿＿＿＿＿＿＿＿＿＿。

範例 16 我這裡有……，只要你……。但是我認為你不會那樣做。因為……。

文案內容

- 我這裡有本失傳的武功祕笈，江湖上無人得知的。請先讀這則訊息，如果你想要就可以拿的到它。但是我認為你不會那樣做，因為你可能會走火入魔。
- 這裡有一盒保健食品是安全、天然、有認證的。請先讀這則訊息，如果你喜歡就帶走它，但是我認為你不會那樣做。因為你吃過它以後，就會忍不住購買 30 盒。
- 我這裡有一箱花生是經過食品檢驗的，純天然的。請先讀這封信，如果你想要獲得免費花生的話，但是我認為你不會那樣做。因為只要吃一口就會想要大量團購。

關鍵提示

很有意思的一個文案，因為它前面說了明確的好處，卻又在結尾說了你不會這麼做。那消費者就會更好奇了，為什麼不能這麼做。然後就會為了研究其原因，慢慢地就會被引導，依照文案中的指示執行。

接下來請讀者試試看：

•我這裡有＿＿＿＿＿＿＿＿＿＿＿＿＿＿＿＿＿＿＿＿＿＿＿＿＿＿。
請先＿＿＿＿＿＿＿＿＿＿＿＿＿＿＿，但是我認為你不會那樣做。
因為＿＿＿＿＿＿＿＿＿＿＿＿＿＿＿＿＿＿＿＿＿＿＿＿＿＿＿＿。

- 我這裡有＿＿＿＿＿＿＿＿＿＿＿＿＿＿＿＿＿＿＿＿＿＿＿＿。
  請先＿＿＿＿＿＿＿＿＿＿＿＿＿＿，但是我認為你不會那樣做。
  因為＿＿＿＿＿＿＿＿＿＿＿＿＿＿＿＿＿＿＿＿＿＿＿＿＿＿。
- 我這裡有＿＿＿＿＿＿＿＿＿＿＿＿＿＿＿＿＿＿＿＿＿＿＿＿。
  請先＿＿＿＿＿＿＿＿＿＿＿＿＿＿，但是我認為你不會那樣做。
  因為＿＿＿＿＿＿＿＿＿＿＿＿＿＿＿＿＿＿＿＿＿＿＿＿＿＿。
- 我這裡有＿＿＿＿＿＿＿＿＿＿＿＿＿＿＿＿＿＿＿＿＿＿＿＿。
  請先＿＿＿＿＿＿＿＿＿＿＿＿＿＿，但是我認為你不會那樣做。
  因為＿＿＿＿＿＿＿＿＿＿＿＿＿＿＿＿＿＿＿＿＿＿＿＿＿＿。
- 我這裡有＿＿＿＿＿＿＿＿＿＿＿＿＿＿＿＿＿＿＿＿＿＿＿＿。
  請先＿＿＿＿＿＿＿＿＿＿＿＿＿＿，但是我認為你不會那樣做。
  因為＿＿＿＿＿＿＿＿＿＿＿＿＿＿＿＿＿＿＿＿＿＿＿＿＿＿。

範例 17　你將會……，只要……。

文案內容

- 你會得到一筆財富，只要你在一個禮拜內加入我們的團隊一起奮鬥。
- 加入我們你將會得到一個好的位置，我們會安置會員在你的線下，只要你立即行動的話。
- 現在報名我們的房地產培訓計畫，你會有物超所值的回報。你只要在下午 5 點前完成申請程序。

關鍵提示

這也是一個引導消費者行動的文案，上半句先給消費者甜頭，吸引他做下半句的指令。

接下來請讀者試試看：

- 你將會＿＿＿＿＿＿＿＿，只要＿＿＿＿＿＿＿＿＿＿＿＿＿＿。
- 你將會＿＿＿＿＿＿＿＿，只要＿＿＿＿＿＿＿＿＿＿＿＿＿＿。
- 你將會＿＿＿＿＿＿＿＿，只要＿＿＿＿＿＿＿＿＿＿＿＿＿＿。
- 你將會＿＿＿＿＿＿＿＿，只要＿＿＿＿＿＿＿＿＿＿＿＿＿＿。

MAGIC COPYWRITER

•你將會__________，只要__________________。

範例 18 每天……，因為……。

文案內容

- 每天早上，我都會跟你分享一些訊息，因為你是我最重視的人。
- 每天早上，我都會跟你分享最新的健檢報告。因為我們比你自己更重視你的健康。
- 每天下午，我都會錄製一個影片告訴你市場未來的趨勢，因為你是我的重點客戶。

關鍵提示

這是為了告知消費者，我們每天會發送訊息是因為非常重視他。事實上，很多行銷業者都會這麼做，無論是透過 Email 或是 Line。而每天跟客戶對話本來就是企業該盡的本分。

接下來請讀者試試看：

•每天__________，__________________，
因為__________________。

•每天__________，__________________，
因為__________________。

•每天__________，__________________，
因為__________________。

•每天__________，__________________，
因為__________________。

•每天__________，__________________，
因為__________________。

範例 19 這是我……，所以……。

文案內容

- 這是我聽過最好的演講了，所以我想邀請你參加。

- 這是我用過最有效的保健食品了。所以我才真誠的推薦給你。
- 這對你的幫助最大。所以我來告訴你這筆旅遊投資計畫。

關鍵提示

這各類型的短句文案，是讓消費者覺得這個產品／服務是你體驗過後，誠心推薦給他的，這樣一來，可以增添文案的真實感，也能提升消費者的信任，讓他放心下單購買。

接下來請讀者試試看：

- 這是我__________，所以_______________。
- 這是我__________，所以_______________。
- 這是我__________，所以_______________。
- 這是我__________，所以_______________。
- 這是我__________，所以_______________。

範例 20 不要成為…………下手的目標，……。

文案內容

- 不要成為詐騙集團下手的目標，3 步驟告訴你如何破解。
- 不要成為黑心房仲下手的目標，安心購買好房屋的 4 個重點。
- 不要成為渣男的目標，看清甜言蜜語的 7 個小撇步。

關鍵提示

這是一則恐懼類型的文案，提醒消費者不要走入某個陷阱。事實上，有很多人會特別在意這類訊息，因為恐懼帶給人的衝擊遠比開心還來的強烈多了。

接下來請讀者試試看：

- 不要成為____________________的目標，
_____________________________。
- 不要成為____________________的目標，
_____________________________。
- 不要成為____________________的目標，

____。

•不要成為____的目標，

____。

•不要成為____的目標，

____。

對比型語句

範例 1 過去……，現在……。

文案內容

- 過去我只是一個工程師，但加入魔法講盟取得出書資源後之後，成為了一個暢銷書作家。
- 過去我是一個害羞不敢上台的人，但我在上過公眾演說課程後，現在是一個富有多次站上大舞台經驗的演說講師。
- 過去她只是一個沒有社會經驗的小女生，但現在卻是月入百萬的領導者。

關鍵提示

這是利用過去與現在的轉變，讓消費者感受到其中的對比，若消費者也是前者，將會特別的感同身受。

接下來請讀者試試看：

•過去____，
現在____。

•過去____，
現在____。

•過去____，
現在____。

•過去＿＿＿＿＿＿＿＿＿＿＿＿＿＿＿＿＿＿＿＿＿，
現在＿＿＿＿＿＿＿＿＿＿＿＿＿＿＿＿＿＿＿＿＿。

•過去＿＿＿＿＿＿＿＿＿＿＿＿＿＿＿＿＿＿＿＿＿，
現在＿＿＿＿＿＿＿＿＿＿＿＿＿＿＿＿＿＿＿＿＿。

範例 2　碰到麻煩了，……可是○○○量仍然持續的增長。

文案內容

- 慘了，我們的小分子肽被來自四面八方的客戶瘋狂的搶購著。生產員工根本不夠，於是暫停了宣傳，可是訂單量仍然持續的增長。
- 完了，我們的課程被來自四面八方的客戶瘋狂的搶購著。教室根本不夠，於是中止了廣告，可是報課量仍然持續的增長。
- 碰到麻煩了，我們的旅遊團被來自四面八方的客戶瘋狂的搶購著。導遊跟司機根本不夠，所以我們中止了宣傳，可是訂單量仍然持續的增長。

關鍵提示

這有一點自說自話的概念，產品被瘋狂搶購？銷量暴風成長？如果商家不說，很少人會特別注意。這是可以塑造出一種產品長銷熱賣的氛圍，讓消費者覺得這個產品很有吸引力的文案模版。

接下來請讀者試試看：

•碰到麻煩了，＿＿＿＿＿＿＿＿＿＿＿＿＿＿＿＿＿＿。
＿＿＿＿＿＿根本不夠＿＿＿＿＿＿＿＿＿＿＿＿＿＿，
可是＿＿＿＿＿＿量仍然持續的增長。

•碰到麻煩了，＿＿＿＿＿＿＿＿＿＿＿＿＿＿＿＿＿＿。
＿＿＿＿＿＿根本不夠＿＿＿＿＿＿＿＿＿＿＿＿＿＿，
可是＿＿＿＿＿＿量仍然持續的增長。

•碰到麻煩了，＿＿＿＿＿＿＿＿＿＿＿＿＿＿＿＿＿＿。
＿＿＿＿＿＿根本不夠＿＿＿＿＿＿＿＿＿＿＿＿＿＿，
可是＿＿＿＿＿＿量仍然持續的增長。

- 慘了！，________________。
  ________根本不夠________________，
  可是________量仍然持續的增長。
- 慘了！，________________。
  ________根本不夠________________，
  可是________量仍然持續的增長。

範例 3 我花了很久的時間，鑄造了成功的模樣。

文案內容

- 我花了 8 年的時間，買了許多參考書籍，每天不斷的找資料、修改、潤飾和思考。終於在 2021 年出了這本《銷魂文案》。
- 這個美容產品經過科學家 3 年的試驗，嘗試了 1000 種以上的配方、經過了 500 次以上的臨床實現，現在終於問世。
- 這杯奶茶據說使用 1 斤要價 10 萬的東方美人茶浸泡 6 小時，熬了 7 小時後煮成，而且參雜許多天然香料，所以價格不斐。

關鍵提示

這種文案也是在塑造產品的價值。你不說就沒有人知道這項產品得來不易，所以你要懂得營造形象，而講述生產過程也是一個凸顯賣點好方法。事實上也有很多知名企業都用這個方法。

接下來請讀者試試看：

- 我花了________，終於________________。
- 我耗費了________________，
  終於________________。
- 這個________（產品名）歷經________________，
  終於________________。
- 這個________（產品名）花費________________，
  終於________________。
- 這個________（產品名）聽說________________，

所以____。

範例 4　你以為……，但其實…………。

文案內容

- 你以為這樣的洗碗精是安全的，但其實還是有問題。
- 你以為當老闆是這樣的，但其實背後要學的東西還有很多。
- 你以為成功很簡單，但其實你需要具備一些能力。

關鍵提示

這類型的文案很有意思，因為每個人都會有先入為主的概念，而這句文案就是要讓消費者的故有思想受到衝擊，進而讓他們接受你的想法。

接下來請讀者試試看：

- 你以為____，
  但其實____。
- 你以為____，
  但其實____。
- 你以為____，
  但其實____。
- 你以為____，
  但其實____。
- 你以為____，
  但其實____。

範例 5　99 %的人都搞錯了…………。

文案內容

- 99 %的人都搞錯了，錢不是這麼賺的，其實是……。
- 99 %的人都搞錯了，地瓜皮才是最營養的，因為……。
- 99 %的人都搞錯了，口罩的正確戴法是……。

關鍵提示

這跟上面是一樣的類型，只是換了個說法。「99 %」跟「100 %」幾乎是一樣的。總而言之就是要消費者去接受一個新的事實，產生與舊有觀念的對比和衝擊。

接下來請讀者試試看：

•99 %的人都搞錯了，
______________________________。

•99 %的人都搞錯了，
______________________________。

•99 %的人都搞錯了，
______________________________。

•99 %的人都搞錯了，
______________________________。

•99 %的人都搞錯了，
______________________________。

範例 6 與〇〇〇對決！……。

文案內容

- 與《史記》正面對決！鴻漸文化推出「會動的歷史教科書」，不用死背也能拿滿分！
- 與三星對決！Sony 推出市面上最高畫質的網美新機。
- 與 IG 對決！FB 系列功能更新重磅登場！

關鍵提示

空格裡填入高價值的人事物，下半句填入你的產品或服務，將兩者相提並論，目的是為了提升產品／服務的價值。

接下來請讀者試試看：

•與__________對決！______________________________。

•與__________對決！______________________________。

•與__________對決！______________________________。

- 與＿＿＿＿＿＿對決！＿＿＿＿＿＿＿＿＿＿＿＿＿＿＿＿＿＿＿＿。
- 與＿＿＿＿＿＿對決！＿＿＿＿＿＿＿＿＿＿＿＿＿＿＿＿＿＿＿＿。

範例 7　挑戰……。

文案內容

- 挑戰傳統的舞步，新世代舞蹈革命就此展開！
- 挑戰舊有的思維，原來麵包還可以這麼吃！
- 挑戰上一代的思想，現代大學生不可不知的 6 件事！

關鍵提示

藉由挑戰舊有或傳統的思維，讓消費者的目光聚集在下半句你想傳達的事物上。

接下來請讀者試試看：

- 挑戰＿＿＿＿＿＿＿＿，＿＿＿＿＿＿＿＿＿＿＿＿＿＿＿＿＿＿＿＿。
- 挑戰＿＿＿＿＿＿＿＿，＿＿＿＿＿＿＿＿＿＿＿＿＿＿＿＿＿＿＿＿。
- 挑戰＿＿＿＿＿＿＿＿，＿＿＿＿＿＿＿＿＿＿＿＿＿＿＿＿＿＿＿＿。
- 挑戰＿＿＿＿＿＿＿＿，＿＿＿＿＿＿＿＿＿＿＿＿＿＿＿＿＿＿＿＿。
- 挑戰＿＿＿＿＿＿＿＿，＿＿＿＿＿＿＿＿＿＿＿＿＿＿＿＿＿＿＿＿。

特色型語句

範例 1　為了……，我們……。

文案內容

- 為了讓孩子有更健康的成長，教育部擬推上學時間由 7 點 30 分改到 9 點 30 分。
- 為了因應高科技生活，我們的手錶開始植入 AI 人工智慧。
- 為了預防開車不慎引發意外，我們設計了特斯拉電動車，並裝有 AI 車況判別系統。

關鍵提示

在一開頭就幫消費者畫好重點，讓消費者明白這個服務可以為他帶來什麼好處。

接下來請讀者試試看：

- 為了＿＿＿＿＿＿＿＿＿＿＿＿＿＿＿＿＿＿＿＿，
  我們＿＿＿＿＿＿＿＿＿＿＿＿＿＿＿＿＿＿＿＿。
- 為了＿＿＿＿＿＿＿＿＿＿＿＿＿＿＿＿＿＿＿＿，
  我們＿＿＿＿＿＿＿＿＿＿＿＿＿＿＿＿＿＿＿＿。
- 為了＿＿＿＿＿＿＿＿＿＿＿＿＿＿＿＿＿＿＿＿，
  我們＿＿＿＿＿＿＿＿＿＿＿＿＿＿＿＿＿＿＿＿。
- 為了＿＿＿＿＿＿＿＿＿＿＿＿＿＿＿＿＿＿＿＿，
  我們＿＿＿＿＿＿＿＿＿＿＿＿＿＿＿＿＿＿＿＿。
- 為了＿＿＿＿＿＿＿＿＿＿＿＿＿＿＿＿＿＿＿＿，
  我們＿＿＿＿＿＿＿＿＿＿＿＿＿＿＿＿＿＿＿＿。

範例2 ……非常適合你，可以……。

文案內容

- 健言社非常適合你，成為社員之後，可以把人脈資源帶回家。
- 經營社群平台非常適合你，可以免費替你建立個人品牌、帶來源源不絕的財富。
- 這種健康養身的方法非常適合你，不僅可以解決你的病痛，還能把健康帶回家。

關鍵提示

先將自己的產品推出來，再告訴消費者這個產品可以解決他什麼困擾。是專為沒有時間可以閱覽文案的人設計的。

接下來請讀者試試看：

- ＿＿＿＿＿＿非常適合你，
  可以＿＿＿＿＿＿＿＿＿＿＿＿＿＿＿＿＿＿＿＿。

- ＿＿＿＿＿非常適合你，
  可以＿＿＿＿＿＿＿＿＿＿＿＿＿＿＿＿＿＿＿＿＿。
- ＿＿＿＿＿非常適合你，
  可以＿＿＿＿＿＿＿＿＿＿＿＿＿＿＿＿＿＿＿＿＿。
- ＿＿＿＿＿非常適合你，
  可以＿＿＿＿＿＿＿＿＿＿＿＿＿＿＿＿＿＿＿＿＿。
- ＿＿＿＿＿非常適合你，
  可以＿＿＿＿＿＿＿＿＿＿＿＿＿＿＿＿＿＿＿＿＿。

範例 3　我要把它說出來，……。再不讓你知道我就要瘋了！

文案內容

- 我要把它說出來，屈臣氏的商品一直都是買貴退差價。再不讓你知道我就要瘋了！
- 我要把它說出來，這個保險計畫可以幫助你在緊急時刻提供協助。我忍了很久，再不說出來我就要瘋了！
- 我要把它說出來，蘋果手機新功能會有一個停止追蹤的設定。這會大大的影響廣告投放的效果。我再不告訴你我就要瘋了！

關鍵提示

這是一句有點自說自話的文案。一開頭的語句帶有一些刺激、緊迫性，而中間的語句則是文案真正要傳達的事情，下半句空格是填寫文案寫手的個人感受。而開頭語句跟結尾語句都是為了增強中間語句的力度。

接下來請讀者試試看：

- 我要把它說出來，＿＿＿＿＿＿＿＿＿＿＿＿＿＿＿＿。
  再不讓你＿＿＿＿＿我就要瘋了！
- 我要把它說出來，＿＿＿＿＿＿＿＿＿＿＿＿＿＿＿＿。
  再不讓你＿＿＿＿＿我就要瘋了！
- 我要把它說出來，＿＿＿＿＿＿＿＿＿＿＿＿＿＿＿＿。
  再不讓你＿＿＿＿＿我就要瘋了！

- 我要把它說出來，________________________。
  再不__________我就要瘋了！
- 我要把它說出來，________________________。
  再不__________我就要瘋了！

範例 4 毫無疑問的，……。

文案內容

- 毫無疑問的，我們的電池就是可持續使用 1 個月以上。
- 毫無疑問的，你應該訂閱我們的電子報，因為我們更新的速度是業界最快的。
- 毫無疑問的，3D 列印技術已經改變了世界，而我們公司的產品正是運用 3D 列印的傑出作品。

關鍵提示

消費者在購買產品前一定會有「疑問」而這句文案開頭就寫「毫無疑問」就是要消除消費者的疑慮，而下半句就是凸顯產品獨特賣點的好機會。

接下來請讀者試試看：

- 毫無疑問的，________________________。
- 毫無疑問的，________________________。
- 毫無疑問的，________________________。
- 毫無疑問的，________________________。
- 毫無疑問的，________________________。

範例 5 抓住○○○……。

文案內容

- 抓住消費者的眼球！熱銷文案的 10 大生產要件。
- 抓住顧客的味蕾！百吃不膩的料理做法大公開！
- 抓住聽眾的心！銷講成功的 5 大因素。

關鍵提示

用「抓住」、「刺激」、「誘惑」等衝擊性的動詞，使得文案能夠更生動、活潑，再搭配想要表達的主題，就能讓消費者明白你的文案能帶給他什麼利益。

接下來請讀者試試看：

- 抓住________________________________。
- 抓住________________________________。
- 抓住________________________________。
- 抓住________________________________。
- 抓住________________________________。

範例 6　指標性的……。

文案內容

- 指標性的國際級演講，由魔法講盟舉辦的八大盛會是結交人脈的好去處。
- 指標性的法式甜點，〇〇〇烘焙坊推出的馬卡龍，一吃就銷魂。
- 指標性的出書寫作班，不僅教會你寫作技巧，還能讓你成為知名書店的暢銷書作家！

關鍵提示

先將產品的屬性抓出來，用「指標性」來突出產品的價值。

接下來請讀者試試看：

- 指標性的______________________________。
- 指標性的______________________________。
- 指標性的______________________________。
- 指標性的______________________________。
- 指標性的______________________________。

範例 7 專家都喜愛的……。

文案內容

- 專家都喜愛的牙膏品牌，潔淨牙齒、杜絕牙周病的最佳選擇！
- 專家都喜愛的葡萄酒前三名，擁有一喝就忘不掉的好滋味！
- 專家都喜愛的廚房清潔劑，再也不怕油垢洗不掉！

關鍵提示

用「專家」這個詞彙抬高產品的價值，爭取消費者的信任。

接下來請讀者試試看：

- 專家都喜愛的＿＿＿＿＿＿＿＿＿＿＿＿＿＿＿＿＿＿＿。
- 專家都喜愛的＿＿＿＿＿＿＿＿＿＿＿＿＿＿＿＿＿＿＿。
- 專家都喜愛的＿＿＿＿＿＿＿＿＿＿＿＿＿＿＿＿＿＿＿。
- 專家都喜愛的＿＿＿＿＿＿＿＿＿＿＿＿＿＿＿＿＿＿＿。
- 專家都喜愛的＿＿＿＿＿＿＿＿＿＿＿＿＿＿＿＿＿＿＿。

範例 8 正港的……。

文案內容

- 正港的山東水餃，○○牌水餃絕對是你最佳的選擇！
- 正港的韓國風味，○○○燒臘店讓你一品異鄉味！
- 正港的北海道風味，連日本遊客都愛的○○○料理店！

關鍵提示

藉由「正港的」來表達產品的獨特之處，下半句再將品名填上去，爭取消費者的目光。

接下來請讀者試試看：

- 正港的＿＿＿＿＿＿＿＿＿＿＿＿＿＿＿＿＿＿＿＿＿！
- 正港的＿＿＿＿＿＿＿＿＿＿＿＿＿＿＿＿＿＿＿＿＿！
- 正港的＿＿＿＿＿＿＿＿＿＿＿＿＿＿＿＿＿＿＿＿＿！
- 正港的＿＿＿＿＿＿＿＿＿＿＿＿＿＿＿＿＿＿＿＿＿！
- 正港的＿＿＿＿＿＿＿＿＿＿＿＿＿＿＿＿＿＿＿＿＿！

5-4 20 種長文案套用模版

前文提供 100 種誘惑人心的短文案模版後，接下來本書為各位準備了 20 種長文案可套用的模版，且是取材於知名品牌的案例。也許你曾有印象，這是因為部分的文案在前面的章節有解析過了，但這些都是值得一再學習的好範例，所以做成模版給各位練習，大家可以邊學邊做，這樣的學習效果更好。

範例 1　魔法講盟「區塊鏈培訓體系」廣告文案

文案內容

【標題】用區塊鏈賺快錢的時代已經過去

　　　　用區塊鏈賺大錢的時代已經來臨

你知道近 5 年，全台灣最大的求職入口網站中，

職缺成長最火熱的是什麼嗎？

答案是區塊鏈工程師，職缺數暴增高達 22 倍。

現在企業徵才最在意的是什麼你知道嗎？

答案是求職者具備的「資訊力」。

隨著新科技迭起，翻轉過往工作模式的「數位人才」，不論本身來自什麼科系，每個產業都對其求才若渴。企業的人才招募不再侷限於「本科本系」，須具備的技能也不再是傳統升學體制中的專業，跨業、跨域、創新、整合的多工資訊人才，才是企業鍾愛。LinkedIn 研究指出，

最搶手技術人才排行，區塊鏈空降榜首，成為人力市場中稀缺的資源，台灣企業祭出兩百萬年薪徵區塊鏈工程師，中國百度、小米、京東、360、聯想等行業巨頭更紛紛開出高薪招聘區塊鏈工程師。

在不景氣的時代，斜槓區塊鏈絕對是為自己加薪的最首選！尤其比特幣頻頻創歷史新高，放眼各國發展的趨勢、企業的應用，都是朝向區塊鏈，只要能成為斜槓數位人，進入企業的敲門磚也就不難到手。區塊鏈、AI、5G為現階段全球發展重點方向，你是否準備好要成為專業的區塊鏈人才，嶄露頭角了呢？

魔法講盟結合廣州數字區塊鏈科技有限公司，對於全方位學習區塊鏈必備的基礎知識、工具、思維模式、資訊安全與最佳做法，規劃一系列深入淺出的課程，幫助您打造屬於自己的第一個區塊鏈應用！

雷軍說：「站對風口，豬都會飛！」
台灣最強區塊鏈培訓體系結合5G的區塊鏈賦能與N種應用，透過破壞式創新，改寫商業規則，教你駕馭趨勢、朝著商業落地發展，打造新鏈結、新模式、新價值，借力使力，拉高勝率！

不想當韭菜，最好的方法就是了解它！

全球各大金融機構也都積極參與區塊鏈項目的投資，在區塊鏈技術上加強研究，其中包括納斯達克、高盛、花旗、摩根士丹利、瑞銀等。銀行等金融機構的基礎設施融合底層區塊鏈技術結合，將對現有的支付、交易、結算的方式產生深遠的影響，提升其運作的效率。

區塊鏈技術的應用已經從單一的數字貨幣應用，延伸到經濟社會的各個領域，如金融服務、供應鏈管理、文化娛樂、房地產、電子商務等

場景。區塊鏈技術的價值也逐漸得到了各大企業的認可，同時也快速引起各行各業及政府的高度聚焦。從金融領域逐步向其他產業延伸，包含數位交易、智能合約、產銷履歷、資產管理等等。台灣在區塊鏈發展上，已有銀行業在金融科技 (Fintech) 有相關專案的應用及推動，預計未來在 Fintech 外，包括生產履歷、健康記錄、房仲交易、薪資支付等非密集交易的業務上，都將逐步運行實現。

透過培訓，打造亞洲區塊鏈產業磁鐵！

熱門精選課程

完整課程規劃，輕鬆加入區塊鏈行列……

關鍵提示

此篇文案結構鮮明，是非常典型的銷售文案，端詳內容不難發現目標受眾為想要拓展金源的人。近幾年經濟不景氣，工作並不好找，此篇文案一開頭拋出的引言就命中許多擁有職涯煩惱之人，而文案內容直接告訴他們解決的辦法——報名區塊鏈系列課程，自然會吸引不少目標客群。

這個案例的寫作順序是：標題→引言→聯接→好處→課程。

這是一個關於商品價值的陳述，請你根據這個銷售文案，照著這個寫作順序練習看看！

- 第一個是【標題】＿＿＿＿＿＿＿＿＿＿＿＿＿＿＿＿。
- 第二個是用疑問法來套住你的目標客群，讓他們覺得這個文案跟他們有關：

＿＿＿＿＿＿＿＿＿＿＿＿＿＿＿＿＿＿＿＿＿＿＿＿

＿＿＿＿＿＿＿＿＿＿＿＿＿＿＿＿＿＿＿＿＿＿＿＿

＿＿＿＿＿＿＿＿＿＿＿＿＿＿＿＿＿＿＿＿＿＿＿＿

＿＿＿＿＿＿＿＿＿＿＿＿＿＿＿＿＿＿＿＿＿＿＿＿

- 第三個是描述產品的好處，選擇我們的產品可以解決什麼樣的煩惱：

---。

範例 2 服飾廣告文案（中興百貨促銷文案）

文案內容

【標題】春天的道德問題

把衣櫃當魔術箱是道德的，

把衣櫃當倉庫是不道德的。

戴一枚人工合成鑽戒是道德的，

穿戴一身象牙釦又高談環保是不道德的。

與男友分手時說謝謝是道德的，

各奔前程後還到處宣揚是不道德的。

自戀而自憐是不道德的，

自戀而自覺是道德的。

一年只買兩件好衣服是道德的，

光買衣服而沒有衣盡其用是不道德的。

春季折扣，正在進行。

註：「一年只買兩件好衣服是道德的」是延用當年中興百貨的年度slogan

關鍵提示

此篇文案是利用「是道德的……不道德的」這個句型排比堆疊情緒，試圖與消費者的思路聯接，最後引導消費者購買產品。

這個案例的寫作順序是：標題→多句排比→結語→優惠。

請你根據這個活動文案，照著這個寫作順序練習看看！

•第一個是標題，請設一個方便運用排比法的句型：--。

•第二個是列舉多次排比句型，與消費者的思路聯接：

•第三個是觀念定義，試著與產品聯接：

•第四個是優惠釋放，推消費者一把：

範例 3　掌生穀粒——「有米有茶有閒暇」文案

文案內容

【標題】好好吸收來自日月星辰，純淨風土的能量

【副標題】給家人閒暇時光彼此陪伴，就有力量

我們對這片土地上的韻律生息，懷抱感恩

譜成新春厚願，分享生活的願景：

米蜜豐，茶酒足，月常圓，人長健

吃飽了，讓心安定
祝福詩意想像都成為真實的美好日常

來自宜蘭一年一作，渾然天成就好吃的米
來自南投，台灣獨特風味的台茶十八號
在乾淨的、溫柔的、慢慢的地方生長
你也會想要住在那裡
住在春天的花草，夏天的微風，秋天的水和冬天的太陽裡

和家人一起享用吧！
品嚐美好而純粹的時光，把生活的力氣充滿

特別推薦「有米有茶有閒暇」登場時機：
給需要好好放鬆的每一個人，休息一下走更長遠的路

關鍵提示

這些文案的主題是針對「閒暇」而作。消費者可以融入大自然的氛圍裡，感受有米有茶的自在人生。

這個案例的寫作順序是：場景→情境→製造過程→呼籲。

這也是一個關於時空場景的概括，請你根據這個活動文案，照著這個寫作順序練習看看！

- 第一個是【標題】＿＿＿＿＿＿＿＿＿＿＿＿＿＿＿＿＿＿＿＿。
- 第二個是用情境讓消費者感受到氛圍，讓他們覺得在這樣的氛圍是多麼的美好：

＿＿＿＿＿＿＿＿＿＿＿＿＿＿＿＿＿＿＿＿＿＿＿＿＿＿＿＿＿＿

＿＿＿＿＿＿＿＿＿＿＿＿＿＿＿＿＿＿＿＿＿＿＿＿＿＿＿＿＿＿

＿＿＿＿＿＿＿＿＿＿＿＿＿＿＿＿＿＿＿＿＿＿＿＿＿＿＿＿＿＿

- 第三個是產品的製造過程，讓消費者們了解這一切有多麼的得來不易：

- 第四個是呼籲，讓消費者購買我們的產品，藉此體會那美好的體驗：

---。

範例 4 大眾銀行廣告文案

文案內容

【標題】校長的合唱團

馬校長，不會樂器，不懂樂理，但他有個合唱團。

15 年來，他堅持每天放學後教孩子們唱歌。

他像父親一樣，用歌聲教他們長大。

他對孩子們說：「你能唱出那麼美的聲音，就表示上帝對你與眾不同。你也要愛你的與眾不同。」

在合唱比賽的重要日子，孩子們嚇壞了，校長告訴他們：「閉上眼睛，張開嘴巴，只管唱出身上的你自己。」

最後，當純樸優美的原住民山歌在賽場上響起，清亮的童音和孩子們烏黑真誠的雙眼，贏得了賽場所有人的喝彩。

這一刻，觀眾們的心也跟著熱血沸騰。

合唱比賽大獲成功，這一天，他終於讓天使相信，自己就是天使。

關鍵提示

這篇文案是大眾銀行推出的形象廣告，藉由馬校長合唱團的故事告訴消費者：「要成為不平凡的平凡大眾」，也向不平凡的平凡大眾致敬。這個廣告一推出就受到不少人的喜愛，故事中馬校長細心培養著小朋友們和孩子們懷抱著夢想努力練唱的身影，都讓我們聯想到小時候單純為了夢想奮鬥的自己，以及在我們身旁耐心呵護我們的長輩。也正是因為這個聯想力，讓不少人為之動容。而這個故事的結構，各位可以運用在文案寫作上，按照模版練習，相信你也可以寫出有影響力的故事型文案！

這個文案範例的寫作順序是：標題→人物出場→重要事件→事件影響→結語。

這是一個屬於故事型的文案，請你根據這個廣告文案，照著這個寫作順序練習看看！

- 第一個是【標題】______________________________。
- 第二個是借用陳述句，帶出主角的日常：

____

____

____

____

____

- 第三個是主角發生的重要事件：

____

____

____

- 第四個是事件對主角或整個故事帶來的影響：

•第五個是結語，也就是整個故事的寓意：

範例 5　台灣無印良品官方臉書文案

文案內容

【標題】來台南住一晚

不能出國的日子裡，在島內也能有新發現，
品嚐在地蔬果的鮮甜、享受美味道地的小點，
拿著地圖穿梭於府城巷弄間，
旅行的 100 種可能，都能在生活中重新發現。

無印良品南紡門市與 #台南老爺行旅 攜手合作
打造「生活旅人提案」！
提供訂房優惠每晚 2900 元起，
還能品嚐無印良品台南南紡門市在地時令好味及專屬贈禮！

來規劃一趟專屬自己的島內旅行，
進行一場在地好味發現之旅。

這邊訂房去>>https://lihi1.com/MTnMJ
即日起，至台南老爺行旅官網訂房可享：
MUJI 無印良品旅人彩繪組、府城旬味兌換券與旅人地圖乙份。

※府城旬味兌換券須憑券至無印良品南紡門市（南紡購物中心 2F）兌換贈禮。贈禮數量有限，發送完畢則依現場指定商品替代。恕不提供指定兌換、變現折抵或找零。

關鍵提示

此篇文案結合了時事（因為疫情大部分的人都不能出國），以第一人稱的角度，帶著消費者一起去旅行。而此篇文案要推的商品就是「生活旅人提案」，讓悶在家裡想外出旅遊的人，目光為之一亮。各位可以模仿它的寫作模式：以時事串連商品，吸引目標受眾下單。

這個案例的寫作順序是：標題→時事→商品→結語。

請你根據這個活動文案，照著這個寫作順序練習看看！

•第一個是標題，可與地點、時間聯結：------------------------------

--。

•第二個是用時事當作主題，環扣整體的文案：

•第三個是將商品的資訊秀出來：

•回歸主題，給消費者一個美好的願景：

--。

範例 6　掌生穀粒——「飯先生 2 公斤」

文案內容

【標題】神農後裔，做自信的米

【副標題】百年前，這裡曾經是客家人與原住民弓弩相向爭水爭地的現場；也是這兩個族群共同守護住這山城裡的村落——德高。

村人相約種田，一種就超過一百年。

這個 90 %的人都在種米的部落，被安全的護衛在台灣東部：海岸山脈與中央山脈的山域中，避掉了許多風雨災難。山城裡，吹的是跟一世紀前一樣方向的南風。他們的祖先當年一起修築水圳，現在，原本也務農的范先生招在地農夫，農閒時大家一起動手蓋碾米廠，作出種田人心目中的好米。

從爭鬥，到一起開創，到共同守護……這是掌生穀粒推薦的入門款好米。吃過這款米，才會了解台灣的稻米，100 年來悄悄的包裹著族群融合的甜蜜、和諧與美好。

范先生以他世代的務農經驗，選擇了花東縱谷區有口皆碑的優質良米，綜合調配出他心中最好吃的飯！就像人有不同的個性，米也一樣。不同品種的米優缺點也都不一樣，在這包米中因為高雄 139 的甜與 Q、台梗 4 號的柔軟與清芬、台東 30 號的飽滿與圓潤，甚至每年夏季收割後，您會吃到這包米多了一種一期稻作沒有的淡淡花果香—那是台農 71 號的特色！因為大家貢獻了自己的優點，滿足了口感，讓我們吃到一碗碗總和的幸福。

關鍵提示

這篇文案把米描述的栩栩如生，「如何做自信的米」成為了吸引消費者的關鍵詞。而後在解釋米的製作過程與品質。這也是挖出獨特銷售賣點的一種運用方法，效果十足。

這個案例的寫作順序是：形容→環境→根據→體驗。

這是一個關於商品描述的文案，請你根據這個活動文案，照著這個寫作順序練習看看！

- 第一個是形容，你要怎麼形容你的產品：______

- 第二個是用描述環境讓消費者如歷其境，讓他們了解到產品的生產環境與過程：______

- 第三個是描述根據客觀的事實與佐證，讓消費者了解產品的價值性：______

- 第四個是體驗，讓消費者想像購買我們的產品，可以得到的尊貴感與美好的體驗：______

範例 7 新絲路網路書店臉書文案——週二講堂

文案內容

最近接到不少公司（大公司小公司都有，還有不少上市櫃公司）的邀約去主講 OKR 執行力！發現西方極為推崇的 OKR 根本就是東方阿米巴經營法的底層原則之一！所以學會阿米巴之後自然就產生了 OKR，但學會 OKR 之後只能說掌握了一部分阿米巴之精神！ 所以還是東方優於西方呀！ 魔法講盟 4/27 週二講堂的晚場就是由兩岸第一的阿米巴大師來主講阿米巴經營術，創業者為何九成以上會失敗呢？因為沒有

學阿米巴！經營事業的關鍵為何？答案就是阿米巴！最有效的執行力法則 OKR 它的頂層精神其實也是阿米巴！

4/27 當日的下午是由出版社長主講老子的道德經，晚間由阿米巴大師主講阿米巴經營法，週二講堂全年只收 100 元的場地清潔費，是目前台灣地區 CP 值最高的常態型培訓課程，各位 4/27 週二一定要來一趟中和魔法教室，學習一下老子的偉大著作與可以幫您賺到大錢的阿米巴經營喔！祝好，祝福

立即搶位報名 https://bit.ly/3wYQe67

關鍵提示

此篇文案是以第一人稱口吻為開頭，營造輕鬆聊天的情境，再帶出課程的特色：「阿米巴結合OKR為文案撰寫者的創舉，還有豐富人的心靈及充裕荷包」結尾并附上報名連結，吸引消費者報名。

這個案例的寫作順序是：第一人稱口吻→課程特色→超值優惠→祝福→報名連結。

請你根據這個課程文案，照著這個寫作順序練習看看！

- 第一個是用第一人稱口吻營造聊天情境：

- 第二個是闡述課程／產品特色與消費者的關聯：

- 第三個是祝福語，祝福消費者身邊擁有的人事物：

範例8 掌生穀粒——「董的紅烏龍」文案

文案內容

【標題】龍田村烏龍紅了，茶湯更甜了，冠軍的喜悅，是一嘴冬暖夏涼的滋味。

【副標題】藏不住的百香果的香甜，是林董紅烏龍一飲難忘的美人痣，再再徘徊只想明白甜蜜深處裡莫名思念的酸。

那天呀～林董的氣色好極了，不只是因為製茶廠的安全衛生管理流程，高規格的贏得全國競賽冠軍榮耀，也不只是冬季的烏龍在多雨的深秋之後順利採收了，更不只是我們掌生穀粒這群愛吃愛又愛跟的老朋友跑去他的冠軍茶廠熱鬧……應該是所有努力的、追求的目標一一實現了，心中的大石頭輕輕巧巧落了地，眉也開了、眼也笑了。特別是林太太的貝齒笑開來，美極了！

「我以為我的事業已經漂亮衝到終點。」19年前叱吒造景工程產業的林董皈依了茶，移民到台東龍田村侍茶奉茶作茶人，「誰知？這跑道一換前方不只還有5000公尺而已，還有障礙賽的跨欄要抬腿……」一切的辛勞與汗水，在事過境遷之後能當笑話說，都是早已收乾了淚水……。

的確呀，「我跑過的路不會背叛我！」日本奧運馬拉松金牌得主野口水紀，為所有努力過的人做了結論！這一路走踏過的足跡，公平實在。

今年，龍田的茶園收了茶作重發酵的紅烏龍。要花費好多工夫顧茶製茶，還要多用一點兒時間去交換等待，清新的茶才會回報你深紅的茶湯風味。特別不一樣的是，林董今冬的紅烏龍有一縷其他台茶沒有出

現過的明顯果香！是的，高雅清幽的花香是高山烏龍茶的正字標記，果香……奇妙的出現在海拔高度只有 400 公尺的龍田村，是上天給的禮物吧！

掌生穀粒一直深深相信，台茶的海拔風土標準沒有好壞，只有不同！因為不同，所以我們豐富。這麼特殊明顯的果香風味，給了林董的紅烏龍一個獨特的茶湯印記。濃烈的南島熱情、香甜的百果茶香，卻在最後回馬一槍，提醒一個隱隱約約、似有還無的微妙酸味，一驚！是……什麼？想追又消失的迷藏，再想，回甘已占據氣息。罷了罷了，哪來風影。

這不正是吃飽飲茶最速配的那一味嗎？獻給龍心大悅的新年、迎接五穀登峰的一年。飽足了樂天開心的日常，每天每天都精氣神十足的衝向那個隨時要抬腿、跨欄的人生跑道！

關鍵提示

標題寫上「冠軍」二字，能吸引偏愛得獎產品的消費者。且他將獲得榮耀的過程及茶葉的得來不易，搭配故事的渲染力呈現在文案裡，也是吸引消費者購買的一大因素。非常推薦各位參考這篇文案。

這個案例的寫作順序是：描述→時空背景→經歷→結論。

這是一個偏好英雄主義的文案，請你根據這個活動文案，照著這個寫作順序練習看看！

- 第一個是描述，你要怎麼形容你的公司和老闆，吸引消費者的注意力：

---。

- 第二個是用時空背景讓消費者更能理解我們的背景，讓他們因此感動與有所期許：

- 第三個是經歷，我們公司的發展過程與經歷的困難與挑戰，感動消費者：

- 第四個是結論，幫讀者做決定，讓消費者願意相信你的產品與服務：

範例 9 掌生穀粒——紅檜筷組

文案內容

【標題】從黃河流域到濁水溪，我們一起用筷吃飯五千年

【副標題】我們用惜物節儉的工法，棄細膩的拋光、上漆等加工讓珍惜物力的原始粗糙質感呈現在我們掌心。

百萬年前，台灣檜木祂就已經活在這島嶼上了。幾度冰河去來，板塊推擠成形的台灣高山，終成為檜木安身立命之地。

如今全球檜木只剩六種，海天各據一隅，分散在北美、日本與台灣。台灣擁有其中兩種：紅檜與扁柏，合稱檜木。台灣檜木林的原鄉，在海拔一千三百到二千六百公尺的高山上，這裡也是台灣降雨量最高的集水區，更是百餘條溪流的水源地。紅檜為台灣特有最古老樹種，在高山針葉樹類神木大多為本種。材質最優年齡又長，為世界寶貝級樹

種。特殊的地理環境，成就了舉世聞名的『台灣檜木』。台灣檜木所提煉的芬多精對人體大有助益，諸如舒緩失眠、頭痛、焦慮、助益呼吸器官及肺機能、增進血液循環及心臟活力、減輕高血壓及預防血管硬化、促進全身細胞新陳代謝活絡、美顏等功效。

台灣的紅檜、扁柏早被日本與蘇聯公認為一級樹木，其中所含芬多精等各種自然成分，日本人很早就拿來運用於化妝品、藥品、養毛劑、安定性情、促進內分泌、調整感覺系統、集中精神的健腦作用。

台灣檜木醇對抑制金黃色葡萄球菌 (MRSA) 有自然的驚人效果。這種菌種常存在於人體之皮膚、呼吸道之中，引起敗血症、腹膜炎、食物中毒及瘡癤等皮膚感染。台檜具有獨特的香味，又具有殺菌效果，且能防止發霉，作為食具是安全又健康的選擇。

我們沒有加工、沒有刻意裝飾，用花蓮老檜木商還存在手邊的台灣奇萊山檜木，請您安心食用。

關鍵提示

首先，標題寫「我們一起用筷吃飯五千年」，但是沒有人類可以活到 5000 年，這是利用誇飾的效果吸引消費者的目光，巧妙的是這個 5000 年其實是融合了檜木、人類和土地的歷史與感情，將消費者吸到了內文的故事裡。其次，文案中提到台灣檜木百萬年的歷史，是要先培養檜木與消費者間的關聯，最後再將產品的益處凸顯出來，讓消費者覺得這個產品不是冰冷的、和他毫無關係的東西，並且能夠帶給他的好處非常多。所以，這樣的文案很容易打動消費者購買產品。各位讀者可以使用這樣的撰寫模式來介紹你的產品，非常實用。

這個案例的寫作順序是：描述→時空背景→稀缺性→保證。

這是一個描述商品的文案，請你根據這個活動文案，照著這個寫作順序練習看看！

•第一個是標題，你要怎麼描述你的標題，且是誇大卻又吸引消費者的

【標題】________________________________。

•第二個是用時空背景塑造產品的價值，讓他們因此珍惜與重視你的產品：

____

____

____

____

•第三個是稀缺性，產品的得來不易與發展過程，讓消費者意識到產品的稀缺性與價值：

____

____

____

____

•第四個是保證，讓消費者安心地購買，同時讓消費者願意相信你的公司與產品：

____

____

____

____

範例10 誠品永和頂溪站店開幕文案

文案內容

【標題】人聲鼎沸，找一種無聲的智慧

一天之中，行色匆匆。

我們應該還是有，

看一本書的時間。

在永和最匆忙的地方，鬧中取「近」。

晚餐之後，失眠之前，
在旅行書區，安享一本《布拉格的散步》。
在永和情節最多的地方，鬧中取「淨」。
遠離追逐，走到清心的健康書區鎮定幾分鐘，
調慢身體節氣，平靜吐納掉焦躁忙碌的一天。

在永和群影雜沓的地方，鬧中取「鏡」，
人多的地方迷失的航向，
到心靈書區，跟著克里希那穆提的途徑找到自己。
在永和最繁華不休的地方，鬧中取「境」。

煮得濃烈的咖啡，和一本莫泊桑的小說，
香味透進意境之中，
我們閱讀到再真實也不過的巴黎下午。
在永和分貝最高的地方，鬧中取「靜」。

與一座知識的後院
在地鐵站出口，轉乘
3 萬本無聲的智慧。

誠品永和店，地鐵頂溪站出口，悠閒開幕。

關鍵提示

運用地點的特色，勾勒出誠品獨特的品味。「鬧中取靜」四字，利用諧音「近、淨、鏡、境、靜」，與誠品的品牌形象完美地環扣在一起。

首先，這是一則與地點特色相輔相成的文案。你得先確定你的品牌或企業周圍有沒有什麼地方特色，才適用這則類型的文案。

此案例的寫作技巧，是將誠品分成 5 個特色，再用成語把這 5 個特色連接起來。所以，寫作順序是：地點→5 個特色分別說明→結尾。先確定文案組成要件再開始下手吧！

•地點特色：______________________________。

•品牌形象／主旨：______________________________。

•適用成語：______________________________。

•動筆試試看：

____

____

____

____

範例 11 保德信人壽廣告文案

文案內容

【標題】智子，請好好照顧我們的孩子

日航 123 航次波音 747 班機，在東京羽田機場跑道升空，飛往大阪。

時間是 1985 年 8 月 18 日下午 6 點 15 分。機上載有 524 位機員、乘客以及他們家人的未來。45 分鐘後，這班飛機在群馬縣的偏遠山區墜毀，僅有 4 人生還，其餘 520 人，成為空難記錄裡的統計數字。

這次空難，有個發人深省的地方，那就是飛機先發生爆炸，在空中盤旋 5 分鐘後才墜毀。任何人都可以想見當時機上的混亂情形：500 多位活生生的人在這最後的 5 分鐘裡面，除了自己的安危還會想到什麼？谷口先生給了我們答案。

在空難現場的一個沾有血蹟的袋子裡，智子女士發現了一張令人心酸的紙條。在別人驚惶失措，呼天搶地的機艙裡，為人父、為人夫的谷口先生，寫下給妻子的最後叮嚀：「智子，請好好照顧我們的孩子！」

就像他要遠行一樣。

你為谷口先生難過嗎？還是你為人生的無常而感嘆？免除後顧之憂，坦然地面對人生，享受人生。這就是保德信 117 年前成立的原因。走在人生的道路上，沒有恐懼，永遠安心，如果你有保德信與你同行。

關鍵提示

這是利用故事力撰寫的文案，有畫面感，更有信服力。所以即使在前文有解析這則文案，還是想放在這裡給各位練習。提醒一下，若在寫故事的時候，要注意細節。多使用一些專有名詞，如人名地名等等，讓整個故事更有畫面感。

這個案例的寫作順序是：時間→人物→地點→意外→結果。

這是一個事實的陳述，請你選取一段真實的過去記錄，照著這個寫作順序練習看看！

•時間是--

•第二段是用懸問法提供消費者想像的空間：

-----這最後的---------分鐘裡面，--------------------，你會怎麼做？

•第三段是意外的發現：

在------------------------------，------------發現了----------

就好像--

•最後一段，以詢問的方式撥動消費者的情緒，再寫一段與品牌理念結合的感語：

你會為了--

---。

範例 12 長城葡萄酒廣告文案

文案內容

【標題】十年間，世界上發生了什麼？

65 種語言消失；

科學家發現了 12866 顆小行星；

地球上出生了 3 億人；

熱帶雨林減少了 6070000 平方公里；

元首們簽署了 6035 項外交備忘錄；

互聯網用戶增長 270 倍；

5670003 隻流浪狗找到了家；

喬丹 3 次復出；

96354426 對男女結婚；

25457998 對男女離婚；

人們喝掉了 7000000000000 罐碳酸飲料；

平均體重增加 15％。

我們養育了一瓶好酒。

地道好酒，天賦靈犀。

關鍵提示

這是利用數字多次的變化，呈現動態感，讓文案整體的節奏動起來。閱讀起來生動、活潑，最後再帶入自家產品，層層堆疊的數字，也成為了推動產品的力量。

這個案例的寫作順序是：標題→時間→數字堆疊→產品。

首先這則文案的標題，是用時間來設計主題。現在，請你設計一個標

題，結合時間，照著這個寫作順序練習看看！

•【標題】--。

•第二個是用具體的數據，表述時間承載了世間萬物的變化：

•第三個是因為這些數據，所以讀者們必須選擇我們的理由：

--。

範例 13　掌生穀粒——「山茶蜜」文案

文案內容

【標題】在眾神祝福的花園裡，聽祂們遠古的海誓，說人們今生的山盟

台灣是植物的諾亞方舟、是眾神的花園，一直都被眾神所祝福。這裡有世界上密度最高的生物物種共生共好，豐富的蟲魚花鳥經地殼幾次變動、冰河幾次來去……最後都不約而同地選擇了「台灣」作為生命的落腳處，在這裡繁衍後代，因為這座島讓一切生生不息……這是台灣自遠古就存在的美好。

這一罐春末開花，初夏凝聚的深山花蜜，是山茶與木荷的美麗滋味。2014 春的等待，南投魚池鄉繁華的花開花落不是一場回憶而已。蜜蜂大軍統帥王大哥主張在純淨的環境中開發蜜源，採集山神的禮讚。「精神一到何事不成」的氣魄，驅使他堅持最古老原始的採蜜法——用時間等待，讓小蜜蜂忙碌地以翅膀和體溫搧去蜜中的含水，直到蜜中的水分降到 20 %以下—蜜蜂的天賦知道蜂蜜熟成了，才吐蜂蠟封存。這樣的蜜沒有經過人工加溫蒸發水分，所以很野、很活、很精純。

我們明白自然萬物沒有源源不絕的供應，一切都是當下的偶遇，所以才學會知足和等待。這知足，因為來自山神的慶典，讓素華的花香摻著微酸的果香，在一口蜜濃厚的溫潤的慈愛中，令人得到喜悅安慰。

這等待，於是分辨出濃情龍眼蜜以外的成熟蜜香。初初乍嚐一定令你驚訝，驚訝於她的熟悉感彷佛早就認識——「原來是她」的答案。

花期是淡淡的人間四月天，花季過了，我們緩慢收蜜。健康天然的蜜的甜度相當高，古老的智慧即拿她來蜜漬食物，除了增加食物的美味還有保存防腐的功效。畢竟曾是王公貴族奢華的飲食，總令人有益壽延年的聯想。我們從不勸人屯貨居奇，只是……若經冬歷春仍沒吃完，蜂蜜可能自然結晶。作寬口罐即在體貼您結晶時可以乾淨（不帶水分）的湯匙直接挖取食用。結晶的蜜仍然美味，飲用時先以少量的水將她溶解攪勻後再加水調濃淡，是小技巧。大聲勸阻用熱水沖泡，會破壞蜜中含的天然酶及營養成分。

花季開時你沒跟到，我們用剪紙藝術設計了木荷、山茶的雕花剪影，讓你能一頁一頁的輕輕開啟花期未了的回憶，留白的頁面應該有你自己的心情。最後那一頁花瓣「說我們今生的山盟，聽祂們遠古的海誓」，一切都夠了！順手翻轉把玩一下吧，一朵深山花在你眼前為你盛開。花開，定情，可是天地山川最甜美的信仰啊！

關鍵提示

自古以來神明是讓人敬畏的，所以這篇文案的標題寫道：「在眾神祝福的花園裡」會讓人下意識覺得這個地方定是神聖而美好的。下半句將眾神與海誓山盟連接在一起，就會讓消費者覺得接下來的故事一定跟那些傳說一樣很精采。接下來文案的開頭就直接開門見山的說：這個神聖的花園就是台灣，讓身為台灣人的我們與有榮焉。更厲害的是，這篇文案將花蟲鳥鳴都跟台灣結合在一起，呈現一片生氣勃勃的樣子，

畫面感十足，而這些美好光景的產物就是此篇文案要推的產品——山茶蜜。瞬間將我們平日唾手可得的花蜜提升了一個檔次，好似聖物一般。更棒的是，這篇文案將花蜜的生產過程、對人體的好處，以及產品的包裝都融合在一起，且毫無違和感，讓人一看就手癢，想趕快下單看看這個備眾神祝福的產品。

這個案例的寫作順序是：描述→時空背景→稀缺性→保證。

這是一個描述商品的文案，請你根據這個活動文案，照著這個寫作順序練習看看！

•第一個是標題，將高層次、地位的人事物與產品連接在一起：

【標題】＿＿＿＿＿＿＿＿＿＿＿＿＿＿＿＿＿＿＿＿。

•第二個是用時空背景塑造產品的價值，讓他們因此珍惜與重視你的產品：

＿＿＿＿＿＿＿＿＿＿＿＿＿＿＿＿＿＿＿＿＿＿＿＿＿＿＿＿

＿＿＿＿＿＿＿＿＿＿＿＿＿＿＿＿＿＿＿＿＿＿＿＿＿＿＿＿

＿＿＿＿＿＿＿＿＿＿＿＿＿＿＿＿＿＿＿＿＿＿＿＿＿＿＿＿

＿＿＿＿＿＿＿＿＿＿＿＿＿＿＿＿＿＿＿＿＿＿＿＿＿＿＿＿

•第三個是稀缺性，產品的得來不易與發展過程，讓消費者意識到產品的稀缺性與好處：

＿＿＿＿＿＿＿＿＿＿＿＿＿＿＿＿＿＿＿＿＿＿＿＿＿＿＿＿

＿＿＿＿＿＿＿＿＿＿＿＿＿＿＿＿＿＿＿＿＿＿＿＿＿＿＿＿

＿＿＿＿＿＿＿＿＿＿＿＿＿＿＿＿＿＿＿＿＿＿＿＿＿＿＿＿

•第四個是保證，讓消費者安心地購買，同時讓消費者願意相信你的公司與產品：

＿＿＿＿＿＿＿＿＿＿＿＿＿＿＿＿＿＿＿＿＿＿＿＿＿＿＿＿

＿＿＿＿＿＿＿＿＿＿＿＿＿＿＿＿＿＿＿＿＿＿＿＿＿＿＿＿

＿＿＿＿＿＿＿＿＿＿＿＿＿＿＿＿＿＿＿＿＿＿＿＿＿＿＿＿

＿＿＿＿＿＿＿＿＿＿＿＿＿＿＿＿＿＿＿＿＿＿＿＿＿＿＿＿

範例 14 誠品舊書拍賣會廣告文案

文案內容

過期的鳳梨罐頭，不過期的食欲，

過期的底片，不過期的創作欲，

過期的《PLAYBOY》，不過期的性欲，

過期的舊書，不過期的求知欲。

全面 5～7 折拍賣活動，貨品多，價格少，供應快。

知識無保存期限，歡迎舊雨新知前來大量搜購舊書，

一輩子受用無窮。

關鍵提示

如果你要公布一個消息，或者發表一個觀點，你可以做一系列的鋪墊。鋪墊的作用，是為了讓事情變得更理所當然，更容易被人接受。

這則案例的寫作順序是：物品→欲望→活動→好處。

這是一個關於活動的陳述，請你根據這個活動文案，照著這個寫作順序練習看看！

•第一個是【標題】＿＿＿＿＿＿＿＿＿＿＿＿＿＿＿＿＿＿＿＿。

•第二個是用物品與人類欲望的拉扯，且要為了接下來的活動作鋪陳：

＿＿＿＿＿＿＿＿＿＿＿＿＿＿＿＿＿＿＿＿＿＿＿＿＿＿＿＿

＿＿＿＿＿＿＿＿＿＿＿＿＿＿＿＿＿＿＿＿＿＿＿＿＿＿＿＿

•第三個是活動的描述：

現在＿＿＿＿＿＿＿＿＿＿＿＿＿＿＿＿＿＿＿＿＿＿＿＿＿＿

＿＿＿＿＿＿＿＿＿＿＿＿＿＿＿＿＿＿＿＿＿＿＿＿＿＿＿＿

•最後一個，以好處的方式吸引消費者的欲望，讓他們出席這次活動：

＿＿＿＿＿＿＿＿＿＿＿＿＿＿＿＿＿＿＿＿＿＿＿＿＿＿＿＿

＿＿＿＿＿＿＿＿＿＿＿＿＿＿＿＿＿＿＿＿＿＿＿＿＿＿＿＿

＿＿＿＿＿＿＿＿＿＿＿＿＿＿＿＿＿＿＿＿＿＿＿＿＿＿＿。

範例 15　芝麻信用地鐵廣告

文案內容

上海地鐵惊現史上最長長文案，從地鐵到朋友圈，被芝麻信用在 6 月 6 日信用日創作的這組要跑著步才能看看看看看看看看看看看看看看看看看看看看看看完的魔性廣告刷刷刷刷刷刷刷刷刷刷刷刷刷刷刷刷刷刷刷刷刷刷刷刷刷刷刷刷刷刷刷刷刷刷刷刷屏刷了。

關鍵提示

在人潮湧動的地鐵通道裡，芝麻信用這個廣告不怕被人擋著，走出去 2 公尺外依然能夠看明白，而且其獨特的寫作風格，在網路上引起一陣討論。

這個案例的寫作順序是：名稱→地點→事件。

這是一個關於單位名稱的陳述，請你根據這個活動文案，照著這個寫作順序練習看看！

- 第一個是名稱【標題】--。
- 第二個是用名稱告知消費者事件發生的地點：

- 第三個是事件，也就是描述這個事件的發生，但要用重複的字來描述：

---。

範例 16 新加坡慈懷理事會廣告文案

文案內容

【標題】嗨，我得了癌症。你好嗎？

如果你正在為某種疾病受苦，我們要鼓勵你，用輕鬆的姿態面對它。在晚宴排隊上，你可以這樣和別人談起：「我的醫生說我只能活兩年，但是我打算活得比他更久。」或是，你也可以幽默地說：「我的星座是天蠍座，專剋我的毒瘤，以毒攻毒。」

公開討論你的病情，是非常有效的療法。當你打開你的心胸，每個人（包括你自己）才能學著如何去處理病情所帶來的焦慮和不確定感。或者我們也可以這麼說：「隻字不提死亡，並不表示死亡就不存在。相反地，勇敢地去說、去面對，可以讓你和至親至愛的人的心連得更緊。」

也許你會這麼想：「壓抑情緒，隻字不提，可以讓家人的心情更好過一些。」但是，我們可以清楚地告訴你，這麼做，根本於事無補。相反的，此時此刻，你更應該和家人一起分擔心裡的悲哀，想哭就哭，也讓他們和你一起哭。畢竟這是你的生命中最悲痛難忍的一刻，哭了反而輕鬆。而且，因為你的悲情宣洩，關心你的人的悲情也得到了宣洩。通過這樣的痛哭與宣洩，或許可以幫助我們漸漸地接受宇宙萬物

最終必然走向死亡的事實。

在面對病患哭訴的時候，我們能給予他們最大的支持力量，就是讓他們感覺你一直都感同身受。當然，你難免會緊張地問：「那我應該說些什麼？或者做些什麼？」我們的建議是：「盡心地去聽。聽他哭訴，聽他回憶，聽他的悲傷，也聽他坦然地說出生命即將結束的無奈。然後，再聽他又一遍地哭。除此以外，別無更好的方法可以幫助我們勇敢地面對死亡的真實。到最後，在充滿真誠跟關愛的氛圍中，你才有力量去接受原本不能接受的事實。」

我們的文化傾向對末期疾病保持緘默，或是把它視為羞恥的事。垂死的病人被當作是已經病故的「活死人」。我們從來不否認，這些垂死的病人，正一步一步的走向死亡，但是我們對待他們的方式，卻無疑是殘忍的「活埋」他們。我們認為他們毫無能力，不能自主做決定；我們不聽他們的意見；我們忽視他們的需求；我們對他們隱藏一切的訊息；我們甚至把他們當成「隱形人」，當作他們根本不存在。但是，此刻的他們，卻是最需要我們情感上的支持，而我們，卻把他們孤立起來，最後，讓他們孤獨的死去！

新加坡慈懷理事會相信，沒有人應該孤獨的死。我們不僅關注病人身體上的痛苦，更關心他們精神上的需求。我們最重要的工作之一，就是處理病人和親人間的關係。像是配偶，或是父母跟孩子之間，我們幫助他們彼此了解，他們應該如何相處，最後，儘管悲傷，但他們仍然可以共同度過充滿關愛的喜悅以及更具意義的時光。

慈懷照顧是一種關愛、照料的哲學。事實上，我們提供的舒緩痛苦的照護，可以在日間託管中心、醫院、或在晚期護理、甚至可以在家裡進行。而絕大多數的病人，是在家中得到適當的照護的。感謝大家的捐助，讓我們的居家照料服務，得到了慷慨的資助。如果你想要進一步了解我們提供的末期病人照料、護理服務，或是更多末期病人的需求，歡迎您上網 www.xxx.org.sg 或撥 18○○○○○○詢問詳情。打破死亡的緘默，我們需要您為他們大聲的發聲。

關鍵提示

照顧是一種關愛、照料的哲學，每個人都會遇到生老病死，這篇文案舉一個真實的案例，描述生病的痛苦與無奈。而當你目前處於這樣的狀況的時候，就會對這樣的內容引起強大的共鳴。

這個案例的寫作順序是：假設→情感敘述→呼籲行動。

這是一個關於生命價值的陳述，請你根據這個活動文案，照著這個寫作順序練習看看！

•第一個是【標題】________________。

•第二個是用假設性故事告知消費者某件事物的重要性：

________________。

____

____

____

____

____

____

____

•第三個是呼籲行動，預防這些不好的事情發生，你可以有什麼樣的預防措施，具體行動方案如下：

____

____

____

____

________________。

範例 17 Timberland 廣告文案

文案內容

【標題】踢不爛，用一輩子去完成。

忘了從什麼時候起，

人們叫我踢不爛，

而不是 Timberland。

從那陣風開始，

當我被那陣風親吻，

被月光、星光、陽光浸染，

被一顆石頭挑釁，

然後用溪流撫平傷痕。

關鍵提示

知名品牌 Timberland 因為音似踢不爛而受到市場注意，這個品牌的鞋子流行了很久，第一個原因是金色招財，第二個原因是因為舒適好穿，第三個就是這品牌的特性「踢不爛」，而事實上也真的很耐穿，所以有趣。有趣的事物容易被消費者廣泛流傳。

這個案例的寫作順序是：譬喻→生活場景。

這是一個描述品牌的文案，請你根據這個活動文案，照著這個寫作順序練習看看！

- 第一個是標題，你要怎麼描述你的品牌，且是獨特的譬喻卻又吸引消費者。【標題】________________。
- 第二個是用生活場景描述品牌的特色，讓他們覺得你的品牌生活化且與眾不同：

____

____

____

____

____

範例 18 肯德基廣告文案

文案內容

【標題】分不開的兩個人，分不開的肯德基

「還記得我們在一起第 100 天時，去吃肯德基的情景嗎？」

「當然記得」

「今天是我們的第 999 天，你卻在那麼遠的地方」

「是啊！對不起」

「沒關係，只是很想你，想和你去吃肯德基」。

「真的嗎？那你就快過來吧！我已經買好了，全是你愛吃的那種。」

「我過不去呀！」

「可以的，只要你走進來，到 9 號桌就可以見到我了」

女孩半信半疑的進去了。

看見男孩已經準備好了一切，女孩感動的邊流淚邊跑了過去，抱住男孩撒嬌的說：「我再也不許你離開了」。

關鍵提示

看到這個內容會不會讓你想起以前跟另一半約會的時候呢。戀愛是美好的，而肯德基運用戀愛常見的場景來置入行銷肯德基的商品。而事實上許多企業也都愛用這樣的模式。表示運用感情的力量寫文案，效果是良好的。

這個案例的寫作順序是：感情→生活場景。

這也是一個描述品牌的文案，請你根據這個活動文案，照著這個寫作順序練習看看！

第一個是標題，以感情的角度置入品牌，寫出讓消費者覺得這個內容能與他們引起共鳴的【標題】______________________________。

第二個是用生活場景對話、且在過程中置入性行銷你的品牌：

____

____

____

範例 19 紅牛飲料廣告文案

文案內容

【標題】還在用錯誤的方法提神嗎？

都 21 世紀了，還在用一杯苦咖啡來提神？

你知道嗎，還有更好的方式來幫助你喚起精神：全新上市的強化型紅牛功能飲料富含氨基酸，維生素等多種營養成分，更添加了 8 倍牛磺酸，能有效激活腦細胞，緩解視覺疲勞，不僅可以提神醒腦，更能加倍呵護你的身體，令你隨時用有敏銳的判斷力。提高工作效率。

關鍵提示

「錯誤」會吸引消費者的注意力。因為正常人不喜歡錯誤的事情，喜歡追求正確的結果。所以當標題提到「錯誤」的時候，就會引來很多人注意。而提神是很多人都會遇到的問題，只是處理的方法不盡相同。所以業者透過「錯誤」的開頭來抓住消費者的注意，各位也可以把它換成你的文案。例如：錯誤的皮膚保養法、錯誤的學習方法等等。

這個案例的寫作順序是：質疑→敘述。

這是一個敘述商品的文案，請你根據這個活動文案，照著這個寫作順序練習看看！

第一個是標題，先用質疑的角度設計問句，把它變成標題，並且設法抓住消費者的注意力：______________________________。

第二個是敘述你的產品、但要記得在敘述的時候必須置入一些正確的關鍵，讓消費者學習到新的資訊，同時接受你的建議：

範例 20 DIPLOMA 脫脂奶粉廣告文案

文案內容

【標題】好想好想跟你在一起

親愛的扣眼：你好，我是鈕扣，你記得我們已經有多久沒在一起了？儘管每天都能見到你的倩影，但肥嘟嘟的肚皮阻擋在你我之間，讓我們有如牛郎與織女般地不幸。在此告訴你一個好消息，主人決定極力促成我們的相聚，相信主人在食用 DIPLOMA 脫脂奶粉後，我們不久就可以天長地久，永不分離。

關鍵提示

明明就是賣奶粉，卻講的好像愛情故事一般。前文有說過了，愛情故事本來就會吸引追求美好愛情的人，且肥胖是許多人煩惱的問題，所以此文案將「產品可以解決肥胖」當作這個故事的核心，讓有此需求的群眾有購買商品的衝動。

第二十個案例的寫作順序是：敘述→擬人→互動。

這是一個擬人的文案，把生活場景擬人化。請你根據這個架構文案，練習看看！

- 第一個是標題，加入情感的成分，讓消費者引起共鳴：________________________________。
- 第二個是擬人化，把生活的一些物品賦予靈魂，給予情感，試圖讓他們進行「人物對話」。並且在描述的過程中製造些困擾的情境，且這些困擾要符合目標受眾的處境，接著再提供一個適合他們的解決方案：

____

____

____

____

____

____

5-5 故事型文案劇情套路

在學完這些文案技巧以及模版的練習以後，不知道你已經建構了多少文案的架構和脈絡了？這邊再幫你複習一下：

文案＝標題＋內容＋ slogan

文案寫作順序＝主題→劇情大綱→下標→撰寫內文→結語

前面我們已經練習非常多的案例，也講解了文案基本的一些架構和寫法了。在這裡要恭喜各位距離爆款文案師只剩不到一半的距離，因為學會了如何訂定文案的主題，以及了解基本的文案結構，就如同建構好建築的鋼架和基底，只剩填補精華及裝飾就完成了。在前幾章中，跟各位強調過寫文案要先學會說故事的重要性，尤其是故事型文案，故事的靈魂就是主旨，能夠將主旨完美地表達出來，最關鍵的就是劇情的走向。

故事的主題有非常多的劇情類型能夠選擇，可以是讓人把握當下的親情劇，也可以是歷經磨難、相知相惜的愛情劇，還有突破困境，奮發向上的勵志劇情。該怎麼樣的去做選擇，沒有一定的答案，不過，如果你現在十分地迷茫，急需範本供您參考，本書有現成的攻略可以讓你快速上手。接下來，送各位一套經典的故事文案劇情套路，只要運用得當，就能創作出引人入勝的文案！

勵志型故事劇情

想要規劃好一個精彩的劇情，就要先定好這個故事的結局，有趣的是，大部分的人都喜歡 Happy Ending。有一些悲劇結尾的故事，雖然夠讓人印象深刻，但 10 個中有 9 個都被觀眾罵翻。要知道這個社會的傷害太多，所以人們很喜歡透過戲劇、音樂、小說來放鬆心靈。

以下，本章將劇情套路分步驟解析，依照這些步驟，就能在段時間內寫出一則吸引人的故事，只要能掌握好套路的精隨，不僅是文案，也能運用在生活當中。

一、主題

首先，無論是建構一個故事、文章、文案，都要先確立主題，**意即整體文案的主旨、哪種類型的劇情以及要帶給讀者什麼樣的影響**。而前文我提到的，在規劃劇情之前就要先定好結局，指的就是你希望這個故事帶給讀者的「影響」。

而勵志型故事，顧名思義就是要帶給讀者正面的、積極的影響。以王永慶的奮鬥故事為例。假設要寫王永慶的奮鬥故事，第一個步驟，定故事的主旨，也就是這則故事想要帶給人們的啟發：「努力能夠成就無限的可能。」第二個步驟就是要決定故事的結尾，可以定結局為：「從默默無名、窮苦的農家子弟，變成國際知名的企業家。」

二、困境

決定好主題以後，就可以開始設計主角的困境情節了。

前文有說過，一個令人欲罷不能的故事，肯定有一個挫折或是困難，才會激起讀者的興趣。況且，本套路是勵志型的故事，有困境才會有突破，有突破才有機會成功，才能夠讓讀者感受到「努力就有希望」這件事。

以下是以王永慶的事蹟撰寫的範例故事：王永慶是故事的主角，出生在一個窮苦的茶農家中。雖然父母很努力的在賺錢，但還是常常餓肚子，有一餐沒一餐的。7歲的時候，父母為了讓王永慶能夠上學，將多年存下的微薄錢財當作學費，送他的村裡的學校唸書。這邊可以感受到父母對孩子的愛，雖然過的很辛苦，還是硬擠出一點錢，供孩子讀書。然而，王家的處境可以說是每況愈下，王永慶9歲那年，父親生病，家裡的生計落在了母親身上，王永慶為了減輕母親的負擔，只要能夠幫忙的，就力所能及地去做。

三、契機

這個階段是主角成功的契機，也是你描述奮鬥歷程的開始。

王家的生活日益艱辛，連小學王永慶都是勉強地畢了業。辛苦了一輩子的祖父，告誡他不要困在家鄉裡，出去闖一闖天下，給自己更多的機會，創造人生的無限可能。

為了能夠賺錢，王永慶一個人在一家米店裡作工，一邊完成自己的工作，一邊抓住機會學習老闆做生意的訣竅。之後自己在嘉義開了家小米店。本來生意不太好，因為嘉義城裡的客群已經有固定的購買來源，於是他家家戶戶都去拜訪，提出比別人更加優質的服務，米店生意越來越興旺。

後來，台灣開始興起建築業的熱潮，王永慶抓住了機會，大賺一筆；又在競爭激烈的市場毅然決然的退出。瞄準了塑膠業的商機，在眾人不看好他的情況下，大舉投資了塑膠業。

四、挫折

一波未平，一波又起，容易吸引讀者的目光

投資塑膠業的王永慶，事先進行了塑膠工業的分析研究，並向許多學者去討教，對市場情況做了周密的調查，私底下也曾去日本考察過。根據他的判斷，台灣每年有 70 %的氯氣可以回收利用來製造塑膠粉，是發展塑膠工業非常有利的條件。

於是，與商人趙廷箴合作開了台灣第一家塑膠公司。但是，銷售上出了很大的問題，100 噸的塑膠只售出了 20 噸。可是王永慶不退反進，大舉提高塑膠的產量，嚇壞了投資他的合夥人，紛紛要求退出。王永慶不但沒有被嚇倒，還變賣了自己所有的資產，買下公司所有的產權。

後來，經過他的分析，覺得塑膠在台灣銷售問題的原因在於價格，所以他一直提高塑膠的產量，降低成本，價格才能降下來。

五、意外

在經歷挫折以後，「意外」將故事上升到最高潮

之後，王永慶建立自己的塑膠成品工廠——南亞塑膠，將一部分的塑膠原料製作成產品銷出去。如同王永慶的盤算，塑膠價格降低之後，銷路就打

開了，台塑和南亞大大獲利。（這個「獲利」就是意外的驚喜，劇情來到了最高潮）。

六、結局

契合主旨及一開始所定的結局

從此之後，王永慶將塑膠粉的產量持續提高，使公司擴展成國際大型的塑膠粉生產企業。但是，他的腳步並沒有停歇，不停地努力及挖掘新的發展契機，成立了台化，經過了研究及調查，將廢棄的木材廢料變成了紡織纖維，用以替代天然纖維。這樣一來，既節省了外匯，又降低了成本。

王永慶憑著持續不懈的努力，以及勇於發掘新的挑戰，將自己的企業部斷地擴大，不僅成為了億萬富翁，還是國際上知名的企業家，台塑的經營理念：「**追根究柢，實事求是，點點滴滴求其合理化。**」還成為了許多企業家學習的至理名言。

看完勵志型的劇情套路後，大家對故事型文案有沒有更深一層的了解呢？由於這裡舉的例子，是品牌、人物的故事型文案，所以或許你還是會有些不清楚該如何將產品跟勵志型劇情結合在一起。別擔心！這裡準備了一個商品文案的勵志型劇情套路，提供給各位參詳：

主題
困境
契機（機會）
解決方案（商品／服務）
結局（寓意）
呼籲行動

剖析社群營銷的文案布局

讓你圈粉又吸粉的套路大全

本章節是社群營銷權威陳威樺多年行銷經驗之精華；其中，6-6、6-7 為亞洲八大名師王晴天博士對社群文案獨到之見解，望能幫助各位打造屬於自己的自動銷售機器！

MAGIC COPYWRITER

6-1 認識社群營銷

根據最新統計資料顯示，在台灣有近九成用戶都有使用社群平台，每日花近三分之一的時間在網路上，每人擁有 8.4 個社群媒體帳號，其中更有多達 35 %的使用者將社群帳號作為工作用途，可想而知社群營銷的重要性！而本書作者之一陳威樺也將自己研究社群營銷多年的心得與分析，收錄在《社群營銷的魔法》一書中，供讀者深入了解社群營銷的應用與技巧。而在《銷魂文案》裡，會先告訴各位一些社群營銷的基本架構，再置入社群營銷的文案供讀者運用。

社群營銷的基本認知

營銷(Marketing)在台灣又稱為行銷，是企業組織如何發現、創造和給予產品價值，以滿足目標市場的需求，同時獲取利潤的專有名詞。二十世紀著名的營銷學大師傑羅姆．麥卡錫(E. Jerome McCarthy)則將營銷定義為：「**營銷是指某一組織為滿足顧客需求而從事的一系列活動。**」

營銷最初的重點是以產品的特色為核心，也就是比誰的產品效果好，誰就是贏家，所以以前的廣告主要是強調產品的優勢，稱為「行銷 1.0」；後來因為研發產品的種類越來越多，消費者開始注重產品體驗的感覺，也就是感性的訴求，於是進入了「行銷 2.0」的時代；到了「行銷

3.0」的時代，企業推出新產品時還必須考量其價值性與品牌精神，也就是「儀式感」，讓消費者產生自我實現需求的滿足；現在進入「行銷 4.0」的時代，實體世界和網路世界相結合(O2O)，人們的生活離不開網路，產品與服務大多透過網路傳遞，於是透過社群的連結，讓客戶更有參與感。

以國人最普遍使用的社群媒體臉書(Facebook)來說，2004 年馬克・祖克柏(Mark Zuckerberg)創立時的初衷，就是致力於提供人們分享的平台，讓人與人之間的聯絡能更加緊密、世界能更開放。透過 Facebook 這個開放的社群平台，人們更容易與親友保持聯繫，發現新鮮資訊，分享每天的生活故事。逐漸地，社群營銷的模式在各社群平台展開，隨著市場環境的變化而改變。

至於網路社群營銷的演進，一開始只是單純的利用書信文字來做交流，後來發現有些內容光用文字描述是不夠的，所以追加了圖案等元素在裡面，利用圖案輔佐文字來呈現。後來因為科技的進步，人們開始製作動畫影片，動畫影片的優勢是除了畫面以外還可以表現出聲音、氣氛、能量……，這都是圖案不能表現出的效果，因此影片與動畫漸漸被人們所使用。

IDEA 掌握社群營銷的趨勢

社群營銷指的是品牌在社群媒體上，創造內容與潛在客戶分享，藉以宣傳服務與產品，保持與粉絲的互動，拉近與客戶之間的距離，以期能增加品牌黏著度、擴大客戶群的經營。常見的社群平台有 Facebook、Line、WeChat 以及 TikTok 等，都是現代人頻繁使用的社群媒體。

大數據時代的來臨，消費者的需求也跟著改變，事先錄製好的影片並無法真正有效解決消費者的問題，因為每個人都有不同的狀況與需求，人們需要的是更客製化的解決方案，於是開始興起了一波直播互動的熱潮，也就是直播主向他們的消費者公布自己會定時定點出現在網路平台上，介紹自己的產品或服務，這樣的銷售方式更直接、快速，且直播主能立即展演產品，達到最逼近實體的互動感受。直播時，當消費者對產品提出疑問，直播主或相關工作人員就可以當場立即給予協助並提出適當建議，這種互動的方式更讓消費者感到安心，解決了消費者因不了解產品所產生的問題，也因此省下許多後續不必要的開銷。

一、中國第一網紅馮提莫

有一個真實案例是這樣的：中國知名直播主馮提莫，是中國四川省萬州區人，天性熱愛表演的她，求學時代就勤練才藝。2014 年在「鬥魚」直播平台中演唱幾首歌，獲得了粉絲的青睞，開始了她的網路直播人生。幾年來，她陸陸續續翻唱許多歌手的歌曲皆獲得好評，例如：蔡健雅的《說到愛》，王菲的《你在終點等我》……，並在 2017 年發行了她的個人首支單曲。馮提莫代言許多品牌，親民的與粉絲互動，吸引鐵粉死忠追隨，還曾有網路粉絲打賞 160 萬人民幣支持馮提莫，該年她賺進至少 3000 萬人民幣。2018 年她獲頒「鬥魚年度盛典頒獎典禮」的「年度十大巔峰主播獎」。2019 年與知名視頻分享網站 bilibili 彈幕網簽約，成為該頻道的主播，之後投入演藝圈，成功由網紅轉型為藝人。

你可能會問，這個故事跟你有什麼關係？關係可大了！你覺得她成功的關鍵是什麼？外型甜美嗎？唱歌好聽嗎？其實這些都只是次要的原因，最關鍵的主因還是她懂得「善用網路平台互動」。類似的成功案例不勝枚舉，但是如果你不懂得掌握社群趨勢，這一切就都跟你沒關係。美國哈佛大學前校長德里克．博克(Derek Bok)曾說過一句名言：「**如果你認為教育的成本太高，試試看無知的代價。**」

在新冠肺炎疫情艱難的大環境下，中國微商（透過微信朋友圈發布產品訊息及廣告，在朋友圈裡銷售自己的產品）從業人數在 2020 年翻倍增長，預計在 2023 年達到 3.3 億人，順勢造就靈活就業下的品牌企業與個人微商，從事網路生意的行為逐漸超過了實體生意，因為大家都知道這種經營模式免除

囤積貨物的壓力，成本低、效率高、成效好，容易快速上手。因此如果想要經營兩岸市場，更應該重視社群營銷的演進，因為潛在客戶就在你的競爭對手那裡！如果不懂得掌握趨勢，準客戶就會跑到競爭對手那裡，這樣不是很可惜嗎！

常有學員問我，5G網路究竟為社會帶來了什麼改變？顯而易見的是效率上的改變，就像我們現在已經習慣4G網路帶來的效率與便利性，要再回去使用3G網路已經是不可能的事情了，如果你願意退而求其次，請問你的競爭對手願意嗎？他們不可能也沒必要陪你放慢腳步，對吧！另一個差異是未來性，英國薩里大學5G創新研究中心的主任拉希姆．塔法佐利(Rahim Tafazolli)教授在BBC的採訪中說：「**如果你覺得5G意味著應用程序不再拖延，視頻不卡，網路超負荷的不復存在，你可能是正確的，但是你只說出了故事的一半。5G網路將是對無線電頻譜資源的一次巨大的重修和協調統一。未來，在5G網路的支撐下，智能城市、遠程手術、無人駕駛汽車和區塊鏈與物聯網等時髦概念將逐步成為現實。**」所以學習是終身的事，一天不學習，你就落後他人一步，持續不學習，很快地就會被市場淘汰。

二、口紅一哥李佳琦

中國口紅一哥李佳琦，以30秒塗完四個口紅的成績，成為金氏世界紀錄塗口紅的保持者。最高銷售紀錄則是在一分鐘內賣出了14000支的唇膏，即使是當紅明星也未必能有如此大的銷售能力。而他另一個不可思議的成績是：跟馬雲比賽賣口紅，竟然連馬雲都賣不贏他！

一聽到口紅銷售，不少人都會先入為主，以為「李佳琦」是一名女性銷售業務。錯了，李佳琦是一位1992年出生的男性網紅，他長年活躍在淘寶直播和抖音平台上，只要是李佳琦試過的唇膏，銷量都會不可思議的大增，因此網友稱他為「口紅一哥」。

2018年11月11日雙11活動時，馬雲和李佳琦相約一起做一次美妝直播

競賽，目的是宣傳一個品牌的唇膏。馬雲的口才是有目共睹的，做生意的手腕更是了得，賽前大家也都認為馬雲會大獲全勝，但在美容保養這方面的影響力，卻遠遠不及李佳琦。在直播活動結束之後，馬雲只賣出了 10 支唇膏，但李佳琦卻賣出了 1 千多支唇膏，眾人驚愕。雖說李佳琦的帥氣樣貌是其中一個加分選項，但最重要的還是他獨特的直播風格，以及多年的專業彩妝知識。

李佳琦在抖音平台坐擁幾千萬粉絲，年收入破千萬人民幣，是位網路超級名人。但在成為網路直播主之前，他也只是一般美妝產品專櫃的化妝師，月入 3000 元（人民幣）。李佳琦畢業於南昌大學舞蹈專業，但自己對舞蹈卻不感興趣，反而對女性彩妝充滿好奇，所以選擇擔任國際知名品牌 L'Oreal 專櫃旗下的彩妝師，後來公司舉辦了一項活動，希望遴選出適合的化妝師，並把他們打造成下一位網紅。李佳琦抓住了這次機會，在競賽活動中拔得頭籌，也改變了他往後的人生道路。

一開始，李佳琦的直播只有不到幾百人收看，但他並不氣餒，藉由一次又一次的活動鍛鍊直播魅力，憑藉著流利的口才與帶點浮誇的獨特風格，吸引了一大群女性觀眾，讓每次直播的觀看人數節節上升，甚至超過十幾萬。李佳琦除了定時進行直播外，也會出席不同的品牌活動、雜誌專訪等等讓自己曝光。

李佳琦能夠成功絕非一蹴可幾，他付出的努力與汗水也絕非我們能想像！每一支他推薦的唇膏，都是經過他親身試用過後，才會推薦給觀眾，曾經在某一次連續 6 小時的口紅直播中，李佳琦試用了高達 380 支的口紅，每一次試色都是要先卸掉前一支然後再重新塗上新的，這個舉動讓他唇部嚴重撕裂，連吃飯都十分疼痛。李佳琦也於 2021 年入選美國《TIME》（時代雜誌）新一代全球百大影響人物，獲得「創新者」的頭銜，與奧斯卡影后、國際企業家等巨星級人物同期爭豔！

李佳琦的努力是成功關鍵之一，但更重要的是掌握趨勢帶來的結果，很多人很努力，卻不見得成功，因為他可能少了一些助力或資源，或者是方向錯了。例如，如果李佳琦發展的不是中國市場，而是其他國家，有機會得到一樣的結果嗎？我想答案很有可能是否定的。

三、電商女神薇婭

除了李佳琦之外，中國還有一個電商女神薇婭(Viya)，她的銷售能力更在李佳琦之上。2019 年雙 11 期間，薇婭引導交易額超過 30 億，讓其他直播主望塵莫及。然而她超人般的工作量，每天要熟記上百種產品的信息，也是一般人無法超越她的原因之一。

薇婭的直播大概是晚上 8 點開始，如果有活動就會提早至 7 點開始，一直到凌晨收播。從 7 點開始，她就一直待在直播間裡一刻不得閒的忙到凌晨 1 點，中間除了喝水，根本沒有時間吃飯。直播結束後，工作人員有時候會點她最喜歡的牛肉粉絲，但薇婭只能抽空胡亂吃上幾口，根本沒有時間好好吃一頓晚飯，因為每晚都有一批粉絲等著她，薇婭親切地稱她的粉絲為「薇婭的女人」。一場 5 到 6 小時的直播，薇婭通常要播 60 個產品，帶貨產品涵蓋美妝、零食、家居等全品類。這意味著，每一個商品只有 6 分鐘左右的時間來展示，不允許出錯。

薇婭的語速非常快，針對每一款衣服，她一邊對著鏡頭試穿，一邊介紹衣服的顏色、材質、設計細節，最重要的是穿在身上的感覺。同時薇婭和主播負責把產品的重要賣點和優惠信息全部發送出去，鏡頭之外的運營團隊則在薇婭身邊馬不停蹄地掛上寶貝鏈接（淘寶直播間的商品網址）給粉絲發優惠券，就像「後勤保障」一樣，讓粉絲可以立馬以最優惠的價格拍下寶貝（淘寶商品的暱稱）。薇婭非常清楚，為粉絲帶來高性價比的好商品才是王道，只有讓粉絲得到實惠，他們才會忠誠於你，主播才有一呼百應的號召力，即便為了砍價而和產品工廠周旋一天也在所不惜。

港星劉德華為了宣傳新電影《拆彈專家 2》，特別造訪薇婭的直播室，據說當天在線人數超過 500 萬人，且那場直播中一口氣賣掉 66 萬張電影票，連出道多年的劉德華都不敢置信，他表示自己出道這麼多年，從來沒見過這樣的銷售模式，太誇張了！

類似的直播帶貨案例，相信在未來會不勝枚舉。記得羅伯特・艾倫曾經說過：「**合作是創造利潤最快的方式。**」劉德華透過跟電商女神薇婭合作，站在直播的趨勢風口，就創造出這樣的銷售奇蹟。因此，在社群營銷的時代，誰的粉絲（客戶）多，誰創造財富的機會就高！全世界最有錢的比爾・蓋茲（Bill Gates）、貝佐斯（Jeff Bezos）之所以最有錢，就是因為有最多的人支持他們的事業和服務，而這也是我們共同渴望的目標。

 透過社群營銷才能精準行銷

5G 網路時代已經到來，如果還在用傳統的方法經營事業的話，會錯失很多生意機會，為什麼呢？因為傳統的開發方式，一天可以拜訪 3 到 5 個客戶，差不多就是極限了。可是透過社群開發客戶，一天可以開發 100 個以上的「準客戶」，這就是效率的差別！行銷大師傑・亞伯拉罕(Jay Abraham)告訴我們：「**量大是致富的關鍵！**」你的曝光量大，就會有更多的生意機會；你的社群影響力大，就會有越來越多的客戶主動上門找你。

以下是我過去經營社群的一部分截圖畫面：

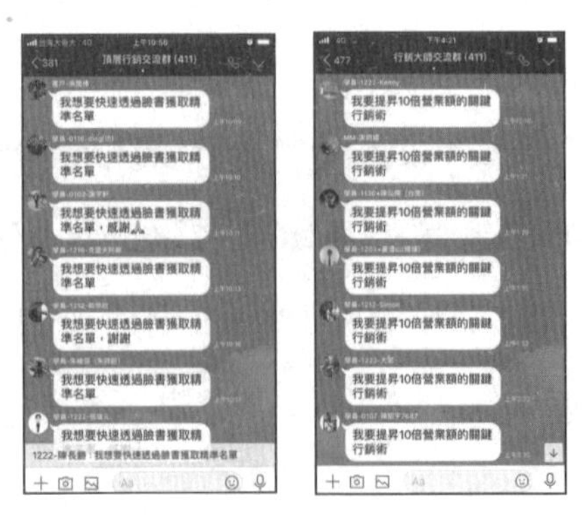

經營社群的流程是這樣：首先，在社群上建立一個全新的群組，並且設計一個吸引人的群組名稱跟圖案，然後邀請網路上的朋友們進群。之後，藉由詢問群內朋友一些問題，來蒐集一些數據。例如，我們會詢問：「**請問你們對於利用 Facebook 快速蒐集精準客戶的方法有興趣嗎？如果有的話，請幫我回覆關鍵字『我想要快速透過 Facebook 獲取精準名單』。**」這樣做的好處是可以了解群裡大多數人的需求與興趣在哪裡，很多時候我們以為某個想法是大眾所需要的，可是事實上並非如此，你們有遇過這樣的狀況嗎？

一、被粉絲拯救的可口可樂

1985 年，可口可樂公司基於市場調研數據，信心滿滿地推出新配方的可口可樂，2 個月後消費者對新品的熱情消退，可口可樂公司每天接到超過 8000 通投訴電話和 40000 封以上的投訴信，面臨銷量驟減和品牌形象崩塌的雙重壓力下，新可口可樂就此「夭折」，經典可口可樂回歸。

「可口可樂」是由一位藥劑師約翰·潘伯頓(Dr. John S. Pemberton)在 1886 年發明的，他挑選了幾種特別的成分，調配出一款美味的糖漿，從此清涼、暢快的「可口可樂」就奇蹟般的出現了！潘伯頓相信這飲品具有商業價值，因此把它送到傑柯藥局(Jacobs' Pharmacy)販售，開始了「可口可樂」這個美國飲料的傳奇故事。

今天，可口可樂公司是全世界最大的飲料公司，擁有最大的銷售網路，可口可樂公司的產品行銷全世界超過兩百個國家，平均每天售出超過 19 億杯的飲料。看到這裡你可能會想，這麼經驗豐富的百年企業，怎麼也會犯下如此重大的錯誤？事實上，只要沒有確實做好市場調查研究，類似的事件就會層出不窮！

二、曇花一現的無樁共享單車

台北市政府為了推廣民眾騎乘自行單車作為短程交通工具，希望藉由市區自行車道路網搭配自行車租賃站的完善服務，鼓勵民眾在短程接駁時能使用低污染、低耗能的公共自行車運具，減少及移轉私人汽機車之持有與使用，以達改善都市道路交通擁擠、環境污染及能源損耗等多重目的。秉持著提升都市生活文化，響應全球節能減碳的風潮，台北市政府遂與台灣自行車品牌捷安特，攜手啟動台北市公共自行車租賃系統服務計畫，簡稱為「YouBike微笑單車」。

「政策影響趨勢，趨勢創造商機！」有一家業者看準了自行車的商機，於是另創了一個品牌「oBike」，強調「隨地借、隨地還」比 YouBike 更為方便，因為他們採用無樁式的共享單車租賃系統，因此提供租借的自行車不須停放在指定地點，當消費者不想繼續使用時，只要就近找可停車之空位停放即可，輕鬆就能結束服務。共享單車原本是業者提供的善意，沒想到因為沒有固定的停車據點，也許是公德心不足、也可能是貪圖方便，正當消費者找不到合適的地點停車時，只能隨意放置丟棄oBike，到處亂停的自行車儼然成了大型路霸，漸漸引發民怨。於是，占據機車停車格、霸占汽車停車位、隨意臨停於騎樓等狀況層出不窮，甚至在鄉間或漁港區，自行車還被丟棄在田間或消波塊縫隙間，光怪陸離的事件屢見不鮮，造成許多社會問題。

oBike 上市一段時間後，因為沒有專業團隊的維護與整理，車況越來越差，胡亂停放的自行車等同於垃圾，檢舉事件層出不窮，政府也開出了多張違停罰單，但始終不能有效遏止亂象，oBike 甚至還積欠新北市政府高達 517 萬元的拖吊與保管費用，成了壓垮 oBike 的最後一根稻草。

常常有學員問說：「**老師，我的產品明明很好，為什麼都賣不出去？**」此時我會先問對方賣的產品是什麼？通常學員這時候就會開始滔滔不絕的介紹起他的產品，講完之後我就會冷冷地告訴他說：「**難怪你賣不出去！**」這時候學員心裡就會產生了疑問，並詢問我為什麼這麼說？我的回答是：「**因為我不需要。**」產品生產脫離顧客實際需求或對市場的主觀臆斷，都是營銷的大忌！透過經營社群，可以得知目標客群的消費能力、習慣與偏好，才能提供滿足顧客所需的產品。

成功的社群經營模式

很多人對透過社群營銷創造利潤充滿疑問，而市場上又有太多「一夕致富」、「自動賺錢」等廣告標語，混淆消費者的認知，其實社群營銷的成功並非天方夜譚，只要了解其中的關鍵，就有可能成為受益者。想要得到什麼樣的結果，首先要知道做到這件事情的方法，才有機會打造成功的社群營銷模式！

還記得前文提及：「誰的粉絲（客戶）多，誰創造財富的機會就高。」這句話嗎？全世界最有錢的人之所以最有錢，就是因為有最多的人支持他們的事業和服務，而這也是我們共同渴望的目標。然而要如何追求這樣的結果呢？首先第一步是分析潛在客戶，了解客戶行為模式，設計一個吸引他們的方案，設計多重銷售管道，合作成交，接著做好售後服務。

一、分析消費市場

分析消費市場，也就是分析你的潛在客戶，誰有可能購買你的商品？他們為什麼要購買你的產品？他們購買你的產品可以得到什麼樣的好處與結果？這些都是你要清楚了解的，當你知道這些情報時，就會省下很多的力氣與資源，寧願花時間找到一個精準客戶，勝過花時間在 100 個無效客戶上。

許多老闆之所以無法生存，很大的一個可能性，就是他們不知道自己的潛在客戶是誰，他們以為自己的產品是全世界都會喜歡、每個人都需要的，事實上這是錯誤的！蘋果的產品再好也有人不喜歡、微軟的產品再怎麼更新改版還是有人用不習慣。每個老闆都必須明確地知道自己的潛在客戶，才能花更多心力做更正確的事情。

二、了解客戶行為模式

分析完潛在客戶之後，要去找他們的行為模式。在現實生活中，你可以去那些潛在客戶可能會去的地方，例如：追求健康的人會去參加健康講座、

追求財富的人可能會出現在一些投資講座、渴望人脈的人可能會在人脈交流平台等等，這也正是魔法講盟強調「以課導客」的重要性之所在。

現在是個「人人都能發聲」的自媒體時代，企業如果想要生存並突破發展困境，用最少的資源達到最大的收益，就必須要學會一種能力，叫做以「課」導「客」！也就是利用課程，來帶動客人上門，這些來上課的學生，要不就是未來的客戶、或能為你轉介紹客戶，要不就是成為你的員工、投資人、供應商、合作伙伴，多個願望均可藉一對多銷講一次達成。

當然，開辦一個有品質的專業課程，吸引潛在顧客自動上門學習，適用於各行各業：

賣樂器的，可以開辦音樂課程；
賣精油的，可以開辦芳香療法的課程；
賣美妝保養品的，可以開辦彩妝課程；
賣衣服的，可以開辦服裝穿搭課程；
賣書的，可以開辦出書出版班課程；
保險業務人員，可以開辦健康理財或退休規劃課程；
不動產仲介人員，可以開辦買房議價或換屋實戰課程；
傳直銷業者，可以開辦健康養生課程或舉辦 WWDB & BU642 之培訓……

企業培養專屬企業講師，創業者將自己訓練成能獨當一面的老師甚至大師，運用教育培訓置入性行銷，透過一對多公眾演說對外行銷品牌形象、提升企業能見度，將產品或服務賣出去，把用戶吸進來，達到不銷而銷的最高境界！魔法講盟提供成為講師的完整培訓課程，也提供講師們發揮的大中小舞台！

在網路世界裡，可以去搜尋一些社團，例如對兒女教育有興趣的媽媽們可能會加入一些育兒社團，你可以透過 Facebook 搜尋關鍵字「兒童教育」，

然後加入一些主題跟兒童教育有關的社團，如果裡面都是廣告，那就是比較沒有效用的社團，代表這個社團沒有人管理；如果你找到的社團裡有很多人互動留言，那就恭喜你了，表示這個社團有很多人在關注，你可以加入他們的行列，然後互動加好友以便私訊，甚至進一步要求碰面等，當然如果是不方便碰面，也可以直接在網路上做進一步的交流。

三、設計方案

當你碰到了精準客戶，下一步要如何成交他們呢？不妨先思考一下，他們為什麼要購買你的產品，因為產品的優勢、好處？不不不，前面有提到，銷售 97 %的關鍵都是在於信任感的建立，你必須讓對方相信你在某個專業領域是專家，甚至是權威才行，因為人們不喜歡跟外行人打交道！他們希望找到信得過的人，把財富交給他，透過交易得到想要的結果。

所以要設計一個吸引人的方案，針對對方的需求做設計，例如：「**陳先生，我知道您希望透過網路把事業擴大，但是您不知道如何開發客源、找到精準客戶，我這裡有一套解決方案，可以幫助您提升網路事業的競爭力，幫助您快速發展事業，因為……**」當你是真心站在客戶的立場思考，很難不成交客戶，所以有效銷售的最重要法則就是：「站在對方的角度思考」，即所謂「換位思考法」。

得到了客戶的信任之後，還要設計多重銷售管道，為什麼呢？為了要留住這個得來不易的客戶，讓他們持續支持並幫我們轉介紹新客戶，並吸取更多的「客戶終身價值」。

四、建立多重連繫管道

你知道嗎，很多企業的衰退都是因為老客戶不再支持了！可能消費者跟企業的聯繫方式斷了，可能找到了更好的選擇，或其他諸多因素。但重點是，如果要持續不斷的吸引消費者重複消費，必須設計多重的銷售管道，因為你不會知道哪一個銷售方式會得到哪一個客戶的喜愛，所以大企業成功的關鍵是：「因為他們有多重營銷管道」！

做業務行銷推廣的一定有遇過，打電話給對方不接，只有發訊息給對方才會得到回應的狀況，這也難怪，因為一般人不喜歡接陌生電話，因為打來的電話有 99 %是要推銷產品的，要不然就是詐騙集團。所以一般人只接記錄在通訊錄的電話。那如果遇到這樣的客戶怎麼辦呢？答案是，要有更多可以聯繫對方的管道。

有一家老字號公司以前推廣活動的方法是透過傳真、郵寄等方式，把他們的活動告知消費者；到了手機時代，就改用簡訊、電話告知；到了網路時代，便改用 Line、Facebook 的粉絲專頁與消費者接觸，確保客戶無所遁形，所以消費者有時候會同時接到好幾種不同管道的訊息，但內容都是一樣的。這是正確的作法，企業為了某個重要的活動，宣傳、宣傳、再宣傳，以確保他們想要的最終結果。

五、合作成交

之所以寫合作成交而不是單寫成交，是因為很多人在銷售的時候只想到把產品賣出去，卻不去思考消費者購買後的後續問題，以及使用後帶來的效果。消費者懂得如何使用這個產品嗎？使用的過程中有沒有遇到什麼問題呢？使用完之後的效果如何？後續會不會再繼續購買？有些銷售人員不會顧慮這些，只想著趕快完成當下這筆生意，然後從此不再往來，這是非常沒有職業道德的行為！所以筆者提倡合作成交，希望對方能成為持續支持的老客戶，一個企業要做大做穩，20 %靠的是新客戶，80 %靠的是老客戶的重複支持與轉介紹。

 社群經營常見的 7 大盲點

經營社群營銷多年，我觀察到很多人採用不恰當的經營模式，不僅成效

不彰，甚至有可能傷害到個人的名譽與企業的商譽(GoodWill)。以下跟各位分享 7 個常見的營銷盲點，希望能協助各位突破現況，對事業發展有莫大的幫助！

盲點 1：剛接觸就談產品

這是最常見的一個狀況，很多人在認識交流沒幾句話後，就開始推銷他們自家的產品，這是非常令人反感的行為。誠如前面所說，市場上同質性的產品有上百種，現在這個時代的消費者不缺產品，他們想要的是一個解決方案，如果你分享的產品（方案）不能解決對方的問題，甚至不是對方想要的，只會造成他人的厭煩。因此應該想方設法了解客戶真正的需求，然後再提供適合對方的解決方案才是上策啊！

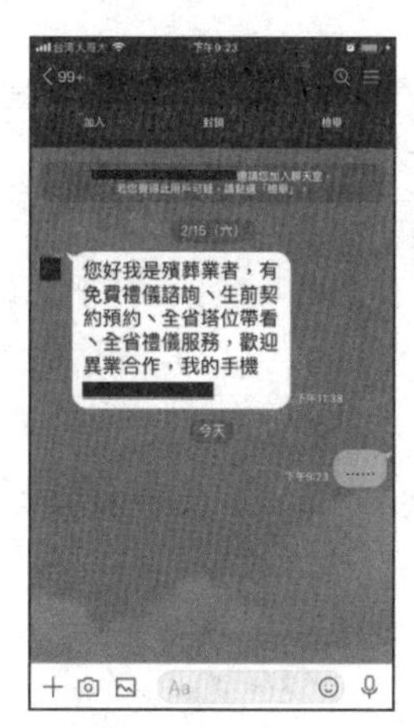

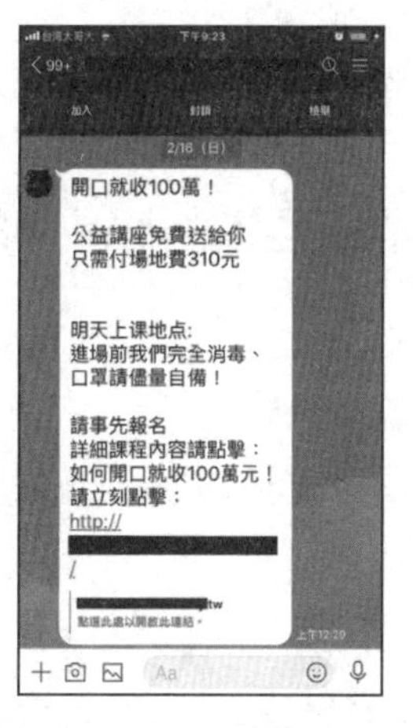

以上是社群中常見的行銷方式。事實上，我們不見得不需要這樣的提案，但是人與人的交易是建立在信任感之上的，成交的關鍵有 97 %在於信任感的建立，剩下的 3 %才是成交的需求，但是許多人都本末倒置，這樣的貼文毫無信任感可言，就算消費者有興趣，也不會跟你購買，最後造成原本可能成交的生意就這樣結束了，可惜啊！

香港首富李嘉誠先生說過：「**先做人再做事，最後再做生意。**」這就是為什麼很多生意都是靠飯局談成的，因為透過聚餐可以好好看清一個人，也可以確認這個人是不是值得深交、能不能合作。如果能成為長期的合作夥伴，讓對方幫我們源源不絕的介紹生意機會，又何必急於現在就要成交呢？

盲點 2：不重視品牌形象

很多人以為品牌的形象不重要，隨意就好。事實上，這是非常錯誤的思維，無論是 Line、Facebook 或是其他任何社群平台，企業主都應該花一點心思設計與包裝自己的形象，畢竟網友在還沒見到真人之前，你的網路形象就是他的第一印象。品牌形象的建立，可以在以下幾個地方下功夫：

1. 大頭貼：每個企業都有一個商標(Logo)，每個人都應該要有一個代表形象。

2. 封面：封面可以介紹你的事業，讓人家一眼就明白你目前從事的事業與亮點是什麼。

3. 動態：常常更新動態可以讓別人知道你的最新訊息。

4. 群組名稱：群組也是一個品牌的形象，設計吸引人的名稱可以有效地快速圈粉。

5. 群組主題：群組內分享的主題，可以讓客戶知道你的專業程度並建立信任感。

盲點 3：客戶名單「沒有」有效管理

常常聽到學員說：「**我有 5000 個好友，50 個以上的群組，但是都沒有賺到錢，做不到生意呀！**」有名單是一件好事，但是要進一步的過濾「精準名單」。所謂的精準名單就是對方是真正對你的事業或產品有興趣的人，甚至已經有購買行為，這種才是有效名單，否則要那麼多名單、群組，只不過是占據手機記憶體的一些無用數據罷了！更精確地來說，無效名單會變成行銷活動的拖油瓶，到達率、開信率、點擊率的下降，浪費行銷資源，且會折損品牌價值。

建議至少每半年維護並審視名單一次，操作的方法有：

1. 避免直接從第三方購買名單：短期來說可以增加名單數，亂槍打鳥之下可能會有獲利；但長期而言，由於這些並非精準名單，持續不斷的行銷活動有可能造成反效果。

2. 確認訂閱：避免因為輸入錯誤而造成行銷資源的浪費，淨化無效的名單。

3. 無效名單的建檔：有助於避免匯入相同的失效名單。

4. 移除功能型帳號或會來自己平台貼廣告的名單。

盲點 4：營銷等於廣告

很多人不擅長經營社群營銷，一看到群組就馬上加入，入群後就開始猛發自家的廣告，但是通常這樣的舉動一出現，馬上就會被群主趕出去了。正確的流程應該是：進群後先潛水兩三天，觀察群裡的互動模式並適時發聲以建立信任感，之後要發廣告時最好先徵求群主的同意，比較不會引起反感。

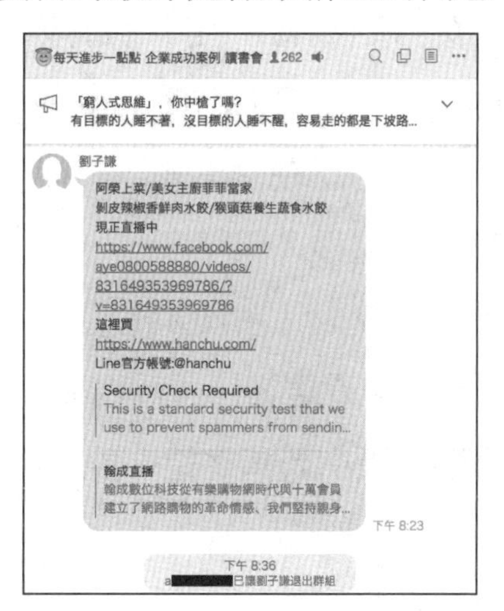

盲點 5：只顧建群不經營

好的社群需要共同維護，你想想，如果社群都沒有人維護，每天充斥著各式各樣的廣告，你還會想持續追蹤關注嗎？長期發展下去，你就失去了在社群裡面的權威性以及影響力了。就像每天家裡都要打掃洗衣服一樣，要常常維護群組的品質跟秩序，這樣才能讓真正優質的客戶持續追蹤，而不只是變成別人發送廣告的平台。

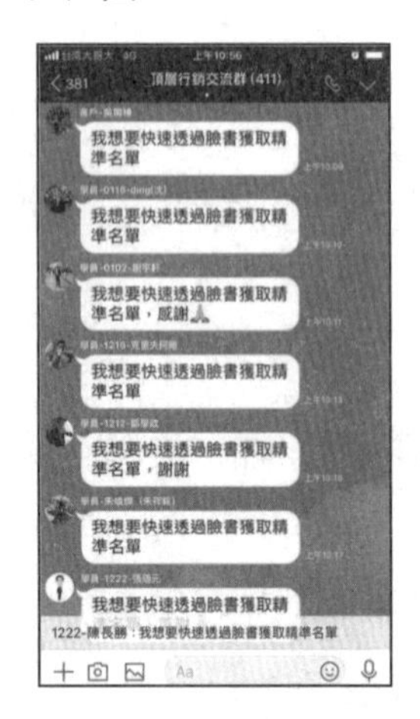

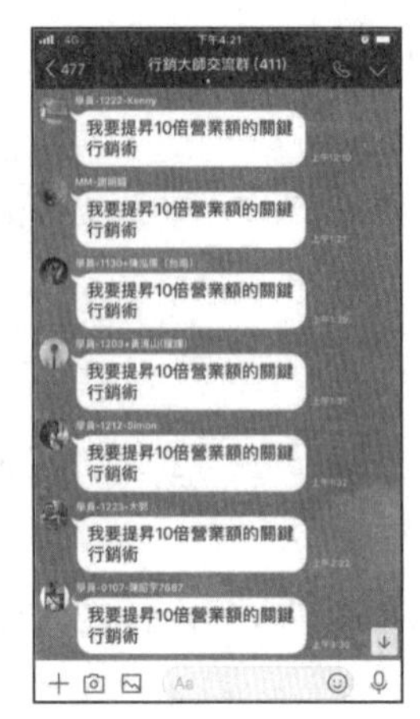

盲點 6：死心塌地經營一個群組

群組是活的，不管怎麼樣的群組終有壽終正寢的一天，然而一般人都以為建立一個群組就可以長期使用，其實這是錯誤的想法。我在 2015 年經營中國微信市場的時候，平均一個禮拜就會汰舊換新群組，為什麼呢？因為真的有興趣購買的客戶都購買了，沒有購買的客戶也會繼續追蹤我們的最新動態，這時候默默還有一類型的客戶，既對你的產品事業沒興趣，也不願意離開群組，這是因為他們另有所圖，可能在盤算著群組裡面的人脈名單，或者是想找機會推廣他們自己的事業，這種人累積多了，反而會讓真正對我們事業發展有幫助的人進不來，所以要養成汰舊換新的習慣，每隔一段時間就要更換群組。建議每三個月就要建立新的群組，而且要換一個全新的主題，這樣對客戶來說才會比較有新鮮感，吸引新顧客還要能同時經營老顧客。

盲點 7：定位不明

好的營銷活動通常會把產品包裝地十分花俏，讓人覺得新鮮有創意。常有學員問我，怎麼塑造自己家的產品，事實上，塑造包裝的效果是有限的，身為文案師、企劃行銷甚至是企業家，該思考的是如何設計活動內容，將產品最好的一面展現出來，讓世人發覺他的好，好東西一定會有人買，只要產品與活動內容夠豐富，自然可以吸引人。

但是要如何讓消費者覺得我們的產品很好呢？這就是「產品定位」存在於行銷策略中的必要所在。而「產品定位」的核心要點有：挖出獨特的銷售賣點、找出目標市場需求性、結合銷售賣點與市場需求。找出產品的銷售賣點及目標受眾，已經在前面幾個章節和各位說明過了，歡迎各位讀者返回複習喔！

事實上，經營社群並不困難，一開始要先做事，才會有成果，只要避免以上七個經營社群常會犯下的錯誤，持續且長期的投入，提供對顧客有價值或他們感興趣的資訊，就有可能讓社群越來越蓬勃，花若盛開，蝴蝶自來。

如何寫出有吸引力的社群文案標題？

經營營銷一段時間後，會發現看似基礎的文案，其實扮演著舉足輕重的關鍵地位，透過文字的排列組合就能變換出各種各樣豐富有趣的內容，用最虔誠最原始的方式，表面上不動聲色，暗地裡卻波濤洶湧地觸動和影響著每一個人。因此魔法講盟的營銷團隊除了招商群，還有專門研究文案的文案群！

文案群裡的每個人，每天都要往群裡拋進去自己感覺不錯的 5 個標題，無論是用什麼方式找到的文案，無論是關於哪方面的文案，只要經過討論後覺得具有參考價值的文案，都會入選到魔法講盟團隊的資料庫。無論微信還是抖音，基本上只要能搭上熱門話題的標題，效果都不會太差，跟上熱門話題所產生的文案，就好比站在巨人的肩膀上，說得更直白一點就是「借力致富」，順勢增加搜尋度與曝光度，往往會吸引更多人的目光。

一、數字文案

此外，在一片文字海中，數字式的標題總能快速吸引閱讀者的目光，因為數字標題能把一件事情表達的具體明確，讓消費者在短時間內抓到文案要表達的重點和情緒，誇大的數字甚至會引發閱讀者的好奇心，而產生莫大的刺激。

1. 善用年紀：一般刻板印象會覺得，人到了某個年紀，才能有哪些作為與成就，因此如果有人還沒到我們認知的既定年紀，就能做到某些事情，通常就會獲得廣大的迴響與掌聲。一個16歲的小姑娘當上CEO，跟一個35歲的人當上CEO，你說哪一個文案會比較吸引人呢？文案範例：**《17歲時他說要把海洋洗乾淨，沒人相信，21歲時他做到了！》、《56歲才創業，如今利潤卻是華為的1.5倍，他是個讓對手發抖的人！》、《國服第一老太太直播，60歲高齡追夢英雄聯盟！》**。

2. 善用時間：不分階級地位，金錢與時間都是寶貴的資源，而上帝是公平的，每人每天都分配到24小時，因此若能快速達到某個結果，或是十年磨一劍的強韌精神，都值得人們關注，在好奇之餘也多了一分敬佩。文案範例：**《這個男人在9平方米的出租店面裡做拉麵做了46年，到現在，有人為了等一碗麵竟然可以排隊9小時》、《1分鐘賣出3000件衣服的他，靠一個關鍵顛覆了整個零售行業》、《4年350美金的背後，滴滴是這樣幹掉自己的競爭對手的。》**。

3. 善用薪資或年薪：人生有三分之一的時間都在工作，而薪資又是非常現實的問題，因此這類型的文案經常能打動受薪階層的心。文案範例：**《從月薪3000到月薪30000，他只用了短短一週的時間》、《我大學一起打英雄聯盟的室友，去年賺了1個億》、《畢業5年，我是怎樣從身無分文到在台北市買房的》**。

二、情緒文案

還有一種文案撰寫的模式，是抓住消費者情緒，一秒帶入，透過感染力極強的文字，吸引消費者的目光。

1. 直球對決：直接將目標客群分類，並將他們貼標籤，在文案裡直接對

他們喊話，不拐彎抹角，深掘他們的痛點，這樣才能更貼近消費者的心聲，此時就算不是文案上直接點名的對象，也會被吸引。文案範例：《新媒體運營，你是怎樣一邊掉頭髮一邊加班的？》、《90 後對 80 後喊話：等我們超越你的時候，我們才來說抱歉》、《為什麼天秤座的男生會經常受到詬病？》。

2. 情感共鳴：文案的撰寫必須有一點人性與心理操作，才能直擊人心！觀察生活細節、洞察社會困境，把情感共鳴做得淋漓盡致，讓某件事與記憶中的情境產生連接，就能產生感同身受的情緒，打動消費者的心。文案範例：《我才 20 多歲，憑什麼要活的一本正經？》、《致賤人：我憑什麼要幫你？！》、《我借錢給你，我 TM 有錯嗎？》

3. 人性弱點：一個好的文案必須直接點出消費者的痛點，並且提供一個有效的解決方案，而這個解決方案是可以幫助他們顯著改善，重點是很簡單。你必須讓消費者知道你懂他們，與他們站在同一條船上。文案範例：《我為什麼拒絕 Yahoo 的百萬年薪？》、《為何當年學習比你差的同學，現在卻年薪百萬？》、《閱讀 10 萬+的標題到底該怎麼取，這一篇文章就夠了》、《1 個好的創意可以幫你省掉 30000 的預算》。

社群營銷的新思維

正確的營銷思維比方法策略還重要，以下分享 10 個營銷思維，提供大家參考：

1. 傳統的營銷注重流量；社群營銷則以留量為王。

2. 傳統的營銷只在乎把產品賣出去；社群營銷強調的是賣人脈賣社群。

3. 傳統營銷思維總是把客戶當獵物，過程中不斷殺單、逼單；社群營銷則是把客戶當夥伴，灌輸觀念、一起成長。

4. 傳統營銷思維的目的只為了賺客戶的錢，始終惦記著客戶的口袋；社群營銷自始至終的中心思想，則是為客戶提供價值！

5. 傳統營銷思維是開放式的營銷，亂槍打鳥；社群營銷則是精準化營銷！

6. 傳統的營銷思維是一種粗暴的營銷；社群營銷卻是一種有溫度的、人性化的營銷！

7. 傳統的營銷注重線下會議式營銷，容易受時空限制；社群營銷則以直播進行一對多批發式營銷。

8. 傳統營銷中，營銷人員是商家；社群營銷中，營銷人員是專家。

9. 傳統營銷是一對一單向說服；社群營銷則是多向和雙向的互動，追求共好雙贏！

10. 傳統營銷以產品為主，極盡推銷之能事；社群營銷以人為主，推銷個人品牌順便帶出產品及服務！

6-2 社群龍頭臉書 Facebook

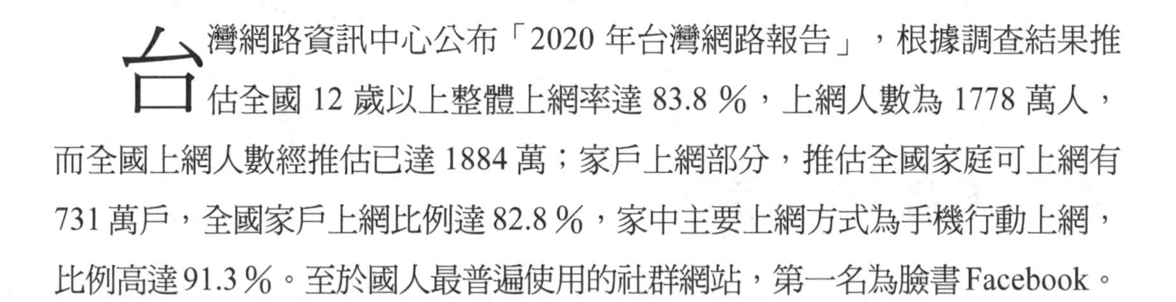

台灣網路資訊中心公布「2020 年台灣網路報告」，根據調查結果推估全國 12 歲以上整體上網率達 83.8 %，上網人數為 1778 萬人，而全國上網人數經推估已達 1884 萬；家戶上網部分，推估全國家庭可上網有 731 萬戶，全國家戶上網比例達 82.8 %，家中主要上網方式為手機行動上網，比例高達 91.3 %。至於國人最普遍使用的社群網站，第一名為臉書 Facebook。

社群媒體的使用排名，屢屢因為改版、審查機制而被大家詬病的 Facebook，仍以 94.2 %的使用率拿下第一，其次分別是 Instagram (39.2 %)、Line (35 %)、Twitter (6.4 %) 以及 PTT (4.2 %)。這些數據值得我們關注的是：**消費者的焦點在哪裡，市場就在哪裡！**

臉書經營模式

經營臉書社群媒體的一個好處，就是可以打付費廣告（Paid-for advertising），此時你可能會想：我不想花錢。先不要急著拒絕，很多企業之所以成功，絕大多數就是因為他們不斷花錢「打廣告」，多年前一位補教招生主任在建中校門口發完一波宣傳文宣後，氣呼呼地回到補習班，因為他看到辛苦設計印製的精美文宣，都被學生丟入垃圾桶！此時補習班老闆同時也是補教名師，出面安撫大家，並說：「**在學生拿到我們的傳單時，就已經看到斗大的ＯＯ補習班，而ＯＯ補習班已經在他腦海裡留下印象，即便學生把文宣丟**

棄，但未來當他需要補習時，就會先想起ＯＯ補習班。」

因此你該思考的是，如何在付費廣告這筆投資中取得回報，而不是拒絕投入廣告預算。本書是以討論文案為主，所以會針對文案的部分深入探討，解讀大多數的企業是怎麼撰寫文案，而且會提供一個很好用的工具，讓你去研究你的競爭對手是怎麼寫文案，至於經營臉書社群與投放廣告的細節，可以閱讀我的另一本暢銷著作《社群營銷的魔法》。

臉書文案範例

全台最大的培訓機構魔法講盟，多年來與許多公司合作，也共同經營幾個賺錢的項目，其中一個就是虛擬貨幣。創辦人王晴天董事長為台灣比特幣教父，早期也曾靠著虛擬貨幣賺入人生的第二桶金。魔法講盟在每個月第二個週五傍晚至晚間，於新北市的中和魔法教室舉辦虛擬貨幣講座，不僅提供大家最正確、最詳實的幣圈知識，講師們也會帶來最新、最火的商機趨勢，以下就利用這場最夯的課程活動來為大家解說文案撰寫的呈現方式：

範例 1 虛擬貨幣課程宣傳文案

文案內容

很多人都在問，虛擬貨幣(Virtual currency)的時代，真的來臨了嗎？那麼多幣種，我應該投資哪一種幣？它們未來會不會全部消失？記得以前的我也像上面描述一樣，還沒有懂得遊戲規則，就隨意的按下「交易」。我還以為我能就此成功，結果買了之後就因為兩次的操作不慎消失在市場裡了。失敗之後，我一聽到虛擬貨幣，就排斥，從此拒絕認識。因為我經歷過挫折、跌過，因而害怕再嘗試。

但是在偶然的一個機會裡，我又再次接觸到這個領域。說真的我很猶

豫，但我不甘心一輩子就是個失敗者。因為認真研究，讓我看到虛擬貨幣的透明化，甚至讓我完全避開之前跌過的陷阱。也因為如此改變了我的人生。

直到今天，我一直告訴我自己也告訴我的學生：永遠不要在你不了解、不明白的時候，做出決策，因為機會往往就是這樣從你手中溜走了。更不要讓未來的自己有機會說：「早知道我就不這樣做了。」

所以，我在接下來的講座會讓你看到：市場上專家絕不可能告訴你的技巧和方法，同時我也會揭曉這個市場祕密。更重要的是，我會教你如何有效的掌握好時機。現在就點擊以下的連結，參加我的實體課程吧！

關鍵評析

這類型文案的切入點，是利用講師的個人遭遇所寫出來的文案，目標是寫給那些想在虛擬貨幣中獲利卻又失敗過的人，邀請他們來參加實體講座。講師透過分享自身的故事，引發觀眾共鳴，進而對講師本身產生信任感。

範例 2 虛擬貨幣課程推廣文案

文案內容

【虛擬貨幣之暴利煉金術】

出席課程再送價值 5000 元三大贈品

立即報名 https://lihi1.com/ZxU0C

這次我們邀請到兩岸知名金融分析師林子豪老師，來跟你分享投資虛擬貨幣的正確觀念，你可以學到：

1. 虛擬貨幣的基本認識

2. 如何透過智能合約 DAPP 創造財富

3. 如何安全做虛擬貨幣的交易

4. 如何預防詐騙與資金盤陷阱

如果你也想要創造更多的收入，邀請你一同來參與！
時間：12/11（二）下午5點半
地點：新北市中和區中山路二段366巷10號3樓
費用：免費
參加講座將有機會獲得「價值5000元」贈品，包含：

1.《如何打造賺錢機器》電子書

2.《七個獲得高投資回報率的原則》電子書

3.《神扯！虛擬貨幣七種暴利鍊金術》實體書籍乙本

數量有限，僅提供給有行動力的朋友，請盡速報名！

關鍵評析

這是另外一種文案的呈現方式，主要是利用課程內容來吸引學員，明確告訴你參加講座可以獲得什麼好處，課程不僅免費，還可以得到額外收穫，很容易會打中那些還在猶豫的族群。

範例3 虛擬貨幣暴利煉金術講座

文案內容

什麼是Forsage？什麼又是跳寶？什麼是MSIR？如何運用這些新工具來賺大錢？

在這個不斷迭代Update的後網路區塊鏈時代，知道的賺不知道的人的錢！早知道的賺晚知道的人的錢！資訊多的賺資訊少的人的錢！

十年來世界級的財富重分配有一大塊兒是建構在區塊鏈發展出的虛擬

貨幣上，如果到今天您還不懂如何用比特、乙太等虛擬貨幣去賺取暴利，您就真的落伍了！

魔法講盟於 12/11（五）傍晚 5：30 起，在中和中山路二段 366 巷 10 號 3 樓（Costco 對面）的魔法教室舉辦「虛擬貨幣暴利煉金術」講座，保證教會您如何用小額的虛擬貨幣賺取巨大的利潤！講座只收 100 元場地費，並贈送價值 460 元的《神扯！虛擬貨幣 7 種暴利煉金術》暢銷書一本。

《神扯！虛擬貨幣 7 種暴利煉金術》原作者前藝人棒棒糖男孩虎牙也會蒞臨現場，各位獲贈此書後，可以當場請作者簽名並合照喔！

魔法絕頂，盍興乎來。

關鍵評析

這種直球對決的文案呈現方式，由於主題（Forsage、跳寶、MSI）非常明確，因此受眾很容易被區隔開來：一是對這些主題很陌生的人，他們就會覺得這個文案跟他們沒有任何關係，而直接跳開；另一種就是之前有研究過，且對這主題有興趣的人，他們一看到就懂，知道這些項目是什麼，也許就會很感興趣。所以這種開宗明義就知道葫蘆裡賣什麼藥的文案，比較可以過濾一些沒興趣的受眾，留下精準的客戶。

範例 4　MSIR 多元收入培訓營

文案內容

【標題】MSIR 多元收入培訓營

魔法講盟歲末大課 MSIR(Multiple Streams of Income Revolution) 多元收入大革命下週壓軸：12/29 週二下午 2 點半至晚間 9 點，由被動收入三大師 Terry Fu、羅德、林子豪親自教您如何打造自動賺錢機器！

Terry Fu 老師是台灣區知名網路行銷大師，下週二將教會您如何將網銷流程自動化！此套系統已經證明確實有效：可以助您月入百萬至千萬！最近在網路上爆紅的自動網銷系統，正是 Terry Fu 老師主導，下週二下午兩點半起，絕對值得您請假也要來中和魔法教室學習。

羅德老師是知名暢銷書《投資完賺金律》原作者，專長是教各位如何找出安全又回報高的投資標的！羅德老師在下週二也會教您如何分辨好的投資項目與龐氏騙局。羅德老師是兩岸培訓界八大名師之一，若您還不認識他，下週二下午您必須跑一趟。

林子豪老師就是之前「棒棒堂男孩」的藝人虎牙，卸下藝人光環後，專研區塊鏈與虛擬貨幣，成為中國地區知名【如何運用虛擬貨幣賺大錢】之超級講師，下週二晚間將在中和魔法教室教會您如何用少少的錢買一些以太幣（現在比特幣已經太貴了！一顆比特幣現價二萬多美金，且上看三萬美金。）就能賺這一波大增值的大錢！

在這個不斷迭代Update的後網路區塊鏈時代，知道的賺不知道的人的錢！早知道的賺晚知道的人的錢！資訊多的賺資訊少的人的錢！

十年來世界級的財富重分配有一大塊兒是建構在區塊鏈發展出的虛擬貨幣上，如果到今天您還不懂如何用比特、乙太等虛擬貨幣去賺取暴利，您就真的落伍了！

魔法講盟於 12/29（二）下午 2：30 起，在中和中山路二段 366 巷 10 號 3 樓（Costco 對面）的魔法教室舉辦 MSIR 課程，保證教會您如何打造自動賺錢機器並學會用小額的虛擬貨幣賺取巨大的利潤！本講座只收 100 元場地費，並贈送全年度週二講堂上課證！再加碼贈送《改變人生的 5 個方法》或《真永是真魔法筆記》或《神扯！虛擬貨幣 7 種暴利煉金術》暢銷書一本，三種好書可任選。

其中《神扯！虛擬貨幣 7 種暴利煉金術》原作者前藝人棒棒糖男孩虎牙就是下週二課程晚場之授課講師，各位獲贈此書後，可以當場請作

者簽名並合照喔！

魔法絕頂，盍興乎來。12/29 下週二，您必須走一趟！

關鍵評析

這樣落落長（台語發音）的文案，將課程資訊完整地呈現出來，對於受眾的專注度將是一大考驗！有興趣的人就會想要認真看完，因為他們會想要了解更多的資訊內容，可以比較有效地刺激他們的欲望；對於沒興趣的人來說，可能文案看到一半就跑了！這樣的文案也算是可以用來過濾精準客戶的一種方式。

講完了台灣社群龍頭——Facebook 之後，下一個小節要來跟各位分享的是 Line 的營銷模式。根據 Line 官方統計，台灣 2300 萬的人口中，有 2100 萬的人是 Line 的活躍用戶，而台灣用戶每日透過 Line 傳訊息、分享影片和新聞的使用量超過 10 億次！這意味著什麼？答案就是巨大的商機就藏在 Line 裡，誠如筆者在前文中所述：「曝光量越大，你的生意機會就越多。」所以，下一小節的內容你絕對不能略過！

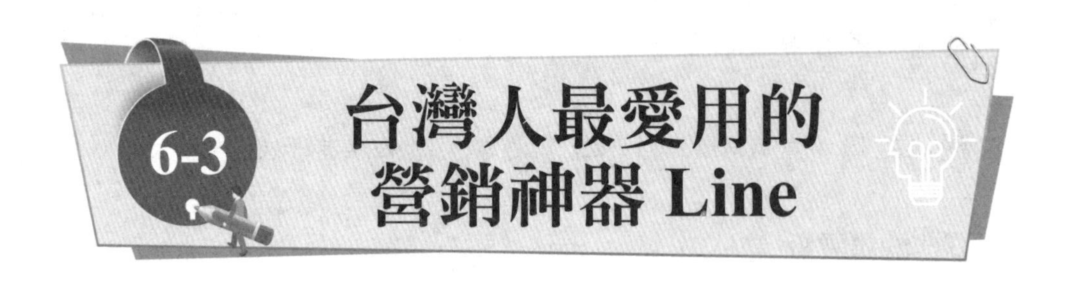

6-3 台灣人最愛用的營銷神器 Line

筆者曾透過Line營銷，單月創造30多萬的營業額，包含課程、直銷產品、軟件外掛，經營過很多的群組：行銷大師交流群、趨勢行銷交流群……每天服務學員，提供他們最新的營銷資訊，因此也想跟你分享這個營銷模式。

Line經營模式

一、創建Line帳號

Line ID的設定原則很重要，但一般人都會忽略，這是因為有時候遇到對方要加好友時，可能因為一些因素無法直接掃描QRcode，或者沒有辦法透過電話號碼加好友，這時候就可以利用ID了，對吧！因此如果你的Line ID太過冗長或複雜，對方會不好輸入與搜尋，有時甚至會因此錯過加好友的時機，最後失去了這個生意的機會，那不是很可惜嗎！

因此，Line的ID越簡單越好，這樣對方才容易記住，像筆者陳威樺的Line ID就很簡易：TM101S，這是起源於我曾創立一個網路行銷系統，名稱為趨勢行銷系統(Trend Marketing System)，所以取這三個英文單字的首字母，再加上自己是創辦人，所以我的Line ID是TM101S。簡短的ID在商務交流時也很實用，因為不需要掏出手機掃碼，也不需要拿名片給對方看，只要直

接唸給對方聽就可以了，而且這麼簡單的ID，聰明的你一定也不小心記住了！

二、完善狀態欄

Line 的狀態欄就好像副標題一樣，可以從旁側寫你這個人的狀態，很多人都會放上自己喜歡的狀態，像是「寶貝我愛你」、「平安喜樂」這類的。當然這並無不妥，但是以營銷的角度來看，其實可以設計一個讓對方，尤其是陌生人，更想要主動認識你的契機，巨大的成功就是由每一個小成功累積的，只要在狀態欄稍加著墨，例如可以寫：「加我好友送價值 2000 元營銷大禮」，或者是：「加我好友私訊索取健康養身 10 個方法」之類的，作為陌生好友願意主動送出訊息的第一把關鍵鑰匙。

在設計狀態欄的時候，建議可以加上數字，因為數字可以量化，讓對方去衡量比較，假設今天設計兩種不同的狀態欄：一種是加我好友送價值 2000 元的營銷大禮，另一種是加我好友送營銷大禮，兩者看起來有沒有什麼不一樣？是不是前者比較吸引人，後者好像不重要似的，對吧！因為數字可以量化，在成交的過程中，數字化會大大地影響成交的勝敗。

三、發布貼文串

貼文串又稱Line的動態，與Facebook、Instagram等社群媒體一樣，可以讓好友按讚、留言、分享、#標註、分享位置訊息等。如果經營的好，內容行銷寫的好，在貼文串宣傳產品與服務時，除了可以提升與好友的互動程度外，還可能創造病毒式的行銷效應，讓好友們主動替你分享與宣傳！而且在貼文串 PO 出宣傳資訊時，既不會打擾好友，訊息也比較不容易被洗屏，是 Line 社群營銷一個很好用的功能。

四、經營群組

再來下一步就是建立屬於你的魚池，也就是建立你自己的群組，這點非常重要，幾乎決定了你 99 %的業績，因為在你的群裡你就是老大，是管理者，所有人都要聽你講話，因此，你的任務是如何讓大家乖乖聽你的話！

首先，經營群組要注意的是群組名稱的命名，通常也就代表這個群組的主題，太過平凡的名稱主題吸引不了人，太過商業化，例如○○公司事業說明，這種太過目的性的群組名稱，大多數人也不會感興趣！建議設計軟性一點的主題，像「行銷大師交流群」、「聯盟行銷群」等，都是提供一個平台，讓大家可以發揮，這樣他人才會願意花心思，花時間關注這個群組的訊息。否則，如果天天發商業性質的廣告，人家連點開看都懶了，豈不是白費工夫發文嗎？

群組的照片以及封面當然也是重點，如果都不放，或者是放一些比較沒特色的照片，那麼在邀請朋友加入時，你會發現進群的比率不高，因為不會讓人產生興趣。建議可以到網路上搜尋並下載一些免費的圖片素材，例如在 Google 瀏覽器打「免費線上圖片」，找到適合這個群組的素材後，再後製美化一下，就可以使用了，這會對你的社群營銷大大的加分唷！

大多數的人只想透過社群來做銷售，壓根兒不想好好經營，每天就是狂發廣告，拼命宣傳自家公司的產品與項目，妄想群裡的每個人一定會購買！但現在是資訊爆炸的時代，學員不太喜歡聽（或看）過於冗長的介紹，那些制式又生硬的廣告已經無法打動他們，每天濫發廣告的下場就是學員直接退出群組，不然就是學員反過來發他們自家的廣告。

五、蒐集名單

建立群組容易，但是有人會問，名單如何來？答案是：從競爭對手那邊來。為什麼？以筆者為例，我會去參加一些教育培訓機構的活動，現場直接跟學員們交換名片，然後一個個邀請他們進來我的群，因為他們就是我的目標客戶！

如果你想要更快的方法，可以試試在 Line App 最上方的搜尋框裡輸入「line.me/R/ti/g/」這組關鍵字，你就可以看到所有曾經出現在你 Line 群裡的邀群紀錄（無論是 Line 或臉書都可以找的到）。有了以上的方法，你還覺得找名單很難嗎？一點都不，只是你之前不知道怎麼做而已。

進了別人的群組以後，建議不要馬上開始加人，因為如果被檢舉，很快就會被退群，最好是觀望三到五天後再開始。一天可以加 100 人，但是不要加太快，否則也有可能被禁止加好友，最好是一次 20 個慢慢加，加了之後就打個招呼吧！記得人家在認識你公司的任何資訊之前，一定會先問你是誰，所以最好不要一開始就說公司的產品或制度有多麼好之類的，要先想辦法建立他人對你的信任！

筆者在介紹的課程之前，一定會先介紹我是誰，讓他人對我產生信任。參考對話稿如下：

範例

「您好，我叫威樺，是一個網路行銷的講師
這是我的影片介紹
https://youtu.be/ufRqX0EGOIg
我熱愛學習，過去跟隨許多國際大師學習商業課程
最近剛好在群組內看到您，想說不知道有沒有機會跟您交流
這邊跟您分享我今年最新寫的電子書
《如何善用臉書做行銷》
希望對您有幫助
https://bit.ly/2CCGdRF
如果還想了解更多，我還有一個粉絲專業『營銷知識庫』
裡面有更多優質的資訊可以免費送給您
https://reurl.cc/pW9xd
我們在上個月建立了一個行銷大師學習群
裡面分享很多我從世界行銷大師傑．亞伯拉罕學到與行銷有關的觀念、案例

而且每天都有人分享最新資訊
我也不定時會 PO 最新的文章
如果有興趣的話可以直接進群
https://line.me/R/ti/g/TJkJGLqqyZ」

大部分的人都是被動的，所以建議直接邀請入群，但這麼做會有一個風險，就是在未經他人許可下邀請別人入群，所以進來的人可能會心不甘情不願，或者是別有居心，但這都沒關係，重點是建群最少要有 300 人，先衝人氣，等到 300 人了之後再開始嚴格篩選，確定他人有興趣後再邀請，這樣進來的人才會是真正有興趣的精準客戶！

Line 文案範例

接下來要看的是 Line 社群的文案撰寫範例，也許你會覺得 Facebook 跟 Line 不是一樣的寫法嗎？那你就太輕忽不同社群媒體的個別特色了！根據統計，目前台灣約有 2100 萬的人使用Line App，平均每人有 200 名好友，台灣使用者特別愛「分享」功能，單月分享內容達 1 億次，台灣用戶分享行為也占全球 40 %，而商機也就在這裡。

接著就舉各行業的 Line 文案當範例，這是筆者網羅網路上各種不錯的文案，提供給大家發文參考。

一、創業類

範例 1

文案內容

【工作內容】徵求外務人員
【人員要求】無經驗可，做事認真負責

【薪酬福利】一件 1500 元，當日現領（依據工作調整薪資）

【優先人群】待業人員、誠心想賺錢者

【工作時間】每週一～每週五(9：00~16：00)

【聯絡方式】請加賴詢問：https://www.xxxx.com（連結銷售頁）

範例 2

文案內容

【○○購物 1111 狂歡節】

太勁爆了

薰衣草精油、沐浴乳、衛生紙，直接搭配送，太瘋狂了！

還有錢賺，還能有被動收入

一個將帶給你未來翻轉人生的購物電商

免費開放加盟，享受購物的樂趣

還送你 50 元購物金可全額抵扣喔

https://www.xxxx.com（連結銷售頁）

敲我喔 https://www.xxxx.com（連結銷售頁）

立足台灣 放眼世界

★購物我已經註冊

★在賺回饋金了

★你也快來一起賺

範例 3

文案內容

如果你的公司年營業額沒有超過 100 億台幣

建議你加入我們

如果你的公司沒有 1000 家線下實體門市

強烈建議你加入我們

如果你的公司沒有在股票上市（櫃）掛牌

真心強烈建議你加入我們

如果你的公司沒有中國合法牌照
真心強烈建議你一定要加入我們
2021 全球最大商機開放免費名額，有夢你就來！
立刻 +LINE 洽詢
http://bit.ly/分享新商機
網站導覽介紹
http://bit.ly/xx 事業導覽簡介

二、健康類

範例

文案內容

【名人講座】蔬食讓生活更美好
後疫情時代免疫養生新思維「民以食為天、食以蔬為先」。
我們每天三餐選擇吃什麼
足以影響我們身心靈的健康&地球氣候的變遷。
琳琅滿目的食物中，每一餐都有機會對自己的健康，以及氣候變遷的減緩與調適做出貢獻。
讓我們一起在餐桌上翻轉健康&氣候變遷。
★講師：○○
★時間：○○
★地點：○○
★費用：○○
報名請填寫以下資料
https://www.xxxx.com（連結銷售頁）
會後公司提供免費健康檢查，為您的健康把關！
還有抽獎活動喔！
獎品：○○

三、網路行銷類

範例 1

文案內容

你真的會用網路曝光產品、開發陌生客戶嗎？

https://www.xxxx.com（連結銷售頁）

如果說有一種方法，能讓你的產品大量曝光，並且讓客戶自己來找你，這樣的方法你會想學嗎？

這樣的方法能讓你的產品資訊一天以數萬則的方式，傳送給許多陌生客戶，你會想了解嗎？

資訊時代的今天我們將教你透過一部手機做行銷！

我們將教你用「Line」自動開發新客戶

一堂課程學會 2021 最具爆發力營銷模式，Line 營銷系統終極玩！

點擊下方連結速速報名！

https://www.xxxx.com（連結銷售頁）

範例 2

文案內容

廣告機器人陌開賺錢

沒有你想的那麼難

每天花 15 分鐘

掌握系統賺錢

讓我來教你

利用系統開發客源的心法

直播課程：https://www.xxxx.com（連結銷售頁）

網銷系統學習群：https://www.xxxx.com（連結銷售頁）

網路客服+ Line 陳總監

https://www.xxxx.com（連結銷售頁）

範例 3

文案內容

智能營銷稱霸市場

科技賺錢全民多賺

營銷手機能幫你

賺錢的超智能營銷手機

專項研發朋友圈營銷最新科技

20 個 Line 分身自動備份封號 0 風險

請務必報名

網路報名：https://www.xxxx.com（連結銷售頁）

整合行銷

https://www.xxxx.com（連結銷售頁）

你還是 10 人 10 人慢慢手動勾選嗎

直接諮詢 09〇〇-〇〇〇-〇〇〇

範例 4

文案內容

渴望透過系統月入百萬的計畫嗎？

2021 全台最火熱的噴射引流系統

直播課程：https://www.xxxx.com（連結銷售頁）

你只要配合這套系統

快速曝光名單就是你的提款機

網銷系統學習群：https://www.xxxx.com（連結銷售頁）

24 小時自動化進人系統

價值超過 25 萬

曝光人數破百萬

想了解

就加老師的 Line 回覆 188

https://www.xxxx.com（連結銷售頁）

四、組織行銷類

範例 1

文案內容

好好思考，

你不用辭去你的工作，

你可以把你平常休閒的時間、玩樂的時間用來開創你的事業，

相當於為你的職業人生創建一個備胎，

而經過幾年的時間經營，

也許你會驚喜的發現

這個大到可超越你本職工作給你帶來的收入，

那麼這個時候就要恭喜你！

即使你目前為了生存不能全心的去創建自己的事業，

那麼你也要拿出兼職的時間，

以全職的心態去為你的人生建創一個備胎。

○○公司熱烈招募經銷商中

靠山山會倒，靠人人會倒，靠自己絕對不會倒。

如果成功了人生就不一樣，

自信可以自己給得起，有事業就會活的有自信，

只要你想要你不會得不到，

不推銷／不買賣／不囤貨

我在○○我驕傲！

○○○的優勢

https://www.xxxx.com（連結銷售頁）

歡迎私訊我了解更多

https://www.xxxx.com（連結銷售頁）

範例 2

文案內容

【幸福〇〇讚】

我們的產品就是一顆膠囊顧全身

一顆膠囊也造就了很多人的財富

一顆膠囊創造出健康與財富的驚奇

想要逆齡凍齡不必花大把鈔票

到瑞士烏克蘭注射幹細胞

一顆口服膠囊讓您回春逆轉老化成為可能

甚至絕望的癌症都能獲得改善

還有超殺的多重獎金制度

讓月入百萬成為必然也成為一種習慣

讓月入數百萬成為一種可能的期待

因這些都是過來人的事實，不是幻想

來聽富豪分享會，會讓您心動的

報名分享會請點

https://www.xxxx.com（連結銷售頁）

範例 3

文案內容

免費加盟，火熱註冊中

不要再東奔西跑了，會場運作、賣貨送貨粉累耶！

0 元加入賺錢電商

配合團隊計畫還送名單，強迫讓你成功

免費加盟當現成的頭家

無需店面及備貨

純電商 100 ％網路運作

一支手機就可以輕鬆打造系統收入

有興趣加好友回覆 666，我會教你怎麼賺
https://www.xxxx.com（連結銷售頁）

範例 4

文案內容

分享獲利、利潤共享
你覺得這杯咖啡好喝，分享給你朋友，他買了咖啡，廠商分一點利潤給你，合理吧？
你朋友覺得好喝，分享給他朋友，也買了咖啡，廠商也分一點利潤給你，合理吧？
你朋友的朋友，分享給其他人，其他人再分享其他人，都覺得好喝買了，因為你的開始分享，他們才會購買，廠商也需分一點利潤給你，合理吧？
某位朋友只習慣喝星巴克，所以他就跟同個廠商改買星巴克。其他人也是按自己喜歡的品牌去買，廠商還是照樣把利潤一樣分給你，這樣也合理吧？
換平台不換品牌，分享購物經濟
這就是『○○○』在做的事
○○○的優勢
https://www.xxxx.com（連結銷售頁）
歡迎私訊我了解更多
https://www.xxxx.com（連結銷售頁）

範例 5

文案內容

○○凝膠：
全球唯一美國註冊透皮吸收順勢療法自體產生
數千位醫師與數百家醫院同時使用推廣
1. 可以使身體的每一個器官細胞活化

2. 增強自體免疫力，降低染病機率

3. 有效改善性功能及促進性欲，推遲更年期，延緩衰老

4. 有助於恢復記憶力，改善睡眠質量，消除疲憊感，讓人精力充沛

5. 長期使用消除皺紋、保持皮膚細緻光滑，收斂毛孔、減少色斑，恢復皮膚彈性，提升面部輪廓

6. 使用後能增加全身肌肉含量，防止肌肉萎縮，增強耐力

7. 增加代謝率對減肥塑形有幫助，使脂肪分布均勻，維持體態的綜合平衡

8. 改善三高，例如降血脂、降膽固醇

9. 毛髮再生，使白髮變黑，改善髮質，幫助減少脫髮

10. 改善增強骨質密度，防止骨質疏鬆，防止老年性骨折發生

11. 同時帶動人體八大腺體～無需口服～無需打針～無副作用

公司商機 https://www.xxxx.com（連結銷售頁）
產品優勢 https://www.xxxx.com（連結銷售頁）
◈（公司名稱）讓我帶你回到過去～
聯繫我們：https://www.xxxx.com（連結銷售頁）

五、講座類

範例 1

文案內容

【借力與整合的祕密】
快速學會空手套白狼的核心祕訣
出席再送價值 4980 元三大贈品
立即報名：https://lihi1.com/tWyQ7
這次我們邀請到國寶級大師王晴天與社群營銷權威陳威樺老師、以及典藏閣出版社社長范心瑜跟你分享名人的智慧，你可以學到：

1. 如何讓大咖與貴人跟你合作

2. 空手套白狼的核心祕訣

3. 如何讓競爭對手變成你的合作夥伴

4. 企業必學的借力整合模式

5. 民國大師魯迅、沈從文、胡適的名人智慧

如果你也想要掌握更多的資源，邀請你來一同參與！
立即報名：https://lihi1.com/tWyQ7
參加講座將有機會免費獲得「價值 4980 元」贈品，包含：

1. Line 自動 PO 文系統（價值 3020 元）

2. 《王道：行銷 3.0》電子書籍乙本（價值 980 元）

3. 《借力與整合的祕密》電子筆記乙本（價值 980 元）

數量有限，僅提供給有行動力的朋友，請盡速報名！

範例 2

文案內容

〇〇〇創業投資發展協會
免費學習教育講座
（非會員可免費報名參加試聽）
講師：〇〇〇
講座主題：
（自媒體時代新趨勢－直播、網紅、電商、行銷）
從藝人成功轉型自媒體創業，
白手起家二年打造千萬營收。
講師經歷：

◈ 藝人演員-電視劇、偶像劇、電影、戲劇

◈ 國民美少女有限公司 CEO

◈ 房產投資 30 間套房出租

講師：〇〇〇
講座主題：
（數位時代協槓人生——擁有記者身分，為人生事業加分）
「斜槓人生」，開展多元職涯，提升自我價值——擁有多重收入。
報名連結：https://www.xxxx.com（連結銷售頁）
聯合主辦單位：
（座位有限，請盡速報名）
講座地點：

六、飲品類

範例 1

文案內容

您想要做行動咖啡店長嗎？

如果經營一家咖啡館還要請員工，還要店面開銷，

還要支付員工薪資跟水電開銷，

這些加起來就要花上上百萬元了，

而皇嘉行動咖啡加盟只要 3600 元就可以經營，

沒有壓力，沒有陷阱，

撥出獎金 50 ％到 55 ％左右，

如果要了解請預約日期跟時間喲

洽談專線 Line 網址

https://www.xxxx.com（連結銷售頁）

範例 2

文案內容

再忙再累，也要好好地跟自己喝杯咖啡，

每天來杯咖啡已經成為很多人生活不可或缺的一部分：

早上需要咖啡才能清醒，開會需要咖啡才能專心，加班更需要咖啡才能提神；

不只上班族，學生、文藝青年、網紅……大家都愛咖啡。

適量飲用咖啡不只對身體有好處，

也是細細品味生活的一種方式。

主題：玩手沖咖啡

品一杯不酸不苦的有機咖啡～

主講人：○○老師

1. 認識咖啡

2. 如何手沖咖啡

3. 品嚐有機咖啡

4. Q&A

5. 免費體檢

時間：○○

地點：○○

費用：場地費○○元

報名：https://www.xxxx.com（連結銷售頁）

七、房地產類

範例 1

文案內容

你一直為沒辦法買一間屬於自己溫暖的窩而煩惱不已嗎？

你出社會打拼多年還沒辦法買到一間屬於自己的房子嗎？

你還要幫助房東付貸款多久才會清醒呢？

你是否因為過去對房地產的不懂，不敢、或錯誤的認知而錯失了幾次可以買到便宜房子的機會呢？

○○○公司數十位專業地產顧問可以幫助你！

不論是法拍屋、金拍屋、或房地買賣……

讓你合法、安全、透明，買到一間屬於你自己的房子

逾三十年房地產投資理財經驗，

幫助你第一次買房就輕鬆上手……

免費諮詢專線：0900-000000 王先生

#房屋買賣

#法拍屋

#金拍屋

#房地產投資

範例 2

文案內容

銀行資產財富倍增術、銀行資金乾坤大挪移

黃金屋 https://www.xxxx.com（連結銷售頁）

講座內容：

你向銀行借不出錢來嗎？

○○讓你知道如何在銀行輕鬆搬錢是什麼感覺

你個人或企業的貸款條件不好看嗎？

○○讓你知道如何看個人財力面&技術操作放大資金！

你苦無投資資金嗎？

○○讓你花少許時間就可以知道增加銀行貸款及降低利率有多容易！

你貸款額度太低嗎？

○○教你如何透過時間和技術的操作將個人最高 200 萬貸款的上限拉至數千萬。

你不知如何操作房地產投資嗎？

○○教你如何從房地產上輕鬆獲利，這才是最重要的！

你想知道超貸技巧＋降息訣竅＋無風險套利模式＋檯面下的技巧＋即將失傳的房地產獲利七招不敗密技嗎？

本月名額僅剩 10 名

立即報名 https://www.xxxx.com（連結銷售頁）

八、投資類

範例 1

文案內容

分享一個不錯的歐洲金融項目給你

○○公司主要在操作股票、期貨

我們只需要資金給○○公司～每天都可以提領獲利喔～

使用 USDT（秒到帳）

方案內容：

30 天合約的配套，每天可以獲利 1.7 %

30 天後本金退回～合計 51 %＋本金 100 %

已經 4 年半的項目，提現速度依然超快。

兩分鐘到帳，沒有任何負面消息～

註冊連結：

https://www.xxxx.com（連結銷售頁）

不懂的可以 Line：○○○○

範例 2

文案內容

只需要投資一萬起頭就可以獲得價值百萬的數位行銷服務！

○○○提供書面簽名退款保證，

保證參與的商家夥伴在一年內獲得等值的回報，

讓商家夥伴在零風險下享有所有的行銷服務！

前 100 名的商家夥伴更可以獲得○○○全程協助操作所有的行銷服務項目。

點擊以下的推廣鏈結，

商家夥伴可以了解○○○是如何把昂貴遙不可及的全屏全網行銷

普及至所有線上和線下商家夥伴

在沒有任何風險下都可以享用的行銷服務

尤其是個人與中小型企業

只需要投資一萬以上就可以享用和大型企業花了數十萬甚至數百萬所創建出同等級別的全網行銷系統。

○○○的保證行銷服務不但顛覆了市面上高額的服務，

更保證參與的商家夥伴在一年內獲得等值的回報。

https://www.xxxx.com（連結銷售頁）

歡迎有興趣加入○○○的商家夥伴與我們聯絡，

或者打電話 0900-000-000。

加入○○○共同推動這個創新的共享經濟平台並且獲得最大的回饋。

九、娛樂類

範例

文案內容

【澎湖四天三夜旅遊團開招囉！】已經全滿

主辦單位：○○○

旅行日期：11 月 14、15、16、17（六、日、一、二）四天。

行程人數：45 人。

旅遊費用：5399 元／人（機＋食宿＋交通＋險＋司機導遊小費）。

另加申請：美食券 500 元／人

（澎湖縣政府限額二萬名，送完即停）

（行程不保證一定有）

行程主題：海洋牧場搭船遊海→箱網養殖區→遨遊澎湖灣→海鮮粥碳烤鮮蚵吃到飽

行程：西嶼線環島風采→澎湖跨海大橋→二崁文化聚落→通樑古榕→大果葉玄武石壁→奎壁山現代摩西分海跨浪→南環風光→風櫃洞→蒔裡沙灘→水試所參觀→澎湖戰地歷史文化→專人導覽龍門閉鎖陣地 168 師工兵營地下作戰指揮所→三號碼頭免稅店→馬公老郵局→順承門→天后宮→四眼井→乾益堂藥膳蛋→媽宮古城牆→觀音亭西瀛虹橋→外婆澎湖灣

#非協會會員也可以參加

加入澎湖旅遊臨時群

→https://www.xxxx.com（連結銷售頁）

洽詢專線：0900-000-000

十、貸款類

範例 1

文案內容

當日放款、絕對保密當面撥款

低息專案

過件 99.9 %

免照會

證件即可借

額度 5 萬～50 萬

月息 200（本金＋利息）

24 小時免費線上諮詢

Line ID：〇〇〇

https://www.xxxx.com（連結銷售頁）

借急不難請找曾先生

範例 2

文案內容

車貸增貸車價兩倍

加賴 0900-000-000

- 貸款額度最高 350，車價兩倍
- 分期付款最高 6 年
- 車齡最高 14 年
- 無需財力證明
- 不限職業
- 24 小時最快撥款
- 只收動保設定費 3500
- 手續簡便：雙證件影本，汽車行照

加 Line https://www.xxxx.com（連結銷售頁）

範例 3

文案內容

資金周轉不求人：

什麼都漲，只有我們的利息沒有漲

房屋、土地二胎借款月息只要 1.5 分起

專業代書辦理，安全有保障

利息低，免看親友臉色

全省農、林、旱地持分可

速洽：0900-000-000 涂先生

歡迎介紹，成交重酬

另徵兼職人員，時間不限，不影響正職

範例 4

文案內容

○○國際尋找最優秀的你……

一、全省案件交流夥伴：

如果您是以下職務的朋友，歡迎與我們案件合作交流，

銀行業務人員、銀行消金主管、房貸主管、企金主管、徵審人員、協商人員、AMC 資產管理公司、會計師、代書、仲介公司主管、業務等等。

二、全省房、信貸、企金案件窗口：

不論銀行、農漁會、信用合作社、行員或主管、代書等等，皆歡迎合作賺錢。

三、民間信貸及抵押借款金主：

第一手的案件來源，30 年房仲、代書團隊，為你的每一筆資金嚴密把關。

四、手上有便宜的房子，歡迎報件馬上成交
煩請有意配合的朋友
來電：0900-000-000 吳先生

十一、聯誼類

範例 1

文案內容

【單身男女換桌聯誼】

本次單身聯誼採取下午茶會換桌方式進行
每桌安排 2 男 2 女面對面聊天 20 分鐘，
女生不動男生移動到下一桌。
這樣的方式，
可以讓您很自然的認識全場所有的異性喔。
謝謝！
時間：〇〇日
地點：〇〇咖啡館
費用：〇〇元
人數：〇〇人
主辦：王〇〇

- 為維護個人隱私，欲報名者請私賴主辦！
- 參加者請攜帶證件，以茲驗證！
- 現場供應（蛋糕）（咖啡）（花茶）（水果）
- 流程報告：

  13：50 貴賓報到
  14：00～14：10 主持人引言
  14：10～14：40 破冰小遊戲
  14：40～14：50 中場休息

14：50～16：20 開始轉桌

16：20～16：30 中場休息

16：30～17：30 會後交誼、享用茶點

範例 2

文案內容

跨年夜遊艇趴僅剩最後 11 個名額，額滿不收

心動請立即報名喔

- 跨年何處去？歡迎來搭遊艇喔！咱們在跨年倒數時上遊艇 2 樓甲板放煙火！迎接新的一年的到來！新鮮又有趣！
- 超熱門活動！只有 40 個座位！謝謝！
- 高級遊艇×設備豪華×空間寬敞（〇〇號）
- 船上備有卡拉 OK 歡唱設備！

時間：〇〇

地點：〇〇碼頭

費用：〇〇

主辦：王〇〇

6-4 前進中國贏在微信 WeChat

想要前進中國市場，微信(WeChat)絕對是宣傳的第一步！由於中國的社群軟體、購物行為、發展模式獨樹一格，因此若沒有做足功課，很可能在去的第一時間就宣告失敗。微信支援各智慧型手機系統，整合各大社群軟體的功能，不僅能用文字訊息、語音、影片、貼圖等豐富有趣的方式與好友隨時聯繫；還能瀏覽數百萬個官方帳號和小程式，從中獲取海量的優質資訊與服務；更可以體驗領先全球的行動支付 WeChat Pay，享受其帶來的便利生活。包山包海的服務獲得使用者的喜愛，全球有超過 10 億用戶離不開微信的生活方式。

IDEA 微信經營模式

透過手機應用商店即可免費下載微信，其使用方式與Line其實大同小異。個人微信號的經營，首先是品牌形象的設定，註冊好微信後，點選右下角的「我」進入主畫面，輕觸頭像即可設置微信號，這是微信的唯一 ID，設置後無法修改，因此若想設置具有意義的微信 ID，建議一開始就先設定好。接著就開始設置用戶資料，上傳個人大頭貼跟封面。進入微信後，可以輕觸右上角的「添加好友」，透過搜尋、雷達、掃碼與匯入聯繫人的方式，增添好友。

微信不只是單純的社交媒體，還提供行動支付 WeChat Pay，也就是收款支付的功能，為了保護消費者的消費安全，因此 WeChat Pay 採實名認證，台灣用戶必須使用「台灣居民來往大陸通行證」，也就是台胞證來驗證，同時

準備一張 VISA 信用卡或中國銀行發行的金融卡來進行綁定。

一、收藏功能

接下來要跟大家推薦微信的「收藏」功能，我們在經營微信的時候常常會遇到別人詢問一樣的問題，回答久了也覺得煩，不如直接把常常回覆的內容收藏起來，這樣下次直接打開收藏就可以找出對應的資料發送給對方了，是不是非常好用！怎麼把文章收藏呢？很簡單，只要按住想要收藏的文章，幾秒鐘後就會出現一些選項，找到「收藏」的按鈕按下去就行了，語音、圖片、文字都可以收藏唷！

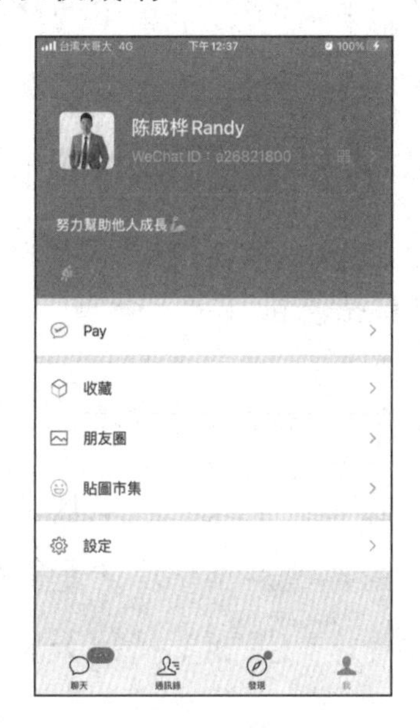

二、朋友圈功能

想要透過微信發展業務的朋友一定要了解「朋友圈」的功能，因為微商很喜歡發朋友圈，發的越多，生意機會就越多。但是在台灣則相反，台灣人是發的越多，被停止追蹤的機會就越多！因此大家務必要拿捏分寸。微商是指以微信為工具，透過在朋友圈或熟人圈發布相關的商品資訊，依靠朋友間的信任關係完成商品交易、服務提供的商人，只要一支智慧型手機、一個社群平台，個人就能「開微店創業」，大大降低囤貨的風險，挖掘無窮的商機。

中國有一個真實案例是這樣的，有一位億萬富翁李強，每天發 200 條朋友圈，發到朋友都罵他不要臉，沒想到李強反而回答：「**我能成功就是因為我不要臉，我都這麼有錢了還這麼拚，你都這麼窮了還不拚，窮死你活該。**」你知道為什麼筆者一直舉成功案例嗎？很多人明明知道成功的方法，卻沒有成功，這是為什麼呢？因為知道不等於悟到！李強每天發 200 條朋友圈，你悟到了他渴望成功的精神了嗎？如果你問我，每天發 200 條朋友圈要發什麼，那我反問你，如果今天你的準客戶坐在你面前，你想要跟他分享什麼呢？

你可以想像朋友圈的分享就是個人的成長故事！這個很重要，因為它是一個過濾篩選的機制。大部分的人考慮要不要加對方為好友時，會先看對方的朋友圈，非好友可以看十則朋友圈的資料，所以千萬不要讓朋友圈是空白的，那就不會有人想要認識你了，即便有人加你，大部分是機器人，都是無效粉絲，只不過是占掉朋友名額，毫無意義。所以朋友圈如果是空白，精準客戶一定不會來，但是朋友圈也不要三個月才發一篇、半年發兩篇，這樣很不專業，別人一看你的朋友圈，往往就直接離開了。

筆者建議一天至少發五則朋友圈，因為每個市場文化不一樣，不要用台灣的文化來應付中國的文化，那是行不通的。早安問候跟晚上睡前可以各發一則，這能凸顯你的朋友圈很多元化，內容豐富不枯燥，記得隨時發布生活動態、事業優勢、客戶見證、或短影片等。如果能堅持每天發五則，那就能塑造出專業認真的形象，別人看到你如此用心地經營自己的品牌，當有需求時他們就會優先找你了。

現在的朋友圈多了幾個新功能，第一個是可以記錄發布的地點，也就是說不用特別備註是在哪裡發朋友圈的，官方會自動幫你定位，當然也可以選擇不要公開所在位置。第二個就是提醒誰一定要看，有些重要的訊息一定要告知對方，因此可以透過這個功能標註他，但是人數上限只有 10 位，需要謹慎選擇。第三個就是公開的權限，有些資訊不方便給某些人看，那就把他移除吧！

三、廣播助手功能

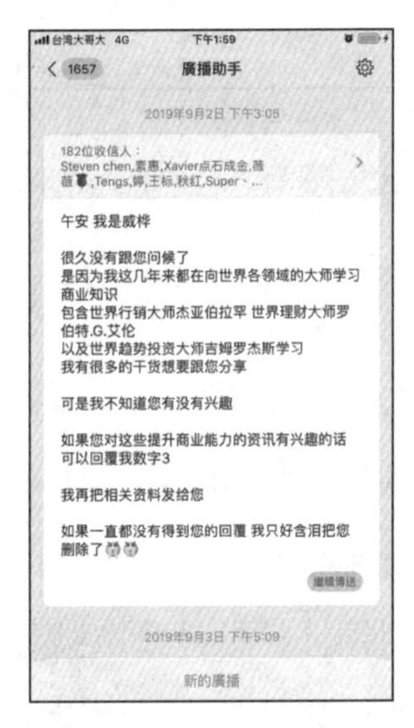

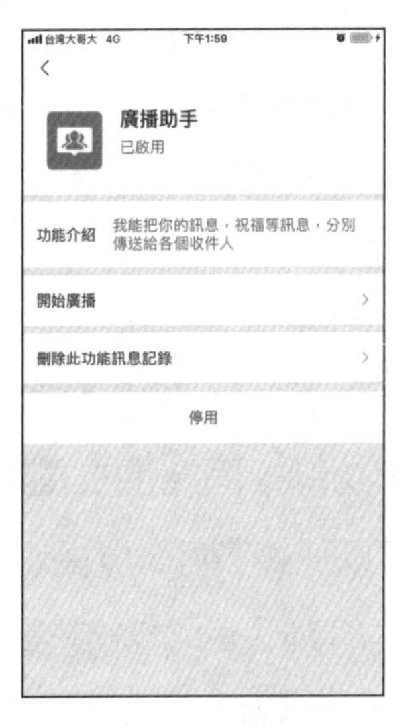

有在經營Line的人都知道，一個訊息最多只能轉發 10 人，如果要傳給更多人的話，就要重複使用轉發這個功能才行，但是微信的「廣播助手」一次卻可以轉發 200 人，這對於微商來說是多麼令人高興的事情呢！如果你的微信好友有 5000 人，只要轉傳 25 次就可以了，但如果是 Line 的話可能要轉發 500 次，還有被禁言的可能性。「廣播助手」的位置在設定→一般→協助工具→廣播助手。

四、發現功能列

發現功能列中，第一個是「朋友圈」，跟前面提到的朋友圈不同之處，在於剛剛討論的是我們自己的朋友圈，這裡則是可以看別人的朋友圈，我們可以透過朋友圈，去看看他人的近況。筆者建議先鎖定一些精準的客戶名單，

然後天天去他們的朋友圈按讚留言，光按讚是不夠的唷！因為之前有人設計了一個自動按讚的機器人，所以現在大家都會懷疑按讚數的真實性，因此對方也不見得就會對你產生興趣，所以最好的方法還是留言，而且是丟問句式的留言，讓對方想要認識你並了解你。

例如你可以這麼問：「**請問這個產品怎麼使用，對我的健康才有幫助呢？**」或是：「**請問要如何把這套營銷系統運用在我的團隊上呢？**」通常你丟這種問題，等於是逼對方不得不主動回覆你，如果對方又是精準客戶，是不是就更容易成交他們了呢！每天在 30 個精準客戶的朋友圈互動留言，相信對你的事業一定更有幫助。

接下來是「影音號」，在中國稱之為「視頻號」，這是微信為了配合短視頻時代所設計的功能，因為朋友圈的動態只能放 15 秒的影片，因此如果要增加更多內容，可以把錄製好的短影片上傳到影音號，吸引粉絲注意力。「看一看」就是點進去看別人的文章發表，原則上要有公眾號才能發布，所以沒有公眾號的朋友可以去申請一個公眾號，申請方式可以參考筆者另一本著作《社群營銷的魔法》。「附近的人」則是可以認識附近的人，當你參加一個聚會時，就可以利用這個功能，快速認識周遭的人。

接下來是「小程式」，「小程式」裡面有許多實用的功能，就好像 App 一樣，常常會更新。以下分享幾個好用的小程式，操作簡單易上手，希望它們都可以成為你的營銷利器。

1. 名稱：傳圖識字
   功能：快速識別圖片／文檔／ PDF ／名片／書籍等，顧名思義就是可以快速識別拍到的畫面中的文字，將照片轉化成可編輯的文字。之所以推薦它是因為它的識別非常精確，省下許多後製的功夫，操

作方法：按下開始拍攝，對準想要編輯的文字拍攝，然後點選想要複製的內文，如果是全部都要複製，可以按左下角的全選，然後按複製文字，就可以把文章複製下來。接下來再找個後製的平台貼上，就可以修改編輯了。

2. 名稱：西瓜工具（去水印）

功能：圖片、視頻、短視頻的創作者透過添加水印來保護作品，而「西瓜工具」這個小程式是可以去水印，只需要複製相應的短視頻連結，就可以自動下載無水印的短視頻，是抖音網紅們營銷的必備工具喔。

3. 名稱：易企秀 H5

功能：易企秀 H5 是一個簡易的銷售頁製作小程式，只要把活動的文案、音樂放上去，馬上就能生成一個高質感的銷售頁，設計小白也能輕鬆上手。易企秀 H5 提供海量模板與素材讓使用者可以即興發揮，由於製作簡單、創意新穎，因此深受企業喜愛。

五、通訊錄

微信的通訊錄跟 Line 的通訊錄有幾個不太一樣的地方，可從下方截圖窺見一二：

首先，最上面「新的朋友」可以看有誰加你為好友，你可以考慮要不要通過，畢竟有些人只是來騷擾，對你的事業發展沒有什麼幫助，同時你也可以透過這裡新增好友。接下來是「群組」，也就是你的微信群，你可以把重要的群組儲存在這裡，做個標籤管理，當群組過多的時候，就可以快速地找到幾個較重要的群組。再來是「標籤」，標籤就是把你的微信好友做標籤，例如：關係、區域性、教育程度、消費程度等，屆時當你需要對不同受眾發訊息時，就可以直接透過這裡找尋相關名單。

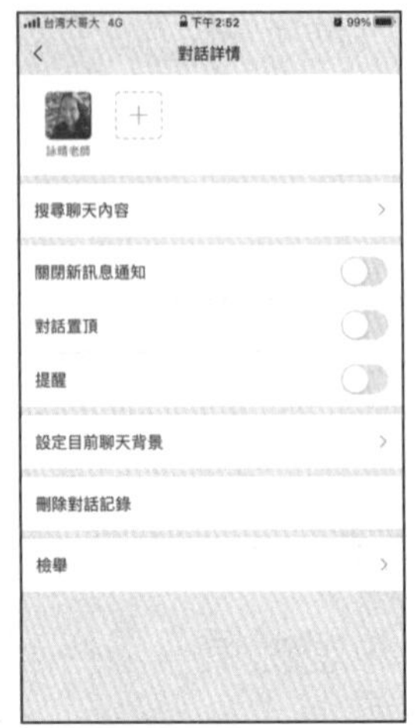

「官方帳號」就是公眾號，可以在這裡找到許多企業品牌的公眾號，然後學習他們的資訊，如果你自己有公眾號，也可以上傳，讓別人來搜尋你。最後一個是聊天的欄位，因為微信的訊息量大，所以有時候想要找到一些聊天紀錄或群組，要花上一些功夫，而這裡有「關閉新訊息」、「對話置頂」、「儲存到通訊錄」等功能，把這些功能打開後，就會在聊天優先看到你想看到的訊息，比較方便，至於一些比較無關緊要的訊息，就可以把他關掉。

微信線上招商

接著我們來看看微信線上招商的部分，線上招商已經是中國微商必備的技能，因為他們辦實體招商會的難度比台灣高很多，而線上招商可以省下很多的成本與心力。線上招商流程是這樣的：首先建立一個微信群，然後邀請核心幹部跟粉絲進群，由微商講師定時定點分享項目的內容，一般來說晚間七點到九點，是最多人可以線上同步學習的時段，講課的時間盡量不要超過一小時，因為講太多，粉絲不耐煩，或是他們手邊有一些事情就不想聽了。微商講師要設法在短短的 50 分鐘內，把所有重點都講得一清二楚才是！

講師在正式講課前，要先有一個主持人開場，就像一般實體的活動一樣，會有主持人負責帶動氣氛暖場，線上招商的主持人更為重要，因為他們必須在講師講課的過程中維護群組的秩序，避免有人趁機發廣告，或者是發一些不當言論，或是有人提出疑問時要立即解決，因為講師在講課的時候是不能被打擾的！

筆者曾經一次同時對 8 個微信群講課，同時在線收聽人數超過 3000 人，講的每一句話都會被轉發到其他的群組，但是聽眾不知道其他群組發生了什麼事，所以講師不能受某個群干擾而改變演講的內容，因為有些學員可能當下無法在線學習，但是他們可能晚點或隔天會回去重新聽課。筆者當時的團隊所經營的群共有 380 群，每個群的人數約 400 人左右，累積了大約 150000 的粉絲。

由於微信限制一次最多邀約的人數是 40 人，能有這樣的規模，靠的是大家先一起努力建立一個群，直到滿 500 人後，就讓邀約進群人數最多的人當群主，然後再去建立下一個群組。幾年之後，就到了現在的規模。也許你會問：可是我的微信沒有這麼多的好友呀？相信這是想要發展微商的人共同會遇到的問題，所以才用這種合作的模式來共享人脈。人際關係大師哈維・麥凱(Harvey Mackay)曾說過一句名言：「**建立人脈關係就是一個挖井的過程。你付出的是一點點汗水，得到的是源源不斷的財富。**」

每次建立完一個新的 500 人的群組，我們就會邀請一位核心講師在裡面分享他的人脈共享計畫，只要有人願意參與、付出行動、積極表現，我們就可以讓他擔任下一個群的群主，這種倍增粉絲的作法，比你去買什麼營銷軟體來的更安全，快速有效。事實上，筆者也是用這種方法發展中國市場的。在中國「分享」是一個常態，如果你不願意分享自己的資源，那麼就注定會被淘汰，財團跟財團都選擇合作了，我們個人又如何能孤軍奮戰贏得勝利呢？前面已經分享了很多資源，照著做一定可以解決名單不足的問題，所以其實你已經知道可以怎麼做了，問題在於你「做」了沒？

微信文案範例

在微信朋友圈有一種東西像神一般的存在，它們集結了許多微商大咖的精華，而這個「它們」指的就是微商語錄。只要你的朋友圈有在做微商，你肯定或多或少見過，因為這些語錄是微商刷屏標配，有事沒事刷一下。

一、朋友圈可愛文案

接下來筆者蒐集了 100 條可愛的微信朋友圈文案，你可以引用，可以修改，用的好，一年的朋友圈內容沒煩惱：

- 不要哭、不要哭、不要流那些小珍珠。
- 奔月失敗了，那是我故意的，因為我要留在人間繼續喜歡你。
- 心動就是：完了，完了，完了！
- 你長得和我心上人一模模一樣樣。
- 想做哥哥的二鍋頭，又二又乖又上頭。
- 你也是天冷沒人抱的小朋友嗎？
- 不是我愛熬夜，是黑夜需要我這顆璀璨的星。

- 你好我是派大星，上帝派來保護你的大星星。
- 遙遙萬里做個你最牽掛的女孩子。
- 既然你不喜歡我，那我祝你好好學習天天向上。
- 今天下暴雨了，原來天氣也和我一樣不開心。
- 人間哪有真情在，只要是靚仔我都愛。
- 生活開始拿我這個小肉丸做關東煮了！
- 你好，我是樂多，請問你要養樂多嗎？
- 雖然你叫不醒裝睡的人，但可以打醒。
- 無聊的時候多想想我，不要浪費時間，知道嗎？
- 溫柔僅供參考，一切請以生氣時間為準。
- 此刻我瞞著宇宙山河，又在心裡悄悄想了你一下。
- 我能親口跟你說聲晚安嗎，先親口再說。
- 你罵我，我不生氣，我給自己泡杯枸杞，用愛感化你。
- 我要做你床頭的小熊，為你打敗夢裡的惡龍。
- 如果生活很苦的話，你要不要搬進我甜甜的心中。
- 今天布置的作業「拋掉所有壞心情」已經在晚上 10 點完成。
- 肉長出來還可以減，但那些零食過期就不能再吃了。
- 今晚月高星朗，適合和我戀愛一場。

- 我想給你寄一朵白雲一片星星一瓶星河。
- 希望你一直是幼兒園裡，為我鼓掌最用力的小朋友。
- 這輩子放過你，下輩子記得帶我回家。
- 我愛你，像魯班偷了大龍，暗自竊喜。
- 麻煩你一定要栽在我手裡，拜託。
- 我一點都不在乎英雄聯盟 LOL 有幾個英雄，我只知道，你是我的英雄。
- 見什麼世面啊，見見你就好了！
- 今晚有星、雲朵有雨，這善變的世界，難得有你。
- 別玩手機了，快點睡覺，你的小寶貝我在關心你。
- 小熊軟糖和我你只能選一個，可是偷偷告訴你我有小熊軟糖哦。
- 世間兩種甜、水蜜桃罐頭和你彎起的眉眼。
- 星星都睡著了，再悄悄想你一下吧！
- 當我圈住你的時候，你就是豬圈。
- 如果我是貓，想九條命都跟你過。
- 這位先生，我要以心動殺人罪逮捕你！
- 你問我為何如此貪睡，只因夢裡有你。
- 以前小鹿也亂撞過，後來小鹿長大了，走的賊穩。

- 于于戴上了帽子變成了宇宇，熊熊剪掉了指甲變成了能能，樂樂摘下來頭盔變成了小小，總總丟了心變成兩台電視。
- 雷聲是雲朵打的呼嚕，星星跟月亮都睡了，有人在天空照相，用閃電作閃光燈。
- 我不看月亮也不說想你，這樣月亮和你都蒙在鼓裡。
- 我是只可愛的大狗熊。
- 祝你甜的不像話，說話都像在發芽。
- 這幾天的心情就像草莓蛋糕掉到了地上。
- 肥水不流外人田，網戀找我我超甜。
- 笨蛋才談戀愛，可我好想當笨蛋啊！
- 不必為任何人而否定自己，你超正的！
- 不想活了，想吃蛋糕巧克力餅乾薯片話梅芒果乾草莓乾薄荷糖香芋奶茶撐死！
- 做為小天使，是時候給你們看看我的翅膀了！
- 談戀愛挺麻煩，以後就麻煩你啦。
- 你很特別你知道嗎，你是上天派給我的豬，全世界最可愛的豬。
- 幼兒園真好啊，可以和小男生睡一起。
- 大家好，我是屁屁，因為我今天沒放屁，所以我連個屁都不是。
- 焦糖女孩：長相甜美如糖但很容易焦慮的女孩。

- 善有善報、惡有惡報、你有我抱。
- 雖然你是個廢物，但我變廢為寶，你就是我的寶貝。
- 今天攢了一籮筐的小疲憊。
- 吧唧一口，吃掉難過！
- 冰棍被撕開衣服，緊張得出汗了，開始擔心自己不是他喜歡的口味。
- 晚安，會有蚊子替我親你的。
- 一見到你我的電量就 100 %了。
- 你早起、我早起、我們遲早在一起。
- 達則兼濟天下、窮則不點奶茶。
- 生活不僅要吃甜頭，還要吃肉肉。
- 從此加入檸檬供應商。
- 大哥詞窮，大哥沒文化，但是大哥愛你。
- 我要喬裝成一顆小奶糖，夜深了提著星星燈溜到你夢裡說晚安。
- 你要相信，事情總會一件一件一件一件一件一件一件一件一件一件做完的。
- 把星星熬成糖，蘸一蘸你說過的晚安，然後再大口大口的吃掉。
- 你是我吃過最好的糖，從包裝到夾心。
- 祝你今天愉快，你明天的愉快由我明天再祝。

- 想把你變成一個小人兒，包起來，藏進口袋裡，誰也搶不走。
- 誰說我不會樂器，我退堂鼓打的可好了！
- 叮咚，你有新的愛意請簽收！
- 腦子真神奇，就算再忙也能隔出個小縫想你。
- 因為喜歡你，所以我的少女心一萬噸。
- 我把自己埋進被窩，聽見被子正做著夢。
- 別胡說，冰淇淋這麼涼，哪來的熱量！
- 以後我叫八九，你叫十，因為十有八九，八九不離十。
- 我今年 5 歲了，喝旺仔牛奶已經 7 年了。
- 世界上難過的人這麼多，你就別跟著湊熱鬧啦，乖一點，你的開心天下第一。
- 你不要淋到雨啦，不然你會可愛到發芽了。
- 月亮是糯米，在甜絲絲的霧氣裡打個滾，黏上了白色的夢，掉進我的嘴巴裡。
- 放 煙 花 給 你 看 啊！
- 離睡著還差一萬九千七百八十次想你。
- 你就不能委屈一下，栽在我手上嗎！
- 我是一個江湖上赫赫有名的可愛殺手。

- 想郵寄一份草莓，派送到你的難過裡，融化掉你所有的情緒。
- 紅燈停，綠燈行，喝杯奶茶行不行。
- 我太容易生氣了，應該坐在幼兒園門口賣氣球。
- 見你的第一眼就知道，你是一個難養的豬。
- 我要打敗沮喪情緒，贏一口袋開心給你。
- 吃飯不積極，長大沒出息。
- 太陽能維修，月亮可更換，星星不閃包退款。
- 我也想成為你的小哭包，每日對你撒嬌嬌。
- 希望今天的夢有優酪乳、薯條、蛋糕、草莓還有你。

以上文案引用自 https://twgreatdaily.com/3u2c_20BMH2_cNUgslbv.html

二、微商文案

以下是微商語錄最喜歡的說辭，希望你可以花一點時間，試著帶入你的項目與事業，寫出專屬於你的文案：

範例 1

文案內容

上聯：蘭蔻、嬌蘭、香奈兒，吸收不了都白抹

下聯：迪奧、古馳、普拉達，皮膚不好都白搭

橫批：試試○○

接下來請各位讀者試試看：

範例 2

文案內容

真怕聽到一句話：等我老了再保養！

等你老了不叫保養，那叫維修！

接下來請各位讀者試試看：

範例 3

文案內容

當你又瘦又好看，錢包裡都是自己努力賺來的錢的時候，你就會恍然大悟，哪有時間患得患失，哪有時間猜東猜西，哪有時間揣摩別人。

接下來請各位讀者試試看：

範例 4

文案內容

你要超薄，我做到了！

你要服貼，我做到了！

你要精華液多，我做到了！

你要質量好的，我做到了！

你要補水保溼一天皮膚不乾癢，我做到了！

你要白皙光滑透亮的肌膚，我做到了！

你要收細毛孔抗氧化就連敏感肌膚一樣能用的面膜，我做到了！

帶美麗誓顏回家吧，會有意想不到的驚喜。

你要便宜？我做不到！

接下來請各位讀者試試看：

範例 5

文案內容

微商最大的魅力在於，一部手機穩控全局，手機在哪裡，你的賣場就在哪裡，手機在哪裡，你的辦公室就在哪裡。接單、收款、發貨一機搞定！自由、時尚、收入高！適合上班的你，更適合不想上班的你！微商時代，掙錢，不再是靠體力，更不是靠你一天熬八個小時打工，而是靠你思維方式的改變！這是一個觀念致富的時代，你在意還是不在意，相信還是不相信，都是一個鐵定的事實！你想好了嗎？

接下來請各位讀者試試看：

範例 6

文案內容

連寶馬、可口可樂、vivo 手機都開始利用微信平台做推廣了，你還在說我們微商是在做傳銷嗎？

接下來請各位讀者試試看：

6-5 最火紅的抖音 TikTok

西元 2016 年，一款來自中國的短視頻社交軟體「抖音」，一推出就立馬抓住全世界的眼球！抖音短視頻是一款可以在智慧型手機上瀏覽影音的社交應用程式，由中國字節跳動公司所創辦營運，還有一個姊妹版本 TikTok 在海外發行，使用者可錄製 15 秒至 1 分鐘或更長時間的影片或相片，上傳至個人主頁。由於抖音輕易就能複製模仿別人的視覺效果，以及豐富多樣的內建特效與濾鏡，很快就在年輕人的圈子裡蔓延推展。2020 年的一份數據顯示，抖音和 TikTok 在全球手機應用商店下載已超過 20 億次。

抖音能夠快速崛起，背後還有一個重要的因素就是它的演算法：完播率、點讚、評論、關注、轉發！且由於抖音的流量分配是去中心化算法，因此讓每個人都有機會爆紅，輕鬆就能獲得 10w+個讚，只要視頻的定位與標籤明確，就能有穩定的流量。Facebook、Instagram 都需要花廣告費才有流量，免廣告費的抖音反而比較容易獲得流量，非常適合在預算有限的情況下進行營銷推廣。

魔法講盟旗下的影片製作與行銷大師——泰倫斯，就是筆者的抖音啟蒙老師。泰倫斯老師本身擁有 15 年以上的攝錄影經驗，擅長影片的拍攝、剪輯與後製。你知道嗎？新絲路視頻破萬點擊率的影片，大部分都是出自泰倫斯老師之手，他的影片製作功力可見一斑！當然，泰倫斯老師不只影片拍攝製作功夫了得，他經營的抖音號也都有百萬粉絲，成功協助魔法講盟與多家企業創造大 V 帳號並流量變現！泰倫斯老師開辦的《魔法抖音課程》，強調手把手落地實戰，一次付費、終身學習，筆者也報名了該課程，習得經營抖音

的基本技巧後，加上自己的營銷策略，很快就在抖音平台上拓展自己的事業。

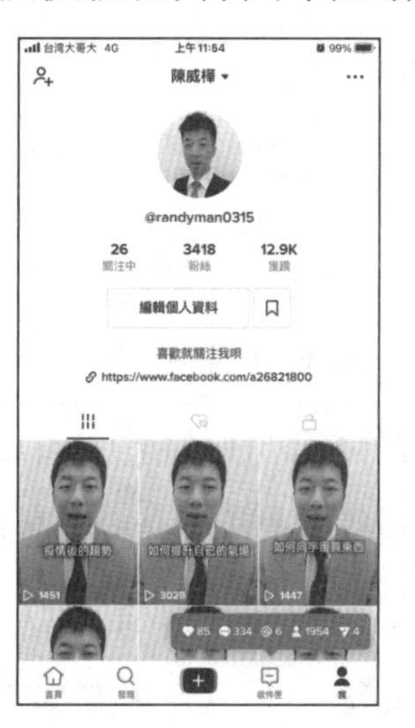

抖音演算法的特點是會自帶流量，只要有用戶看到筆者的視頻，覺得內容好，就會自動按讚轉分享；若有疑問，就直接在影片下面留言，這些動作都有助於增加流量，只是觀看視頻就會幫忙增加流量，為什麼呢？因為抖音官方會統計影片被播放的時間，如果視頻只有 1 到 3 秒鐘被觀看，那表示這不是一個受市場喜歡的內容，官方就不會自動幫你播放；如果視頻被人看了又看，那麼這個視頻就會有更多的人來觀看，就是所謂的自帶流量。透過抖音短視頻的推廣，也吸引不少學員來參加筆者的實體講座，變成公司的客戶。

IDEA 抖音經營模式

影片營銷在這幾年被大幅度地應用在行銷活動中，隨著網路技術與 5G 時代的到來，2022 年時影音將占全球商業網路流量的 82 %，個人與企業想要跟上這波數位行銷的趨勢，不被時代的潮流給淹沒，長短影音的操作絕對是幫助品牌在這場戰爭中脫穎而出的最佳解方。

根據統計，有高達 64 %以上的消費者認為影片更容易打動他們進行消費，因此你會發現越來越多的影片取代掉原本只是單純以文字與圖片呈現的文案，以影片為主的銷售頁其轉換率比純文字及聲音檔還高，這就是趨勢！

當你準備要為產品或品牌進行行銷宣傳時，撰寫具有吸引力的文案通常需要花幾週、甚至幾個月的時間來堆疊與醞釀，然而有了銷售影片的加持，免除洋洋灑灑的文案陳述與圖片，就可以在幾天之內讓你的方案上線。

為產品或品牌錄製營銷影片，可以設計更個人化、更客製化的內容，一支影片就能涵蓋產品或品牌的所有特色，因為影片營銷包含視覺、聽覺、甚至可能有觸覺（觀賞者可以從影片中想像產品的使用感受），且影片可以透過畫面與運鏡傳遞很多情感，這些是圖片和文字所無法帶來的效果。不論是使用專業攝影機或是手機錄製都可以，一段營銷影片絕對會比一篇銷售文案更能表現出個人風格，尤其一般的銷售文案無法引發太多的情感訊息，而營銷影片則可以抓住觀賞者的注意力，很可能將潛在客戶轉換成新客戶、讓老客戶再度回來購買你的產品。

所有的銷售行為都必須以情感為基礎，因為銷售的目的就是為了解決客戶的問題與需求，接著才是用邏輯來合理化銷售行為，如此才能夠真正瞄準客戶的需求，打中他們內心深處的痛點。抖音是近年來短視頻平台的代表作，人們關注的很多營銷模式、商業趨勢，幾乎都跟抖音脫離不了關係，所以就以國際版 TikTok 來分享抖音的經營模式。

在設計 TikTok 的文案之前，還是老話一句，要先了解市場的需求，因為我們錄製視頻的目的是為了吸引觀賞者，觀賞者為什麼會被吸引？一定是因為他們本身有一些問題與困擾，而你的視頻正好說中了他們內心深處的問題與困擾，對吧！所以我們第一個要研究的是：市場的需求是什麼？

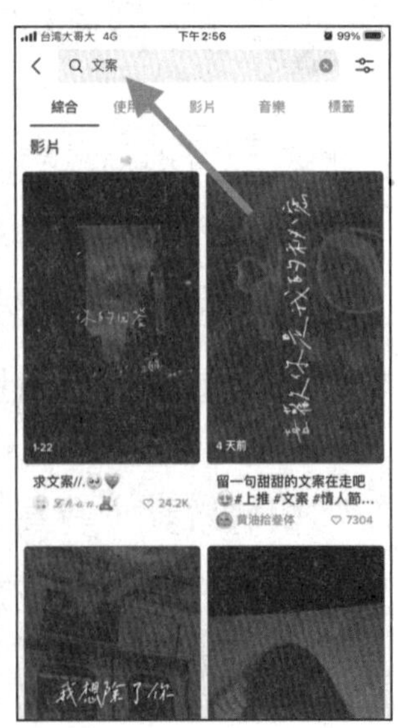

在 Tiktok 介面的左下角，有一個像是放大鏡的「發現」，點進去後可以輸入關鍵字「文案」，你會看到很多相關的影片出爐，這些影片的內容都是跟文案有關的。你可以去研究這些影片，尤其是按讚數或是留言數或是分享數高的影片，代表那個影片的效果非常好，可以思考如何錄製一個類似性質的影片。

當然，你也可以參考筆者的 TikTok，帳號是 randy-chen0315，粉絲追蹤數已超過 3000 人，且持續增加。影片曝光量多的，甚至有超過 100000 以上的曝光量，有的學員就是因為先看到了筆者的 TikTok 視頻才認識我，進而來聽課程，後來成為筆者的學員，也就是透過錄製視頻而創造了財富。這是因為懂得掌握市場的需求，給予高質量的訊息，只要認真拍影片，有一天你也會創造出好的成績，甚至在我之上。

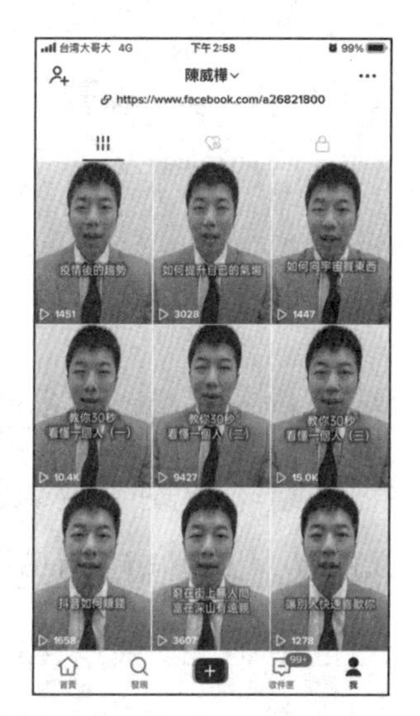

錄製視頻的時候，有一點需要特別注意，就是幫視頻上字幕。你想想，假設你今天拍的視頻都沒有字幕，拍了 100 部、甚至超過 100 部以上的視頻，都放在你的 TikTok 頻道裡面，如果今天有一個新的用戶看到了你的視頻，你覺得他會怎麼做？就好像你今天去書店看書，你有可能把書店的書全部看過一遍嗎？那是不可能的，對吧！書店的書有好幾萬本，當然是挑你喜歡的、有興趣的書來看。那麼問題來了，要怎麼判斷這本陌生的書有沒有興趣看呢？通常是先看書名，對吧！看了書名以後，再翻翻目錄，看看是否有興趣，如果有，才有可能認真地翻閱，最後決定購買。錄製短視頻也是一樣，你必須為每個視頻上字幕，這樣新的用戶看到視頻，才會馬上找到他有興趣的，或是對他有幫助的視頻觀看。當他看完之後，感受到你提供的價值，就有可能進一步想了解你的事業所能提供他的產品或服務了。

抖音文案範例

5G 時代的來臨，讓營銷進入到視頻直播時代，這也讓錄製視頻變得更為重要，但是要錄些什麼內容？錄多久時間？上什麼樣的文案標題？如何引導用戶變成客戶？就變成一門學問。很多人經營抖音最常遇到的一個問題，就是要錄製什麼樣的抖音，因為沒有經驗，從 0 到 1 是最困難的。

一、標題文案

抖音的標題十分關鍵，好的抖音標題更決定了80 %的點擊率與點讚數，這是因為抖音的演算法會將內容先推薦給一小部分人觀看，如果這個標題足夠吸引人，引發用戶的反饋，那麼抖音就會擴大此視頻的推薦範圍，如果再適時加上話題標籤，就能成為熱門視頻。常見的抖音標題文案大約有以下七個類型，這些標題文案效果都不錯，讀者可以學習仿效之。

範例 1 乾淨治癒系列的標題

1. 去擁抱陌生，去期待驚喜

2. 五官可以改，三觀你得正

3. 願你保持善良，從此擁有遠方

4. 自律且努力，別讓生活太安逸

5. 一切都是成長，包括熱淚盈眶

6. 往事不再過問，未來共赴前程

7. 不要眼眶一紅，就覺得人間不值得

8. 經歷與年齡無關，但優秀與努力有關

9. 每個人的離開都在告訴你，你值得更好

10. 最好的狀態就是一點點向喜歡的東西靠近

11. 希望每一筆繪畫都是澄淨的未來

12. 讓自己變得更好，不是為了悅人，而是為了悅己

13. 人生遼闊漫長，不能只活在愛恨裡

14. 但願日子清淨，抬頭遇見的都是柔情

範例 2 愛情系列的標題

1. 恕我直言，這個世界上只有我最適合你

2. 夢想的生活有 100 種，但種種都有你

3. 喜歡你如山南水北，兵荒馬亂

4. 有關想和你做的事與你的浪漫，不只這個冬天

5. 我喜歡你就像星星會永遠陪著月亮的那種喜歡

6. 你的眼睛非常好看，因為你的眼裡包含著星辰月亮

7. 我的眼睛更好看，因為我的眼裡只有你

8. 好好生活，慢慢愛你，不早不晚，剛好是你

9. 只要是你，多久都願意

10. 是福不是禍，是你躲不過

11. 遇見你，已是此生最美的事物

範例 3 祝福系列的標題

1. 故事不長，也不難講，就四個字，生日快樂

2. 希望以前所有的不愉快，都是以後驚喜的鋪墊

3. 無論多大，都要熱愛童話英雄與魔法

4. 願你成為自己的太陽，活成自己曾經渴望的模樣

5. 願你每一歲都能奔走在自己熱愛的事物裡

6. 來細品這碗〇〇年的人間煙火

7. 迷人的小東西又長大一歲了

8. 一歲一禮，一寸歡喜

9. 願以誠摯之心，領歲月之教誨，生日快樂

10. 無事絆心弦，所念皆如願

範例 4 勵志系列的標題

1. 心裡住著小星星，生活才會亮晶晶

2. 等你熬過所有的苦，會遇見所有的甜

3. 一無所知的世界，走進去才能體會

4. 世界上所有的好運，都是你善良的累積

5. 努力是會上癮的，尤其當你嚐到了甜頭

6. 天賦決定了你的上限，努力決定了你的高度

7. 縱有疾風來，人生不言棄，唯有疾風知勁草

8. 發光不是太陽的權利，每個人都可以

9. 熬過最苦的日子，最好最酷的自己

10. 向一顆微不足道的小星星學習，雖然微弱，但要有光

範例 5　溫柔系列的標題

1. 有人喝了酒，眼睛閃亮亮的跟你講浪漫跟愛

2. 晚風踩著雲朵，月亮販售快樂

3. 我掀起山河奔向你，踏進星辰來看你

4. 因為遇見了溫柔的你，我學會了溫柔待人

5. 我希望你可以真的釋懷，而不是瞞著所有人在夜裡偷偷難過

6. 不忙，你說，我聽

7. 耳機分你一隻，開啟心動模式

8. 外面的聲音都是參考，你不開心就不要參考

9. 時間會把你最好的留在後面，畢竟喜歡是一陣風，愛是細水長流

10. 單身的人不要著急，也許是上天要把最好的人留給特別的你

範例 6 傷感系列的標題

1. 可惜人生沒有如果

2. 如果不是化妝，下雨我都懶得打傘

3. 他要是愛你怎麼捨得讓你承受這漫長的孤獨與等待

4. 即使心裡有萬般不捨也只能選擇離開

5. 原來有一天向日葵也會主動放棄太陽

6. 道理我懂，就像魚生活在水裡也會死在水裡

7. 好不容易上岸了，就別提海裡的事了

8. 熱情這種東西很脆弱的，被忽略幾次就不見了

9. 都會走的沒有例外

10. 一扇不願為你開的門一直敲是沒有意義的

範例 7 閨密系列的標題

1. 時間有相差，感情沒變化

2. 快樂時不必分心想起我，難過時請一定要聯繫我

3. 我們的關係就是，新郎未知，伴娘已定

4. 一年兩見的塑料姊妹情

5. 和漂亮閨密的一天

6. 藏在家裡的寶藏女孩

7. 我們不是冬季限定，是來日方長

8. 最好的友情是，各自忙亂，互相牽掛

9. 與你分享過的青春，不比初戀少半分

10. 這個世界只允許你和我一樣可愛

二、內容文案

以下提供 6 種日常上熱門的 TikTok 文案，分別是：

1. 互動類抖音文案

2. 敘述類抖音文案

3. 懸念類抖音文案

4. 幽默類抖音文案

5. 共鳴類抖音文案

6. 恐嚇類抖音文案

這 6 種文案類型不代表所有的抖音文案，筆者特別將它們列出，是因為筆者發現上述 6 種視頻非常容易上抖音熱門視頻。

範例 1 互動類抖音文案

文案內容

「你會怎麼做？」

「你還想知道什麼，評論留言給我。」

「你的男朋友也會這樣對你嗎？」

「你們說我能怎麼辦啊？」

「你被這樣設計過？」

關鍵評析

互動類文案的重點是透過對話、或是劇情、或是內容探討等方式，激起觀眾互動的興趣。在互動類視頻中，大多以疑問句或反問句來呈現，且多在文案裡留下開放式的問題，請大家留言回覆，而忠實粉絲就會順便分享自己有趣的故事。這樣的模式可以增加抖音視頻作品的評論量、轉發量，對抖音視頻上熱門有著加分效果。

範例 2 敘述類抖音文案

文案內容

「路過一家理髮店，看到個理髮師蹲在門口吃外食。每個努力活著的人都不容易啊！」

「在辦公室就沒法護膚了？利用午休時間塗個面膜，起來後感覺自己換了一張臉。」

關鍵評析

敘述類文案要從敘述事情的視角、時間等方面來探究生活，雖然沒有高潮迭起的故事，但其中包含的道理卻非常治癒人心，建議用接近生活場景、富有場景感的故事來切入，因為越真實的敘述，更能帶給用戶臨場感，彷彿置身其中而引起共鳴，讓用戶反覆觀看、反覆思考。

範例 3 懸念類抖音文案

文案內容

「最後那車是你的夢想嗎？」

「最後那個笑死我了哈哈哈」

「聽說看完過這些電視劇的人都老了」

關鍵評析

這類文案通常是把劇情演了一半，用戶看了視頻後就會去猜測、揣摩之後將會發生什麼事。懸念類的視頻通常在最後一秒不講清楚故事的結果，只留下一個驚訝的表情或動作，獲取用戶更長的頁面停留時間，這也是提高視頻完播率最常用的方法。

範例 4 幽默類抖音文案

文案內容

「一位年輕人在地鐵上發牢騷說：做事最多的我，受表揚的是組長，拿獎金的是經理，這個世界太虛偽了。年輕人身旁一位老人上前安慰說：你看看你的手錶，人們經常第一眼看到的時針，然後繼續看分針，反而一秒不得閒的秒針常被人忽視。年輕人聽完盯著手錶陷入了沉思，就在這個頗有意義的瞬間，老人順手拿走了年輕人的錢包。」

關鍵評析

幽默類文案的魅力，在於內容往往只是生活中發生接地氣的小事，卻在緊要關頭利用反轉的角色與切入點帶來笑料，甚至激起強烈的反饋。

範例 5 共鳴類抖音文案

文案內容

「被相親對象拒絕後，我用 3 個月從 80 公斤減到 60 公斤，體重不再是我終身幸福的絆腳石。」

關鍵評析

共鳴類視頻，也可以理解為共情、共勉。舉凡勵志、同情、真善美等，都是非常容易吸引人的文案，其核心思想就是讓用戶覺得我們是同一類人，我做得到你也可以做到。看到這類型的文案時，用戶會想，如果我按照你分享的訣竅，是否也能和你一樣瘦下來，人生會不會變得更好呢？

範例 6 **恐嚇類抖音文案**

文案內容

「我們每天都在吃的水果，你真的懂嗎？」

「每天敷面膜，你不怕嗎？」

「去年的衣服配不上今年的你！」

關鍵評析

恐嚇類的文案非常適合各品牌、商家來使用，這種文案的效果非常好，因為誰也不想跟自己的健康、生命過不去，畢竟安全這種事情是寧可信其有、不可信其無。如果說廣告的目的是製造自卑感，那麼恐嚇型視頻的文案就是那個讓你自我懷疑的關鍵。

或許有人會提出疑問，既然是在看視頻，文案也至關重要嗎？儘管人們在看視頻時，注意力首要聚焦在視頻內容，但不知道你有沒有發現，當我們在看電視或看電影時，即便男女主角講的是中文，你也會下意識地去看字幕，即便是綜藝節目亦然。因此一個優質的節目內容加上字幕或字卡，對於畫面的呈現與視聽者的接收更是加分不少。這一點在抖音視頻上也非常適用！把文案用字幕彈出的方式展現出來，更能讓用戶記住視頻，甚至更容易讓用戶產生共鳴，從而進一步導引用戶點讚、評論、轉發。

三、抖音裡最觸動人心的 50 條文案

1. 看淡了，悲悲喜喜不過是生命中的鬧劇；看開了，苦苦樂樂不過是人生中的插曲。

2. 種子放在水泥地板上會被曬死，種子放在水裡會被淹死，種子放到肥沃的土壤裡就生根發芽結果。選擇決定命運，環境造就人生！

3. 有的人，該忘就忘了吧，人家不在乎你，又何必自作多情。

4. 不用對不起，有些事，一開始就已經決定好了，努力是沒有用的。

5. 你身邊那麼擁擠我又不是唯一，我身邊並不擁擠你來便是唯一。

6. 喜歡看你笑的見牙不見眼，記憶中溫柔的臉，在我腦海裡不斷重演，多想定格時間，停在夢想的起點。

7. 和其他人都只是餘生，只有和你才是未來。

8. 只是因為太年輕，所以所有的悲傷和快樂都顯得那麼深刻，輕輕一碰就驚天動地。

9. 你要接受這世界上總有突如其來的失去，灑了的牛奶、遺失的錢包、走散的愛人、斷掉的友情等，當你做什麼都於事無補的時候，唯一能做的就是努力讓自己過得好一點，丟都丟了就別再哭了。

10. 從一開始你就輸了，因為你所說過的每一句真心話都是謊言。

11. 請關心一下身邊的吃貨，可能她一不留神就撐死了。

12. 別因為太過在意別人的看法，而使自己活得畏手畏腳，你要相信，你真的沒有那麼多觀眾。

13. 你從未馴服過她，她只是在愛你的時候才收起了獠牙。

14. 夭夭桃花，灼一世芳華。涼涼夜色，影一世迷離。淺淺清溪，映一世煙火。濤濤碧波，塑一世婆娑。翩翩飛葉，展一世塵緣。

15. 想要忘記一段感情，方法永遠只有一個：時間和新歡。要是時間和新歡也不能讓你忘記一段感情，原因只有一個：時間不夠長，新歡不夠好。

16.我渴望愛情裡有這樣一個人，在他心裡，知道我的逞強和脆弱，給我需要的呵護和安慰，清楚我所有的缺點，然後用溫暖細膩的愛來包容。

17.先說愛的先不愛，後動心的不死心。

18.這個世界上，最難堪的事恐怕就是這樣，以身相許卻報效無門。

19.確實沒有人隨心所欲地活著，生命即是束縛。但我們卻可以經由努力與取捨，讓生活盡可能接近你想像中的模樣。

20.那些沉重的悲傷，沿著彼此用強大的愛和強大的恨在生命年輪裡刻下的凹槽迴路，逆流成河。

21.希望你能遇到一個對你心動的人，而不是權衡取捨分析利弊後，覺得你不錯的人。

22.愛從來不是嘴上說說，做了，才叫愛。做了，不一定是愛你，但他什麼都沒做，就一定不是真的愛你，沒有例外。

23.你現在要做的是：多讀書，按時睡，然後變得溫柔，大度，繼續善良，保持可愛。

24.殭屍打開了你的腦子，搖搖頭失望的走了，路過的糞金蟲卻眼前一亮。

25.其實我很想念，某些時候、某些人、某些事。

26.學會低調，取捨間，必有得失。做自己的決定，然後準備好承擔後果。慎言，獨立，學會妥協的同時，也要堅持自己的底線，明白付出並不一定有結果。

27.願你過得好，祝我也順心，不談虧欠，謝謝曾遇見。

28.明天怎樣，沒人知曉，生活本是一次瘋狂的旅程，沒什麼是確定無疑的。

29.分手應該體面，誰都不要說抱歉，何來虧欠？我敢給就敢心碎，鏡頭前面是從前的我們在喝彩，流著淚聲嘶力竭。

30.小時候最討厭的事情就是吃飯和睡覺，現在想想真是蠢。

31.喜歡在你背後說三道四捏造故事的人，無非就三個原因：沒達到你的層次、你有的東西他沒有、模仿你的生活方式未遂。

32.有些事，我們明知道是錯的，也要去堅持，由於不甘心。

33.我是你轉身就忘的路人甲，憑什麼陪你蹉跎年華到天涯。

34.有時，愛也是種傷害，殘忍的人，選擇傷害別人，善良的人，選擇傷害自己。

35.我知道人這一生：無情的不是人，是時間。

36.無論今天發生多麼糟糕的事，都不應該感到悲傷。一輩子不長，每晚睡前，原諒所有的人和事。

37.身邊沒撕破臉的人太多了，明明看透了很多人卻不能輕易翻臉，對討厭的人和事露出微笑是我們必須要學會的噁心。

38.滿街遊走，打聽幸福下落。

39.多心的人注定活得辛苦，因為太容易被別人的情緒所左右。多心的人總是胡思亂想，結果是困在一團亂麻般的思緒中，動彈不得。有時候，與其多心，不如少根筋。

40.人生只有經歷才會懂得，只有懂得才會去珍惜，一生中總會有一個人讓你笑得最甜，也總會有一個人讓你痛得最深。

41.我學會了拒絕，我戀上了傷感，愛上了堅強，這都要多謝你的成全

42.圈子越來越小，剩下的也就越來越重要，你來我熱情相擁，你走我坦然放手。

43.別總因為遷就別人就委屈自己，這個世界沒幾個人值得你總彎腰。

44.我太清醒的翻山越嶺，一個人站在風雨裡，自然的不像話，學不會招人疼。

45.懂得你的人會為你放下架子，不懂你的人，維持了僵局，失望的只有你自己。

46.我們遺憾的並不是錯過了最好的人，而是遇到再好的人，卻已經把最好的自己用完了。

47.你給的茶太苦，滿滿都是茶葉，就像你給的愛，滿是傷痕。

48.人為什麼會熬夜，因為一天的光陰又虛度，我們總想利用最後的時光來填補空虛的內心。

49.生活就是這樣，你越是想要得到的東西，往往要到你不再追逐的時候才姍姍來遲。

50.很多地方你覺得不敢去，怕被回憶淹沒，其實都是自己給自己挖的坑，還沒去呢，就自己把自己感動了。

引用自：抖音

初步了解了社群營銷以後，接下來我們要學的是社群文案的部分。本小節王晴天博士將會為你介紹社群文案的基本架構，並且逐一為你做步驟解說。不過，不同平台要注意的地方有些許差異，這邊是向各位做個大方向的介紹，各個平台詳細的發文技巧，會在 6-7 為各位說明。

目標受眾

在 Part 1 時有跟各位提到過，我們在寫任何文案之前，都要先確定「目標受眾」是誰，並按照目標客群的需求撰寫內容。撰寫商品文案時，你要先想到你的產品是哪一類客群最需要的；而在臉書、Line、Instagram、微信等等社群平台發文前，你必須先思考希望哪一類的人看到你的文案，並且受文案吸引成為粉絲。

而在管理社群時，要先分析自己的既有粉絲喜歡看哪一類的貼文，以及你想吸引的新客群，他們可能會對哪一類的議題感興趣。但如果你之前從未建立過任何公開帳號，那就得先將自己的定位做好，比如說，建立知識服務的平台、分享感情語錄的社群帳號等等，詳細的「定位」解說，已經在前文提過了，這裡就不再贅述。

目標受眾的種類

MAGIC COPYWRITER

關於社群經營，如果你已經是有公開帳號的身分了，那麼，建議你需要吸引的目標受眾，大概可以分為兩個方向：

1. 既有客群：帳號已擁有的粉絲名單，透過日常發文互動建立信任，並以此擴散自己的追蹤人數，建立品牌形象。

2. 潛在客群：拓展新人脈的目標對象，透過社群的影響力，吸引他們追蹤自己的帳號。

擁有既定的客群後，最好以鞏固既有粉絲為主，拓展新客群為輔，不要以「討好所有人」的想法去寫文案，這樣很容易造成兩頭空的情況，損失既有顧客的信賴感，也無法吸引潛在顧客的目光。

所以，在撰寫社群文案時，必須先將自己的定位做好，瞄準目標客群，依照目標客群的需求設計文案內容。**因為社群文案比其他類型的文案還要仰賴人與人之間的連結，而且一個具有影響力的社群品牌，是需要時間去培養情感和信任的**。

發文目的

在寫任何文案的時候，都會有一個目的支撐你、當作是發文的動力，比如說有的人是想要宣傳、營造自己的品牌形象，又或者引導目標客群購買自家的產品。然而，不同平台發文的期望目標，可能會有些微的差異，這邊是統整大部分社群貼文共同的發文目的，提供大家參考：

1. 引導客流

2. 掀起熱烈迴響

引導客流

現代人幾乎人人都有安裝社群軟體，來維持人與人之間的溝通，或者是獲取新知。因此，各大企業、商家為了提高曝光度，紛紛架設了各個社群平台的粉絲團、官方帳號。其中，最常見的發文的目的就是引導目標客群點進自家的網站，刺激客戶消費或是加入會員。

然而，社群貼文的特點就是相較於其他種文案來說，更重視時效性的問題。現在網路媒體發達，造成人們對於新事物的耐心度急速下降，最好是一句話或是 5 秒鐘，就能讓他們明白你要表達的意思。**所以，建議將貼文的重點放置前 5 行以內，並告訴目標客群：「看了這則貼文，能獲得什麼？」。**

上面這則魔法講盟的臉書貼文來說，開頭就告訴消費者有「全館 65 折」這個優惠，並放上了新絲路網路書店的連結，吸引消費者前往購買。簡單來說，必須讓消費者明白這個連結，會為他帶來什麼價值，才有「引導客流」成功的可能。

掀起熱烈迴響

一般來說，除了引導客流之外，經營社群很大的目的就是為了創造熱度、增加曝光度。其中，掀起熱烈迴響要促使目標客群做這 2 個動作：

1. 留言：使官方與客群間的溫度快速上升，並增加客群名單。

2. 分享：促使客群自發性的分享貼文，擴大廣告曝光度。

要讓目標客群主動留言並分享貼文，撰寫文案時必須以「如何讓目標客群感同身受」的想法去設計文案內容，才是掀起熱烈迴響的正確方向喔！詳細的技巧，會在 6-7 跟各位說明，敬請期待。

主題建構

設定好目標受眾跟發文目的後，就是內容填充的部分。文案的基本架構如同一棟建築的鋼架，而主題則是這棟建築的填充物，在社群文案中，主題就是整篇文案的背景，是支撐著整篇文案的靈魂。依著商家的性質不同，粉絲團適合的發文主題也會不同。比如說財經雜誌的主題可以是職場煩惱，教育事業可以以升學、親子為主題。但如果是一般的網紅、YouTuber，主題的選擇上就比較沒有限制。

而在撰寫內文時，要注意的地方有兩種：

1. 發文型態：是以什麼角度發布貼文。

2. 情緒口吻：影響帶給目標客群的主觀感受。

發文型態

根據筆者晴天博士的觀察，容易讓目標客群按讚的貼文有 3 種型態：

- 分享資訊：這應該是網路上很常見的一種貼文吧，有的是分享好康、優惠的資訊，有的是分享一些平常人們不容易發現或研究的冷知識。標題建議用數字法，來吸引目標客群的目光，因為他們需要的是簡易、清楚、能夠快速理解的訊息。

- 驚奇體驗：以發現新事物、感到驚訝和有趣的瞬間，或是之前完全沒有經歷過的體驗為主。能夠引起有相同情緒共鳴的人為你點讚。

- 心情語錄：這類型的貼文通常都會以一句短短的感情、心情體悟當圖片，底下配文就是一些抒發心情的文字。建議用 Part 5 提過的反差法，前頭描述自己的不幸，後頭營造「改變自己」的正能量形象，就能吸引更多的按讚數。

情緒口吻

如同一個人說話的口氣一般，若是你常常發一些抱怨的貼文，呈現在目標客群面前就會是一個憤世嫉俗的形象；如果你總是發一些愉快的、樂觀的文章，就會讓人覺得你是一個帶有正能量的品牌。要注意的是社群的傳播速度非常快，一旦形象被破壞，就很難再補救回來。另外，每一個粉絲團、品牌的性質不同，所以，發文的風格也會不同，如果只是一昧仿效別人的作法而缺乏研究的話，容易破壞品牌既有的形象和粉絲。

IDEA 社群文案基本架構

其實日常的社群貼文基本結構，跟其他種文案的構造差不多：

標題＋內文＋結語

但呈現的方式卻不同，在前文有提過，社群文案是比其他種文案更重視時效性的問題。所以，開頭的標題，最好是用提問法來吸引目標受眾的注意力；另外一種方法，就是在開頭的地方，直接將結果告訴你的目標受眾，也就是讓他們明白閱讀這則貼文將會獲得什麼。

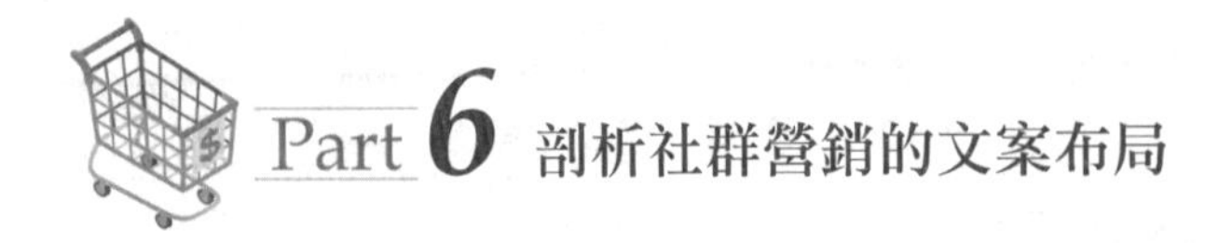

標題

1. 提問法：抛出一個目標受眾會感興趣的問題。比如說你的目標受眾是職場新鮮人們，你可以問：「**如何快速適應工作環境**」；面對有另一半的人，可以問：「**要怎麼維持感情的新鮮度？**」；如果你的目標客群是新手爸媽，可以問：「**如何讓孩子吃的好、睡的好**」之類的。
2. 提供結論法：在開頭提供你的目標客群會想知道的資訊。例如你的目標受眾是職場新鮮人，你可以在開頭寫：「**提高工作效率的 3 大法門**」；面對小資族，你可以在開頭的時候說：「**現省 80 %的購書優惠**」；如果你的目標客群是為情所苦的人們，你可以在開頭寫：「**挽回對方之前，你不可不知道的 5 件事**」。

這邊再次提醒各位，你是要寫給目標受眾看，而不是所有人。設計專屬於目標受眾的文案，才能夠吸引這些人閱讀你的文案，甚至是購買你的產品。當你問的問題或是提供的訊息正如同他們心裡所困擾的事，才是真正有達到曝光效果的貼文。

內文

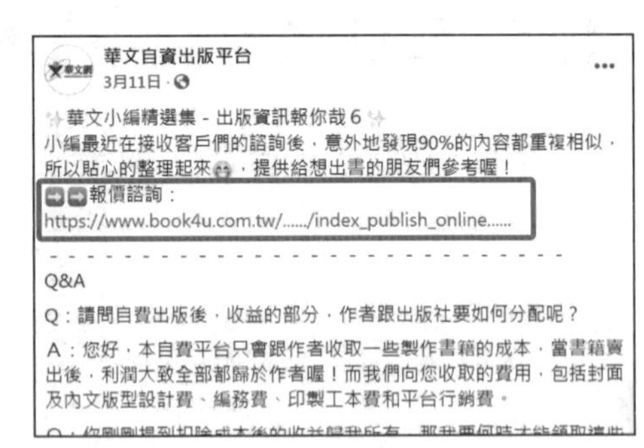

依據標題的呈現方式不同，內文的型態也會不同。像是提問型的標題，就要搭配簡潔、清楚的敘述內容；結論型的標題，內容就要寫出目標受眾困擾。不論是提問型還是結論型的標題，內容可以利用條列式的方法將重點列出來。要注意，如果發文目的是為了引導客流，盡量將連結往前放，當然結語的地方也可以放連結，但為避免篇幅過長導致目標受眾看到一半就不想看了，因此建議各位先在文案的前幾行放上連結。

結語

> Q&A
>
> Q：請問自費出版後，收益的部分，作者跟出版社要如何分配呢？
>
> A：您好，本自費平台只會跟作者收取一些製作書籍的成本，當書籍賣出後，利潤大致全部都歸於作者喔！而我們向您收取的費用，包括封面及內文版型設計費、編務費、印製工本費和平台行銷費。
>
> Q：你剛剛提到扣除成本後的收益歸我所有，那我要何時才能領取這些費用呢？
>
> A：一般書籍出版後，半年會結算一次款項，包括後續的一些作業流程，保守估計大約出版後1年可領取款項（前提是在未再刷或再版的情況下）。
>
> 不曉得這些實際案例，有讓您更了解了嗎？下篇「出版資訊報你哉」將會為您介紹有關平台行銷費（經銷）的一些問題，如果您對自費出版也有一些疑問，歡迎在底下留言或寄信到我們的Email喔！
>
> ＞＞＞華文自費平台Email：mybook@book4u.com.tw
>
> #自費出版

不管你的發文目的是為了引導客群到你的官方網站，還是要跟既有粉絲互動、引起熱潮，結語的部分就是要指引目標受眾做這些動作。這也是跟其他類型文案不同的地方，社群文案可以引導目標受眾購買產品，也可以跟網友們互動，提高貼文的聲量，吸引更多人成為自己的粉絲。這裡要跟大家分享一個小撇步，社群貼文有一個叫「＃ Hashtag」的功能，Hashtag 就是標籤的意思，你可以在貼文結尾或開頭的地方加上「＃」，為你的主題或是粉絲團進行分類。這樣一來，人們在討論相關的話題時，就比較容易看到你的文案喔！不過，這個方法在Instagram比較有效，因為Instagram的標籤排序，比較是會按照時間排列，臉書的話，通常比較沒有一個較固定的排列方式，所以吸引目標受眾的效果有限。

6-7 如何利用文案活絡社群？

看完了 6-6 對於社群貼文基礎架構的介紹後，我們知道一般在撰寫社群貼文時，發文目的有引導客流和引起熱烈迴響等 2 種目的。然而，除了上一小節提到的一些基本的發文模式，有的時候我們也要設計些許的活動或是小遊戲活絡社群。因此，接下來本小節要跟大家分享引起目標客群們跟發文者熱切互動的小技巧！

高回應率貼文小撇步

說到高回應率，在社群平台發文時常常碰到一個很傷腦筋的問題，就是問問題總是很少人回應。這是因為多數人通常不喜歡回答思考範圍太廣泛的問題。舉例來說，目標客群喜歡在 5 秒內明白這則貼文的內容，同樣地，5 秒內就能反應的問題，他們也比較有興趣回答。

還記得 Part 4 裡提過王兆鴻老師書封發文的例子嗎？兆鴻老師就是利用數字編號，邀請網友們幫忙選擇封面，將問題簡易化，網友只要選擇 1 還是 2，並不會花費太多的思考時間，所以網友們紛紛到貼文底下留言。

本書統整了一般能夠引起網友熱烈討論的提問技巧：是非題、選擇題、tag 活動。接下來分別說明這 3 個小技巧的用法，各位理解之後可以著手試試看！

是非題

誠如上文所述，在網路上尤其是社群平台，要盡量把文案精簡化，才能讓目標受眾停留腳步，聽你說話。

所以你設計的問題，要讓目標客群可以直接反應「是」還是「不是」、「對」還是「不對」、「可以」還是「不可以」……。例如：「職場新鮮人就是要耐磨耐操，你覺得對嗎？」、「你可以忍受男友／女友跟前任還有聯繫嗎？」……。

看出來了嗎？是非題這個技巧就是要縮短目標客群的思考時間，因為一旦目標客群的思考時間拉長，就會產生「好麻煩」、「好花時間」的想法，留言的意願就會大幅降低。

選擇題

活絡社群的第 2 個技巧就是將你的文案內容編碼起來，可以是數字、英文字母、甲乙丙丁等等，讓目標受眾擁有經營社群的參與感；你想事前測試市場反應的話，「選擇題」這個技巧也不失為一個好辦法。

王兆鴻老師的貼文就是一個很好的範例，他將書封用數字編碼起來，讓目標受眾直接告訴他「1」還是「2」比較好，既可以讓目標受眾有參與選擇的感覺，也是變相的幫新書打廣告。

tag 活動

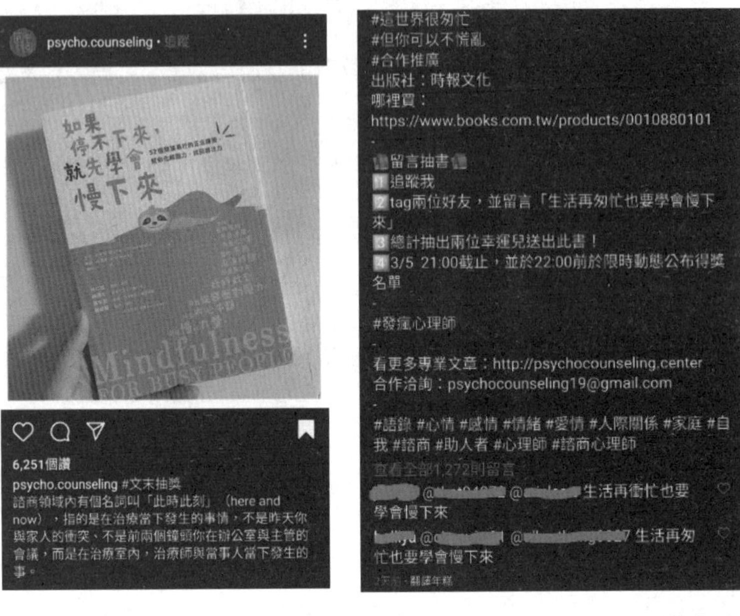

之前威樺老師的 IG 帳號突然被朋友 tag（標記），他還在想最近都沒有跟朋友出去玩，怎麼就被標記了？所以一看到手機提醒，馬上就點進去了。當時他看到這個活動就覺得，這樣的小活動效果真的還不錯，透過社群的力量，讓讀者自發性的標記他的朋友，以此類推的擴散出去，達到廣告曝光的效果。

能夠讓目標受眾自發性地標記朋友的方法有很多，這邊提供 2 種常見的手法，一是舉辦抽獎活動，二是透過一些特定的議題吸引目標受眾標記他的朋友，不過要注意，本書一直提醒各位，文案不可能討好的了所有的人，文案師要做的是，讓文案的影響力在目標客群裡盡可能的擴大化。社群貼文亦是如此，每個粉絲團都有其特定的性質，你每次發的文案主題都不能與你的品牌形象相差太遠。舉例來說，假如是星座語錄的粉絲團，你提的問題可以是：「**聽說巨蟹座的人都很愛家，是嗎？**」自然的，對星座有興趣的人，很大概率會在你的貼文底下留言，甚至是 tag 他的巨蟹座朋友。

這樣一來，就能吸引更多人關注你的貼文並購買你的商品，社群平台也會提供你更大的曝光量。

高分享率貼文小撇步

前面已經說了非常多貼近目標客群的方法了，那麼在這裡要跟各位分享的是，貼近目標受眾的基礎之上，促進目標受眾主動地分享你的文案的小技巧。大數據顯示，**通常高分享率的社群貼文有這 3 種特性：實用性、共情性、圖文併用**。

實用性

大部分的人在獲得新知以後，都會有分享給別人的衝動。有的是因為要展現比別人知道更多的自信感，有的人是為了將有用的訊息分享給需要幫助的人，又有些人是覺得這條訊息很有趣、驚訝，所以分享給朋友一同樂一樂。

所以這裡建議各位讀者，在發日常貼文的時候，以解決目標客群的困擾或者是目標客群一定要知道的知識為撰寫角度，這樣就能有效提高目標受眾的分享意願。

共情性

顧名思義，你撰寫的貼文要是能夠打進目標受眾的心境，讓目標受眾感受到：「對！沒錯！我就是這樣。」的心聲。因為有的人可能不擅長在社群平台發表自己的感受，又或者他覺得發文會讓他感到害臊，所以他會分享一些心情語錄或是一些故事性貼文，來抒發他自己的心情，讓他的朋友知道他發生了什麼事情。

所以，建議各位在發文的時候，可以往目標受眾的日常生活做為切入點，讓他們產生共鳴，就能夠提高目標受眾分享文案的機率，提高文案的曝光度。

圖文併用

在網路時代生活的我們，越來越多人不喜歡閱讀長文，如果可以用圖片將重點整理起來的話，不但能夠加速目標受眾理解的時間，也能增加目標受

眾的興趣。還有一種很常見的圖文併用的方式，就是利用反差性的圖片，配上幾個字的解說，就能夠在短時間內勾起目標受眾的興趣，進而分享你的貼文。

看完了以上社群文案共通的一些基礎知識和祕訣後，不知道你學會了多少呢？不管是趨勢所向的短視頻，還是圖文併用的社群貼文，都需要鎖定目標客群痛點以及撰寫文案的能力。因為短視頻需要寫腳本，單純的圖片貼文也需要邏輯性的思維整理目標客群所需要的內容，這些都是撰寫文案可以培養出來的能力。而再好的文案沒有一些小技巧增加曝光度，就沒有辦法將文案的價值發揮完全。所以，希望你能好好吸收本書提供的一些小技巧，讓你的文案被更多人看見！

由於文案必須搭配良好的行銷系統，才能產生最大的效益，所以，下一小節要跟大家分析的是社群營銷的技巧，會用很多案例來跟大家解說，還請各位耐心地繼續看下去。

本章的最後一小節，要教各位如何創造屬於你的社群行銷系統，當你打造出屬於自己的社群營銷系統，只需要把準備好的文案丟進去，就會看到財富源源不絕地跑出來了。

訂定目標

威樺老師在魔法講盟開設一系列關於營銷的課程，其中有一門《營銷魔法學——打造屬於你的自動賺錢機器》最受學員的喜愛，這門為期五年的營銷課程，每月第一個週二下午 2 點至 5 點半在中和魔法教室上課，每次都會帶給學員最新的網路營銷趨勢，協助大家用現有的資源賺大錢，快速打造萬人社群，成為下一個網路新星！

每次有新加入的學員時，老師都會詢問他：「**你未來的營銷藍圖是什麼？**」大部分的人會講很多很多，但是講得很模糊，再被追問細節的時候，通常會答不太出來；另外還有一種人則是會侃侃而談，而且講得很清楚，當被問到為什麼要這麼做的時候，對方可以有條理的回答；最後則是有極少數的人回答不出這個問題。由此可知，為什麼很多人至今仍無法完成夢想，其實都是因為不知道自己的夢想是什麼畫面，所以一直在做一些跟夢想沒有關係的事；那麼，請問上班是你的夢想嗎？當然不是，上班只是你在幫助你的老闆完成他的夢想！

威樺老師熱愛跟世界大師學習，所以習慣每年要給自己一個全新的目標，每年都要嘗試做自己從未做過的事，包含學習投資、寫書出書、站上國際舞台、上雜誌、參加電視節目、與更多更優秀的人合作……。這些都是全新的目標，如果每年都做一樣的事，一年之後一切都沒變，只是老了一歲，你有多少的一年可以荒廢？你的父母有多少個一年可以等你？你的子女、另一半，又有多少個一年可以等你？一年過了又是新的一年，但每一年也都曾是新的一年啊！因此訂定自己的目標與計畫，每年朝著新方向前進，你會發現明日的你會感謝今天拼命奮鬥的自己。

管理學大師彼得・杜拉克(Peter Drucker)在 1954 年提出SMART原則，是現今目標設定時的重要參考，這五個原則也可以運用在規劃營銷藍圖，透過這個方式可以協助你制定目標、管理努力的方向，讓你更清楚自己為何而忙，並且真正完成所有事情。

1. Specific——明確性：所謂明確性，就是要用具體的語言清楚地說明要達成的行為標準。目標必須是明確的、具體的、可產生行為導向的。有了明確的目標，才會為行動指出正確的方向，少走彎路。如果漫無目的，或目標過多，則會使目標不明確、不具體，從而阻礙了我們的前進……。而目標的制訂也盡量避免含糊籠統的字眼，像是「盡快」、「多個」等不明確的目標。以社群營銷來說，可以訂定「一小時內回覆社群的訊息」、「一天之內提出客戶需求的解決方案」、「建立小編回覆訊息 SOP」等等，來提升品牌形象與客戶服務的好感度。

2. Measurable——可衡量性：目標必須用指標來量化表達，因為制定目標是為了進步，無法以數據來衡量的目標就無法知道是否進步。所以，必須把抽象的、無法實施的、不可衡量的願望，具體化為實際的、可衡量的目標。以社群營銷來說，可以訂定「每則貼文吸引 5 % 的粉絲來按讚」、「紛絲專頁增加 1000 個粉絲」等等，藉由明確的

數字來督促自己完成目標，拉長時間軸觀察紀錄並建立報表，對於未達標的狀況提出改善建議與作為。

3. Achievable ——可達成性：有效的目標應具有一定的挑戰性，太容易達成的目標反而會讓人失去鬥志。作為代表目標的「果實」，一定要超越伸手可及的距離，但是跳起來又能勾得著，這樣的「果實」才有吸引力！「每天發 5 則有意義的貼文」、「每週增加群組人數 50 人」、「每月舉辦一場實體講座邀請線上群組朋友來參加」都是初期可設定的目標，根據自己的能力設立具有挑戰性和可達成性的階段目標，才是明智之舉。

4. Realistic ——現實性：目標的訂定必須在現實的條件下要可行、可操作，尤其要考量現有的資源，以及大環境的改變。每個社群平台一段時間後就會有重大更新，以改善用戶體驗並保持參與度，因此必須時常留意這些變化，調整目標，才能順利達標。

5. Time-limited——限時性：目標的限時性，是指設立目標時必須同時設下期限，若沒有時間限制的目標容易被拖延，導致沒有辦法考核；而在期限內，有可能有多個目標可以依序達成，例如：「一年內新增 20 個群組」，在這樣的大目標下，就可以將其細分為每季、每月甚至每週的小目標。

很多人日復一日、年復一年，一年過去了，一切都沒改變，唯一變的就是年齡。這些年來筆者在教育培訓界看了很多失敗的案例，最終得到了一個結論，那就是這些人「沒有目標」。以威樺老師為例，大學畢業後就從事工程師的工作，完全沒有任何銷售經驗，完全不懂行銷，完全不敢上台，完全沒有寫過書，然而今天為什麼這些目標都實現了呢？最關鍵的原因就是「我設定了目標」，並且在王晴天董事長以及魔法講盟完整的培訓體系中，一步步完成這些目標。

掌握趨勢資訊

曾經有學員問：「**我不知道怎麼吸引網友的注意力？不知道為什麼對方都不聽我說話？**」老師給了他兩個方向：第一，要掌握趨勢；第二，要了解時事。藉由趨勢或時事切入話題，比較能拉近人與人之間的距離。喜新厭舊是人們的天性，你跟他分享 20 年前的 BB Call、黑金剛手機，人們不會有興趣；你跟他分享比特幣最新行情、3D 列印技術、互聯網、區塊鏈、雲端技術，人們就會很感興趣。而且現代的消費者不喜歡聽長篇大論，快速且有效的解決方法才能吸引人。以下跟大家分享未來的趨勢技術：

1. 物聯網：物聯網是透過網際網路，讓所有能行使獨立功能的普通物體實現互聯互通的技術。每個人可以應用網路將真實的物體上網聯結，在物聯網上可以查出它們的具體位置，遠端對機器、裝置、人員進行集中管理、控制，也可以對家庭裝置、汽車進行遙控，防止物品被盜等等，類似自動化操控系統。這些智慧型產品可自行偵測故障，並向技術支援部門提出回報，立即採取行動解決問題，一切動作皆不須用戶主動去察覺，就可以獲得妥善解決。物聯網不僅市場潛能非常龐大，其技術的應用層面更是廣泛，應用領域主要包括運輸和物流、工業製造、健康醫療、智慧型環境（家庭、辦公、工廠）等。

2. 3D列印：3D列印又稱立體列印，是指任何列印三維物體的過程。3D列印主要是在電腦控制下層疊原材料，其列印出的三維物體可以變化任何形狀和幾何特徵，達到高速高精度的技術。預估 2030 年時，3D 列印在各領域的年平均成長率將達到航太領域 23 %、生物醫療 23 %、汽車 15 %，今後 5 年內將會有 3 分之 1 的製造業導入 3D 列印。3D 列印技術的趨勢日趨成熟，為人類生活帶來更多超凡的影響。

3. 區塊鏈：區塊鏈(Blockchain)是藉由密碼學串接起來並保護資料內容的串連文字紀錄（亦稱之為區塊），所以可以解釋為將一個個「區塊」

「鏈」（連接）起來的意思，具有去中心化、不可篡改、可信任的特性。各種基於區塊鏈的加密貨幣已經蓬勃發展，最知名且具代表性的比特幣價格也來到歷史新高，但除了金融外，未來區塊鏈會應用於任何領域，舉凡零售、保險、醫療、資產交易、數位藝術、音樂版權、智慧城市等等，替人類生活帶來極大影響。魔法講盟結合中國與東盟知名區塊鏈公司，提供全方位學習區塊鏈必備的基礎知識、工具、思維模式、資訊安全與最佳作法，規劃一系列深入淺出的課程，帶領初學者進入智能合約的世界，取得官方認可的區塊鏈證照，幫助你打造屬於自己的第一個區塊鏈應用！

4. 大數據：過去，大數據被用於企業內部的資料分析、商業智慧，隨著智慧時代的來臨，人手一支以上的智慧型裝備，人們的行為模式都有數據記錄，而業者有效利用這些數據做精準行銷，就能快速找出消費者的需求並提供服務。大數據分析能夠解讀和預測無數的現象，透過對用戶的識別與串聯、搜尋描述、行動時間、預測銷售而產出數據，供決策參考。掌握客戶消費數據就等於掌握財富密碼，數位行銷時代，想方設法多去了解客戶需求才是致富之道。

5. 人工智慧(AI)：電腦在高複雜度運算與處理的效率和準確性已經超越人腦，只要提供完整的資料與數據，電腦就可以自己學習、分類，進而解決人類短時間無法處理的事務。而企業為了提高組織效率與增加新收入來源，約 84 %的企業已經開始導入AI，並成功落地AI模型，擴大應用的階段，其中銷售與營銷，仍然是台灣AI應用投資的主力。AI 和機器學習(ML)將於未來滲透到新的範例和體驗中，在工作場所將提高超自動化與擴強的需求，並在可信賴數據方面獲得更大的進步。

 設計讓人無法拒絕的魔法文案

你有沒有一種經驗，就是在滑手機的時候看到一則廣告，或是一個優惠，當下就被打動而忍不住下單購買呢？你知道嗎，當你做出這個動作的時候，表示對方的文案成功見效了！坊間有很多培訓公司，甚至為了教人寫攻心文案，而設計了一系列的文案課程，可見文案有多麼重要！

好的文案是很有說服力的，它能夠為人們提供全新的態度來看待你的事業。如果你像很多企業主一樣，需要撰寫各種文案，從產品宣傳到會議活動廣告詞，自己沒有寫文案的能力時，通常會將這些「文案寫作」交給專業人員來執行。但是如果當你需要完成自己的銷售信函、網路廣告或者營銷訊息，又沒有專業文案作者的幫助，該怎麼辦呢？或者假設你沒有多餘的資金尋求專業人士協助，這時候就可以透過以下一些撰寫文案的手法，自己嘗試寫作，幫助你成為一位基本的文案寫手，若能將這 3 點小技巧學以致用，你會發現寫出來的文案更有生命力喔！

1. 開頭就說出好處：現在的生活中充滿著廣告宣傳的訊息，看電視、讀報紙、廣告看板、活動 DM、上網滑手機……到處充斥著各類型的廣告，以至於每個人同時可以接受到各種廣告的刺激，見怪也不怪，尤其網路的營銷環境更是雜亂。因此與潛在客戶的每一次接觸都要立即抓住對方的眼球，否則就會被忽視掉。所以在文案的一開始，就開宗明義說明你將帶給顧客哪些好處，或者根據接觸類型的不同而提供不同的服務，以及你可以提供什麼樣讓競爭對手望塵莫及的服務，還有顧客超想要的獨特價值(USP)。像是台灣全聯超市的廣告詞：「**長得漂亮是本錢，把錢花得漂亮是本事**」就深深打動婆婆媽媽的心。

2. 一對一的個性化寫作：即使是一本擁有上萬讀者的暢銷書，書裡面的廣告在一次時間內也只能被一個讀者看到，因此消費者是以個體的角度，而不是以團體的角度在閱讀你的文案。大多數文案新手經常犯的

錯誤是：他們以為自己撰寫的文案是對著全世界的人在講話，因此把產品的優點說得天花亂墜，想要打動所有的人。其實正好相反！試著想像一下，跟你同桌坐在對面的就是對你的事業有興趣的潛在顧客，你需要做的就是看著對方的眼睛，並思考如何跟他溝通，滿足他的個人需求。此時為了提升營銷效果，建議從個人化的角度向對方描述你的觀點，就像在進行一場一對一的談話，而不是像在讀稿般地敘述你的產品與項目，這樣比較能讓對方覺得你是在跟他說話，也比較願意重視。例如中華汽車的廣告宣傳詞：「**世界上最重要的一部車是爸爸的肩膀**」。

3. 換位思考：除非你是在給自己家人寫信，否則千萬不要內容都是寫自己的事。筆者在演講與企業內訓時有一個習慣，就是每一個我舉的案例都盡量跟在場的聽眾背景與學員有關。有一個很常見的案例，就是在撰寫銷售文案、宣傳內容和文宣郵件時，一個缺乏經驗的文案新手往往會把重心放在「我們將提供什麼」，而不是「你將會得到什麼」，這樣的用詞遣句往往跟讀者的關聯性會比較弱。寫文案時不妨改變一下立場，試著把「我」、「我們」改成「你」、「你們」等詞語。比如說，最好將「**我們將提供 24 小時的即時服務**」改成「**您將獲得可信賴的、一天 24 小時不間斷的即時服務**」，這樣讀起來，感覺是不是不一樣了呢！

IDEA 客戶轉介紹擴大社群人脈

客戶量大是致富的關鍵，世界首富成功的祕密，就是他的客戶量是最大的！但如何把量做大呢？是要每天拼命打電話，拜訪客戶嗎？還是要每天上街發傳單，陌生開發呢？你知道嗎，這些事威樺老師都做過，也確實獲得了一些成效，但是卻很辛苦，因為可能被拒絕了 99 次，才獲得一次成交的機會。如果產品獎金高，也許會得到一點安慰，但如果不高，可能很快就會受不了了！

這也就是為什麼要寫《銷魂文案》這本書，希望提供一些優美又有影響力的文案，幫助你快速擴大社群人脈。有錢人用錢買所有的一切，包含健康、財富、時間、自由、夢想……。沒錢也有沒錢的作法，最好的辦法就是：混入有錢人的圈子！文案可以快速擴大社群人脈，讓客戶轉介紹客戶嗎？答案是肯定的。一個企業要長期生存，80 %靠的是老客戶的支持，20 %靠的是新客戶的投資，所以如果能讓忠實的粉絲、老客戶幫你介紹新客戶的話，相信對你的事業會有莫大的幫助。

千萬不要為了從最好的客戶、股東或顧客那兒要求推薦而猶豫不決，不要不好意思做這件事情！一個轉介紹推薦可說是企業的強心針，尤其推薦的人是名人或人們言聽計從且尊敬的 KOL。這些真心推薦不需要是遙不可及的高官達人，只要是你的生活圈、商業活動中可以拋頭露面的人物即可。

轉介紹的語句無需千篇一律，事實上也不應該讓人有這種感覺。它可以說是有創意的、有趣的、新鮮的，早期這些資訊都是直接用信件、電話、電子郵件等方式來傳達，行銷權威傑・亞伯拉罕一直都是使用推薦來讚許新的有潛質的客戶，他發現這樣做不僅促進了反饋，還能為銷售信息提供了即時的傳遞。

曾經有一位律師為了得到更多的生意，要會計寄一封推薦信給該位會計最好的客戶，這位會計不假思索的答應了。這封信是這樣寫的：「我很少寫信，在別的領域更少。寫這封信是想和您談談，感激您對我們會計公司這麼多年來的忠誠，我想過給您的辦公室送花或是一個禮盒，但是我覺得能為您做最高尚的事就是贈送您我專用律師一個小時的諮詢時間！我已經做了安排，對您而言沒有任何費用或義務來使用！這期間不會花您任何一毛錢，而您可以使用它來談論任何您想談的話題，不管是信託課題，還是合約談判，或別的任何事。這是我律師的電話號碼。您可以打電話過來，就說是已經購買一

小時諮詢時間的那個人。」這就是一個很棒的推薦案例！也是非常成功的案例。順帶一題，大部分收到推薦信的人的確去見了這位大律師，且不只一次而是好幾次！當然律師的生意急劇增加，而會計的生意同樣受益。透過一封介紹信，你的顧客或客戶提供的推薦就是另一個有效的商機創建者。

想要業績翻倍，必須讓客戶替你轉介紹，增加社群人脈。客戶轉介紹是開拓客戶最主要方法，耗時少、成功率高、成本低、客戶也較優質，是世界上最容易成功的銷售方式。我們總是希望，自己的客戶可以介紹他們身邊的朋友來消費，這是很合理的，但大多數的客戶並不願意，為什麼呢？可能是你的服務不夠好，可能是他們不知道怎麼做。總而言之，這裡整理出客戶轉介紹的四個注意事項，幫助各位讀者得到更多的生意機會：

1. 服務要超出客戶的預期，客戶滿意才願意替你主動轉介紹。

2. 要讓客戶對你的產品和服務價值多了解，這樣客戶轉介紹出去的價值也會更多，成功率也會高很多。

3. 讓客戶在轉介紹中得到的利益多一點，擬定客戶服務計畫，就能吸引更多的客戶轉介紹。

4. 不要輕視客戶的人脈力量，不以客戶消費多少金額論其價值，抱著感恩之心真心對待每一個客戶。

範例 1 客戶拒絕時，你可以這麼說……

- 「您的朋友都對訊息化管理不感興趣，這我很能理解，您在我這裡購買系統之前不是也不感興趣嗎？其實只是因為對訊息化管理不了解而已，您看現在您不是已經很認同訊息化了嘛！您放心，如果您的朋友在聽了我的介紹後，還是不感興趣的話，我是不會繼續打擾他們的，您看這樣好嗎？」

- 「您的心情我理解，我相信沒人會對自己不了解的事情感興趣，讓我跟您的朋友分享後，讓他們有一定的了解。請您放心，如果10分鐘內您的朋友確實沒興趣，我會馬上離開，決不打擾，並會馬上把信息轉給您，您看這樣行嗎？」

- 「是嗎？我想不感興趣很是正常的，您起先不一樣對我們這套軟體不感興趣嗎？但是您因為我的介紹了解軟體，因對我的信任而購買系統，真的非常感謝您，我相信您會願意把這個機會送給您的朋友。」

- 「對，他們對訊息化管理不感興趣，但他對他的家人，對他所愛的人會感興趣，就會對我也感興趣，反之我對他也感興趣，我想您會幫助兩個有共同感興趣話題的人相識，對吧？」

範例 2 客戶已經購買產品時，你可以這樣說……

- 顧客：「據我所知，我的朋友都已經買了軟體。」

我：「不要緊的，最近我們公司又出了新的軟體版本 9.0，既然您的朋友已經買了相關軟體，相信他們都已認同了訊息化管理，所以，他們一定也很了解這套新的管理系統。買不買無所謂，也許他們還會非常感謝您介紹我這樣專業的服務人員呢。」

範例 3 客戶不願意幫你轉介紹時，你可以這樣說……

- 顧客：「我不想讓賣軟體的代理打擾我的朋友。」

我：「我理解，您是說要先經過朋友同意，我會提前致函或打電話徵求他的同意，如果他拒絕我絕不會再打擾他的，請問他的尊姓大名是？請您放心，我不會強迫他們，就像我對您一樣。至於要不要，我會尊重他們的決定和選擇。而且在此我向您保證，未經他們同意，我絕不會去打擾他們。」

- 顧客：「他們如果想買我就會給您打電話。」

我：「您放心，我會像尊重您一樣尊重您的朋友，不會給您的朋友添加不必要的麻煩，我只想通過我的專業服務讓您的朋友了解訊息化管理，要是他拒絕接受的話，我立刻就走，絕不給您添麻煩，您覺得怎樣？」

• 顧客：「我的朋友公司很小，效益也不怎麼好，我想他們可能不會買軟體。」

我：「哦，是這樣啊！大公司都是由小做到大的，就是因為這樣，小公司才更願意注重管理，提高效率，所以他們的管理需求意識比較強，您覺得我說的有道理嗎？」

• 顧客：「以後聽到有買軟體的朋友我一定介紹給您。」

我：「先生，謝謝您，我想依您跟我這種老朋友的關係，如果您身邊有人問起軟體方面的事，您一定能告訴我的。但是，您想過沒有，您買了軟件，您的管理更輕鬆，公司效益日益提升，早日實現了每週只到公司一天，您是一個非常有心的人，相信您也希望您朋友的公司像您一樣，大家好才是真的好。這您應該是認同的吧！」

包山包海的經典文案實例

營銷是一場沒有終點線的比賽。

——行銷大師　菲利普·科特勒

MAGIC COPYWRITER

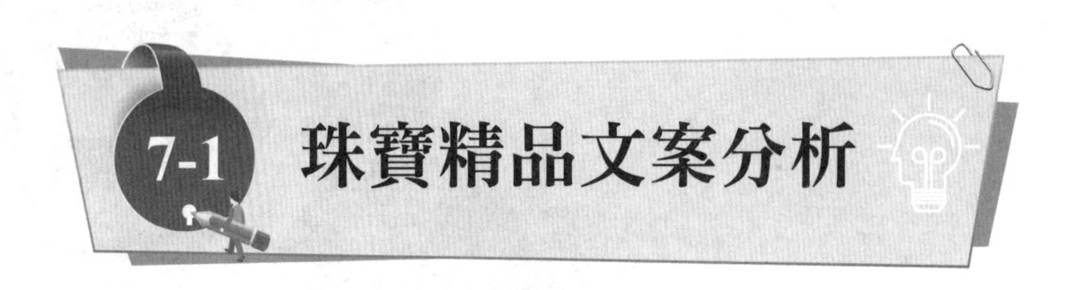

7-1 珠寶精品文案分析

隨著各大企業對廣告領域的日趨重視，文案寫作逐漸擺脫圖像設計的附庸地位，開始成為廣告宣傳的核心主角。在各類廣告的策劃中，美術設計和文案撰寫分工明確，各自有不同的任務需要完成，但卻為同一個主題服務，在兩者的通力合作下，企業主才能擁有最適切於產品的廣告文宣。在此，本章將以「廣告文案」為主軸，介紹各行各業獨特的文案內涵。

首先，要跟各位分享的是珠寶類的廣告文案。甫提到珠寶類的文案，很容易會聯想到的就是業界龍頭——蒂芙尼(Tiffany & Co.)及卡地亞(Cartier)。然而，事實上用字唯美的珠寶廣告卻不一定出自它們，還有不少遺珠是落於小品牌之手，儘管那些文案寫得令人耳目一新，卻仍然難以逾越「知名度」的鴻溝，因而沒沒無聞。現在，透過蒐集到的 13 種珠寶類文案進行分析，供各位讀者研究、提取其中的文案精華之處。

範例 1 金飾產業形象微電影

（取自於台灣珠寶首飾展覽會
Taiwan Jewellery & Gem Fair 臉書）

文案內容

【標題】金典傳家，飾代綿情

這部微電影以「回憶」的形式，展示了祖孫三代都在同一家金飾珠寶店，購買求婚鑽戒、項鍊、金飾等飾物的故事。

微電影影片

關鍵評析

這部「金飾產業形象微電影」是由經濟部商業司主導出品的廣告。它有別於以往平面、靜態的廣告文宣，採用較能吸引顧客目光的形式——影音頻道，並輔以感人至深的情節，在短短四分鐘內，緊扣住「金典傳家・飾代綿情」的主題，可謂是相當出色的形象廣告。而主題中的「金典」、「飾代」等詞語，分別與「經典」、「世代」諧音雙關，除了點出「金飾」這個主旨外，更將主旨與「世代」相連結，企圖塑造出「無論是哪個世代，都必須與金飾相伴」的概念。

範例 2 （取自於川文網）

文案內容

【標題】神淚墜凡塵，只為見證你的愛

唯一達到 8 箭 8 心效果的圓方鑽，80 瓣切面，面面完美絕倫。靚火彩，高顏色級別，30 分以上，分分難能可貴。天神淚，墜凡塵，隨物遁形，歷經億年錘煉，修得真身現世，經完美切割，帶著一身璀璨與你相遇，從此，駐留芳心，愛永恆。天神淚，萬物已有形，愛暫缺。於是，神淚墜凡塵、遁形，寧願退隱，豈容暴殄天物。錘煉高溫、高壓，煉獄中，終給我真身。現世，火山噴發，漫天焰火下，我現世，引得萬眾歡呼。完美切割，精謀細算，才敢精雕細鑿，時光碎片濺落，光灼灼。相遇，帶著一身璀璨與你相遇。為這刻，我已等千百輪迴，駐留芳心。你的芳心，我的歸宿，從此，一生相隨。永恆無法再詮釋，只知芳心為愛。愛永恆。

關鍵評析

在 1947 年由鑽石產業巨頭 De Beers 提出的經典廣告詞「鑽石恆久遠，一顆永流傳(The Diamond is Forever)」之後，人們總是把「鑽石」與「永恆」相連結，彷彿少了「鑽石」，婚姻就不再完美。這樣的愛情觀在讓鑽石業者大賺一筆的同時，也象徵著人們往往渴望著擁有永恆的愛情。

所以，當這個案例以「神淚墜凡塵」作為標題，巧妙地將「永恆的神」與「鑽石」鏈接，可謂融合地相當適切，也贏得許多上流社會人士的青睞。此外，下方的長文案更以「唯一達到 8 箭 8 心效果的圓方鑽，80 瓣切面，面面完美絕倫」起首，說明鑽石的精緻切割工法；之後說到「錘煉高溫、高壓，煉獄中，終給我真身」，則是陳述鑽石幾經大自然的錘煉；兩者強調的正是鑽石必須透過大自然與人為的細心雕琢才能成形，也埋下「鑽石理所當然昂貴」的伏筆，使目標受眾不由自主地掏錢買單。

範例 3 （取自於 SLOGAN 標語王）

文案內容

【標題】傾城之戀

傾城之戀中，兩條鉑金的線條由兩個方向相交會，交會處一顆奪目美鑽被兩顆鑽簇擁，形成一朵綻放的花朵，顧盼流連間盡現唯美奢華，設計精緻而隆重。偌大的城，無數人中，我遇見你了。即便沒有亙古的傳奇，我對你的守候也是千年。愛上一個人，猶如愛上一座城。

關鍵評析

這個案例化用了張愛玲最膾炙人口的短篇小說《傾城之戀》，再以「兩條鉑金的線條由兩個方向相交會，交會處一顆奪目美鑽被兩顆鑽簇擁，形成一朵綻放的花朵，顧盼流連間盡現唯美奢華，設計精緻而隆重」這段話描述自己的產品造型，段落最後再以《傾城之戀》的名句「愛上一個人，猶如愛上一座城」作結，完整構築出消費者心中對於鑽石項鍊的美好想像空間。

範例 4 （以下 4 則範例取自於範文 118——珠寶文案）

文案內容

【標題】觸手可及的幸福

7 朵小花相偎相依，形成一朵綻放的花。晶瑩剔透的鑽石的光芒、陽光下的花朵，閃耀著炫目的光華。鉑金與鑽石的光芒相互映照，整個

設計雍容華貴，睿智優雅。我將你放在心上，如印記。縱使我們都白髮蒼蒼，我也還記得：「在那悠遠的春色裡，我遇到了盛開的你。洋溢著多麼炫目的光華。」

關鍵評析

這個案例是以「自然」為主題，並採「七瓣花朵」來譬喻鑽石的美麗。業者也以「縱使我們都白髮蒼蒼，我也還記得：『在那悠遠的春色裡，我遇到了盛開的你。洋溢著多麼炫目的光華。』」，暗示伴侶在看見永恆的鑽石之後，還能勾起兩人在花樣年華時期的青春愛戀回憶。

範例 5

文案內容

【標題】永遠牽著你的手

寶貝，你要什麼樣的婚禮呢？

我喜歡西式婚禮。

不，我們還是辦中式婚禮吧。

親愛的，我想睡一下。

不，寶貝你一定要堅持，救援隊馬上就要到了。

嗯，那我還是要辦一個西式婚禮。

只要你好好活著，無論你想要什麼樣的都依你，但你要好好的活著。

嗯。那我想要鑽之韻鑽戒。

寶貝，把你的手給我，你一定要堅持。我一定買鑽之韻。

這是一對戀人在汶川大地震中的對話，它絕對不是一個虛構的故事。

關鍵評析

這個案例先用近似於故事敘述的筆法，以主角口中的「救援隊」、「好好的活著」等台詞，彰顯主角們正處於具有生命危險的境地，最後再用「這是一對戀人在汶川大地震中的對話，它絕對不是一個虛構的故事」這段話來加強故事的可信度，並藉由「男主角為了強化論及婚嫁的女友的求生意志，盡可能地提起她對未來（婚禮）的憧憬」，來引出「女友要求要有『鑽之韻鑽戒』的進展」，最重要的是，其中採用一種最著名的行銷手法——置入性行銷，讓消費者在閱讀故事之餘，也同時記住了「鑽之韻」這個品牌。

這類型的廣告文案固然很好，但若確實取材於實際案例，最好能經過當事人同意，以免在廣告製作完成後，才衍生出一些不必要的麻煩與誤會。

範例 6

文案內容

【標題】我的新娘笑了

親愛的，我一定堅貞地和你牽手到老。
真誠地體味生命裡的每一次擁抱。
即使年華逝去，皺紋爬上你的面頰。
我也會看看你的皺紋吟詠生命的獻詩。
我知道緣分得來不易，也知道守候的艱辛。
我會不變，不離，不棄。
生活或許會有挫折，但我希望和你相守相持，面對一切需要面對的。
一直到頭髮斑白。

關鍵評析

這個案例與「範例 4」案例所使用的文案手法類似，以「即使年華逝去，皺紋爬上你的面頰」、「生活或許會有挫折，但我希望和你相守相持，面對一切需要面對的。一直到頭髮斑白」等語句，強化「伴侶相守到老」的幸福未來，勾起消費者（尤其是女性消費者）的感動與購買欲望。

範例 7

文案內容

【標題】執子之手，與子偕老

親愛的，我會一直記得這個璀璨的夜晚！

親愛的，別人都說：

歲月會像流沙一樣悄悄從指尖溜走，

愛情也會一年、一年的沉澱，

那些年少輕狂、躊躇滿志，

以及刻骨銘心的記憶也將慢慢遺忘。

當我們習慣了瑣碎的小事，習慣了柴米油鹽，

習慣了小吵小鬧，習慣了愛情。

多少年後是否還依稀記得我們一起的小浪漫？

是否會為當時一點小誤會糾結而會心一笑？

我們的婚姻，會跟別人說的不一樣。

關鍵評析

這個案例前半部雖然仍是以「感情」為導向，但與前面幾個案例不同的是，它強調了「遺忘」。人的記憶總是隨著時光過去而流逝，再怎麼熱切的情感，都將被時光的塵土所覆蓋，逐漸模糊、朦朧，最終貯藏在記憶的暗角中。

範例 8 未來鑽石品牌形象廣告文案（取自於未來鑽石官網）

文案內容

【標題】Lab-Grown Diamond

其中最大差別在於我們選擇了 Lab-Grown Diamond。Lab-Grown Diamond未來鑽石嚴選完美車工，獨家引進全球第一品牌，唯一獲得零碳排放認證 Diamond Founday。在培育鑽石的過程中，為了模擬出地底下的環境，在物理的模擬上，就超過上千萬次。要培育出珠寶級的鑽石是非常困難的，必須有新穎的電磁共振設計。每培育出一克拉的裸礦，需要嚴格監測的數字超過 10 億組。從裸礦，切割……到鑽石產出，必須經過 1300 多次的嚴格檢查。全部為 CVD 技術，全部是 Type lla 型鑽石（在開採鑽石中 type lla 只有不到 2 %），全部不含螢光和磷光。

眾多好萊塢明星爭相追捧。包括美國超模 Lindsey Wixson、「神力女超人」蓋兒．賈多特(Gal Gadot)等人，英國女星艾瑪．華森(Emma Watson)不僅配戴Diamond Foundry出席奧斯卡頒獎典禮，並以配戴保護地球的未來鑽石而感到驕傲，並意有所指地表示：「是時候說真話和捍衛正確的東西了。」

關鍵評析

這個案例前半部引用了不少數據與專業術語，讓消費者感受到製作、打磨鑽石的耗工程度；後半部則是藉由好萊塢明星背書來吸引消費者的目光，更引述了因《哈利波特》系列電影一炮而紅、具備知性美的女星艾瑪・華森的語句，更為廣告文案加分不少。

這是一個非常好的文案範例，高端產品可以用類似的模式進行撰寫與修改，包括前半部的「彰顯產品價值與專業性的數據分析」，以及後半部的「名人背書」，即可迅速生成一篇專屬於自己的完美文案了。

範例 9 Wedding Code 品牌廣告文案（取自於 Wedding Code 官網）

文案內容

【標題】為你打造永恆的幸福

新人都希望擁有與眾不同的婚戒，擁有40年珠寶設計經驗及精湛技術的郭師傅，期望能開一家滿足每個人期待的客製專門店，於是Wedding Code就此誕生。「我們希望每個人都能得到滿滿的幸福！」秉持著這樣的想法，Wedding Code 每一件珠寶皆由30～40年資歷豐富的精工師傅客製化量身親手製作。

手工戒最大的特色：圓潤扎實，比起機器壓製更為舒適耐戴，更可依照您的喜好，選擇款式、材質、寬度比例、寶石數量，客製化調整，戒內提供免費刻字服務，刻下屬於你們的愛情密語，為您留下永恆印記。

Wedding Code 可依您的預算挑選最優質的 GIA 國際認證鑽石，除了對主鑽 4C 比例的嚴選，小鑽的品質也是嚴格要求，在您的預算內做最完美的搭配。每一款商品皆由 Wedding Code 工作室自行設計、生產製作。40 年工藝打造的質感，充滿幸福的溫度，更為婚戒賦予傳承的意義。

關鍵評析

這個案例最大的特點，就是強調「與眾不同」，也就是所謂的「客製化」。事實上，「客製化」是一個很吸引消費者的重要賣點，就像人們通常都會擔心穿衣服出去會和別人「撞衫」一樣，婚禮新人更擔心的，應該就是花了大把鈔票買回來的鑽戒，竟然和別對新人一模一樣。

同樣的道理，放之四海而皆準，各行各業只要強調「獨一無二」或「客製化」，就算產品再高價，也往往會有人願意買單。

範例 10　（取自於範文 118——珠寶文案）

文案內容

【標題】如果這都不算愛

你說一切都不重要，只要我愛你。

我不知道這算不算愛：

我會每天早上起床就會想起你的微笑，

我會每天擔心你有沒有吃早餐和午飯，

我的電話通訊錄裡面你是永遠的第一位，

我會想起你來就傻笑，

我會因為任何一個細節想起你來，

我會想要牽著你的手渡過我們充滿希望的人生。

如果這些都還不算愛，

為什麼我會送你一枚美麗的鑽之韻戒指？

關鍵評析

這個案例化用了歌神張學友的著名歌曲——《如果這都不算愛》，將歌曲與產品建立起關聯性。事實上，效果拔群。現今已經越來越多人不愛閱讀文字廣告，唯有音樂或影片才能舒緩他們生活的苦悶，就像抖音常用逗趣的影片搭配特殊的背景音樂，讓用戶在看完影片的同時，也聽完了背景音樂，這些用戶可能最初對於影片內容絲毫不感興趣，但卻對背景音樂深深觸動，再搭配上抖音「循環播放」的特性，久而久之，用戶才開始對影片內容產生興趣，最終被影片內容所「洗腦」。

在這個什麼都能拍成影片的新世代，筆者相當期望讀者能跟上潮流，習得一技之長，因此推薦一門由魔法講盟專為「對製作影片零基礎的萌新」量身打造的課程——「魔法影音行銷班」，期待讀者學成之後，能將自己既有的專長結合影片，走出屬於自己的成功之路！

魔法影音
課程資訊

範例 11 （取自於範文 118——珠寶文案）

文案內容

【標題】親愛的，我會永遠記得

我們結婚了，結婚的時候送給她一枚鑽之韻戒指。
婚後的生活，許多磕磕碰碰，許多爭吵，
柴米油鹽醋茶的日子，她的眼睛裡失去了許多光華，
十年、二十年、三十年過去了，
我們的日子開始越來越好的時候，她開始猜疑了，
她說：你會不會離開我？你會不會去找別的女人？
其實她一直不知道，我回答這些問題的時候有多難受。
實際上我從來沒有變過，我對她的愛戀與感激：
親愛的，你為了這個家，為了我，付出太多。
我永遠知道你是我的歸宿。
每當我看見你手指上的那一枚鑽之韻戒指的時候，
我就記起那個璀璨的夜晚，你的臉，花一般綻放。

關鍵評析

這個案例仍以「感性」的文字為主軸，但由「實際上我從來沒有變過，我對她的愛戀與感激」可以看出，它訴說的正是「永恆」，彰顯縱使妻子已經年華老去，但丈夫對於妻子的愛戀與感激卻是恆久不變的。這也象徵了「婚姻是一輩子大事」，結婚戒指也常被人賦予了「在長年的婚姻生活中，成為互相提醒彼此當初誓言」的意義，因此選購婚戒更需慎重以待，不可馬虎。

範例 12 （取自於輝寶天然水晶飾界的博客——時尚飾品優秀文案分享）

文案內容

【標題】美麗神話，賜與幸福

熱戀中的情侶，因為愛神射出的箭而彼此相愛，不甘心只此一世相愛的人們，祈求愛神的眷顧，渴望將深深的愛綿延生生世世。當凡間的愛情都將愛神打動的時候，愛神用祂那溫柔的眼波，將愛之利箭化作一縷金絲，將愛琴海的浪花化作一顆水晶，將相愛的心化作永世不變的諾言，繚繞於情侶的頸上，保佑愛情地久天長。

關鍵評析

這個案例化用的正是「愛神」的神話典故。希臘神話中的愛神是維納斯(Venus)，而邱比特(Cupido)則是維納斯的兒子，也是目前最為人所知的小愛神形象——手持弓箭、背部長有翅膀的調皮男孩，這個小愛神有兩種箭，金箭射入人心會讓兩者產生愛情，鉛箭則會產生憎惡。其實，「愛神」是屬於西方的信仰，東方傳統信仰則是「牽紅線」。但無論是哪種信仰，都與「締結婚姻」相關，可見婚姻在信仰中的神聖地位。

這個文案除了化用典故外，也善用了排比修辭的手法，可見於「將愛之利箭化作一縷金絲，將愛琴海的浪花化作一顆水晶，將相愛的心化作永世不變的諾言」中，藉由不斷重複的字詞（將……化作……）建構出一種獨特的韻律感，也讓文案更顯工整有條理。

範例 13 （取自於社區動力——愛如小水滴答）

文案內容

【標題】滴水穿石的愛

他和她是包辦婚姻，沒有愛情。他偏偏是個崇尚愛情、崇尚浪漫的文人。他看不上她，一輩子把她當傭人使。她不生氣，他過分到出軌和女學生在一起。她不驚訝，只守著這個空空的家，一顆空空的心，等待他疲憊的身影。

折騰了一輩子終於老了，他中了風，攤在床上，她衣不解帶地伺候著他，照顧著他。他一輩子沒動過的心思，在這一刻被觸動了，他問她：「跟我一輩子，後悔了吧？」她搖搖頭說：「不後悔。」

「哎！傻女人，我一輩子也沒愛過你，也沒對你好過，可是你為什麼就不反抗，不罵醒我？」

她難為情地說：「我知道我笨，不懂愛情，可是我第一眼看見你，我就深深地被你吸引了。我也知道你不愛我，看不起我，可是我不在乎，我可以等，就像廚房裡總關不緊的水管一般，滴滴答答地流水，長年累月地能把大青石的水槽擊穿。」

他的心震撼了，她的溫柔終於擊穿了他的心。

關鍵評析

這是一個富含起承轉合的故事，敘述男人從一開始對妻子的不屑一顧，一直到老年必須直面到身體病痛（中風）時，才藉始終不離不棄的妻子之口，緊扣回主旨——滴水穿石的愛。筆者認為，這樣的文案撰寫是相當不錯的，可以適時修改妻子所說的話，將欲販售的產品做一個置入性行銷。

7-2 美妝保養文案分析

接下來，要跟各位分享的是美妝類的文案，相信「愛美」是人類的天性，從古至今，直到人類滅亡或地球毀滅的那天都是一樣的。無論在哪個時空背景，美妝產業是永遠不會落幕的！話不多說，讓我們來看看這些知名的案例吧！

範例 1 廣源良品牌形象廣告（取自於廣源良官網——企業理念）

文案內容

【標題】**堅持自然、呵護美麗、親民優質、幸福推手**

1986 年，妻子嫁妝裡的 2 瓶絲瓜水，是丈母娘的日常保養祕方，當時已屆八十歲高齡的丈母娘，肌膚卻仍然光滑細緻，在她臉上看不見歲月痕跡。抱著珍惜、感恩的真心，這 2 瓶絲瓜水啟發董事長施仲廣以田園精華製作保養品的念頭，讓廣源良發展成為台灣製造的保養品牌。兩瓶絲瓜水啟迪施董事長親民愛土的美麗事業，用自然元素成就無數美麗背後的浪漫，打造出台灣保養品界自然親民的國民品牌。經營品牌三十年，施董事長此刻想得更多、更遠，想把三十歲、台灣製造的廣源良走出台灣、販售海外，把島嶼這抹綠色浪漫推上國際化品牌的浪頭之上，希望未來三十年，要打造出更厚實的品牌資產，讓這抹浪漫不僅持續呵護世世代代的美麗，還要以更務實的行動，讓台灣品牌能在國際舞台上再有一顆閃亮明星。

關鍵評析

這個案例中的「企業理念」，率先提出對自己產品的正面例證——

「當時已屆八十歲高齡的丈母娘，肌膚卻仍然光滑細緻，在她臉上看不見歲月痕跡」，雖然可能略有誇大，但確實引起了消費者繼續閱讀的興味；之後開始以「用自然元素成就無數美麗背後的浪漫」來強調品牌的重要精神「堅持自然」；最後，也發下「不僅持續呵護世世代代的美麗，還要以更務實的行動，讓台灣品牌能在國際舞台上再有一顆閃亮明星」的宏願，緊扣住目前最夯的思潮——讓世界看見台灣！

範例 2 純天然中藥護膚廣告文案（取自於百度文庫——化妝品廣告文案）

文案內容

【標題】你們還在迷茫嗎？

我的漂亮臉蛋，我應該用什麼拯救你？

如此種種，都是劣質化妝品惹的禍。

也許你不清楚，你的肌膚遭受著前所未有的挑戰。

可能你不知道，濃妝豔抹，濃郁的香氣才是肌膚的最大殺手。

色素與香精正是傷害肌膚的隱形因素。

日復一日，你的肌膚幾近敏感，甚至有致癌的風險。

99 %的女人並沒有謹慎選擇護膚產品，

家人們，你們還在迷茫嗎？

護膚產品到底應該如何選擇？

為什麼要將純中藥護膚產品引入我們的生活？

為了更多女人的皮膚能夠得到真正的改變，

不讓女人們的嬌嫩皮膚再受到傷害。

如果說純中藥產品改變了什麼，

就是讓每一個女人擁有了安全的護膚產品。

如果說純中藥產品創造了什麼，

就是讓每一個人擁有了嬌嫩的肌膚。

關鍵評析

愛美是人的天性，尤其女性。這個案例講的是危機意識，因為每個人勢必都希望能以最好的面目見人，但如果臉蛋因劣質化妝品而出了問題，必然會打壞他人對你的第一印象。這個案例先以反面論述，提起讀者對於肌膚劣化的緊張感，之後再拿出解決方案，就像醫生診斷完之後，才給予病人藥物一樣。對消費者而言，可信程度會大大增加。

範例 3　DHC廣告文案（取自於範文 118——DHC化妝品廣告文案）

文案內容

【標題】愛是熟悉的自然

2000 年夏天，我喜歡聽班得瑞音樂。《寂靜之音》、《落日幽谷》……每次模擬考試後，它們總在我耳邊不斷縈繞。那年的 6 月 4 日，我回家。兩天後，我參加高考，我要在考場上過我 18 歲的生日。離家，六年了，也總忘記了這個日子。坐在窗前，窗外邊的蟲叫聲寂靜得讓我周身不習慣。爸爸在客廳，他說：「孩子，出來涼快涼快吧，別自個兒累著！」他在說我小時候的趣事兒，我在看電視屏幕上DHC的橄欖套裝廣告，喝著媽媽熬的蓮藕湯，我說：「爸爸，如果有一天我落到擺地攤的境況，是不是很丟人啊？」爸爸頓了頓：「那你認為出人頭地該是什麼樣子？」我轉過頭：「以後可以天天用 DHC 洗面奶！」爸爸笑了。他怎麼會懂我在說什麼呢？我搖搖頭。

6 號中午，我踏上易水之寒的回校路程。如平常一般，爸爸用那輛伴我走過很多年的摩托車送我。上車前，他塞給我一瓶東西，我瞧了一眼，是DHC。爸爸說：「是這個沒錯吧？爸爸跟這東西無緣，解釋半天服務員都對不上話！」我說：「爸。」他輕撫我的頭：「孩子，命運，摸不著，該是什麼，說不准，生日，你也不在家，明天上考場了，好好洗把臉吧，啊！」2000 年的高考前，我聽著班得瑞的《寂靜之音》，用爸爸不知所以然的「DHC」，好好洗了把臉，2000 年 8 月，我收到了大學錄取通知書。

關鍵評析

這個案例是利用父子間的感情以及高考的故事來介紹 DHC 的洗面奶（即洗面乳），主打的客群無疑就是求學中的莘莘學子，由於學生課業越趨繁重，再加上青少年常見的內分泌失調情況，進而影響到臉部保養，所以，這篇文案以「學生族群」作為目標族群，再利用高考的過程置入產品以及父子親情，實屬一篇動人佳作。

範例 4　「女兒｜不偏心的保養品」品牌文案（取自於女兒｜不偏心的保養品官網）

文案內容

【標題】因為你也是女兒，所以值得疼惜

曾爸爸疼惜女兒的心意，成就了「女兒」

做保養品代工二十多年了，做到沒意思了
我有的是技術和知識
但客戶要的總是便宜好賣的產品
市面上保養品成分一兩百種
不只是消費者，銷售商往往也不知道到底什麼是什麼
好的不好的香香的亂加一通
只要有廣告也是很好賣

好的原料很貴
就算加一點點也是可以大大的寫在包裝上
有沒有效當然就是比例的問題了
但貴的東西又很難賣
掙扎了很久，本來都想把工廠收了
女兒卻說：「不然我們試試看！」
都這樣說了，做爸爸的怎能不放手一搏
我想做好的東西給我自己的女兒

希望你也捧個場

來當我女兒

我會給你最好的，不偏心

關鍵評析

這個案例的文字以清新、質樸為其優點，「我有的是技術和知識，但客戶要的總是便宜好賣的產品」、「只要有廣告也是很好賣」這類老闆發自內心的告白，更增添了它獨特的文案魅力；最後，以「我想做好的東西給我自己的女兒，希望你也捧個場，來當我女兒，我會給你最好的，不偏心」收束，扣合品牌名稱——女兒，更具備一種直達消費者內心的影響力與真感情。

範例 5　和士秀廣告文案

（取自於微文庫——我是怎麼寫出一篇文案的？）

文案內容

【標題】為什麼有些面膜用了第二天就可以白？

有一次，我的任務是寫一個關於面膜的宣傳小冊子。在辦公室裡憋了很久，我寫不出來了，只好跟他們老闆聊天去。以下是我們的對話。

問：「你們為什麼只在網上賣？」

答：「因為成本！毛利 40 %以下的門店是無法生存的。」

於是我有了第一頁文案。

問：為什麼有些面膜用了第二天就可以白？你們的卻要好多天？

答：我告訴你一些關於化妝品效果的內幕吧。（此處略去 500 字）

好了，第二頁文案出爐。

問：我聽說過小黑瓶的成本傳聞，真的嗎？

答：真的。一般化妝品的盒子都要比產品原料貴兩倍。我們的正好相反。

太好了，第三頁文案已經在敲我的門了。

問：面膜為什麼會有作用？

答：因為 EGF。

問：EGF 是什麼？

答：你是男的，不知道 EGF 可以原諒。如果你是女的，25 歲還不知道 EGF 的話，面膜不用也罷。

後來用百度惡補了一下，然後我寫出了第四頁文案。

問：你為什麼說和士秀是內行的選擇？

答：我做了 8 年化妝品，知道什麼是好的，什麼是炒的，什麼是概念，什麼是真相。

OK，最後一頁完成，交給設計，我可以安心刷朋友圈了。

關鍵評析

這個案例的特別之處，在於它並不以頌揚自己品牌的優點為基礎，而是特意狠狠地諷刺他牌化妝品，如「能讓臉唰的一下子變白的都不太健康」、「包裝比成本還要高兩倍」等等。藉由通過評斷他人來塑造自己很專業的優質形象固然是一個方法，但特別需要留意的是，必須要有所節制，尤其不可過於明顯的指名道姓，以免被「踩」的商家發起爭訟。

範例 6 （取自於範文 118——護膚品微商文案）

文案內容

【標題】投資自己的美麗和健康，才是最划算的！

臉是你的，斑是你的，暗黃是你的，痘痘是你的，皺紋也是你的！

親，無論你處於哪個年齡，都應該對自己好點！

女人啊，投資自己的美麗和健康，才是最划算的！

關鍵評析

這個案例從標題「投資自己的美麗和健康，才是最划算的」就深深打

動許多愛美的女士。眾所周知，健康與美麗是無價之寶，不少富人為了金錢汲汲營營忙碌了大半輩子，直到老年時才恍然大悟。

內文首句「臉是你的，斑是你的，暗黃是你的，痘痘是你的，皺紋也是你的」則是開宗明義地羅列出臉上可能出現的問題——斑、暗黃（膚色）、痘痘、皺紋，這段文案無疑將引起消費者的危機意識，在抓住消費者的關注之後，再扣回主題，並告訴他們「女人應投資自己的美麗和健康」作為解決方案。儘管內容稍短，但確實是一篇非常經典的文案實例。

範例 7 （取自於範文 118——護膚品微商文案）

文案內容

【標題】《小面膜》之歌

你是我的小呀小面膜兒，怎麼用你都不嫌多，片片的小面膜溫暖我的心窩，亮出我自己的美！

關鍵評析

這個案例明顯改寫自 2014 年筷子兄弟著名的曲目《小蘋果》中的副歌歌詞。由於《小蘋果》的副歌可謂是風行一時的「洗腦歌曲」，改寫自歌曲的文案更富有韻律感，也能讓消費者品出對文案的「聲音印象」，進而發自內心地產生趣味性。

範例 8 （取自於範文 118——護膚品微商文案）

文案內容

【標題】《送給正在做微商或準備做微商的你》

一日之計在於晨，一年之計在於春，一家之計在於和，一生之計在於勤。拼一個春夏秋冬，贏一個無悔人生！

敷著面膜，聽著音樂，舒服得差點睡著了，你知道嗎，東櫻秀芝面膜的服貼度，真不是一般的好，每週兩片，皮膚變得美美的，堅持堅持。

春天是肌膚皮脂分泌開始旺盛，同時也是肌膚最容易過敏的季節。因此春季護膚，重點應放在及時補水保溼，溫和調理肌膚上面。

東櫻秀芝的經典御方舒緩平衡系列護膚品，春季重點推薦產品！舒敏淨透的平衡清透潔面泡沫，舒緩補水的平衡原液，鮮活水潤的平衡生機精華液，再配上密集養膚的平衡活力霜，舒緩緊緻眼肌的瑩眸活能眼精華，真真是讓人愛不釋手！

關鍵評析

根據研究，只要標題選用「微商」這兩個字，就能大概率吸引透過微信從事商業行為者的注意，這些人，就是所謂的「微商」。根據統計，目前微商人數已經超過 3000 萬，比台灣的總人口數還要多，也就是說，只要在標題中加入「微商」一詞，再將這個標題放到網路上，就有可能可以迅速吸引超過台灣總人口數的微商前往點擊、閱覽，代表這個文案的受眾非常大。再者，若想要更吸引市場的注意，若能找到知名度較高的品牌或名人背書，並將他們放入關鍵字中，對於文案的幫助效果也非常好。

範例 9 （取自於 Love Reina.K 臉書）

文案內容

【標題】微商時代，以信任致勝

微商時代，以快制勝，

誰先抓住機會誰先賺米。

微商時代，以質取勝，

無論什麼時候，品質永遠是第一位的。

微商時代，以信決勝，

想做長久必須要靠信譽和服務。

關鍵評析

「微商時代，以信任致勝」是一個非常具有吸引力的標題。大家都知道，透過網路做生意會比開實體店面更為方便，但享有便利性的同時，

也大大增加了風險。顧客們總會思慮——萬一購買的產品不如預期怎麼辦？萬一貨物寄送丟失怎麼辦？萬一……。新聞上播報的各式新型詐騙手法，更增添了人們對新起家的網購的疑慮，很少人敢踏出嘗試的第一步。

其實，說穿了就是「信任」問題，而「信任」往往也與「商譽」息息相關，只要透過服務與專業素養，讓顧客對品牌產生信任感，就能與顧客建立起一種信任關係，最終讓人們相信你是「誠信至上」的優良店家。

範例 10 醫美文案（取自於醫美運營社——分享一組走心的醫美文案）

文案內容

【標題】我害怕比我漂亮的人

我害怕比我漂亮的人，她們深知容顏易老。
她們總會在抗衰工作上做到不遺餘力，
於是，當你細數眼角紋路驚覺歲月老去時，
她們卻還是年輕模樣。

我害怕比我漂亮的人，她們總是能避開我們走過的彎路。
她們不會買不到不合適的衣服，不會買錯口紅，也不會留錯髮型，
所以長得好看什麼風格都能 Hold 住。

我害怕比我漂亮的人，她們總是很有魔力。
微笑對於我來說，只是做了一個表情，
而她們微笑時，整個世界都融化了。

我害怕比我漂亮的人，她們總是很有存在感。
只要站在她們身旁，我就變成透明的，

明明化了妝的我，在她們面前就像素顏。

我害怕比我漂亮的人，她們總是很幸運。
當和對手實力相當時，機遇總是會偏愛更漂亮的她們，
或許賞心悅目也是一種實力吧！

我害怕比我漂亮的人，她們對自己的要求總是很高。
當我覺得只要不醜就行時，
她們卻在以三庭五眼的比例去要求自己的五官，
以 95 度的標準去衡量自己的鼻唇角，
以光澤度、含水量、彈性度去保養自己的皮膚。

關鍵評析

文案中使用了「害怕」、「不安」、「恐懼」等的字眼，充分地展現了渴望變美、羨慕漂亮的人的模樣，並且完美地比較了「美與醜」的差異性，能有效喚起女性的愛美意識。銷售就是不斷地給予顧客「希望」與「危機意識」，直到他們買單為止。撰寫文案，也不例外。所以非常推薦各位參考這篇文案。

這個小節是要跟大家分享與服飾類相關的文案，這些案例都是筆者平常從文案搜集百寶庫中精選而來。如果你問為什麼能夠蒐集這麼多文案？其實平常在日常生活中就應該多聽、多看，將覺得不錯的廣告詞或街頭海報等等記錄起來，存入數據化的百寶庫中，當作以後撰寫文案的範例參考。

範例 1 **Halfme 台灣女裝平價服飾品牌廣告文案**
（取自於 Halfme 官網——一週上班族穿搭）

文案內容

【標題】超實用 OL 穿搭 Lookbook，從細節展現個人風格

每天生活一成不變，上班都覺得好厭世！上班族穿搭不是套裝就是白襯衫，也令人心生厭倦，該怎麼穿得正式又獨具個人風格？本文將分享上班族穿搭一週 Lookbook，提供你上班服裝的穿著靈感，讓你穿得正式得體，又能從小細節展現質感品味，輕鬆穿出個性！

星期一：粉嫩色襯衫＋格紋西外，少女系辦公室穿搭

過完週末，星期一上班總是負能量滿滿嗎？用少女心的職場穿搭趕走 Monday Blue 吧！穿上粉紫色的 Halfme 緞面純色長袖襯衫，顏色粉嫩甜美，搭配緞面布料透出細緻光澤，個人質感大提升；下半身搭配經典高腰窄裙，用深藍色收斂上半身的活潑感，增添一絲成熟魅力，立體剪裁不僅舒適，更能將肉肉藏起來，凸顯你的身材曲線！外出時，

MAGIC COPYWRITER

套上經典格紋粗花呢西裝外套，整體穿搭既不會死氣沉沉，又不失典雅莊重。

星期二：黑白穿搭＋亮色系大衣，讓你自帶女王氣勢！
選擇純白色的Halfme修身兩片式造型襯衫，看似簡單，細節處理卻不馬虎，即使單穿也不會嫌無聊；下半身搭配不規則腰頭設計九分褲，俐落率性的褲腿剪裁，完美拉長你的雙腿比例，若將襯衫紮進褲子，可以凸顯腰線位置，不僅看起來更有精神，還會露出不對稱的特殊褲頭設計，從小細節展現迷人個性。
若想為清爽的黑白穿搭增加重點，可以穿上一件色彩搶眼的大衣，Halfme 廓形綁帶大衣選用楓葉橘紅色，吸睛卻又不會過於鮮豔，讓你立即擁有女王風範！

星期三：淺色西外超吸睛！打造小清新職場穿搭
即使工作繁雜、生活忙得團團轉，也不能放棄打扮，讓自己呈現出最完美的形象！Halfme垂墜綁帶長袖上衣擁有自然的垂墜感，設計溫柔而知性，散發展現女人味；穿上帶摺素面長褲，帥氣俐落的褲腿輪廓，加上低調的前打摺剪裁，讓你看起來挺拔又顯瘦。最後套上甜美的粉橘色寬版摺袖西裝外套，看起來清爽、富有朝氣，工作場合自信亮眼，下班去約會也很適合！

星期四：絲緞光襯衫＋格紋西裝褲，呈現帥氣俐落感
星期四穿上與星期一同款的Halfme緞面純色長袖襯衫，這次選擇獨特的藍色，搭配低調的絲緞光澤布料，散發貴氣、優雅的氣質；搭配秋冬氛圍濃厚的經典格紋直筒長褲，色調淡雅的格紋布料，避免太過沉重和老氣，褲管也不會過寬，以免看起來鬆鬆垮垮的沒有精神。外套選擇深藍色的復古格紋長版大衣，呼應藍色襯衫和格紋西裝褲，再搭配一雙米白樂福鞋，就能輕鬆穿出正式專業感，走進會議室都自帶光芒呀！

星期五：亮色西裝外套＋造型西裝褲，迎接週末的上班服裝

進入星期五，上班族們都期待著晚上的party和約會，想要穿得輕鬆又保有正式感，上衣一樣可選擇襯衫，但透過圖案和顏色搭配，就能讓穿搭更活潑、有變化。Halfme直條紋垂墜感長袖上衣就是一件版型簡約的條紋襯衫，個性中帶點柔美；搭配單邊直條造型九分褲，採用特殊撞色設計，讓你看起來時髦率性，再加上粉橘色寬版摺袖西裝外套，整個人洋溢著青春甜美，看起來神采奕奕，最適合迎接週末、徹底解放壓力！

關鍵評析

這個案例明顯主打的客群是「上班族女性」。實際上，在撰寫廣告文案時，最重要的就是要先確定「目標客群到底是誰」，竭盡所能避免「寫出來的文案無法抓住目標客群的心」的可能性。

此外，它也開宗明義點出了「上班族穿搭不是套裝就是白襯衫，也令人心生厭倦」的事實，讓消費者（尤其是上班族女性）心有戚戚焉，進而引起他們想繼續閱讀的欲望、當一篇文案確實能「留住」消費者，那它離成功也不遠了！同時，它也抓準了不少人「出門前總浪費一大段時間揀選當天穿著的衣物」的行為，提出一整週穿衣搭配的規劃，讓每天為了衣著煩惱的上班族能節省著裝時間，更是一些犯了「選擇困難症」人們的救星。

這個文案如此詳細地為消費者規劃、節省衣著穿搭的時間，它所求為何？很明顯的，它將自己的品牌行銷安插置入推薦的服飾之間，彷彿這些服飾就是專門為了上班族設計的，成功塑造一種被品牌奉為上賓的觀感給消費者。

範例2　kissy廣告文案

（取自於搜狐——100句服裝行業好文案，給你靈感！）

文案內容

黏糊曖昧的夏天可真讓人煩惱，
希望這款背心有種
讓人和冰箱談戀愛的感覺。

關鍵評析

這個案例一看就是以「戀愛」當作主題，原來夏天帶給人們的「黏膩」印象，被短短幾個文字徹底翻轉，搖身一變，化作少女戀愛時的煩惱，彷彿鍍上一層糖衣。而最後一句「讓人和冰箱談戀愛的感覺」，則點出了此款背心的特點——穿了它有如置身於舒適的涼風當中。這樣的撰寫手法既能讓產品特色毫無違合感地呈現在消費者面前，還能夠契合消費者每到夏天都會遇到的煩惱，可以說是正中消費者痛點的絕佳範例啊！

範例 3 河南沃鹿服飾廣告文案（取自於河南沃鹿服飾有限公司官網）

文案內容

善解人意的你，
從「乖乖女」到通情達理的「好同事」需要幾步？
一件圓領 A 字型連衣裙，
加上白色襯衫領就可以。

關鍵評析

這個案例的特別之處在於，它藉由格式簡單的問答型式，輕鬆點出穿上這套服裝的形象。關鍵在於「乖乖女」和「好同事」這兩個名詞，一下子就讓消費者悟出「只要穿上這個品牌的『圓領 A 字型連衣裙』及『白色襯衫領』，就能從乖乖女走向好同事」的道理，成功將整篇文案更加具體化。

範例 4 （取自於知乎——衣服不只是衣服，這幾個「服裝」文案，值得細品！）

文案內容

悲傷的人不該被情緒捆綁，

衛衣廓形幾乎不挑身形和心情。

哪怕你太傷心把自己一口吃胖兩斤，

它也能包容。

關鍵評析

這個案例將「衣服」與「心情」捆綁，讓筆者從眾多文案中一眼就挑中它作為經典範例。它不僅將「衣服」與「身形」不失禮貌地連結在一起，其中的「傷心」及「包容」更是畫龍點睛之筆——「傷心」這個情緒點出現今許多人用「吃」來緩解情緒，而「包容」不僅將這個品牌的「衛衣廓形」擬人化，更呼應到這件衣服「不挑身形」的特色，象徵著即使吃得再多，也不用擔心衣服穿不下。

範例 5 （取自於劇多——女裝文案）

文案內容

姑娘，

據說這年頭男人跑的快，

要讓他從頭到腳都是你的，

抓住他的心還不夠，

準備了一雙襪子，

趁著情人節，套住他的腳。

關鍵評析

甫看到這個案例，有非常「接地氣」的感覺，彷彿看見一位菜市場叫賣的歐巴桑，扯著「燒聲」的破鑼嗓子，怪裡怪氣地向你兜售自己的襪子，既特別又不失趣味！

筆者則認為，這個文案可以應用在很多地方，只要將內容進行微調即可！如：將「襪子」修改成「手套」，再將「腳」修改成「手」，就是一篇「手套行銷」的文宣了。

範例 6 （取自於顧漫《微微一笑很傾城》）

文案內容

這裙子哪裡不良家婦女了！

你自己身材太惹火、撐得太曲線，

關我家純潔的裙子什麼事啊！

關鍵評析

這個案例與上篇文案有異曲同工之妙，讀起來的口氣不會讓人有距離感，反而有種平易近人的感覺，擺脫了過去廣告文案過於「匠氣」的特質。特別是這句「你自己身材太惹火，撐得太曲線」，不僅拍了消費者的馬屁，還襯出了這款裙子的賣點——塑身、凸顯顧客的好身材，讓人一看就想買。因此，在此建議，文案寫得越親民、越接地氣，有時反而是熱銷產品的關鍵！

7-4 知識服務文案分析

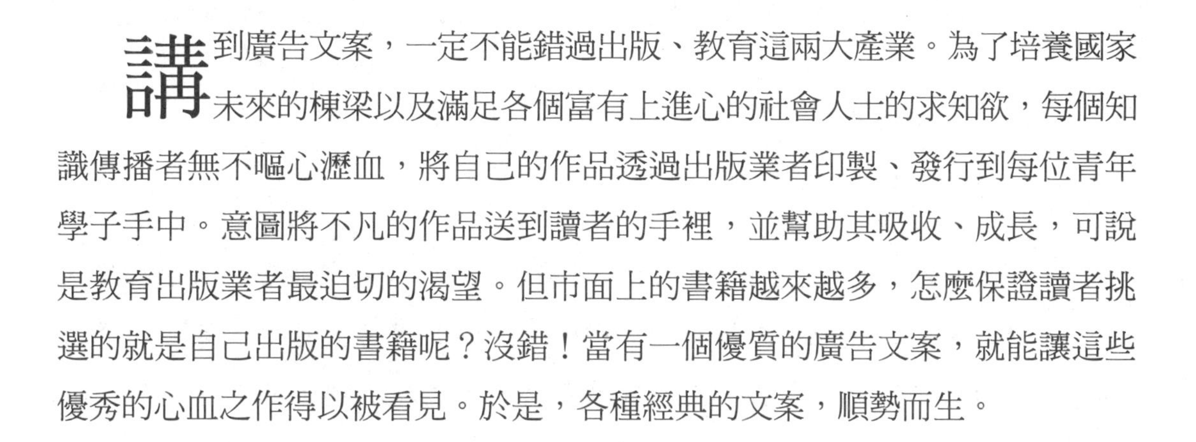

講到廣告文案，一定不能錯過出版、教育這兩大產業。為了培養國家未來的棟梁以及滿足各個富有上進心的社會人士的求知欲，每個知識傳播者無不嘔心瀝血，將自己的作品透過出版業者印製、發行到每位青年學子手中。意圖將不凡的作品送到讀者的手裡，並幫助其吸收、成長，可說是教育出版業者最迫切的渴望。但市面上的書籍越來越多，怎麼保證讀者挑選的就是自己出版的書籍呢？沒錯！當有一個優質的廣告文案，就能讓這些優秀的心血之作得以被看見。於是，各種經典的文案，順勢而生。

我們可以透過觀摩這些文案，透析作者的思路，產生出屬於自己的文案套路。接下來，作者要將平日留心周遭、大量收藏的寶藏文案，分享給大家，在撰寫評析的過程中，作者也學習到不少新知，也是一種成長，祝願你我都能達成自己的目標，共勉之。

範例 1 《氣場：吸引力倍增的關鍵五力》廣告文案

文案內容

這是一本富人們不說，卻默默在做的人脈成功祕笈

一流菁英超速勝出的關鍵在於——氣場

本書教你如何培養、提升、運用自己的氣場，

與他人深度連結，有效拓展人脈，吸引力爆棚！

獨特力、淡定力、閃光力、吸引力、說服力

掌握關鍵五力，減少無效社交，掌握所有人際需求，
你將學會精準且自然地使用氣場，擁有最強社交利器！

- 為什麼成功的企業家或知名人物都有強大的氣場？
- 為什麼有人打扮普通，你的目光卻會不自覺地被他所吸引？
- 為什麼有的人始終光彩照人，有的人卻終日萎靡不振？
- 為什麼有些人你一看就覺得投緣，有些人一看就討厭？
- 為什麼有人不用特別做什麼事、說什麼話，客戶就願意聽他的？

什麼樣的氣場，決定著你有何種影響力，
現在就用氣場淘出黃金人脈吧！

每個人的氣場都不一樣，一個人若待人無私、沒有想攻擊他人的心思，那這個人的氣場就是親和的；一個人若隨時保持歡喜心，那他散發出來的氣場便是歡喜的。人人都希望自己可以擁有強大的氣場，但這不是能輕易做到的事，它是一個循序漸進的過程，需要在經歷、思考與感悟中慢慢沉澱，氣場沒有最大，只有更大，所以我們修煉氣場的課程，需要花費一生的時間來完成。

在整個過程中，如果我們能由內而外地進行自我修煉，讓自己的心靈不斷豐富起來，不斷加強自己的實力，意志更為堅定，不斷體現更高的個人價值，那我們就能實現一個又一個優秀而與眾不同的自己，形成獨特鮮明且不斷加強的氣場及魅力。

本書分別從獨特力、淡定力、閃光力、吸引力、說服力等五力，向大家闡述修煉強大氣場的方法，指導大家如何在現實生活的各環節中完善自我、擴大氣場，為你揭開人與人之間究竟是如何相互影響的祕密！

關鍵評析

推薦大家這篇文案是因為此文案的撰寫方式。開頭點出了許多人的疑問和困惑，接續的內容回應了開頭的疑問，在接近文案尾聲的地方，

直白地揭露這本書能帶給讀者什麼樣的收穫跟好處。這樣的寫作方式，能夠準確地吸引目標受眾，使其下單購買書籍。

範例 2 《名師開講古文 30 輕鬆讀》廣告文案

文案內容

打造學測一把抓的古文辨析尖兵

精心挑選必考古文篇章，囊括：

最新 108 課綱的〈鹿港乘桴記〉、〈畫菊自序〉；

最具代表性的〈岳陽樓記〉、〈醉翁亭記〉等，

完全符合最新考情趨勢！

五大特色

一、掌握依文學史編排的篇章，複習更有脈絡與系統！

二、表格化歸納關鍵古文，提升閱讀與理解力！

三、立即練習必考經典題型，輕鬆邁向高分無負擔！

四、統整重點歌詠詩文，瞬間洞悉破解詠史判讀題！

五、趣味橫生的軼聞典故，明白非知不可的常識！

關鍵評析

這篇文案屬於「重點式」商品文案，其中沒有雕砌過多的浮誇詞藻，反而是清楚地條列出這本書的精華，明確地告訴目標受眾，讀了這本書就能輕鬆拿高分，這也與它的書名——《古文 30 輕鬆讀》互相呼應，可說是一個相當值得參考的範例文案。

範例 3 《SUPER BRAIN 數學 A 學霸超強筆記》廣告文案

文案內容

讓學霸帶你作筆記！

使你掌握考點、突破重點、征服難點！

精選 71 個考點，迅速搞定你的數學弱點！

穿插學霸小叮嚀，帶你擺脫學習誤區！

特選收錄與考點對應的考題，馬上演練以驗收學習成效！
額外加贈「神奇記憶板」，讓學習與測驗同步，更顯效率！

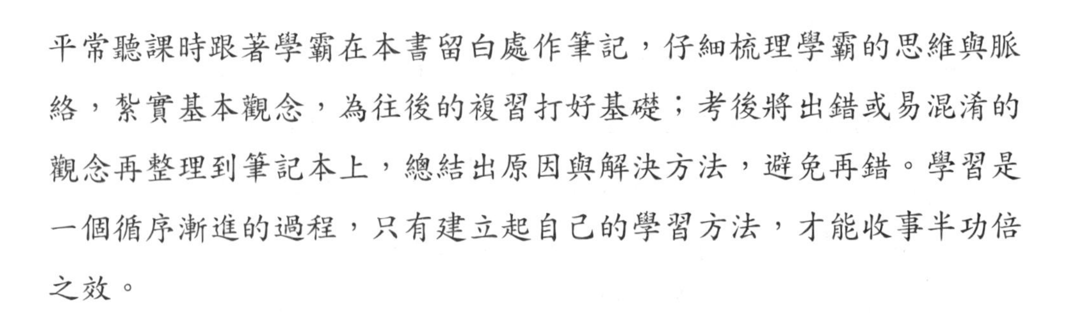

《學霸超強筆記》系列依照最新課綱編纂，將學測必考重點以考點的方式呈現，獨創考點與試題演練兩相呼應的編寫形式——
左頁考點：全面性的講解知識，重點字變色呈現；
右頁大考試題與模擬題：馬上演練相對應經典習題，立即檢測成效，左右對應讓學習更有成效。

平常聽課時跟著學霸在本書留白處作筆記，仔細梳理學霸的思維與脈絡，紮實基本觀念，為往後的複習打好基礎；考後將出錯或易混淆的觀念再整理到筆記本上，總結出原因與解決方法，避免再錯。學習是一個循序漸進的過程，只有建立起自己的學習方法，才能收事半功倍之效。

「明天的你會感謝今天努力的自己」，在本書的協助下，成績定能鶴立雞群、傲視群雄，一舉衝破考試大關！

【本書特色】
•精選 71 考點
本書特請各大名校的學霸出馬，精選大考必讀考點，將重點內容濃縮整理，精簡呈現，讓同學們輕易掌握大考脈動。重點整理更採用「重點字套色」的形式，同學們只要放上紅色記憶板，即可開始進行高階的「自我填空考試」！

•學霸現身說法

學霸們藉由自己身為學生的身分優勢，點出學子最容易混淆或疏忽的地方，除了另闢「學霸踹共」欄位，讓學霸為同學們整理重點外，學霸也常以簡短叮嚀帶領同學們突破學習盲點。跟著學霸一起讀，進考場將不再迷茫、不再恐懼！

●考古題、模擬題立即演練

學完考點後，即刻開始題目演練，藉著重複演練類似題型，讓考點深深烙印在同學們的腦海中。考前用記憶板遮住底部的解析，考後直接拿開記憶板，解析立即可見！遇到困難的數學題也別擔心！完整解析上傳雲端，一掃 QRcode，手機即可看！

關鍵評析

也許你曾聽過這樣的說法：「**好的文案就是產品有什麼就說什麼。**」這個文案完全符合這種感覺。將書中所有特色，對應到考生平時可能會遇到的困難。讓學生一目瞭然，看到文案就會聯想到這些學習時候曾面對到的困境，而這個產品正是解決煩惱的最佳藥方。還記得前幾章說過：「**要給消費者為什麼要購買產品的理由**」嗎？這個文案就是符合這一點，讓《數學 A 學霸超強筆記》躋身至暢銷書行列。

範例 4 「泰倫斯魔法影音課程」廣告文案

文案內容

拍一部好影片的定義？

魔法影音課程資訊

有人會說是畫質有人會說是器材也有人說是內容，這些都沒錯，但要怎麼排列組合才能讓影片達到最佳效果？

我們看看這部影片……

你看的出來這影片全程都是用手機拍攝的嗎，搭配上運鏡手法跟剪接後製，整部影片是不是非常的吸睛呢！

現在人人都有手機，手機拍攝畫質也日新月異，任何人在任何時間都可以拿起手機拍攝你想拍下的一切，但要如何將你拍攝的內容變得有趣吸睛？

講到這裡，其實還有一件非常重要的事沒提到，那就是「流量」！
當你辛辛苦苦拍攝、製作好一部影片後需要的就是有人看見，現在社群平台那麼多，你一定會說：我就放上這些平台就好啦。
沒錯，這些平台都需要放，但你知道這些平台現在觸及率不到 1％。
想要在這些平台讓更多人看見，你就必須得付廣告費，而且廣告費也不便宜，你願意花多少廣告費讓大家看到你辛辛苦苦製作的影片？3000？5000？10000？我想告訴你，即使你花到 10 萬看到的人也不會如你預期的多，因為下廣告是有技巧的，而這些技巧你又必須花費一大筆錢去學習還未必能立即見效。

你是不是想問：那有平台可以不花錢就能有流量的呢？
當然有，接下來我就來介紹 TikTok 抖音這個平台。
抖音是目前唯一不用花錢就有流量的社群平台，在抖音平台裡一夕爆紅的素人多到不勝枚舉，抖音同時也是目前各大 APP 下載平台的第一名。

抖音從 2017 年成立以來至今全球使用人數已經高達 11 億，近期新冠肺炎關係，從 2020 年 1 月開始每月成長人數都是以 1 億起跳。
這樣爆發式的成長更讓 FB、IG、YouTube 紛紛模仿抖音的經營模式推出了類似的影音頻道。

但，前面提到，FB、IG、YouTube 都需要花廣告費才有流量，所以在預算有限的情況下，我們優先從免廣告費的抖音下手，比較容易獲得流量，只要能拍出有個人特色的影片，一夜爆紅不是夢！

認識上面影片的這個人嗎？馬雲大家都認識，而另外一個就是口紅一哥——李佳琦

李佳琦在去年雙11期間利用直播賣出了11億的化妝品，為何提到他，沒錯！李佳琦就是從抖音這個平台爆紅的。

你也想利用影片來賣出你的商品嗎？
你也想成為下一位大V網紅嗎？
泰倫斯魔法影音班
讓你月破千萬流量不是夢！

我們更提供三大保證
我們的課程重在實作，課程上有任何問題疑惑，我們都會教到你懂你會，課後也可在專屬群組內提出問題，老師也都會一一回覆指導，更誇張的是，你只要付一次費用，日後開班你都可以免費來複習跟學習最新功能跟知識（只要付場地費200元喔）。

一支手機輕鬆搞定千萬流量百萬收入
可以學到如何經營時下最紅的抖音
可以學到如何拍攝影片
可以學到如何剪接影片
可以學到如何做出吸粉吸流量的影片
就是要你學好學滿
立刻手刀報起來

關鍵評析

之所以推薦大家參考這篇文案，是因為這篇文案主打的是「保證見效」，這與一般的廣告文案截然不同，它讓消費者明確地知曉上完這個課程以後能具備什麼樣的能力。而在文案的一開始，也點出許多人在經營社群所面對的煩惱與困擾，有效加強了後面的「三大保證」的力度與吸引力。

範例 5 新東方英語海報文案（取自於每日頭條——諾，你想要的教育文案）

文案內容

- 哪有天生如此，只是每日堅持。
- 一日之計在於晨，每日太陽的升起，就是能量充值的時刻。

關鍵評析

這組海報文案，主要是利用「勵志格言搭配生動人物海報」的模式，使文案充滿滿滿的正能量，而這些正能量，更能讓那些深陷英語泥沼的學子們振奮精神，進而重拾信心，再度投入課業。此種藉由「勵志格言」塑造正能量，使人看了會心一笑的形式，也是教育界很喜歡使用的文案模式。

範例 6　（取自知乎——三八女王節文案、廣告語、朋友圈文案大全）

文案內容

每一次低頭學習，都是給女王的加冕！

你看過的風景、讀過的書，都是你的化妝品。

秀外，更要慧中。

學習給的自信，是更好的面膜。

比起漂亮的皮囊，自信的靈魂更讓人難忘。

不依附，獨立的思想，才夠自由。

有才華的女子，更美。

願你用手中這筆，做人生這齣戲的導演。

關鍵分析

很多人一看到這篇文案的時候，就被吸引住了，因為這篇文案美得像首新詩，它將「學習」比喻為靈魂的化妝品，意味著「唯有學習才能使自我的靈魂更加豐富、多彩」。而執筆學習的每位讀者，都是其人生的導演，這也透露出本篇文案的主旨：「唯有學習才能為你的人生做主。」

7-5 美食餐飲文案分析

接下來要跟各位分享的是餐飲類別的文案。相信這本書的內容，可以讓你使用 1000 年以上，就像有的古老故事早已流傳千年之久，例如：《孫子兵法》、《三國志》等等。首先，本篇想先從大陸的電視節目《風味人間 2》的文案開始說起。

《風味人間 2》屬於一款美食紀錄片，於 2020 年 4 月在騰訊視頻上首播，影片中除了介紹一些因地理環境、風俗文化或地方特有物產等因素，而與其他地區料理食材手法大相逕庭的美食以外，也持續探討各種新鮮、獵奇的食材製作方式，帶給觀眾趣味及補充相關知識。此外，《風味人間 2》更有強大的黃金團隊撐腰，它特有的攝影運鏡手法與獨樹一格的文案敘寫功底，不僅讓一般觀眾彷若身臨其境，也讓各大平台的網紅、美食家爭相前往借鏡參酌，希望能從它的旁白文案中分析出自己也能使用的內容。

身為美食家，不一定對於文辭有深入的了解，因此不一定能完全將自己的體驗訴諸於筆墨，最後只能選擇上網「複製」同行的文案，這是非常可惜的！當美食家於社群平台上貼出大眾化的美食文案，往往難以讓目標受眾認可他對飲食的鑑賞能力與專業知識。然而，美食文案除了好吃、美味、可口以外，還有什麼樣的餐飲文案可以寫呢？

在這裡介紹給各位剖析《風味人間 2》的文案時，發現的四大精髓特色。《風味人間 2》的文案敘寫，多半從四種角度切入構思，將再普通不過的吃飯場景昇華成高級且豐富的美食探索，最終成功引起受眾的食欲。

一、食物連接感情，走胃更走心

正所謂「民以食為天」，傳統美食之所以能歷久不衰、代代相傳，它的優勢不僅止於好吃，更重要的是，必須確實讓消費者（品嚐者）感到「有價值」，在消費者確認這項美食是「有價值的」之後，才會留下正面評價，進而呼朋引伴地揪團前往大啖美食。

究竟該如何讓你的菜餚帶有正面評價？那就是，讓食物和消費者的情感、精神產生連接，讓他們感受到美味湧上心頭。能夠和消費者情感碰撞的食物，才能在人群中引起共鳴與討論，也唯有注入從生活點滴中品味出的人情世故的餐飲文案，才能餘音繞梁、長長久久，成為傳奇美食。

接下來，擷取《風味人間2》中的一些短句給各位參酌，其中既有從食物中發散的感情，也有從吃的文化中挖掘出的人生感受，任何一句都能代表一個文案主題：

- 在風味星球上，有一種味道，吸引人們深入險境，這種味道穿過舌尖，給全身心傳遞著安全美好的信號。
- 我們在日常點滴的歡愉中，縹緲世事的況味裡，與甜一次又一次相逢。這是世界上獲取難度最高的蜂蜜，甜香醇厚，只用一勺，平常食物瞬間煥發光彩。甜食能快速補充糖分，促使人腦分泌大量多巴胺，幸福和愉悅的信息傳遞至神經，給人高度的滿足。
- 有了早茶，一天的閒適便有了安放的去處。無論是傳統熬糖技術，還是糖茶，故鄉生活的每一個細節，都充滿甜蜜的身影。趨甜的本性，源於甜帶來的滿足感。一些天然食材由於時令或新鮮，不易察覺的一絲甘甜，總能讓人怦然心動。
- 海貨中的鮮甜，消解海上生活的寡淡。除了給口舌帶來歡愉，甜更讓人動容的，還有一種由心而生的微妙感受。燒味富含油脂的焦香，給大家帶來歡樂。原本讓人望而卻步的味道，憑藉巧思、忍耐、加上一雙手和一些時間，竟能使人們巧妙地抵達它的對岸。只有經歷過低谷和種種不如意，才更能知道，那些觸手可及的日常和平淡，竟來得如此珍貴。

- 甜，發端於唇齒，在口舌處攪得風生水起，卻在心頭落得百轉千迴。所有的勇氣、力量，以及漫長的信約、悲喜與起落，終成萬千滋味。每種食物都藏著別樣的歡欣，每種味道都蘊含多彩的幸福。

二、食物連接地理自然，豐富且意蘊深長

在介紹美食時，餐飲文案往往從外觀與口感著手，然而，這早已是「老掉牙」的形式了，你需要花費更大的努力去鑽研文辭，才能使消費者切身感受到「美食」的力度。在此，提供一個較省力的作法——聊聊食材背後的故事。

常有許多餐飲店會主打「嚴選食材」的口號，並將食材來源整理成表格或圖像，供顧客閱覽，其實運用的就是這種手法。透過向顧客介紹美食原料產地，將這些食材原料一項一項列在全國地圖（或世界地圖）上，強調每種食材的來源與特色，不僅能讓顧客體會到餐飲店「嚴選食材」的用心，更能讓他們認同餐飲店的高價位。

以下列舉一些《風味人間 2》中不錯的文案，提供給各位讀者細細品味：

- 中國人的口味喜好，南甜北鹹，這裡是中間的支點。揚州人用甜推開每個清晨的大門。食物無法脫離腳下的土地，那些風物、氣息、過往的歲月與記憶、共同聚成一個名字，我們稱之為：味道。

- 不管在哪裡，人們喜歡把幸福和美好的感受，跟甜聯繫在一起。說到口味，各地的人歷來莫衷一是，不過談到甜，大家又都會相視一笑。

- 從湖泊到海洋，人們對甜的追逐不因遠離陸地而停歇。
- 跨越高山跨越河流跨越海洋，不同的土地碰撞出相似的美食，人們從未停止尋找的腳步在風味中激發靈感。
- 對於糖的用量、時機以及火候掌握，中國不同地區千差萬別，糖所演化的型態，和對食物的點化，也各有千秋。
- 多元味道的調和，才是蜀地飲食的核心要領。川菜推崇複合味，在烹飪中，糖與調味料協同，創造出荔枝口，魚香味等獨有味型。

三、製作工藝畫面化，沉浸式感受佳餚

廣告影片

什麼樣的美食畫面，能讓觀眾垂涎三尺？2021年新春，速食界龍頭麥當勞製作了一部只有 15 秒的廣告。廣告最初以 HELLO KITTY 舞獅迎新春起頭，爾後才開始介紹它新推出的產品——全新 Double 招財牛堡，這個新漢堡包括撒上新鮮洋蔥丁、厚實多汁的黑胡椒雙層牛排，覆蓋其上的香脆可口的黃金薯餅……。麥當勞利用運鏡與剪輯手法，將製作畫面毫無保留地呈現在觀眾眼前，即使影片只有短短 15 秒鐘，仍成功形塑了新漢堡優質的觀感，左下角標註的「供應期有限，售完即止」更能刺激觀眾進行「衝動性購買」，也就是所謂的「飢餓行銷」概念。

言歸正傳，餐飲文案追求的最終目的就是「讓食客食欲迸發」，為了達到這個目的，最重要的就是廣告視頻的「畫面感」。連鎖餐飲業者往往以專業口吻推介自己的品牌與美食，並描述製作細節與標準；反觀傳統小吃店則多半以小額優惠誘使顧客或網紅拍攝打卡視頻，這類視頻多半只能從外觀與口感下手，觀眾只能從品嚐者的表情與狀態判斷美食的價值。

接下來仍列舉一些《風味人間 2》中的文案給各位參考。這些文案大都是講述製作美食的過程，透過精妙的文辭功底，讓外行也能感受到製作者的精

湛手藝。若你想把自己塑造成某個美食領域的專家，就必須好好地研究這些文案：

- 拔絲是中餐裡妙趣橫生的菜品，白糖在油中融化，精準控溫，不停翻炒，講究眼疾手快。同樣需要手快的還有食客，在熱糖將凝未凝的臨界點，適時起筷，甜蜜一絲一縷，稍縱即逝。
- 時令蔬菜剁碎，取其清爽，撒入大量白糖，鋪墊第二層底味，最後加入鹽和豬油，為餡料增鮮，增添 2 公斤麵粉、1 公斤糖，再堆滿糖漬數日的豬板油丁，糖和油被層層包裹，密實封存。
- 餡料放進面皮，團成斗狀，鹹鮮的火腿末裝點其上。
- 十幾張面皮同時桿壓，每張厚度不超過 0.1 毫米。加奶酪，撒開心果碎，上下覆蓋 20 層面皮，巴克拉瓦的精巧姿態逐漸成型。
- 白砂糖在熱水中不斷融化，檸檬汁的加入，促進糖水解，甜度更高，黏度變低而不易結塊。溫度、酸度、水和時間共同作用，使糖液達到完美平衡。
- 大鍋燒熱，燙淨豬皮。豬肉煮至 8 分熟，切連刀薄片。九成肥，一成瘦，嵌入紅砂糖。於土碗中錯疊，水中調油，加入紅糖，旺火熬成糖油，給肥腴的豬肉塗上濃妝重彩。
- 麥芽糖減緩油脂和水分外溢，肉類自帶的醣類物質與氨基酸和蛋白質聚會，上百種芳香物質如風暴般釋放。糖以美妙的方式賦予食物誘人色澤、提出食物鮮度。肥瘦黃金搭配，肉汁充分保留，豬皮變成迷人的焦糖色，入口爆香酥脆。

四、味道口感細緻入微，置入感十足

眾所周知，「甜」是一個非常具備「口感」的字眼，但事實上這是我們使用「甜」這個字時所賦予它的形象。而這裡提到的「味道口感細緻入微」，指的就是餐飲文案利用我們平時接觸美食時熟悉的口感（如酸甜苦辣等），來刺激消費者，如此一來，多半能使他們更能直觀地「看」到這道美食的「口感」。

接下來以《風味人間 2》的文案當作範例，提供給大家參考：

- 甜中帶鹹，鹹不壓甜，翡翠燒賣的甜似隱若現。
- 高溫下，糖和豬板油充分溶解，快速滲透，水蒸氣包圍中，油糕不斷膨脹，變得越發蓬鬆。此時的糖，已經消弭於無形，蹤跡縹緲。油糕呈半透明的芙蓉色，綿軟甜潤，可達驚人的 64 層。
- 白肉油脂盡出，服貼地癱軟在清甜的糯米上，只剩下又沙又糯的口感，和柔順纏綿的酣甜。
- 六到八成熟的雞頭米糖分含量最高，超過這個臨界點，糖轉化成澱粉，甜度和水潤的口感都會大打折扣。
- 雞頭米質地嬌柔，吹彈可破，樸實無華的烹飪最能襯托它的輕靈。
- 彈韌的口感，軟糯的溏心，粉嫩的清甜。
- 海膽黃富含游離氨基酸，濃郁甘甜，顆粒細膩的質地與脂肪，送上欲拒還迎食物迷人口感。

想成為銷售高手，學會撰寫文案是非常重要的，這個道理無疑可以適用於各行各業。然而，餐飲業使用了優秀文案，進而打響品牌特色並加強品牌影響力的業者，卻屈指可數。你要知道，廣告文案寫得好，很可能產生「1 ＋ 1 大於 2」的效益，若忽視這個可以為品牌帶來長久經營獲利的商業功臣，勢必會產生無可計量的無形損失。

況且，無論是連鎖餐飲業者，還是一般傳統小吃業者，餐飲業必定以「滿足顧客生理需求」及「追求頂級美食」為標竿，只要能滿足顧客的感知需求，則必定能在顧客心理留下正面評價，最終成功給餐廳帶來優秀的品牌效益與商業獲利。

再跟各位讀者分享一則「七喜汽水(7.UP)」品牌發展的故事。七喜汽水創始於 1929 年，為百事公司生產製造的一款檸檬汽水。七喜汽水的主要競爭對手是可口可樂公司生產的雪碧，並於 1970 年代以「低咖啡因非可樂」為廣告標語，企圖維持自己在碳酸飲料界的品牌優勢。

時間回推到 1970 年代，當時飲料市場偏好逐漸轉變，即使在以水果為基礎的飲料類型中，七喜汽水算是檸檬汽水的龍頭品牌，但卻仍無法與可樂匹敵。根據資料顯示，當時可口可樂與百事可樂搶占了過半的碳酸飲料市場，再加上開特力、維大力等類型的運動飲料陸續登場，七喜汽水逐漸不敵市場衝擊。當年絕大多數的消費者並不把七喜汽水認定為「軟性飲料」（碳酸飲料），他們（尤其是青少年）唯一認定的軟性飲料是「可樂」。由此可見，在碳酸飲料領域中，具主宰地位的飲料類型正是「可樂」。

為了維持自家品牌在飲料界的地位，七喜汽水找來世界上第一家廣告公司智威湯遜(J. Walter Thompson)出謀劃策。智威湯遜的創意團隊在經過市場調查後發現，必須將七喜的地位提高到與可樂並排顯示，也就是不再倡導七喜屬於「軟性飲料」，而是改為強調七喜「非可樂」，加深消費者「七喜與可樂截然不同」的印象，否則，七喜的銷量將持續遭到可樂抑制。後來，三部簡易的「推廣七喜非可樂」的廣告問世，為了將七喜置於與可樂相同的平等地位，廣告在推銷七喜的同時也一定會提到可樂，成功使七喜與可樂劃清界線。為了測試廣告宣傳結果，七喜未修改任何瓶身標示以及內容物成分，但廣告的力度卻使七喜的銷量急遽攀升，由此足見廣告的成功。

跟各位分享這則故事，主要是想告訴各位，你的產品也許不是市場上的龍頭老大，而是優勢即將被他牌蠶食的夕陽產品，但你仍可以靠著替自己的

產品與服務重新定位，讓市場重新認識你的產品。

讓我們再來看下個例子，1970 年代初期，啤酒品牌百家爭鳴，不僅前有百威(Budweiser)、美樂(Miller)、酷爾斯(Coors)三大品牌搶攻市占率，後有藍帶啤酒(Pabst Blue Ribbon)等品牌蠶食剩下的市場大餅。面對這樣紛亂的「戰爭」場面，誰能寫出「力壓群雄，展現自我特色」的廣告文案，就是最後的勝利者。

然而，關於啤酒品牌特質的敘述主張卻已走入死胡同，甚至可說是黔驢技窮的地步了，無論啤酒業者再怎麼誇耀自家產品，消費者都只傾心於自己習慣的品牌，導致啤酒業者難以從同行手中搶到顧客。那麼，我們該用什麼手法，讓自己的啤酒品牌脫穎而出呢？最成功的廣告案例，就是由美樂啤酒品牌成功塑造的新名詞——美樂時間(Miller Time)。

首先，美樂先將客源確立於「愛喝啤酒的藍領勞工族群」身上。藍領勞工的工作時間與一般朝九晚五的白領上班族不同，他們往往是大清早七點就動工，而下午三點就收工，因此美樂將喝啤酒（尤其是美樂品牌的啤酒）的時間鎖定在三點下班之後，塑造出一群男人在下班之後，愉快地喝美樂啤酒放鬆勞動一天的辛苦。

美樂這個舉動，成功將一天當中最可能痛飲啤酒的時間點，打造成專屬的「美樂時間」。現今很多廣告也用這種手法，將產品與某個觀念捆綁在一起，最後成為人們的既定印象，像是鑽石常與美滿的婚姻作連結、雙十一光棍節常與購物消費作連結，這些都是非常成功的案例。

至今，你仍可以在 YouTube 上找到這些老廣告，雖然畫質與拍攝手法較為粗糙，但從它的策略面來看，美樂的廣告無疑是上乘之作。從廣告開頭可以看到，藍領勞工在結束一天的辛勤工作之後，到了休息室打開冰箱，滿滿都是美樂啤酒，最後畫面定格在他們邊喝啤酒邊閒聊的輕鬆氛圍之下。廣告中，美樂並沒有宣揚

美樂廣告

任何與自家啤酒相關的內容，包括產品原料、加工製作手法等，都完全沒有提到，而是轉而強調一天當中開懷暢飲美樂的時間。最終，「美樂時間」成功確立了啤酒廣告的新里程碑。

好了，接下來準備了幾個餐飲類範例文案，都是這些年來收藏的寶藏文案。在介紹完文案之後，都會放上一段評析，希望這些訊息與內容在各位撰寫文案時，帶給你們實質的幫助。

11 種餐飲類文案範例

範例 1　王品 20 年，台灣餐飲的 20 年（取自於王品集團官網）

文案內容

概況

王品集團成立於 1993 年，以累積 25 年的餐飲服務產業為根基，聚焦餐飲業經營，透過多品牌的經營策略布局，於兩岸已成功創立超過 20 個餐飲品牌，全球總店數包含新加坡、美國在內已超過 400 家，餐廳經營發展跨足不同類型，包括牛排料理、日式鍋物、鐵板燒、日本料理、燒烤料理、日式豬排、蔬食料理、炸牛排……，躍居台灣第一大餐飲集團，每年來客量超過 2100 萬人，換算台灣人口數，已近乎人人皆是王品集團的顧客。

王品官網

餐飲是文化的投射，王品集團持續開創新品牌，致力於多品牌經營與創新，在口味上滿足台灣消費市場多元需求，並讓消費者從年輕到老年都可以與集團聯結，轉換不同的餐飲需求與顧客體驗。王品集團不斷精進與突破，於 2015 年正式進軍中式餐飲，揮軍中餐市場皆連告捷，代理的新加坡 PUTIEN 莆田、自創品牌鵝夫人皆連續三年分別拿下新加坡與上

海米其林一星肯定。

王品 20 年，台灣餐飲的 20 年

經歷了台灣餐飲起飛的時代，將台灣軟實力推向國際

關鍵評析

若說到台灣餐飲業龍頭，很多人的第一反應就是「王品集團」。王品集團如何能以「高價位」之姿，坐穩台灣第一大餐飲集團？其實從它的文案及行銷方式就可略知一二。

首先，這個案例是取自王品集團的官網。每個知名品牌的官網，不一不會放上自家品牌的歷史沿革、目前概況，以及未來展望，王品集團也不例外。從「概況」中的「餐廳經營發展跨足不同類型，包括牛排料理、日式鍋物、鐵板燒、日本料理、燒烤料理、日式豬排、蔬食料理、炸牛排……」可以看出，王品致力於擴張自己的餐飲種類，並不會故步自封於「王品牛排」及「西堤牛排」打下的牛排料理基礎，反而是竭盡所能抓準每個顧客享用高價位美食時的選擇，發展出火鍋、鐵板燒、燒烤等餐飲種類與新品牌。從「每年來客量超過 2100 萬人，換算台灣人口數，已近乎人人皆是王品集團的顧客」更可以看到，王品不僅將來客量數據化，更聰明地將數字與台灣總人口數作結合，讓一些對數字沒多大概念的消費者能迅速反應到王品的受歡迎程度，這也是相當好用的一個文案寫作技巧！

除了歷史沿革外，王品集團還特別製作了一部影片，將影片放在官網上，以「王品 20 感恩邁向國際」為標題。整部影片從王品剛起家時的 90 年代說起，部分內容用黑白定格照片呈現，更顯示出早期創業的艱辛；接著經由王品集團董事長戴勝益之口，帶著觀眾走過台灣經濟的蓬勃發展與之後的幾波國際經濟動盪，更點出王品集團逆勢徵才、擴張版圖的野心；最後以「王品 20 台灣向上感恩邁向國際」作為收束標語，再次將王品集團與台灣捆綁在一起，「邁向國際」更加深了台灣人在面對「王品集團擴張世界版圖」時的榮譽心。

範例 2 換個文案就爆紅！烤肉店的竄紅祕辛！（取自於柏舟設計——餐飲營銷｜換一句文案，這家餐廳就客滿為患了？）

文案內容

13 年，朋友離婚後獨自帶著孩子，靠著東拼西湊的一點存款，在金華開了一家炭火烤肉店，當上了老闆娘。

門面在一條不算太偏僻的小巷裡，市口還不錯，但生意卻一直不慍不火，好在周圍居民樓還算充足，能滿足不少人的晚間宵夜需求，所以為了賺錢，老闆娘也把關門時間定到了凌晨 2 點半，孩子就交由父母暫時照顧。

烤肉店剛開業時，廣告就張貼在牆面上。上面寫著：肉小匠祕製烤肉，老城風味，38 元超值烤肉套餐！遺憾的是，新店開業並沒有引起周圍消費者的注意。

考慮到夜晚來吃烤肉的主要還是周圍住戶裡的年輕人，夜生活頻繁並且扎堆兒，我聽到她的訴苦後，建議她索性將廣告文案改成：「朋友相聚不容易，等你吃飽再關門。」其實賣的還是那些菜品，優惠還是那個套餐，但 12 點後的生意變得特別好，外賣訂單更是紅火。

老闆娘也越來越會做生意，趁著熱度改善了一下牆面，並推出了一個管飽套餐。38 元吃到飽（僅限烤肉），52 元吃到飽（不限菜品）兩種，後者受到了更多的人青睞。大家自然而然地會覺得 52 元更划算，這種看似讓利的形式，讓店裡口碑和營收都得到了提高。

關鍵評析

這個案例其實是以「故事形式」，包裹作者想教授各位讀者的文案寫作小技巧。文章敘寫的是，一個老闆娘用了兩個廣告文案，讓自家的炭火烤肉店高朋滿座，來客絡繹不絕的故事。

故事的作者確定了目標客群正是周圍住戶中的年輕人，而年輕人通常不會孤身一人吃烤肉，往往會呼朋引伴地吃宵夜，因此建議老闆娘以「朋友相聚不容易，等你吃飽再關門」為廣告標語。不僅一語道中年輕人的意念，更免除了「朋友相聚聊天吃宵夜，卻因餐廳營業時間被迫提早結束」的窘境，大大增強年輕人攜伴吃烤肉的可能性。

接著，老闆娘抓準商機，推出吃到飽方案，制定了兩種金額的套餐形式。乍看之下，顧客會第一反應認為「雖然 38 元較便宜，但這個方案只能吃烤肉，無法臨時改吃其他食材」，因此絕大部分的顧客會選擇 52 元的不限品項的方案。以炭火烤肉店的營業成本來說，雖然主打餐點是烤肉，但絕不可能只準備肉類食材，其他包括蔬菜、海鮮等食材仍都必須備齊，所以事實上並不會增加太多營業成本。透過吃到飽的套餐形式選擇，將顧客從低價 38 元導向 52 元的高價，不僅賺到更多的錢，更重要的是，還讓顧客感覺「撿到便宜」，回客率也因此得以提升。

範例 3 餐廳營銷文案（出處：杰夫與友）

文案內容

【主題】回不去的校園食堂

- 今天過得特別快，畢業季也悄悄接近了

- 回不去的校園食堂，依舊陪伴你的我，我們都愛為你解饞。

- 別輕易說老，你比我的招牌嫩牛肉還鮮！

- 空運來的地道新鮮食材，每年 1000 桌才子佳人聚餐。

- 1 分鐘出餐的效率，保證不讓你餓著肚子學習。

- 一口麵條一塊肉，大塊牛肉才過癮，畢業學子用餐，只要不浪費，免費給加倍！

- 媽媽常說，多吃點，再來碗，不吃啦？我也常說，多吃點，再來碗，不吃啦！

- 成年進了酒館，出門便是江湖。

關鍵評析

這個文案以「回不去的校園食堂」這個標題，提醒消費者把握最後的校園青春時光到校園食堂吃飯，就像許多人常在畢業後回味大學時光一樣。儘管文案仍以較常見的「感性」方向切入，但針對的目標客群卻是正值畢業季的畢業生們，相對而言的受眾較窄，能創下的營收商機有限，較為可惜。

範例 4　「回家吃飯」廣告文案（取自於熱備資訊——這些美食文案，寫到你胃裡的）

文案內容

【標題】一切語言，不如，回家吃飯

- 雖然有霧霾，但在樓下聞到，蒜薹炒肉的味道，還是會摘下口罩。

- 送走了爸媽，還能吃到臘肉炒筍，就覺得自己在北京，過得還好。

- 髮際線越來越高，天花板越來越低，只要吃一口板栗鴨，就像回到了九歲。

- 山東到福建距離兩千公里。在這不過一碗粥的距離。

- 除了給爸媽打電話，中午訂餐是你唯一說四川話的機會。

- 王阿姨的廚房不到五平米，卻裝下了兒時八百里秦川。

關鍵評析

這個案例從文案中的「北京、山東、福建、四川話」等名詞，可以清楚推測出自中國大陸。雖然無法直接應用於台灣餐飲業，但其中的精髓卻能完全保留與傳承。由於中國大陸幅員廣大，離鄉背井到外地工作的青年人數一直居高不下，這些青年可能一整年只有一、兩次機會能回鄉與父母團聚，因此他們都會特別珍惜僅有的幾次機會。而在台灣，也有不少中南部青年北漂，到台北打拼，雖然回鄉的時間較短、距離也較近，但仍屬於無法立即與父母見面的一群人。

這個文案的目標客群不僅是這些「離鄉背井」的青年，更擴及到中年人。「髮際線越來越高，天花板越來越低，只要吃一口板栗鴨，就像回到了九歲」這句話，成功塑造出「邁入中年的男子面對板栗鴨，開始回想起童年」的形象，更觸動了中年人的思鄉之情。

正所謂「客戶心動，就會行動」，只要文案能真正打動目標客群，讓顧客有所感觸，進而產生購買產品的意願，就是一篇感人肺腑、成功的好文案。

範例 5 電影《舌尖上的新年》廣告文案
（取自於熱備資訊——這些美食文案，寫到你胃裡的）

文案內容

- 這一次，他們走遍全中國，拍了一部前所未有的美食大電影。
- 所有的鄉愁都是因為饞。
- 這些美食不光紋理清楚，而且香氣也快要飄出了螢幕外。
- 請勿搶奪鄰座觀眾食物，請勿毆打鄰座吃飽喝足的觀眾。
- 解衣寬帶終不惱，吃完記得，擦擦嘴。
- 忙忙碌碌不得閒，儘管沒掙幾個錢。萬水千山擋不住，抱魚回家過新年。

- 精緻生活，從不將就，人生需要限量。

- 碩士粉，良心粉，就要辣出自我。

關鍵評析

這組案例為紀錄電影《舌尖上的新年》的宣傳標語。《舌尖上的新年》是《舌尖上的中國》這部電視紀錄片的衍生作，整部電影以中國大陸各地奇特的年貨美食串聯出豐富多彩的新年故事，除了以「介紹美食」為主要核心外，更以高規格的電影攝影器材與技術，將東方華人傳統過年習俗保存在影片中。

各句宣傳標語都各自擁有不同的特色。「所有的鄉愁都是因為饞」這句話特別容易植入人心，對於許多思念故鄉的人，他們往往想的是家鄉的溫暖與美食，所以容易被吸引。威樺老師曾當兵入伍，也曾前往大陸進修，因為當地飲食習慣與台灣差異甚大，特別能引起他的思鄉懷念之情。「解衣寬帶終不惱，吃完記得，擦擦嘴」、「忙忙碌碌不得閒，儘管沒掙幾個錢。萬水千山擋不住，抱魚回家過新年」則以古典詩詞為底，加上一些小巧思，讓消費者不禁會心一笑。

範例 6 《日食記》影片文案（取自於每日頭條——這些美食文案，寫到你胃裡的）

文案內容

- 用三分鐘時間守候泡麵飄香，隔著冬夜，一窗水汽欲滴，就是最平凡的幸福感。

- 寒風刺骨也沒有關係，有煤爐和火鍋就可以痊癒。就像把一整年的情緒，統統倒進熱氣逼人的漩渦中洗禮。乾淨又豐盛的填滿所有空洞。

- 被冬天包裹，才更能體會一碗熱飯的溫香。寒冷的存在意義，也許就是讓你找到溫暖的事物去追隨。

- 夏天的雨天和晴天，都來去的很快，就像十八歲那年的愛情。當年的我們，就像酒做的棒冰，既不是孩子，也不像大人。

關鍵評析

這組文案能應用的飲食類型大有不同。

第一句「用三分鐘時間守候泡麵飄香，隔著冬夜，一窗水汽欲滴，就是最平凡的幸福感」明顯就是專用於泡麵業者，並將「泡泡麵的三分鐘」與「最平凡的幸福感」連接在一起，帶給消費者一種「泡麵等同幸福」的觀感。

第二句「寒風刺骨也沒有關係，有煤爐和火鍋就可以痊癒。就像把一整年的情緒，統統倒進熱氣逼人的漩渦中洗禮。乾淨又豐盛的填滿所有空洞」屬於火鍋業者能參酌的範疇，文案將「一整年的情緒」具象化成「倒入熱氣逼人漩渦」的食材，更為這句標語增添動態感。

第三句「寒冷的存在意義，也許就是讓你找到溫暖的事物去追隨」則是將普通的文字敘述，直接昇華成「追求生命的意義」，期待能得到消費者的認同。

範例 7　必勝客廣告文案

（取自於每日頭條——寫到你胃裡的美食文案）

文案內容

榴槤先生露出大塊果肉，製成必勝客榴槤比薩。

- 下腰需謹慎，胖榴槤用力過猛賠性命！

- 榴槤逗愛犬釀禍，小小迴旋鏢藏殺氣！

- 海上度假遇惡鯊，一縷香魂散。

關鍵評析

「必勝客」身為全球最大的披薩連鎖店，一直不斷在開發、創新出特殊口味，渴望能拓展來客量與保持固有的廣告熱度。「重口難逃」就是由上海獨立創意廠牌 KARMA 創作出來的廣告文案，宣傳的正是「榴槤多多口味」的披薩。

KARMA 以「榴槤先生」為主角，製作了一系列的動態圖片，故事內容敘述這位榴槤先生因為太過「重口味」，因而難逃一死，最終死後爆開的大片果肉，則成為必勝客榴槤多多披薩的原料。它運用擬人化的手法，賦予榴槤人類的姿態與靈魂，建構了一系列的小故事，試圖讓顧客不再懼怕重口味的榴槤。

範例 8 麥當勞廣告文案（取自於每日頭條——寫到你胃裡的美食文案）

文案內容

【標題】那些我為你烹飪的食物，是寫給你最美的情書。

- 大薯，一種以馬鈴薯為原料，切成條狀後油炸而成的食材。是現在最常見的快餐食品之一，流行於世界各地。處暑，暑氣至此而止，薯氣卻越發濃郁，處暑吃薯，送夏迎秋。

- 早餐、午餐、晚餐，都想和你一起吃。總想和你多待一會兒，所以每次點餐都故意多點了份大薯。

- 這曲子譜的好，喝完這杯就去寫文章。天山鳥飛絕，古人兩相忘，今天還有誰和我一起第二杯半價？

關鍵評析

首先，我們先來看標題，「把食物當成情書」與俗語「要管住一個男人，先管住他的胃」略有相似之處，都是將情感（尤其是愛情）與美食連結，塑造出一種「吃了這個美食，就能找到美好的愛情」的觀感。

第一個文案，麥當勞巧妙地將「大薯」與二十四節氣中的「大暑」諧音雙關，並在後續文案中不斷將「暑」替換成「薯」，除了做置入性行銷外，也給消費者帶來俏皮、可愛的閱讀體驗。

第二個文案，則是從「感性」的觀點切入，最後仍緊扣回廣告重心「大薯」，塑造一種「只要多點一份大薯，就能與心儀對象多約會久一點」的想法。

最後一個文案，則是寫到「天山鳥飛絕，古人兩相忘」，明顯化用了柳宗元《江雪》一詩，更是電影《天龍八部之天山童姥》中李秋水的台詞，強調時間過去久遠，即使是再熟悉的人，終會湮沒於時間的洪流中。在消費者還沉浸於古典詩詞之時，麥當勞在下一句「今天還有誰和我一起第二杯半價」又再一次勾起消費者的趣味性，也製造了驚喜感給消費者，達到一個讓人留下深刻印象的廣告文案的境界。

範例 9 日本雞肉專門店海報文案（取自於每日頭條——寫到你胃裡的美食文案）

文案內容

【標題】那麼，我就去當蔥香烤雞串了！

一隻雞揹著行囊（一根蔥）從家鄉（產地）出發，前往串燒店。海報配字：「那麼，我去當香蔥烤雞肉串去了。」

牠搭上了火車，透過火車車窗望外看，一邊思考著：「如果可以把早

上生下來的蛋也帶著就好了。」

牠下車後，被一隻兇惡的狗追逐，牠迅速逃離現場，並大喊：「我可不能在這種地方被吃掉！」

經過長途跋涉，這隻雞終於走到串燒店門口，並為這趟旅程劃下句點：「您好，您的食材到了喔！」

關鍵評析

這是一家日本串燒店的海報文案，用「一隻目標為成為雞肉串的小雞」為故事主角，並以雞的視角為出發點，用漫畫式的連環圖片以及簡單的配字，讓消費者在享用餐點之餘，感受到趣味性，也能明白這家店的新鮮食材有多麼地得來不易。是一則相當不錯的故事型文案。

範例 10 百草味 517 吃貨節活動文案（取自於每日頭條——寫到你胃裡的美食文案）

文案內容

- 不吃東西，馬上喝水，必胖符。隨便吃不發胖，吃什麼都不胖符。

- 吃貨和飯桶最大的區別是：一個嚐了再吃、一個只知道吃。

- 普通吃貨：真好吃。
  二筆吃貨：香濃厚實好味道。
  裝 X 吃貨：FUN 開吃。
  文藝吃貨：和重要的人一起吃。
  頂尖吃貨：……。

- 拿零食當飯吃的人，擁有世界最深的孤獨。

- 芒果乾：我們是大自然的乾兒子。

- 相遇就像吃零食，你永遠不知道下一包零食符不符合你的口味。

- 我知道，你以後還是會想吃檸檬片。所以給你留了張可能是 5 元的優惠券，快拿手機掃電視吧。

- 喜歡是「加入購物車」，愛是「立即購買」。

- 喜歡是我有兩包零食，你一包我一包，愛就是我有兩包零食，把兩包都給你。

關鍵評析

這個案例的文案出自於中國大陸的一場「杭州氧氣音樂節」，這個音樂節類似台灣的「春吶」、「春浪」或「貢寮國際海洋音樂祭」等音樂盛會，現在都會有不少流動攤商或零食廠商進駐。為了在眾多販售類似產品的店家中脫穎而出，大陸這個名為「百草味」的商家就製作了一系列的懸掛式大型海報，上面寫滿了些趣味標語。最吸睛的莫過於「符咒」了，「不吃東西，馬上喝水，必胖符」、「隨便吃不發胖，吃什麼都不胖符」這兩張符咒式的海報，不僅因外觀讓消費者能第一時間注意到它，仔細看完上面寫的文案後，又能讓那些擔心吃零食發胖的消費者，在購買食用這個商家的產品時稍感安慰。

抖音上有一個有趣的視頻，視頻內容將「吃貨」分級，分別為——青銅、白銀、黃金、王者四個階級。第三則文案用的就是這樣的模式，讓消費者越往下讀，越想知道自己是哪個等級的吃貨，成功勾起消費者的興味。吸引到的注意力增加了，業者推廣產品的銷售可能性自然而然地就會提高。這種層層設計的文案類型，筆者也很推薦讀者可以嘗試寫看看唷！

範例 11 左岸咖啡館廣告文案（取自於 YouTube——左岸咖啡館 TVC 下雨篇）

文案內容

【標題】聽見下雨的咖啡沖泡聲音

我喜歡雨天，雨天沒有人。

整個巴黎都是我的。

這是五月的下雨天，我在左岸咖啡館。

不知覺地，又一次閱讀。

才發現文字的美，滋潤的何止是目光。

還有心情。

廣告影片

關鍵評析

這個案例化用了由周杰倫作曲、方文山作詞、且周杰倫與魏如昀均唱過的《聽見下雨的聲音》。以「聽見下雨的咖啡沖泡聲音」為標題，就是想借用歌曲的知名度與影響力，讓這篇文案發光，引人注意。

此外，這個左岸咖啡館的廣告影片僅有 1 分鐘長，它聰明地採用了黑白色的設計，除了延續品牌既有的素雅風格外，也讓它在顏色繽紛的廣告影片中異軍突起，讓消費者眼睛為之一亮，更重要的是，影片以「下雨」為主軸，打造出一種寂寥、冷清的唯美畫風，帶給消費者一種「喝咖啡會提升自己的格調」的觀感，更讓左岸咖啡真正地走入消費者的心中。

餐飲類精選標題

最後，本書從網路上精選了一些別具特色的文案標題，提供給不知如何下筆的新手參考。共計有 190 個關於餐飲類的標題，在此跟大家分享，希望對各位有所幫助。

- 卡路里充值成功。
- 為什麼專家建議晚餐吃七分飽，還有三分是留著夜宵吃的。
- 總有一天，你的心上人，會身披土豆餅，腳踩棉花糖，手持烤肉雞腿來找你。
- 如果在意體重，那就對不起食物了。
- 三餐正常，四餐滿意。
- 火鍋咕嘟咕嘟，我心撲通撲通。
- 你的吃相是最美的模樣。
- 心裡有光，慢食三餐。
- 生活不僅要吃甜頭，還要吃肉。
- 我在發胖，見者有份。

- 只要我吃的夠快，體重就追不上我。
- 曬美食，是對平凡生活的熱愛。
- 吃乎，胖也；不吃，饞也。
- 人生苦短，再來一碗。
- 星河滾燙，不如麻辣燙。
- 你們去征服世界吧，我只想征服一個人的胃和心。
- 出來混總是要胖的。
- 戀愛可以慢慢談，肉必須趁熱吃。
- 生活給了我很多變胖的機會，我都抓住了。
- 勇敢是什麼，是我明知道這一頓吃下去會胖，我還是迎頭而上。
- 天要我胖，不得不胖。
- 飢餓是最好的廚師。
- 人生苦短，還好有烤肉、火鍋、麻辣香鍋。
- 這輩子唯一拿的起，放不下的就是：筷子。
- 請帶上 256G 的胃跟我去浪跡天涯，四海為家。
- 雖然我不能為你上九天攬月，但是可以下海底撈肥牛、蝦餃、毛肚、藕片、生菜、蟹肉棒、大蝦、蝦滑、牛肉丸、黃喉。
- 又不賺走秀那份錢，幹嘛吃超模那份苦。

- 曾經滄海難為水，魚香肉絲配雞腿。
- 讓我們紅塵作伴，吃的白白胖胖。
- 沒有什麼是一頓飯解決不了的問題，如果有，那就是兩頓。
- 那些我為你烹飪的食物，是寫給你最美的情書。
- 視體重為無物，視美食為全部。
- 味道因回憶更美麗。
- 把眼睛留給風光，把體重留給美食。
- 吃貨的格言：今天吃喝不努力，明天努力找吃喝。
- 為什麼吃火鍋的時候，有小肥牛有小肥羊，就是沒有小肥豬呢？因為小肥豬都圍在桌邊吃小肥牛和小肥羊。
- 人間煙火氣，最撫凡人心。
- 人生苦短，肉才是濟世良方。
- 人生得意須盡歡，胡吃海塞須盡興。
- 幸好我是一個小胖子，難過還可以摸摸小肚子。
- 吃貨最高境界，眼見為食。
- 冒菜：生活就像一碗冒菜，你永遠也不知道你能得到什麼。紅紅火火恍恍惚惚的外表之下，有新鮮香嫩的毛肚、豬血、肥腸……各色蔬菜吸滿鮮美湯汁，一碗冒菜，冒出無限可能。
- 吃貨敢於直面粗壯的大腿，敢於挑戰隆起的小腹。

- 滿肚子的食物，人才不會空虛。
- 世界那麼大，我們去吃吃看。
- 我總徘徊在吃飽與吃撐之間。
- 筆耕不輟，廚房不冷。
- 誰不眷戀一茶一飯的光輝。
- 人生在世，最痛苦的就是背鍋；人生在世，最無賴的就是甩鍋；人生在世，最美好的就是吃麻辣香鍋。
- 美食帶來的快樂，有很香很香的味道。
- 廣廈千間，夜眠僅需六尺。家財萬貫，日食不過三餐。
- 短暫的一生，我們也終會老去。所有的回憶存放在那間房子和四方桌上。
- 既然大勢已去，買不起房子，那就……先填滿自己的肚子吧！
- 享受美食的時間是快樂的，但是等待美食出爐的時間是最快樂的。
- 美食和風景，可以抵抗全世界所有的悲傷和迷惘。
- 當吃貨挺好，吃著吃著就忘了。
- 與千百種美食相遇，與千百個人相識，與千百種人生相知相惜。
- 腦子裝不下的東西就用肚子來裝。
- 料理是一場期待的旅行，跨過山川和大海，一路走來，只為遇見你的舌尖。

- 既生瑜何生亮，既生美食何生脂肪。
- 你愛過，你恨過，所以你現在連最後的兩片肉都難以放過！
- 放心，你的心上人總有一天會踏著七彩祥雲來請你吃飯的。
- 在最壞時候懂得吃，捨得穿，不會亂。
- 無論怎麼樣，乾了這碗麵條，今後一別兩寬吧。
- 炸雞配啤酒，越吃越富有。
- 翻越十萬八千里，只為進到你的胃。
- 我能想到最好的事情，就是帶你嚐遍酸甜苦辣。
- 只要碗裡滿滿的，人生就不會空虛。
- 千山萬水就當是伏筆，總會遇到姍姍來遲的你。
- 樂易食，讓胃有回家的感覺。
- 美味與趣味不可多得，美食與美景不可辜負，很高興遇見你。
- 我計算不出秋天樹葉飄落的弧度，亦不知道海上生明月時是何角度，我只想確保這份龍鼎爐火鍋到你嘴裡時，正是最適宜入口的溫度。
- 在我們店消費後，戀愛成功了，職位高升了，合同簽成了，獎金翻倍了！
- 有湯，有菜，有美味，朋友自己帶！
- 不要告訴別人，你的肚子是被我們搞大的。

- 靈魂和胃總有一個在路上，不想讓靈魂飄走得先把胃填飽。
- 計畫永遠趕不上變化，曾經夢想仗劍走天涯，飯點一到還得去成都裡吃火鍋。
- 吃自己的飯，讓別人流口水去吧！
- 不好意思，你的胃被我承包了。
- 人世間，唯有美食與愛不可辜負，愛已辜負太多了，美食就不要辜負了。
- 吃是最好的安慰。
- 孤獨的人都要吃飽飯。
- 我堅信食物的力量。
- 每時每刻，都有一道喚醒回憶的菜。
- 把美食與愛裝進口袋。
- 對美食與愛的一再堅持。
- 新年老味道。
- 治癒心靈的私房紅燒肉。
- 我們對食物能表達的最高敬意就是把飯吃光。
- 好好吃飯，用心生活，比什麼都幸福。
- 做飯是件快樂的事。

- 食材有性格，食物總動員。
- 人莫不飲食也，鮮能知味也。
- 美味調劑生活。
- 好的食物包含著溫情與良心。
- 心中有愛，飯菜好吃。
- 人生自是有情吃。
- 味道若能延續，記憶就會一直都在。
- 快樂盤中有，美味縈心頭（心間留）。
- 美食是媒介，愛情是開往春暖花開的地鐵。
- 那件幸福的小事叫早餐。
- 帶著美食和寵物給我們的正能量出發。
- 誰的心底都有一碗麵，讓你暗自揣摩它的滋味。
- 讓胃感到充實，心也覺得滿滿的。
- 美食從來不說謊。
- 月餅裡的鄉愁。
- 熱湯麵的暖意，會有食物，替我記得。
- 桂花飄香板栗黃。
- 既然生活，就要有滋有味。

- 在最美的時光用力吃一場。
- 冬日圍爐話火鍋。
- 至尊蔬菜堡，管你吃個夠。
- 是誰來自山川湖海，卻囿於晝夜：廚房與愛。
- 一切語言不如回家吃飯。
- 一個人的小寂寞讓小鮮肉陪你過。
- 甩得掉一身膘，捨不得一嘴饞。
- 想在有酒有肉的日子裡，款待沒心沒肺的自己。
- 20 歲忍著不吃，80 歲可沒法吃。
- 幹啥啥不行，吃 fan 第一名。
- 每頓精確到 7 分飽，就意味著一年 1095 餐不幸福。
- 初生牛犢不怕虎，想吃火鍋自己煮。
- 別低頭，皇冠會掉；別忍著，肚子會叫。
- 開心一點，連粉條都有韌性，我怎會輕易認輸。
- 一夜暴富的祕密，就是吃飽喝足心有抱負。
- 喜歡你說的情話，比火鍋裡的肉麻。
- 無論是心裡有喜歡的人，還是碗裡有喜歡的味道，都讓生活值得期待。

- 如果對方喜歡你的話，能一起吃早餐，才是真愛。
- 找到心儀夜宵的人，在哪個城市都能找到家的感覺。
- 營養又健康，美味不打折。
- 親愛的，聽我聊聊廚房與愛。
- 沒人生來就是好廚師。
- 廚房是幸福的最後堡壘。
- 那些寂寞又快活的廚子。
- 愛的火把在廚房點燃。
- 廚房遇見蘇格拉底。
- 愛自己，從一個人下廚開始。
- 戀上廚房戀上家。
- 吃食是一種幸福，品味是一種情趣。
- 只有填飽肚子，人才不會空虛。
- 食食物者為俊傑。
- 我愛吃木耳裡的肉，肉裡的四季豆。
- 回味無窮，入口即化。
- 吃，是人生光輝的原動力。
- 不辜負在最好的時光裡，遇見美食的精緻。

- 日日食全食美，夜夜碟碟不休。
- 終將把生活的鋒芒，熬成最溫柔的濃湯。
- 迎來送往總是情感，一茶一飯包裹團圓。
- 用心，所以精緻。
- 人生有百味，深夜請慢用。
- 人生百味，每個人都要找到適合自己的味道。
- 一味溫暖美食留存心間，讓我們可以期待明天。
- 邀你來品人生的酸甜苦辣。
- 於平凡中發現美味，於深夜裡品位溫暖。
- 光盤是對美食的最高讚賞。
- 一間食堂藏人間煙火，一味食物記錄溫情暖意。
- 用愛與真心烹飪人生百味，溫暖你的每一個深夜。
- 一人料百味，一味總關情。
- 深夜的飯，吃進胃裡，刻進心裡，再化作點滴絮語給彼此力量。
- 安撫你整個夏天的燥熱，從一頓夜宵開始。
- 深夜不打烊，聚享好時光。
- 一切都沒那麼糟，你至少還能吃一頓好的。
- 每個城市都有自己的深夜食堂，每個深夜食堂都有自己的故事。

- 夜歸的我們終將被食物治癒。
- 等你來吃一口飯，釋放你的悲傷。
- 一晚夜宵為你呈上，一切情緒將在香氣氤氳中淡化消散。
- 人生之幸莫過於有一人溫好飯等你。
- 蛋餅裡不僅有家鄉的滋味，更有守護的滋味。
- 越暖身體，最是人間煙火。
- 我愛美食，美食愛我。
- 對方與你發起美食共享。
- 脂肪每日正常營業。
- 享受快樂時光的證據。
- 用食物緩解焦慮。
- 肥胖養成記。
- 吃好喝好，快樂不倒。
- 美好的一天從下午茶開始。
- 不給自己變瘦的機會。
- 人間不值得，但我和美食值得。
- 今日茶飯事。
- 今日限定，本人全糖去冰。

- 一直很尊重奶茶，沒去冰，沒少糖，沒少喝。
- 又是被碳水圍繞的幸福一天。
- 吃我的，喝我的，味道家了。
- 2 %的美食碎片加上 98 %的可愛拼湊成了我。
- 一碗粥，二十年，屬於惠州人宵夜的記憶。
- 這一煲飯，他賣了 6205 個日夜！
- 40 多款正宗老成都小吃大匯集！4 個人只需 100 元吃到扶牆走！
- 江南踏青指南：春風十里，不如吃起！
- 你離春天，就差這一口江南春筍了！
- 生活中的美好，從每天的菜市場開始。

7-6 創業計畫書分析

接下來，讓我們開始討論關於「創業計畫書」的部分。究竟「創業計畫書」跟文案有什麼關聯呢？相信「創業」是很多台灣人共有的夢想，但創業的風險很高，若沒有事先考慮一些現實操作層面的問題，就很可能在逐夢過程中踩雷或失敗。

「創業計畫書」就像是橫亙在現實與夢想之間的橋梁，是實踐夢想的必備過程，無論你想申請政府補助計畫，還是想提供給未來的合作夥伴作參考，「創業計畫書」都必不可少！這份計畫書除了包含創業者對於創業的理想以外，更需要表現出對未來的展望性，這樣才能達到「推銷自己」的最終目的，進而使合作夥伴（或政府）採納你的計畫，並挹注資金給你，助你一臂之力。

那麼，該怎麼撰寫「創業計畫書」呢？事實上，創業計畫書也能視作一種廣告文案，只要掌握撰寫文案的技巧，就能實現最終目的——自薦並取得資金挹注。這一小節整理了關於撰寫創業計畫書的小技巧，和一些蒐集到的相關範例，提供給各位讀者參考，讓你輕鬆掌握更多資源！

創業計畫書除了必須闡述創業者的創業理念之外，更重要的是必須設法引起投資者或合作夥伴的興趣，這樣才能達成創業者獲得資金的目的。撰寫創業計畫書也有特別需要避開的忌諱——不可寫得過於冗長、複雜，因為有些投資者不一定閒暇能看完全部，若寫入過多不必要的冗言雜句，很可能會讓投資者不耐煩，直接否決了創業計畫，如此一來，創業者「集資」的效果就大打折扣了。在此分享創業計畫書的六大必要結構，以及相關內容的撰寫

技巧給眾位讀者，請各位詳實品讀：

一、摘要

「摘要」是計畫書中頗為重要的部分，因為投資者（或股東）不一定有精力看完整份計畫書，但一般能看完「摘要」，因此必須開宗明義地書寫。撰寫內容包括公司簡介、創業動機、經營理念等三大部分。

1. 公司簡介：敘述公司的基本情況，包括簡介整個創業團隊的組織架構、經歷背景與職掌部門等內容。

2. 創業動機：表述創業者發現的新商機，並分析市場趨勢以及公司擁有的核心競爭優勢。

3. 經營理念：敘寫預計採行的經營策略與預期將會獲得的效益，且表列財務方面的需求及資金運用方式，並強調「投資者可望獲得的投資報酬」。

二、產業、產品與業務介紹

這個部分能讓投資者更容易了解創業者的理念，以及其發現的新商機。特別需要留意的是，其中的敘述必須通俗易懂，因為投資者不一定都是這些特有領域的專業人才，他們很可能就是一般擁有一些閒錢的白領階級，若說得太艱深難懂，就很可能無法吸引他們挹注資金。

1. 產業與產品介紹：首先必須介紹產品的概念、性能特性，最好也能附上研究與開發的過程與產品原型的圖片，並對新產品進入市場後進行前景預測，讓投資者確實理解公司產品的競爭力。

2. 業務介紹：除了表述公司可以帶給消費者何種服務與業務外，亦可朝向是否申請品牌專利著手，畢竟只要申請註冊品牌或相關專利技術，往往較能避免同業搶走自家產品的定位。

三、市場分析與行銷策略

這個部分主要是在分析市場的需求與前景，並分析市場上現有的同業競爭者，以及公司產品具備的競爭優勢，應特別著重於公司產品在市場上的特殊性與必要性，較常見的分析方法是「STP 分析」與「SWOT 分析」，這兩種分析手法能更完整且宏觀地呈現出市場的趨勢與公司產品的競爭力，並使行銷人員更能制定產品的行銷策略。

1. 市場分析：在市場營銷方面，不僅需要標定「企業定位」，更應將定位內容細分為——市場定位、商品定位、價格定位、顧客定位、行銷定位。其中，最重要的莫過於「顧客定位」，唯有確實鎖定目標客群，才能真正設計出他們願意買帳的產品。此外，也建議將這些內容數據化，這樣對投資者才更具說服力。

2. STP分析：STP是非常常見的行銷模組，它能幫助業務人員了解自家產品在市場中的定位，進而決定他們想傳達給消費者的廣告訊息。STP是三個英文單字字首的縮寫，分別是市場區隔 Segmentation、目標市場 Targeting、定位 Positioning。簡單來說，操作模式就像一個同心圓，業務人員須先將市場區隔出來，再從這些市場區隔中找出目標市場，最後再從目標市場中鎖定自家產品的定位。

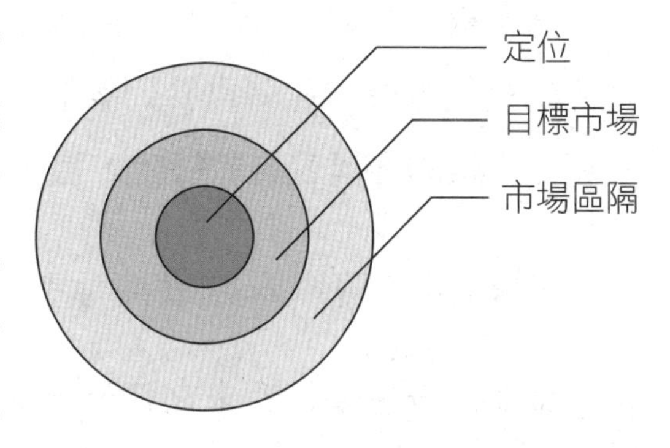

3. SWOT分析：SWOT主要適用於分析公司自身的優勢與劣勢，以及公司在市場競爭體系下，面臨到同業威脅與獲利機會。SWOT是四個英文單字字首的縮寫，分別是優勢 Strength、劣勢 Weakness、機會 Opportunity 與威脅 Threat。

外部因素 / 內部因素	機會 Opportunity	威脅 Threat
優勢 Strength	機會追尋策略：利用優勢，抓準機會	威脅避險策略：利用優勢，迴避威脅
劣勢 Weakness	優勢強化策略：修正弱點，強化優勢	劣勢防守策略：調整路線，避開威脅

4. 行銷策略：在制定行銷策略時，可以從「行銷 4P」著手，分別是產品 Product、價格 Price、促銷 Promotion、通路 Place。對產品的銷售模式、銷售價格與促銷方案、銷售據點與通路，甚至將廣告文案的設計與投放等，都列入參考與成本估算。

四、創業主體介紹

這個部分主要在介紹創業團隊中成員的學經歷、背景、專業能力，以及企業的組織結構，並著重於列舉他們對公司發展的助益，最好能將他們過去在相關產業的優異表現數據化，這樣能讓投資者一目瞭然。

五、財務預測與資本結構概述

這個部分主要是對未來五至十年為單位，對公司的財務營運進行評估與規劃，主要著重說明資金來源的安全性與穩定性，以及提供投資者參考未來可能獲得的利潤報酬，藉此增加投資者的信心。

1. 財務預測：進行財務預測時，得先列出每年預估的營收與支出費用明細、成本管理、行銷預算等規劃，進而整理出資產負債表、現金流量表、開辦預算表等內容，並進行損益度分析。

2. 資本結構：處理公司的資本結構時，得先說明現有的資源與股權分配狀態，並羅列公司未來五至十年間資金的籌措進度與使用方向、融資方式，最後整理出融資前後的資本結構表。

六、風險分析與退場機制

只要是創業，風險就必定會相伴而生。為了對風險進行控管，一般會從產業前景、同業競爭、市場趨勢、新產品研發、天災人禍等方面著手，藉此找出適合公司發展的方向，並展現面對這些危機時，公司對應的處理方式。

除了進行風險分析以外，還應提供投資者退場機制，除了能保障投資者外，也能同時增加投資者對獲利的期待。最常見的退場機制包括股票上市、股權轉讓、股權回購與利潤分紅。

1. 股票上市：指的是股票依照法定程序，在證券交易所公開掛牌交易的行為。一般來說，股票尚未上市的小公司，業績通常不需要定期公布，負責財務的會計也不需要獨立，投資者（股東）能拿到的財務資訊其實並不多，無法完全了解公司實際上賺了多少錢。在股票上市後，公司必須符合一些政府規定的條件，並將財務報表提供給會計師查核，投資者便能從中獲取財務資訊。

2. 股權轉讓：指公司投資者（股東）依法將自己的股份讓渡給他人，使他人成為公司股東的行為。股權轉讓是投資者退場的方式之一，即使公司已經不賺錢了，投資者能靠著股權轉讓，將股份讓渡給覺得公司業績會繼續爬升的投機客，或多或少地取回部分資金。

3. 股權回購：指股票上市的公司，利用現金或其他方式，從股票市場上購回公司發行在外一定數額的股票的行為。投資者（股東）能靠著公司回購股票，將股票脫手，換取資金，也屬於一種退場機制。

4. 利潤分紅：利潤分紅是投資者（股東）最期待的獲利方式。

創業計畫書範例

看完以上統整的創業計畫書內容後，各位可能還是處於紙上談兵的階段，無法實際撰寫出屬於自己的創業計畫書。因此，本小節提供以下幾種產業的創業計畫書範例給各位作為參考，讓各位讀者在初步規劃上比較找得到方向。但無論如何，計畫書內容撰寫的難易度因人而異，範例仍舊只能作參考用，如何重點呈現自我企業的優勢才是寫好創業計畫書的關鍵。

範例 1 香 yoyo 奶茶店
（取自於每日頭條——想要創業嗎？一份詳細的創業案例免費喲）

文案內容

20○○年 12 月 5 日

【第一部分】摘要

一、公司簡介

1. 公司名稱：香 yoyo 奶茶店

2. 主要產品：奶茶

3. 業務範圍：銷售奶茶，果汁，飲料等

4. 營銷策略：

⑴促銷計畫和廣告策略

⑵價格策略

5. 公司戰略目標：

⑴第一、二年：建立自己的品牌，收回初期投資，積累無形資產，第二年後開始盈利。儘管在南昌奶茶店很多，但是我們會提高公司知名度，使市場占有率最大化。預計本階段在南

昌的市場占有率達到 20 %。

⑵第三、四年：進一步擴展公司項目，開發新品與規範流程兩手抓。使公司擁有一定品牌影響，擴大公司影響範圍，為以後占領更大市場打下基礎。預計本階段在南昌的市場占有率達到 40 %，並開始建立省內連鎖分店，向經濟較好的地區擴展。第五、六年：對公司進行進一步完善，擴大建設規模，隨著公司不斷壯大，打造一個國際知名的奶茶公司。

6. 核心競爭力分析：我們公司推出的奶茶飲品除了結合了香飄飄，優樂美，相約等奶茶的各種優點，不僅注重於產品的質量、口感、包裝，我們的產品更加注重對身體的調養，真正做到健康，好喝的茶飲料。這是我們的優勢，也是我們戰勝其他品牌，戰勝周圍其他店面，成為「奶茶之王」的一個重要法寶。

二、消費者特徵與習慣

1. 消費者特徵：青年人是主力軍，且調查顯示，女性喝奶茶的比例高於男性，這與女性消費者看重奶茶飲品的健康、時尚特性不無關係，因為奶茶對皮膚有滋潤美白功效，其中的椰果是粗纖維食品，既可以填飽肚子，又絕對不含脂肪，所以美容瘦身是女性多於男性選擇奶茶的主要原因之一。

2. 消費者需求：既然是奶茶店，就一定要保證店面的清潔與舒適，光這還遠遠不夠，還要把店布置的富有特色，不落俗套，所以店面裝修很重要，讓消費者在外面就有種想進來逛逛的欲望。當然這只是表面的包裝，奶茶的質量跟包裝才是顧客最看中的，所以製作奶茶的每一道製造工序都會經過安檢局的嚴格檢驗，絕不會出現摻假、缺斤少兩的現象。

由於消費者大都是年輕情侶，所以一定要給他們營造一個舒適、安靜、浪漫、優雅的氣氛，儘管是一杯奶茶，也能品出幸福的味道。可以開展一些有特色的促銷活動：比如，情侶買可贈送情侶對勺、買三杯以上獲贈可愛的飾品，小店要有自己的特色，比如有卡通形象，或者製造供情侶用的 Y 型吸管。也可以在店名上方加幾個小射燈，最好是散發粉色光，晚上看起來很漂亮、溫馨。

【第二部分】公司概述

一、公司名稱：香 yoyo 奶茶店

二、公司類型：股份制公司

三、公司宗旨：熱情、竭誠、質優。

四、公司業務：

1. 主營業務：奶茶

2. 兼營業務：果汁，飲料

五、公司的短期目標：積極發展

1. 第一階段：通過廣泛的宣傳，促銷，吸引顧客。

2. 第二階段：公司發展處於上升階段，通過熱情周到的服務樹立良好的品牌形象，一方面留住原有的顧客，另一方面開拓新的客源。

3. 第三階段：針對不同顧客的需求，不斷的推出新的品種。

六、公司的長期發展目標：占領 100％的客源市場，為消費群體提供最優質的服務，實現利潤的最大化。

七、公司的經營理念：

1. 以創新靈活的經營模式來吸引廣大消費群體，以無可挑剔的優質服務來滿足廣大消費群體。

2. 以安全舒適的環境來方便廣大消費群體，以公益感恩的企業文化來回報廣大消費群體。

3. 全心全意的服務於廣大的消費群體，讓他們在安全舒適的環境中體驗輕鬆與美味。讓奶茶的涼爽驅走你夏日的酷暑！讓奶茶的溫暖驅走冬日的嚴寒！

八、公司的獨創性：經過對廣大消費群體的調研，對奶茶市場的獨立分析，採取和廣大消費群體間相互協作的方式，以浪漫的氣氛、溫馨的環境、選擇的多樣，營造具有思維和經營上的創新之處。

九、奶茶店的設備：封口機、封口膜、杯子、吸管、攪拌機、飲水機、容器。

【第三部分】產品介紹

珍珠奶茶發源於台灣，於冰奶茶內加入粉圓。煮熟的粉圓外觀烏黑透亮，遂以「珍珠」命名，故稱「珍珠奶茶」。如今已遍布全球，是一種休閒飲品，深受消費者歡迎。

珍珠奶茶不僅口味鮮美，而且口感 Q 彈。現場製作，由多種原料配成。品種多，口味佳。植物蛋白等營養豐富。奶茶有紅豆奶茶、麥香紅茶、茉香奶茶等等。添加物有珍珠、椰果、沙冰、刨冰等等，更有各種水果奶茶，西瓜奶茶，木瓜奶茶等等。我們奶茶店還推出招牌奶茶，我們自己創制搭配的口味，襯托不同的心情物語，給消費者不同的味覺感受。

珍珠奶茶市場空間極度寬闊，需求量大。作為一家大學生自己創業的奶茶公司，具有獨特的優勢和劣勢。

1. 競爭優勢：我們是大學生自己創業。我們有靈活的頭腦，以誠信為本，善於抓住市場的優勢。同時我們的消費主體是學生，價錢便宜合理又美味的奶茶對他們產生的吸引力是特別大的。大學生自主創業可以免稅收，同時學校可以提供相應的優惠條件和支持幫助，可以降低經營成本。經營過程中，創業學生既能夠積極參加社會實踐，積累共同創業、具體工作經驗，又可以因為公司的營利賺取工資，分享經營所帶來的利潤。

2. 競爭劣勢：學生經營公司，缺乏經營管理經驗，缺乏科學決策能力。前期資金投入少，缺乏雄厚資金實力。同時在校內、熱區超市附近各有好幾家奶茶經營店，其占有的市場份額，對我們的業務開展具有一定的挑戰。但是既然選擇了正確的經營方向，我們將把握我們獨特的經營理念——不畏艱苦，堅持經營。我們將以實事求是的態度、熱情周到的服務，積極的開展創業的道路。

我們的奶茶定價為10元一杯～15元不等，根據不同的口味及配料。根據我們的批發配料等計算，我們的成本是在5元一杯。所以我們會有足夠的利潤，這個價格也對學生族具有大的吸引力。

【第四部分】市場分析

一、市場概況

1. 客源市場描述：主要以吃飯逛街的學生為主。

2. 消費者分析：對於大多數學生來說，會經常帶著杯奶茶逛街吃飯。奶茶從發展到現在還是擁有很多的消費者。

3. 產品分析：產品投資小，利潤大，可以新增新品種奶茶，可以兼售咖啡果汁等飲料，生產工藝簡單，利於投資和創業，我們是以奶茶製作工藝的精湛，製作種類的多樣為基礎提供給顧客最美味的奶茶產品和最滿意的服務。

4. 行業競爭狀況分析：

⑴附近主要的競爭品牌有七杯茶、避風塘、立頓。

⑵對於新開奶茶店會對學生產生些新鮮感，並且周邊有三所學校，客源充足，消費潛力大。

⑶經調查，附近雖然也有幾家奶茶店，但都只是傳統意義上的珍珠奶茶，因此要擴大市場，我們也將變革創新，做市場的領軍人，多元化產品結構，學習先進經營管理經驗，可以融入果粒等發展新品種奶茶，藉此提升競爭力。

二、營銷策略

1. 促銷計畫和廣告策略

⑴宣銷並進：在終端店促進是採用優惠銷售和贈送禮品等方式，在保證銷量的同時，帶動品牌的成長。

⑵對於不適合逛街的冬夏季，我們可以推出購買 8 杯以上就送貨上門，很適合宅寢室的學生。

⑶為提高奶茶的知名度，進行廣告宣傳，邀請消費者免費試嚐等策略。

2. 價格策略：我們的奶茶定價為 10 元一杯～15 元不等。根據不同的口味及配料等計算。我們的成本是在 5 元一杯。所以我們會有足夠的利潤。這個價格也對學生族具有相當的吸引力。

3. 營銷隊伍和管理：提高前後台的有效協同的響應能力，科學規範的管理流程，提高店員的素質和職業習慣。

4. 營銷渠道：通過租用店鋪經營奶茶店。

三、主要影響因素

1. 市場環境因素：選好地段和店面，把握「客流」就是「錢流」的原則在人流熙攘的熱鬧地段開店，成功的機率往往比普通地段高出許多。客流量較大的地段有：

⑴城鎮的商業中心（即我們通常所說的「鬧區」）。

⑵車站附近（包括火車站、長途汽車站、客運輪渡碼頭、公共汽車的起點和終點站）。

⑶醫院門口（以帶有住院部的大型醫院為佳）。

⑷學校門口。

⑸人氣旺盛的旅遊景點。

⑹大型批發市場門口。

2. 消費者特點：由於主要客源是師生群體，因此在寒暑假期間會出現銷售量銳減的情況。

3. 產品的特性：產品的生產受客觀因素較小，自由性比較大，投資成本低，但是也有可能會因在經營過程中出現銷售低峰導致原材料的擠壓，因此在低峰期間應加大營銷部促銷與宣傳，採取降低價格等方式減少經營損失。

【第五部分】生產規劃

一、店面本身的情況

店面可位於每天人流量相當可觀的繁華地段，面積需達到 40 平方米，且除了對外的店面外，還應有兩間小房間，一間用來作為員工進行奶茶加工的工作室，另一間就作為衛生間。

二、店面的裝潢

店面裝修關係到一家店的經營風格，及外觀的第一印象，因此，裝潢廠商的選擇十分重要，所找的裝潢廠商必須要有相關店面的裝潢經驗。在裝潢前請裝潢公司先畫圖，包括平面圖、立面圖、側面圖、所要用的材質、顏色、尺寸大小等，都要事先註明清楚。為便於溝通清楚自己所想要裝潢的模樣，最好先帶裝潢廠商到同類型的店去實地觀摩，說清楚自己想要裝潢的感覺，這樣裝潢出來的店面，才會比較貼近自己的想法。

三、奶茶的製作和技術

1. 製作原料（由供應商以最優價提供）：以奶茶為主要原料，加上珍珠，西米露等等，可根據不同口味要求選擇合適的原料和設備（如封口機、封口膜、杯子、吸管、攪拌機、飲水機、容器、吧台匙、冰格、冰夾、密封罐等）。

2. 製作奶茶的技術（隨著研究的深入和進展不斷變化和改進）：首先，接受免費技術培訓（即如何做出美味奶茶的技術）。為了更好的掌握技術，我們決定組織人員進行專門的培訓。

   其次，自行充分掌握泡製奶茶的技術。在成功開店以及掌握有原料也有現貨之後，我們必須安排至少 5 天的時間做技術的熟練和產品的製作。

   最後，後期技術更新。鑑於我們要進行自我研究新產品來贏取客人的喜好，我們要提前預定新樣品和材料。同時提前商定時間進行技術實驗。

3. 培養創新能力：不斷推陳出新，促進產品的更新換代，滿足消費需求。

4. 產品投產計畫：

⑴初期：投入資金進行宣傳，保證質量贏取客人的信任及喜愛，確認主要的消費群體，要以良好的服務態度對待每一位顧客。

⑵經營一段時間以後，增加材料預定渠道。擴招店員（以在校大學生兼職為主）並擴大產品生產規模。增加奶茶的產品種類和數量，同時提高質量。倘若經營旺盛可在財大其他校區蛟橋、麥盧甚至其他大學附近開設分店。

⑶保證服務質量，提高服務水平。要求店內工作人員掌握必要的禮儀規範，男女服務員的面容、著裝以及與顧客交流時的態度，方法等等。

四、原料：果粉、奶精、奶茶粉、茶類、珍珠、椰果、新鮮水果。

五、產品製造過程：消毒及原料預處理、溶解、定容、封蓋、包裝。

六、質量控制：必須保證奶茶的質量、新鮮、衛生、健康。

七、原料採購週期：一般定為3～4天。

【第六部分】人員及組織結構

店長一名／收銀員一名／服務員一名／調配師一名／封口員一名／採購員一名。

店長：負責管理人員及店里內務，必要時候出面調解店內的糾紛。

收銀員：即負責收錢的人員。

服務員：負責店內的衛生及顧客的部分需求和建議。

調配師：負責調配各式奶茶產品以交給封口員。

封口員：負責用機器給每杯奶茶進行封口。

採購員：負責進行奶茶原料及包裝等材料的採購工作。

備註：各人員應該充分表現出團結合作的精神，共同經營好該店。

【第七部分】財務規劃

一、融資戰略

1. 金融資本：主要用於購置原料、租賃門面、專修房屋、發放工資、宣傳費用等。

2. 資金來源：為了滿足本店的正常經營活動，合理配置基金結構，減少公司舉債經營中可能發生的經營風險和財務風險。依據財務報表分析，本店第一年度資金主要來源有：本店處於創業階段，相當一部分資金依賴自有資本，所以大部分資金通過創業者自籌獲得。

二、第一年成本支出預算計畫

1. 門面租金：本店銷售地點在南昌市內，初建門面總計為 40 平方米，按每月 2000 元算，一年租金共 24000。

2. 裝修：本店初建時期主要要裝修門面和室內，需購買吊頂、地磚、吧台、頂燈、店外燈箱、招牌、座椅等，其費用為 30000 元。

3. 基本設備：自動封口機（2600 元）、保溫桶（280 元）、雙封口機（200 元）、層帶調溫功能電熱桶（360 元）、奶茶機

（2150 元）、電磁爐（360 元）、刨冰機（2300 元）、沙冰機（350 元）、冰淇淋機（8200 元）、雙缸雙溫冷飲機（1950 元）、碎冰機（280 元）、製冰機（價格根據製冰量規格而定）。基本操作工具則包括：樹脂雪克杯、果粉勺、盎司杯、珍珠勺、果汁擠壺、真空密封罐、沖茶組架含漏布、沖茶袋、過濾網等，這些價格在幾元到十幾元不等。材料包括果粉、奶精、奶粉等。其總費用為 23000 元。

4. 職工薪酬：收銀員 800 元／月，服務員 1000 元／月，調配師 1000 元／月，封口員 700 元／月，採購員 800 元／月。每年總費用為 51600 元。

5. 宣傳費用：傳單、積分卡、會員卡。總費用 2400 元。

6. 具體原材料：據計算，每杯奶茶成本為 5 元。

三、盈利能力分析

1. 分析指標：銷售利潤率（銷售利潤率＝稅後淨利潤／銷售收入總額×100 ％）

2. 據調查估計第一個月每天能賣 600 杯，第二個月每天能賣 700 杯，第三個月每天能賣 800 杯，每杯以 10 元計算。計算結果表明，我店未來三月的利潤呈增加趨勢，說明我店的經營情況比較樂觀。

【第八部分】風險分析

經營風險就是指在資本經營活動中所遇到或存在的某些不確定因素造成的經營活動的經營結果偏離預期可能性的風險。就目前而言，本奶茶店經營活動中可能出現的風險大致可總結為：市場風險、技術風險和財務風險。

一、市場風險及對策

1. 市場風險：在該奶茶店的創立階段及經營過程中，該店可能會存在下列的市場風險：

⑴消費者對該店產品認知程度低，達不到該店營銷目標所要求的知名度。

⑵學校附近步行街奶茶店數量較多，市場競爭激烈，使市場增長率下降。

⑶據調查大多數學生喜歡去步行街上的星飲及七杯茶購買，因此新的奶茶店不能吸引預期數量的顧客，低於營銷目標要求。

2. 對策：

⑴針對達不到營銷目標所存在的風險，該店將主要把廣告等促銷活動做到位，在學校大力宣傳達到理想的宣傳效果，縮短消費者對該店及其產品的認知周期。

⑵發展特色服務，形成奶茶店的核心競爭力。採取各種營銷手段，樹立良好的品牌形象，迅速占領市場，在學生市場中形成良好的口碑效應。

⑶在奶茶的設計和店面管理上，著重突出創新的作用，把設計創新作為公司的生命之源，力量之源。

⑷建立和完善市場信息反饋體系，定期在學校進行市場調查，及時把握市場變動趨勢，把握好消費者傾向。

二、技術風險及對策

該店尚處在創業初級階段，在奶茶的設計和市場的要求方面還無法達到最完美的結合，同時在奶茶銷售或經營過程中出現的設備低劣、技術人員的素質、無法找到價廉物美的原材料等問題都可能導致一定的技術風險。因此，對於這些技術風險的解決對該店的發展也是至關重要的一個環節。

三、管理風險及對策

奶茶店剛成立，成員相對缺乏對奶茶店的管理經驗以及科學決策能力，不能對市場和管理有良好的認知和實踐。因此，對於這方面風險的解決需要人員不斷去其他優秀奶茶店學習深造，並運用於實踐當中，這樣方能使公司可持續發展下去。

四、財務風險及對策

成立初期，前期注入資金較少，信譽度比較低，在融資方面可能會存在資金不能及時到位等問題，故需要：

1. 合理確定資本結構，控制債務規模。

2. 記錄每天實際開支，監督費用的使用情況，使資金合理運用符合公司運營的規劃。制定有效的成本計畫，作出準確的費用估算和預算。

3. 融資時我們要簽訂合同，嚴格規定雙方的權利和義務。

4. 加強資金管理，降低人為財務風險，盡量達到最合理的資源配置。

5. 提高財務風險意識，降低主觀意識中的財務風險。

6. 要以財務為核心，形成服務、消費、財務、市場等各環節之間的統籌協調。

【第九部分】附錄（市場調查）

奶茶產業是一個新興的產業，這是一個潛力很大的產業。對此產業大家有什麼看法或者什麼想法，想通過此次調查，去發掘這個產業的潛力。希望大家給予有力的支持！！您的三分鐘的耐心也許會成就一批人的創業夢想。予人玫瑰，手留餘香。在此先在這裡謝謝大家了！

Q1：你們會在什麼樣的地方喝奶茶？（單選題）

⑷安靜的地方　⑻優雅的地方　⑹人少的地方　⑼人多的地方。

A1：________________

Q2：你喜歡什麼風格的奶茶店？（單選題）

⑷休閒的　⑻優雅的　⑹浪漫的　⑼溫馨的。

A2：________________

Q3：你喜歡喝奶茶時都放些什麼？（單選題）

⑷椰果　⑻珍珠　⑹西米露　⑼其他。

A3：________________

Q4：你覺得奶茶店裡只有奶茶會不會太單調？（單選題）

⑷會　⑻不會。

A4：________________

Q5：在奶茶店裡放一些冰品或糕點好不好？（單選題）

⑷好　⑻不好。

A5：________________

Q6：你一般會和誰一起去奶茶店？（單選題）

⑷同學　⑻朋友　⑹父母　⑼其他人。

A6：________________

Q7：你喜歡在寬敞的奶茶店喝茶嗎？（單選題）

⑷喜歡　⑻不喜歡。

A7：________________

Q8：你去上班時會提前去奶茶店嗎？（單選題）

(A)會　(B)不會。

A8：＿＿＿＿＿＿＿＿

Q9：你覺得在奶茶店裡放一台電視好嗎？（單選題）

(A)好　(B)不好。

A9：＿＿＿＿＿＿＿＿

Q10：你覺得經營奶茶店是不是要有特色？（單選題）

(A)是　(B)不是。

A10：＿＿＿＿＿＿＿＿

Q11：你喜歡奶味重一點還是茶味重一點？（單選題）

(A)奶味重　(B)茶味重。

A11：＿＿＿＿＿＿＿＿

Q12：如果口感好，價格貴一點，大家能接受嗎？（單選題）

(A)能　(B)不能。

A12：＿＿＿＿＿＿＿＿

Q13：因為製作程序講究，可能會花上3～5分鐘的等候時間，你們會等待嗎？（單選題）

(A)能　(B)不能　(C)也許會。

A13：＿＿＿＿＿＿＿＿

希望您耐心、如實的填報此調查表，我再次對您表達衷心的感謝！同時祝福您在以後的學習生活中健康快樂，工作順利！！！

真正的生活，有時不在於擁有多少，而在於和誰在一起。一個微笑，就是一縷春風，一方陽光，一個讓人心動的世界，因為溫暖；一聲囑託，就是一種牽念，一種希望，一種信念，因為懂得；一次緊握，無需言語，無需解釋，就是一種信心，一種勇氣，一種堅強的力量，因為真誠，時光靜好，與君語；細水流年，與君同；繁華落盡，與君老。

20○○年12月7日

關鍵評析

這是第一個創業計畫書的範例，一個企業最大的問題就是——沒有願景也沒有目標，一個沒有願景與目標的公司，是非常難讓人理解與信賴的。這也是需要制定詳細的創業計畫書的主要原因。

筆者本身有在研究一些企業的創業模式，儘管研究的企業大多都是上市上櫃公司，這些公司有著明確的目標、具體的規劃事項、獨特的產品與服務，以及讓人滿意的售後服務，但這份計劃書也是一個值得參考的範例。唯有投資人確切了解公司未來發展的可能性，他們才能興起投資的意願。這篇創業企劃也正是為了申請貸款所量身打造的。

電動車品牌特斯拉(Tesla)暨太空公司SpaceX創辦人伊隆・馬斯克(Elon Musk)，就曾在 2018 年時瀕臨破產，但他提出了一個「新能源計畫」，成功博得投資者的認同與資金挹注，進而在2021年躍升世界富豪排行榜第二名。由此可見計畫書對於創業的重要性。

老闆也必須對於自家公司的核心競爭力有所自覺，不僅得了解公司的招牌商品，還得學會將招牌商品化作自己的競爭優勢，在同業虎視眈眈的目光下搶攻市場版圖。從範例來看，在第三部分「產品介紹」中，提到「我們奶茶店還推出招牌奶茶。我們自己創制搭配的口味，襯托不同的心情物語，給消費者不同的味覺感受」，便可看出這個計畫書實際上考慮得非常全面。招牌商品通常是最受消費者青睞的產品，同時也可能是店家想主打的產品，一般來說，這項產品的銷售量往往會高於其他產品，若能經由招牌商品攏絡顧客的心，就能在創業初期、開拓市場時，成功拿下顧客的好評。

創業計畫書中，亦有提到公司的獨特品牌優勢，這也是本書一直以來特別強調需要注意的事。由於市場上的競爭對手過多，消費者往往難以分辨選擇的標的，這時，若有一個獨特且具備強大競爭力的品牌出現，便會讓消費者眼神為之一亮，我們與眾不同的品牌被購買的可能性也會隨之增加。這也是上面範例文案中的奶茶店，一直不斷強調「豎立美好的品牌形象」的原因了！

此外，「推出新產品」也是創業計畫書中很重要的一個環節。持續不斷地推陳出新，是一家公司屹立不搖的關鍵所在，試想，當某家公司還在販售過時的 BB Call 或黑金剛手機，那它生存空間可說是微乎其微了。這是因為因應時代的變遷、流行趨勢的改變，消費者需要的服務與產品也不斷地更迭，想讓你的公司企業成功走向頂峰，研發、推出順應時勢的最新產品也是必須達成的目標。在範例的第五部分「生產規劃」中，提到「最後，後期技術更新。鑑於我們要進行自我研究新產品來贏取客人的喜好，我們要提前預定新樣品和材料」，這就是一個很好的例子，範例中的奶茶店也將「技術更新」列入它們的未來規劃，投資者也可以從這個部分看出奶茶店的企圖心與進取心，從而增加投資者對新創公司的信心。

範例 2 同創創業諮詢有限公司（取自於大學生創業計畫書範文一萬字）

文案內容

【第一部分】公司情況簡介

同創創業諮詢公司引進哈佛大學商學院的教育思維模式，採用《贏在中國》語言諮詢和商業實戰形式，實行課堂教育、模擬實戰、基地見習、導師幫帶聯動等方式，並結合中國的國情和中小企業生存環境，已經開發和形成一套較為全面、系統化、實用性、著眼於解決創業者所面臨的種種問題的「商練培訓營」。除了傳統的教育訓練之外，還構建了一個商業的模擬環境，使想要創業的人能夠在這裡預熱，提前感受到這種氣氛，培養自己的創業意識。

理論與實際相結合，主講與互動相結合，實戰是我們對學員的承諾。旗下資深實戰專家顧問團隊提供全方位系列培訓，一對一的現場

診斷創業困境和企業難題，分享和完善經驗，擴大未來老闆們的人脈圈。同時，我們也將以為各層各類企業、組織單位和政府的事業發展、管理改進和效率提升提供有實效的思想、知識和方案而努力，成為有傳世意義的第一流綜合性諮詢公司，為了成為原創性管理技術、投資技術和商學思想的策源地而努力奮鬥。

一、主要管理者情況

董事長：齊〇

營銷經理：馬〇

人力資源經理：張〇〇

財務經理：歐陽〇〇

二、公司文化理念

同創作為一個專業為大學生提供創業培訓諮詢的公司，我們將堅持自己的理念。

1. 取向：兼容並蓄、有容乃大，以及「水的精神」：

⑴接納八方來源，終成其大！不拒絕任何加盟的沙石和物障，反而是夾裹前行，壯大自己的力量，勇往直前！

⑵無論何時何地，總是改變自己的型態不斷尋找出路！

⑶任何時候遇到阻擋，總是慢慢蓄積力量，最後加以沖破！

⑷歷經千里萬里千難萬險，始終不改變自己的本質和前行的動力！

2. 風範：專業、內斂、大氣、深厚。

同時，我們也將勇於肩負起企業的社會責任，更多的投入到社會事業中。為了社會和諧和經濟共榮而努力。

【第二部分】大學生創業環境分析

大學生創業應該是有無限的機會、無比的困難、無量的回報。但是創業環境對大學生創業具有十分重要的影響。在大學生就業形勢日益嚴峻的社會背景下採取有效措施，為大學生創業營造良好的環境，這對促進大學生創業並帶動其就業具有十分重要的作用。中國教育原本就缺乏創業教育。中國學生不僅承擔風險的經濟能力很脆弱，而且承受挫折的心理素質也較差，這使得自主創業這條需要冒險的就業之路，少有人問津。

一、大學生創業環境分析

現在大學生創業所面臨的宏觀環境和微觀環境都十分的複雜。所謂創業環境，實際上就是創業活動的舞台。任何創業活動都是在一定的社會環境下進行的，在我們的大學生邁向社會進入創業階段的時候，呈現在面前的就是一個巨大的時空舞台。在這個舞台上，諸多事物和要素互動聯繫、碰撞，形成了一個面面俱到的現實環境系統，因此創業環境對大學生創業具有十分重要的影響。

1. 宏觀環境分析：

⑴政策法規環境：資金是大學生創業的第一難題，大學畢業生有的剛工作不久，有的甚至連工作都還沒有，而大多數家庭又沒有足夠的實力來支持家中的孩子來創業。其實不僅僅是大學生創業，這對於大多數想要創業的人來說都是很難跨過的一個難關！甚至於很多想要創業的人在創業資金這第一道關卡上就被擋住了。

國家對此相關的大學生創業貸款政策，主要提供的優惠政策內容有：

①多家商業銀行、股份制銀行、城市商業銀行和有條件的城市信用社要為自主創業的各大高校畢業生提供小額貸款。

在貸款過程中，簡化程序，提供開戶和結算便利，貸款額度在 5 萬元左右。

②貸款期限最長為兩年，到期後確定需要延長貸款期限的，可以申請延期一次。

③貸款利息按照中國人民銀行公布的貸款利率確定，擔保最高限額為擔保基金的 5 倍，擔保期限與貸款期限相同。

大學生創業貸款辦理方法如下：
大學畢業生在畢業後兩年內自主創業，需到創業實體所在地的當地工商部門辦理營業執照，註冊資金（本）在 50 萬元以下的，可以允許分期到位，首期到位的資金不得低於註冊資本的 10 %（出資額不得低於 3 萬元），1 年內實際繳納註冊資本如追加至 50 %以上，餘款可以在 3 年內分期到位。如有創業大學生家庭成員的穩定收入或有效資產提供相應的聯合擔保，信譽良好、還款有保障的，在風險可控的基礎上可以適當加大發放信用貸款，並可以享受優惠的低利率。

稅收優惠政策：
大學生自主創業第二個受到關注的地方在於稅務方面的問題。我國的賦稅屬於比較高的國家，而且稅收項目比較多，除了企業必須要繳納的國稅、地稅和所得稅以外，根據企業所從事的不同行業還會有一些其他的稅需要繳納。國家在大學生創業優惠政策中對於稅收方面作出了以下規定：

新成立的城鎮勞動就業服務企業（國家類的行業除外），當年安置待業人員（含已辦理失業登記的高校畢業生）超過企業從業人員總數的 60 %，經相關主管稅務機關批准，可免納所得稅 3 年。勞動就業服務企業免稅期滿後，當年新安置待業人員占企業原從業人員總數 30％以上的，經相關主管稅務機關批准，可減半繳納所得稅 2 年。

除此之外，具體不同的行業還有不同的稅務優惠：

①大學畢業生創業新辦諮詢業、信息業、技術服務業的企業或經營單位，提交申請經稅務部門批准後，可免徵企業所得稅兩年。

②大學畢業生創業新辦從事交通運輸、郵電通訊的企業或經營單位，提交申請經稅務部門批准後，第一年免徵企業所得稅，第二年減半。

③大學畢業生創業新辦從事公用事業、商業、物資業、對外貿易業、旅遊業、物流業、倉儲業、居民服務業、飲食業、教育文化事業、衛生事業的企業或經營單位，提交申請經稅務部門批准後，可免徵企業所得稅一年。

有了眾多免稅的創業優惠政策扶持，相信廣大自主創業的大學畢業生，在創業初期就能省下大量資金用於企業運作。

企業運營管理方面的創業優惠政策相對於貸款優惠和稅收優惠政策來說，並不受到大多數大學生創業者的關注，甚至有的自主創業大學的畢業生根本不知道有這一優惠政策。這方面的優惠政策：

①員工聘請和培訓享受減免費優惠。對大學畢業生自主創辦的企業，自當地工商部門批准其經營之日起 1 年內，可以在政府人事、勞動保障行政部門所屬的人才中介服務機構和公共職業介紹機構的網站免費查詢人才、勞動力供求信息，免費發布招聘廣告等等。這一點有助於在創業初期獲得相關行業所需求的人才資源。能夠幫助自主創業的大學畢業生以最低

代價，更容易地獲取所需專業人才。

②參加政府人事、勞動保障行政部門所屬的人才中介服務機構和公共職業介紹機構舉辦的人才集市或人才、勞務交流活動時可給予適當減免繳費；政府人事部門所屬的人才中介服務機構免費為創辦企業的畢業生、創辦的企業員工提供一次培訓、測評服務。

以上大學生創業優惠政策是為了鼓勵大學生自主創業，國家針對全國所有自主創業的大學生所製定的。另外，各地政府為了扶持當地大學生創業，也祭出了相關的政策法規，而且因為更有針對性，所以更加細化，更貼近實際。

⑵市場經濟環境：

2000 年，一場金融危機席捲全球，讓原本平穩的市場經濟環境遭遇寒冬。各個行業迅速下滑，失業率大幅上升，各種經濟恐懼數值蔓延在我們的周圍。在這樣的大形勢下，武漢市提出了「全民創業」，讓武漢的整體創業氛圍更濃厚了。但是，在這個大動作中，武漢市在相應的制度安排上也應該加強與完善。具體包括：

第一，為大學生創業者提供相關支持，包括市場准入、註冊審批、行政管理、信息諮詢和公共服務等，以保證創業活動順利進行。

第二，建立面向大學生創業者的金融支持系統，例如小額貸款等。

第三，為大學生創業者提供社會保障。要使大學生創業精神高漲，必須建立健全社會保障機制，為大學生創業者解除後顧之憂。

第四，健全創業退出機制。進入機制重要，退出機制同樣重要。

(3)創業教育環境：

鄭州市高校在政府倡導「全民創業」的背景下，紛紛著手進行大學生的創業教育，但創業教育的發展成熟度和系統性水平不一。通過抽樣走訪武漢市五大高校的畢業指導中心，對武漢市的高校創業教育現狀進行調查，發現各學校的創業指導工作，存在比較明顯的差異。但目前來看，大部分高校的創業指導中心正在創建與完善中，還有一部分高校的創業指導尚處在籌劃階段。這些狀況反映出創業教育在許多高校還處於萌芽狀態，基本屬於「業餘教育」，沒有引起學校相關部門的重視，折射出國內創業教育的缺失。

創業意識需要從小培養，而學校在這方面起到不可估量的作用，開設形式多樣的創業教育也就迫在眉睫。然而，在就業形勢越來越嚴峻的情況下，我國高等教育除了開展創業教育外，還應盡快轉變觀念，從過去的被動性就業教育轉變到開拓性創業教育，大力培養學生的自主創業意識與能力，從而有效地改變畢業生就業困難的被動局面。

(4)社會與論環境：

從 1999 年 7 月李玲玲領到了中國大學生創業風險金成為中國大學生創業第一人，到如今政府呼籲「全民創業」，鄭州一直就和「大學生創業」聯繫在了一起。政府和學校也在積極引導大學生正確創業，著力營造鼓勵創新、允許失敗的寬鬆環境，既鼓勵讚賞成功，更關注體諒失敗，不以成敗論英雄，對大學生創業者做出的努力和創業精神都予以積極的肯定和尊重。

輿論環境整體而言比較理想。大眾媒體在大學生創業過程中也起著重要的作用。大眾媒體是大學生取得信息的重要媒介，大眾媒體應該從事實出發，不要過分誇大創業中的成功事例，應盡量客觀、全面地向大學生提供創業的知識和信息，使大學生創業盡快走向理性化，減少不必要的損失。這樣一來，才能形成大學生創業者與輿論環境之間的雙向良性互動。創業環境得到了優化，社會鼓勵大學生創業與大學生渴望創業成功之間也就找到了更加合理的契合點。

2. 微觀環境分析：

在大學生創業的微觀環境主要就是自己的創業流程的一個詳細的分析，具體如下：

⑴制定計畫書：比如要在市區開一個賣牛仔褲的店，開店之前要製定一份計畫書。制定營銷計畫時要將各個環節相互聯繫構成一個完整的內部環境，各個環節的分工是否科學，協作是否和諧，目標是否一致，都會影響營銷決策和營銷方案的實施。

⑵顧客：顧客群的不同直接影響價格的定位，所以人流量是在創業前最看重的一點。而我們這次創業培訓的主要對象就是大學生。

⑶店址：大多數學生選店址會選一些比較熟悉的環境。如將店址選在大學附近，或者是交通比較便利的地區。而這次的培訓以大學生為顧客群，培訓中心也將以大學周邊地區為主。在公司成熟後，將在一些商業區建立主要針對社會人員的創業培訓。

⑷產品價格定位：大學生的產品一開始沒有經驗也沒有固定顧

客，要吸引顧客就只有將產品的定價降低，比別人獲得更多的競爭力。而創業培訓則需要依據公司的實力，定價也主要是依據公司的培訓實力。但大學生並沒有太強的經濟實力，所以，定價需要適中。

二、大學生創業環境 SWOT 分析

2000 年，我國高校應屆畢業生大約 660 萬人，加上還在就讀的大學生，需就業的人數接近千萬，再創歷史新高。面對如此困境，大學生自主創業將成為重要的就業管道。因此，有必要利用 SWOT 方法對我國大學生創業的環境進行綜合的分析，找出制約創業成功的問題所在。

1. 大學生創業的優勢(Strength)？

⑴當代大學生自主創業意識較強，對創業有著濃厚的興趣，渴望成功，充滿生命活力，有創業的激情和夢想。

⑵大學生想通過創業展示自我生命的價值和才能，為社會和自己創造財富。

⑶當代大學生有較好的文化素養和創業潛能，他們往往在人際交往、協調溝通、想像空間、運動空間、團隊合作、組織管理、敢想敢做等方面表現出較強的才華和活力，在非智力因素和創業心理素質方面有較大的優勢。

2. 大學生創業的劣勢(Weakness)？

⑴大學生創業的積極主動性不夠。很多大學生都是在找不到合適的工作前提下，才會去考慮創業。

⑵當代地方高校大學生對自己的創業能力缺乏客觀的評價，在心理上對創業的難度準備不足，很多學生都帶有急功近利的思想，總是希望自己能通過創業快速發財，缺乏長期創業心理準備，對在創業過程中要遇到的風險和困難預計不足。

⑶地方高校有不少大學生個體學習成效不彰，成為創業行動的絆腳石。

⑷不少地方高校大學生對創業有心理障礙。主要表現在：怕苦怕累；怕競爭，不願從基層幹起，在做人做事方面欠缺應對技巧；害怕失敗，怕出差錯；怕丟臉，死要面子，對自己缺乏自信，低估自己；不敢接受挑戰，不敢嘗試冒險。總擔心自己不行；缺乏敏感度，事事漠不關心；不善觀察和思考。

3. 大學生創業的機會(Opportunity)？

⑴具備一定的創業環境和條件。國家的相關法律制度和政策逐步健全和完善，為大學生創業提供了法律制度保障。大量的基礎服務機構和設施如電力、通信、交通、金融、保險等條件也得到改善並逐步完備，為自主創業提供了較好的環境和條件。

⑵高校的支持。為解決大學生就業難的問題，各高校及其就業指導部門也做了大量的工作，如開設大學生創業選修課；邀請創業成功人士談創業經歷，讓大學生掌握創業的基本政策和知識；開展大學生創業策劃大賽、創業論壇等活動，培養學生創業興趣，在實踐中鍛鍊學生的創業能力。

4. 大學生創業的威脅(Threat)？

⑴越來越大的創業競爭壓力。大學生創業可能會面臨同學、校友的競爭，傳統從業者的競爭。來自大陸以外地區和國家大學生的創業競爭，尤其是港、澳、台地區的大學生的競爭。

⑵大學開設的創業教育課程少，也缺乏對大學生創業能力的訓練，造成大學生自主創業缺乏相關的氛圍和環境。

⑶經濟危機的威脅。在這種全球經濟衰退的大環境下，社會創業政策保障不力、創業環境不夠完善也是一個不容忽視的原因。

⑷從家庭來看。很多家長要求自己的孩子有一份安穩的工作，而不要一進社會就承擔太大的風險。這種潛在的對創業不信任的社會心理對想創業的大學生來說無疑是一種巨大的心理壓力。

現在大學生創業是一種趨勢，雖然有優勢和機遇但同時也存在劣勢和威脅。大學生在創業的同時要根據自己的特點，抓住機遇發揮優勢，要找出具體的不足，制定方案解決威脅與困難，從而實現自己的人生目標。

【第三部分】市場分析

很多大學生認為「創業」本身就是一種職業，在就業高峰，給自己一片更廣闊的天地。很多人還認為在今後的社會中，自主創業的人會越來越多，甚至成為就業的主流，成為大學生畢業後就業的首選。自己認為實現自我價值是證明自己的最好途徑。一些自我意識很強的學生，不願意庸庸碌碌，選擇自主創業是為了通過這一途徑來證明自己的能力。在一些單位由於制度的約束，無法按照自己的想法來做事，創業可以有一個空間來發揮，來實現自我價值，得到社會的認可。

處於「經濟」的社會——經濟原因也是大學生選擇自主創業的一個重要原因。因此，大學生創業培訓也就成為了一個新興的市場，同時也將會盡快在這個市場上站穩腳跟，成為大學生創業培訓的領導者。

一、大學生消費心理特點

大學生的自我意識已相當成熟，有自我的價值判斷，因而受電視廣告等媒體的影響相對較少。網絡信息渠道的暢通，為大學生自主消費提供了必要的物質基礎。多數大學生主動通過同學、家庭及網絡等獲得所需商品的信息。大學生敢於創新，思想活躍，有多元的價值目標，同時擁有科學知識，極強的好奇心和敏感性，較強的學習能力，勇於嘗試和探索，因此對新產品有較高的敏感度。然而因心理的不完全成熟，消費經驗和技巧的缺乏，大學生容易進入從眾消費、衝動消費等誤區。

1. 情感過程：

   在消費者對商品或勞務的認識過程中，產生的滿意或不滿意，高興或不高興的心理體驗，構成有特色的對商品或勞務的感情色彩。大學生充滿激情，熱情奔放，道德感也比較完善，擁有較高的審美觀。感情力大大增強，但自制力仍薄弱。多數大學生能理性地思考和行動，調節自己的衝動，理性地消費。但心理的不完全成熟，自制力不強，易受情緒和外界的干擾，衝動性和情緒性消費依然存在。年齡的增長，眼界的擴大，知識經驗的豐富和思維水平的提高，自我情感體驗多樣性。感情和理智、衝動和克制並存的狀態，在特殊的環境下，易於感情衝動，在購買商品時，受商品樣式和他人的影響，跟著感覺走。

2. 意志過程：

   消費者在購買活動中有目的，自覺地支配和調節自己的行動，努力克服各種困難，從而實現既定購買目的過程，既有計畫地實施購買決策過程。大學生心理發展期，意志尚未定型，果斷性品質有較大的發展，但缺乏恆心和毅力。大學生能根據自己的需求出發，根據自己的支付水平和商品供應情況理性消費。自覺性提高，但惰性存在。

二、大學生消費行為特點

在社會生活中，大學生是很特殊的群體。一方面，他們離開親人，有的人甚至千里迢迢地來到自己理想的大學繼續深造、增長才幹，過著相對獨立的生活；另一方面，他們消費的經濟來源主要來自家庭，家庭收入越高，對學生的供給越多。目前大學生的經濟來源仍以家庭供給為主。

1. 獨特性：

大學生處於消費成長期到成熟期的過渡時期，一方面表現得求新求異、富有好奇心，對外界新事物的接受能力特別強。於是在社會許多新穎玩意的吸引下，「試一試」的想法成了這種心理的源泉。因此他們往往走在了朝流的前列，同時又追求個性，喜歡把自己打扮得與眾不同，或是購買一些與眾不同的物品，以求引人注意，達到一種自我滿足的效果。

2. 興趣性：

目前許多年輕人都是「追星族」，大學生也是如此。於是，他們便把生活費的一部分用在購置自己偶像的磁帶、CD、海報、娛樂報，還有一些專業雜誌等和明星有關的東西上。另外還有上網，其實每個大學生都會有這樣一筆開支，只是或多或少而已。總的來說，大學生容易在自己喜歡的事情上花錢，主要消費對象與自己的興趣愛好有關。

3. 時尚性：

有人說，大學校園是最時尚的地方。他們總喜歡時尚消費，比如旅遊、電腦、和手機消費，其次是髮型、服裝、飾物、生活用品，大學校園中都不乏追「新」族。特別是女生們的服飾，不要很多錢，但是搭配很現代、很時尚。她們在選購服飾的時候，大部分學生都想花不是很多的錢，去購買那些有一定知名度品牌的衣服，結果呢，實在是喜歡，一狠心，花一個不低的價格把它給買下來了，過後卻難過好幾天，在選購其他東西的時候也是一樣的。男孩子就有些區別了，他們一般是準備已久，根據手頭情況去購買相對較高檔次的品牌，也不會太計較已花掉的錢。由此可總結出兩句話，男生少購買，大品牌，強出手；女生多出動，中品牌，軟上手。

4. 從眾性：

不同的校園環境也會有不同的消費習慣，這跟校園內的氛圍有關。如某人換了一個髮型，大家覺得不錯，在理髮的時候也就自然會想到那種效果。其他還包括穿著消費、運動消費等等，都有一定的從眾性，但也要注意各校的差異性。

5. 攀比性：

身在周圍都是同齡人的環境中，加之有不少學生的家境不錯，特別容易出現攀比的風氣。這便使許多人產生了「別人有什麼，我也要有什麼」的想法，別人去那家高檔餐館吃飯，我也就想去，再加上時下的某些時尚主題，促進了這種心理的形成，跟進了流行大軍。明顯的主要有，購買一些流行產品及吃喝玩樂方面，而這樣的東西一般又比較花錢，但有的同學就把它當作一種身分的體現，願意花很大的代價來購買它。

6. 禮節性：

在大學裡，禮尚往來是很重要的消費力，今天你過生日，我得送禮給你，你請我吃飯。明天輪到我過生日或是有什麼喜事，你又得大手筆的還我，還有的是一幫學生，某天某個人請大家吃飯，或是消費什麼，隔幾天另一個人覺得自己要還禮，又是一幫人出來消費，結果是一個接著一個，並不斷循環，這樣極大地擴大了消費的量。

7. 盲目性：

這種心理特點的形成是基於前面幾種心理的，且從眾性心理起了主導作用。另外，受許多商家看準學生的這種消費心理而推出許多商品之類因素的影響，導致大學生消費的無的放矢。比如：某愛豆推出一張新專輯，某運動品牌有新的款式上市，不用很長時間，便會「你有我有全都有」。其實所買的商品是否實用，或是否有使用價值，在購買時學生不一定會去多考慮。「見好就買」似乎已經成了當代大學生消費的重要特徵。

8. 衝動性：

大學生消費也具有年輕人所共有的特點，即在購買物品時，有時候容易產生衝動購買，例如他們容易受廣告促銷的影響，明明本身就沒打算過要購買這種產品，但當時推銷員說得很好，或是看到廣告很有吸引力，而突發其想地要購買，結果買後又後悔了的情況不在少數。

9. 圍繞女生性：

男大學生的消費一大部分是用於交往，而更多的是用於和女生交往的，也就是男生和女生在一起就特別容易花錢。細心的人不難發現，一些酒吧、中檔餐館及一些公共消費的地方，絕大多數都是男女生共同消費，而且在這個時候，男生一般都不太在乎花多少錢，只要高興就好，所以消費完以後，皆大歡喜。

而同種性別的人在一起就不一樣了，特別是女生，可能會少於平時的消費量。

10.無計畫性：

相信念過大學的人，都知道當代大學生是最會哭窮的，不管他是否很有錢，但還是總叫說沒錢，每當到了月底，或是學期結束的時候，有的甚至在開學一半，就開始叫著沒錢吃飯了。其實他們都是很有錢的人，一開始的時候總認為自己有很多錢，有些東西看起來也不是要很多錢，又好像很實用，結果見到好的東西就是想購買，後來打開錢包才發現，原來錢這麼不經花。當意識到要節省的時候，錢也就快差不多沒了。因此他們也就開始大喊窮了，殊不知是當初自己用錢沒計畫好。這是許多有錢大學生們的一個通病。

三、大學生購買特點

1. 消費傾向多元化：走出學校面向社會，努力跟上並適應外邊世界步伐已成為大多學子的目標。旅遊、電腦、手機等已成為大學生消費的熱點。根據網路調查顯示，被問及「在經濟條件許可時最想做的事情是什麼」，60％以上的人選擇「旅遊」，其次是「買電腦」。

2. 消費方式在理性指導下實用與前衛並存：從本次調查數據的資料中可以看出，無論是大學生基本生活費中的衣食住行，還是人際交往，以及旅遊、購買手機的動機，都帶有濃厚的實用色彩。

3. 儘管講牌子擺闊氣等社會風氣已不可避免地浸染了校園，致使部分大學生受到影響。越來越多學生，甚至有部分貧困生加入高消費行列，購買昂貴的3C產品、電腦、手機等用品，這種趨勢在一定程度上有所蔓延。

4. 消費差異巨大：校園中貧困生人數的增加使高校學生消費差距明顯增大。很多消費水平很低，甚至連基本的生活費都難以保證。

【附件】大學生創業調查問卷

親愛的同學們，您好！為了更好地了解大學生創業的想法，以及收集大學生在創業過程中遇到的實際問題，我們特此做如下調查，希望您可以認真填寫。同時非常感謝您在百忙中填寫這份問卷！

Q1：您的性別是？

(A)男　(B)女。

A1：________________

Q2：您現在讀大幾了？

(A)大一　(B)大二　(C)大三　(D)大四。

A2：________________

Q3：您在大學裡或是大學畢業後是否打算自己創業？

(A)完全沒有　(B)有，但沒有嘗試過　(C)有，而且嘗試過。

A3：________________

Q4：您對大學生創業的看法是？

(A)贊同，是實現理想的一個途徑

(B)反對，因為存在很多風險

(C)創業要理性。

A4：________________

Q5：您認為大學生創業需要具備哪些素質？

(A)強烈的挑戰精神

(B)出色的溝通和交際能力

(C)較好的專業知識

(D)管理及領導藝術。

A5：________________

Q6：您對創業的政策了解嗎？

(A)熟悉 (B)比較熟悉 (C)了解一點 (D)一點不知。

A6：______________

Q7：您認為當前大學生創業的社會環境怎麼樣？

(A)很好 (B)一般 (C)較差。

A7：______________

Q8：您認為您所學的專業創業前景大嗎？

(A)有 (B)不大 (C)基本沒有 (D)不清楚。

A8：______________

Q9：您認為大學生創業之所以吸引人的原因是？

(A)對金錢和自由的渴望

(B)能使個人獲得成長和發展

(C)最大限度的實現自我與挑戰自己的能力

(D)提升社會地位。

A9：______________

Q10：你認為大學生在創業的過程中最大的障礙是什麼？

(A)家庭的經濟條件

(B)專業技術知識及個人能力

(C)社會關係

(D)學校提供的鼓勵和支持。

A10：______________

Q11：您對自己的就業前景有什麼感覺？

(A)自信 (B)迷惘 (C)有壓力 (D)賭一把。

A11：______________

Q12：當您在創業過程中發現資金不足等財務問題時你會？

(A)向政府申請資金

(B)向銀行貸款

(C)向親朋好友借錢

(D)自己積累。

A12：

Q13：您認為大學生創業最需要的是什麼？

(A)個人或團隊研究成果或專利

(B)個人強烈的價值觀志向

(C)大學生創業基金支持

(D)學校提供的各類創業培育和服務

(E)得到社會化的管理和服務。

A13：

關鍵評析

這是第二個創業計畫書的案例。這個案例明顯出自中國大陸，其中也在第二部分「大學生創業環境分析」中提到不少大陸政府給予大學生創業的補助法令。儘管無法完全套用，但仍可以參考文案的寫法，引入台灣政府相關的法令規範，充實自己的創業計畫書。

此外，這個案例也很清楚地把公司的理念、產品，以及願景跟需求寫了進去。因為現在科技進步的太快，所以無論你所處的公司是大是小，公司內部的職員——大到董事長、小到基層員工，都必須保持學習精進的習慣，才能讓公司企業保有向上流動的競爭力，以及持續創新的無限可能性。

由於一般年輕人創業最大的問題就是「經驗不夠」及「資金不足」，而這個創業計畫書已經幫大學生整理了許多創業可能面臨的問題，以及相對應的處置辦法，可說是一個非常貼心的計畫書。另外，針對「資金不足」的部分，案例中也提出了「創業貸款」這種解套方式，儘管可能如同前述所說，大陸政府與台灣政府可能有不同的法令規範，但仍能藉此帶給讀者一條額外的籌措資金辦法。當有了明確而詳細的規劃，以及設定適當的資金以後，大學畢業後的創業可說是如魚得水。

這個案例後半段也提到了公司企業管理的方式，最實際的就是運用

SWOT 分析，也就是筆者在這個章節前半部分整理出來的表格（請見下表），藉此幫助大家找出自我的優勢以及市場的趨勢，進而迴避可能出現的風險與創業威脅。

外部因素／內部因素	機會 Opportunity	威脅 Threat
優勢 Strength	機會追尋策略：利用優勢，抓準機會	威脅避險策略：利用優勢，迴避威脅
劣勢 Weakness	優勢強化策略：修正弱點，強化優勢	劣勢防守策略：調整路線，避開威脅

早些年威樺老師求學時，有個老師創業投資需要資金，於是他寫了一份創業計畫書給青創協會，計畫書通過後，如願申請到一筆款項，後來就拿這筆資金去投資，收穫莫大的回報。類似成功的案例不勝枚舉。

就像是羅伯特．清崎(Robert Kiyosaki)在他的名著《富爸爸，窮爸爸》中所說：「**創業要用別人的資金**」一樣，成功也是能利用別人的資金來獲得！

範例 3 **「粥道世家」創業計畫書**

（取自於範文 118——粥道世家創業計畫書）

文案內容

【第一部分】摘要

一、公司介紹

粥道世家，以「粥」為本，以養生、減肥為特色，定位於中低價位的粥餐店。「粥道世家」對粥進行鑽研，採南方之美味，取北粥之精華。主要以雜糧為主，輔以蔬菜、野菜、肉類和海鮮等等所熬製成的粥為主，又有為不同人群特製的粥，以滿足不同的人群。

粥道世家本著「享受生活，愛上喝粥」的文化，以「特色經營，不斷創新，規範管理」為經營理念。嚴格遵循「求實、創新、以顧客需求為根本」的企業精神，盡我們最大的努力，爭取做人們心中的「放心店」和「樣板店」。

二、管理者及其職務介紹

1. 苗○○：總經理兼出納，此人為管理專業畢業，學的是信息管理與信息系統專業，對信息、情報的收集與企業戰略的制定有一定的了解，擅長整體規劃。

2. 刑○○：後勤採購部經理，市場營銷專業畢業，對農產品的價格和品質有一定的了解，擅長與人接觸，對採購工作有一定的了解，能夠勝任這個職業。

3. 吳○○：營銷策劃部兼財務部經理，此人市場營銷專業畢業，對營銷計畫的製定於產品的營銷有深刻的認識，擅長於他人聯繫與市場需求的分析，工作態度嚴謹，對財務也有較深的研究，可以做好這些工作。

三、主要產品和業務範圍

主要產品有——養生粥類：綠荷蓮子粥、綠豆粥、扁豆粥、蓮子粳米粥、蘆米粥和荷葉粳米粥。四級減肥粥系列：人參冬麥粥、紅薯粥、何首烏粥、桑葚子粥、菠菜粥、芹菜粥和胡桃粥。冬季滋補粥類（適用於女性）：何首烏粥、紅棗粥、韭菜粥和豬肝粥。冬季滋補粥類（適用男性）：對症下藥，針對不同的男性需求，調製不同的粥。

業務範圍：主要針對於早餐系列和晚餐的減肥、滋補粥類，以及對不同的人群，給予不同的調和粥，以適用更多的人群。爭取對症下「粥」，全方位為顧客服務。

四、市場概貌

主要針對嬰幼兒，學生，老人、孕婦和產婦等需要滋補的人群，給予他們滋補粥類；病人和需要調養的人群則給予他們藥物粥類；減肥人士就給予他們減肥粥系列；對於特殊人群以及一些特殊需要的人群，比如：司機這個行業，則可以考慮為他們特別調製。而作為銷售粥的主要場所是商業街、交通要道、鬧區、辦公樓、醫院和學校等人群聚集的場所。

五、營銷策略

首先是在營銷策劃部經理的帶領下，積極組織營銷活動。招聘專業的人才，然後進行培訓，打造一支優秀的營銷公關團隊。建立一個以自我銷售網絡為中心的銷售渠道，做好區域開發，然後利用網絡、電視和報紙等媒體做好產品推廣。

做好促銷活動和廣告宣傳，在這個方面，我們自己設計了適合自己的促銷方案，專門為自己打造，適合未來公司的發展。同時做好促銷活動前、中、後期的宣傳。

六、銷售策略

首先在粥店開辦的初期，先把名聲打出去，讓更多的人知道「粥道世家」的名字，讓更多的人知道我們的宗旨，知道我們的產品。等粥店發展到一定的規模以後，著手建立自己的分店，建立自己的連鎖事業，以把自己的品牌發展壯大。

七、生產管理計畫

在粥店開辦初期，專門生產自己品牌的粥類，把我們的品牌打出去，專業生產適用於不同人群的粥類，等粥店的規模發展到一定的規模，則開始開發新的產品，同時推出適用於不同人群的產品。在開發產品的同時，仍舊發展我們的主打品項，建立自己的招牌粥類。

八、財務計畫

在我們粥店開辦的初期，我們需要資金運轉。在我們後來五年內的運轉，分期五年，第一年可能不賺錢，甚至賠錢，但是從第二年起，我們的粥店就轉入正常的運轉，並開始盈利。所以我們做好了對財務分配方面充分的規劃。

九、資金需求狀況

在我們粥店開始的初期，我們共需 200000 元，我們的粥店才能正常的運轉，投資者可以以金錢的形式，也可以以實物的形式進行投資，而且在我們開辦的初期，可能公司不會有盈餘，甚至可能會有虧損。但是從第二年開始就正式運轉，並開始盈利，所以我們做好充分的準備來迎接挑戰。

【第二部分】公司介紹

「粥道世家」是一家以「粥」為特色，以養生、減肥為特色的，定位於中低檔次的具有快餐性質的餐店。粥店一樓為零點餐廳，二樓有多個雅間及包廂。「粥道世家」粥店重點對「粥」品進行研究，採南方之美味，取北粥之精華，潛心蒐集流傳在民間的各種粥點，以雜糧為主，輔以蔬菜、野菜、肉類、海鮮等，精心研製出養生、減肥兩大種類的營養粥品；寬敞明亮的大廳，幽雅安靜的包廂，具有濃郁文化特色的宴會雅間將滿足不同消費者的需求。

唐代詩人陸游曾用：「世人個個學長年，不悟長年在眼前，我得宛丘平易法，只將食粥致神仙。」的《食粥》詩來比喻粥對人體的保健作用，作為現代生活的一種消費時尚，粥也越來越被廣大消費者所接受。幾碗粥，幾盤小涼菜為大家帶來了幾許休閒，在濃濃的粥香中品味了健康人生。

「粥道世家」一直本著「享受生活，愛上喝粥」的企業文化，以「特色經營，不斷創新，規範管理」為經營理念，從我們的服務、菜品、營銷上下功夫、不斷創新，贏得顧客的讚譽。在今後的經營與管理中我們會一如既往的遵循「求實、創新、以顧客需求為根本」的企業精神，盡我們的最大努力將企業辦的越來越好，使各項標準都能按規定落實，成為人們心中的「放心店」、「樣板店」。

【第三部分】行業分析

隨著我國國民經濟的快速發展，居民的收入水平越來越高，餐飲消費需求日益旺盛，營業額一直保持較強的增長勢頭。據統計，近幾年來，我國餐飲業每年都以 18 %左右的速度增長，是GDP發展速度的 2 倍，可以說整個餐飲市場發展態勢良好。旅遊餐飲、家宴、婚慶消費成為經營亮點，經營特色化和市場細分化更加明顯，大眾消費進一步成為餐飲業的消費主流。在這種大背景下，近幾年來中式早餐行業也得到蓬勃快速的發展，尤其以粥店為主，在各級城市都有較明顯的發展。

粥店行業雖然起步較晚，但是，隨著人們對綠色健康生活的追求，粥店行業得到了快速的發展，目前在國內的粥店多以連鎖加盟為主，以營養健康為特色。在國內較為知名的連鎖粥店有：宏狀元粥店、三寶粥店、心琪粥店。這三家占有國內行業的大部分市場份額。每年一家連鎖加盟店的營業額就可達到百萬元以上，毛利潤在 50 %左右。但是這幾家粥店一般以高中檔飲食為主，多在國內的一些大中型城市開辦連鎖店。目前在新鄉市場上，以養生、減肥為主題的中低檔的快餐式早餐粥店並不多。隨著以後經濟的發展，粥店行業的逐步興起，粥店必將逐步的普及化、大眾化。早餐喝粥也必將成為追求健康的人們的首選食物。這對於以中低檔消費群體為主的早餐粥店來說是十分有利的，未來的市場前景還是很樂觀的。

對於粥店這種市場准入門檻低，投資少、回報率高的行業，進入該市場的主要障礙在於消費群體的選擇。我們「粥道世家」將主要消費群體定位於中低層收入的普通家庭。為了迎合消費者的需要，擴大市場。我們計畫將「粥道世家」建於學校旁邊，這樣緊鄰學校，人口密集，有大量有需求的顧客，為粥店的發展解決了一定的阻礙。

隨著粥店的增加，粥店的市場競爭會越來越激烈。對於粥品，這種高度一枝花的產品，市場的競爭主要體現在技術創新、服務與品牌的競爭上：

1. 技術創新：

   對於粥店這種技術工藝簡單，操作要求不高的行業，能否打出自己的特色，不斷的創造出與眾不同的新品與特色粥品，關係到整個粥店的生死存亡。多一份自己的特色就能讓自己在競爭中多占有一定的市場份額。

   打出自己的特色，實施差異化戰略。以養生滋補、減肥美容為「粥道世家」創業計畫書特色，針對不同群體，體現不同的特色。推出「不因肚餓而喝粥，而為生活而享受」的理念。讓大家願喝粥、愛喝粥。

2. 服務：

   加強服務管理，實施重點戰略。把服務也看作產品的一部分，從服務中讓顧客感到「粥道世家」與眾不同，並且認可和接受「粥道世家」的經營理念。增強顧客對「粥道世家」的認可度。

3. 品牌：

   品牌對於粥店這種市場准入要求低的行業來說有著至關重要的作用。加強品牌建設，實施品牌戰略，提高品牌知名度，擴大品牌影響力。把我店「享受生活，愛上喝粥」的理念和我店品牌聯繫在一起。使「粥道世家」這個品牌成為一種新的生活理念的代名詞，成為健康生活的標誌。

【第四部分】產品及服務介紹

一、產品品種概念

本店養生粥系列是根據中醫傳統養生學原理，依據《易經》同氣相求的原理，選擇多種食物科學配比，食用方便，食之大補元氣，是現代人的養生佳品，通過科學配比，採用生活中常見的綠豆、粳米、紅蓮、扁豆薏米、紅薯、人參等素食材料，結合魚、蝦、雞鴨等肉食材料，巧妙搭配，細火慢熬、慢燉，採用精妙工藝製作而成。本品既能滋補，又能減肥，是現代養生之佳品。

二、產品品種規劃

粥道世家推出多款粥系列，總有一款適合你！！！

1. 養生粥類（適宜於所有人）：

⑴綠荷蓮子粥：綠豆、扁豆、蓮子、荷葉等加入粳米中一併熬煮，擱涼食用，健脾胃、祛暑熱。

⑵綠豆粥：綠豆，粳米，加水煮粥。綠豆味甘，性涼，有清熱解毒、消暑止渴、清心瀉火的作用。

⑶扁豆粥：扁豆，粳米，同煮成粥。白扁豆可健脾益胃、清暑止瀉，夏季服用，既可清解暑邪，又可健脾利溼，對暑溼引起的食欲不振、噁心嘔吐、大便溏泄等病，有較好的療效。對平素脾胃虛弱的老人及孩子，也是理想的夏季藥粥。

⑷蓮子粳米粥：蓮子，粳米，入鍋同煮，至蓮子極爛為度。蓮子有清心除煩、健脾止瀉的作用，蓮子與粳米一同煮粥，還能養脾澀腸，對於脾虛久瀉的人尤為適宜。盛夏常因暑熱侵擾、心火上竄影響睡眠，而蓮子粥除煩熱，清心火，養心安神，對於夏季暑熱心煩不眠，具有較好的治療作用。

⑸蘆米粥：取鮮蘆根，切斷，加水煎熬，取汁與粳米同煮成粥。蘆根具有清熱除煩、生津止嘔的功效。蘆根粥適用於暑熱煩躁口渴，或鬱熱內發、牙齦腫痛及胃熱嘔吐、肺熱咳嗽等症患者服用。對於暑熱後期餘熱不淨，或持續高熱的病人，尤其是兒童，服用此粥，能收到較好的退熱效果。

⑹荷葉粳米粥：荷葉一張，洗淨後煎湯取汁，加粳米煮粥，加糖食用。荷葉是效用極佳的解暑良藥，與粳米同煮，清香可口，對於輕度中暑出現頭昏頭痛、胸悶氣短、無汗煩熱、小便色赤等症狀具有較好的治療作用。

2. 四季減肥粥類（適宜於減肥瘦身人群）：

⑴人參麥冬粥：人參、麥冬、粳米，先煎人參、麥冬 30～40 分鐘，去渣取汁，再用藥汁煮米成粥。晨起早餐適量食用。

⑵紅薯粥：紅薯，大米，將紅薯洗淨後切成片或塊狀，與大米共煮成粥，每天早晚服用。

⑶何首烏粥：紅棗，何首烏數枚，粳米 100 克，紅糖適量先將何首烏放入砂鍋內煎煮後去渣取汁，同粳米、紅棗同入砂鍋內煮粥，將熟時，放入紅糖或冰糖調味，再煮 1～2 分鐘即可。每日 1～2 次。

⑷桑葚子粥：桑葚子，大米，紅糖適量。先把桑葚子和大米洗淨後共入砂鍋煮粥，粥熟時加入紅糖。每天早晚服用。

⑸菠菜粥：新鮮菠菜，粳米。先把菠菜洗淨後放沸水中燙半熟，取出切碎，待粳米煮成粥後，再把菠菜放入，拌勻煮沸即可，每日 2 次，連服數日。

(6)芹菜粥：芹菜洗淨後連葉切，與大米或玉米麵煮粥。

(7)胡桃粥：胡桃肉，去皮搗爛，粳米，加水如常法煮粥，粥熟後把胡桃肉加入，調勻，浮起粥油時即可食用。

3. 冬季滋補粥類（適宜於女性）：

(1)何首烏粥：30g何首烏放入砂鍋內，加水適量，用中火煎煮，然後去渣，取濃汁。再將100g洗淨的粳米、3枚大棗與適量冰糖同入鍋內，加入煎煮後的何首烏濃汁一同煮粥。食用此粥可防治肝腎不足、頭暈耳鳴、頭髮早白、貧血、神經衰弱、高血脂、便祕等多種疾病。老年人經常食用何首烏粥，對防治心血管疾病有良好效果。

(2)紅棗粥：取紅棗50g、粳米100g同煮成粥。大棗性平味甘，具有補脾和胃及養血安神之功效，尤其適用於久病體虛、脾胃功能虛弱者服食。另有民諺云：「要想皮膚好，粥裡加大棗。」可見紅棗粥對美容護膚也大有好處。

(3)韭菜粥：先將粳米100g入鍋內加水適量煮沸，再加入50g洗淨切碎的韭菜同煮為粥。韭菜富含維生素A、B、C和醣類、蛋白質和類抗生素等物質，有調味殺菌的作用。

(4)豬肝粥：取豬肝、粳米，加水後同煮為粥。此粥含有豐富的蛋白質、卵磷脂和微量元素。

4. 冬季滋補粥類（適宜於男性）：

(1)肝不好的男人：

對症下粥：魚類、蝦類、雞肉、牛肉富含人體所需要的蛋白質、氨基酸，且易被人體吸收利用，赤小豆、大棗也很適合

該類男性食用。午餐可吃韭菜炒雞蛋、菠菜牛肉絲、番茄蛋花湯。小米粥、菜花燉肉、赤小豆鯉魚湯，都是肝不好的男性理想的晚餐選擇。

(2)忙碌男人：

這類人精神緊張易疲勞，睡眠不好，而且一般運動較少，這些都會影響腸胃對飲食的正常吸收。久坐容易產生腰酸背痛症狀，還可能會引發前列腺炎，可喝些蓮子芡實粥。

對症下粥：蓮子補脾止瀉，養心安神，而芡實則能健脾補腎，常喝能夠緩解壓力，防止因工作緊張造成的失眠等症狀。

(3)嗜酒男人：

長期大量飲酒對肝臟損傷最大，建議來碗蓮藕綠豆粥。綠豆煮藕，能健脾開胃、舒肝膽氣、清肝膽熱、養心血。大米有保肝、護胃的作用，酒後進食能夠減少大量酒精對肝的損害。

對症下粥：熬粥最好用砂鍋，因為相對於電飯煲來說，它質地較粗，所以有些物質，電飯煲沒辦法分解，而砂鍋就不同。因為鍋體有很多細小的砂眼，所以能把油性物質吸收，又因其吸熱慢，所以煮出來的東西才好喝。

(4)瘦弱男人：

這類人往往認為吃營養豐富的食物身體就會沒問題，其實他們一般脾胃較虛弱，過多地攝入營養素，食物中的蛋白質不僅不能完全被吸收，而且在代謝中又加重了腎臟的負擔。

對症下粥：粥道世家採用蓮子、茯苓等素材，給你不一般的體驗，細心呵護你的肝臟。

三、產品的市場競爭力

1. 市場廣大：喝粥能滋養腸胃，卻不會增加消化系統負擔，也不至於身體肥胖，因此，養生粥越來越受到大家的青睞。

2. 產品特點鮮明：粥膳產品系列在傳統的營養學上占有十分重要的地位，它具有製作簡單、加減靈活、適應面廣、易於消化的特點。清朝學者黃雲鵠在其《粥譜》中寫道，粥「與養老最宜，一省費，二味全，三津潤，四利膈，五利消化。」對養生粥大力推薦。

3. 功效顯著：粥，不僅清淡甘飴，易消化，而且富有營養，對幼兒、老人及脾胃虛弱者最為適宜。這是因為，粥不僅自身營養豐富，更是其他營養食物的絕佳載體，任何食物皆可與粥相配，對不少病患有醫治之效。

四、產品的研發

「粥道世家」依據中醫傳統養生學原理，緊跟時代潮流，順應四季變化推出一系列滋補養生粥膳，並且對一些減肥粥，滋補粥也做重點研究與開發。在科學理論的指導下對粥膳系列及服務進行創新，具體表現在對日常健康粥膳的搭配及開發上。

五、新產品開發及成本分析

經過「粥道世家」研發團隊的不懈努力，經過科學配比，近期即將推出紅蓮粥配茯苓餅系列，目前此系列正在研發過程中。此系列成本低，材料價格低廉，相信是一款經得起市場考驗的粥膳系列佳品。「粥道世家」新產品更新速度快，時刻把握市場脈搏。

六、市場競爭前景預測

據市場分析，現在有 95 %甚至更多人很注意自己的身體，而由於他們所面臨的工作壓力，他們無法在生活中保護好自己的身體。因此，養生粥系列時下才會如此受社會追捧，可是我們必須擁有我們的競爭優勢，我們著力開發本企業的特色，我們會估計各個階層，但會把市場重點放在中老年及上班上學族上。具體表現在：

1. 路邊的小店小鋪一般都不太衛生，跟他們相比，我們有衛生的絕對優勢。

2. 對於各方面都已經達標的同類粥店，它們才是本店的有力競爭者，所以，我們會突出特色，在產品服務及生產工藝上著力突出自己的競爭優勢，如開發新產品、推出特色銷售套餐等措施。

七、產品的品牌與價值

1. 店鋪名稱：粥道世家

本店是以經營養生粥系列，包括滋補減肥粥為主打的營養保健餐飲店，市場廣大，特色鮮明，是廣大愛好健康人士的理想選擇。

2. 本店宗旨：營養健康、顧客至上

「健康有營養」相信是時下每個人都無法拒絕的誘惑。我們賣的不是普通的稀飯粥膳，而是「健康粥」粥膳！「粥道世家」賦予每一碗粥以滋補養生的功效，在您手上的每一份菜單上都有每一道粥膳佳品的具體功效。顧客通過菜單，就能感受到一股健康養生之風撲鼻而來。

【第五部分】人員及組織結構

「粥道世家」粥店初期規模較小，人員不多，故採用部門化管理模式。設總經理、財務部、銷售策劃部、後勤採購部。總經理主要負責對整體銷售計畫的確定、各部門工作的協調、人事工作的調整和在生產經營過程中突發狀況的處理；財務部負責店內財務的核算、物料與款項的核對和店內工作人員工資的統計、發放；銷售策劃部負責營銷策劃的製定、產品的宣傳和客戶信息的保存與聯繫；後勤採購部負責採購原材料、監督產品的整體生產過程、負責物料的存儲與清點工作。

1. 現定總經理為苗〇〇：此人為管理專業畢業，在大學學習的是信息管理與信息系統專業，對信息、情報的收集與企業戰略的制定有一定的了解。擅長於公司前景計畫的制定與生產工作的協調。

2. 現定吳〇〇為財務部經理，對財務管理與財務核算有較深的研究。工作態度嚴謹，對財務部工作有較深刻的理解。

3. 現定吳〇〇為營銷策劃部經理，此人市場營銷專業畢業，對市場營銷計畫的製定與產品的銷售有深刻的認識，擅長於他人聯繫與市場需求的分析。

4. 現定邢〇〇為後勤採購部經理，此人市場營銷專業畢業，對農產品的價格與品質有一定了解，擅長與人接觸，對採購工作有一定了解。

【第六部分】市場預測

一、需求預測

市場的預測，是科學的營銷決策的依據，市場需求預測是在營銷調研的基礎上，運用科學的理論和方法，對未來一定時期的市場需求量以及影響需求的諸多因素進行分析研究，尋找市場需求的發展變化規律，為營銷管理人員提供未來市場需求多大的預測性信息，並將其作為營銷決策的依據，因此市場預測對於營銷的決策起了十分重要的作用。所以做好市場預測，是這個環節重要的部分。我們主要採取的市場預測的方法有：購買者意向調查法和綜合銷售人員意見法。

1. 購買者意向調查法：

即通過直接詢問購買者的購買意向和意見，據以判斷其可能出現的銷售量。而我們主要通過對街上人群通過填寫單字的預測方式，來預測未來的一年裡，消費人群對粥道世家是否願意食用的預測，找一些專業的市場調研員，對這個問題進行調研，然後得出這個產品在未來時間內的走向。

我們在預測期間一共發放200份的單子，然後對單子進行匯總，得出以下的結論：

今後的一年裡是否會食用養生粥（滋補粥和減肥粥）	
不食用：1 %	不太可能：11 %
有點可能：35 %	很可能：13 %
非常可能：28 %	一定食用：12 %

2. 綜合銷售人員意見法：
即通過聽取銷售人員的意見的預測市場需求，而針對的銷售人員是附近和這種品種相近的產品接觸人員。由於銷售人員過多，為了使預測的結果趨向合理，過高和過低的期望將相互抵消。

以下是我們小組對附近和我們產品相近的產品銷售人員的預測意見綜合表：

銷售人員	預測項目	銷售額（萬元）	概率	銷售額×概率
張經理	最高銷售	10.00	0.2	2.00
	可能銷售	8.00	0.5	4.00
	最低銷售	6.00	0.3	1.80
	期望值			7.80
王經理	最高銷售	12.00	0.3	3.60
	可能銷售	8.00	0.4	3.20
	最低銷售	7.00	0.3	2.10
	期望值			8.90

李經理	最高銷售	11.00	0.4	4.40
	可能銷售	9.00	0.4	3.60
	最低銷售	8.00	0.2	1.60
	期望值			9.60

由於三名銷售人員的素質接近，權重相同，則平均銷售預測值為：（7.80 + 8.90 + 9.60）÷ 3 = 26.30 ÷ 3 = 8.78（萬元）

二、市場預測現狀綜述

通過購買者意向調查法和銷售人員意見法，得知：普通以及中上等人群對養生粥的購買有較大的市場，而且銷售養生等粥類的飯店保持有較高的營業額。所以，目前對於我們來說養生粥這一行業具有較大的潛力和發展前途。由以上的購買者意向得出對養生粥的有意向的人群占了人群總數的 78 %，可見，這是一個多麼大的市場，對於我們的發展有得天獨厚的條件，所以我們此時在這方面創業有較大的優勢。又從和我們相近的行業中，得出他們的銷售業績為 8.78 萬元，可以看出，這個行業有較大的利潤，所以從銷售市場和利潤來說，都具有較好的條件，因此開闢粥道世家是勢在必行！

三、競爭廠商概覽

對於粥類的分類，從吃飯時間主要有早餐粥和晚餐粥。又從粥本身的特點和我們獨特的經營方式分析。

1. 早餐粥：

   對於早餐粥這一方面，主要的早餐粥分為兩種：地攤式的以賣快餐為主的早餐和飯店類的專業從事早餐行業的飯店。對於早餐粥，地攤式和飯店式對於我們的競爭不是很大，因為我們主要針對不同的人群推出不同的產品，早上主要推出的養生粥，是針對市場上不同於普通粥的粥類，早上主要推出針對於任何人群都適用的粥類，有：綠荷蓮子粥、綠豆粥、扁豆粥、蓮子粳米粥、蘆米粥和荷葉粳米粥。更推出了針對小學生和上班族的滋補粥類。

2. 晚餐粥：

對於晚餐粥，這個方面的競爭不是很大，主要是因為晚上本身賣粥的不是很多，因為晚上賣粥，顧客的人群可能不是很多，但是由於競爭不是很激烈，我們看上了這個時機，針對這個時候，我們推出了一系列的減肥粥：人參麥冬粥、紅薯粥、何首烏粥、桑葚子粥、菠菜粥、芹菜粥和胡桃粥，這是四季都適用的粥類，針對於晚上，我們推出了大量的減肥粥道，因為現在減肥對於大部分女性和部分男性來說都是很重要的，所以晚上推出減肥粥，還是很合適的。

四、服務和產品特色

我們觀察幾個粥店，發現：

	A 粥店	B 粥店	健康粥
外送服務	有	有	有
團訂優惠	無	有	有
針對病人提供的粥類	無	無	有

我們有自己獨特的經營方式，我們相信可以創造出我們自己的優質品牌，優勢就在於現在的雲南省內尚未發現以我們這樣的以「粥」為本，輔之以藥物的粥品經營店，我們就可以更好的來發揮我們的特點，無論從哪一方面來講我們都可以給顧客帶來一種全新的感覺，這樣更可以把我們的品牌加以推廣。

對於未來，我們也將面臨著其他商家看到了我們的發展前景，並朝著我們的發展模式，又開始各種形形色色的粥店，所以我們現在所面臨的不只是我們自己經營的方法和品牌的推廣和傳銷，更面臨著同行的競爭，只有把握好自己的品牌特色和獨特的經營之道，才能在市

場的競爭中立於不敗之地，才能創造出更高更好的品質，創造出好的品牌。

五、目標顧客和目標市場

1. 目標顧客：

⑴一般消費者和中上等消費能力者，包括：嬰幼兒、學生、老人、孕產婦、病人、減肥人士、各方面不同需求的人士。

⑵主要益處：營養、衛生、口感好、保健、食療和減肥。

2. 目標市場：

⑴早餐：經濟實惠、營養的早點，配合熱點銷售，可在商業街、交通要道、鬧區、辦公大樓聚集地、大型住宅區旁邊。

⑵正餐：除以上作用外，重點是醫院、學校。

⑶宵夜：給吃宵夜的顧客提供休閒場地及營養美味的食品，更多的是為減肥的人士，因此宵夜也可以設置在鬧市區和夜市區，或者是居民樓的旁邊，也可以建立長期的合作和預定產品（給夜間的計程車司機提供優質服務也是不可小看的機會）。

⑷重要性：病人、學生、老人需要營養；免除自己熬粥的煩惱及購買原、配料的不便；更有安全感、衛生營養、功效多。另有高檔粥的補品功效使有身分的人有高人一等的感覺。維護健康，省時、省力，使消費者有占便宜的感覺，也給減肥的人士帶來了安全和合理的解決方法，可謂雙贏。

六、本產品的市場定位

1. 定位：

⑴第一部分：大眾化食品。

⑵第二部分：中高檔消費系列。

⑶第三部分：作為滋補、減肥和食補功能的產品。

2. 價格：

⑴素食類：2.00～2.50 元／碗。

⑵肉禽類：3.00～5.00 元／碗。

⑶高檔類：10～50 元／碗。

⑷極品類：50～100 元／碗。

3. 餐具：

⑴帶走者：一次性用具。

⑵本店食用者：高檔碗具。

4. 品種：店堂每天保持 50 個品種以上，訂貨按菜單預約。

【第七部分】營銷策略

一、市場機構和營銷渠道的選擇

1. 市場機構：

總經理	苗〇〇	出納	苗〇〇
後勤部	刑〇〇	採購部	刑〇〇
銷售部	吳〇〇	營銷策劃部	吳〇〇
財務總監	吳〇〇		

我們的團隊是優秀的，我們精簡人數，為公司節儉開支。為公司的發展做一個好的基礎，我們相信我們的團隊定能夠在自己

的崗位做出自己的成就。

2. 銷售渠道：

⑴構建自我銷售網絡

①初期：在開店的起步階段，進行「地毯式轟炸」宣傳，以我們粥舖的特色粥為核心，將中國飲食文化和粥的傳統文化融入我們自己的粥舖，首先做好粥舖周圍的市場，在開業初期，進行免費的服務和體驗服務等等。

②中後期：對新鄉市進行區域的劃分，在每一個區域設立一個中心，做好區域開發。

⑵利用現有渠道：利用現有的網絡、電視、報紙等方式做好產品推廣，結合內部營銷等多種方式充分運用現有渠道。

二、營銷隊伍和管理

營銷隊伍：銷售部經理吳○○主管。

另外在市場或者高校招募推銷員，對他們進行必要的培訓，組成一支高效、團結的營銷隊伍。

培訓分為兩期：首先在招募的人員進入公司時，對他們進行基本的知識培訓；其次在他們適應我們的內部和營運模式時，再對他們進行專業的知識培訓。

三、促銷計畫和廣告宣傳

1. 促銷方案：

活動主題	相約粥道，久久相聚
活動目的	開業慶典，提高知名度
活動時間	20○○年○月○日
活動內容	⑴進行開業儀式，剪綵儀式。 ⑵現場免費派送本粥吧的特色粥。 ⑶進行關於粥文化的有獎競答。 ⑷贈送本粥吧的抵餐券。
活動流程	⑴開業儀式定在20○○年○月○日○點整剪綵。 ⑵樂隊奏樂。 ⑶有關於粥文化知識有獎競答，當場免費派送本粥道的特色粥。
開業活動費用預算	舞台布置500元＋樂隊和主持人800元＋粥派送500元＋鮮花800元＋餐券500元＝共計3100元。

2. 促銷宣傳：

⑴前期宣傳：

①制定一系列促銷宣傳單頁，在粥道周圍地帶進行地毯式的宣傳。

②進行市場問卷調查，使粥道為消費者所獲知，以提高知名度，同時又有效地收集消費者所提供的有效信息。

③在電視媒體進行本粥道的開業宣傳。開業前幾天在周圍各大購物場所附近進行優惠券的發放。

⑵中期宣傳：

①採用積分的方式，滿一定積分就送。消費20元為一個積分，滿100分成為我們的會員，享受九折優惠，到500分

我們會給顧客一張八折的會員卡，到 1000 分我們會把這個顧客的資料留在我們的店裡！我們會聯合數位攝影，為會員拍攝一系列的照片留作紀念，記錄他們的成長歲月，增進顧客和我們的感情。

②我們在各個街道以及商場門口發放優惠券，吸引廣大的顧客。每週推出一種新品種，讓顧客產生探求新品種的欲望。

③與相關的營利機構合作。例如：婦幼保健院，當消費者達到一定的消費額時則可贈送相應數額的醫療抵金券。

(3)後期宣傳：

①在前兩期的宣傳基礎上，定期對老顧客進行回訪優惠。

②宣傳本粥吧的粥文化及中華飲食文化。

四、價格決策：

1. 我們制定價格的原則是：我們根據製作粥類材料的不同，來製定粥品的價格。

2. 個別有特殊需求的根據市場的價格來制定價格。

種類	適用人群	粥名	價格（元）	備註
養生粥	所有	綠荷蓮子粥	5	
		綠豆粥	2	
		扁豆粥	2	
		蓮子粳米粥	3	
		薏米粥	4	
		荷葉米粥	4	

四季減肥粥	減肥瘦身人群	人參冬麥粥	20	
		紅薯粥	4	
		何首烏粥	25	
		桑葚子粥	5	
		波菜粥	3	
		芹菜粥	3	
		胡桃粥	10	
		紅棗粥	15	
	男性	韭菜粥	5	
		豬肝粥	6	
自製粥	不同人群		5～100	

總之，我們會對消費者和我們自己負責，我們主要會比市場的價格稍低，以贏得市場。我們會和消費者一起，各取所需，達到雙贏。

【第八部分】生產計畫

隨著生活節奏的加快，現代的人越來越疏於呵護自己的身體，以至於現代人的身體素質越來越差，「養生」逐漸成為人們熱門的話題。本公司優秀的研發團隊以中醫傳統養生學原理為依據，科學配比，細心研發，根據大多現代人因工作的影響而消化系統功能欠佳的病徵，利用了粥類飲品利於消化和吸收的特質，更容易的被大家接受。而且，粥不只是單純的粥，在這一點上，我們利用自己現有的專業知識（主要是醫學方面）和「粥」文化結合起來，開發一種核心粥類飲品：「養生粥」系列，這一部分無論從輔助治療還是在飲食調整的方面於顧客而言都是至關重要的一部分，這也是「粥道世家」品牌的核心所在。

一、新產品的研發

「養生粥道」擁有一支優秀的研發團隊，這是一支卓越而富有激情的團隊，不畏艱難，銳意進取，勇於創新，推出了一系列深受廣大顧客青睞的粥系列飲品，相信一經推出，必定深受廣大養生愛好者的喜愛，而對於新產品的研發方面，「粥道世家」也是從未放棄，目前已經有了新產品的雛形。

1. 美容養顏粥：

⑴玫瑰情人粥：白米 1 杯、新鮮玫瑰花 1 朵，加上香濃的雞湯 8 杯。先將雞湯煮沸，放入淘淨的白米繼續煮至滾時稍微攪拌，改小火熬煮 30 分鐘，加入玫瑰花瓣再煮 3 分鐘即可。如果想再加點甜蜜，就放點蜂蜜。這款粥還有美容減肥的功效，玫瑰花具有促進血液循環的功效，能使肌膚光滑，而蜂蜜一遇熱會使蛋白質等營養素轉化為蛋白酶，使腸胃急速蠕動而減少消化負擔。

⑵蘋果粥：味道鮮美，蘋果的清香加上葡萄乾的酸甜可口，讓這粥成為首選的消暑甜品。常飲此粥可排毒防便祕，美容養顏。

⑶桂圓蓮子粥：桂圓肉性溫味甘、補血安神，蓮子性平味甘、補脾益腎，紅棗性平味甘、補益脾胃，糯米性溫味甘、補中益氣，這道粥最適合那些經常失眠的人食用了。

⑷南瓜牛奶粥：這道粥中除了南瓜、大米、牛奶外，還加入了洋蔥和少量天麻，可以起到鎮定安神的作用。輔料有少許鹽和胡椒粉，喝起來口感甜中有鹹。（養顏粥將於近期推出）

2. 健康粥：粥道世家研發出幾款健康粥，具有止咳平喘、瀉下清痢之效。（將於後續時段陸續推出）

⑴止咳平喘類：羅漢果粥、枇杷葉粥、川貝母粥、三仁雞子粥、竹瀝粥、蘑菇粥、枇杷葉生薑粥等等。

⑵滲溼利水類：冬瓜粥、大麥粥、桂心粥、冬瓜赤豆粥、姜粥等 7 款。

⑶瀉下類：香蕉粥、蜂蜜粥、牽牛子粥、紫蘇麻仁粥、郁李仁粥、郁李仁薏米粥、松子仁粥等。根據中醫原理，粥療就是一種食養食療的好方法，粥與藥結合能使粥藥相得益彰：胡蘿蔔粥可以預防高血壓；薏米粥可以預防癌症、泄瀉；羊肉粥、生薑粥可以預防慢性氣管炎；荷葉粥、綠豆粥可以預防中暑；野菜粥可以增加維生素，滋陰補腎，調節生理機能；燕麥粥、燕麥片，能夠降血脂、血壓等；大米粥能補脾、養胃、止渴；小米粥補中益氣，對脾胃虛寒，中氣不足，失眠等病均有一定療效。

這就是我們一直以來所追求的以「粥」為本，輔之以藥物生產方式，各式各類，層出不窮，帶給顧客全方位的服務。

二、技術提升與設備更新

「粥道世家」一直致力於新產品的不斷追求與創新，積極更新生產技術，不斷研發與改進，帶給顧客貼心的服務。因為，我們的宗旨就是營養健康、顧客至上。

三、質量控制和質量改進

「粥道世家」是一個專業品牌，有著系統的運營管理體系，整個組織內部分工明確，人員各盡其職，致力於消除一切系統性問題，提高運作的效率成效。中國企業已經全面進入質量管理階段，質量控制和質量改進一直是本企業所追求的目標。企業的質量改進計畫需要以下幾個步驟：

1. 明確問題：組織需要改進的問題會很多，經常提到的不外乎是質量、成本、交貨期、安全、激勵、環境六方面。選題時通常也圍

繞這六方面來選，如降低不合格率、降低成本、保證交貨期等，結合「粥道世家」自身的條件，擬定如下內容：

⑴明確要解決的問題為什麼比其他問題重要。

⑵問題的背景是什麼，到目前為止的情況是怎樣的。

⑶將不盡人意的結果用具體的語言表現出來，有什麼損失，並具體說明希望改進到什麼程度。

⑷選定題目和目標值，如果有必要，將子題目也決定下來。

⑸正式選定任務負責人，若是小組就確定組長和組員。

⑹對改進活動的費用做出預算。

⑺擬定改進活動的時間表。

2. 掌握現狀：質量改進課題確定後，就要了解把握當前問題的現狀。抓住問題的特徵，需要調查的若干要點，如時間、地點、問題的種類、問題的特徵等等；如要解決質量問題，就要從人、機、料、法、環、測量等各個不同角度進行調查；去現場收集數據中沒有包含的信息。

3. 分析問題原因：分析問題原因是一個設立假說、驗證假說的過程。

⑴設立假說（選擇可能的原因）：蒐集關於可能原因的全部信息；運用「掌握現狀」階段掌握的信息，消去已確認為無關的因素，重新整理剩下的因素。

⑵驗證假說（從已設定因素中找出主要原因）：蒐集新的數據或證據，制訂計畫來確認原因對問題的影響；綜合全部調查到的信息，決定主要影響原因；如條件允許，可以將問題再現一次。

4. 擬定對策並實施：將現象的排除（應急對策）與原因的排除（永久對策）嚴格區分開來；先準備好若干對策方案，調查各自利弊，選擇參加者都能接受的方案，實施對策。

5. 確認效果：對質量改進的效果要正確確認，錯誤的確認會讓人誤認為問題已得到解決，從而導致問題的再次發生。反之，也可能導致對質量改進的成果視而不見，從而挫傷了持續改進的積極性。使用同一種圖表將採取對策前後的質量特性值、成本、交貨期等指標進行比較；如果改進的目的是降低不合格品率或降低成本，則要將特性值換算成金額，並與目標值進行比較；如果有其他效果，不管大小都要列舉出來。

6. 防止再發生和標準化：對質量改進有效的措施，要進行標準化，納入質量文件，以防止同樣的問題發生。為改進工作，應再次確認 5W1H，即 Why、What、Who、When、Where、How，並將其標準化，制訂成工作標準；進行有關標準的準備及宣傳；實施教育培訓；建立保證嚴格遵守標準的質量責任制。

7. 總結：對改進效果不顯著的措施及改進實施過程中出現的問題，要予以總結，為開展新一輪的質量改進活動提供依據。總結本次質量改進活動過程中，哪些問題得到順利解決、哪些尚未解決；找出遺留問題；考慮為解決這些問題下一步該怎麼做。

質量控制的目的是維持某一特定的質量水平，控制系統的偶發性缺陷；而質量改進則是對某一特定的質量水平進行「突破性」的變革，使其在更高的目標水平下處於相對平衡的狀態。

質量控制是日常進行的工作，可以納入「操作規程」中加以貫徹執行。質量改進則是一項階段性的工作，達到既定目標之後，該項工作就完成了，通常它不能納人「操作規程」，只能納入「質量計畫」中加以貫徹執行。

同時，產品的質量為上也是我們孜孜以求的理念。綠色營養衛生健康，已經融入了「粥道世家」的血液，不可分離。

【第九部分】資金預算

初期，我們可能需要200000元左右的資金，店鋪才能正常運轉。投資者可以以貨幣的形式實行投資，也可以以實物（如：原料、設備等）或其他形式投資。

創業第一年投入資金見下表：

創業初期第一年投入資金（單位：元）		
項目	一月消費	一年消費
租房	2000 左右	24000
裝修		10000
設備		30000
原料	5000	60000
辦公費用	1000	12000
廣告費		8000
水電費	2000	24000

【第十部分】財務規劃

分析的假設條件如下：

1. 以貨幣計量為假設前提條件。

2. 五年內持續經營：

收入預估表（單位：萬元）					
項目	第一年	第二年	第三年	第四年	第五年
營業收入	15	300	400	500	600
減：營業成本	16	170	180	190	200
營業利潤	-1	130	220	310	400
減：銷售和管理	10	100	150	160	170
利潤總額	-2	120	205	294	383
減：所得稅	0	300	512	735	957
淨利潤	-2	900	153	220	287

【第十一部分】風險與風險管理

一、市場風險

1. 內部／外部風險：

(1)內部風險：「粥道世家」的產品質量不好、管理不善、財務緊張、決策失誤。

(2)外部風險：顧客的不同需求及口味；某一地區居民對某種品牌粥膳的偏愛；市場同業之間的有力競爭；原料價格的波動；當地居民飲食結構的改變等等。

2. 競爭風險：對於一家企業而言，競爭風險是每個企業都不可避免的風險之一，在生產社會化高度發展的今天，每一個市場主體都無法完全擺脫經濟全球化的命運。所以，面對競爭風險是不可避免的，只有勇於面對，依靠自身優勢，抓住機會，警惕威脅，屏蔽劣勢，提高企業自身的抗擊打能力。

3. 技術風險：對於主打養生品牌的「粥道世家」而言，技術風險也是可能存在的風險，雖然我們公司目前還只是小本經營，但在企

業做大做強之前，技術風險就應該被列入公司的遠期計畫之中。我們要不斷探索和學習新技術，開發出粥膳新品種，不斷搞技術攻關，不斷提高自身技術水平，提高公司競爭力，把「粥道世家」做成一流品牌。

4. 機遇評估：運用 SWOT 分析法，找准本公司的優勢所在：

⑴我們公司剛開始起步時的啟動資金很寶貴，我們要物盡其用，我們盡量使最少的錢能夠發揮它最大的效用。

⑵我們在給顧客推薦產品時，我們會結合顧客自身的條件和其需求進行個性化的推薦，我們會搞各種各樣形式的促銷活動，擴大本品牌的知名度。

⑶我們有資源優勢和地理優勢，有潛在的大量顧客群。

二、公司目標

1. 短期目標（1～6 個月）：在這個時間段內，我們的主要目標是樹立品牌，讓顧客熟悉本店，推出有特色的粥品系列，力求迅速占領一定的市場，大力宣傳本店特色，擴大知名度。

2. 中期目標（1～2 年）：以特色菜品和一流的服務吸引顧客，擴大回頭客的留餘量，同時，推陳出新，不斷開發新的特色粥品，縮小新產品的上市時間，爭取顧客。同時，建立一套完整的顧客檔案系統，開始著手確立長遠目標。

3. 長期目標（3～5 年）：著重在設施和產品開發上下功夫，不斷擴大經營規模，形成產業化鏈條，產品批量化生產。在全國其他城市開設分店，形成全國連鎖，把品牌推向國際市場。

關鍵評析

「粥道世家」顧名思義，就是以販售「粥」為主軸的餐飲店家。創業計畫書中，也在第一部分「摘要」開宗明義地點出了「以『粥』為本，以養生、減肥為特色，定位於中低價位的粥餐店」的性質，這與現代人們的「養生之道」不謀而合。

即使是科技日新月異的現代，人們也多半在年輕時無所顧忌地用自己的健康去換取金錢，到了年老之後，才開始花費大量金錢想買回健康，這是非常弔詭的！魔法講盟與各領域專業講師合作，在每個月的第一個週五下午兩點半、第二個週五晚上五點半，於中和魔法教室開設「週五講座」課程，教授學員同時擁有「真健康」與「大財富」的祕法！

回歸正題，這個案例的計畫書除了強調「養生」以外，也主打描述品牌的競爭力及產品的優勢，從他們的銷售策略看來，頗具企圖心，他們的人員配置也相當明確，包含管理員的工作內容及權利分配都有清楚的描述；不僅如此，計畫書還特別剖析了「賣粥」可能面臨到的風險，也就是「風險管理」這個環節。

企業目標管理(Management By Objectives in Enterprise)是企業必須設定重點項目之一，讓組織中的成員能親自參與企業內部的工作目標設定，除了實現「自我控管」以外，也給予成員一種「自我激勵」的增益效果，讓成員能更努力的完成工作目標。試想，如果各位是上市公司的董事長，底下有 100 個員工，這些員工完全不知道公司五年後的未來展望、一年內的目標，甚至連明天要做什麼也不清楚，這樣的企業如何走向國際？如何成為力壓群雄的龍頭企業？所以，這篇計畫書提到了MBO（企業目標管理）、SWOT 分析、風險管理這些企管必備的數據資料，可謂相當完整，深具參考價值。

範例4 網絡貸款平台商業計畫書

（取自於範文118——網貸平台商業計畫書）

文案內容

【第一部分】項目簡介

一、簡介

互聯網金融以獨特的優勢將對傳統商業銀行的競爭產生深遠影響，在銀行業長期發展過程中發揮鯰魚效應，而P2P（個人網貸）作為互聯網金融領域最有顛覆性的產物，在中國生根落地、茁壯發展。P2P 結合中國市場環境，已發展出非常多的細分模式，比如眾籌融資、眾籌理財等，這其中有阿里、騰訊等互聯網巨頭，也有陸金所、人人貸、暢貸等為代表的新一代P2P機構。如今一項具有中國特色的互聯網金融模式 P2C（Person to Company，個人與企業的貸款）的借貸也悄然闖進我們的視野。

就傳統意義的P2P貸款而言，平台方僅僅充當一個供求信息的發布渠道，可這種作法在徵信體系欠發達的中國市場顯然危機四伏。而一旦平台切實參與到信用審查和擔保過程中，實地勘驗、自提風險池等都將給輕資產的互聯網企業帶來沉重負擔。這些因素催生了人們對平台安全可靠性的考慮，基於此，P2C模式應運而生。個人對企業擔保借款(P2C)不同於傳統的 P2P 借貸，可謂傳統 P2P 借貸模式的安全性增強版。傳統P2P是一種獨立於正規金融機構體系之外的個體借貸行為，其作為民間借貸行為的陽光化，在「被遺忘的金融市場」做了普惠金融意義的事情。

隨著P2P行業被人們接受程度的不斷加深，一方面，投資者享受P2P這種直接融資方式帶來的高收益，同時對借款人還款能力的擔憂從未停止。為從結構上解決這一矛盾，提供投資者一個風險真實可控而收益有競爭力的新型投資渠道，P2C借貸，在借款來源一端被嚴格限制為有著良好實體經營、能提供固定資產抵押的有借款需求的中小

微企業。因此，P2C模式較傳統P2P借款人為個人、標的為信用借款的借貸模式而言，安全保障更實際且有力度。綜上所述，P2C借款模式也是我司定位的發展戰略。

二、核心觀點

1. 中外宏觀對比：全球範圍內P2P貸款已有 8 年發展，中國P2P貸款起步略晚，但由於國內特殊環境，市場發展空間巨大，貸款的剛性需求比歐美強勁。

2. 中國法律監管：我國P2P貸款法律監管尚處摸索階段，沒有專門針對P2P貸款的國家法律出台，只有部分相關法律法規涉及P2P貸款的部分領域。但是P2P貸款行業已經引起了監管層的高度重視，本著「促發展，暗監管」的原則，開始維護這一新生行業。

3. 中國P2P貸款市場發展現狀：產業鏈參與方比較少、運營及盈利模式比較簡單。20○○年P2P貸款規模達到 228.6 億，同比增長率高達 271.4 %，20○○年 P2P 貸款規模達到 897.1 億，預計20○○年仍將保持約 200 %的高速增長。從業企業將近 1000 多家，預計未來仍會緩慢增長。

4. 全球P2P貸款發展情況：美國政府監管介入較早，對行業健康發展起到重要作用。但由於監管比較嚴格，也拖慢了P2P貸款成長的腳步。目前只有 Prosper 和 Lending Club 兩家影響力和交易規模比較大的 P2P 貸款寡頭企業，其餘 P2P 貸款公司已轉向慈善或已向不同行業進行專業化發展。

5. P2P 貸款未來發展趨勢：

⑴趨勢一：更多行業聯盟將大量湧現。

⑵趨勢二：政府監管進一步加強，有望頒發 P2P 貸款牌照。

⑶趨勢三：P2P 貸款公司將站在更宏觀的角度進行風險控制。

⑷趨勢四：風險控制模型更加開放，各機構、行業間的數據鏈有望共享和打通。

⑸趨勢五：純線上運營的P2P貸款公司將爆發出強大的競爭力。

⑹趨勢六：P2P 貸款促進國內信用體系建設。

三、發展

任何新生事物從誕生到成熟，社會對該行業的期待都必然經歷從泡沫產生到泡沫化低谷的過程。針對 P2P 貸款在國內的發展歷程來看，目前我國 P2P 貸款正處於行業整合期。

目前P2P／P2C信貸平台的潛力已經彰顯，擁有「天時、地利、人和」，既有國家政策扶持，又有完善的 P2P ／ P2C 信貸系統，還深得不少投資者的喜愛，算是整個互聯網金融目前最好的「切入點」。

20○○年，我國P2P網貸平台數量為523家，同比增長253.4％。

1. 由於 20○○年網貸風險事件頻發（20○○年共有 75 家平台發生風險事件，不乏詐騙、跑路事件），平台公信力受到質疑，行業洗牌已經開始，後入者的門檻將會提高。

2. 20○○年監管部門的積極參與、調研、媒體的頻頻報導、央行對P2P網貸行業的劃界，都給予網貸行業積極的信號，預計 20○○年將會有相應監管規範出台。

3. P2P網貸行業公司受到多方資本青睞，多個P2P公司獲得巨額融資，資本的大舉進入預示著20○○年網貸行業將繼續高速發展，行業競爭將更加劇烈。

20○○年，P2P網貸行業平均年利率為25.06％，網貸期限平均為4個月，和傳統線下民間借貸同期水平相近，其中廣東、浙江、山東、北京、江蘇、上海6個地區的平台占據了目前P2P網貸行業80％以上的份額，其中上海市的網貸利率遠低於平均水平，只有16.4％，貸款期限北京和上海則遠高於平均水平，達到10個月以上。天眼分析認為，知名度較高的平台集中在北京、上海、廣東等地，較高的知名度提升了這類平台的公信力，使得它們能夠用較低的利率便能吸引投資者，而民間借貸不發達或公眾認知度不高的平台只能夠憑藉提升利率的方式吸引投資者，20○○年這種格局將會更加明顯。

中國互聯網金融創新儘管剛剛起步，發展卻非常迅速。P2P／P2C網貸是國內互聯網金融的一大創新，為廣大長期處於弱勢的長尾投資人群帶來了更加豐富的投資選擇，也將會為整個金融市場帶來活力。我國網貸公司的數量一直呈增長趨勢，P2P／P2C公司數量將近6000多家，借款餘額已達到7000多億元。

據悉，四大銀行已經介入P2P／P2C業務，銀行這次的試水對P2P／P2C行業來說是件好事，因為銀行的風控能力較強，互聯網的創新模式和手段雖然受追捧，但還沒有成熟到像傳統金融行業那樣，銀行進軍P2P／P2C領域或將成為一種趨勢，把傳統金融與互聯網金融完美的結合起來，也不失為P2P／P2C行業在成長之路上的一個創新，預測未來5～10年，中國將會誕生5～10家規模將不亞於招商銀行的P2P金融服務企業。

四、優勢與門檻

1. 平台優勢：

P2C 借貸模式，經過嚴密的結構化設計，最大化發揮結構中各參與方的優勢，從投資者角度看，大大降低了投資風險。結構中引入平台重要戰略合作夥伴——傳統金融機構中持融資性擔保機構經營許可證的融資性擔保公司，為借款企業提供連帶責任擔保，憑藉擔保公司豐富擔保經驗，及擔保公司對借款企業進行的實地考察、風控審核，甚至抵押物處理等成熟流程，為投資者提供「看得見摸得著」的安全保障。投資者可在網站上全面獲悉借款企業經營狀況、行業特點、盈利能力、抵押品信息、及相關實景照片。讓投資變得透明，讓投資者投的安心。

另外，借款端嚴格控制在有實體經營的企業，這樣，企業的財報可以審查、資金用途可以跟蹤、企業經營情況可以監控，企業的盈利能力可以考察評估，對於投資者來說，平台這些監管措施大大降低了投資者面臨的風險。

2. 資源優勢：

項目的創辦地是西安動漫產業基地，為動漫產業發達的省分之一。西安地區高校林立，動漫類企業眾多，可以快速地找到所需要的任何符合要求的優質企業，其工藝、設備、人才都是最先進。

同時在互聯網、技術開發方面，也都有豐富的資源，不僅有技術開發人才資源，更有互聯網推廣資源，以及線下媒體的記者資源。

3. 項目優勢：

項目定位準確，模式清晰，可行性強，市場前景廣闊，社會效益大。前期可以立足省內市場，後期將可以進軍國內、國際市場，幫助需要放貸的客戶直接從網貸平台得到最好的項目投資，以及較高的項目利率。

4. 先機優勢：

正是由於國內都沒有 P2C 網貸的成熟模式，我們是展望前進道路上不斷學習的一批開拓者，占據著天時、地利、人和等優勢。先機優勢在互聯網上尤為明顯和重要。先入為主，我們做得早，客戶積累得多，品牌效益大，口碑宣傳多，平台將會越聚越大，形成行業內的領頭羊。

5. 政策導向：

最近一段時間，有關互聯網金融監管的話題引發社會廣泛熱議，央行官方網站日前對互聯網金融監管問題作出回應。央行在原則中詳細指出，互聯網金融中的網絡支付應始終堅持為電子商務發展服務和為社會提供小額貸款、快捷、便民的小微支付服務的宗旨；P2P ／ P2C 網貸和眾籌融資要堅持平台功能，不得變相搞資金池，不得以互聯網金融名義進行非法吸收存款、非法集資、非法從事證券業務等非法金融活動。

目前，互聯網應用的大眾化和金融服務的普惠功能提升已經呈深度融合、相互促進的大趨勢，互聯網金融創新有利於發展普惠金融，有旺盛的市場需求，應當給予積極支持，也應當占有相應的市場份額。央行對加快發展互聯網金融是肯定的，認為互聯網應用的大眾化和金融服務的普惠功能提升已經呈深度融合，相互促進的大趨勢，互聯網金融創新有利於發展普惠金融，有旺盛的市場需求，應給予積極支持。

【第二部分】市場分析

截止 20〇〇年 12 月 31 日，我國 P2P 網貸平台成交額規模達到

897.1 億元，同比增長 292.4 %。預計未來兩年內仍然保持 200 %左右的增速發展。

中國自古以來就有向家人或朋友借款的傳統。但是，中國缺乏一個強大的銀行系統，這使得P2P貸款市場擁有了幾十年的主要消費信貸資源。因此，中國影子銀行經濟非常有意義，而P2P貸款是非常重要的組成部分。

P2P貸款越來越普遍，投資人將他們的錢從銀行帳戶轉入P2P貸款賬戶，這其中他們可以尋求理財顧問的意見，並尋找收益較好的貸款。財新網(Caixin Online)發布的一篇報告稱，被調查的人中（大部分是 P2P 貸款投資人），有 55 %的人表示他們將自己一半以上的錢投資到了 P2P 貸款當中，34 %的人表示 P2P 貸款占他們所有投資項目中的 80 %。一份來自《每日經濟新聞》和網貸之家(The National Business Daily 和 Wangdaizhijia.com)的報告表明，60 %的 P2P 貸款出借方一年的投資少於 10 萬元（大約 1.6 萬美元）。

然而在宜信，他們稱他們的投資者富有一些，標準的投資金額超過 20 萬元（大約 3.2 萬美元）。在 20○○年 5 月到 12 月期間，全國 P2P網貸成交額，5 月分最少為 55.11 億元，12 月分最多為 109.44 億元，除 11 月分降低外，其他月分均為高速增長。

上述期間，全國 P2P 網貸成交額月複合增長率為 10.3 %，年增長率超過 300 %。

若按該增長率倒推算 1 到 4 月分，20○○年全年P2P網貸總交易額為 874.19 億元。

【第三部分】市場營銷策略

一、目標客戶分析

1. 動漫行業中小微企業以及個體戶：

   我國有超過數萬動漫類中小微企業，它們在解決就業、增加收入、調整結構、技術創新等方面發揮重大作用，它們中超過半數都有貸款需求，「資金匱乏」已成為製約發展的主要原因。雖然國家自上而下對中小微企業在銀行的貸款加大支持力度，但銀行龐大體系運營成本高、中小微企業管理難度大等現實困難，導致各家銀行對中小微企業的服務缺乏動力。如何讓他們直接到網貸平台進行方便快捷的貸款是最為關鍵。這部分客戶將主要通過口碑宣傳方式和朋友推薦的方式，讓他們慢慢接受和認可網貸平台的合作模式。

2. 手頭大量資金無處放款的人：

   退休的幹部職工，每個月積攢下來的退休金以及兒女所給的養老費，無處花銷。奮鬥的中青年隊伍，辛辛苦苦掙的錢，想要需求一個更為穩妥以及方便的升值平台。個體戶以及中小微企業的老闆，有閒餘資金不予外借的。這些人把錢放在銀行以及民間貸款所獲得的利率，以及時間都存在不便捷的地方。最後這部分客戶群體是最早最有希望成為網絡貸款平台的客戶，因為他們是對電子方面最為認知的群體。

前期十分需要這部分客戶的支持和加入，快速讓網站有活力，在網絡虛擬圈子裡形成良好的口碑效應。由於他們對互聯網熟悉，所以掌握的信息也比較多，對全國各地商貸公司以及各種金融信息都十分熟悉或者容易收集到。所以在服務好他們的時候，在價格、服務、產品上都做到精益求精，讓他們滿意，盡可能地從盡全力滿足他們的需求，服務好他們，讓他們成為我們的宣傳先鋒隊。有了他們做基礎後，我們才能吸引到更多的目標客戶加入。

由於這部分客戶思維活躍，了解互聯網，所以一旦有競爭對手出

現的時候，或者競爭對手在某個方面比我們做的好，他們就最容易轉移陣地，因此最好在前期盡可能地滿足他們苛刻的需求。

二、營銷策略

1. 品牌形象：

⑴新聞採訪：CCTV4 中文國際、CCTV-NEWS、互聯網大會、BTV 財經報導等等。

⑵新聞報導：新浪科技、搜狐IT、中國電子銀行網、騰訊科技、新華網財經、網易財經、騰訊財經、搜狐財經、新財經、中國金融資訊網等等。

⑶權威機構：CFCA 認證、相關協會證書獎牌等等。

⑷知名報紙週刊：互聯網週刊、中國財經報、財經雜誌、人民日報、經濟日報、中國經濟時報、中華工商時報、齊魯晚報等等。

⑸媒體專訪：新浪視頻、和訊視頻、愛奇藝視頻專訪、第一視頻等等。

2. 網絡推廣：

⑴建立起立體的客戶體系，以 QQ 群、Email、在線留言、微博、微信、400 電話、手機等，方便用戶隨時反饋問題，收集客戶需求。

⑵搜索引擎優化：搜索引擎優化主要包括以下 8 個方面：關鍵詞廣告、競價排名、網站地圖、外鏈交換、頁面逆向優化、META 和 title 標籤、權重優化、收錄。

⑶通過自己寫一個網貸理財心得類、國家政策類等軟文，在個人空間、貼吧、論壇進行發帖推廣。有人通過你的鏈接註冊後要第一時間發站內信進行溝通，留下自己的 QQ 號、推廣群，提供服務讓投資人了解網貸，相信網貸，敢於投資。

⑷門戶新聞：門戶新聞營銷是迅速擴大網站口碑的主要方式。在網貸行業用戶更看重的是門戶網站對網站的認可，同時用戶在衡量一個網站是否具備可信度的標準。可以向一些行業針對性較強的網站提供軟文營銷。

⑸聯盟廣告：直接通過一些大的門戶網站或者行業網站的廣告位進行投放推廣，借用其他網絡媒體推廣，網站廣告的優勢在於範圍廣、形式多樣、適用性強、投放及時等優點，適合於網站初期運營推廣。

⑹軟文營銷：軟文營銷是口碑營銷的主要方式，通過原創和偽原創的軟文，把網站的信息發布到相關行業網站中，利用用戶在訪問這些網站的同時，了解你網站信息，主要推廣發布到黃頁、分類廣告、論壇、博客網站、供求信息平台、同類目行業網站。

⑺導航網站：目前有 80％的用戶都通過導航網站進入站點。因此把網站地址通過網站信息提交到相關網址導航中，免費獲取導航網站和搜索引擎收錄，從而獲取巨大流量，但是導航網站對收錄條件相對較高，但是對網站的作用也顯而易見。

⑻事件炒作：當網站上線通過測試後，這時候就要通過大量的槍手或者宣傳團隊來進行宣傳了，除了進行外鏈建設之外，還需要通過水軍的力量，最好能夠有專業的策劃公司來策劃一次網絡事件炒作，這要比傳統的媒體廣告成本低很多，通

過事件炒作的方式此時就算有了一定的知名度了。之後更應注重的是品牌影響力。

3. 本地營銷：

⑴與行擔保公司的合作，通過再擔保體系派發網貸平台的宣傳單或舉辦推介會，讓急需貸款的中小微企業可以第一時間了解到網貸平台的業務模式。

⑵將現有擔保公司客戶資源整合，迅速搶占本土市場。

⑶本地電視、網絡媒體、報紙、雜誌等宣傳媒介。

【第四部分】風險預測與風險規避

一、風險預測

1. 後行者風險：由於針對中小型企業的 P2C 網貸平台是新型的網絡模式，也是建立在成功的P2P基礎上的，在國內外範圍內，也有現成的案例。但 P2C 網貸平台唯獨愛投資一家，搶占市場需要先機，需要認真探索。我們需要做的就是相仿——超越——打壓！

2. 大公司介入風險：P2C網貸平台一旦在模式上證明可行，市場發展前景廣闊的情況下，大公司介入的可能性非常大，所以需要在大公司未介入之前，把平台做好，服務好用戶，提高競爭力和壁壘。

3. 管理風險：P2C網貸平台的團隊不是現成的，整體團隊還需要時間建設、磨合和培養，面臨著管理風險。創業團隊最需要的人性化管理和良好的激勵，為了能夠讓人才更好的成為公司的一分子，將制定股份激勵計畫，激勵團隊的效率和執行力。

4. 違約風險：對於很多急用錢的企業來說，最大的吸引力是超快的放貸速度，即使需要付出更高的利息。普通的商業銀行消費信貸需要二週左右的審核期，這也正是很多急需用錢的借款者紛紛尋找其他快捷途徑的原因之一。目前的國內貸款網站違約率在1％左右，這個數據已經超過國內銀行業的平均水平。

5. 技術風險：平台要有自己雄厚技術研發部，能隨時滿足公司及客戶要求，能在最短時間、最快速度完成技術改進。平台的服務器、數據備份、安全漏洞做紮實了。

6. 資質風險：對於互聯網金融機構的監管，目前還沒有官方說法，最終要由國務院來確定。據悉，P2P被歸位為「金融信息服務中介」，嚴防其異化為「信用中介」，杜絕其變身銀行開展類銀行業務。「平台擔保」、「資金池操作」、「資金假託管」等將被明令禁止。

二、風險規避

提高企業違約成本所選擇借款方均為實體經營的企業，提供充足的抵押物、簽訂相應無限連帶責任函，增加借款方的還款意願。

1. 充分利用運營經驗：
   雖然網貸平台是個新興的商業模式，目前，我國 P2P 市場的發展也日益成熟，而 P2C 是所謂傳統 P2P 借貸模式的安全性增強版，我們可以參考運作比較成熟的 P2P 網站的成功經驗，並快速學習，提高自身的能力，快速適應新模式平台的發展。

2. 快速搶占市場：
   目前在我國活躍的 P2P 行業門戶網站網貸之家近日發布的20○○年P2P行業數據顯示，全年行業總成交量1058億元，較20○○年 200 億元左右的規模呈現爆發式增長。20○○年，我國共

出現約800家P2P網站，貸款存量268億元。廣東、浙江等經濟發達大省的網貸平台數量最多、成交量最大，而廣東又以深圳為最。山東作為民間借貸利率偏高的省分，也催生了很多網貸平台。而目前專做P2C網貸平台的只有愛投資一家，在大公司介入之前，我們P2C商貸平台網將快速搶占市場和用戶，提高市場占有率，樹立起良好的品牌形象和口碑。同時P2C商貸平台網將做到「人無我有，人有我精」的程度。

3. 引入顧問團：

在創業初期，各個方面資源比較欠缺的情況下，積極引入顧問團，把管理、技術、融資、營銷等各方面的問題獲得顧問的指點，減少不必要的錯誤，快速盈利。

前期是平台的起步階段，也是風險最大的時期，這個階段所有的工作重點和目標都是圍繞盈利去做，不能立馬產生現金流的事情盡量不做或少做。集中所有的時間、精力、人力、物力、財力，攻破一個最容易盈利的點，先穩定現金流後，再慢慢完善其他的點。

4. 專注＋極致：

在方向上必須專注，在產品上更是需要專注，還需要極致，把平台的人性化，方便化做到極致，用戶體驗做到極致，服務做到專業。實實在在可以幫助目標客戶解決問題，滿足他們的需求。

關鍵評析

雖然《銷魂文案》這本書是以文案為導向，但我們仍可以透過書中蒐集的大量文案來發掘自行創業的可能性，第四份創業計畫書就是一個很好的例子。這份計畫書的創業重點有兩個——互聯網與金融借貸。

「互聯網」為中國大陸習慣使用的用詞，台灣多稱為「網際網路」。透過互聯網，許多社群藉機打響自己的知名度，進而賺取廣告費等收益，包括抖音、臉書、IG等社群都是如此。就像馬雲所說，未來正走向新零售時代，業者必須結合「線上＋線下」的企業發展模式，才能贏得消費者的認同，進而找到新商機。

此外，在金融借貸方面，可說是創業者必須經過的一道檻！但除了向金融產業提出借貸以外，還可以考慮「眾籌」這個方案。曾於 2013 年以《看見台灣》讓台灣人覺醒環境保護運動的名導齊柏林，也透過眾籌募得 250 萬公開發行經費，《看見台灣》才得以面世；醫師出身的台北市長柯文哲，也透過群眾募資網站，於短短 9 個小時內，募得超過 1310 萬元的選舉經費，讓他得以再次投入台北市長選舉；2011 年曾以《賽德克．巴萊》榮獲第 48 屆金馬獎最佳劇情片獎項的名導魏德聖，也為了 2024 年起的「台灣 400 年系列電影」發起募資，至今已獲得近三萬人支持，募得一億多元的資金。由此可見，台灣也正在步入群眾募資的時代。魔法講盟開設的「眾籌班」，從撰寫商業計畫、選擇募款形式、製作宣傳短片、決定提案時機，到更新專案進度、安排媒體曝光、維持線上互動、有效處理危機等眾籌的技巧與眉角一次全部告訴學員，大幅提升學員成功募資的可能性！

眾籌班資訊

接下來回到這個案例，創業計畫書中有提到有關於「市場行銷」的調查內容，這是非常好的。就像史蒂夫·賈伯斯(Steven Jobs)創辦的蘋果公司(Apple Inc.)，在推出 iPhone 手機前，做好了市場調查，在確認研發方向、銷售目標等之後，才讓 iPhone 手機上市，果然大獲成功。可見若只是推出自己覺得不錯的好產品，對於消費者而言，是沒有意義的，因為不見得符合市場趨勢，也不見得是消費者鍾愛的商品，就像曾經風靡一時的 Motorola 和 Nokia 一樣，因為不符合市場的趨勢，所以漸漸沒落。

另外，針對企業的風險管理，計畫書中也有提到，風險管理是一個管理過程，包括對企業風險的定義、測量、評估和發展因應風險的策略，透過這個策略，將可避免的風險、成本及損失極小化。當企業做好風險管理，並事先已排定優先次序之後，便可以優先處理「爆發後可能引發最大損失」或「發生可能性最高」的事件，其次再處理風險相對較低的其他事件，藉此讓企業長期穩健的生存。

再跟各位分享一則範例，此「創業企劃書」由王晴天博士於西元 2000 年提出，順利募集了華彩創投、和通創投、台北富邦銀行、台灣工業銀行、中國電視、仁寶電腦、國寶人壽、中租迪和、東元集團、東捷資訊、凌陽科技、力麗集團等數十位大咖股東，使王博士的企業體由台灣一隅之傳統出版社，迅速擴展為輻射兩岸的華文內容與文創產業集團，並在兩岸五地持續發光發熱，被譽為「台灣射向全球華文的箭」。有興趣的朋友們，可參考 9-5 喔！

以上就是本章節特地為各位整理的創業計畫書，不知各位讀者是否有找到撰寫創業計畫書的靈感了呢？大家需要特別注意的是，閱覽你的文案的對象都是有可能購買你的產品或提供你創業資金的人，只要文案的內容寫得好、創業計畫書的內容足夠吸引人，就能得到想要的結果。而下一章節，將會做一個總整理，提供各位一個針對「文案寫作能力」的基礎評判，同時也跟各位分享幾個實用的文案網站及相關資源。

熱銷文案檢測系統

我的文案到底哪裡出問題了？

邁出第一步就是將勝利者與失敗者區分開來。

——美國知名演說家　博恩·崔西

MAGIC COPYWRITER

8-1 4 個步驟，檢驗你的短文案

終於來到這一個章節，希望本書確實能對你有所幫助，讓你可運用從本書習得的知識，對日常生活中遇到的各式文案進行評估。但自己該如何評估自己撰寫的文案呢？什麼樣的估量方式，能應用於文案中，確保自己是以適合的方式與消費者溝通呢？簡單來說，只要寫出來的內容越明確、文字表達越清楚，潛在客群的範圍就越大。

舉個例子，若想打進大眾市場，就必須避免文案的文辭詰屈聱牙、艱澀難懂，也不要使用過多專業的詞彙用語，以免不利普羅大眾閱讀，進而影響到他們的觀感；若想增加上流社會的客群，則必須從與他們生活相關的詞彙下手，將他們的生活與自己的文案建立關聯性，從而讓上流社會的人認為「這個文案與自己有關」，最終受到文案的「催眠」。

接下來，本書替各位擬定一份詳細的「文案力初步檢核表」，這份檢核表能協助你事先掌握「產品特色」與「目標客群」。只要「對症下藥」，很快就能切中目標客群的要害，提出最適合他們的服務與方案，他們也會愉快的照單全收。此外，這份檢核表也能輔助你在進行 4 項檢驗短文案的步驟評估時，更快進入狀況。

文案寫作實戰營

文案力初步檢核表

一、產品特色

1. 你的產品打算要賣給什麼樣的人？

2. 你的產品售價是否合宜？

3. 你的產品有何特色？有什麼優勢？

4. 你的產品是否有故事性？

5. 你的產品是否有數量上的限制？

6. 你的產品是否有優惠？

7. 你的產品是否有保固期限或售後服務？

8. 你的產品在哪裡可以買到？

9. 什麼樣的促銷活動與媒體宣傳適合讓你的產品曝光？

10. 你打算用什麼手法促使客戶對於產品留下口碑好評？

11. 如果你的產品獲得好評，將引起什麼樣的話題性？

12.關於這項產品，客戶最關心的事情是什麼？

13.如果客戶對於購買產品感到猶豫，最可能是因為什麼原因？

14.客戶選擇你的產品，不選擇同行產品的理由是什麼？

15.客戶選擇同行的產品，不選擇你的產品，是因為他們的產品有何特色？

二、潛在客戶分析：基本資料

1. 姓名：________ 綽號：________
2. 公司名稱：________ 擔任職務：________
3. 住址：________
4. 電話：（公）________ （手機）________
5. 出生日期：________ 出生地：________
   血型：________ 星座：________
6. 身高：________ 體重：________
   身體五官特徵：________

三、潛在客戶分析：教育背景

1. 最高學歷：________ 就讀期間：________
2. 學生時代的得獎紀錄：________
3. 學生時代參加過的社團：________ 專長：________
4. 客戶是否在意學位：□是□否　其他證照或學位：________
5. 兵役軍種：________ 最高軍階：________ 對從軍的態度：________

四、潛在客戶分析：家庭背景

1. 婚姻狀況：＿＿＿＿＿＿＿＿結婚紀念日：＿＿＿＿＿＿＿＿
2. 配偶姓名：＿＿＿＿＿＿＿＿配偶教育程度：＿＿＿＿＿＿＿＿
   配偶興趣／活動／社團：＿＿＿＿＿＿＿＿
3. 子女姓名：＿＿＿＿＿＿＿＿＿＿＿＿＿＿＿＿＿＿＿＿＿＿
4. 子女年齡：＿＿＿＿＿＿＿＿子女教育：＿＿＿＿＿＿＿＿
   子女喜好：＿＿＿＿＿＿＿＿＿＿＿＿＿＿＿＿＿＿＿＿＿＿

五、潛在客戶分析：特殊興趣

1. 喜好的休閒活動：＿＿＿＿＿＿喜好閱讀的書籍種類：＿＿＿＿＿＿
2. 客戶的政治傾向：＿＿＿＿＿＿對客戶的重要性：＿＿＿＿＿＿
   曾參與過的政治活動：＿＿＿＿＿＿＿＿＿＿＿＿＿＿＿＿＿＿
3. 客戶是否熱衷於參與社區活動？□是□否
4. 參與哪種社區活動？＿＿＿＿＿＿＿＿＿＿＿＿＿＿＿＿＿＿＿＿
5. 客戶的宗教信仰：＿＿＿＿＿＿＿＿是否熱衷：□是□否
6. 特別機密且不宜談論之事件（如離婚、政治等）：

   ＿＿＿＿＿＿＿＿＿＿＿＿＿＿＿＿＿＿＿＿＿＿＿＿＿＿＿＿
7. 除了生意以外，對什麼主題特別感興趣或有意見（如球賽等）：

   ＿＿＿＿＿＿＿＿＿＿＿＿＿＿＿＿＿＿＿＿＿＿＿＿＿＿＿＿

六、潛在客戶分析：生活方式

1. 健康狀況：□健康□良好□較差
2. 飲酒習慣：□有□無
   若有飲酒習慣，嗜好的飲酒種類：＿＿＿＿＿＿＿＿＿＿＿＿＿＿
   若無飲酒習慣，是否反對他人喝酒：□是□否
3. 吸煙習慣：□有□無

若有吸煙習慣，嗜好的香煙品牌：＿＿＿＿＿＿＿＿

若無吸煙習慣，是否反對他人吸煙：□是□否

4. 偏好的用餐地點：＿＿＿＿＿＿菜式：＿＿＿＿＿＿

是否反對別人請客：□是□否

5. 特殊娛樂：＿＿＿＿＿＿喜歡的度假方式：＿＿＿＿＿＿

6. 喜歡觀賞的運動：＿＿＿＿＿＿車子廠牌：＿＿＿＿＿＿

7. 喜歡引起什麼人注意：＿＿＿＿＿＿＿＿

喜歡被這些人如何重視：＿＿＿＿＿＿＿＿

8. 自認最得意的成就：＿＿＿＿＿＿＿＿

9. 你認為他的短期個人目標：＿＿＿＿＿＿＿＿

10. 你認為他的長期個人目標：＿＿＿＿＿＿＿＿

七、潛在客戶分析：業務背景資料

1. 前一個工作性質：＿＿＿＿＿＿公司名稱：＿＿＿＿＿＿

公司地址：＿＿＿＿＿＿＿＿

受雇時間：＿＿＿＿＿＿受雇職銜：＿＿＿＿＿＿

2. 曾參與過的職業及貿易團體：＿＿＿＿＿＿＿＿

所擔任的職位：＿＿＿＿＿＿＿＿

3. 對我們公司的態度：＿＿＿＿＿＿＿＿

4. 目前最關切的是公司前途還是個人前途？□公司□個人

5. 目前最在意的事情是什麼？為什麼？

＿＿＿＿＿＿＿＿＿＿＿＿＿＿＿＿

八、客戶和你

1. 與客戶做生意時，你最擔心的問題為何？＿＿＿＿＿＿＿＿

2. 客戶覺得對你及你的公司，負有責任嗎？□有□無

如果有的話，是什麼？______

3. 客戶是否需改變自己的習慣，採取不利自己的行動，才能配合你的推銷與建議？□是□否
4. 客戶是否會特別在意別人的意見或看法？□是□否
   客戶是否非常以自我為中心？□是□否
   客戶是否道德感很強？□是□否
5. 客戶的主管注重的是什麼？______
   客戶與他的主管是否有衝突？□是□否
   你是否能協助化解客戶與主管間的問題？□是□否
   化解的手法為何？______
6. 你的競爭者對以上的問題有沒有比你有更好的答案？______

檢驗短文案的 4 個步驟

曾有許多學員問過：「怎樣才能知道自己的短文案寫得好不好？」在此，先和各位分享 4 個檢驗步驟——**鎖定目標客群、設定吸引注意力的字眼、提出疑問並附上解決方案、引領目標客群購物**，讓你在檢測短文案時有個判斷的依據與準則。

步驟 1 ▶ 鎖定目標客群

在撰寫文案之前，必須先確認自家產品的受眾是哪一部分的人，也就是踏出第一步——「鎖定目標客群」。「鎖定目標客群」無疑是撰寫文案的首要之務，必須先弄清楚哪些人會買你的產品，才能寫出切中這群人心裡需求的文案，進而打動他們，說服他們掏出錢來購買你的產品。

目標客群鎖定得越明確，文案完成後的效果也會越顯著。打個比方，當你販售的產品是一本參考書，這本厚厚的參考書收錄了小學至高中的所有必學知識，你能將目標客群訂為小學至高中所有的學生嗎？顯然這樣的範圍太大了，必須先進行幾次的限縮。首先，得先把參考書的適用年齡區隔開來，至少分為三冊——小學、國中、高中；接著，再拆分科目，至少分為五科——國文、英文、數學、自然、社會。如此一來，就能根據每本參考書的性質，鎖定目標客群，描繪出目標客群的人格特質，設計適合目標客群的廣告文案。這樣一來，才不會出現「客戶買了產品，卻發現產品的部分內容不適合自己使用」的窘境。

步驟 2 ▶ 設定吸引注意力的字眼

一則好文案，必須在三秒內抓住消費者的注意力，否則消費者很可能被其他廣告文宣吸引，從而使你準備許久的工作完全白費。那麼，文案中出現什麼樣的訊息，能更容易吸引消費者的注意呢？根據神經學的研究顯示，人們為了追求自我生活品質的提升，大腦會自動快速過濾掉與自己不相關的訊

息，以便快速篩選出對自己有利的事物。因此，推薦各位「換位思考」，並著重思考消費者與「你」之間的關係；因為這樣一來，我們才能成功閃過消費者天然雷達的過濾，傳遞「我們的產品能帶給你好處」的訊息給消費者，進而吸引他們的注意力。

這也是為什麼，本章節一開頭就提供調查問卷給各位參考，提供「潛在客戶分析」的原因。其實就是為了讓各位能事先了解——「目標客群到底關注什麼？」、「他們到底在乎什麼？」，進而依據對他們的預測來撰寫或評測文案，吸引他們的注意力。舉例來說，當你的目標客群是「減肥人士」，那你就可以將「肥胖困擾」、「不空虛的人生」、「邊養生邊減重」之類的字詞加入你的文案，並把它們設計在顯眼處，在減肥人士掃過你的文案之時，就能迅速抓住他們的眼球！

步驟 3 ▶ 提出疑問並附上解決方案

在你的短文案中，也可以適時使用「設問」語法，提出一個與目標客群切身相關的「問句」，並在後續的文案中釋出解決方案，這樣的過程也能讓消費者對你的文案更加信服，加深他們對文案的信任感。

我們以「搬家後，我的保險就無效了嗎？」這條廣告文案作為例子。「搬家後」是一個行為標籤，能吸引「有搬家需求」，且「正在考慮購買保險」或「已經購買好保險」的人，這也是抓準目標客群注意力的一種方法。接著，在這條文案後，開門見山地附上與「搬家保險」相關的議題剖析，就能加強你的廣告文案的說服力。

步驟 4 ▶ 引領目標客群購物

經過前面幾個步驟之後，相信你的文案已經能成功引起目標客群的興趣，並增強了可信度與說服力，讓他們願意繼續往下閱讀文案的的同時，一環扣著一環，使消費者產生購買的欲望。因此，在短文案的結尾，必須有一個指引消費者購買的語句，引導目標客群進入「購物」這個最終目的。

以近年來越趨蓬勃發展的網路購物為例，無論是販賣品項包山包海的蝦皮購物(Shopee)、樂天市場(Rakuten)，還是以書籍為導向的金石堂網路書店、誠品網路書店、博客來網路書店，它們在鼓吹自己的購物平台「最划算」或「最便宜」的廣告文案後面，往往會附上一些打折、優惠資訊。

再舉個例子，統一超商、全家便利商店，甚至是大賣場販賣的產品越來越多樣化，貨品雖然琳瑯滿目，但隨之衍生而來的，卻是部分商品因過度囤積或保存期限將至的問題。為了減輕倉儲的負擔，超商及賣場多半會與部分產品的製造商合作，實施幾套優惠方案，結合優惠方案來促銷商品。為了引導消費者「正確地購入商品」，業者得輸出製作一些廣告文宣，善用一些「A 產品搭配 B 產品，只要 49 元！」、「某品牌的泡麵，第二件六折！」等標語，就能成功引領消費者購物，達到最終目的。

上述 4 個檢驗步驟，統整為一個公式圖，並以此作為 8-1 這個小節的總結：

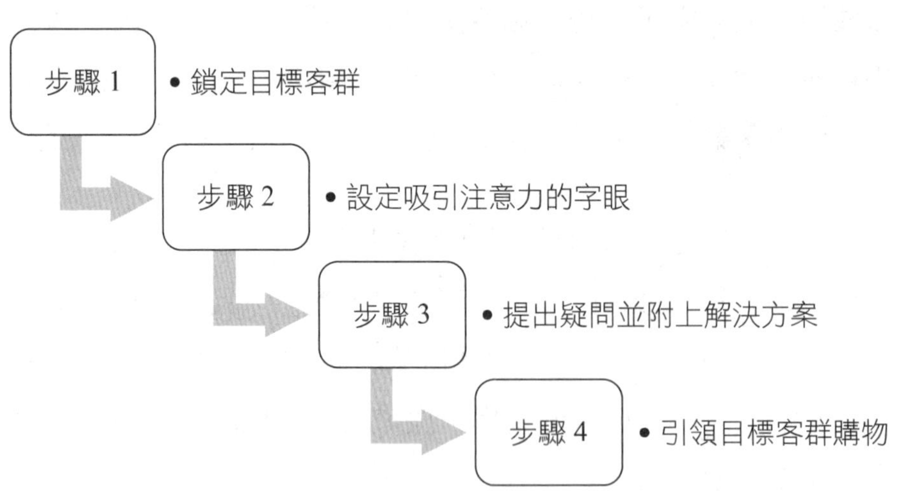

在你完成短文案之後，可以先將其放置一段時間，把自己當作第一位讀者，逐步確認你的短文案是否符合這 4 個標準，並總體檢視一下，自己的文案是否還有要調整的地方。

曾有一個學員買了《社群營銷的魔法：社群媒體營銷聖經》。當時他看到書中的銷售方式，覺得非常具有吸引力，所以打算「複製」書中所述的行

銷模式。有一天，他拿著一個文案來找作者陳威樺，說他把多年來的研究心得出成一本書，這本書雖然尚未出版上架，但他卻想辦一個預售活動，因此想請老師提供他一些建議。當時，老師給他的建議是——請他把文案講給身邊的 20 個朋友聽，確認他們「願意買單」的比例。如果買單的比例很高，那表示這個文案相當成功；相反的，如果買單的比例過低，甚至是沒人願意買單，那就得請他厚著臉皮，向他的朋友們詢問「拒絕購買的原因」，從而朝著「解決這些原因」的目標前進，盡可能修正自己的文案。

商場上有一個存在已久的問題，那就是：「先準備好再創業，還是創業後再來準備？」各位覺得哪個才是正確的呢？事實上，你從來不會有準備好的那一天。因為你我都不知道明天會發生什麼事情。明天疫情突然在國際上銷聲匿跡了？世界各國出入境限制解除了？你買的樂透中頭獎了？美國總統大選得重新改選了？誰都不知道這些事情會不會發生。但是如果你這個也要準備、那個也要準備，那你永遠沒有準備好的一天。而許多世界上成功的企業家都是在擬定完善計畫後就開始創業，在遇到問題後再逐步改進與調整。所以，你的文案有沒有效，問你的客戶就知道。若要持續精進自己的文案，除了發稿前，要注意文案有沒有符合這 4 個標準；後續還要持續觀察市場的反應，並做一系列的顧客調查與研究。

8-2 檢驗長文案的 7 大準則

如你所知道的，在作品集裡將「廣告文案系列」呈現給讀者，是一件很重要的事情。其中一個原因，是因為這樣能使各位在包羅萬象的傳統媒體與社群媒體上展現出獨特的創造力與影響力；其次，這樣更能證明，你可以真正從行銷的角度，想出與眾不同的文案與方案推銷給媒體與非媒體平台上的數百萬人，最終獲得廣大的迴響。

因此，在各位完成你的長篇廣告文案內容後，可以直接使用本書提供的 7 個檢核項目，來確認自己的文案是否已經滿足所有的要求。

一、是否「擊中」目標客群的「要害」？

二、是否在視覺上吸引目標客群注意，並點出消費者的效益？

三、能產生 1 ＋ 1 ＞ 2 的「綜效」？

四、能證明文案的真實性，且經得起消費者與法律檢驗？

五、是否依照社群平台的公版格式撰寫文案？

六、文案中的用字遣詞、文法結構、標點符號等格式，是否使用正確？

七、是否在文案中「要求消費者行動」？

一、是否「擊中」目標客群的「要害」？

1. 明確鎖定目標客群

2. 理解目標客群需求

3. 擬定滿足目標客群的策略

長文案與短文案的起步是一致的，都必須先鎖定「目標客群」，並在確定目標客群之後，深入他們的心理，找到他們的需求，進而擬定能滿足他們需求的策略。

事實上，若不限縮目標客群的範圍也是可以的，只是如此一來將造成投注於產品的資源無限擴大，再加上，現在正處於資訊爆炸、品牌林立的世代，消費者的記憶力有限、注意力也較難集中，往往只「看」得到與自己相關、對自己有用的部分。因此，將目標客群擴大化並不是一個明智的選擇，反而，將目標客群訂得越明確、限縮得越小，對於產品的生產成本、吸引消費者注意力等方面更顯有利。

二、是否在視覺上吸引目標客群注意，並點出消費者的效益？

1. 透過視覺圖像、影片、文字，吸引目標客群注意

2. 令目標客群留下深刻印象，且難以忘懷

3. 以直接、簡單且專一的手法，點出消費者的效益

本書在前幾個章節都特別強調——所有優秀的廣告文案都得讓目標客群感受到你的意念，也就是「視覺化」。若你的文案在視覺上無法吸引目標客群，那這個廣告就不夠優秀。至於讓文案視覺化的手法，最簡單的方式莫過於運用圖片或影片來闡述產品或品牌的性質，藉此達到吸引目標客群注意的效果。

此外，為了讓消費者（也就是目標客群）感受到文案與自己切身相關，必須點出消費者的「效益」，亦即「對消費者有何好處」，最直觀的，就是前面章節所說的優惠券、折價券等手法。另外一個重點是，點出「消費者效益」的方式必須直接、簡單且專一，因為長文案的字數往往比短文案多很多，唯有讓消費者迅速明白「這個文案確實對我有利」，才能真正讓消費者願意繼續閱讀你冗長的文案。

三、能產生 1 ＋ 1 ＞ 2 的「綜效」？

所謂的「綜效」，指的是將兩個或多個不同的職業、活動相結合時，將創造出比「前者個別價值總和」更高的價值，簡單來說，就是「1 ＋ 1 ＞ 2」的效果。

眾所周知，當廣告文案越長的時候，往往製作及撰寫的時間、成本就更高，所以比起短文案來說，長文案遇到的最大問題就是——是否能讓寫稿、製作時耗費的成本及資金回本。若想讓花出去的資金、時間、人力回本，則必須先「有效果」，也就是讓目標客群耐住性子，一字一句地讀完你的長文案，並且在讀完文案後，會完全被你說服，進而購買文案宣傳的數樣商品。

一篇長文案主打的商品，有很大的概率是複數，這樣才能一次性地「說動」目標客群下大量的訂單，並盡可能地在同一個消費者身上「薅」下更多羊毛。

當然了，想要把不同種類的商品放在同一個長文案中銷售，是不切實際的。有些優質的長文案透過「教授你某種知識」，另外包裝銷售文案想真正達成的銷售目的。舉例來說，某個醫療保健的長文案，從「教授你一個保健知識」起頭，中間洋洋灑灑、頭頭是道地寫了幾千個字，最後在文末放上了數款該公司生產的保健食品，並在那些保健食品下方標註適用的客群，讓目標客群意識到這產品是他需要的。如此一來，他們就會更容易被吸引並下單購買。

四、能證明文案的真實性，且經得起消費者與法律檢驗？

近年來，隨著廣告文案樣式、言詞越趨多變，政府立下的相關規範法規也應運而生，這代表著，撰寫、設計文案的業者必須特別留意，避免因「廣告不實」而吃上官司。

這方面對於近幾年炙手可熱的「醫療保健類」廣告文案來說，更是重要。相較於其他類型的文案，醫療保健、化妝品等類型的廣告文案觸犯法律的可能性更高，這與它們多數「應用於人體」且「單價昂貴」的特性有關。試想，當你使用一個保健或化妝產品，文案把這個產品誇得天花亂墜，吸引你掏大錢下單訂購，結果使用之後，才發現文案中寫的效果幾乎沒有任何一項應驗，甚至還造成皮膚紅腫、內分泌失調等不良影響，是否會感到憤怒呢？

為了對這些高單價的保健、化妝產品進行規範，政府多半將某些過於誇大的廣告用詞進行規範，如：引用滴雞精可以有效預防感冒及抵抗過敏、褐藻糖膠將誘導癌細胞 24 小時內凋亡等內容，均是不可能實現的效果，但這些廣告用詞常常會吸引熱衷於保健的民眾購買，造成社會上多數民眾的困擾與不滿。

這也造成在撰寫醫療保健產品與化妝品等文案時，需要特別留意，除了需要避免過度使用誇飾手法以外，在宣傳、製作之前也得先上政府公告，查詢哪些字詞和用語是不可以出現在文案中的，藉此規避違規與罰則。以誠實之心與消費者相交，才是「持續」賺大錢的真正攻略！

五、是否依照社群平台的公版格式撰寫文案？

近幾年來，人們使用的社群平台越來越多樣化，臉書(Facebook)、微信、IG、Line等都各自擁有不少使用者，不少業者將主意打到這些社群平台身上，希望透過這些免費的社群平台，打響自家產品的知名度。但這種既免費又有大量用戶的社群平台，可說是眾商家的「兵家必爭之地」，若想擊敗眾多廣告業者，攫住消費者的視線，勢必得先弄清楚這些社群平台的曝光方式，並

從中找到適合自己使用的行銷手法。

以臉書為例，臉書的廣告有特定的板位，例如：廣告可能出現在動態消息、即時文章、插播影片、右側贊助欄等處。業者除了可以支付費用「贊助」臉書，進而提高在各處的出現概率以外，也必須了解到各處設計、撰寫文案時呈現的效益。由於使用臉書的人，絕大多數都是用來「休閒」的，所以自然不適宜放置太多的文字敘述，除了主打的標題與少數兩、三行的文字以外，最好放上圖片或五分鐘以內的短影片，藉此吸引潛在客戶點擊與觀看。

六、文案中的用字遣詞、文法結構、標點符號等格式，是否使用正確？

長文案與短文案相較而言，更需要使消費者投入更多的注意力與時間，撰稿時的用字遣詞、文法結構、標點符號等格式，自然更需多加留意，千萬不可草率為之。除此之外，還必須特別留意「統一字」。

中華文字的總字數非常多，時常只需要換個偏旁、換個部首，就是代表完全不同意義的兩個字，但也有部分字因為長時間的誤用或其他原因，導致與另一個字通用，這些字就稱為「通同字」或「異體字」，如：「台」與「臺」、「豔」與「艷」等。撰寫文案時，就必須把全篇文案的通同字統一，避免前面使用的是「台灣」，到了末段卻突然寫成「臺灣」，不僅讓消費者對這則文案留下不好的觀感，更可能因此質疑起你的專業性與公司產品。

七、是否在文案中「要求消費者行動」？

觀看你的長文案的目標客群，絕大部分是非常被動的，因此你必須把你的訴求提出來，告訴他們「該做什麼行動」。舉例來說，你可能希望對產品有興趣的消費者，透過QRcode掃描，到臉書粉絲團「按讚」或「追蹤」，那你除了附上QR碼以外，也必須在一旁寫上「請掃QRcode前往粉絲團按讚」或「詳情請掃QRcode確認」等文字，藉此鼓動有興趣的消費者進行下一步行動。

說了這麼多檢測方式，接下來舉文案個範例，讓各位讀者可以對照著方法檢驗：

範例

文案內容

【標題】改變人生的關鍵祕密

你渴望擁有源源不絕的財富嗎？

你渴望受人尊敬，成為商場上的贏家嗎？

你渴望改變人生，甚至是改變世界，且受到後人景仰嗎？

這一切的一切的答案，就在《改變人生的 5 個方法》裡。

根據統計，所有成功的億萬富翁們都有這 5 個特質，包含：

- 出一本書
- 公眾演說
- 錄製影片
- 擁有團隊
- 打造自動賺錢系統

但是問題來了，你要出一本書，你要請哪家出版社幫你？你要公眾演說，你的聽眾在哪裡？你要錄製影片，那你的影片要如何宣傳？你要建立團隊，試問別人為什麼要加入你？你要打造自動賺錢系統，你的策略又是什麼？

各位朋友們，從剛剛的問題你們可以知道，過程中有數不完的問題需要克服，可是現在卻有一個最直接的辦法可以幫助你，就是購買《改變人生的5個方法》一書，這本書是由出版社的巨擘王晴天博士著作，王博士已經出超過200多種書籍了。時常受邀到各大單位去演講，錄影片的技能自然不在話下，本身又是20多個出版社的總負責人與投資家，當然知道如何建立團隊與打造自動賺錢機器。

想一想，如果你要學會上述所有的技能，你至少要花費超過100萬以上的資金，以及數十年的時間學習，方能修成正果，可是今天你只要購買一本《改變人生的5個方法》就可以學習其中奧祕，且成為王晴天博士的讀者。常言道，讓貴人願意幫助你最快的方法就是成為他的客戶。當你成為王晴天博士的讀者，他難道不希望你快點成功嗎？不可能的。他肯定希望有更多讀者因為讀了他的書邁向成功之路。所以你千萬不要再錯過了。

當然你會懷疑，這本書的內容真的那麼厲害？這本書真的對我有幫助嗎？俗話說老王賣瓜，自賣自誇，你可以不相信我，但是你不能不相信為這本書寫推薦序的那些優秀的企業家們。讓我來告訴你，當王博士的合作講師Terry老師以及威廉老師，聽到王博士要出這本書籍的時候，都毛遂自薦的要幫王博士推薦。各位朋友你可以想想看，以威廉老師和 Terry 老師這麼成功的優秀老師，肯定不會拿自己的商譽開玩笑。但是他們都為了這本書做推薦，你覺得是為什麼？那是因為台灣最優秀的兩大網路行銷老師都認同了這本書的內容。

那麼，怎麼做才能跟王博士建立良好的人際關係呢？我們在2021年的4月10日下午，在金石堂信義店有舉辦新書發表會；在6月19日以及20日在新店矽谷國際會議中心有舉辦亞洲八大名師高峰會；在7月24日以及25日一樣有舉辦世界八大明師；在8月14日有舉辦《改變人生的5個方法》精華分享；在9月4號也有舉辦此書另一段的精華

分享。你不但可以藉這個機會跟王博士建立關係，還可以結識現場許多各行各業的優秀企業家們。而這一切的一切，只因為你買了《改變人生的 5 個方法》一書。

這本書的內容，幫助筆者從一個素人，變成一個暢銷書作家、變成一個開口就收錢的講師、變成一個團隊的領導人、變成一個有多重被動收入的人。所以筆者也推薦你至少要買一本《改變人生的 5 個方法》。你也可以拿著這本書，與筆者合影留念，或是討論一些關於社群營銷的專業。

說了這麼多，你覺得這本書應該怎麼賣？1000 元？10000 元？100000 元？還是 1000000 元？如果你認真讀完這本書，並運用在你的事業上，每個月都有超過 6 位數的收入，所以你覺得這本書應該賣多少呢？但是我們今天只賣 400 元。因為賣書不是我們的主要訴求，幫助讀者成功成長才是我們的使命。王博士希望更多人能因為這本書受益。故現在只要 400 元即可入手。你還在等什麼呢？

購書傳送門

購買連結：

https://www.silkbook.com/book_detail.asp? goods_ser=kk0526752&flag=,1

關鍵評析

現在，各位讀者們，請根據剛剛提到的七大準則檢測這個文案。

首先是第一個準則──「是否『擊中』目標客群的『要害』」。從範例文案的標題「改變人生的關鍵祕密」就可以看出它的目標客群，正是寫給那些可能正處於人生谷底、急於改變人生的人看的，若是生活美滿的人們，則不會引起太大共鳴，也不會意圖「改變」。因此，筆者下的第一個標題就成功過濾掉一些與目標客群不相干的人。

接著，第二個準則──「是否在視覺上吸引目標客群注意，並點出消費者的效益」。視覺化的表現，則可以參見《改變人生的 5 個方法》

書封，由於「5」這個數字特別大，幾乎占了六分之一的版面，而且又是使用非常顯眼的紅色（可惜本書內文採黑白印刷，無法呈現色彩給讀者），這特別能抓住閱讀文案的目標客群的注意力，從而理解該書的訴求！

第三個準則——「能產生 1 ＋ 1 ＞ 2 的『綜效』」。從範例文案可以看出，這本書主推的是「改變人生的 5 個方法」，這五個方法分別是：出一本書、公眾演說、錄製影片、擁有團隊、打造自動賺錢系統。事實上，這本書採用了最新穎的「立體式」學習系統，也就是讓消費者不僅有書本可以參照閱讀，更能透過線上影片及專業課程，精進書中提到的五個成功方法。當消費者被這篇文案打動並購書之後，公司也能隨之賣出相關的幾門課程的門票，製造收入。這就達成了 1 ＋ 1 ＞ 2 的「綜效」。

第四個準則——「能證明文案的真實性，且經得起消費者與法律檢驗」。從《改變人生的 5 個方法》的文案內容中也可以看出，該書找了各領域大師級別的人來寫推薦序，等同於替這本書背書，這就可以視為一個極佳的「承諾與證明」。

第五個準則——「是否依照社群平台的公版格式撰寫文案」。事實上，這個準則並不一定只能用於社群平台的曝光上，更可以應用於所有需要「公版格式」的文案上。在《改變人生的 5 個方法》的推薦文案中，筆者用的是「創造需求」的文案公式。首先，先寫出一個吸引人注意的標題，也就是「改變人生的關鍵祕密」；接著，用三句引導式問句勾起消費讀者的想像空間與繼續閱讀的欲望；再來就提供一個能有效解決「擁有源源不絕的財富」、「受人尊敬並成為商場贏家」、「改變人生、世界且受後人景仰」等問題的方法；最後就是「名人見證」及「呼籲讀者行動」的部分。以上就是「創造需求」的文案公式，這種公式非常實用，在此推薦給大家參考。

第六個準則——「文案中的用字遣詞、文法結構、標點符號等格式，是否使用正確」。實際上，所有出版面世的書籍中的內容，絕大部分都經過專業的出版社責編與總編審核，並通過三次校稿程序，最終才得以印刷及上市行銷，範例介紹的《改變人生的5個方法》也不例外。因此，書中的用字遣詞、文法結構、標點符號等格式，都是幾近無瑕疵的！

最後一個準則——「是否在文案中『要求消費者行動』」。從範例文案的末段可以看出，它一直在鼓動讀者購書，甚至在最後面放上一條網址 QRcode，就是想讓消費者動手掃描 QRcode，不僅能從中認知到更多《改變人生的 5 個方法》的內容，也能立即下單訂購。

接著請大家依據這七大準則，檢驗這篇長文案，並寫下你覺得可以改的更好或值得學習的地方：

現在，以「醫療保健的藥品類型」文案作為範例，實際剖析與檢測它的文案寫作力給各位讀者參考，也希望能讓讀者了解到「檢測文案的效力必須從各個角度觀察」這個事實！

如同前面幾個章節所述，就算是文案大師自己寫出來的文案，也不會馬上就定稿，而是會不斷重複觀察、檢視、再調整的循環。所以，就讓我們看看以下的檢測模式吧！

一、撰寫「醫療保健藥品」類型的文案前，必須搞清楚的事

文案的目的	將公司的醫療保健藥品「販售」給目標客群。
文案的作用	與目標客群進行「深度溝通」，切中要害，才能引起他們的認同與購買欲。
文案的主題	以「市場營銷策略」為主，文案不僅必須迎合營銷戰略的規劃，更必須針對目標客群的需求，寫入健康、美容、養生等，既不過於誇飾，也不觸犯相關法規的宣傳詞彙。
文案的寫法	必須先擬定核心主軸，再對分支進行建構，彷若使用一條「細線（核心主軸）」串起「數顆珍珠（分支）」。
文案的用字遣詞	考慮到目標客群不一定都是高知識分子，故應以最淺顯易懂的文字，將產品介紹給他們認識。
文案可能遇到的問題	由於醫療保健藥品的市場環境相當特殊，不僅需要竭力避免因廣告不實被政府裁罰，更得在文案中以各種說詞取信於目標客群，進而解決「產品信任度」的問題。

二、「行銷產品」類型的廣告面板設計特徵

1. 特別醒目的廣告標題：

由於近代人閱讀習慣越來越「速讀化」，面對那些毫無興趣且對自己無關緊要的廣告時，往往只粗略掃視一眼標題就算「看完」。因此，在擬定廣告文案時，最重要的就是「標題」，而且這個標題得盡可能顯眼！將這個概念數據化表示，主標題的字體通常很大，往往占據整個版面 10 %～20 %的空間。

這樣的設計樣式，不僅可以強迫性的「闖入」消費者的視野中，若下的標題足夠「有梗」，甚至能在瞬間抓住消費者的注意力，讓他們願意「看見」那些原本不想費神閱讀的廣告內容。

2. 「上軟下硬」的破題技巧：

擬定聳動、醒目的標題之後，接下來就是「破題」了，在此推薦一款「上軟下硬」的破題手法。

你可以考慮用自家公司的古老歷史、感人肺腑的小故事等方式破題，也就是所謂的「上軟」，從柔和的敘述角度切入，能讓消費者更願意繼續往下閱讀；之後才點題，開始介紹自家產品，也就是「下硬」。

3. 「多配圖、少放字」的版面利用技巧：

由於廣告文案的篇幅、空間都受到限制，業者往往想在有限的空間內塞下最多的資訊。但即使如此，廣告文案仍不宜全部填滿密密麻麻的文字，而是需要預留一些空間放上相關的配圖。無論是介紹產品生產企業的背景，還是生產產品的流程圖，或是產品藥性、特性、功效的比較整理表，都可以緩解消費者一次性閱讀大量文字的煩躁感。

順帶一提，產品的照片及相關訊息，也是一定要秀在廣告文案中的圖片，若位置所剩不多，圖片可以略小、相關資訊的排版位置也可以不用占據太大空間，但卻絕對不能不放；否則，整篇洋洋灑灑的廣告就很可能變成科普類型的文章，甚至會有同業直接「搬」回他們的行銷平台，在你的廣告文案末端加上他們家的產品，直接坐收你的成果。

此外，廣告文案的內文在寫作上，更需盡量做到口語化，以通俗易懂的言詞向消費者解釋產品的來歷、作用等內容，若能適當帶點「梗」與「幽默感」，更能加深消費者的記憶點，並增強說服力。切記，唯有讀來令人朗朗上口的通俗文案，消費者才會願意花費心神讀完它，並記住它，甚而被它說服。

4. 文字精準分段，條列小標題，並用字體變化強調重點：
廣告文案除了必須盡可能口語化以外，也必須有適宜的分段、小標題、字體變化。當整篇文章的文字都「落落長」，完全沒進行任何分段，會使讀者在閱讀文案時出現疲乏感，最後很可能導致消費者放棄繼續閱讀文案，業者想行銷的產品就無法推廣了。

除了文案撰寫時務必進行分段以外，「條列小標題」也是一個非常重要的格式，更有部分的文案會替小標題配上編號。如此一來，整個文案的內容，環環相扣，層層遞進，變得越來越有條理，架構也越來越緊密。

此外，在進行文案字體上的設計時，盡可能在一篇文案中更換 3 次左右的字體。有效的變換字體，可以凸顯出內容的主次、輕重，更能將敘述不同概念的內容區分開來，最重要的是，還能令版面變得更加活潑多變。但，變換字體的次數也不宜過多，否則很可能導致整體版面凌亂，反而不利閱讀。

5. 根據產品性質，選擇排版醒目的區塊：
一篇優秀的廣告文案，必須發掘出自己必須強調的重點區塊，簡單來說，就是消費者「感興趣」的部分。以前述的「醫療保健藥品」而言，「症狀描述」可謂是最重要的區塊。

當消費者願意花時間閱讀與藥品相關的文案，往往是因為他們深受某種疾病所擾，舉例來說：高齡化、老化的人們，會想購買有養生、回春效果的藥品；身體虛弱時常感冒的人們，會想購買增強抵抗力的藥品。

只要業者能將自家醫療保健藥品能使用的症狀一一對應羅列出來，那有需求的消費者就很可能願意買單。因此，對於醫療保健藥品類型的產品來說，「症狀描述」這個區塊的內容需要特別強調，排版格式也得特別設計，盡可能醒目點才好！

6. 擬定互動訊息：
除了與自己切身相關的資訊以外，讀者還對什麼感興趣？答案很簡單，只要「有利可圖」就會特別有興趣。因此，在廣告文案的最後，可以刊登促銷方案、買贈方案，甚至是免費健康檢測等信息，而且這種好康資訊得盡量醒目、顯眼，勾起消費者的興趣，進而增強與他們的互動特性，如此一來，更有利於產品的銷售。

三、「行銷產品」類型的廣告文案架構

1. 「吸睛」的主標題：前面已經強調過，由於近年來人們逐漸「速讀化」的閱讀方式，導致主標題必須特別醒目及顯眼，才能快速吸引到消費者的目光，延長消費者停駐的時間。而設計一個「吸睛」的主標題，有什麼竅門呢？

⑴引起興趣與共鳴：事實上，這是主標題必備的一個特徵。唯有引起消費者興趣，甚至是激起消費者共鳴，才能真正打入消費者的心坎，「說服」他們購買你的產品。

⑵主標題字體必須大，字數介於 8 至 12 字之間：主標題的字體大，代表著醒目，重要性自然不必贅述；而主標題把字數限制於 8 至 12 字，是因為這個區間是人們閱讀「一句話」時，注意力最集中的字

數，反觀若主標題超過 12 個字，人們閱讀的記憶指數會等比下降，注意力也會隨之逐漸分散。

⑶選定主標題的類型：從主標題的切入角度來說，可以分為許多種類型，包括：幽默式、情感式、對比式、懸念式、故事式等標題類型。以「幽默式」標題為例，業者可以將自家產品結合當前時事或有特殊笑點的「梗」，便可以創作出一個優秀的主標題。

2. 提出多方訴求的產品介紹：以醫療保健藥品的廣告文案來說，它的產品介紹應當從多方面切入闡述，如：主治適應症、產品效能、產品特色、產品原料、產品照片等。文字敘述的部分應當竭盡所能地曉之以理、動之以情，藉此盡量配合同一種需求的消費者不同層面的需求，進而提高購買率。

⑴主治適應症：適應症就是用來表明這個產品的功用，能治療什麼類型的病症。在描述病症的時候，必須盡可能清晰及形象化，唯有說到消費者的切身之痛，才會引起消費者的共鳴與認同。

⑵產品原料與效能：產品效能描述的三個主要構成部分——描述症狀、分析病因、解決問題，雖然這三個構成部件各自獨立，但它們多數互相摻雜在一起。「產品原料與效能」是專業術語出現最多的一個部分，一方面業者必須在此藉由專家學者之口，讓消費者相信產品治療疾病是有科學依據的；另一方面，業者也需要強調產品原料的出處，藉此提高產品的質感，並擴展產品效能的聯想。特別需要留意的是，適應症或功效之類的廣告言詞，必須符合政府制定的法律規範，以免違規遭到罰款。

⑶產品特色：想販售任何產品，都必須先找到自家產品與他牌產品的相異、先進、優秀之處，才能讓自家產品在與他牌產品競爭時勝出。以醫療保健藥品來說，部分類型的產品市場廣闊、搶食大餅者

也多，如：減肥、增強抵抗力、養生等類型，就更需要在產品特色上下功夫。

⑷產品照片：如同前段所述，產品照片是非常重要的介紹產品要素，一方面能避免遭到同行盜用文案，另一方面也能讓感興趣的消費者憑圖購買到正確的產品。

3. 直接點出產品的「功效」與「承諾」：全天下的消費者都一樣，唯有為了獲取某種利益，才會願意從口袋裡掏錢。因此，醫療保健藥品類型的產品勢必得強調它的功效與承諾，而且越直接越好，如此一來，消費者才會對此特別關注，最後成功被產品吸引。

⑴使用者現身說法：請使用者現身說法，講述症狀逐步減輕的過程，以及各階段的感覺；但若使用者無法親自到場，也可以「錄製影片」或「拍攝使用前後的對比照片」作為替代，增加廣告文案的可信度。

⑵將效能數據化：市面上不少醫療保健藥品對於功效的起效時間說明含糊不清，比起這樣保守的說法，消費者更想知道的是確切的、直觀的「起效時間」。因此，特別建議將起效時間數據化，告訴消費者（或消費者）在使用過產品後，幾個小時或幾天後會生效。

⑶飢餓行銷手法：在「使用者現身說法」增加可信度、「將效能數據化」提升說服力之後，就可以啟動「飢餓行銷」手法，開始向消費者描述產品的熱銷場面，營造產品暢銷的印象，讓他們覺得「數量有限，不買可惜」，引導、刺激消費者的「衝動性購買」。

4. 讓消費者越買越多的促銷活動：無論是哪種類型的廣告文案，一定都會或多或少地加入一些促銷方案，醫療保健藥品類型的文案也不例外。事實上，促銷不是真的要「讓利」給消費者，而是為了要讓他們越買越多。在擬定促銷方案時，有四大要素絕不能遺漏——促銷主題、促銷方式、時間及地點。

⑴促銷主題：如同廣告文案的主題一樣，最好能結合時事，並適時加入「有趣的梗」，吸引消費者注意力。

⑵促銷方式：促銷方式是促銷活動的核心重點，常見的促銷方式包括——降價（如：買 1 送 1）、讓利（原價 1000 元，特價只要 399 元）、贈送贈品（買就送價值萬元的○○商品），以及其他活動入場（買就送價值萬元的○○療程一次）。

⑶時間及地點：這兩個要素雖然不比「促銷主題」與「促銷方式」重要，但它們卻是消費者參與促銷活動的關鍵。唯有寫清楚促銷活動舉辦的時間與地點，有興趣的消費者才能依照資訊參與，也能避免促銷期限不清楚而產生的糾紛。

5. 購買相關資訊條列清楚：「購買資訊」與上述廣告文案的其他架構的功用截然不同，簡單來說，其他部分的廣告文案是為了「把人拉進來」，而「購買資訊」則是讓那些被吸引的人們掏錢。此外，「購買資訊」也可以透過電話或其他方式，補足消費者想知道的資訊，可說是銷售與成交之間的的「最後一厘米」。內容包括——諮詢專線、經銷通路資訊等。

⑴諮詢專線：以醫療保健藥品來說，消費者最擔心的莫過於「不見效」及「副作用」，因此在撰寫廣告文案時，業者通常不會忘記在這兩個方面下功夫。但卻不是所有的消費者都只對這兩個地方有疑問，這時，就需要一個諮詢專線，若能是「免費」諮詢專線，那就更好了，可以吸引消費者撥打專線，解答消費者的疑惑，還能透過客服人員的說詞，再次向消費者推銷。

⑵經銷通路資訊：除了用「諮詢專線」解答消費者的疑惑以外，更應將產品可能上市、上架的通路門市都標註出來，並盡可能附上該通

路門市的地址、電話，讓感興趣的消費者能直接到門市詢問購買。

以上是對於「行銷產品」類型的廣告特色進行的歸納整理，我們可以透過總結出來的規律、模板，提升今後自己的廣告文案創作的基礎，從而提高廣告的效果。當然了，「廣告文案」畢竟是一種創意文宣，不能完完全全的套用一模一樣的模板，即使可以直接套用，宣傳效果也不一定足夠顯著。因此，針對不同品項的產品，廣告作品仍然應該擁有自己專屬的「個性」。

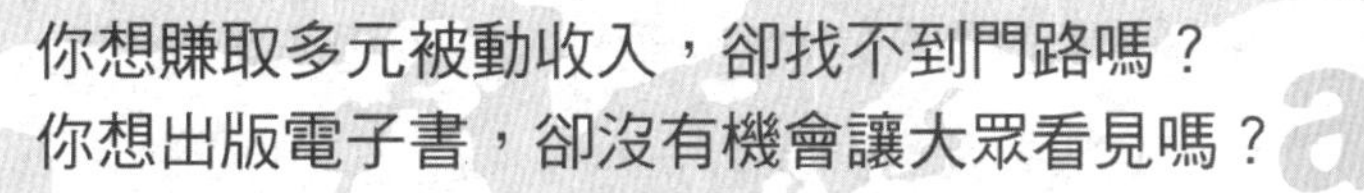

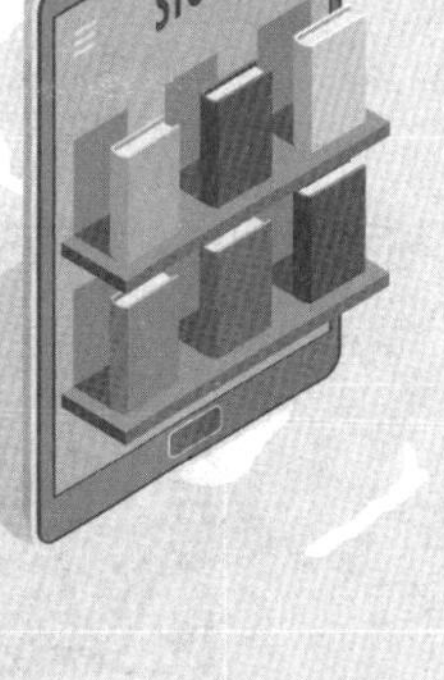

萬用的文案寫作工具箱

刺激大腦的文案寫作網址

以下提供一些實用的網站資料給各位讀者參考。這些網站可以幫助你們找到靈感，因為這些都是精心篩選過的，覺得對初學者特別有幫助，所以分享給大家。這些網站都是免費的平台，而且其中的資訊都會持續更新，希望各位讀者好好利用。

寫作必備工具網		
文案狗 推薦理由：輸入關鍵字，即可產生許多文案句型	Socialbeta 推薦理由：許多時常更新的文案案例可供參酌	頂尖文案 推薦理由：容易打開你全新的思維
梅花網 推薦理由：專業的營銷網站，參考內容豐富	數英網 推薦理由：全球知名的創意中心網站	廣告門 推薦理由：兩岸知名的廣告在線媒體

益聞網 推薦理由：針對美食嘉年華類為主，拆解活動創意及策略	內容神器 推薦理由：提供熱門關鍵字，能解決寫文案時，常常遇到的問題	元素谷 推薦理由：以中小型公關活動為主，可以發布你的需求並提問
Vlog 小站 推薦理由：許多 Vlog 教學及製作心得可供參考		

社群營銷工具網推薦

另外，本書也分享一些社群營銷常用的短網址網站。為什麼要使用短網址呢？當你給對方的網址是冗長而雜亂的，有些人不願意點進去，因為他們會覺得那可能是惡意程式，進去可能會有中毒的風險，這也是我們需要短網址優化的原因，這是為了讓對方覺得這是乾淨的網站。

以前受到大家好評的是 Google 短網址，因為 Google 是大公司，而且它會提供一些點擊的統計數據給使用者參考。可惜的是，2018 年 Google 停止了這項服務，取而代之的就是以下這些公司了：

短網址生成網站		
名稱：Pourl.cc	名稱：Reurl.cc	名稱：TinyURL
名稱：Bitly	名稱：Lihi.io	名稱：PicSee 皮克看見
名稱：PPT.cc	名稱：Supr.link（需註冊）	

提供這麼多的短網址連結，絕對可以滿足各位讀者對短網址的需求。偶爾筆者會遇到一個狀況——不知道為什麼，想縮短的網址在習慣使用的某個網站卻無法轉化。遇到這種狀況的話，就換下一個網站再試試看吧！這麼多的網站提供給你們使用，絕對不會有轉化不了的問題的！

銷售頁製作

若你是創業者或是斜槓青年，除了撰寫商品文案，製作銷售頁也是至關重要。只要你願意跟著本書一步步踏實地學，學會了製作銷售頁後，不僅可以省下一筆不小的費用，還可以另闢一條「文案變現路」！

如何利用 Google 表單製作銷售頁？

首先，我們從Google表單開始做，Google表單可以說是操作模式最簡單的銷售頁。你可以將它用來製作課程、活動、產品等的銷售頁面，並附加Ex-

cel表，設定即時通知的功能，這樣一來，一旦顧客下單，就可以立即擁有客戶名單，也能夠即時更新。

Google 表單是近年來許多企業使用的一種招商系統，它的優勢在於它的便利性，可以快速地生成一個招生的表單。輕鬆建立以「所有人」為對象的問卷調查和表單，將有助於幫助你的事業發展。

建立自訂的Google表單不需要額外支付任何費用，還能將受訪者的答案自動匯入 Google 試算表（即 Excel 表），讓你立即取得分析資料。此外，建立表單就和草擬文件一樣簡單，Google表單上也有很多種問題類型供你選擇，你可以使用拖曳方式將問題重新排序，也可以貼上清單自訂選項值。

透過問卷調查，你可以進一步了解客戶的背景，並獲得有價值的分析資訊。此外，你也可以在問卷中新增圖片、影片和自訂邏輯，幫助客戶切身思考；也可以利用自動化摘要分析回應；在查看即時回應時，你也可以存取原始資料，然後使用 Google 試算表或其他軟體進行分析。

結合你的電子郵件、連結或網站來分享表單。讀者們可以輕鬆將表單提供給特定使用者或廣大目標對象，只要將表單嵌入自己的網站，或是透過臉書(Facebook)或推特(Twitter)分享即可。

以下是作者之前設計過的Google表單，透過表單結合公司的課程進行招商及招募學員。

跨產業人脈交流會	二日投資高峰會	超級行銷大師高峰會
如何透過網路打造 多元化收入		

這裡幫大家準備了設計 Google 表單的影片，另外也會將具體的操作流程以及範例分享給各位，若還有其他操作上的問題，也歡迎寫信到 a26821800@gmail.com。筆者陳威樺看到後會再回覆訊息。

Google 表單
教學影片

Google 表單教學流程

1. 申請一個 Google 帳號：

   既然要使用的是「Google表單」，自然一定要先申請一個「Google帳號」，帳號申請也非常容易，只需要你的電話號碼就可以免費申請。由於申請時需要通過手機驗證，Google 會發送一封簡訊給你，再將簡訊中的「驗證碼」輸入，即可得到一組 Google 帳號。

進入 Google 首頁，點擊右上角登入「Gmail」

Google

選擇帳戶

Randy Chen 未登入
a26821801@gmail.com

陳威樺 未登入
a26821805@gmail.com

陳威樺 未登入
a26821800@gmail.com

使用其他帳戶

移除帳戶

點選「使用其他帳戶」

Google

登入

繼續使用 Gmail

電子郵件地址或電話號碼

忘記電子郵件地址？

如果這不是你的電腦，請使用訪客模式以私密方式登入。瞭解詳情

建立帳戶 繼續

點選「建立帳戶」之後，便可以「建立個人帳戶」

Google

建立您的 Google 帳戶

繼續使用 Gmail

姓氏 名字

使用者名稱 @gmail.com

您可以使用英文字母、數字和半形句號

密碼 確認

請混合使用 8 個字元以上的英文字母、數字和符號

顯示密碼

只要擁有一個帳戶，就能使用所有 Google 服務。

請改為登入帳戶 繼續

輸入你的相關資料，按「繼續」

輸入你的個人詳細資料，完成後按「繼續」

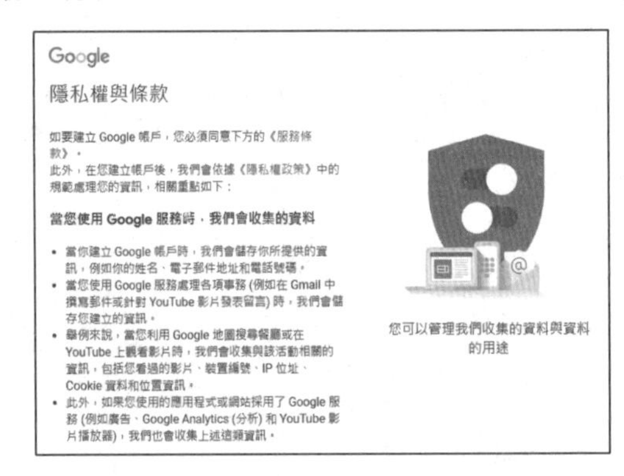

Google 的隱私條款看過以後拉到最下面，按下「我同意」

這樣就完成了Google帳號申請啦！接著，再教你如何建立專屬的Google表單。

2. 建立一個 Google 表單：

Google 搜尋「Google 表單」進入頁面後，點左邊的「個人」

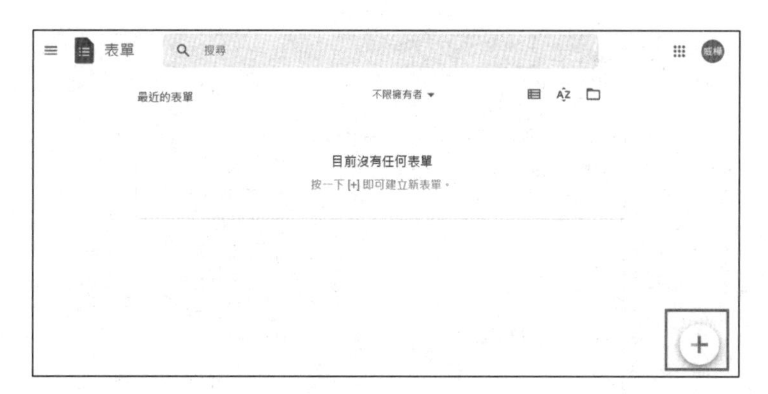

點選右下角「＋」的符號，就可以開始建立表單了

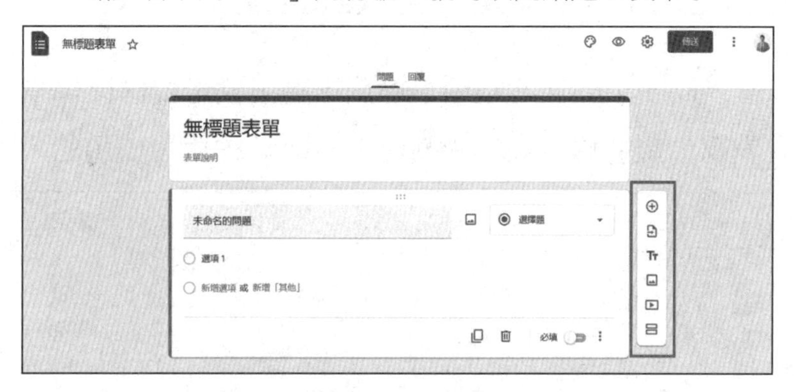

進入到這個頁面，要研究右側框起來的所有功能

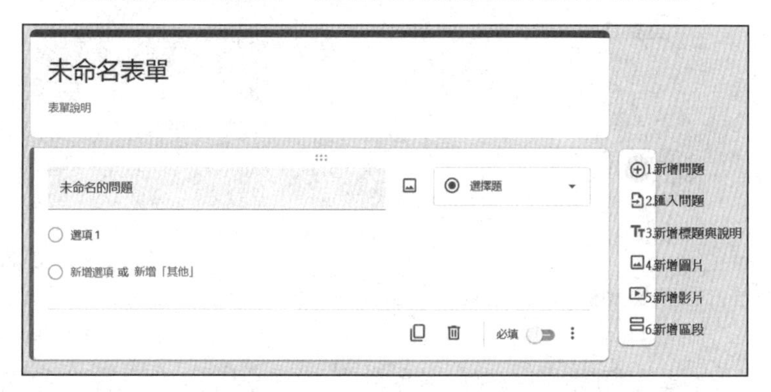

⑴「新增問題」的功能選項：各位在點選「新增問題」之後，除了新增一個你想要給消費者填寫的問題之外，右側還有一個可以下拉的選項，點開就會發現還有其他功能，包括可以選擇這項問題是「簡答題」、「選擇題」還是「多選題」等，甚至可以「上傳檔案」。每個功能不盡相同，各位可以自行研究、摸索。

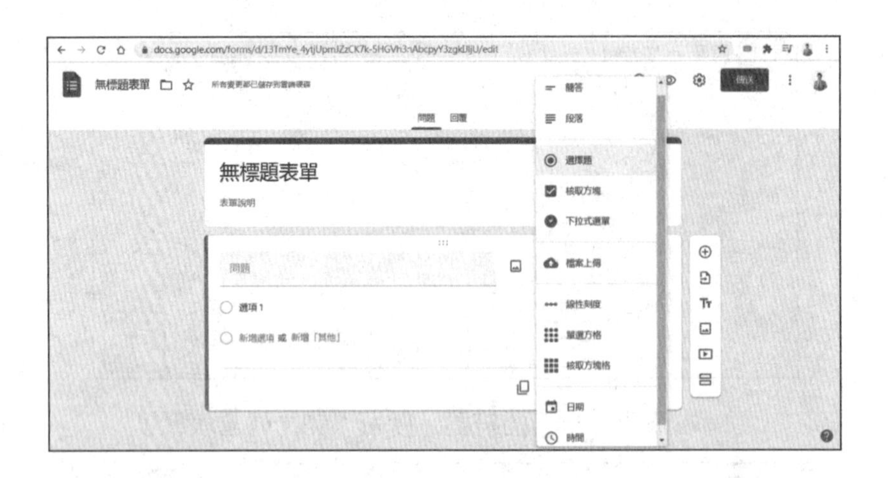

⑵「匯入問題」的功能選項：這個選項主要是提供給那些「過去已建立表單，想在舊有表單的基礎上修改」的用戶使用的。

⑶「新增標題與說明」的功能選項：這個部分可以當作問題的說明欄來使用。以「舉辦活動」為例，當你想請客戶填寫問題後報名活動，必須稍微介紹一下「活動方式」，至少讓客戶了解活動流程。但是因為最上面的「未命名表單」欄位多半是寫「活動主題」，所以下面的「未命名標題」欄位才是用來放主標題的。也就是說，「未命名表單」寫的是活動主題（如○○○週年慶），下面的「未命名標題」才是活動方式（如活動一：滿千送百），簡單來說，「未命名標題」是用來總結下方「說明（選項）」的標題。另外，

如果你覺得一個副標題無法完整的敘述你想表達的資訊，你可以無限增加標題與說明，但也不要新增過量的標題，不然消費者很可能沒有耐心看下去。

(4)「新增圖片」的功能選項：前面已有說過，文案若能搭配圖片，消費者閱讀的時候會比較能耐住性子，不會因為看到繁雜的文字而感到疲憊，所以適當的圖片是必要的。這部分的圖片最好能與問題主軸契合，或是提供消費者一個參考範例指引。

(5)「新增影片」的功能選項：基本上，影片的效果絕對是優於圖片呈現出來的效果，因為影片可以附帶更多圖片所無法傳達的訊息，而當你需要將活動內容介紹給消費者，吸引他們參加之時，「新增一部短影片」無疑就是首選。

(6)「新增區段」的功能選項：這個部分主要是提供業者一種「分流消費者」的方式。簡單來說，「區段」有點類似於「鎖定部分消費者，讓這部分的消費者只能回答某些問題」，近似於在路上遇到紙本問卷時，題目後面的「請跳至○○題回答」。舉例來說，當婚紗業者提出一份「心儀的婚紗選購類型」的問卷，業者卻無法從消費者中篩出真正的目標客群——單身未婚且預計在近年內結婚，業者就可以使用「區塊」作為分流，區塊一可以針對「已婚且不須再使用婚紗」的消費者，將這些消費者引導回答其他問題（如：家中是否有親人需要婚紗），區塊二再專攻目標客群，讓目標客群回答「婚紗類型選擇」方面的問題。「新增區段」的功能較為複雜，讀者可能需要再花些時間摸索，才能融會貫通。

第 1 個區段，共 2 個
無標題表單
表單說明
於區段 1 後　前往下一個區段
第 2 個區段，共 2 個
未命名區段
說明 (選填)

設計完表單內容後，只要點選右上角的「傳送」，就可以傳送給消費者填寫了！

傳送表單
收集電子郵件地址
傳送方式
連結
https://forms.gle/mStr1pJyy9xXFvcZ6
縮短網址
取消 複製

另外，點選「傳送方式」中間的「⊖」，再勾選「縮短網址」，就可以生成短網址囉！

傳送表單
傳送方式
電子郵件
收件者
主旨
無標題表單
訊息
我已邀請您填寫表單：
在電子郵件中置入表單
新增協作者
取消 傳送

若打算開放合作夥伴修改，點選「傳送方式」中間的「✉」，便可以選擇下方的「新增協作者」，輸入你的夥伴的Email，對方通過認證後，就能編輯了！

最後，就是收集消費者回饋及訂單的時候了。點選「回覆」，按下右上方一個綠色的按鈕，建立 Excel 表單，消費者的資料就會匯入到你的 Excel 表了；如果要同時跟進你的合作方行銷狀況，可以按「工具」的「協助工具設定」，再按「開啟螢幕閱讀器支援功能」、「開啟協作者公告設定」即可。

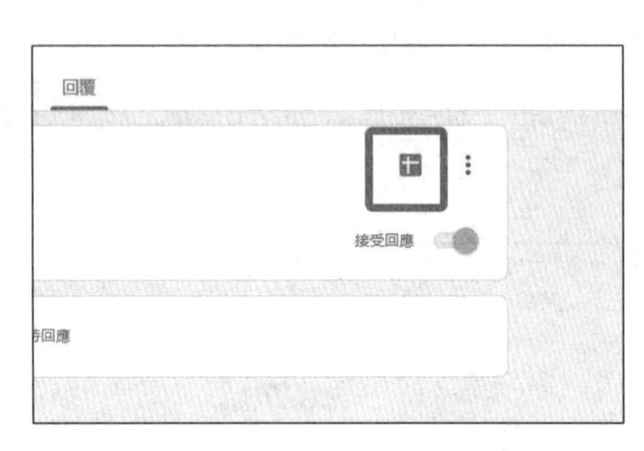

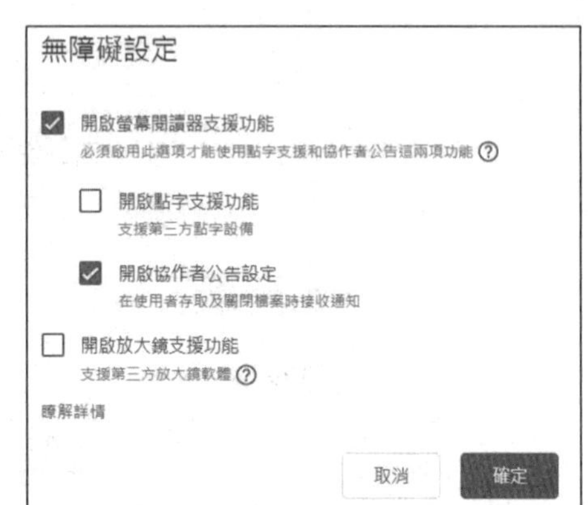

按照以上步驟就能做出來一個完整的銷售頁了，需要注意的是，如果你是要賣商品，記得要註明購買方式和交貨方式，內文的部分一定要將產品內容說清楚，包括產品的含量單位（例如：公斤、公升等等）；如果是要辦課程活動，一定要將時間、場地、轉帳方式等等說明清楚。

如何使用 **Strikingly** 表單製作銷售頁？

Strikingly 表單是文案工作者較喜愛、也最常用的一個銷售頁模板。因為它可以放的元素比 Google 表單更多，質感較好，更重要的是，它的後台非常完整。Strikingly 甚至宣稱透過它，能在 30 分鐘內，協助一個沒有任何技術或設計背景的公司或個人，創建出一個美觀的網站。

很多人推薦它的內置電子商務功能。使用者只需要添加商城版塊，綁定 PayPal 或 Stripe，馬上就可以開始線上交易。這個系統專為線上行銷而生，設置運費、優惠券、會員登錄等功能一應俱全，讓使用者能輕鬆出售海量商品。還可以轉化訪客為超級粉絲，讓使用者更精細化地運營自己的客戶，並讓訪

客註冊、留言表單，更能與客戶即時聊天，甚至是進行郵件營銷，最後，還能使用註冊會員功能，培養更多忠實粉絲！

你需要的絕大多數功能，Strikingly 都能達到，包括：

1. 網域：你可以註冊一個新網域或自訂網域。
2. 線上商城：囊括優惠券、物流、數位化產品等電商功能。
3. 簡易部落格：極簡設計的部落格，更方便你的管理，讓訪客第一時間了解網站內的動態資訊，每篇文章都擁有自己的獨立頁面。
4. 數據分析：網站內均設有瀏覽量數據監測，更運用簡易圖表，助你時刻掌握關鍵的流量動向。
5. 註冊與聯繫表單：新增註冊表單或聯繫表格版塊，即可輕鬆蒐集訪客的反饋。
6. 社交訂閱：臉書(Facebook)、推特(Twitter)與IG(Instagram)所有更新內容一應俱現。
7. 內置HTTPS（超文本傳輸協議在安全加密字層）：所有網站都會免費自動獲得HTTPS！不僅能增強傳送數據時的安全性，更能提高搜索引擎最佳化，並獲得訪客的信任。

其中，最棒的功能不是上面所說的資訊，而是接下來所說的內容——「即時客服」。即時客服可說是你寫文案時的最佳幫手，因為你會遇到圖片尺寸不合、文字顏色不對、尺寸不對、影片沒聲音……一大堆奇怪的問題。Strikingly 有一個即時客服團隊，可以線上立即替你分析出你的問題的解決方式，並協助解決問題。當操作遇到問題，可點選右下角的「？」向客服提出！

在此簡單地介紹一下Strikingly的介面。雖然筆者不會在這裡講得太多、太深，但是各位讀者不用擔心，因為當你們實際操作遇到問題的時候，還可以向「即時客服」尋求協助。

首先，你得先上網搜尋「Strikingly」或掃描右側QRcode，進入Strikingly官網。

Strikingly 官網

接著，註冊一個Strikingly帳號。

可以選擇以臉書帳戶註冊，或是直接在下方欄位輸入相關資料進行註冊

註冊成功後，點擊「新增網站」，就可以建立一個專屬於你的銷售頁

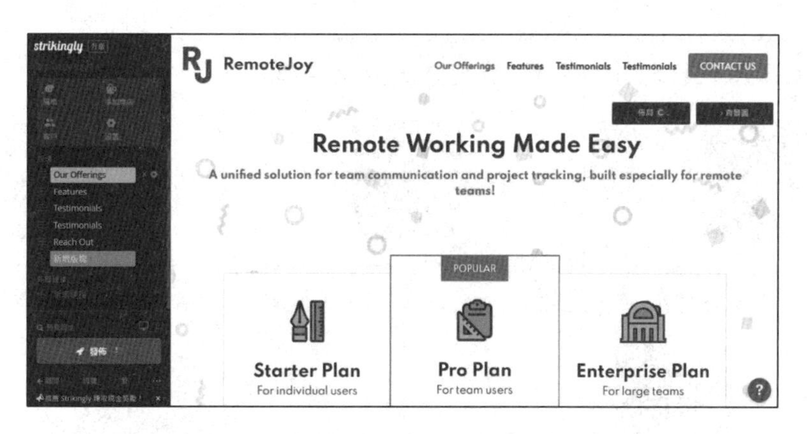

挑選一個你喜歡的模板之後，就可以進入編輯頁面

上面的頁面就是我們可以進行編輯的頁面，也許官方每次給的模板都不是你喜歡的，你可以直接刪掉所有推薦的模板，之後按左邊的新增版塊，自行尋找喜歡的介面。

各位可以看到其他功能的版塊，在此就不一一介紹。總之，只要放上圖片、修改文字，有影片放影片，有連結放連結，最後再留下準客戶的聯繫方式，即可完成專屬於你個人的美觀銷售頁。

以下提供設計好的銷售頁給各位讀者參酌：

《如何打造終極賺錢模式》	《真永是真・真讀書會》	《多元化收入行銷學》

《虛擬貨幣之暴利煉金術》	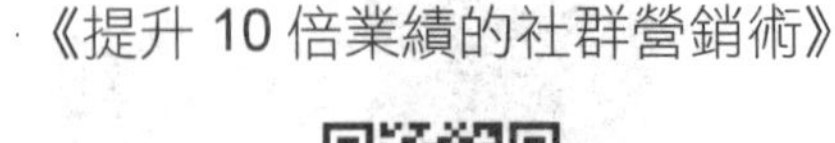《提升 10 倍業績的社群營銷術》	

如何使用 **1shop** 製作銷售頁？

1Shop 是近年來快速竄起的銷售平台，許多企業主都喜歡使用他們的平台製作銷售頁，除了有多種功能，最方便的是顧客可以用手機登錄他們的網頁並下載購買，製作出來的銷售頁也是蠻精緻的，所以才分享給各位讀者參考看看。

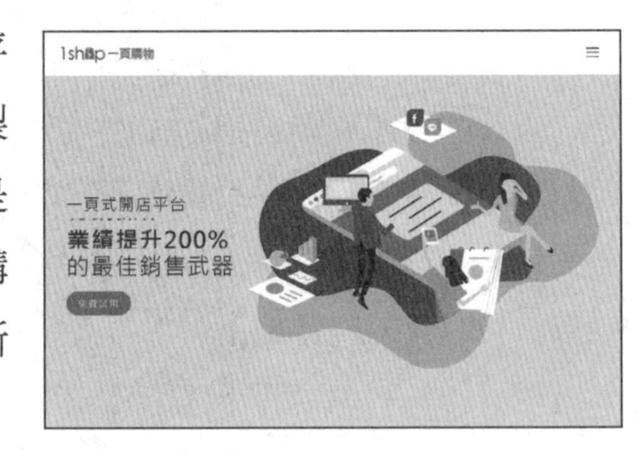

詳細的製作介紹，其實官網上面有教學影片都還蠻清楚的，教學影片的網址已製作成 QRcode，各位讀者可以自行掃碼，並跟著影片製作銷售頁。

1 Shop 官網

這邊再總結一下 1Shop 銷售頁的製作公式：

點擊上方「銷售頁」的按鈕→「新增」→設定基本資料→儲存→設定金流→設定物流→設定產品規格→上傳產品照片→點擊網頁上方「內文」的按鈕→上傳商品文案→插入圖片→風格、色彩設定→查看銷售頁，並測試是否能訂購成功

如何檢測文案的原創程度？

各位讀者們，相信你看到這裡，一定是個有文案寫作需求的人。但是文案的寫作有一個不可不知的重要事項——你絕不能「抄襲」別人的文案！不管是你外包找人寫文案，還是讓業務員寫文案，或者是你自己親自下場寫文案，都不能抄襲。

近年來，重視著作權的意識越發強烈，甚至會有人專門上網找侵犯著作權的文章，再經由打官司來獲利。

有一個真實案例是這樣的，某人在台灣知名購物網站看到一個商家的文案，覺得它寫的不錯，且適用於自家的商品銷售，於是就抄襲了商家的文案，我們來看看這個案子的過程：

範例

107 年度智易字第○號台灣彰化地方法院刑事判決

公訴人：台灣彰化地方法院檢察署檢察官
被告：甲
選任辯護人：賴○○律師

上列被告因違反著作權法案件，經檢察官提起公訴（106 年度偵續字第 69 號），本院判決如下：

主文
甲擅自以重製之方法侵害他人之著作財產權，處拘役參拾日，如易科罰金，以新台幣壹仟元折算壹日。

犯罪事實
一、甲於民國 106 年農曆過年後某日，在其位於彰化縣○○鄉○○村○○路 0 段 00 號之住處，欲使用蝦皮拍賣網站帳號「n0000000」刊登販賣擴香石商品，而有撰寫商品特性之需求。其見乙在蝦皮拍賣網站上「關於擴香石」之語文著作詳實完整，統整各項消費者對於擴香石之使用注意事項，而具有輔助銷售的經濟價值，竟基於違反著作權法之犯意，不顧乙在網頁上「盜圖文必究」之著作權聲明，將乙前開「關於擴香石」之語文著作重製後微幅修改，作為自己蝦皮拍賣網站之商品說明資料，而以此方式侵害乙之著作財產權，嗣乙於106年4月23日上網瀏覽到甲在蝦皮拍賣網站刊登之擴香石商品說明資料，幾乎照抄乙如附件所示之著作內容，始查獲上情。

理由

一、訊之被告固不否認於上揭時地為上揭行為，惟否認有擅自以重製之方法侵害他人之著作財產權之故意，辯稱「告訴人上揭文字敘述並不具原創性及獨特性，且係產品原理原則之使用說明，非著作權法保護之著作」等詞。

二、經查，著作權法所稱之「著作」，係指屬於文學、科學、藝術或其他學術範圍之創作而言，著作權法第3條第1項第1款有明文規定。是凡本於自己獨立之思維、智巧、技匠而具有原創性之人類精神創作，即享有著作權。而著作權法所稱「創作」係指人將其內心思想、情感藉由語言、文字、符號、繪畫、聲音、影像、肢體動作等表現方法，以個別獨具之創意表現於外者，即創作具原始性及創造性之「原創性」，足以表現作者個性或獨特性者，著作權法即予以保護。

又著作權所要求之原創性僅須獨立創作，而非重製或改作他人之著作者即屬之，至其創作內容縱與他人著作雷同或相似，仍不影響原創性之認定，而同受著作權法之保障。另「創作性」係指須有人類精神智慧之投入，惟並未要求高度創作，只要有最低程度之創意且足以表現

作者之個性或獨特性即可。而依著作權法取得之著作權，其保護僅及於該著作之「表達」，而不及於其所表達之思想、程序、製程、系統、操作方法、概念、原理、發現，著作權法第 10 條之 1 定有明文。

其精義為著作權之保護標的僅及於著作之表達，而不及表達所隱含之概念或思想，此即思想與表達二分法，是著作如出於相同之概念，不論此「相同之概念」是出於巧合或承襲，只要確係出於著作人獨立之表達，其間並無抄襲表達之情事，縱其表達因概念相同而相同或雷同，各人就其著作均享有著作權，並不生著作權侵權問題。但若他人未經著作權人之同意，亦無著作權法規定之合理使用情形，而抄襲著作之「表達」者，則構成著作權之侵害。

茲附件所示商品簡介說明，係告訴人個人構思後，一字一句打出後，自 105 年 4 月起即於露天拍賣網刊登，並自 105 年 6 月起開始於蝦皮拍賣網刊登上百樣商品，內容陸續有更改，在 106 年 3 月定稿，業據告訴人於警詢及檢察官偵查中陳明，並有告訴人刑事陳報狀足稽。

況迄今並無第三人出面主張附件所示文字係第三人原創，經告訴人抄襲之情，已足認附所示文字用字遣詞，均係告訴人考量商品特性構思後，以適當文字加以表達說明，此觀附件告訴人賣場文字（底下畫線處）「滴上精油、香水或香精，徐徐釋放清雅幽香，……香味淡了可再添加，重覆使用」、「擴香石有許多微細孔隙，……利用……微細孔隙吸收水氣、調解濕度的原理擴香的」、「擴香石溼度高於空氣時，向空氣排出水氣；擴香石溼度低於空氣時，從空氣吸收水氣。

擴香石越乾時，越輕，吸收水氣能力越強，此時滴上少許精油可能感受不到擴香效果，因為濕度仍低於空氣，可將擴香石浸於純淨清水中，拿出稍乾，或用噴瓶噴些純淨清水，再滴上精油就容易感受到擴香效果了，由於這樣的特性，擴香石會越養越香，……相同的，若擴香石曾浸過滿滿的純精油，聞起來很香，但擴散出來，也可以用噴瓶噴些純淨清水，就容易擴香了」、「……靜態釋放香氣的，擴香範圍和效果無法與水氧機、擴香機等插電的擴香設備相提並論，擴香石適合小範圍擴香，例如放在床頭、書桌、電腦旁、抽屜內、衣櫃內、車內、隨身攜帶等」、「嗅覺是很容易疲乏的，有時覺得沒味道了，但離開了一陣子再回來，又會聞到清香」、「請輕放避免碰撞，手摸底部有白色粉末是正常的，碰到深色衣物會白白的，但拍拍洗洗就掉了」，係就所舉例子或事實，用構思所得文字用語，表達某種事實或原理，該等用字遣詞敘述表達，須表達人有相當文學素養或對自然事物有敏銳察覺反應及靈感來源，始能基於知識經驗創作出來，並非任何人均能創作出相同文字表達，來敘述相同之事實或原理。

且迄今為止，並無第三人出面指控附件所示文字表達，係告訴人模仿、抄襲或剽竊他人作品而來，益徵，告訴人如附件所示文字敘述所為表達，係具原創性之創作，而屬著作權法第 5 條第 1 項第 1 款所稱之語文著作，享有著作財產權。被告否認告訴人所為附件文字表達享有著作權，尚非可採。

三、法院於認定有無侵害著作權之事實時，應審酌一切相關情狀，就認定著作權侵害的 2 個要件，即所謂「接觸」及「實質相似」為審慎調查審酌，其中「實質相似」不僅指量之相似，亦兼指質之相似（最高法院 97 年度台上字第 3121 號刑事判決意旨參照），茲告訴人之語文著作出現在前，被告張貼在蝦皮拍賣網站之商品說明資料出現在後，兩相比對，內容幾乎完全相同，且被告並不否認「張貼上揭說明資料前，有參考相關網路文章資料，亦可能參考到告訴人的東西（士林地檢署偵卷第 48 頁）」等情，足徵，被告在張貼時有參考到告訴人附件所創作文章，並以近似全文照抄方式引用，被告故意擅自以重製方式侵害告訴人著作財產權之情，由此可見。

四、綜上，被告否認告訴人附件文字表達享有著作權，尚非可採，且告訴人有故意擅自以重製方式侵害告訴人著作財產權之情，被告犯行明確，應依法論科。

五、核被告所為，係犯著作權法第 91 條第 1 項之擅自以重製之方法侵害他人之著作財產權罪。

據上論斷，依刑事訴訟法第 299 條第 1 項前段，著作權法第 91 條第 1 項，刑法第 11 條第 1 項、第 41 條第 1 項前段，判決如主文。

本案經檢察官洪〇〇到庭執行公訴。

中華民國 107 年 3 月 5 日

刑事第三庭法官：陳〇〇

書記官：施〇

論罪科刑法條：

著作權法第 91 條第 1 項

擅自以重製之方法侵害他人之著作財產權者，處三年以下有期徒刑、拘役，或科或併科新台幣七十五萬元以下罰金。

藉由這個案例，想要告訴各位讀者們，文案的原創度極為重要，稍有不慎，損失鉅大。

Copyleaks 官網

趁這個機會，給大家介紹一款非常實用的工具，也是文案工作者時常使用的文案抄襲檢測工具。它的名稱是 Copyleaks，官網可掃描右側 QRcode。這個工具，免費的版本每個月可以檢測 2500 個字。若想擴大搜尋範圍與檢索字數，價格可能提高至每個月上千美金不等。一般來說，使用每個月 9.99 美金的套餐，可以一次性檢測 25000 字或 100 個頁面，這對於一般寫手來說，已經非常夠用了。

此外，這個工具雖然是以英文版為主，但它除了可以檢測英文以外，還可以檢測其他語言，包括中文文章在內，而且誤差值很低。假設你在某個地方複製了一個文案、句子，這套工具都能檢測到是在哪邊複製的。以下就讓筆者教授各位讀者該如何使用這個實用工具。

1. 註冊 Copyleaks 帳號：

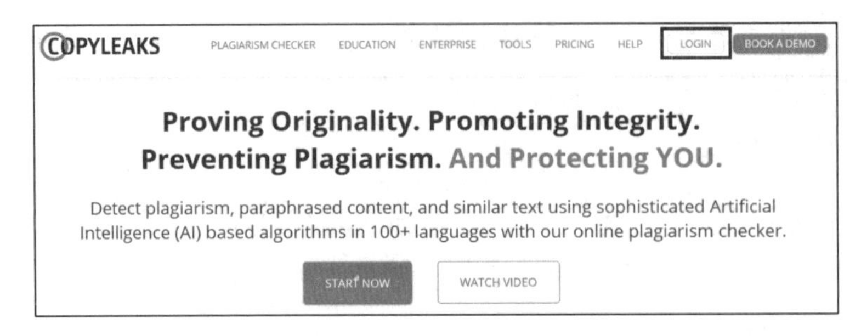

點擊官網上方的「登入 LOGIN」

接著從右上角的「報名 SIGN UP」註冊

需要特別注意的是，新用戶進行註冊時，需要使用 Email 作為帳號，所以在填寫完 Email 之後，必須至 Email 信箱中收信，「激活帳戶」之後，才算是完成註冊程序，也才能使用 Copyleaks 檢測的功能。

2. 檢測程序：

簡單來說，你可以採用「文件上傳」、「複製文字」或「網址」三種方式來檢測文案。

把你要檢測的文件直接放過來，之後進行檢測。如果是 100 %原創，就會顯示「PlagiarismFree」的字樣，但如果有抄襲的部分，則會把抄襲的部分文案顯示出來。

當然，還有很多檢測原創性的工具或 APP，在此不再贅述，各位讀者可以自行上網研究一下。總之就是一句話，希望各位讀者寫出來的文案，或是徵求文案師寫的文案，是既安全又有效的。

這個小節提供了很多文案所需的網站和資料，也許你會想問：「**為什麼要特地設一個小節來講這個？**」這是因為在寫文案時，並不是只專注於創作就好，更何況有的時候靈感說不來就不來，搔破腦袋也擠不出一顆蛋。有了這些工具網，不僅能解決你的思想之渴，還可以讓產品後續的行銷更完整。文案與行銷之間的關係是密不可分的，有了優質的文案，後續的行銷流程會更順暢；有了完整的行銷系統，才能讓文案發揮最大的功效，所以，希望各位能好好利用這一小節提供的資訊，打造屬於你的賺錢機器。

8-5 下一個文案魔法師就是你

恭喜你終於接近這本《銷魂文案》的尾聲了，不知道你學了多少？你對這本書的感受又是如何？近年來，科技變化越來越快速，誰都不知道十年後的世界會進展到怎樣的樣貌，人類的工作是否會被機器人取代，屆時工作職缺最需要的是怎麼樣的人才……一切的一切都充滿了未知數。

不過，若能掌握撰寫文案的技巧，再加上完美地行銷系統的話，就能夠像魔法師般，操控消費者的購買欲望，為自己創造莫大的收益。因為文案與行銷的關係是密不可分的，一個好的文案若是沒有曝光管道，也無法讓目標客群認識到商品的好。

所以，打造熱銷文案的第一步就是開始大量閱讀、大量學習，無論是銷售、行銷，還是文案寫作，必須對知識來者不拒，方能在業界打出自己的一片天，文案寫作方面也能與諸多大咖合作，創造多元收入。最重要的是，透過文案，可以站上講師舞台幫助無數的聽眾突破他們事業的瓶頸。

所以在此想邀請你加入「魔法講盟」這個大家庭。魔法講盟有非常多的資源可以幫助你，也有許多各行各業的專家，可以全方位的協助你邁向成功之路、創造知識變現！

一個觀念，可以改變一個人的命運
一個點子，可以改變一個家族的企業願景

一個人贏不過一群人，來到魔法講盟大家族的好處多多，你可以聽到、知道、學到、看到許多不同的人、事、物，增加自己的軟實力。

許多學員當初選擇加盟魔法講盟的其中一個原因，正是魔法講盟出書出版堅強的實力。魔法講盟出版的書籍，品質內容都很好，而且都非常容易成為暢銷書。這是因為魔法講盟出書一條龍的作業模式，可以讓素人搖身一變成為明星作家。何其易、吳宥忠、陳威樺等暢銷書作家就是最好的例子，他們選擇加入魔法講盟，請采舍出版團隊協助美編設計、編務校稿、印製發行、上架商城、舉辦新書發表會，一舉打進暢銷書排行榜，躋身於業界權威的行列。

所以各位若渴望成為你行業裡的巨星，成功打贏一場又一場的商戰，出書絕對是必經之路。而魔法講盟出書出版班絕對可以滿足你的出書需求。有興趣的朋友們可掃右方的 QRcode 了解詳情。

出書出版班

最後衷心的感謝你購買本書，並閱讀至此；希望本書的內容能夠讓你收穫滿滿，下方QRcode是魔法講盟的聯絡方式。歡迎你與這個知識大家庭溝通互動一同前進、成長，謝謝。

魔法講盟官網	魔法講盟粉絲專頁	新絲路視頻

剁手級文案私藏寶庫

本章節廣蒐兩岸知名的廣告文案，
包括傳統媒體、網路媒體、實體廣告
以及各種優秀的文案範本，
期望能夠幫助讀者輕鬆寫出爆款文案。
現在就讓我們來欣賞這些經典的文案吧！

MAGIC COPYWRITER

9-1 傳統媒體廣告文案

傳統媒體又可以稱為「平面媒體」，包括電視、報刊、雜誌等等都屬於傳統媒體的範疇。隨著時代演進，傳統媒體的使用率降低，但是在過去或者是近年來還活躍於觀眾視野的廣告，都是我們文案人學習的最佳典範。以下是本書特意蒐集的傳統媒體廣告文案，提供給您參考！

1. 層出不窮的好滋味。（新貴派）

2. 讓閱讀不再孤獨。（微信讀書）

3. 人生苦短，越睡越晚。（淘寶）

4. 別人看歷史，我們看未來。（今周刊）

5. 愛讓心跳不止。（央視器官捐獻公益廣告）

6. 有能量，美就有底氣。（薇姿 89 肌底液）

7. 30 歲不可怕日復一日才可怕。（金立手機）

8. 學習，當彼此最好的家人。（台灣全國電子）

9. 生命就該浪費在美好的事物上。（統一曼仕德咖啡）

10. 留住員工的心，先留住員工的腳步！（阿瘦皮鞋）

11.世事難料，安泰比較好。（安泰人壽保險）

12.天天吃阿鈣，偶有健康的膝蓋。（阿蓋）

13.多喝水沒事，沒事多喝水。（味丹多喝水）

14.全世界都忙，我不慌不忙。（格蘭利威）

15.左右人生，不如左右人生的選擇。（晨光文具）

16.為你做的每件小事，都是愛的證據。(PANDORA)

17.這個世界，總有人偷偷愛著你。（999 感冒靈）

18.做媽媽是女孩做過的最酷的事。（惠氏啟韻奶粉）

19.改變命運的努力，談何容易。（中信銀行信用卡）

20.你為生活付出的樣子，就是福。（雲閃付百福圖）

21.你不知道哪一次的分享，就成了別人的珍藏。（騰訊音樂）

22.生活有多難，酒有多嗆，不如意事，十有八酒。（二鍋頭）

23.你呀，到時別忘了，用甜甜的笑聲，款待我。（金馬 53 形象廣告）

24.安全感是一種向內行走的力量，你越努力，它越強大。（金立手機）

25.要撿起心中的夢，先放下手中的碗。（方太水槽洗碗機）

26.幸虧你出現，夠我歡喜多少年。（綜藝《親愛的客棧》宣傳文案）

27.所謂孤獨就是，有人無話可說，有話無人可說。（江小白）

28.約了有多久？我在等你主動，你在等我有空。（江小白）

29.上一秒，你是父親的兒子，這一秒，你是兒子的父親。（西鐵城手錶）

30.如果有愛情，就把它放在夏天，和這個季節一起，光鮮亮麗。（京東生鮮）

31.生活就像是一場重感冒，每個人都在等待一場治癒。（999 感冒靈）

32.在我們所有遇見的人之中，只有少數對我們來說是特別的。和特別的他們保持聯繫。（雀巢）

33.給你幸福的人，值得陪你一起幸福。(Buick)

34.與人的親密關係，有時不如一件打底衫。（淘寶）

35.酒，兩個人分著喝就會覺得更暖。（東京新潟物語）

36.童話裡的故事都是騙人的，現實中的麻煩是免費還包郵的。（綜藝節目花兒與少年）

37.寫盡星辰大海，落筆依舊是你。（米家簽字筆）

38.當我想聽到別人的聲音時，就打開電視機。（印度公益廣告）

39.祕密可以埋藏，心事無處安放。（電影《心迷宮》）

40.房子是多功能的，人的生活情趣才會是豐富的。（房地產廣告）

9-2 網路新媒體廣告文案

網路新媒體是相較於傳統媒體衍生出來的詞，泛指利用智慧手機、平板、電腦、社交平台等新科技進行傳播資訊。

隨著科技日新月異，越來越多商家搶占新媒體市場，企圖闖入大眾視野，創造銷售奇蹟，從而激發出許多新穎的文案創意。身為文案人的我們，跟上時代的趨勢向最新的廣告文案學習，是磨練文案寫作力必要的選擇。以下是精選的新媒體廣告文案，提供您參考：

1. 懂得愛人，才是大人。（陳琦貞 IG）
2. 想攢一口袋星星給你。
3. 很多事情沒有來日方長。
4. 揣著一口袋的開心滿載而歸。
5. 向神許願，把你變成我的小熊。
6. 再看一眼山河，祝你畢業快樂。
7. 縱是千千晚星，不敵灼灼月光。
8. 沒有動態的日子都在當個打工人。
9. 我追不上從前那個發著光的自己了。

10.跨過星河邁過月亮去迎接更好的自己。

11.我的心里沒有別人，可你手機裡有別人。

12.我喜歡你，出自心臟而不是口腔。

13.我愛大風和烈酒還有孤獨的自由。

14.生活開始拿我這個小肉丸做關東煮了。

15.第一次看到宇宙，是和你四目相對的時候。

16.熬過了青蔥歲月，走過了懵懂之約，是否可以共賞陽春白雪。

17.如果你也正好嚮往著星河，不如就一起，環遊這宇宙，屬於我們的宇宙。（《夢遊記》）

18.小時候，我以為生活就是：事事如意，年年有餘。長大後，我發現生活就是：事事如意料之外，年年有餘額不足。

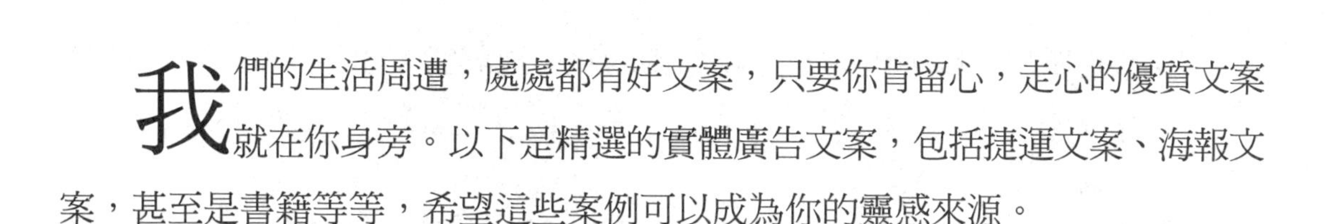

9-3 實體廣告文案

我們的生活周遭，處處都有好文案，只要你肯留心，走心的優質文案就在你身旁。以下是精選的實體廣告文案，包括捷運文案、海報文案，甚至是書籍等等，希望這些案例可以成為你的靈感來源。

1. 武六不能亡。（中時新聞網）
2. 出來混，包遲早要換的。（小紅書）
3. 流走的是歲月，沉澱的是經典。（賓士）
4. 自己購物自己袋。（投放於台北慈濟醫院）
5. 慢一點，靈魂才會跟得上。（台灣某民宿）
6. 江山易改，母性難移。（中興百貨母親節文案）
7. 三個人的溫暖，也是別樣的浪漫。（美團七夕節）
8. 一首歌，聽見想念的聲音。（台北捷運思念專車）
9. 愛你這件事，花上一輩子都不夠。（台北捷運思念專車）
10. 你不曾見過的美麗，都在那些無人問津的歲月裡。
11. 一碗水，用心端平可真的要有水平。（天貓精靈海報文案）

MAGIC COPYWRITER

12.不要總在過去的回憶裡纏綿，因為昨天的太陽，曬不幹今天的衣裳。

13.哪有念念不忘的愛情，只有兜兜轉轉的黑頭。（美圖美裝捷運廣告文案）

14.你們總說，你不了解年輕人，其實你不知道，年輕人也並不需要你了解。

15.我也跟風，跟退燒的雲，和早晨的風（天與空×康奈 KCLOUD 的海報文案）

16.不是將就不了這個世界，我是將就不了我自己。（JONAS&VERUS 捷運廣告文案）

17.小時候想去故事中的地方，長大後我卻成了你的遠方。（網易樂評書宣傳海報文案）

18.爸媽都希望我走一條更平坦的路，但誰又願意，有一個被安排的人生呢？（JONAS&VERUS 深圳捷運購物公園站投放廣告）

19.曾經用心選，為自己；如今用心選，為你。（晨光文具）

20.和任何一種生活，摩擦久了都會起球。

21.從不刻意為之，只是天生如此。（摩拜單車）

22.為想像而來，又超越想像。（小米）

23.我也有女朋友，只是你們看不見。（VR 眼鏡）

24.前所未有，因為之前所有。

25.五分鐘忘掉自己，二十分鐘忘掉世界。

26.有錢有勢不如有範。

27.有愛沒愛都不要慌，未來很長很長。（QQ2012 年光棍節）

28.當我想聽到別人的聲音時，就打開電視機。

29.如果沒有人陪伴，連茶的味道都會不一樣。

30.人生何必如初見，但求相看兩不厭。

31.女人發動戰爭，男人用玫瑰和解。

32.年齡越大，越沒有人會原諒你的窮。

33.孩子不是你的縮小版，兒童要用兒童藥。

34.今天永遠比明天年輕一天，珍惜今天。

35.千拜萬拜，不如整箱的國農拿來拜。（國農牛奶）

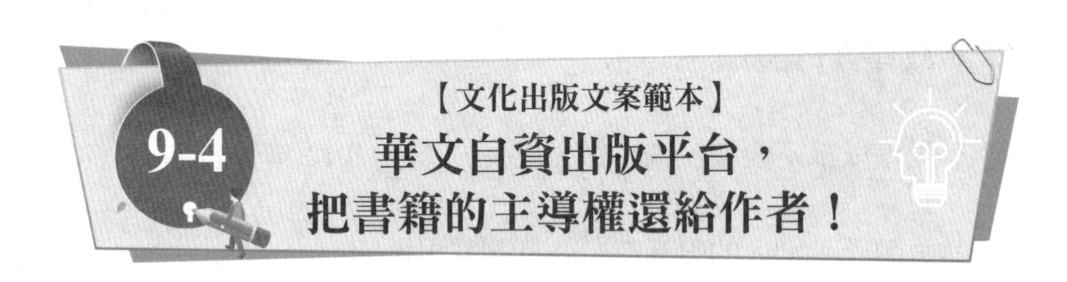

自資出版，把出書的主導權還給作者

出版商高喊「我的書」、「我的作者」的時代已經過去了。「書是作者的」、「作者不屬於出版社」，華文自資出版平台將創作者的權利還給你，讓你為自己的作品發聲，不再受到出版商的制約。

在出版產業競爭越發激烈、紙本出版逐漸被電子書取代的今天，各家出版商在尋找簽約的作者時也就特別謹慎，在審核稿件方面也越來越嚴苛。「知名度不夠……對不起」、「第一次寫書……很抱歉」、「書稿沒賣點……請重寫」、「內容太冷僻……換題材」，出版商一而再地退稿，說到底真的是因為投稿內容不好而打壓創作者嗎？有沒有可能出版商也會看走眼？他們可能因主觀意識的誤判而錯失出版暢銷書籍的機會嗎？

現實是很殘酷的，當出書不再只是單純的宣傳理念，而只是出版社主導主流市場的手段時，你能接受成為這種制度下的犧牲者嗎？還是不願屈服於現實，想奮力一搏，讓自己的項目被更多人看見，成為舞台上一顆耀眼的明星？

當今詩壇巨匠夏宇，1984 年自費出版第一本詩集《備忘錄》，短時間銷售而空，緊接著自資出版《腹語術》，一炮而紅，受到文學界的矚目。《聖境預言書》曾在半年內熱賣十多萬本，遍及全美五十州，成為 1995～1996 年全球最暢銷的書籍，您可能不知道，這是一本自費出版的書籍。21 世紀初，

英國一家小型出版社——布盧姆斯伯裏為 J.K.羅琳投稿的第 13 間出版社，據說當時是因為出版社社長的女兒閱讀了《哈利波特》第一章後，迫不及待想看下一章，才促成了之後轟動全球的《哈利波特》出版。細想，若 J.K.羅琳提前遇上自費出版的潮流，或許便能縮短其懷才不遇的時間。

自費出版重新定義了作者與出版商資訊對等的地位，實踐了作者與讀者選擇的權益，一掃以往自費出版給人是屢屢不過稿的作者，或是被認定沒有市場性的作品不得已的出版管道的刻板印象，讓創作產業更加百花齊放，題材內容更為多元，為傳統出版注入一股嶄新的能量。

近幾年來，自費出版的案例屢獲捷報，在國外自費出版電子書→被出版商相中然後正式出版實體書→暢銷大賣的例子越來越多。例如風靡全球女性的言情小說《格雷的五十道陰影》(*Fifty Shades of Grey*) 就是作者的自助出版電子書處女作，出版 11 週內便突破一百萬冊的銷量，打破美國作家丹・布朗《達文西密碼》的 36 週紀錄，更成為首本突破百萬大關的 Amazon Kindle 電子書。

被譽為自資出版始祖的《羊毛記》，是作者休豪伊透過亞馬遜自費出版計畫的首篇中短篇作品，一上市就被電影公司一舉看中，買下版權規劃改編成電影登上大螢幕。

喜歡看科幻電影的人對麥特・戴蒙主演的《絕地救援》應該不陌生吧，但你可能不知道這部電影也是小說改編而來的，而且改編的還是自費出版的小說。《火星任務》(*The Martian*) 是安迪・威爾所著的科幻小說，一開始只是威爾在自己的部落格上隨興創作的短篇作品，禁不住讀者想要下載完整版的央求，所以才在亞馬遜自助出版電子書，後來被美國的皇冠出版集團買下版權，才正式出版紙本書，大受歡迎的程度又被二十世紀福斯電影購買下電影版權，最終由大導演雷利・史考特執導，才有了我們所看到的電影《絕地救援》。

電影《我想念我自己》(*Still Alice*) 改編自同名小說，主演茱莉安・摩爾更是以此片奪得奧斯卡影后，該片主要講述一位大學教授罹患阿茲海默症的故事，作者麗莎・潔諾娃 (Lisa Genova) 本身是神經科學博士，主要研究憂鬱症、帕金森氏症等引發的記憶喪失病症，她以阿茲海默症患者的角度完成創作後，到處投稿，卻都石沉大海，堅信「Self-Publish or Perish!」，選擇自資出版奮力一搏，結果創下自出版長期蟬連紐約時報暢銷書榜的紀錄，並引起全球關注阿茲海默症這個議題！

日本也有一本描繪失智症的漫畫《去看小洋蔥媽媽》，描寫一個沒沒無聞的 63 歲漫畫家岡野雄一與他 89 歲罹患失智症的母親的生活點滴，內容溫馨感人，一開始作者也只是在自己的家鄉自費出版 500 本，後來被知名出版社相中，被正式發行至全國成為暢銷書，亦被改編成電影。

看到這麼多成功案例，是否對自費出版心動了呢？所以，我們必須有一個全新的觀念——自資出版也能打造出暢銷書。對於作者來說，自己付錢自己出版，反而比由出版社主導的出版，有更大的空間與彈性，不會被既有的框架給侷限。而且，書全歸自己所有，有用書需求無需花錢跟出版社買，也是一大優勢。當有另一條更合適更快捷的出路向你招手時，只待你做足準備，便能一舉高飛，翱翔天際。

出版社是商人，出書是營利事業

「我要如何出書？」應該是想出書的人最想了解的一個問題。一般人對於出書的概念其實是很模糊的，想法也很簡單，以為只要向出版社投稿通過就能馬上出書、或認為出書就是把書印出來，只要把書印出來，書店就會搶著幫你陳列、讀者就會掏錢買單，但你有沒有想過，如果投搞不成功你該怎麼辦？書店憑什麼要在有限的空間中花人力幫你陳列上架？你的作品有什麼厲害之處能吸引讀者願意掏錢買單？如果你只是抱著一定要在出版社旗下出書的想法，卻不思考如何應變，那你將會多走很多的冤枉路，甚至只能鑽進死胡同中，無法翻身。

你知道嗎？全台灣有近五千家出版社在運營、持續出書，每月維持出版超過三千多本，一年約出版三萬六千種書籍（中國大陸稱一種書為一個「品種」），而這些還不包括被退稿的數量。然而，你只要想辦法在這些海量投稿者琳瑯滿目的企畫書中脫穎而出，擊敗其他競爭者，博得出版社編輯或審稿委員們的青睞，願意出資幫你出版、設計、企劃、營銷、辦宣傳活動與製作文宣等，而你只要坐領稿酬就好，賣得好的話，更有源源不絕的再版稿費。更棒的是，書籍的銷售盈虧及庫存都是出版社承擔，你無需承擔任何風險。

聽起來是不是很令人心動？只要出版社過稿成功，出書簡直是一本萬利、絕不吃虧的行當。但真的有這麼容易嗎？答案是不見得。根據統計，素人作家過稿的成功率遠小於 1 %，因為對出版社而言，出書有一定的支出成本，例如編務費、封面與版型設計費、打字排版費、印製裝訂費、行銷活動費等等，若你無法說服出版社為你出書的效益遠大於這些支出成本與風險，很抱歉，你就不在出版社的出版計畫名單上。**畢竟出版社是商人，你的作品就是商品，沒有人願意把錢投資在會虧本的商品上**。

很多時候換個角度就能海闊天空，當你有目的性的出書或有大量用書需求時，這條路行不通的話，那就要轉換別條路，給自己設定一個停損點，試

過幾次都得不到出版社的賞識、又想讓作品問世的話，這時候你還有另一個選擇，就是「自費出版」。

自費出版，又稱自資出版、自助出版、個人出版、自主出版或簡稱自出版等等，簡單來說，作者出資書籍的製作、發行等費用，委託專門的出版社代為處理執行細節，而賣書收入全數歸作者的出版方式，就叫做自費出版。面對出版社居高不下的退稿率，許多文化創意人不再願意苦苦掙扎，想奮力一搏，爭取作品在書店上架的機會，就會選擇自費出版一途。

華文自費出版平台成立迄今已逾20年，策劃出版超過3000多種好書（含POD），根據多年的出版數據，逾三成的作者賺的利潤超過原本出版社所願提供的版稅，換言之，在傳統出版社的退稿件數中，至少就有三成是出版社會看走眼的書。除了前面提過的成功案例外，文學史上許多著名的大作家，也都是走自費出版這一條路，例如：英國文豪詩人約翰・米爾頓(John Milton)的《失樂園》、俄國大文豪托爾斯泰的長篇小說《戰爭與和平》、法國意識流作家馬塞爾・普魯斯特的《追憶似水年華》、德國哲學家尼采的《查拉圖斯特拉如是說》、英國文壇勃朗特三姊妹的詩集等等，如果他們沒有選擇自費出版的話，文學史上可能就少了很多傳世經典。

自費出版不是作者不得已的選擇，而是一種讓讀者看到作者創作的直接途徑，自費出版經過多年的淬煉之後，其精緻、專業、多元與客製化的服務品質與傳統出版相比已經有過之而無不及了，即使是由作者出資印製也能讓作品呈現質感。如果你渴望出書，也對自己的作品有信心，不妨試著了解一下這種出版方式，讓你的作品代替你、為你發聲。

出書這條路上，你是哪一型的人呢？

W 型(write)
已有明確主題，怎麼開始寫？

P 型(publish)
出版一本書要注意什麼？

S 型(submit)
我已經寫完一本書，要如何投稿？

F 型(find)
我想找人代寫一本書，要準備什麼？

出書，人人都適用的成名之路

獎勵就是最好的動力，想出書的人的動機，歸納起來不外乎就是名與利。這裡不是說追逐名利不好，誰不希望辛苦創作出來的作品能獲得肯定，理當也希望能獲得等比的回報，這很自然，人人都想成為暢銷書作家，作品不斷重版出來，可以的話，讓版稅成為被動收入的永動機，不然就是獲取名氣，成為某個領域的 KOL（Key Opinion Leader，關鍵意見領袖），靠著名氣發展其他事業，實踐「以書導客、以課導客」的最高境界。

以書導客的最佳典範 1

《改變命運的力量》作者何其易老師是科技產業出身，卻對靈修這塊截然不同的領域情有獨鍾，2017 年他參加魔法講盟創辦人王晴天大師開設的出書出版班後，受到啟迪，開始有計畫地把自己的宗教修行與靈性療癒過程記錄下來。出版成書只是他出版布局的第一環，接著積極投入各項活動、接受媒體採訪，陸續取得 2020、

2021 年的亞洲八大名師、暢銷書作家頭銜外，還獲選為 2021 台灣百大企業家，一步一步奠定個人專業形象，打響知名度，提高顧客指名度，成功拓展事業，粉絲遍及海內外，是絕佳的以書導客案例。

接受年代 MUCH 台「美的 in 台灣」節目專訪

以書導客的最佳典範 2

在一次一個奇妙的機緣下，《超譯易經》的作者在大陸熹平石經出土處附近獲得了失傳已久，兩部比周易還要古老的易經：連山易與歸藏易之古孤本。進而開始了 15 年的潛心研究。之後將心得眉批整理成一本解譯易經的寶典外，並定期開辦易經研究班，發表與眾不同、觀點獨到的研究成果，凡開課必受到熱烈反響，至今作品《超譯易經》累積再版已破五千冊，好評不斷之下，再度修訂改版，讓內容與時俱進，更臻完善，因為興趣所記下的註解，透過不斷地打磨精進，出書進而開設易經研究班分享觀點，又因開班授課使得用書需求大增，兩者可謂相輔相成，互相成就，實屬以書導課的最佳典範。尤其魔法講盟將本書引入中國大陸後，也順勢為本書作者開展了廣大的大陸市場！

歡迎參與每年秋季舉辦的「易經研究班」，除了能與易學大師王晴天談古論今，汲取古代先民的智慧以外，現場更有免費牌卡占卜活動，替你解決人生面臨到的各種難題，助你成功逆天改命！

為服務志同道合之人，報名「易經研究班」只收場地費100元！凡「易經研究班」使用的教材用書、牌卡，可上新絲路網路書店訂購，或參與每年的八大名師活動，還能享有更多優惠喔！

課程資訊任意門

上課地點：新北市中和區中山路二段 366 巷 10 號 3 樓中和魔法教室（捷運環狀線中和站與橋和站之間）

上課時間：2022.8.9(二)、2023.8.8(二)……2024年以後，請掃右側QRcode上新絲路網路書店查詢

易經班現場占卜

出書的好處

透過出書能快速你的提升影響力、建立專業形象，讓不認識的人對你產

生信賴感，在這競爭激烈的時代，出書是讓你脫穎而出的最快捷徑，成為暢銷書作家，你擁有得不只是頭銜而已，它還能帶給你以下這幾種轉變：

1. 增強自信心：

看著自己的產出逐步成型，從抽象變成具體，對任何人來說，都是莫大的成就與滿足，也會強大自己的心理狀態，讓自己變得更加自信。況且，只要能夠曝光，就會有機會被更多人看見、甚至站上國際舞台。《幻金天騎》原本設定是一本寫給中學生看的奇幻冒險小說，類似《哈利波特》，因為主打以國中英文單字與文法為基礎書寫而成為特色，可以當作中學生的課外讀物，加上題材新穎，甫出版便深受家長與學校師生的喜愛，在自然銷售的狀態下，成功躍進暢銷書榜上。本書曾被選入台北國際書展閱讀沙龍的邀講名單中，只是因為新冠疫情關係，書展再次取消，實在可惜。

2. 開啟斜槓的完美起點：

如今，出書的門檻已經降低，而品質也有所保證，素人出書已經不是一件難如登天的事情了，只要再施加行銷力道，出書，其實是快速提升知名度最有效的方式，讓書代替名片，更能加深受眾對你的印象，比起沒出書的人，更相信你的專業、背景、提案、事業。一旦成為暢銷書作家，出書→演講→授課→出書，就能形成完美的斜槓迴圈，受邀上電視、電台廣播、接受媒體採訪等，將不在話下。這裡就要提一下由李奧納多・迪卡皮歐主演的電影《華爾街之狼》，改編自同名小說，作者喬丹・貝爾福特原是聲名狼藉的股票經紀人，因詐騙鉅額投資基金而鋃鐺入獄，他在獄中把自己的經歷寫下被出版社高價買下出版，旋即被改編成大螢幕，大獲成功。令人不可思議地是，作者貝爾福特因此聲名大噪，受邀開啟了全球巡迴演說之旅，一張門票曾被黃

牛喊叫到 30 萬元，想想他光靠演說將會有多麼驚人的費用入袋？

3. 提升事業影響力：

有越來越多的公司行號也有出書需求，不是出版傳記就是成功學、經營學，這類題材都屬於市場主流，反應也都不錯，你可能會好奇，為什麼企業也要出書？對企業來說，賣書收入可能還比不上一筆訂單獲利來得大，但這是一種長期廣告，讓更多人能藉由書中文字更了解這家企業，同時產生更高的共鳴感。刊登一個整版報紙或雜誌廣告都是短期的曝光，時間一過就被下一輪的廣告替代掉了，而書只要持續有穩定的銷量，書店就會一直陳列，比廣告或報紙更能長久存續，書中還能置入行銷商品或服務的廣告，能見度提高，企業形象深入人心，指名度也跟著提升，持續引進客源，一舉數得。

4. 滿足內心的榮譽感：

書，由於內容的產出需要極度耗費心力與時間，一般人難以堅持，所以向來被視為特別的存在。當一個人不僅把文字生產出來，還出版成書，那種內心的成就感與榮譽感，是花錢也買不到的，在他人眼中，甚至是高人一等的存在。這種信心的建立，不論在人際關係上、還是在事業發展上，都猶如一劑強心針，幫助你發展地更順暢、活得更耀眼。

5. 給人生的美好禮物：

歲月如梭，當一個人的年紀漸長，度過了青春歲月的瘋狂、卸下了青壯歲月的責任與拼搏，回首往日時光時，唯有文字能留住一個人生命中每一刻的心動與輝煌，讓人時時回味。很多作者都在屆齡退休後才有時間開始創作，即便是一篇篇的日常隨筆短文，也承載了滿滿的回憶與點滴，不單是送給自己的禮物，也是送給子女與後輩的一份愛的傳遞。

6. 分享理念，尋找知音：

有一群人渴望對外界宣揚自身理念，將自己人生中所學習到的、感悟到的的發現，甚至失敗的經驗傳遞出去，與人分享暢談，希冀自身的體悟能提供同樣處境的人一點幫助，或是在茫茫人海中尋覓知音。出書，是打破地域藩籬的強力手段，只要出書，你的理念就有機會被看見、被傳播、被推廣，這種渴望被看見的心境其強烈程度通常遠遠大於出版型式，很多時候，不想受限出版社刁鑽的審稿標準的準作者們，自費出版儼然就成為了最佳選擇。鑒於市場需求，傳統出版社對一些冷門小眾的題材一向興致缺缺，例如非主流文化、文學、哲學、藝術、美學、個人傳記等等，或是主觀色彩濃厚的類型，但在自費出版的新觀念之下，出書將會變得更多元精彩，百家齊放的時代等你來加入，It' s all up to you！

7. 塑造個人形象：

就像企業用出書來提升影響力一樣，出書也是個人自我包裝最有效率的方式，若想成為眾人眼中的權威、專家、就讓出書為你打造一面名為「暢銷書作家」的金字招牌，不論你在何處，這塊招牌顯眼又能有效地替你做宣傳。

總結來說，出書的好處其實是說不完的，然而其意義上的價值會比金錢上的價值來得高許多，有時候不能只看單一的結果，如果從賣書的收入來論，名人以上的身分才真正能賺得到錢，不是名人的話，想靠稿費或賣書收入維生，就是不夠現實了。不過從另一種角度來看，若有正確的出書布局觀念，先賺到名氣聲量，再拓展自己擅長的業務領域，可就如魚得水那般輕鬆自在了。

最完整的自費出版一條龍服務

自費出版流程

在這個講求專業與效率的時代，由作者出資（印製成本及行銷費用）委託專業的出版機構出版，所有執行細節都交由出版專業人員負責，作品印妥後，作者可自行銷售，亦可委託出版社代為洽談發行上架事宜。最自由的是，作者可以全程參與，對於封面設計、企劃、行銷包裝、上市通路等提出意見並主導，出版社尊重並提供專業的協助，以滿足作者的出書需求，這種出版方式就是自費出版，也稱自資出版。

以下為自費出版的基本流程示意圖，大致分為 9 個步驟，將以簽約前後分別說明：

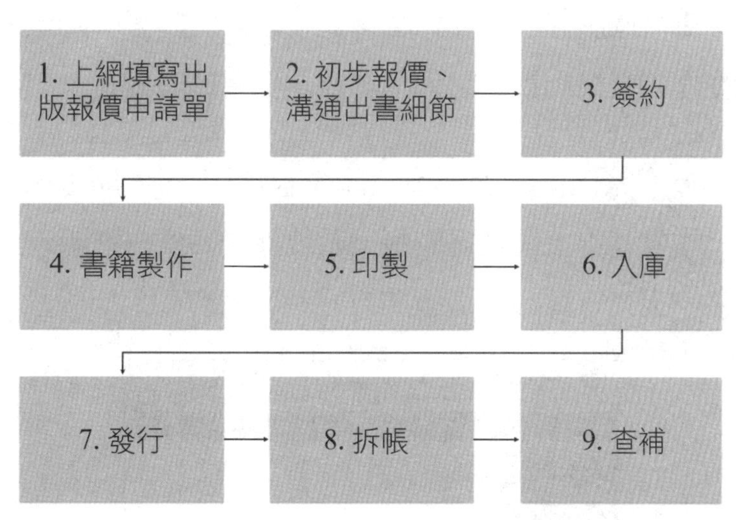

- 正式簽約前（步驟 1～3）：出版費用必然是大家最為關切的問題之一，費用高低也會影響出版意願，然而自資的優點在於任何頁數、尺寸、印量的書籍都能客製化，這些細項都會影響報價。也就是說，每一個作品都是獨一無二的，所以作者必須先提供已知的出版品相關訊息，上網填寫報價申請單，或直接電洽出版單位事先諮詢，透過當面的溝通得到初步報價。正式簽約前，出版品規格或是其他需求等的變更，都是可以調整的，沒概念的話也可以跟出版社的專業人員溝通確認。待報價確定後，可以向出版社索要出版草約，花點時間確認合約內容，以確保正式簽約前，所有疑慮都得以消除。

◈ 正式簽約：簽約前就像商品猶豫期，如果有任何疑慮，都可以先向出版社人員反覆確認，直到問題都得到解決。看完草約後，就能進行簽約。以華文自費出版平台為例，簽約當日就算生效，一本書基本上會對接一名責任編輯，全程負責該書的出版執行細節，並確保作者的意思能完整落實。過程中作者有任何問題都能向責編提出，責編會站在專業的角度提供協助或建議，待作者定奪後再逐一執行。

◈ 書籍製作：書籍的製作涉及封面的設計、內文版型的設計、編輯潤稿、圖片之內文排版、作者三次校對、ISBN 國際標準書號與 CIP 出版品預行編目之申請、書審委員會與總編輯之增、刪、修、訂、贊後完稿，每一個過程都需要仔細核定，以求將錯誤率降至最低，所以基本上從作者交稿到書籍送印，約需 3 個月的時程。

◈ 印製：檔案完稿後，就要進入印製程序了，以大規模印製的需求來看，一本書基本上會經過製版→數位樣→回樣→進版→上機印刷→編輯看色→上光→裝訂，最後裝訂好的書就會載到出版社入庫囉。

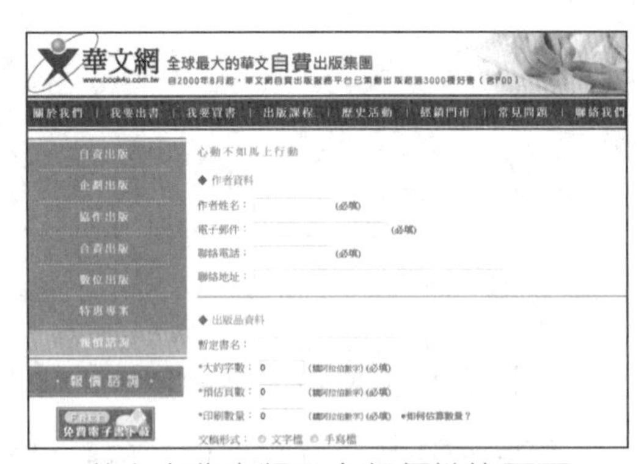

華文自費出版平台報價諮詢頁面

◈ 發行網絡：接著就等著將書鋪貨到通路上販售了，華文自資出版平台擁有兩岸四地廣大的通路市場，發行範圍含括台灣、大陸、香港、澳門、新馬各大實體書店。國內除各大連鎖實體書店和傳統書店之外，

更自營三大家知名網路書店：采舍購物網、新絲路網路書店及華文網網路書局，提供絕佳的發行管道。

發行通路包含：

⑴全國性連鎖書店：

以金石堂、誠品、紀伊國屋、何嘉仁、FNAC 等等，全省約有 200 家直營點。

⑵一般中大型書局：

大台北區：三民、建宏、聯經、諾貝爾（北區）、五南等約 30 家。
桃竹苗區：諾貝爾、展書堂、墊腳石、503 廣場、正一、金典等約 20 餘家。
中部地區：諾貝爾、大大、墊腳石、新世紀、五南等約 20 餘家。
南部地區：明儀、青年、金玉堂、政大、五南等約 20 餘家。
其他：校園書店與校園巡迴書展，如復文、敦煌、政大、楨彥等 20 餘家。

⑶全國書店零售通路：

包括全省中小型書店、報攤、機場、電腦專賣店、美工用品社等約 1000 家銷售點。

⑷全國各區漫畫小說出租通路：

針對漫畫、武俠、愛情小說及流行性等出版品，發行至安麗美特全省各區漫畫便利屋及小說雜誌出租通路約 1000 餘家。

⑸超商通路：

包含 7-11、全家、萊爾富、OK 等超商系統，約有 10000 多家。

⑹量販通路：

直接供應往來大潤發、三商百貨等通路，其餘家樂福、好市多、愛買等量販通路透過中盤合作供貨。

⑺網路書店：

新絲路、華文網、博客來、金石堂、誠品、學思行、灰熊、敦南書店、常春藤等各大網路書店。

⑻網路商城：

PChome、富邦、momo、FriDay購物、Yahoo奇摩超級商城、Yahoo奇摩購物中心、蝦皮商城、森森購物、墊腳石網路商城、UDN買東西購物中心等等。

⑼圖書館專案：

包含圖龍、聯經、巨曉、華曜、長毅、貞德、金典、聯合、啟發、嘉年、樂學等等。

⑽海外通路：

與中國大陸主渠道、二、三渠道香港、新馬、美加等地區華文書店及大眾、聯合出版、邦聯、和平等圖書發行商往來，將書籍發行至全球華文市場。

⑾線上出版集團：

華文網駐京機構（位於北京西二環廣安門貴都國際中心 A 座 19 單位）。

⑿數位出版品（電子書）通路：

HyRead 凌網、Readmoo 讀墨、TAAZE 讀冊、華藝數位、亞卓市 educities、新絲路 silkbook 網路書店、漫讀、摩達網等。

◈ 查補：新書不是上市發行就完事了，一個好的經銷商會有專門的業務團隊，每位業務皆有各自負責的區域，並需在負責的區域中進行查補工作。當發現圖書在書店擺放的位置不佳，如陳列位置過高或過低（不在常人視線瀏覽範圍內），會主動向通路負責人協商以改善陳設。若遇上書籍遇缺未補時，則要向書店通路爭取補進書，以免錯失任何曝光的機會。華文自費出版平台完善的查補作業，讓作者的每一本心血都享有最大化被看見的機會。

保證出書的出書出版班

由出版社開班授課，業界唯一保證出書的出書出版班，由出版界傳奇締造者王晴天大師率領旗下各大知名出版社社長與總編，以及超級暢銷書作家群聯合主講，陣容保證全國最強，課程內容絕對落地，完整培訓，掌握 PWPM 暢銷書出版黃金公式，從企劃、寫作、出版、到行銷，手把手教你寫出暢銷書。結識出版貴人的同時，還享有各大出版社的人脈與資源，讓你藉由出一本書而名利雙收，掌握最佳的被動收入關鍵，成功布局人生，快速晉升為頂尖專業人士，打造 24 小時不間斷的業務大軍，從 Nobody 變身成為 Somebody！

魔法講盟每年開辦的出書出版班佳評如潮，與全球最大的華文自資出版平台共同協作下已幫助各方人士自費出版數千種好書，培育出數百位暢銷書榜作家，甚至榮獲台灣百大企業的頭銜。我們的職志，不僅是幫你出一本書而已，還必須出的是暢銷書才行！參與出書出版班，保證協助你出版一本暢銷書，不達目標絕不罷休，此即為「結果論」是也！

 華文自費出版平台的 2 大優勢

華文自費出版平台除了能提供全方位的服務項目、打造客製化精品，以及每年固定開辦的保證出書出版班外，還有 2 大優勢是其他出版平台無法迄及的，那就是「多元的行銷能力」以及「創新的 3D 立體出版思維」，讓你出書後續力道持續發威，還有機會開啟第二專業技能，打造完美的斜槓起點。

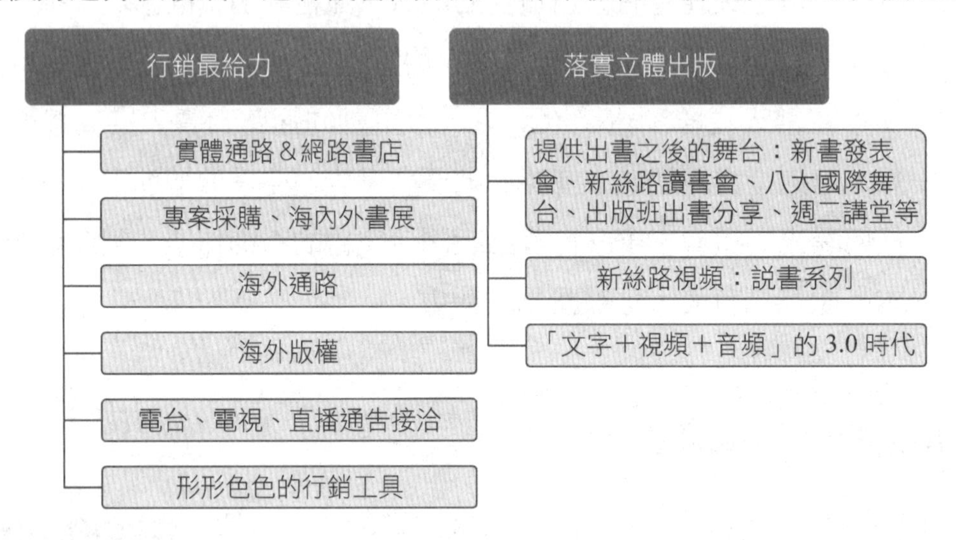

最全面的發行網絡

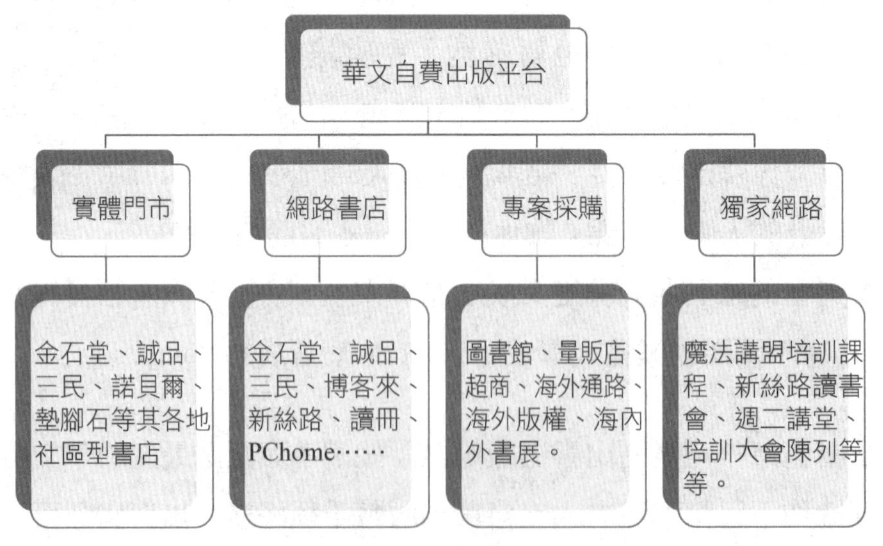

前面已經詳細列舉過華文自費出版平台的發行通路，依類型區分成四大類，分別為實體門市、網路書店、專案採購以及華文自費出版平台的獨家網絡。平台除了協助台灣本地作者外，亦有來自新馬港澳大陸等地的作者，為

滿足各方需求，平台的發行通路遍及海內外，而且只要是本版書，平台方都會主動代作者洽談海外版權事宜，積極爭取在中國大陸發行簡體版上市的機會。在國內，則代為接洽電台、電視、直播等通告，讓作者有更多管道替新書宣傳與曝光。

台北國際書展參展

金石堂門市陳列

香港國際書展參展

東森新聞電視台採訪

中天新聞電視台採訪

形形色色的行銷手法

1. 媒體的力量：確保了通路暢通無阻後，當然也要大肆宣傳，爭取曝光機會，這時候就能看到各家出版社「八仙過海，各顯神通」的本領了，利用各式各樣的方式，主動出擊通知讀者們——「這裡有一本新書！」或「快看，是好書喔！」——讓人們注意到這本新書上市的資訊。為達成效，華文自費出版平台經常利用媒體的力量大力行銷新書，以刺激銷量，依載體主要有：通路媒體、平面媒體、社群媒體、戶外媒體等幾種形式。不論是書籍的創作者也好、出版社也好、經銷商也罷，都會把握這個階段進行衝刺，以期得到好的開頭與銷量。

通路媒體：金石堂網路書店 BN

蘋果地產

即時地產 地產新聞 新房屋 中古屋 居家裝潢 人的故事

地產新聞 〉 地產學堂：談房價先搞懂土地 24年不動產經驗教戰

地產學堂：談房價先搞懂土地 24年不動產經驗教戰

2017年08月08日

【顧美芬／台北報導】想要買賣房子，可以找房仲，可以查詢實價登錄了解建物的買賣行情，但是大家每天腳底下踩著住家的土地，有人真正了解這塊土地的價值嗎？創世紀不動產教育訓練中心總經理林宏澔出版《賺大錢靠土地》，指懂得土地的價值，才會知道合理的房價應該是多少。

《賺大錢靠土地》作者林宏澔不吝分享他累積24年不動產實戰經驗，他說，市面上有關地產的書籍，超過9成是談房子價與量或漲與跌，鮮少有關「土地」專業書籍，這本書只想談「土地」。

實用知識輔助

全書分為「土地基礎篇」、「勘查土地篇」、「都市更新篇」、「合建農地與共有土地篇」、「建地利潤分析篇」，不論是房仲、代銷，或地政從業人員，或以上皆非，也許只是一般民眾，任何人可在書中找到適合自己的實用知識。

林宏澔舉例，他曾遇到一位民眾，以1000餘萬元買了1棟舊公寓的3樓住宅，交屋後才發現整棟建築竟然是輻射屋，原本打算對建商提告，但建商就看準這塊土地結合旁邊空地，日後可依《都市危險及老舊建築物加速重建條例》規定，容積獎勵最高可達法定容積

社群媒體：蘋果日報書評

經濟日報　專題 A15

網路行銷魔術師傅靖晏

打造百萬營收夢想導師

透過新書《一台筆電，年收百萬》

幫助業者掌握數位時代的網路行銷技巧

平面媒體：經濟日報報導

2. 各式培訓課程＆新書發表會＆讀書會：值得一提的是，由於華文自費

出版平台長期與魔法講盟雙方結盟合作，因此享有魔法講盟的所有資源。魔法講盟一年中開辦的培訓課程、週二講堂還有新絲路讀書會等活動場合不下數百場，現場都會布置小型書攤，開放給學員參觀選購，比起一般通路，更多了一個曝光與宣傳的管道。另外，由於現階段越來越多作者出書，為滿足作者需求，平台也正努力朝著一年舉行兩場對外的新書聯合發表會，提供作者一個分享、暢談、與讀者近距離交流的平台。

大型培訓課程新書造勢

金石堂聯合新書發表會現場

3. 新絲路視頻：電子書的普及大大改變了現在人的閱讀習慣，加上疫情的推波助瀾下，許多線下交易紛紛結合線上業務，開拓更多潛在商機，然而只是順應趨勢只能勉強應付一時的改變，尋求突破與創新才能催動永續發展的能量。新絲路網路書店早在 2017 年就開設了一個全新的知識頻道——「新絲路視頻」！至今共計發布了六個系列，有談古論今的歷史與地理系列、好書推薦系列、大師的真理剖析系列等等，內容應有盡有，並在 YouTube、以及台灣、大陸的各大視頻網站（土豆、騰訊……）、部落格、網路電台等處同步發布，讓你免費就能收看到最優質、充滿知性與理性的知識膠囊。其中的「新絲路視頻節目 2：說書系列」更是為了出書作者而量身打造的頻道，可由作者親自介紹自己的作品或交

由主編來推薦等方式，將拍好的影片上架到「說書系列」中，以群聚效應的方式，跟其他大師一起並列其中。除了「說書系列」作者可以完整的和讀者分享與交流作品內容之外，其他系列中因為片長關係，也經常會穿插置入包含活動宣傳、新書介紹等等的廣告，一舉達到宣傳和推廣之效！

創新的立體出版版圖

最初之際，出版模式最終只到文字出版就結束了，就是把書出版出來、配合文宣等進行宣傳，我們暫且稱之為「出版 1.0 時代」；如今，隨著自媒體的興起，出版商開始將內容做成影片，將生硬的文字轉化成會動的畫面，不是請人說書點評，就是配上音樂與特效，吸引觀眾停駐觀賞，因此來到了「出版 2.0 時代」。而所謂的立體出版思維，就是讓自己站上舞台，把作品內容暢談出來，進而開發出一系列的講座、課程等等，就像《華爾街之狼》的作者那樣四處演說，為自己打造出一套斜槓收入系統，這就是華文自費出版平台手中掌握的另一項武器——「立體出版」的思維！

2021 年，新絲路網路書店成功結合魔法講盟旗下資源，規劃出全方位立體式學習系統的典範。首先，推出巨著《改變人生的 5 個方法》，並持續錄製影片，上架到「新絲路視頻節目 5：改變人生的十個方法」系列中，接著更推出能與之搭配學習的實體＆線上課程，透過「出書＋視頻＋課程」的三重維度，幫助讀者與會員以更輕鬆有效率的方式，改變自己的人生，一步步邁向成功，達成夢想！

要達到立體出版，華文自費出版平台負責「出版」業務，新絲路網路書店負責「視頻」的產出、維護與上架，至於想利用出書達到開課的作者們，魔法講盟有一門CP值媲美保證出書的出書出版班，就是「公眾演說」。其一

直是魔法講盟的主力課程，為保證學員結訓後能招到生、有舞台可以發揮、有課可開、有項目可講，進而設計出一套完美的培訓環節，從「公眾演說」→「講師培訓」→「兩岸百強PK大賽」→「保證舞台」，保證讓你有書可出、有項目可說、有舞台可以發揮，達到立體出版事業版圖的巔峰。

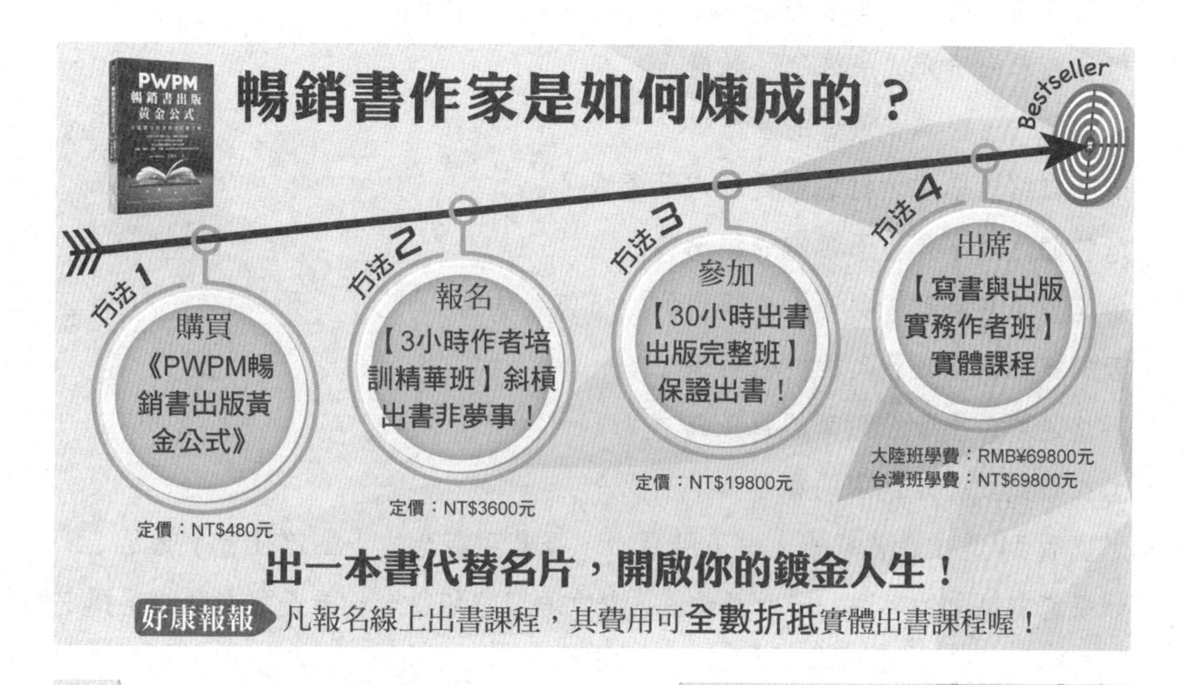

出書出版線上課程

在家也能學

書，是最頂級的名片！

在競爭激烈的時代，「出書」是快速建立專家形象的捷徑，也是打開知名度與指名度的絕佳機會！

- **【3小時作者培訓精華班】斜槓出書非夢事！**讓你學會出書企劃怎麼寫、了解書籍架構和寫作技巧，認識出書流程及行銷方式。原價3600元，**驚喜優惠價1800元**熱賣中！
- **【30小時出書出版完整班】保證出書！**出版集團15堂PWPM深度課，不只教你怎麼寫，還要讓你學會銷！完整的寫書與出版一條龍課程，助您躋身知名暢銷書作家的行列。原價19800元，**優惠價9800元**熱銷中！

從0開始，菜鳥寫手也能成為超新星作家！

詳情請掃碼至新絲路官網查詢　新絲路網路書店 silkbook.com

MAGIC COPYWRITER

從一貧如洗的失業單親媽媽到英國首富，下一個「J.K.羅琳」就是你！

想擁有自己專屬作品嗎？
想對外界宣揚自己的理念嗎？
想投資自己的創作事業嗎？
想發表學術研究成果嗎？
想為個人、企業作最好的宣傳嗎？
辛苦自編的學習教材想讓更多人受惠嗎？
想替個人或小孩留下難忘的紀念嗎？
想跨越時空限制，與他人分享您的心情與經驗嗎？
苦於找不到慧眼識英雄的伯樂嗎？
不想受限於出版社微薄的版稅嗎？
想找行銷高手經銷您的書籍嗎？
想擺脫M型社會貧窮的「中下階層」，晉升到富豪的「上流社會」嗎？
如果您有以上的想法，請別猶豫，「華文自資出版平台」就是您最佳的選擇！

創業計畫書是將您腦內創業的想法具體地以「白紙黑字」的方式「企畫」出來！寫給自己看！給團隊看！也給創投天使們看！讓大家都來看看您未來創業的腳本！「計畫書」可分為務實型、創意型、配套型、混搭型、分享型與夢想型等等。而的重要元素包含了：Business Overview、Business Model、Management Team、Productor Service、Financial Overview、Competition、Niches、Valuation 等。

2000 年轟動當時網路界的華彩網路創業競賽 www.softchinacapital.com.tw/，以一億元創業基金與二千萬的獎金吸引了近兩百個團隊參賽，結果由王晴天博士領軍之「晴天網路書店」勇奪第一，以下之「創業計畫書」由王晴天博士於西元 2000 年時提出。

計畫摘要

一、計畫緣由與發展方向簡介

「EP 同步」（詳見附件一）與「線上出版」，五年來一直是我們的夢想！初期我們希望在網路上設立一家以客為尊的書店。藉由網路服務，提供各類知訊型產品的販售及流通。以網路書店為起點，開啟出版業、物流業及印刷業（含印前、印中與印後）無盡的鏈結與電子書和知識服務的發展空間。

中期則背負華文文化傳承之使命，進行繁體字、簡體字雙軌圖書電子書之出版及兩種字體版本的轉換印刷（數位印刷方式進行，以適應多樣少量的特性）。在累積大量的圖文影音資訊後，即可著手建立免費的（或付費的）華文網路圖書館與網上讀書會，並以「內容」為後盾，「IC 進階」（詳見附件二）為戰略，進軍中國大陸之出版業與互聯網 ICP。

長期則發展非實體EC，以資訊仲介者角色從事數位產品的買賣，並以資訊服務網站的身分同時服務網路世界與實體世界的消費者，開創EP同步的電子商務營運模式（詳見附件一）。

長期間將發展為文化訊息的入口與終點網站（兩者可並存，詳見附件三），至於是否要往華人購物的入門網站發展，則須視發展規模及股東會、董事會之意見而定。

由於本店始終定位為「華文圖書含電子書與紙本印刷（實體與數位並存）最低價且最齊全的供應者」（居然還會有獲利，分析詳見附件四），勢將開創一股 Attention Economy（Excite 創辦人 JoeKraus 的名言），「影響力」與「IC 戰略」(Internet & China) 將是我們未來市值的主要來源。

二、團隊背景

1. 團隊領導人王晴天是統計學博士，深具人文素養與文化使命感，有領袖特質並善於溝通。其職業（事業）是老師（教授），希望能帶領一群他的學生在第三次結構劇變（第一次是硬體，第二次是軟體，第三次是通訊與網路）中以華文文化社群的身分，不致缺席。他常說：「**不想看到將來買華文書也要找 Amazon.com**」，至於數位內容與電子書，更應趁中國尚未有動作的此時成為先行者！

2. 團隊執行者王寶玲係台大經濟系畢業，已投身出版界十五年，並經營著兩家（一中一小）實體書店。具備出版與圖書販售的專業領域知識 (Domain Knowledge) 及經營方法(Know-how)。曾在艱困的環境下，領

導十餘家小型出版及圖書業者，突破大型出版集團與連鎖書店業者的排擠而殺出重圍，另創一片天地。私下被台灣中小型圖書業者譽為小型出版社的經營之神。

（詳見附件五：建構出版平台與微集團概念）

3. 經營團隊重要成員之一吳韻芳女士係田美圖書有限公司負責人，多年來，一直在座落於有名的補習街一也就是南陽街上，從事出版及書店管理的實務經營，為補習班的莘莘學子們，提供一處淨化心靈之正當休閒場所，並期能提倡優良之讀書風氣，進而建立一個「書香社會」。

4. 田美圖書公司橋大書店，除販售一般圖書之外，尚提供如：升學參考書、電腦用書、文具、禮品、流行商品等多元化商品，以因應各階層的客源，由於每月均舉辦各型主題書展，並隨時發掘及推出最新的時髦商品，即使在大部分同業叫苦連天的這幾年，仍能維持穩定的成長。

5. 吳女士累積了多年的實務經驗，對於流行的趨勢及文創商品的敏感度，均已培養出高度的市場觀察力，但卻深深體會「實體書店」的經營存在著若干的地域限制，更完全無法突破「時間」與「空間」的瓶頸。面對這一波網路資訊的衝擊力，她絕對相信唯有「實體書店」與「網路書店」的共存，才是突破現況及面對新紀元的唯一出路，更是這一波大變革中的唯一主角！

6. 團隊組員歐綾纖畢業於東吳大學中文系，為資深圖書出版人，在財經企管、經典文學、語言學習、心理勵志、親子育兒等各類型出版領域皆有豐富歷練。對於多元出版平台之經營企劃及策略規劃有理論及實戰經驗，專精圖書大環境與出版動態分析，擅長傳統出版與數位出版模式之整合，並結合數位化科技與閱讀新趨勢，賦予出版多元型態之呈現。另外對於圖書市場定位及出版品評估、規劃及銷售稽核，圖書通路推廣，特殊促銷方案等，亦多有專研。歷任閱世界出版集團執行長、文化造鎮圖書出版部總編輯、集蘊文化總編輯，現任華文聯合出版平台總編輯，並同時擔任中國九家出版社之出版顧問。

7. 團隊組員蔡靜怡由輔仁大學日文系畢業後，即進入王晴天老師創辦之閱世界出版集團從事編輯工作，負責日文版權引進台灣出版事宜，並策劃財經管理、趨勢預測等商業叢書之出版。熟悉書籍編輯流程、編輯經驗豐富，專精圖書市場與出版趨勢分析，經歷多種跨部門工作，包括編輯、企劃、行銷與大陸部門等等。規劃的書系產品多元且深具口碑。曾任閱世界出版集團副執行長，現任文化造鎮圖書出版部副總編輯。

8. 團隊組員許哲嘉畢業於國立宜蘭農工專校電機工程科，當時的畢業專題為遙控搬運車。退伍後於雄獅旅遊資訊室任硬體工程師，工作內容有 Novell、Win98 網路硬體維修架設，NT 網路研發等等。目前是國立台灣科技大學電機工程系的學生（將於六月畢業直升研究所碩士班）曾經做過微處理機應用專題：步進馬達速度及位置控制，完成介面卡一片及驅動程式一份。畢業論文專題為：三軸平台控制印章雕刻機之理論與應用。

9. 在網路經驗方面，由於曾經在雄獅旅遊的資訊部門擔任硬體工程師一年，工作內容為 Novell 網路架設及維修，NT、Win98 網路開發及研究，以及 Visua l Basic、VBA 等在資料庫方面的應用，工作期間曾設計一套網路版採購庫存用資料庫程式，以 Access 建構資料庫 Visual Basic 連接 Word 文書軟體，現仍在該公司使用中。他很高興能參與王博士網路書店的創業計畫，由於自己對於 PC 介面軟硬體的開發、研究及網路相關問題具有濃厚的興趣，勇於接受挑戰。希望能藉由這次的計畫發揮專長，配合所學，繼續從事新科技的研究與開發工作。

10. 其他團隊成員背景資料請參考附件三、四、五、六、十四、二十五

等，均有相關之描述。

三、目標市場

1. 目前全球經常以華文上網的人約一千二百萬人，2002 年時會有七千萬人以上華人上網，屆時將是全世界第二大（以語文分類的話）的上網族群。

2. 本團隊已有特殊管道可在台灣大專院校及中等學校迅速打出知名度，並與其網站連結（鍵結），推廣學生商務。

3. 「上網人口」並不代表「上網購物的人數」，但上網人數已呈現驚人的成長，而上網購物的人口更以驚人的速度成長著！

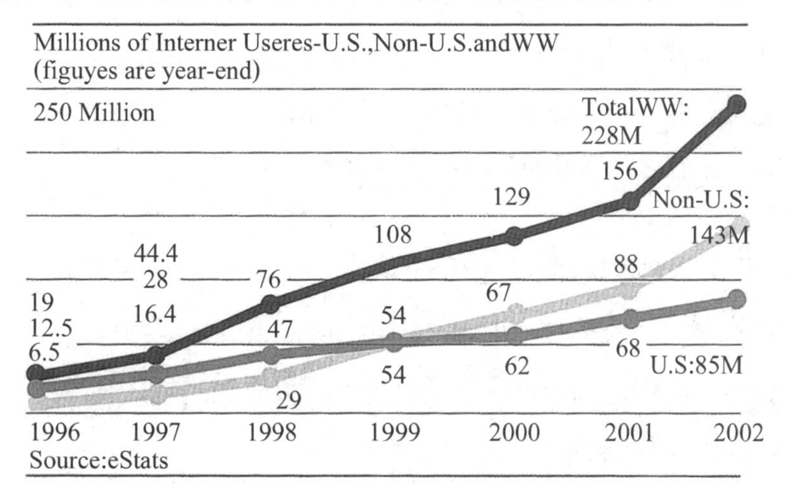

資料來源：eStats

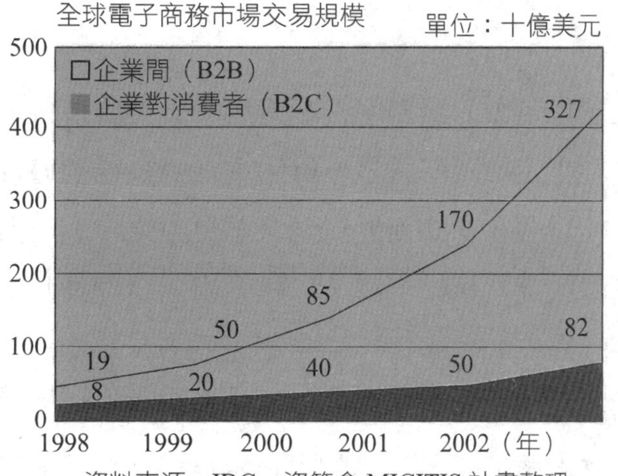

資料來源：IDC，資策會 MICITIS 計畫整理

4. 傳統書店最大的缺點是不齊全：台灣很難找到一家書店有五萬種以上的上架圖書（一般書店都只有大約數千種）。而網路書店卻可輕易擁有數十萬種（線上的）Title及其簡介，且可利用多樣的檢索系統在浩瀚的書海裡迅速精準地找到想要的書。再者，實體書店受到時間與地點的限制。且越來越多的消費者喜歡無拘無束的感覺（比如穿著睡衣買書），買的書亦不希望引起他人的側目（如同志書）。以此觀之，目標市場不容小覷，難道您不想一邊喝著咖啡，一邊輕鬆下單買書嗎？

5. 由於創業初期便成立第二與第三事業部門（詳見附件六與七），所以我們的目標市場不僅止於 Consumer，也會擴及於 Business。也就是說，我們一開始便是 B2C(B to C) 與 B2B(B to B) 並重，且 B2B 的部分將加入建構中的 E-Commerce Portal。我們的競爭對手均無法做到 B2B 的部分，其中大部分是沒有能力故到，少部分是有能力但不願去做（詳見附件八：競爭對手營運策略分析）。

6. 王博士領軍的出版體系是全球華文出版系統中，最早將數位（電子）版權融入出版契約中的團隊（詳見附件九：出版合約樣本），對未來電子書的市場已做好準備且已積累了逾萬個品種的Title，是「IC發展策略」的最佳後盾！

四、經營模式

1. 初期以兩極化定價的繁體字網路書店（分實體書與電子書兩塊）切入市場。兩極化定價策略就是：針對會員購買暢銷書及一般圖書提供全國最低售價之服務（如何能辦到？詳見附件十）。但是對別處不易買到的書則以較高之折扣出售，以維護書店合理利潤。所謂「別處不易買到的書」舉例如絕版書、稀有罕見的書、有知名作者簽名的書、可提供免費後續服務的書（例如購買家教班名師的書可提供面授或遠距教學的服務，購買股市名嘴的書可提供投顧會員的服務等等）。

中期則以華文網路 EP 同步，實體與電子書店擴及全球華文圖書及網路出版市場，在網上做繁、簡字體版本之內容與數位出版，翻譯與字體轉換亦頗具商機，並兼具文化傳承之正面形象。此時期並將建立華文網路圖書館。

長期發展則須結合電腦網路與生物科技，開發新一代的圖、文、字與影音結合的圖書介面、改寫出版業的定義並與虛擬實境的知訊取得介面溝通，可以開發具文字、相片、音檔、插圖的新載具。

2. 從高中（本人高中就讀於台北建國中學）起，我就是一個愛書人，也是一個 Information Hunter。所以我一直在找尋附有影印服務的書店，但不幸的是，找到後店員或老闆往往不准我將書的一部分影印攜出！因為我有興趣的常常只是一本書中的幾頁或一期雜誌中的一篇而已，最後只好整本買回，至今家中存書如山，堪稱「四庫全書」。所以，在兩岸著作權保護日趨成熟後（指標：將書 Copy 也觸法並會被取締時），我們將以較高之價格（以比例計算，相對上）出售「書或雜誌」的一部分。而所謂「付費的網路圖書館」其實就是一種「低價的網路租書服務」一每種書都有繁體字與簡體字的紙本與電子版，可全部或部分出售或出租（對「資訊」而言：出售與出租都是一樣的）。為因應此種經營模式，我們在與上游出版社或作者簽約時會周詳地載入合約內。另外，圖書資料庫的建立將盡量採用全書掃描或完整鍵入法，而非只 Key-in 簡介與 Cover 而已。電子書資料庫若能做好，可逆向為上游出版社做目錄、型錄與電子書 B2B2C 等服務（詳見附件十一），這也是一種可建立良好公關的 B2B2B。也可以代各大企業建構其專屬的電子書網站。

五、競爭優勢

1. 消費者願意上網購物的第一誘因便是：「便宜」，本書店初期對會員將以 20 %～50 %的折扣售書，其主要優勢在於經營團隊的出版界與圖書業背景。中期跨入電子書並進軍大陸簡體字版市場（IC並進發展方向）的優勢則在於經營團隊早於四川成都成立直屬工作室（詳見附件十二）。此外，企業創立時即設立第二與第三事業部門，從事網路出版與華文數位內容整合系統（含印前、印中、印後諸系統），可同時發揮垂直整合與水平整合之功能，並成為穩定獲利之來源。

2. 依網際網路的特質，任何商品的原製造廠上網銷售最具競爭優勢。因為他們的成本最低，甚至以邊際成本（而非平均成本）銷售即可存活。但大部分的原始生產廠商（尤其是有品牌的大廠）都會遇到原來傳統通路商的反彈。中、小型的原廠雖然缺乏網路銷售的技術與經驗，但在實體世界絕難翻身的他們卻有在網上成為第一的機會（詳見附件十三）。

3. 本計畫書及附件十三所明列的現存網路書店比較表中，我們是最晚進入市場的（但是，其實早已在資料庫建檔並規劃了兩年）。但網上購物一向是沒有什麼忠誠性的，且先進入市場的公司並沒有建立起什麼進入的障礙，我們反而「後出轉精」，並「後發先至」，一改他們（已開店的網路書店）已見到的缺點，以更權威的簡介與方便的檢索系統與數位內容電子書取勝。

4. 原始經營管理團隊主要出身出版界，其次來自圖書業，最具知識分子的特質。晴天網路書店未來將與出身科技界的博客來、新絲路，和出身實體書店業的金石堂、三民、新學友、誠品同台競爭，懂得網路特質的人不難看出三種背景中，何者較具競爭優勢。不過，畢竟科技只是一種工具，「人」才是最重要的。由「人」所踩出的歷史軌跡，運用網路保存並傳播，網路世界中的文化資產方得以成型，這正是網路書店與網上出版和未來的電子書最有價值的部分。我們深信，本團隊擁有出版界與圖書業最優秀的人才。

六、行銷技巧及策略

1. 不僅替消費者找書，也替書找買主。

2. 保證全國最低價，不怕比價！勢將引爆 Attention Economy！

3. 電子郵件行銷與社群行銷。

4. 話題媒體行銷，首頁及推薦專區對相關新聞事件反應要快！

5. 以既有版權為基礎，建構數位內容電子書資料庫。

6. B2C 與 B2B 並重（詳見附件十四），並鼓勵讀者、消費者 C2B，C2C，並以電子書庫發展 B2B2C，例如圖書館之數位典藏規劃等。

7. 積極開發衍生性文化商品，並將知訊與出版業數位化。

8. 初期之書店與中期之圖書館、讀書會可根據作者、出版社、書名、主題、關鍵字等任何一項皆可查調，全文檢索亦可。

9. 「量」的排行榜與「質」的排行榜並重！

10. 標準流程下，56 小時內送達指定地點，並設法與新興的超商系統結合。

11. 精緻禮物、文具包裝寄送服務。

12. 對讀者喜愛的作家主動做新書通報與試讀本（線上與實體並行）之服務。

13. 良好的售後服務，可無條件退貨。

14. 方便且完全安全的付款方式（10000 元以下有保險機制）。

15.多元的複合式物流體系（並開闢環島雙向 Intime 物流系統）。

16.與客戶（互動）互相學習，共同成長，建立體驗式行銷模式。

17.建立「簡介」、「書評」與「推薦書」的權威性。

18.單品下方顯示著瞬時更新的銷售排行榜。

19.信用卡消費安全保證及保險。

20.歡迎讀者將個人的書評上網 Post。

21.發行免費的電子報和以「書和雜誌」為主角的書或雜誌（詳見附件十五）。

22.翻譯書採中英對照方式呈現，並連結至原文書網頁或告知原文書在 Amazon.com 等國外網站上的位置及售價等資訊。

23.網上與網下（離線部分）制定兩種行銷策略，並互相整合以泛出綜效。

24.強調在地化的華文利基（相對於科技走向的英文全球化）。

25.強調無形商品未來宏偉的發展。

26.一對一個人化行銷策略，與替讀者設立網上圖書館。（詳見附件十六）。

27.以「包裹」的方式尋求整批電子書的買主（詳見附件二十五：數位內容的 B2C、B2B & B2B2C）。

28.建構「批量式讀書會」：一次不是只講一本書，而是綜合多書之精華與共同內容之比較分析，講求 Synergy 以適應新時代。

市場概況及機會

1. 全球華文圖書市場規模大約六千八百億新台幣，其中台灣繁體字市場約七百億元整，其中大部分是單價 60 元至 300 元的低價位商品，但台灣已累積有效書種超過 60 萬種。「書」具有運送方便且單一產品標準化的特性，其「內容」透過本網站可直接由網路下載或租用（電子書）。目前台灣出版社約二千家，年度新書總印量約八千萬冊，其定價、印量、開數、外購版權數、閱讀習慣與通路調查等諸多問題請詳見附件十七：台灣圖書出版市場研究報告。

   此外，華文世界中，僅台灣一地，網路用戶數便居世界第八，上網普及率世界第九，連網主機數居全球第七。以寬頻網路上網普及率兩年內即可達 90 %，固網完成後連網效率指日可待。即：所謂的「Last-mile」在 2002 年前一定會完全鋪好。

2. 台灣目前每年出書總量為三萬種左右，相對於台灣的人口與面積，出書種類高居全球第一！（果然是文化大國？）結果全台灣的書店，除了專業書店外，均只賣暢銷書與新書。「全球華文書市」已不可能在實體書店業內成形，大型（指種類齊全）的網路書店勢必蓬勃。新書的生命週期由三週延長為無限期，這是各方都樂於見到的現象。

   美國網路書店前三大分別是 Amazon、Barnes & Nobles、Borders，短期內名次會有變化的機率相當低。台灣市場在 2002 年前均是一片混沌，前幾名尚無法確定，且由於主客觀因素限制（附件七與九），台灣的大型網路書店不可能很多，晴天網路書店一進入市場便可望擠進前三名，隨者規模經濟的擴展，短期內我們有把握坐三望二。

3. 台灣網路書店雖如雨後春筍般一家一家地冒出，但絕大部分是附屬於出版社，只販售自家出版社的書。綜合性的大（網路）書店，已營運的有博客來、新絲路、金石堂、三民、新學友和誠品等六家，剛開設與規劃中的尚有華文網與凱立等。其中「華文網網路書店」與「新絲路網路書店」背景渾厚（華文網詳見附件三～六，新絲路科技背景詳見附件十八），且本計畫正與其洽談合作或策略聯盟。

若三家（晴天、華文網與新絲路）合併，極有可能在五年內席捲兩岸網路購書之市場；若不能合作，晴天網路書店也將力爭上游並另尋策略聯盟之夥伴，後出轉精，在上市或上櫃後，有兩年內奪下台灣紙本書第三但電子書第一的企圖心。

4. 兩岸三地書籍在網路上整合、交流，理論上，應以出書量作指標。即：以全球華文書籍為內涵的網路書店設在中國大陸最好，次佳的選擇是台灣，香港原來沒有什麼機會，但目前卻是以香港的博學堂書店做得最好，以香港一年只有數千種書籍出版，相對於台灣年產三萬種圖書，中國大陸年產五萬種圖書，香港博學堂想要完成完整的華文網上書庫，勢必要付出比大陸業者和台灣業者更多的成本。

5. Amazon.com 已進軍德文書及法文書，華文書焉可再讓其獨領風騷？所有的電腦與網路科技都可以複製，但「文化」與「背景」是複製不來的。尤其網路書店勢將創造知識的活力：即使再冷門的書，只要有人想讀它，就有管道可以找到並買下它。有心人可以輕易在網上發現一本他極有興趣卻根本不知道曾出版過的書。傳統商業模式「坪效」的考量將蕩然無存。值得注意的是：針對小眾（分眾）市場而直接在網上出版的冷門書，配合 2000 年已商業運轉的數位印刷與 POD 模式，將頗具商機——這是未來本公司第二事業部門營運內容之一。

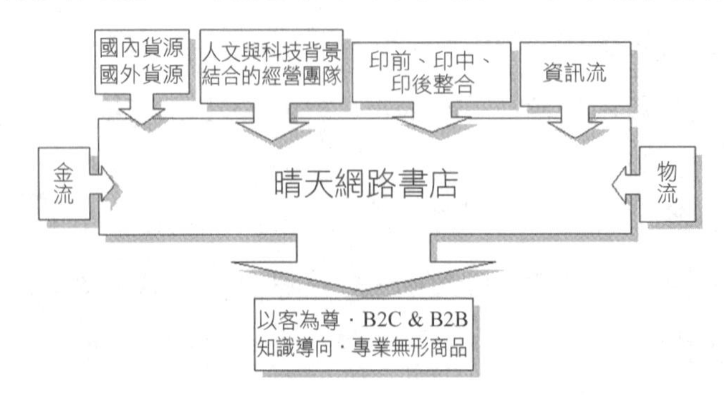

6. 台灣總（信用）卡數已達台灣總人數的 1.2 倍，專業的信用卡付款安全機制已完全成熟，幾乎所有的銀行都代辦附有安全機制的轉帳付款購物的業務，所以金流部分完全沒有問題。物流部分擬採物流中心與策略聯盟雙軌方式同時進行（詳見附件十九）。

產品與服務之競爭優勢

1. 根據經濟部商業司電子商業協盟調查統計，成功的電子商務應具備的各項要件本計畫皆完全符合：

⑴販售產品：以資訊密集、不會變質、規格化之產品及消費者已熟悉了解其產品特性的商品、適合個人化服務的商品，較適合在網路上販售或提供服務。

⑵產品價格：電子商務的商品因為降低了中間商的成本、去中間化的行銷成本，所以價格必須比實體世界更便宜，最好是比市價便宜一成以上，尤其是以單價在 3000 元以下的商品較具賣點。

⑶行銷空間：電子商務為一不占空間、無店舖租金、成本低以及以全市場為銷售方向的虛擬通路，因此國內電子商店應將眼光放遠一些，以全球華人市場為發展及行銷對象，將是一條寬廣的路。此外，因為具有網路個人化的服務特性，故可針對一對一的客製化行銷下功夫，培養一群忠貞的網友，以增加電子商店的再造訪率。

⑷宣傳活動：網路為 24 小時無休的互動性服務，因此要提供充分且及時的銷售資訊或服務資訊給網友們，以達到充分的宣傳效果，而不要因資訊的不正確、未更新而造成反效果。

⑸市場所在：網路族群為一非常獨特的分眾，要充分了解您市場定位

的消費群需要什麼？充分運用網際網路的互動特性，建立一個分眾的網路社群，並作社群內的商業服務及衍生之產品銷售，將會是另一個藍海市場之所在。

2. 由於企業體創設時便以極低的成本設立了第二、第三事業部門與大陸部門和全球華文文化鏈，對本公司的市場延展性與發展空間助益很大一將導致我們的產品與服務延展至全球華人社群與多平台的可能（詳見附件三及附件十五）。

3. 目前的網路書店：新絲路、博客來、金石堂、誠品、新學友等等，其貨源均是向出版社與傳統經銷商（如農學、貞德、新茂、知遠、創智、朝日、知道……）批進，就連美國的亞馬遜書店到 2000 年為止也是如此，那是因為實體部分目前仍遠遠大於虛擬的部分。舉一個例子：台灣到目前為止並沒有真正的網路券商，所謂「網路下單」只是附屬於傳統證券商的一項業務而已。但是十年後新開幕的券商可能只接受網路下單，或者說傳統的下單方式屆時只是一項小小的附屬業務而已，所謂「十年後將沒有所謂電子商務！」。晴天網路書店的企圖心便是從出版的根源便一路數位化，通路部分則試圖逆向擴展，未來將是經銷商向晴天網路書店批貨，而非晴天網路書店向經銷商批貨一至少有一部分的業務是如此。事實上，我們已經在做了（詳見附件二十內述及自資出版之部分）。即：過去是「實體」遠大於「虛擬」，現在則是「實體」與「虛擬」並駕齊驅，未來「虛擬」必將逐步取代「實體」。晴天網路書店便自許為文創業未來的 Pioneer！

4. 出版業及圖書業相對上是比較容易抽象化與數位化的商品，因商品的本身便是一種知識與資訊（本書合稱知訊）、一種文字與圖像的結合，實體書本（由紙張構成）只是載體而已。此種特質將予結合出版的網路書店之未來發展賦予無限的想像空間。此即晴天網路書店發展線上出版與電子書以及自費出版的基本根源。

5. 出版界仍是目前最「權威」的知訊來源，網路消息對一般人而言好像小道消息一般，較不具權威性！本網站將結合出版界與其知訊源，除了賣知訊外，也樂於提供免費的權威資訊。

6. 競爭優勢與 SWOT 分析詳見附件一、三、四、十、十八與二十一。

行銷策略及計畫

1. 網路家庭總經理李宏麟在《商業週刊》630 期第 90 頁寫道：「**我們也曾經在網路上賣書，賣得相當好，那幾本書一個月的銷售量是金石堂全省五十家店的銷售總額。但是我仍不敢決定進入網路書店的經營，那次成績只是個案，不能看成事業模式。我認為在台灣網路上賣書要賣得好，價格一定要比實體書店便宜，最好 80 %的書都能八五折，因為這是要改變消費者習慣的事。但這個價格公式一直達不到，也就一直不敢進入網路書店領域。**」初期我們（晴天網路書店）對會員社群絕對可以輕易做到 80 %都在 8 折以下。初期之初為改變讀者的習慣，甚至將推出三折書專案，勢必一炮而紅！重點在於何以仍可能有利潤（詳見附件一與十六）？

2. 經營團隊出身出版業及傳統書店業，具備書店業者的 Domain Knowledge & Know-how。傳統的每週一書、每月一書等限時搶購商品與抽獎活動（猜謎、買就送、回答問卷、會員制、一次或累積購買一定金額以上……）配合令人驚豔的獎品內容（已有眾多廠商願提供高檔贈品），自可吸引一定的客戶上網購買。暢銷商品排行榜也將分成「量」與「質」兩部分同步推出，並且快速更新，以改善傳統書市「好書通常未必暢銷」的現象。

3. 網頁要兼具閱讀＆媒體之功能，除了匯聚愛書人關愛的眼神外，也要吸引不愛讀書者的目光，例如可搶先連載電視連續劇與熱門電影的內容等等。除了設法改變傳統購書者的習慣外，更要設法將那些從來不買書或很少買書的人拉上網去「看書」。

4. 多數人其實是為了某個目的（例如投資理財或旅遊等）想買本書看看，此時便有提供線上諮詢服務的必要。消費者不會管是否真的有這個「人」（真人或機器人）存在，他只希望有個人，最好是該領域的權威人士，能及時在線上給他建議。各出版社（尤其是專業領域的出版社）其實皆樂於提供這樣的服務（Of course，順便推廣自己的書），我們只要請專家篩選後，以「題庫」的方式呈現，若能做到客觀公正，將吸引眾多網友進入網站（當然，並不一定要買書）尋找出版界提供的權威資料與諮詢服務。

5. 依據 Jupiter Communications Inc 之分析，上網購物的網友最 Care 的是 Price。有購物經驗的網友，上網購物時影響購買與否的因素依序如下：

價格是否比他處低	80 %
搜尋產品的簡易程度	48 %
信用卡交易的安全性與保密性	39 %
同型產品之中，不同品牌相互比較的資訊	31 %
產品交運時間	25 %
訂購的程式是否複雜	16 %
商品的介紹	15 %

而沒有購物經驗的網友，若要上網購物，會優先考慮哪些因素呢？仍然是根據 Jupiter Communications Inc 的調查如下：

價格是否夠低	77 %
信用卡交易的安全性與保密性	65 %
搜尋產品的簡易程度	35 %
同型產品之中，不同品牌相互比較的資訊	35 %
產品交運時間	14 %
商品的介紹	12 %

其中「商品的介紹」有人希望越詳細越好，有人則希望簡潔有力，描述必要的重點即可。

綜上所述，「價格」是關鍵因素。尤其「書」這種東西並沒有品質上的差異；同一本書，不論你在哪裡購買，得到的都是一模一樣的內涵，此時「售價」就更是關鍵中的關鍵了！晴天網路書店開始營運後，將保證對會員以全國最低價出售商品（詳見附件一與十六），並盡可能吸引那些幾乎不買書的族群之目光，以擴大書市大餅。至於安全與保密，在兩岸政府積極配合下，2000 年下半年幾乎已做到 100 % 絕對的安全與保密。更何況我們還有安全性的保險：在每筆 10000 元以下的交易我們保證絕對安全保密，否則賠償顧客一切損失。

6. 根據 Bizrate.com 第二季網路購物消費報導，行銷策略的有效性依序如下：

完善，簡單易用的商品搜尋功能	16.5 %
交貨速度快	15.6 %
盡量將商品作最精美的包裝	13.3 %
運費較低	10.7 %
專家或其他網友提供商品意見或用後心得	9.2 %
介紹新產品的專欄	8.2 %
提供購物折扣	6.1 %
推薦優良商品	5.4 %
銷售排行榜	5.2 %
個人化的網頁設計	5.2 %
推出會員優惠方案	3.7 %
以小贈品吸引網友留下個人資料	0.9 %

因此，讓網友能快速的搜尋及下訂單，並以精良的包裝迅速送達訂貨，低運費或乾脆自行吸收……（依上表執行並克服困難，隨時改進）—就是我們主要的行銷策略。

7. 根據 Congnitiative Inc 在美國所作的調查，網友會固定向特定購物網站購物的原因依序如下：

容易瀏覽及使用方便	37 %
訂單處理速度快	36 %
已經對這個網站感覺熟悉	36 %
提供的相關資訊有權威性、正確度高	27 %

而網友會放棄向特定網站購物的因素依次為：

提供的資訊過時、不正確或不夠權威	26 %
訂單處理速度太慢	24 %
網頁下載的速度太慢	22 %
客戶服務做得太差	16 %

所以，組織專家提供權威、及時的知訊，物流中心優先處理訂單，全公司上下奉行以客為尊的服務精神，網頁內容即時顯示（如庫存量）的基礎技術等，初期將是我們塑造購書網站第一品牌的基本自我要求。

8. 競爭對手所強調的 24 小時全年無休、折扣優惠、交易安全並隱密，三天之內送達商品與售後服務和一對一個人化行銷等特色；稍有網路購物常識的人都知道，這是起碼的要求，是一種必須的、最低的服務水準。由於我們的競爭優勢絕不僅於此，只要不斷地向消費者傳達我們非口號式的競爭優勢，將我們實質的、真的服務訴求昭告天下，就是我們最好的行銷策略。讓顧客感覺我們已超越了他們的期待，我們就成功了。

註：何謂「口號式的」「非實質的」「假的」行銷訴求？例如某商店號稱對購物者給予五～八折優惠，結果只有一種商品打五折，其餘六～七折的商品也很少，且大多是冷門商品。八折的商品就很多了，但八～九折的商品更多——在廣告上均未充分揭示，這就

是一種口號式的訴求而已！

9. 網站（網址）宣傳方式初步規劃如下：

⑴電子郵件行銷：與擁有大量 Email box 的廠商合作，發出第一批 Email 郵件（類似傳統的 DM，即 EDM 是也），但第二批以後則以「同意式行銷」為基礎，達到一對一的個人化 Email 行銷，使讀者得到他所期待的資訊，而不是垃圾郵件。所以本網站將持續積累對本公司具信任度的客戶名單，且可依其所購之書與所留之資料進行分類，最終構成一效度與信度兼具的海量客戶名單庫。

⑵慎選策略聯盟夥伴，推動網路合作，並互相為對方的網站宣傳。

⑶直接在其他網站作標題廣告（Banner）。

⑷在傳統通路做廣告（範本見附件二十一）。

⑸網址命名為 book4u 與 ebook4u（已登記），初期走向可信賴的、專業的圖書社群與出版網站，並兼營自費出版（詳見附件二十二）。

⑹向會員（與其他網友）強調我們不只是賣書，也是一座 Bridge of 讀者與作者、作者與出版社、讀者與出版社三方溝通的管道。因此初期網站便要架構「網上出版教室」，並設立類似「你想出書嗎？」的 Button，以建購一出書出版之平台。

⑺各部門經理皆兼具未來培訓課程之講師資格與公關任務，並分配最低責任額。

⑻善用網路傳聞，宣傳網站願景。

⑼所有的動作（如徵才、募股、與出版社或作者洽談、簽約……）皆兼具網站宣傳之任務。

⑽盡可能進入所有的搜尋引擎。

⑾定期更新網頁。並以服務會員為導向：站在消費者的立場來思考問題。

⑿首頁要清爽、明確，導引要清楚，業務性質不可模稜兩可。並具合法之 SEO 考量（SEO 詳見附件二十三）。

⒀提供物超所值的服務與樂趣，提高再造訪率。

⒁多功能連結進入網站系統，建置網站地圖（詳見附件二十四）。

⒂互動的、可溝通的、可相互提供資訊的網站。

⒃盡可能與其他文化網站、出版社、實體書店，甚至網路書店相互連結，並以開放式的架構為其他出版同業服務。

⒄了解顧客，也讓顧客瞭解，我們的網站到底有什麼？
①權威且免費的資訊與大眾感興趣的商品。
②小眾（分眾）與獨特或稀有的商品。
③極便宜的商品。
④提供特殊或 VIP 級服務的商品。
⑤大量提供附帶贈品的商品。
⑥提供出書出版與數位內容之平台（詳見附件二十五：數位化內容平台）。

10.網頁務求清爽乾淨，豐富但不雜亂，以個人化訴求顧客滿意的極大化。複雜的軟體與檢索系統，一般人可能終究只（懂得）使用其中的一小部分，各方的「一小部分」加起來，可能就是一大部分了。

11.針對會員的一對一個人化行銷策略及線上個人圖書、網路讀書會與自費出版等具體作法。詳見附件二十二。

核心技術及 Know-how

1. 初期即可建立二十萬冊基本書目資料（繁體字版），並逐漸在短期內建構超過百萬冊，含繁、簡體字版紙本、電子之圖書及較無時間性之雜誌與 Mook 的書籍資料。所有鍵入之圖書均做過初步之篩選（詳見附件二十六）。

2. 建立人性化的搜尋方式，以（全部或一部分的）書名、作者、出版社、ISBN 碼、次文化主題或關鍵字詞，交織成一多元的書籍搜尋模式。珍貴的資料庫有賴於初期的加速加班與永續經營後長期的累積。其中與中央圖書館 ISBN 中心的合作也將是必然的。搜尋是「精準為上」，還是「模糊為佳」尚需再論證（詳見附件二十七）。

3. 消費者上網購物只有第一次需輸入一些基本訊息：寄送方式、付款方式（SLL 或貨到付款等等）、Email 信箱（選擇性的）。從此我們的客戶管理檔案將完整紀錄消費者每一次的購買行為，分析累積的資料後並做預測：主動為上游出版社的新書找尋可能的買主；也就是推薦特定的新書（某位作者或某種主題）給特定的消費者（補充見附件二十八）。並協助讀者隨時獲得最新的資訊，以服務與客戶的信任為基礎，創造新書與好書更大的實銷量。當然，網上的互動是必然的，讀者可發表讀書心得或評論、感想，也可查看自己的個人累積資料。漸漸地，我們可考慮組織網上讀書會（屆時可洽請出版社或雜誌社贊助），並以此信度效度兼備的名單庫逐步往水平方向（例如培訓課程與大範疇讀書會之開班）發展之。

4. 精準掌握庫存與出版社缺書狀況，在客戶下訂單後便能先行 Email 寄送時間表。此一動作代表了我們對庫存與物流的掌控、也表達了我們與上游諸出版社關係的密切。

5. 網路書店的進入障礙(Entry barrier)其實是相當高的。其中「低成本而齊全的貨源」是關鍵（詳見附件一）。目前網上書種最多的博客來（號稱有十萬種書，但 P.282 of 2000 Business NEXT 卻說只有二萬多本），其缺書仍然非常多，讀者可以輕易在實體書店買到博客來網目上查不到的書。理論上應該反過來：任何人應該能夠輕易在網上買到實體書店買不到的書才對！晴天網路書店正式營運後，初期我們便敢推出網上代購之服務：消費者可輸入任何台灣區出版社曾出過的書，只要沒有絕版，我們負責代購並寄送到府。此點亦為初期本團隊核心競爭力之一。

6. 隨時提供最新書摘（與電視、電影同步並搶先刊載結局）與作者專訪，並免費提供版面供任何實體書店與出版機構報導它們的活動（晴天網上平台本身將堅持不開設實體書店），以營造圖書業的共存共榮。畢竟，將來的消費者將分成 On-line 與 Off-line 兩種人。實體書店業者必須認知：網路銷售是必然的趨勢，In the shor trun，抗議抵制還有一點點兒用；But in thelong run，擋都擋不住！因此必須及早因應。

7. ebook 之下載、網上出版與華文文創市場之拓展、印前印中印後系統整合，詳見附件五與附件二十九。

財務規劃及資金運用

1. 網路事業資金消耗快，但由於進入門檻低，且業界一向講求市場占有率。很多公司以為只要肯花錢，願賠錢，就應該會贏。但這個世界上「應該」的事往往並不一定會發生。十之七、八的網路公司可能永遠賠下去，甚至消失。所以晴天網路書店開始營運起便須兼顧「市場占有率」與「營收和獲利」，因此本公司初期便預定成立第二與第三事業部門，從事數位內容與自資出版等工作，一面可提升公司未來發展的競爭力，另一方面又可增加公司營收，何樂而不為（詳見附件三～

九）。

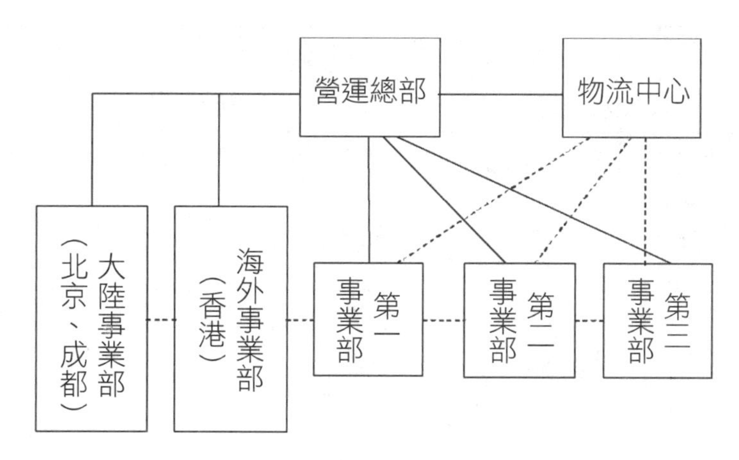

2. 成立初期預定實收資本額五千萬元正，其中一千五百萬元用於設立營運總部與物流中心，一千萬元用於建構網站及軟硬體設施。資金運用之額度與設立網站之規模關係密切，也與網路策略聯盟夥伴的合作方式相關至鉅，故初期網站之規模（資金預算）將與股東群溝通後再由董事會議決。

另外一千五百萬則為各部門開辦費用（含人事）及周轉金。其分配如下：營運總部、第二事務部、第三事業部、物流中心各為二百五十萬元、第一事業部為五百萬元。尚餘一千萬元則以流動現金方式保留為公司預備金，主要用途為支付先期規劃（建檔、資料整合及測試）之費用。公司成立三個月後即可以收支平衡，其中第一事務部毛利率約為 33 %，第二及第三事務部毛利率約為 42 %（計算方式詳見附件三十）。

3. 成立第一年預測營收為六千萬（三個事業部門各二千萬元），稅後盈餘約為七百五十萬，EPS 可達 1.5 元。為符合上櫃或第二類股票上櫃之資格，本公司成立後應立即向證期會申報為公開發行公司。即：必須由聯合會計師簽證，股權移轉也必須依證交法向證期會申報。加速上櫃的關鍵在於申請工業局推薦（如果網路書店和線上出版被認定為高科技產業）和券商輔導兩個程序必須並行，其理由為工業局推薦的審查工作需要至少一年的財務報表。上市上櫃之條件見下頁表格：

網路公司上市上櫃條件表					
項目	一般公司		科技公司		第二類上櫃股票
	上市	上櫃	上市	上櫃	
設立年限	設立滿五年	設立滿三年	無此限制	無此限制	設立滿一個完整會計年度
輔導期間	公開發行後輔導滿二年	公開發行後輔導滿一年	公開發行後輔導滿二年	公開發行後輔導滿一年	公開發行後輔導滿半年
資本額	三億元以上	五千萬元以上	二億元以上	五千萬元以上	三千萬元以上，且無累積虧損，或公司淨值二十億元以上
獲利能力	最近年度決算無累積虧損。營業利益及稅前純益占實收資本額比率：(1)近兩年均達6％；或(2)近兩年平均6％且最近一年較佳。或(3)近五年均達3％。	營業利益及稅前純益占實收資本額比率：(1)近年度達4％以上且最近年度無累積虧損；或(2)近二年均達2％；或近二年平均達2％以上，且近一年較佳。	無此限制	無此限制	無此限制
淨值			申請年度、最近期、最近一年度財務均不低於實收資本額三分之一。	無此限制	

股權分散	1.記名股東一千人。 2.一千股至五萬股股東於五百人，且所持股份占20％以上或滿一千萬股。	一千股至五萬股股東不少於三百人，且所持股份占10％以上或滿五百萬股。	1.記名股東一千人。 2.一千股至五萬股股東不少於五百人。	一千股至五萬股股東不少於三百人，且所持股份占10％以上或滿五百萬股。	一千股至五萬股股東不少於五百人。
股票集保	•集保對象：董、監、10％大股東。 •集保期間：50％兩年、50％半年。	•集保對象：董、監、10％大股東。 •集保期間：50％兩年、50％半年。	•集保對象：董、監、5％大股東及以專利權出資而在公司任職，並持有千分之五股份或十萬股以上者。	•集保對象：董、監、5％大股東及以專利權出資而在公司任職，並持有千分之五股份或十萬股以上者。 •集保期間：50％兩年、50％半年。	•集保對象：董、監、10％大股東。 •集保期間：50％四年、50％半年。

4. 我們要強調：我們是有實務經驗的團隊，前述數據並非憑空預測出來，而是依據我們過去與現在的所作所為精確計算出來！其中第一事務部的成本係數平均為 0.47，營收係數平均為 0.7，故毛利率為：

$$\frac{0.7 - 0.47}{0.7} = 32.85\ \%$$

（說明見附件三十）

第二及第三事業部的成本係數平均為 0.31，營收係數平均為 0.53，故毛利率為：

$$\frac{0.53 - 0.31}{0.53} = 41.51\ \%$$

預計第一年可售出 484260 單位（單品、項）之商品，總營收為：
484260×$211×平均係數 0.59 =$60285527
（計算方式詳見附件三十之後段）

5. Amazon.com 對投資人而言，最大的爭議點（甚至是一個隱憂）就是「為什麼不賺錢？」

台灣的晴天網路書店，集結了領導人的睿智與經營團隊多次沙盤推演後的分工。我們有把握至少做到：第一年（2000 年）營收為「實收資本額加新台幣一千萬元」以上，稅前純益為「實收資本額的 10 %」以上（詳見附件三十一）。一年！即可一掃投資人類似對 Amazon.com 的疑慮，並奠定短期內上櫃的基礎，屆時我們可能是台灣（以公司成立日算起）最快速上櫃的公司之一。我們與 Amazon.com 的基本出發點至少有兩點不同：

⑴ Jeff Bezos 大學主修電腦，創辦 Amazon.com 之前出身華爾街基金經理人，是募集資金與經營管理的奇才，但沒有圖書出版業之背景，Bezos 自己也承認對出版業一竅不通。（Rebecca Saunders 在其名著 Business：The Amazon.com Way 中質疑美國的出版界，Amazon.com 的構想為何是來自出版業以外的人士？是否因為業內人士熟悉本業了，而不再深入探討呢？），所以初期只能 B2C，而營收掌握在消費者手上，較無法精準預估。晴天網路書店則出身出版界及圖書經銷業，一開始便 B2C 與 B2B 並行，其中 B2C 的部分，規模會與資本額成正比且營收較易掌控，所以敢大膽但有把握地預測

年營收在資本額加一千萬元以上。

⑵ Jeff Bezos 極注重公司的擴展與廣告行銷，投資計畫手筆都很大。他公開表示不在乎賺不賺錢，支出的廣告費一直維持在營業額的 21％左右（一般公司只有 7％），是典型的 Burn money，但將一切構築在企業不斷的擴展與未來的展望上。而晴天網路書店領導人王博士則一再要求工作同仁積極開源節流，一定要賺錢才是對股東們負責的表現。此外，王博士又與總經理歐女士全程參與網站與網頁內容的擘畫，使任何人均可由上網親身體會我們現在的價值與未來的潛力，讓上網買書的人也會想要買我們的股票——因為我們真的是不錯、有成長潛力、有文化氣息、年輕的小書店。兩位領導人風格之迴異將導致兩公司（大的 Amazon.com、小的晴天網）企業文化之差別走向。

6. 網路行業經常強調：初期應以建立品牌形象及擴大市場占有率為首要考量，收入很少或根本沒有收入也無妨，因為未來即可賺取可觀的利潤。但「未來」是多久？

凱因斯的名言：「In the long run,we will all die.」將是未來部分不賺錢的網路公司夢碎的主因。而本計畫書一再強調的重點便是「建立品牌形象、擴大市場規模」與「積極創造營收、維護股東現存權益」是同時進行的。所以公司初期的創業基金與周轉金毋需太多，我們大約在公司實際營運四個月後開始會有正常而穩定的收入，七個月後收支平衡（意即前半年仍處於虧損之狀況下），十個月後開始獲利。主因在於經營管理團隊均是出版圖書業高手，由團隊領導人集結後轉換戰場於網上（詳見附件三與十二），只要克服一些技術上的問題，便能駕輕就熟，立刻產生營收並獲利。由於前半年仍屬調整轉換期，因此預估成立後第二年 EPS 將為第一年的 3～5 倍左右，屆時合理股價應在每股 120～250 元之間。由於團隊成員對營收、獲利與未來股價均一致認可，並深感興奮，無不傾囊投入，故本公司團隊成員已募集約新台幣二千萬元之創業基金。這個部分我想所有的人均不應拒絕其入股才對——我們似乎在杞人憂天地擔心一件事，萬一太多人（自然人與法人）爭相入股怎麼辦？該拒絕誰呢？（注意！我們對營收的承諾：資本額加一千萬元以上是資本額七千萬元以下時方保證達成。若資本額過大，初期我們並不能保證營收能與增加的資本成比例遞增。）

7. 本篇前述之營收是指完全沒有廣告與業外收入情形下的正常銷貨收入。隨著 Pageview 與 Click-Through-Rate 的增加與國際中文版時尚雜誌的引進，廣告收入伴隨而來將是必然的，但廣告收入的變異性很大，此項收入我們寧可暫時不予計算。

8. 會員累積消費達一定金額以上，比如說 10 萬元以上，其消費金額的一定比率，例如百分之一，將以股份的形式回饋給該會員。即：長期而重要顧客將自動成為我們的股東！當然，此股份回饋僅限B2C的部分，但沒有累積時間的限制。如此對忠誠的消費者是一大鼓勵。

9. 已投資本計畫之股東名冊詳見附件三十二，我們已牛刀小試，正在Try的細節詳見附件三十三。

管理團隊及股權結構

1. 前述經營團隊於公司正式成立後悉數編入營運總部，與另聘之物流中心專業人員、第一、二、三事業部（均已有極優秀之特定人選），網站主管（已有數位特定人選可擇優聘任）共組管理團隊。王晴天老師為展現其維護並發揚華文文化之心意，以創辦人身分出任集團名譽董事長並不支薪，王寶玲先生則擔任董事長，歐綾纖女士任總編輯（詳見附件二）。第一、二、三事業部門及海外事業部、物流中心主管簡介及書面簡報詳見附件三～六及十八。

2. 團隊領導人王博士是一位典型的知識分子，一直以創造知識的活力為己任。家中藏書即超過十二萬冊，對海峽兩岸的出版及圖書概況知之甚詳，並經常對各家出版社的新書品頭論足，其評鑑與品味書的能力，與其相識者均一致肯定。此點相對於出身科技卻無人文背景的技術性工程師而言，絕對是望塵莫及的。由於科技帶來的競爭優勢消失得很快，但「人」與「文化」產生的競爭優勢卻歷久而彌新。王先生素以培養具文化背景與瞬間反應的出版家與策畫編輯著稱，今領導其團隊菁英投入文創業的電子商務，相信營造出來的絕不只是一個只販賣商品的 Shoppin gmall，而是一個有深度與廣度的文化網站。

3. 管理團隊除內定網站主管林先生外，均共事多年，默契良好，半年來並陸續接受過 E-commerce 之訓練。「節儉並不斷降低成本」是我們一直在落實的基本原則。不喜歡長時間工作或不喜歡有額外負擔的員工，將不適合在晴天網路書店工作。我們將以參加一場聖戰的心態，破釜沉舟，全力以赴！（誓約書見附件三十四）

4. 本計畫書乃一貨真價實的創業計畫，以出版界及圖書業之實際經驗（十二年以上），深知其可行性與發展潛力。我們參加 Soft China Capital 的網路創業競賽是一個因緣，不論 Soft China Capital 是否願意投資，我們都會去做。事實上，我們也正在做：大部分都是鴨子划水，浮出檯面的那一點兒 Try 詳見附件三十三。（截至目前 Try 得還不錯！）。募集五千萬創業基金對我們來說並不是一件困難的事。所以若 Soft China Capital 有興趣投資，我們自行募股的金額，加上華彩的投資金額後，總資本額最好以七千萬為上限。我們覺得，資本額超過七千萬時，錢似乎就過多了！用不了！至於經營團隊的技術股、紅利及未來選擇權和到目前為止已投入的時間、精力和金錢等等，計畫全部以公司設立時 18 %的選擇權為上限，且此部分應與主要股東討論後並在適法的前提下再行定案。

5. 初期實收資本額以七千萬元為上限，代表了我們經過精算，代表了我們前瞻但穩健，這七千萬資本可是「原汁雞湯」，未來我們不願看到它輕易被稀釋。將來晴天網路書店上櫃後，是一支短小精悍且賺錢的網路股，股價可望在 120 元以上。

   註：本公司若以資本額七千萬元成立，第一年營收將以八千萬為目標，營收增加來源為成立第四與第五事業部門。（此二部門主要業務以圖書總經銷及大陸展業為主，細節目前暫不對外公開說明）

6. 經營團隊從不敢強調我們的點子有多棒！99 %以上的創意是沒有專利的！若你真的發展出創新的商業模式，別人將很容易模仿。Of-course，你也可以很容易地模仿他人所謂的「創新商業模式」。所以成功的關鍵不在點子與Model的提出，而在經營團隊確實、迅速與有效的執行！

7. 大部分平凡無奇的網路事業終究會泡沫化。尤其當你的Business model成功時，別人往往就以更多的資金，更低的收費（甚至免費或倒貼），襲奪你的構想與市場。所以我們將以「電子書」和「特殊的會員制」與「及早進軍大陸市場」共同形成進入障礙，此項障礙是針對非文化出版界。對出版同業，我們反而非常歡迎他們的加入，共同競合。此項 IC 並進阻絕策略及非泡沫化的方法非常重要，詳見附件三十五。

8. 已投資本書店之股東名冊詳見附件二十二，管理團隊正在「試賣」的細節詳見附件三十三。

可能之營運風險

1. 原始成員無科技背景：

   本團隊創始核心成員：兩位王先生，一位縱橫補教界，一位叱吒出版界，均不是電腦或網路專家。另一位吳小姐擔任網路書店店長，也只是略懂電腦。故本團隊原始核心成員並無軟硬體方面的科技背景。在營運過程中，若無法適時引入高階軟硬體工程人員與最新技術，將會停滯於「在網路上賣書」的起始階段，如此「晴天網路書店」將只是流通業，而不是高科技的網路產業。為補強此項缺點，團隊領導人已積極洽商和競爭對手凱立資訊、常春藤電訊與新絲路科技等策略聯盟。您不必太訝異，和「競爭對手」策略聯盟（當然，這個聯盟甚至合併是互補的，詳見附件一與十六）。與競爭對手互相合作，有極深刻的正面意義，即所謂「競合」是也。反正最終雙方或三方都一定會在市場上互相競爭，何不在競爭的過程中讓自己也獲利？傳統通路在人性上很難接受這樣觀點，但在網路上面對未來廣大的商機時，只有結盟方有可能重新洗牌，創造雙贏或三贏的新思路與新局面。此即Kalakota與Whinston所說的：先聯合再競爭！未來也不排除併購之可能。

   結論是本團隊原始成員的核心競爭力仍屬傳統產業中的出版及圖書業，雖轉型為網路公司，但電子商務的部分，可能會有一部分業務做Internet out sourcing services。如此做或許會增加公司的額外營運成本，降低獲利致EPS設定目標無法達成。但由於我們的產品是Biteable的，故Internet out sourcing services的成本並不會太高，甚至有可能比自己做還低！此關鍵我們保留相當的Flexibility。

2. 低成本貨源未來可能有變：

   開業初期雖對會員提供全國最低售價之服務，但仍然有利潤（詳見附件一）。那是因為上游出版社將我們視為一種具廣告性質並有宣示意義的特殊通路而專案處理，有的出版社則將我們視為「行銷」的一部分：將「一小部分的書」（可視為「放數」）給我們做廣告，不但不用付錢，還有一些收入，何樂不為？另外，很多中小型出版社當初支援我們的主要原因則是為了反擊強勢出版社、不希望別人活下去的霸氣！但是當業界發現我們賣書實力不容小覷之後，我們與支持我們的上游出版社一定會感受到壓力——其他同業對折扣的壓力（詳見附件三十五）。但法令（《消費者保護法》等）是站在我們這一邊的！

3. 創業初期台灣 E-commerce 之大環境成熟嗎？

台灣地狹人稠，各區商店密度均高，上網購物（售物）的大環境不若美國、澳洲甚至中國大陸。若初期營運不如預期，是否會影響中期與遠期之進展與信心，值得諸股東預先思考，更值得經營團隊注意並預做規劃與應變之沙盤推演。日本有全球最先進的宅配物流系統，美國有平均速率最快而相對廉價的快遞服務，台灣呢？但華人一向喜歡貨比三家再殺價的習性，卻也給標榜「保證全國最低價」的晴天網路書店莫大的機會！尤其台灣都會區停車不易，購物有時還要擔心車子被拖吊。所以各縣市政府應全力加強拖吊，以加速網路購物的進程。而以後的青少年均「天生」就會操作電腦（網路原生族群），一旦養成上網的習慣，上網購物一定會融入日常生活，因網路無距離的因素，廣大的華人市場將是一大利基。

4. 線上安全交易機制可能受到質疑：

尤其只要發生一次駭客入侵事件，便可能大大地打擊消費者對網路購物的信心。

5. 物流成本太高：

「圖書」或數位資料的單價並不高，但運費很貴！例如特力公司董事長何湯雄日前向亞馬遜書店訂了一本書，書錢是 19 元，但運費要 35 美元，晴天網路書店的因應策略則是「去中間化」，詳見附件三十六。

6. 資料庫擴充的規模不夠快：

由於一開始Key-in資料庫時，盡量（如果出版社同意的話）採全書完整鍵入法。很多中小型出版社電子檔勢必無法配合（或根本沒有電子檔），將影響書種資料庫與電子書擴充的速度。但這是初期的、短期的現象，長期間不論大、中、小型出版社一定均會建置全書完整電子（數位）化檔案。且我們的經營團隊均是典型的知識分子，相信我們的資料庫一定一直是最「好」的！即：初期「量」的擴充會受到客觀環境的限制，但「質」一定永遠是最好的！

其他可能的風險尚有消費者上網購物或改變習慣的速度不如預期中的快；寬頻（或固網）進度落後致網路塞車；出版源不同意我們在網上更進一步擴增附加價值（例如用多媒體製作武俠小說等等），以及出版社無電子書之授權等等。

本計畫書其他補充資料（含其他成員簡介）詳見附件三十七或親洽王董事長。洽詢管道如下：

郵寄→台北市博愛路 36 號 3F
FAX→（02）23821487、26620865
TEL→（02）23312810、23120393、23819302
E-mail→Jack@mail.book4u.com.tw

您知否？

美國亞馬遜網路書店原始股東淨賺多少？

答案是平均每年投資報酬率為 225700 ％—您沒看錯！每年 2257 倍！詳細資料可參看《網路通訊》雜誌第 102 期的Page118 至Page127，有非常詳盡的分析。即使不是Amazon.com的原始股東，在Amazon上市後再購買股票，平均投資報酬率仍高達每年 261 倍——注意，不是 261 ％而是 26100 ％！也就是說，若你在Amazon.com於 1994 年成立時投資 1 萬元，2000 年你將擁有

22億！弔詭的是：亞馬遜書店成立六年來，年年賠錢，且一年賠得比一年更多，那股東們賺的錢從何而來？答案是來自股價的飆漲與增資配股（美國稱為「分割」），而一般投資大眾則基於「對未來的期望值」甚至「夢與想像力」而投資，所謂的「本夢比」是也。

註：美國除了 Amazon.com 之外，尚有大約50家左右的網路書店。這50家網路書店就讓全美國的傳統書店少了將近一半！可見通路的襲奪與移轉，威力驚人。這絕不僅是一場夢而已！

 公開募股說明&基本獲利來源

1. 依本計畫書「附件二十二」，發起股東之背景分析：要募集新台幣五千萬元資金並非難事。但基於下列二&三兩點理由，我們正式公開募股，但上限以新台幣五千萬元為原則，機會難得（詳見下述4&5），懇請把握，謝謝！

2. 股東群是支援我們的基本力量（至少也可鼓勵親朋好友上網購書與廣為散布網址吧！）。我們尤其歡迎可與我們相互扶持的夥伴成為我們的股東。因此我們熱忱邀約各出版社（特別是中、小型的出版社）、圖書經銷商、傳統實體書店、電腦軟硬體廠商、網路業者、印前印中印後諸協力廠加入我們，期以眾志成城之決心，創共同成長之躍進。

3. 由於本公司以上櫃或上市為短期目標，但上櫃上市均有「公開發行、股權分散」之基本要求：上市時股東至少要一千人。即使以第二類股票上櫃，一千股至五萬股的股東亦不得少於三百人。故目前我們特別歡迎願入股一千股至五萬股的小型股東。當然，也歡迎有實力的準大型股東們加入。

4. 本計畫最大的特色在於王董、歐總及各事業部門經理及大陸部門均已各自掌控上千萬的營收及獲利來源，只待公司正式成立，網站架設妥

當後，便各自上網創造規劃中的營收與獲利。各自就定位後，股東們會發現：各部門分立中仍相連屬並互補，且能在穩定中發揮創意。即：本公司經營團隊並非在成立公司後再尋求獲利，而是已掌握營收後再設立公司，並上線實現獲利。即 B2B 與 B2C 的基本目標市場均已確定。所謂沒有三兩三，焉敢上梁山是也。

5. Online archives approach & Publish just-in-time 將是我們不同於其他網路書店的獲利利基！由於與實體書店和諸出版社皆會完成 Contextual elements，所以 Disintermediation & aggregation 將是我們何以必將獲利的主要原因。

投資入股承諾書　　（上聯：交投資人保管）

茲承諾投資晴天網路書店＿＿＿＿＿股，每股 10 元，共計新台幣

NT$＿＿＿＿＿＿＿＿＿＿＿＿＿＿＿（金額請用大寫）

投資（代表人）：

證照形式及號碼：

通訊地址：＿＿＿＿＿＿＿＿＿＿＿＿＿＿＿　晴天網路書店籌備處

TEL：　董事長：

FAX：　總經理：

Email：　承辦人：

（下聯：交投資人保管）

茲承諾投資晴天網路書店＿＿＿＿＿股，每股 10 元，共計新台幣

NT$＿＿＿＿＿＿＿＿＿＿＿＿＿＿＿（金額請用大寫）

投資（代表人）：

證照形式及號碼：

通訊地址：＿＿＿＿＿＿＿＿＿＿＿＿＿＿＿　晴天網路書店籌備處

TEL：　董事長：

FAX：　總經理：

Email：　承辦人：

註：公司正式成立時，請股東再行將股本匯入本公司專戶，屆時將敦請所有董事、監查人以及聯合會計師共同監管公司專戶資金。公

司成立後擬洽請安侯建業或立本台灣或大華證券（本公司預定的輔導券商）推薦之聯合會計師事務所規劃帳務與稅務等一切會計事宜，務求財務報表與帳目細節均無任何瑕疵。

 數位加值型資訊與您分享

21 世紀，我們深信：結合出版，且以全球華文閱讀者為對象的紙本 Plus 電子書之網路書店，是一個可行且必將加值十數倍的計畫。在此敬邀您加入我們：

1. 若您是出版家或圖書總代理業者，竭誠歡迎您與我們合作或逕行加入我們的團隊。在不影響您現有業績與通路的前提下，與我們共創電子商務新契機。

2. 若您是軟硬體廠商或網路服務、行銷公司，網站架設、管理人才，熱忱歡迎您與我們策略聯盟。公司法人或自然人均可承攬本公司之網路業務，個人亦可接受本公司之正式聘任（註：本公司正式員工均享有股票選擇權，可優先配股）。

3. 若您是創投或對我們的計畫有願景、有興趣者，歡迎您投資入股。10 元的機會僅此一次！我們預計公司設立一年後，只要一年——增資股便須溢價以每股 20 元以上公開發行。其他細節歡迎親洽本公司籌備處或臨時辦公室：

<table>
<tr><th colspan="2">晴天網路書店</th></tr>
<tr><td>董事長　王寶玲
TEL：（02）23821487．26620865
FAX：（02）23312810．23819302．23120393
Email：Jack@mail.book4u.com.tw
籌備處：台北市博愛路 36 號 3F</td><td>董事會
執行長　歐綾纖
技術長　許哲嘉
特別助理　蔡靜怡</td></tr>
<tr><td>總經理　胡明威
TEL：(02)22459154
FAX：(02)22452239．22438802
Email：h1046@ms15.hinet.net
臨時辦公室：中和市中山路二段 356 號 10F</td><td>總經理室
執行長　歐綾纖
技術長　許哲嘉
特別助理　蔡靜怡</td></tr>
</table>

註：「董事長」、「總經理」人選係由原始經營團隊暫時選任，公司正式成立後將由股東會議決。

4. 由於各項附件牽涉諸多商業機密，僅能提供（準）股東們參閱。但懂得印刷的人都知道「台數」或「滿版」的問題，所以本計畫書最後四、五頁僅提供部分「附件」的樣本，感激支援！

謝謝您耐心看完本計畫書！

註：因應海外創投所需，本計畫書另有華文簡體字版、英文版及日文版，歡迎直接向籌備處董事長室或總經理室索取。

本文雖寫於 1999～2000 年間，但內容結構完整，其中不乏見前瞻性想法與觀點，直至今日仍相當具有參考價值，歷十餘年而不衰，可供有志新創事業的創業主們作為參考，無論是用於檢視自己的事業、向創投提案、向政府募資……若能寫出這樣一份「創業計畫書」，必能無往不利，就此開啟鴻圖大業。

 附件五之⑵→第二事業部網路出版部簡介

「I read,therefore I will be.（我閱讀，所以我擁有未來）」，這句話在世界各地都是真實的，也由此更可想見，閱讀、出版和未來科技是密不可分的。

在傳統的實體世界中，我們藉由作者的交稿，經過打字、排版、輸出、製版、印刷、裝訂等流程，完成一本書，再將它藉著通路呈現在人們面前，而購買者將買回的書放置在家中，這樣的過程，處處都產生實體占據的問題。因此，一本書完成後，作者會有一堆手寫稿或磁片，出版社會有數堆一校、二校稿，製版廠留下底片，印刷廠堆積如山的紙張……，購書者滿坑滿谷的書在家中，這一連串的過程，雖達到資訊傳送的目的，但是否也浪費太多實體世界的資源！

網路不僅改變生活，對工作也是影響甚深，例如：將來本部門的編輯，他們可以將要處理的工作從公司內的網路上下傳至家中完成，然後再上載至公司的網路即可。而與作者、美編的溝通只需透過 Email 或未來的溝通軟件即可。工作群組會議亦可透過網路會議來達成，所以未來一週只需上班一至兩天以便參與公司全體性的會議及大型的群組討論。本部門上班打卡自 2003 年起會成為絕響。以後市長將喊出的口號會是：「**一年之內若不能解決網路塞車問題就下台。**」

網上出版大致的做法是：

1. 線上儲存（Online archive approach）：

   線上儲存最受歡迎的例子便是線上電子書與圖書館目錄及書店目錄的資料。美國大多數的圖書館都用複雜的線上圖書目錄資料庫所提供的功能取代傳統的卡片圖書目錄。目錄資料庫代表了線上儲存市場的一個典型，晴天網路書店將使得一般人能夠直接執行一些在過去只能由圖書館管理員才能執行的搜索功能，因此針對專業領域提供的資料

庫，只要資訊完備，便能相對吸引特定族群上網使用。

2. 動態和即時出版(Just-in-time)：

網上出版的內容不再只是靜態的「書」而已，書的內容將即時的被創造出來，並以最合適的形式、品味和讀者愛好的格式馬上傳播出去；尤有甚者，我們設計的軟體將會認出重複來過的訪客，它會以消費者的愛好來重新設定網頁。另一種適合的模式是即時出版，這是指故事、時事新聞和書籍內容都在消費者需要它們的時候才即時的傳輸到電腦裡，在用過之後就自動刪除了。而這些資料會因使用者使用量之不同，而產生不同付費方式，當然也有可能是免費的。

3. 小眾（分眾）出版：

第二事業部門將會在網上以電子書的型式出版一些「印量」很小的書。在實體世界中，預估銷量只有數百本，甚至只有幾十本的書是不可能被出版「商」出版的！而現在網上出版、網上傳輸，只要作者交的是電子稿，縱然只有個位數字的市場，我們也將樂於在網上出版。

在傳統的出版中，資訊收集、製作，最後呈現給消費者，編輯對於出版品該有什麼內容，已先做了選擇，讀者只能從別人認為「值得閱讀」的內容中，做些要看或不看的決定。

在網際網路的工作環境內，單單提供印刷品的電子版不會帶來什麼真的優勢。多數的讀者仍偏好原本的印刷形式。對許多人而言，網路仍無法與在沙灘上閱讀印刷精美的雜誌，或在咖啡館閱讀經典鉅著的經驗相提並論。

吸引人們上網的原因之一是讀者能夠及時介入，不僅是因為能做互動式的搜尋，還因為網路出版品的相互連結(Contextual elements)。

數位出版品「相互連結」不同於印刷，他們扮演不同的角色。例如：在實體雜誌上，圍繞著一篇報導的相關內文和圖片，賦予作者和該主題相當程度的嚴肅性和特殊地位。這個訊息可以透過該篇報導的擺設位置、設計和廣告、致編輯函等方式表達出。更多的資源和相關的服務可能列於文末，或刊在雜誌最後。

在數位出版品上的「相互連結」遠超出這兩個層面的考量。不但文字和圖片可以不斷移動或不停地閃動，而且作為一個連接和互動的媒體，使用者得以超連結上其他的網站，不論是在刊物內或連到刊物外。例如：旅遊雜誌在本書店中可連結上旅行社，不但能提供特別地點的報導，還能提供訂票的全套功能。網路上的健康圖書專區還能替你把脈，或在取得你的醫療記錄後，開個飲食須知單給你。

在網路世界中，相互連結就是一切，因為它能透過互動性，全面地使用環繞在四周的網路內容。如此一來，互動性就不單指用戶服務，而是委外製作具創意內容的業務計畫之一。事實上，只要能數位化並搬上網路，任何資料都有可能變成網頁的一部分。這幾乎使得所有網路世界做生意的公司，都可以成為我們上游的出版社，而同時又能與其他出版機構相互連結。

數位時代中，消費者可以擁有更多資訊，因此出版者需要培育專業知識，並把這些仔細而特別的專業知識帶給市場，讓資訊變成知識，尤其要在提供知識上掌握獨到的優勢。因為出版社與作家的關係密切，能集合特殊領域的知識成「庫」。這有可能是指未來的作家；在出版商可以動員的讀者群中，他們成了「專家」和「菁英領袖」。出版社也精於察覺市場的特別需求，也擅長於預測未來之需求，以及關鍵性的趨勢。

在這個「實體與虛擬共舞，傳統與數位齊飛」的時代，網路閱讀不僅是生活所需，更變成一種習慣，就連閒暇的閱讀活動都脫離不了。

網路閱讀的習慣為出版帶來不少便利，但卻也為傳統（實體）出版工作

者帶來不少的壓力與衝擊，畢竟許多讀者也同樣擁有使用電腦與網路的能力，他們會因此而改變傳統的閱讀習慣嗎？

當科學家發明收音機後，有人預言報紙將會沒落；當電視出現之後，也有人認為收音機的聽眾將會轉變為電視人，畢竟誰不喜歡既有聲音又有影像的電視呢？結果是誰也沒有取代誰，大家各自擁有一片天。在每一個新形態的媒體出現之後，都會給傳統的閱讀媒體帶來新的刺激和省思。讓傳統媒體重新思考並認清自己的優勢和定位。

其實無論是實體或虛擬出版品，由編輯工作者為出發的「內容」才是最重要的，新的技術、環境會造就新的閱讀方式，但要持續被讀者接受，還是閱讀的內容。網際網路的優勢在於速度和互動性，這是一種革新，卻不能取代現有閱讀媒體。因此，第二事業部門雖致力於網路出版，但傳統出版在初期並不會被我們所滅絕。

附件二十六之(1)、首筆資金運用計畫

1. 鑑於現存網路書店皆以平面展示（二度空間）法介紹或推薦書籍。晴天網路書店實體書展示初期便要切入立體（三度空間）影音展示介面，故初期需購買數位攝、錄、放影音系統，並出資成立一採訪小組將重要書籍之作者或重量級推薦人士之影音數位化存檔，書店開站時便推出多媒體影音互動平台。據調查（1050 各樣本點，抽查誤差 5 %以內）顯示：55 %的（圖書）消費者願意參考專家或推薦者之意見選書、購書、看書。48 %的消費者很想一睹作者的廬山真面目，甚至生活起居等相關資料。故以動態影像介紹書、推薦書絕非噱頭，而是確有其需求。

2. 出資於兩岸分別成立「全民上網寫作」推動小組，對內研發網上寫作平台，結合電子書閱讀平台構成一包含已完成與未完成著作之閱讀與書評的互動平台。對外則接洽贊助之出版單位，以預付稿費的方式獎助網上作家，形成全球華文著作版權仲介平台，並為網路圖書館與網上讀書會預做準備。

3. 正式成立 www.book4u.com.tw 網站，以二十萬種華文實體書與二萬種華文電子書上線開台，結合至今尚未架設網站的諸多出版社共同成立第一至第五出版事業部門，迅速跨入線上出版之領域。

註：以上所附為附件五之⑵與附件二十六之⑴，附件五之⑴為第二事業部門經營團隊簡介。本企畫案共三十六項附件，歡迎股東或準股東們索取，但謝絕潛在競爭對手參閱。僅此致歉！

祝福各位！也謝謝諸位！

【網路書店文案範本】

9-6 新絲路網路書店 於強敵環伺下的突破創新策略

西元 1991 年底，教育部電算中心以 64kbps 數據專線將 TANet 連結到美國普林斯頓大學的JVNCNET，台灣自此正式成為網際網路的一員。四十多年來，網路發展一再改變人們的生活，產生了新的商業模式，也帶動了新的商業發展。

在還是撥接上網的年代，當你正聽著嘟嘟的撥接號上網時，新絲路科技公司便已成立。1999 年起，新絲路科技公司正式轉型為新絲路網路書店，不僅是從網路石器時代起便創立的最早一批網路商店，也是最早推出線上付款機制(Payment Gateway)的網路書店，「可以跨行信用卡的刷卡方式進行消費」在當時可以說是全亞洲最強悍的功能。恰巧也是在同年，中華電信與資策會相繼推出ADSL寬頻上網服務，多家業者競爭下，2000 年以後 DSL 價格已低到一般家庭民眾都可以負擔得起的程度了，網路商業各領域開始進入龍頭爭霸戰，網路書店這塊餅，亦無法置身事外。

網路商業模式中，有一個「winner takes all」的特性，即在這場爭霸戰中獲勝的一方，將能吃下這塊市場大餅中最大的一塊，且幾乎占據全部市場，因為網路使用者們只會認定這個龍頭的「網站品牌」，尤其當身為消費者的你，周遭親朋好友都在這個網站上消費、都在討論這個網站的服務時，你不使用，就彷彿落伍了般。就好比當大家都在使用臉書 Facebook 的社群服務時，又有多少人知道友人網(Friendster)才是社交網站的創始網站，甚至連臉書都承認他們有向友人網購買 18 個專利使用。而網路書店在台灣，winnert-akes all 原則下，最大的贏家便是博客來網路書店。

博客來網路書店成立於 1995 年，但其真正的崛起，卻是在 2000 年統一集團投資博客來，博客來加入統一流通次集團之後。它整合了統一集團的物流，以台灣展店最多（1999 年便已突破 2000 家門市）的統一便利商店 7-Eleven為後盾，推出「博客來訂書，7-11 付款取貨」服務，成為了網路書店爭市占率中的最大利器，甚至擊敗所有實體書店的銷售量，不到十年便成為台灣圖書市場銷售的第一大通路。統一集團也在 2001 年取得博客來過半股權，正式將博客來併入旗下集團，更於 2011 年正名為「博客來」，不再強調其網路書店的身分，而是如美國亞馬遜 Amazon 一般，轉型為大型購物網站，跨足零售百貨業。只是，如同一開始所言，雖然winner takes all，但博客來在一般民眾心中，還是「網路書店」，民眾只要有網路購書需求，第一個想到的還是「博客來網路書店」，第二個可能才是金石堂網路書店、誠品網路書店或三民書局等由實體書店規劃經營的網路書店。

這場網路書店序位排名戰中，曾被兩岸三地出版人評價為最具品味、擁有強大品牌形象的誠品書店，卻在進軍網路的初期，輸給同樣由實體書店兼營網路書店的金石堂。究其根本，主要是誠品書店販售的不只是書，還透過實體門市的裝潢、擺設，甚至是流動在空氣中的音樂、書香，建構出獨一無二的人文氛圍，也因此得以用「硬價格」與「打促銷折扣」的金石堂分庭抗禮。而當誠品網路書店失去了這些實體門市的優勢後，「硬價格」自然無法被讀者買帳，金石堂便藉此擊敗誠品，躍升為台灣第二大網路書店。

這種情形一直延續到 2017 年中旬，誠品網路書店迎來轉捩點。2017 年 7 月 18 日，誠品創辦人吳清友因病驟逝，由女兒吳旻潔接任董事長。一開始，吳旻潔用蕭規曹隨的態度面對誠品既有的營運方針，同時也用三年多的時間仔細觀察市場變化，終於在 2020 年決意加速誠品的「數位轉型」，不僅「正視」誠品網路書店，更與全新電商平台合作，推出新會員制度與專屬 APP，展現「全通路布局」的野心，劍指網路書店龍頭博客來。

儘管如此，就目前台灣的網路書店銷售額來說，排名第一的博客來與第

二的金石堂仍占據七成五左右的市占，其餘才由其他網路書店瓜分。

在此情況下，新絲路網路書店二十餘年來篳路藍縷，堅持著「期許成為全球華文文化與知識傳遞的新絲路」的精神，在沒有任何財團支持以及實體門市的奧援中，仍舊能於台灣網路書店業排名第三名，年營收三億餘，YA-HOO！奇摩、PChome、Happygo、momo、udn等大型知名網站所售之書也都是由新絲路網路書店隱名承包。雖然與博客來的營收差異相距甚大（博客來年營收六十億餘），但新絲路網路書店的 EPS（年度每股盈 957 新絲路網路書店於強敵環伺下的突破創新策略餘），每年卻均高於包含博客來在內的其他競爭者。這又是為什麼呢？

究其原因，實際上新絲路網路書店背後有著台灣最大的知識服務(KOD)集團之一的魔法講盟在支援著。迥異於博客來透過統一集團投資，新絲路網路書店與魔法講盟實為一體，於新絲路網路書店上販售之書籍，有相當高的比例為魔法講盟旗下出版社的自有產品，毛利率遠高於其他「買來再賣」的轉售商品。而其他網路書店卻沒有如新絲路網路書店這般，縱向與橫向兼顧整合的事業結構。

可以說，新絲路網路書店，是目前華文出版界最完整的出版體系，也是台灣少數能夠水平與垂直發展的出版集團。新絲路網路書店的電子商務平台，讓他橫向能賣書和其他商品；新絲路網路書店的出版單位，讓他縱向涵蓋所有出版與書籍內容相關的技術範疇。並且，新絲路網路書店利用其完整的出版體系，加上數位時代的潮流趨勢，推出了包含EP同步的紙本書及電子書出版系統、兼顧了傳統出版社的出書方式與自資出版（自費出版）模式等服務，提供了文化創意人在歷經傳統出版社無數次的退稿後，另外一條新的出路。

透過這條「自資出版」管道發聲的書籍與作家，極有可能便是下一本《戰爭與和平》或《彼得兔》，甚至於下一個近代台灣詩人夏宇。

眾所皆知《戰爭與和平》，這本世界名著是俄國大作家托爾斯泰的作品，

但卻極少人知道，這本世界經典居然是托爾斯泰自己出資出版的作品。而風靡世界的《彼得兔》圖畫書，也是由作者畢翠克絲．波特(Beatrix Potter)個人先自行印製 250 本《小兔彼得的故事》頗受好評後，才交由出版社正式發行。台灣詩人夏宇，在 1984 年自費出版詩集《備忘錄》，從此於文壇打響名號，因為自費印刷的書量有限，甚至造成了一書難求的收藏熱潮。由於夏宇的作品風格獨特，出版社可能因判定非廣大市場能輕易接受而不敢替他出版，如果夏宇沒有自費出版自己的作品，那麼我們可能將無緣看到這位天賦異稟的當代詩人作品了！

基於不讓珍珠蒙塵，新絲路網路書店推出的自資出版服務，不僅傾盡心力協助這些素人作家，甚至還替他們拋光打亮，讓他們的心血散發出更耀眼的光芒。新絲路網路書店也因此於自資出版這塊領域，成為全球繁體（正體）華文出版之翹楚。

新絲路網路書店又於 2008 年架構了華文圖書市場第一波成立的電子書城，讀者只須支付小額費用，便可下載電子書，同時也提供作者在網路平台上連載的機會，若是讀者反映良好，當然亦可掏錢購買實體書。

這又提供了在後 PC 時代成長的新人作家一個全新渠道。就好像《羊毛記》作者休豪伊(Hugh Howey)，他利用讀書社群網站、部落格、臉書及推特與讀者互動，並聽從建議修改文稿，把出版的過程當作「作品」的一部分，從而締造了以電子書自費出版成為 2012 年全亞馬遜書店評價最高的傳奇出書故事。

在現今這個後網路時代，像這樣的寫作方式將會越來越多，休豪伊只是打響了第一槍，因此，新絲路網路書店特別提供了一個作者與讀者雙向溝通的渠道，讓作者能第一時間知道讀者反應，也是為了幫助作者能更貼近讀者的心。

像這樣的雙向服務，對新絲路網路書店來說，單純只是為了讓「書」回歸到最初傳承思想、開啟智慧之窗的理想，而非基於商業營利的出發點。新絲路電子書城除了讀者支付的小額費用外，唯一可能的直接收入，只有來自認同此理念的愛書人捐款，如此帶有些許浪漫色彩的行為，會出現在網路書店與電子書這激烈的商業戰場上，還多虧了新絲路網路書店的文藝背景，這讓新絲路網路書店在一片由大財團挹注資金經營的網站中，走出了與眾不同的專業清新風格。

與許多小眾書店都是由熱愛閱讀的文化人開辦，以吸引相同調性的讀者前來購買相似，新絲路網路書店的經營者也是一位作家，並且是一位非文學類書籍的暢銷作家，因此在書籍上架時，新絲路網路書店比起其他網路書店，更著重於其強項類別的選書。在財經、保健等專業書籍項目上，新絲路網路書店的藏書甚為豐富，選書也極為專業，這對於相關專業的人士而言，是非常好的購書選擇處，往往能在新絲路網路書店發現其他網路書店甚至實體書店沒有陳列或推薦的好書。

但新絲路網路書店雖然兼營出版，背後有魔法講盟為倚仗，卻又有別於那些由出版集團、出版社自體兼營的網路書店，如時報悅讀網、遠流博識網、天下網路書店與港資城邦網等，新絲路並非只是出版社的官方專屬網站，只販售自家出版的書籍刊物，而是一家真正的全方位「書店」。

台灣由於出版事業蓬勃發展，小眾大眾出版社林立，當各家出版社都成立自己的網路販售通路，卻又只單純販賣自家圖書，對於消費者而言，不啻為一項選購時的負擔。因此，新絲路網路書店抓住顧客心理，在采舍出版編輯單位的支持下，除了自家書籍刊物外，更廣納全台各家出版社的圖書，提供買書人真正多元的選擇。

在新絲路網路書店成立之初，是以「網路書店」的經營型態來切入市場。然而，在省思到科技必須回歸到使用者端後，新絲路網路書店提出「知識服務」乃至「智慧提供」之概念，除了要讓知識的消費者透過網路尋求獲得、量身訂做他所需要的知識外，還要讓知識的生產者跨過出版門檻，讓自己的知識內容用不同的方式流通。

多年的網際網路服務經驗(ISP)，以及完整的電子商務平台技術(EC)、線上付款機制(Payment Gateway)，並吸納最新的區塊鏈、AI 大數據理念，新絲路網路書店用堅強的技術做後盾，加上自家出版社經營多年的人脈資源，結合經營者本身的人文教育觀念，計畫將更多知識用不同方式帶給會員讀者。於是，新絲路網路書店邀請財經界、商務界、行銷界等業界知名作家、大學教授開課，讓作家們不僅是透過文字敘述，更是親身上陣，透過口語傳達，使得原先只能從書中學習的讀者轉為課堂下聽講的學員，最終正式開辦一連串相關培訓課程。

例如結合魔法講盟旗下資源，推出獨一無二的出版 & 出書保證班，獲得極大迴響與好評，並在每年規劃易學課程，並籌備許多相關系列課程與商務交流平台，協助讀者會員們擁有更多機會！幫助更多有需要的會員們創業、致富、出書，一步步邁向成功、達成夢想！

身處於後移動網路時代，新絲路網路書店以科技來建立對讀者知識服務的基礎，除了既有的雙向電子書城，更積極規劃適用於不同行動載具的APP，讓讀者能隨時隨地查詢書籍資料與價格，並直接於手機、平板上購書結帳，最終由新絲路的物流網立即發貨送達。試想當傳統買書顧客還在書店內聞著書香，穿梭於書架間，在購書價格以及攜帶回程的重量之間猶豫時，新一代的購書者已經用新絲路 APP 掃描確認價格、下單結帳，毫無負擔地拎著包包回家，等待書籍自動且快速地送上門。

隨著閱讀軟體與硬體的多元發展，人們的生活習慣受到了重大衝擊，索求知識的方式發生變化，在古騰堡的印刷革命之後，新一波的數位閱讀變革已悄悄展開序幕。2011 年 10 月 18 日，已故蘋果 apple 公司創辦人賈伯斯的自傳上市，出版繁體中文實體書的出版業者，清晨便把一疊疊的書本用貨櫃車送到各家書店、便利商店等通路，好在早上開賣。但購買原文版電子書的

讀者，卻早在書還在編輯的階段，就透過亞馬遜或蘋果網路下訂，到了出書當日，全台灣還在睡夢中時，海底電纜便將那串流而來的資訊位元送來，當讀者起床後打開手機，就可以邊喝咖啡吃早餐邊閱讀《賈伯斯傳》了。

這是閱讀出版時代的變革，新絲路網路書店自然不會落於人後。在現有電子書城閱讀平台的基礎上，預計推出雲端閱讀紀錄服務，配合不同的閱讀平台紀錄讀者的歷程記錄。想像一下，當你邊吃早餐邊用手機中的新絲路閱讀APP翻閱剛購買的《賈伯斯傳》，看到第20頁便需要出門上班，只好關掉手機APP離開家。在你到達公司打開電腦，趁著還有一段空檔時，打開新絲路電子書城平台，登入會員，再次點選《賈伯斯傳》，電子書便會自動翻至你早上看到的第20頁，連你不經意留下的筆記重點也絲毫不落，讓你接續閱讀沒有任何負擔。這就是新絲路網路書店想要帶給讀者的閱讀新生活！

在web2.0的時代，網路商店的廠商必須寄望用戶主動產生的內容與資訊來賺錢，但如今的後移動網路時代，他們不再被動等待，而是將所有用戶的足跡、訊息與互動紀錄下來，鉅細靡遺地匯總分析，理出各種脈絡，並能據以產生各式各樣的新營收，這便是巨量資訊的彙整與大數據的運用。新絲路網路書店於此塊早已默默耕耘多年，在書籍的基礎資料網頁上，為讀者推薦相關可購買的其他圖書，並掌握讀者的購書喜好，在同意式行銷的前提下，推薦更多符合他閱讀口味的書籍產品與課程服務給他。

未來，新絲路網路書店將更妥善地利用社群力量，透過網路、社群人脈的連結，打造一個以分享為主要價值觀的嶄新服務。就如美國Book Mooch的二手書交換平台，假想新絲路網路書店提供類似出租書籍的服務，讓書籍在不同讀者之間流通，你不需要站在書店內辛苦地閱讀，也不需要花錢買下一本看簡介很吸引人但入手閱讀卻後悔的書，最後只有堆在書架上生灰塵，或拉去舊書攤回收，可能所得還不及購書的十分之一。當你用低廉的價格借閱後，若是喜歡並想收藏的讀者，將可上新絲路網路書店購買實體新書，讓自己擁有真正想要的書籍。

此外，新絲路網路書店在 2017 年開設了一個全新的知識頻道——新絲路視頻！新絲路視頻至今共計發布了六個系列，無論是古今中外的歷史與地理議題，還是好書推薦或真理剖析，都應有盡有。新絲路視頻主要在 YouTube，以及台灣、大陸的各大視頻網站（土豆、騰訊……）、部落格、網路電台等處同步發布。在 2021 這個後疫情時代，新絲路視頻除了堅持既有的「完全免費」訴求以外，更主打讓因疫情而無法出門的觀眾也能學到新知識，並豐富他們的內涵，甚至能推翻傳統的舊觀點，以新的角度切入，帶給觀眾煥然一新的思維體驗！

在網路商業已如此流通的今日，傳統商業機制持續受到挑戰，新絲路網路書店雖然在網路書店這塊餅中，輸給了掠奪速度極快的大財團經營之網路書店，但卻因為新絲路網路書店「文人創辦・獨立經營・專業選書」的特性，如同《易經》中的「離卦」之象，在對的時局依循光明之道，替自己打開另外一扇窗，致力於有別於博客來的綜合性商城路線之外，更多元但專業而利基的發展。

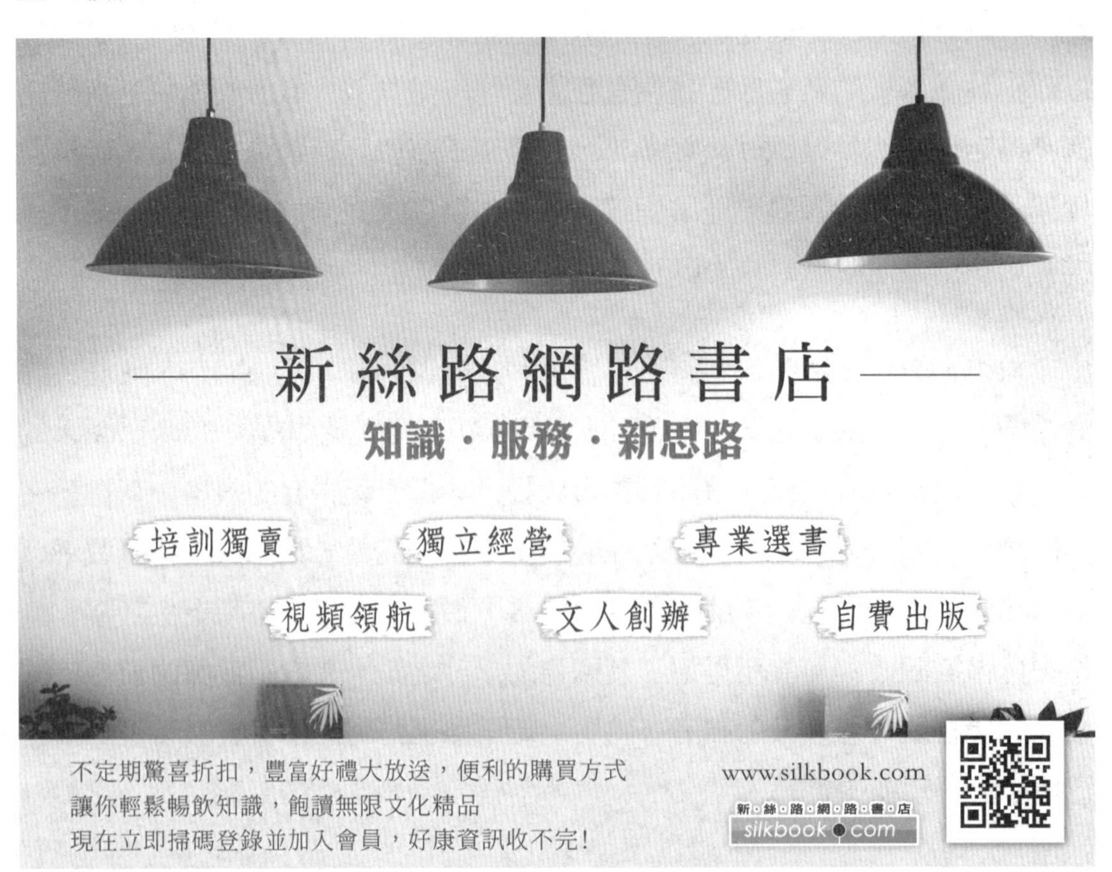

9-7 【知識服務產業文案範本】魔法講盟施下的 Magic Power

突破・整合・聚贏

「兩岸智慧服務領航家，開啟知識變現的斜槓志業！」職涯無邊，人生不設限！英國哲學家法蘭西斯・培根曾說過：「**知識就是力量！**」魔法講盟將其相加相融，讓知識轉換成收入，創造專屬於你的獨特價值！在時間碎片化的現代，揮別淺碟與速食文化，把握每一分、每一秒精進自我的契機，傾盡全力與知識生產者及共同學習者交流，成就更偉大的自己，綻放人生的無限光芒！

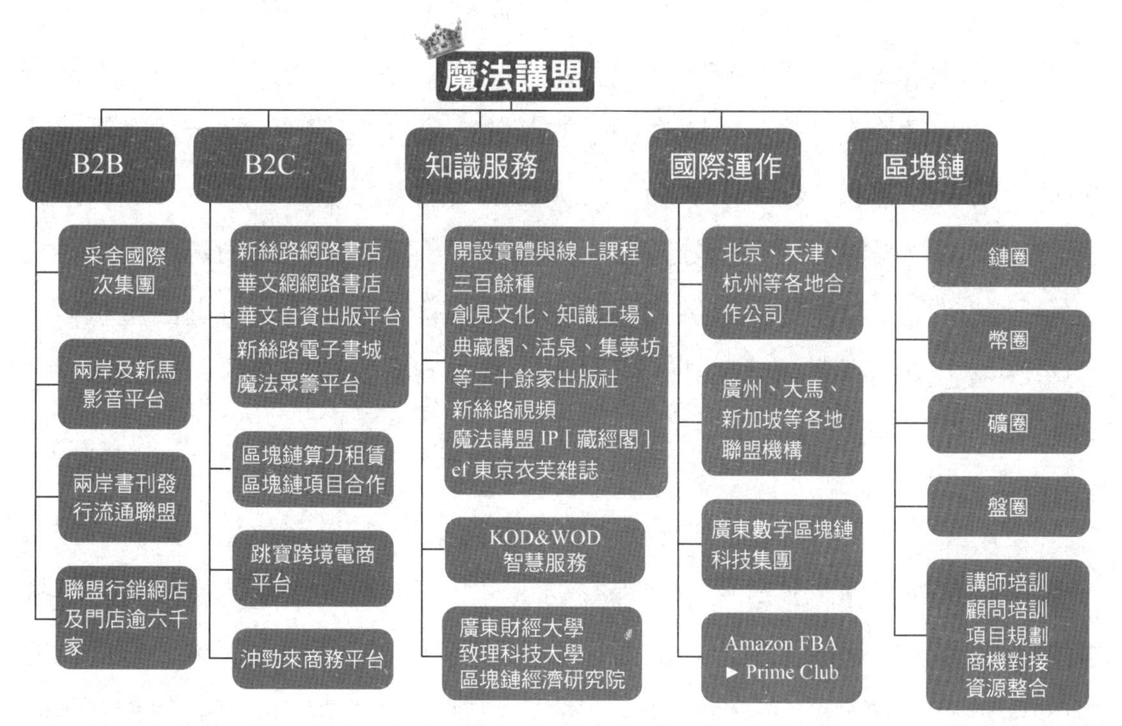

魔法講盟的領導核心為全球八大名師亞洲首席—王晴天大師，他是大中華地區培訓界的超級名師、世界八大明師大會首席講師，更是知名出版家、

MAGIC COPYWRITER

成功學大師、行銷學權威，被喻為台灣最有學識者＆台版邏輯思維領航家，更是世界門薩俱樂部台灣地區的掌門人。他對企業管理、個人生涯規劃與微型管理、行銷學理論與 WWDB & BU642 實務等知識性服務，多有獨到之見解及成功的實戰經驗，栽培後進更是不遺餘力。

魔法講盟的緣起

魔法講盟是源起於 2018 年的台灣培訓品牌，是由兩岸出版界巨擘——王晴天大師率領王道培訓弟子群所創建的品牌！當年王董事長有感於目前絕大部分的培訓公司都有開設一門「公眾演說」課程，當初的王道培訓也不例外，但結訓完畢的學員無一不遇到一個問題——不論你多會講，在課堂上拿到再好的名次、再高的分數，結業後，總得自己尋找適合自己的舞台，亦即必須自己學會「招生」。

實際上，「招生」與「上台演說」是兩碼子毫不相干的技術型〈會銷〉領域，培訓開課其實最困難的部分就是「招生」——「找幾十個或上百個學員，願意免費（或付費）按照你指定的時間，到達規定的地點，聽講師演講數個小時」，是非常非常困難的，就算聽講費用全免也是一樣！有感於此，王董事長認為專業必須有所分工——講師專責演講，招生則由專門單位負責——因此，魔法講盟特別透過代理國際級的課程，斥資重金打造出重量級的明星課程，交由專業講師授課，再與兩岸最強的招生單位合作，強強聯手，成功席捲整個華語培訓市場。

王晴天董事長原本是台灣數學界的補教名師，但是因為每年講課的內容千篇一律，而且他認為學校教的那些知識，並不能幫助學生們在現實世界裡與他人競爭，於是急流勇退，改而從事自己有興趣的圖書出版業，進而再轉戰他所熱愛的成人培訓。他認為，「成人培訓」才是真正能幫助他人在現今競爭的社會中脫穎而出的關鍵，所以更積極布局，最終成功開創一間專為成

人服務的培訓機構——「全球華語魔法講盟」。

王晴天董事長融合其多年積累的智慧結晶、結合多元化的豐富資源，致力於開創知識分享的課程、實現知識共享的經濟時代，並汲取自身成功的經驗、萃取勝者的思維，希望藉此得以達到改變生命、影響生命，進而引領良善智慧的結果！首先創建了台灣最大的培訓聯盟機構，進一步，則要成為全球華人華語知識服務與提供智慧的標竿！

大師的智慧傳承

感於「一個觀念，可改變一個人的命運；一個點子，可創造一家企業的前景」，許多優秀的講者，參加了培訓機構的講師訓練，結業後卻沒了能繼續發光發熱的舞台，也有許多傑出的講師，在講師競賽中以優異的成績，通過層層關卡之後脫穎而出，獲得高分與名次。但，然後呢？大多數講師共同面臨的問題，就是——沒有「舞台」。

有鑒於此，采舍國際集團王董事長遂於 2018 年，率領弟子群著手架構一個包含大、中、小各型舞台的培訓機構，讓優秀的人才得以發揮所長。這位台灣知名的出版家、成功學大師和補教界巨擘——王晴天大師曾於 2014 年創辦了「王道增智會」，一路秉持著舉辦優質課程、提供會員最高福利的理念，不斷開辦各類公開招生的教育與培訓課程，課程內容多元，且無一不強調實際操作與事後追蹤的重要性，每一堂課均帶給學員們精彩、高 CP 值的學習體驗。不僅提升學員的競爭力與各項核心能力，更讓學員在課堂上有實質收穫，絕對讓學員過上和以往不一樣的人生！

許多優秀的講師們，儘管有滿腹專才，也具備開班授課所需之資質，卻不知如何開啟與學員接觸的大門，甚至不知如何招生，因而使自己的專業無法發揮。王董事長結合北京世界華人講師聯盟，集合各界優秀有潛力的講師群，在為學員打造主題多元優質課程的同時，也提供一個讓講師發揮的平台，讓學員得以實踐「參加講師培訓結業後立即就業」的理念，並讓學員與講師相互交流，形成知識的傳承與流轉。此外，更搭配專屬雜誌，幫助講師建立形象、拍攝造型，還有多本合作雜誌可做廣告，增加曝光與宣傳的機會。每年舉辦世界華人八大明師大會與亞洲八大高峰會至今，參與過的學員更高達 300000 人。更於 2017 年與魔法弟子群合作，創立了「全球華語魔法講師聯盟」，給予優秀人才發光發熱的舞台。

「全球華語魔法講師聯盟」是亞洲頂尖商業教育培訓機構，它創始於2018年，全球總部位於台北，海外分支機構分別在北京、杭州、上海、重慶、廣州與新加坡等地設立據點。我們以「國際級知名訓練授權者◎華語講師領導品牌」為企業定位，整個集團的課程、產品及服務研發，皆以傳承自 2500 年前人類智慧結晶的「曼陀羅」思考模式為根本，不斷開創 21 世紀社會競爭發展趨勢中最重要的「心智科技」，藉此協助所有的企業及個人，同步落實知識經濟時代最重要的「知識管理系統」，成為最具競爭力的知識工作者，並更有系統地實踐自己的夢想，形成志業般的知識服務體系。

除延續原有「晴天商學院」祕密系列課程、出書出版班、眾籌班、世界級公眾演說班外，更於 2017 年引進了世界 NO.1 首席商業教練 BlairSinger's Sales & Leadership Certification Program、BlairSinger's Business & You(BBU)課程，讓您能以最佳的學習公式學會——

- 體驗：透過體驗式教學並當場實踐所學，讓你確實學以致用！
- 記住：「親身體驗」的學習效果遠遠超過坐著聽、看、讀或寫，不只是學習實戰經驗與智慧，更讓你用身體牢牢記住！
- 成長：朝著目標前進、成長才是人生真正的目標。經過全球華語講師聯盟的密集培訓，將能讓你成為一個比以往任何時候的你，都還要更好、更強大的存在，並且隨時準備好承擔更大、更令人興奮的目標與

責任！

魔法講盟的課程最講求兩個字——「結果」，很多學員去參加各種培訓機構舉辦的培訓課程，例如：公眾演說班，繳交了所費不貲的課程學費並在課堂上認真學習，參加了小組競賽並上台獲得了好名次、好成績，拿到了結業證書和競賽獎牌，也學得一身好武藝，正想要靠習來的技能打天下、掙大錢時，才發現一個殘酷的事實，就是要自己招生，自己必須負責整個培訓流程中最難、最重要、最燒錢的一環。你希望一群人坐在台下，聽你講一兩個小時的銷講，是得花上一大筆宣傳費用和塑造一個亮眼的文案才有機會辦到的！

目前來說，陌開一個學員聽你銷講的成本，已經超過$625 元／人次以上了，加上現在的行銷工具或是網路平台（Line@、Facebook 等）的廣告費用也越來越貴，所以一個剛學完某項技能的學生想靠自己成功招生，幾乎是一個不可能的任務！魔法講盟在這方面跟其他的培訓機構有所不同，只要你是我們的學員或弟子或股東，並且表現達到一定門檻以上，我們就會提供小、中、大不同的舞台給您，依照學員的能力給予不同的舞台！簡而言之，魔法講盟開的任何課程，首要之要求都一定是講求結果——

- 出書出版班：成功出版一本暢銷書。
- 公眾演說班：成功站上舞台，發表演說。
- 眾籌班：完成眾籌，圓夢成功。
- 區塊鏈認證班：擁有多張證照，並獲得優先開班授課權利。
- 講師培訓 PK 賽：擁有華人百強講師的頭銜。
- 密室逃脫創業密訓：走出困境，創業成功。
- 接班人祕訓計畫：保證有企業可以接班。

- WWDB642 課程：建立萬人團隊，倍增收入等比式滾雪球。
- B & U 課程：同時擁有成功事業＆快樂人生。

魔法講盟是台灣射向全球華文市場的文創之箭

1. 集團旗下的「采舍國際」為全國最專業的知識服務與圖書發行總代理商，整合業務團隊、行銷團隊、網銷團隊，建構出全國最強的文創商品行銷體系，擁有海軍陸戰隊般鋪天蓋地的行銷資源。

2. 集團下轄創見文化、典藏閣、知識工場、啟思出版、活泉書坊、鶴立文教機構、鴻漸文化、集夢坊等二十餘家知名出版社，中國大陸則於北京、上海、廣州、深圳等地，分別投資設立六家文化公司，是台灣唯一有實力於兩岸 EP 同步出版，貫徹全球華文單一市場之知識服務出版集團。

3. 集團旗下擁有全球最大的「華文自助出版平台」與「新絲路電子書城」，不僅提供一般的紙本書出版服務，也有新穎的電子書的出版方式，更將書籍結合資訊型產品，推廣作者本身的課程產品或服務。已以「專業編審團隊＋完善發行網絡＋多元行銷資源＋魅力品牌效應＋客製化出版服務」，成功協助各方人士自費出版了三千餘種好書，並培育出數百名博客來、金石堂、誠品等知名平台的暢銷書榜作家。

4. 定期開辦線上與實體之「新書發表會」及「新絲路讀書會」，廣邀書籍作者親自介紹他的書，陪你一起讀書，再也不會因為時間太少、啃書太慢，而錯過任何一本好書。參加新絲路讀書會能和同好分享知識、交流情感，讓生命更為寬廣，見識更為開闊！

5. 「新絲路視頻」是魔法講盟旗下提供全球華人跨時間、跨地域的知識服務平台，讓你在短短 40 分鐘～2 個小時內，看到最優質、充滿知性與理性的知識膠囊，偷學大師的成功真經，搞懂 KOL 的不敗祕訣。你可以透過—「歷史真相系列 1～」、「說書系列 2～」、「文化傳承與文明之光 3～」、「寰宇時空史地 4～」、「改變人生的 10 個方法 5～」、「真永是真 6～」一同聆聽王晴天大師論古談今，有別於傳統主流的思考觀點，讓你不再人云亦云！想要「開闊新視野、拓展新思路、汲取新知識」就趁現在！逾千種精彩視頻終身免費，對全球華語使用者開放。

新絲路視頻

6. 魔法講盟 IP [藏經閣] 蒐羅過去、現在與未來所有魔法講盟課程的影音檔，逾千部現場實錄學習課程，讓你隨點、隨看，飆升即戰力；喜馬拉雅 FM—新路 Audio 提供有聲書音頻，隨時隨地與大師同行，讓碎片時間變黃金，不再感嘆抓不住光陰。

7. 「是錯永不對，真永是真」共有九百場華人圈最高端的知識饗宴。經由王晴天大師與其黃金團隊，汲取上萬本書的精華內容，在經過整理與分類後，私相授受給願意參與學習的聽眾們。特別的是，這場華人圈最高端的讀書會，對聽眾沒有任何門檻或年齡限制，除了將書本內的濃縮精華展露給生活忙碌的成年人外，也替正因 108 課綱面臨求學危機的國高中學子鋪路，在訴說道理之餘，也融入不少與「素養」相關的知識，讓莘莘學子更能快速因應新課綱帶來的學習衝擊！果真是「真」的讀書會！

魔法講盟口碑推薦十七大品牌課程

【BUSINESS & YOU】

魔法講盟董事長王晴天大師，致力於成人培訓事業已經許多年了，一直在尋尋覓覓尋找世界上最棒的課程，好不容易在 2017 年找到了一門很棒的課程，那就是由世界五位知名的培訓元老大師所接力創辦的 Business & You。於是，魔法講盟投注巨資，成功取得其華語的代理權利，並將全部課程內容中文化，目前以台灣培訓講師為中心，已向外輻射至中國大陸各省，北京、上海、杭州、重慶、廣州等地均已陸續開班授課，未來三年內目標將輻射中國及東南亞 55 個城市。

Business & You 的課程結合全球培訓界三大顯學—激勵．能力．人脈，全球據點從台北、北京、上海、廣州、杭州、重慶輻射開展，專業的教練手把手落地實戰教學，啟動你的成功基因！「15Days to Get Everything，Business & You is Everything！」正是 Business & You 的終極口號，它是讓你能同時擁有成功事業＆快樂人生的課程，也是由多位世界級大師聯手打造的史上最強培訓課程。

B & U 完整課程由 1 日齊心論劍班＋ 2 日成功激勵班＋ 3 日快樂創業班＋ 4 日 OPM 眾籌談判班＋ 5 日市場 ing 行銷專班共 15 日課程構成，整合成功激勵學與落地實戰派，借力高端人脈構築出專屬於自己的魚池，讓你徹底了解《借力與整合的祕密》！更讓你由內而外煥然一新，一舉躍進人生勝利組，助你創造價值、財富倍增，得到金錢與心靈上的雙重富足，最終邁入自我實現之路。只需十五天，就能快速學會掌握個人及企業優勢，整合資源打造利基，創造高倍數斜槓槓桿，讓財富自動流進來！

- 1 日齊心論劍班：由王董事長親自帶領講師及學員們，前往山明水秀的祕境，遊玩之餘，也促進參與者們相互認識與了解，拓展各自的人脈，並在彼此會心理解之後，擰成一股繩兒，共創人生事業之最高峰。

- 2 日成功激勵班：以NLP科學式激勵法，激發潛意識與左右腦併用，搭配B & U獨創的創富成功方程式，同時完成內在與外在之富足，並藉由創富成功方程式—「內在富足．外在富有」最強而有力的創富系統，以及最有效複製的 know-how，持續且快速地增加您財富數字後的「0」。

- 3 日快樂創業班：保證教會你成功創業、財務自由、組建團隊、開拓人脈的關鍵，提升你的人生境界與格局，藉以達到真正快樂的幸福人生之境。

- 4 日 OPM 眾籌談判班：手把手教你（魔法）眾籌與BM（商業模式）之 T & M，輔以無敵談判術與從零致富的 AVR 體驗，完成系統化的被動收入模式，參加學員均可由二維空間的財富來源圖之左側的E與S象限，進化到右側的 B 與 I 象限。從「優化眾籌提案」到「避開相關法律風險」，由兩岸眾籌教練第一名師親自輔導你至成功募集資金、組建團隊、成功創業為止！

- 5 日市場 ing 行銷專班：以史上最強、最完整行銷學《市場 ing》（B & U棕皮書）之〈接〉〈建〉〈初〉〈追〉〈轉〉為主軸，傳授你絕對成交的祕密與終極行銷之技巧，課間還整合 WWDB642 與 BU642 絕學與全球行銷大師核心祕技之專題研究，讓你迅速蛻變，成為善於銷售的絕頂高手！得以超越卓越，笑傲商場！堪稱目前地表上最強的行銷培訓課程。

MAGIC COPYWRITER

【WWDB&BU642】

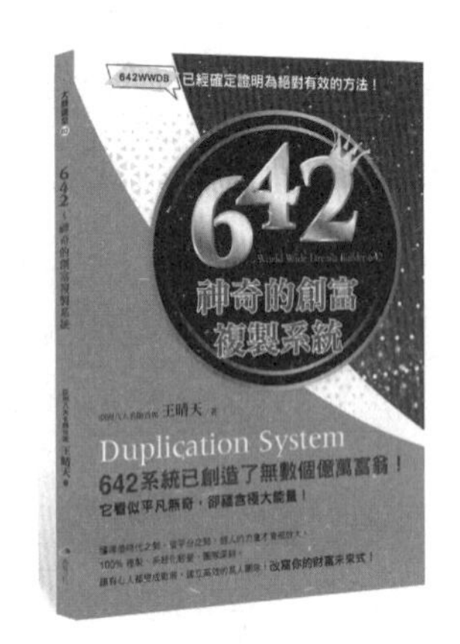

WWDB642 & BU642 為直銷的成功保證班，當今業界許多優秀的領導人均出自這個系統，在完整且嚴格的訓練下，擁有一身好本領，輕鬆完成「孤身一人到創造萬人黃金團隊」的轉變，更能以十倍速倍增收入，最終達成「財富自由」的終極目標！傳直銷收入最高的高手們都在使用的 WWDB642 課程，目前已全面中文化，保證你學到的是絕對正統且原汁原味的課程！這也是魔法講盟專門從美國引進，獨家取得授權的課程！未和任何傳直銷機構掛勾，絕對獨立、維持學術中性！結訓後，搭配能成為 WWDB642 & BU642 專職講師，至兩岸各大城市開班授課。

【公眾演說班】

公眾演說是一個事半功倍的工具，能讓你花同樣的時間，卻產生出數倍以上的效果！就算你是素人，只要有好的演說公式，就能輕鬆套用，站在群眾面前自信滿滿地侃侃而談。公眾演說不僅是讓你能克服上台的恐懼而演講，它更是一種溝通、宣傳、教學和說服他人的技巧！

建構個人影響力的兩種大規模殺傷性武器就是「公眾演說＆出一本自己的書」，若是演說主題與出書主題一致，滲透人心的力量又更加強大！透過「費曼式學習法」達到專家之境，更能輕鬆掌握收人、收錢、收心、收魂的超級演說祕技。

魔法講盟的公眾演說課程，是由專業教練傳授獨一無二的銷講公式，保證讓你脫胎換骨，成為超級演說家，更有週二講堂的小舞台與亞洲或全球八大明師盛會的大舞台，讓你展現培訓成果！透過出書與影音自媒體的加持，打造出講師專業形象！完整的實戰訓練＋個別指導諮詢

＋終身免費複訓，保證讓你晉級成為 A 咖中的 A 咖！

【出書出版班】

書，不僅是書，還能成為你的頂級名片！「出書出版班」由出版界傳奇締造者王晴天大師、超級暢銷書作家群、知名出版社社長與總編、通路採購專業人員聯合主講，陣容保證全國最強！

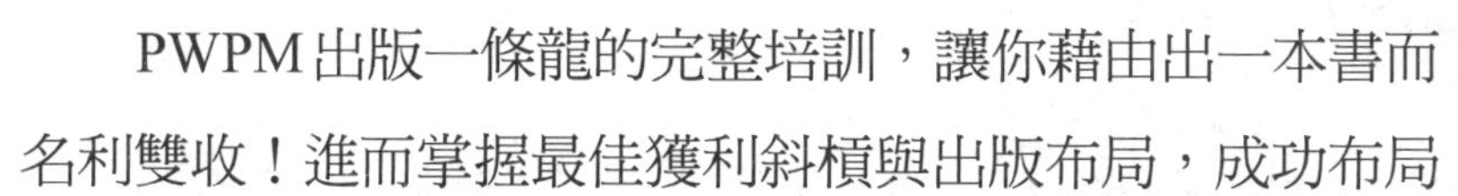

PWPM 出版一條龍的完整培訓，讓你藉由出一本書而名利雙收！進而掌握最佳獲利斜槓與出版布局，成功布局人生，快速晉升為頂尖專業人士，打造權威帝國，從 Nobody 變成 Somebody！我們的職志，不僅僅是幫助你出一本書而已，必須出的書都要是暢銷書才行！參與出書出版班，保證協助你出版一本暢銷書！不達目標，絕不終止！此即所謂的「結果論」是也！

本班課程於魔法講盟采舍國際集團中和出版總部授課，教室位於捷運中和站與橋和站之間，現場書庫有數萬種圖書可供參考，魔法講盟集團上游八大出版社與新絲路網路書店均在此處。於此開設出書出版班，意義格外重大！

【眾籌】

終極的商業模式為何？借力的最高境界又是什麼？如何解決創業跟經營事業的一切問題？網路問世以來最偉大的應用是什麼？答案將在王晴天大師的「眾籌」課程中一一揭曉！教練的級別決定了選手的成敗！在大陸被譽為兩岸培訓界眾籌第一高手的王晴天大師，已在中國大陸北京、上海、廣州、深圳開設多期眾籌落地班，班班爆滿！兩天完整課程，手把手教會你眾籌全部的技巧與眉角，課後立刻實做，立馬見效。在群眾募資的世界裡，當你真心渴望某件事時，整個宇宙都會聯合起來幫助你完成，此即所謂的「吸引力法則」是也！

5050 魔法眾籌

魔法講盟創建的 5050 魔法眾籌平台，提供品牌行銷、鐵粉凝聚、接觸市場的機會，讓你的產品、計畫和理想被世界看見，將「按讚」的認同提升到「按贊助」的行動，讓夢想不再遙不可及。透過 5050 魔法眾籌平台的發布，讓你能在很短的時間內集資，再藉由魔法講盟最強的行銷、出版體系，以及特有的雜誌進行曝光，讓籌資者實際看到宣傳的時機與時效，助你在極短的時間內，完成你的理想、期望，乃至圓夢成功！

【國際級講師培訓班】

不論你是期許自己未來成為講師，還是已經擔任專業講師，只要遵循「國際級講師培訓班」完整的訓練系統，培養你的授課管理與〈會銷〉之能力，並進行系統化課程與實務演練，必能成為世界級的一流講師！此外，每年舉辦「兩岸百強PK大賽」，遴選出台灣優秀講師，並將其培訓成國際級講師，給予優秀人才發光發熱的舞台，藉此讓你講述自己的項目，或是其他由魔法講盟代理的課程，輕鬆創造多元收入，使你的生命就此翻轉！

【打造自動賺錢機器】

不再被錢財奴役，奪回人生主導權！善用費曼式、晴天式學習法，投資你的大腦，透過不斷學習新知，擴充知識含量、轉換僵化的思維，最終達成「知識變現」的成果，讓你在本薪與兼差之餘，還能有其他現金自動流入！

魔法講盟每月均重金聘請網路行銷或社群營銷權威開講「營銷魔法學」，教你打造專屬於自己的自動賺錢機器；另外，更將每年 12 月的每個週二訂為「MSIR 複酬者多元收入培訓營」，作為全年度「打造自動賺錢機器」的集大成課程！讓神人級財富教練伴你左右，教你如何運用「趨勢」、「系統建立」來創造多元收入，進而達成財富自由！

此外，為了迎接新零售與社群電商的新時代來臨，魔法講盟除了結合台灣最大直銷通路「東森集團」與最強聯盟行銷「跳寶」，開創新連鎖事業外，也以領先業界的最新商業模式與獎勵計畫，在抗衰老、大腦生技、捐贈眾籌、身心靈覺醒等方面下功夫，整合線上電商平台、線下實體通路以及會員經濟，產生倍數型成果！魔法講盟期待參與者不僅能得到好產品、健康與美麗，更能創造可觀收入，共享利潤，透過眾人力量建立組織團隊，建構 WWDB 新世界！

【區塊鏈班：涵蓋幣、礦、鏈、盤諸圈】

目前區塊鏈市場非常短缺區塊鏈架構師、區塊鏈應用技術、數字資產產品經理、數字資產投資諮詢顧問等優秀的專業人員，而魔法講盟則是少數能提供專業培訓，並替學員取得專業認證的機構！取得魔法講盟區塊鏈國際專業認證證照後，便能前往中國大陸及亞洲各地授課、任職！

「區塊鏈班」由國際級專家教練主持，即學．即賺．即領證！一同賺進區塊鏈新紀元！魔法講盟特別重金禮聘大陸高層和東盟區塊鏈經濟研究院的院長來台授課，是唯一在台灣上課，就可以輕鬆迅速取得大陸官方認證機構頒發「國際授課證照」的專業課程。

除了魔法講盟將優先與取得區塊鏈國際證照班的老師合作開課外，也額外開設區塊鏈講師班、區塊鏈創業課程、區塊鏈商業模式總裁班等課程，分別針對欲成為區塊鏈專業講師、體驗實際區塊鏈應用、晉升區塊鏈資產管理大師的你鋪路！在大幅增強自己競爭力與大半徑人脈圈的同時，也賺進大把人民幣！

【密室逃脫創業祕訓】

「密室逃脫創業祕訓」將所有創業會遇到的種種困難與挑戰，轉換成十三道主題任務枷鎖一創業資金、人才管理、競爭困境、會計法務……，將由專業教練手把手，帶你解開一道道複雜的謎題，突破創業困境，保證輔導你至創業成功為止，密室逃脫 seminar，等你來挑戰！

【接班人密訓計畫】

針對企業接班及產業轉型所需技能而設計，由各大企業董事長們親自傳授領導與決策的心法，涵養思考力、溝通力、執行力之成功三翼，透過模組演練與企業觀摩，引領接班人快速掌握組織文化、挖掘個人潛力，並累積人脈存摺！截至目前為止，已有十餘家集團型企業，委託魔法講盟培訓接班人團隊！

【春翫&秋研】

「以閱讀探索生活，用旅行品味生命」，每年春季、秋季，魔法講盟號召全球華人共襄盛舉！在王晴天董事長豐富廣博的學識、幽默睿智的語言引導下，走入深山美景，探訪不為人知的歷史風情，感受不同以往的美好旅程，享受難得的獨家祕境，摒除都市生活下的壓力，在絕對放鬆的狀態下，與各領域的精英共學共享，拓展你的視野，加乘你的人脈圈，提升你的應對進退能力，用「環境學習法」創造新商機！

【真永是真・真讀書會：20 年 900 場】

「讀萬卷書，不如行萬里路；行萬里路，不如閱人無數；閱人無數，不如名師指路！」書，是生命的泉源，更是人類進步的階梯，而多數人閱讀的目的，無非是想要擺脫平庸！但，「快速接收、快速遺忘」已經是這個時代的特徵，想要真正快速且實用地汲取新知，就必須換種方式讀書！

真永是真・真讀書會

王晴天大師與其黃金團隊聯手，彙編逾上萬本書籍的精華內容，濃縮書中重要的知識，加入個人獨特的見解與詮釋，以「是錯永不對，真永是真」

為課程主題，於每年 11 月的王晴天董事長生日趴上首次開講最新的趨勢內容！「真永是真」這場高端讀書會，不僅能傳遞書中的人生道理，替你省去閱讀的時間，更能利用零碎時間進行學習，助你開悟明智，為人生「導航」，進而改變命運，實現夢想！成就最好的自己！

【商界大咖聚】

為了避免發生「庸人因欠缺自知之明而自我膨脹」的「達克效應」，魔法講盟開設了一場最高端的商業人脈聚會─商界大咖聚！嚴格審核入場成員，確保參與者都是各界最頂級的高手！讓你不必再花時間聽不相干的人士自我吹噓，可以直接與大咖商談，借力、借系統、借人脈、借資源、借平台、借工具，一齊打造雙贏的新商機！

上圖為魔法講盟大咖聚之照片（攝於新北中和魔法教室）

【How To 運用線上課程斜槓賺大錢】

只要能夠掌握線上課程的技巧，並將自製的線上課程放到網路銷售，就能利用時間斜槓賺大錢。而製作爆單線上課程，只需 3 個步驟就能輕鬆掌握百萬商機！想知道如何運用這 3 個步驟自製爆款課程？敬請關注新絲路官網資訊。

製作線上課程資訊

【泰倫斯魔法影音】

只要一支手機，就能輕鬆搞定千萬流量、百萬收入，讓全世界看到你！

近年來，各大社群平台都流行以「影片」來吸引用戶的眼球；如今，更是人人都有手機，且手機拍攝的畫質也越來越好，甚至能與專業攝影器材一較高下。這也導致越來越多人開始把時間投注在拍攝影片上，希望能藉此一炮而紅，成為下一位擁有百萬人氣的專業網紅！

魔法影音課程資訊

「魔法影音」這門課，將由「已協助魔法講盟與多家企業創造大V帳號，並成功將流量變現」的魔法講盟技術長—泰倫斯親自開班授課。他不僅會教你如何在全球瘋「短影片」的情況下，以 20 秒短影片搶下「抖音 TikTok」的流量，更會教你如何以 40 分鐘以上的優質「長影片」，在目前全球最大的影片分享平台 YouTube 上拿下一席之地，最終，完成「流量變現」的夢想，讓大把鈔票流進你的口袋！若你也打算利用影片來販售你的商品、服務，乃至於課程，或者你正在以「成為下一位大 V 網紅」為目標而奮鬥，那你絕對不能錯過能讓你輕鬆月破千萬流量的「泰倫斯魔法影音班」！

【股權激勵高峰會】

善用「股權激勵」，輕鬆讓企業跨過百年，並躋身世界百強！所謂「股權激勵」，本質就是一種「公司治理」的制度，指的是企業通過附帶條件地給予員工部分股東權益，進而使員工具備「主人翁」意識，藉此與企業綁定，成為共生共榮的利益共同體，最終帶動企業繁榮發展。

除了表面上施惠給員工以外，實際上，「股權激勵」這種動態的利益平衡手段，更能舒緩企業資金緊繃的情況，為企業帶來融資資金，甚至當小企業無法用優渥薪資攏絡人才時，也能透過「施予股權」來達到吸引人才的目的，從而把最優秀的人才留住，讓他們乖乖為企業打拼賣命。

若你具備讓企業不斷壯大的野心，若你不想一輩子都陷入「留不住人才」的窘境，若你想讓企業無時無刻都擁有充裕的資金，就絕不能錯過，這場由魔法講盟主辦的「股權激勵高峰會」！讓魔法講盟從海外重金禮聘的股權激

勵大師，帶領你深入剖析這種國外正夯的「公司治理藝術」，進而從中挖掘出專屬且獨一無二的公司治理密技！

【阿米巴經營】

「阿米巴經營」讓你跨越時代與產業限制，持續促進企業躍升！將你培訓成頂尖的經營人才，助你將事業做大．做強．做久！財富越賺越多！阿米巴（Amoeba變形蟲）經營，為有日本經營之聖美譽的稻盛和夫在創辦京瓷公司(Kyocera)期間，所發展出來的一種經營哲學與理念，至今已有超過五十年的歷史。其經營特色是，把組織劃分為十人以下的阿米巴組織，而每個小組織都有獨立的核算報表，以成員每小時創造的營收作為經營指標。讓所有人一看就懂，使人人都能像經營者一樣思考！

想知道如何讓企業利潤屢創新高？如何幫助企業培養深具經營意識的人才？如何做到銷售最大化、成本最小化？如何一統企業員工的思想、方法行動，進而貫徹老闆意識？來上魔法講盟舉辦的「阿米巴經營課程」就對了！魔法講盟將傳授你一套——締造三間世界五百強公司、歷經五次金融海嘯、六十年來利潤持續高升且從未虧損的絕佳經營模式，助你一臂之力，讓你的事業成為領域內數一數二的大公司！

魔法講盟由神人級的領導核心——王晴天董事長，以及家人般的團隊夥伴——魔法弟子群，搭建最完整的商業模式，共享資源與利潤，朝著堅定明確的目標與願景前進。別再孤軍奮戰了，趕快加入魔法講盟，打造個人價值，再創人生巔峰。魔法絕頂，盍興乎來！

 AI 智慧營銷——李傳瑜

我是 AI 智慧營銷總代理李傳瑜 Frank，從事 AI 穿載科技寬頻下載，這是一個量身定製、客製化、區塊鏈賦能健康為導向的平台，運用「斜槓原理」，在「往生禮儀」與「5G」時代來臨時，提供諸如「生前契約」、「日常生活用品購物消費品平台」、「休閒度假村（兼）養身安老的前置規劃」，與保險及電信業者等相互結盟，滿足每個人的需求！

自首次參與魔法講盟的專業學習課程後，就深深喜愛這個宛如大家庭的學習環境，期間學習過諸如：區塊鏈、行銷、公眾演說及虛擬貨幣等課程。熱愛學習的我，能跟成功者學習、拓展眼界（很榮幸！個人與魔法講盟創辦人王晴天博士亦是建國中學同屆畢業的校友。只是走出校門後發展與歷練的管道不同罷了）是一大樂事，而魔法講盟經常開辦多元且優質的課程，礙於三年前背負公司倒閉及卡債壓力，好不容易撐過二年，實在沒有餘裕可以報名課程，看著大家努力學習，自己心裡著實不是滋味。因此每月利用少許薪資及業務獎金，積少成多，終於完成成為魔法講盟王晴天大師弟子的夢想——成為弟子就能享有跟王晴天大師一對一諮詢的機會，也能以超優惠甚至免費的價格報名魔法講盟的課程！

我跟威樺老師的緣分最一開始是在另一家培訓公司，之前我時常報名參加老師的說明會（即現在所謂小或中型規模的公眾演說），除了在交流（鼓勵）中感受到老師平易近人的一面外，也深刻體會老師希望將自身所學傾囊

相授的熱情（即社群營銷的趨勢舞台，在接受老師的薰陶下，讓人獲益良多！）。無奈相聚的時間是如此短暫，當聽到老師離開原來的培訓公司時，學生一時不知所措，再次見面時就是我人生面臨最低潮的時候。所幸 2020 年 10 月來到魔法講盟，開始接觸系統式的學習課程，當然威樺老師的課程定是我的首選！

上課迄今，威樺老師一直擔任我的行銷顧問，指導我操作網路行銷系統，手把手地帶領我打造個人品牌，幫助我用最低的成本開發最大的市場，《營銷魔法學》是網路行銷課程最重要的一環；而王晴天老師力推的 Forsage 平台，讓虛擬貨幣受災戶有所解套，幫大家高效率賺錢的工具。如果你是供應商或講師，魔法講盟的平台能曝光你的商品、課程與服務，會有更多人願意幫忙分享，甚至付出的廣告費還能額外回收；由於魔法講盟是做出版起家，基於散播知識服務的崇高理想，經常提供免費書籍致贈給前來學習的朋友，別擔心，魔法講盟餽贈的都是暢銷書或是長銷書，拿到贈書後再來轉送給親友，當做順水人情也很有面子，若是把這個好消息分享給別人，還有機會得到額外的傭金獎勵，不僅有了面子也顧了裡子。心動不如馬上行動，在這網購時代，如何才能購物省錢又能同時掙錢，千萬別錯過魔法講盟這個好平台、好系統、好商機。

網路時代，消費者購買的行為過程：

注意→興趣→欲望→搜尋→記憶→行動→分享。

至於企業該如何持續創新，也與以下四項有關：

1. 賦能式管理。

2. 將消費者準確定位。

3. 適應當下經濟發展形勢。

4. 站在消費者的角度思考問題。

要懂得洞悉顧客期望背後的「真正需求」，營收與獲利增加的關鍵在「客戶滿意度」，為了讓所有行銷操作都可視覺化，許多資訊和檔案都得「數據化」，才能清楚地得知「顧客支持與否」，進而歸納出具體的數據；想要贏得顧客支持，也有小技巧，那就是要站在顧客的立場換位思考，進行許可式行銷，並透過雙向互動式的溝通，對顧客做最合適的行銷操作，依照顧客的需求，提供合適的資訊或商品，做好最正確妥善的「供應鏈管理」。提升顧客滿意度，有助於「好口碑」的傳播！

行銷的本質，在於透過自家的商品、服務來造福社會，社會評價與顧客意見，也是行銷相對重要的一環。至於該如何建立深植人心的品牌？其實也有五大要點：

1. 產品定位：企業面臨最大的問題是以自己的角度來銷售商品，但真正重要的其實是「受眾認知」。想做出差異化定位，就要知己知彼，了解用戶，獨特思考自己優勢，確定目標，才能創新脫穎而出。

2. 抓住消費者心理：在這劇烈變革，求新求變，轉型的時期，要搶占用戶心智，就必須懂得濃縮品類，占據特性，聚集業務，創新品類。

3. 通路選擇：廣告投放要如何選擇及優化呢？依照不同定位來編預算做不同投放策略，利用大數據在不同分眾通路進行精準投放，以及互動行銷。

4. 引爆社群：就消費者來說，接受資訊的方式可分為「主動式」與「被動式」。「主動」就是資訊模式中的主動傳播，「被動」則是生活空間裡的被動接觸，利用社交媒體做能量，生活媒體做銷量。

5. 廣告SOP：簡單說出差異化，好廣告語的差異賣點在於「簡潔，品牌露出，多用俗語，戲劇化表達，新聞陳述，提問式廣告」。

另外，當客戶對文案內容有興趣時，在瀏覽過程中，客戶的內心往往會浮現六種問題類型：

- What（這是什麼？）
- Who（誰在講？）
- Why（我需要嗎？／為什麼該買？）
- How（如何購買？／多少錢？）
- How much、When & Where（多少錢、何時何地？）
- Evaluation（有效嗎？／有用嗎？）

唯有精準的目標客戶，文案才能精準鎖定。所有「商品廣告」表現都須以「概念」來溝通與聚焦。所謂的「概念」，就是廣告要說的第一句陳述，可以是用來做產品特點或利益的形容，是下主標的起點，是發揮創意視覺的切入關鍵點，可採用「影音行銷、圖像表現與文字訴求」。

「好標題」有三元素：關聯性、創新性、獨特性。標語若能打中關鍵，解決消費者問題，就很容易造成流行。標語有情境，能引發共鳴，顧客就會買單。「情境設定」也是標語能否被傳誦的一個關鍵，好的品牌口號，自己會說話。標語有新奇感，以故事型、比喻型手法，掌握「時事、趨勢、流行」，造好的關鍵字，人們自動會幫你傳出去。

品牌定位的三層思維：「產品」是一切的基礎、「顧客」是為王、「口碑」是擴散。用戶認知是企業的終極戰場，以「產品、通路、定位」三大浪潮為王，品牌是一切戰略的核心。

故事行銷四大好處：**提高顧客興趣、讓顧客留下記憶、凸顯商品獨特性**。文案必須滿足消費者的三大希望：**解決問題、滿足需求、以及符合期待**。才能打動消費者的心。

行銷的 PDCA：

1. Plan（計畫）：以顧客的立場，擬訂商品規格與假設溝通方式。

2. Do（執行）：透過各種媒體，傳播商品規格與商品在生活中的使用範例。

3. Check（驗證）：檢核指標、檢討執行成效，包括營收和獲利，目標客群是否已購買，購買後的口碑如何，媒體運用是否有效。

4. Act（改善）：思考改善重點，調整商品包裝，檢討銷售通路、評估宣傳媒體、檢視宣傳時段、在自家企業的社群媒體上多發聲。

行銷是戰略、推銷是戰術、項目是戰役、話術是戰技，行銷越強，推銷越不重要！行銷 1.0 以「產品」為核心，行銷 2.0 以「顧客」為核心，行銷 3.0 改以「溝通」為核心，行銷 4.0 則以「感情」和「心靈」為核心。目的都是為了讓品牌自然融入消費者的心中，形成腦內 GPS。以往創意、溝通傳播、行銷等是幾個獨立的概念，現在則走向一體化，以互動共鳴讓消費者產生內化的效果；社群營銷模式，往往是：流量→信任→成交→裂變→需求，所有競爭的核心在於消費者心智，讓消費者愛上你、相信你，才是未來變現的關鍵。

在拜讀了威樺老師的暢銷書《社群營銷的魔法》後，我檢視自己往昔業務行銷的觀念，錯誤全都被一一糾舉出來；再加上妥善運用網路的便利性，將自己的優勢產品推廣他（她）人，又讓我再次徹底活化洗滌個人的大腦，這些改變讓我獲益匪淺。得知王博士與陳威樺老師要推出新書——《銷魂文案》，個人即毛遂自薦願為兩位老師首次執筆撰文推薦，除感恩（謝）這些年他們的照顧（指導）外，並預祝新書能大賣，再次站上暢銷書第一名的寶座！

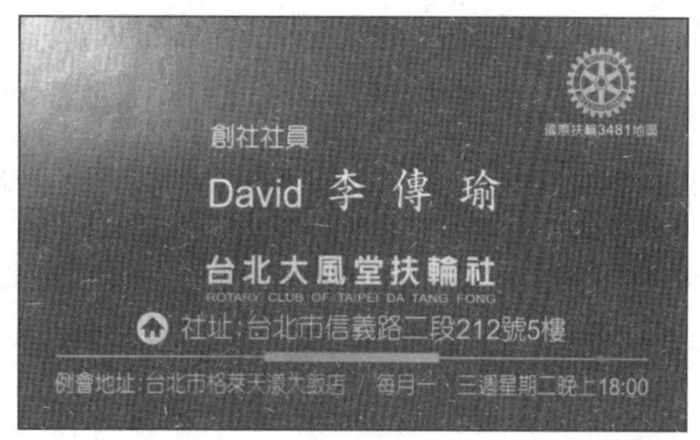

兼顧健康與被動收入的逆襲——盧錫琳

我是盧錫琳，目前已退休，擔任北一區國際同濟會大道會 2020～2021 年的顧問及義工，也是台灣微循環健康促進協會的義工，退休後仍有持續性收入，經濟生活不擔心。由於我父親在 79 歲時身體出現了問題，深知健康問題不是財富可以解決的，從此便投入健康產業，從研究食品到最新生技產品，從參與網路課程、知名學者專業演講，舉凡直銷、兼差、斜槓創業，樣樣都學，致力於投資自己的腦袋。

一、讓科技共振融入生活——匯芯科技

2020 年底，經朋友介紹聽了一場健康講座，因緣際會下再次接觸到我中醫及針灸老師所推薦的台大王唯工博士著作《氣血的旋律》、《水的慢舞》等書，當中提到「共振」對人體氣血的重要，是健康的不二關鍵！這一場活動係由匯芯科技張登科董事長及洪博士主講，演講內容深深觸動了我！尤其張董事長因為個人重度（肢）殘障，與帕金森氏症奮鬥 15 年，才終於有 24 小時共振晶片這一個高科技問世。張董事長從生病重殘，到學習中醫、氣功，直到走上發明家之路，這一路的辛酸血淚史，讓我久久難以忘懷其勵志的精神。王唯工博士談論共振理論，張董事長以科學的角度、中醫的深度，打造出具有提供 24 小時氣功的效果，揭開物理醫學新序幕。

諾貝爾生醫獎得主提出缺氧影響健康的論述，直到今天延伸出微循環健

康是影響細胞存活的關鍵，對醫學工程界影響甚鉅。匯芯科技自 2004 年開始，投入研究人體生物能諧波晶片之研發設計，結合國內多位專家博士群，長時間研發測試成功！目前已取得台灣、中國大陸、德國、瑞士專利，產品通過歐盟 SGS 的 161 項毒性物質檢測：產品無毒害、通過 SGS 之放射性檢測：產品無輻射、通過 SGS 重金屬檢測：無重金屬。在一個全方位時代，張董事長長期投入生物能量子共振芯灸技術，2020 年張董事長當選中華民國傑出發明家總會第四屆副總會長（任期民國 109～113 年），榮獲國際傑出發明家學術貢獻獎（經中華民國傑出發明家總會函榮獲符合國際傑出發明家學術貢獻）及台灣十大傑出企業發明家獎項。

匯芯科技已茁壯為一個多角化經營的事業體，聚焦在技術並發展養生保健，係真正可以永續經營。匯芯科技的產品已進入高科技創業元年，智能共振舒活艙、光子共振律動椅、高分子共振足鱉機（有助啟動自癒能力，改善微循環），安全非侵入性，榮獲 2019 美國矽谷生活用品組金牌、2019 美國矽谷醫療發明獎銀牌，誠屬國家之光。匯芯科技發展生物能共振，是少數人知曉的（有效）方法，不僅科技設備超強，且致力於推廣 O2O 線上線下系統，掌握新藍海領先市場的商機。匯芯 e 效 APP 是絕佳的邀客系統，其快速分享，以及可接受 APP 預約登記免費體驗等特性，提供大家快速有效、快速成功以及快速獲得健康的服務。匯芯科技的產品使用被動元件的技術，使用壽命長，正常操作下沒有使用時效的問題；非食品的屬性，可以搭配任何營養補充品，提高吸收率，促進新陳代謝，輔助效果佳；產品本身不通電，沒有能量礦石半衰的特性，正常使用下效期超過 20 年，不必擔心再次花費。當市場上增加 1％使用者，您將享受因分享產品上市所帶來的富裕退休生活，打造您的被動收入系統。

二、成功是一種選擇——MDC

美商得利選公司 My Daily Choice(MDC)值得您來認識，是您可以稱之為「家」的公司，也是讓我退休後每月仍有薪水自動進存摺，讓我有能力提供

父親及自己營養食品。

隨著生物科技日益發達，強調高吸收率超微細分子噴劑等新趨勢營養品也進入我的生活，幾支噴劑任意搭配，就能輕易獲取不同的珍貴營養素，頗受使用者佳評。過去我曾因車禍顱內出血，唯恐年長會失智，因此最愛用的也是對大腦有助益的產品，目前行動腦筋尚稱靈敏。

美商得利選公司(MDC)創辦人 Josh & Jenna Zwagil 是最年輕的創辦人，2014 年在美國拉斯維加斯創立 100 %零負債公司，榮獲最高信評等級 AAA (3A)，由於是直銷商出身，因此最懂直銷；2019 年創下 1.7 億美金的營業額，是美國成長最快速的直銷公司；2020 年榮獲百大直銷公司第 44 名，全球BFH 報導連續二年女性收入排行榜第一名；2022 年目標建立全球宅創業的新經濟。

美商得利選公司(MDC)的創業平台有革命性營養趨勢產品、高效超細微分子營養噴霧、脈輪精品單方芳香精油、高質量生活旅遊服務、數位貨幣資訊與服務、雲技術免收服務費、免費行銷系統及手機APP……多達 15 種專屬推廣網頁、全球跨境電商訓練影片、獨立網路後台業務管理，是進入網路宅創業商機的最佳利器。自動網路行銷系統，在嶄新的國際市場建立跨境電商，在家工作就能建立全球事業，透過網路行銷做最賺錢的行業，抓緊行銷趨勢主打商品及行銷模式，一張網多重選擇。

三、實現大腦最優化——愛力思

我因為擔任台灣微循環健康促進協會的義工而接觸愛力思，加上喜歡學習，所以到處參加健康講座，曾車禍顱內出血傷及腦部的我，平日也擔心年老失智，加上妹妹有失眠的問題，希望能找到提早預防的方法，便加入愛力思公司。加入愛力思公司使用產品之後，確實讓我更有精神、更喜歡交朋友、學習記憶速度變快。

Allysian 愛力思大腦科學公司，係 2015 年來自食安嚴謹的加拿大，在健康上重新定義可能，以其 40 多年研發背景，400 多次人體臨床驗證，採樣嚴謹。公開掌握第三波工業革命：解放大腦，也運用第四波工業革命：AI 人工智能，完善教育、倍增組織更易推廣。會動心使用愛力思公司的產品，是創辦人的故事深深打動我：創辦人 Apolo Ohno 在 11 歲被判定為過動兒，13 歲時運動天賦被發掘，成為最年輕進入奧林匹克學院的青少年，國家科學團隊、哈佛大學傾全力栽培，14 歲即摘下首面奧運金牌，成為風雲人物，豐功偉業無人能及：

1. 冬季奧運短速滑冰八面獎牌得主
2. 退休後以慈善公益身分參加全球鐵人三項榮獲佳績
3. 《與星共舞》節目國際標準舞決賽冠軍
4. 開設大腦益智節目擔任主持人
5. 出書創作成為激勵演說家

Apolo Ohno 受 400 多家國際知名品牌邀約代言，包括麥當勞、可口可樂、奧米茄名錶、BMW……人像更被彩繪在阿拉斯加航空的機身上招攬顧客，他也被美國前總統歐巴馬任命為亞裔美國人與太平洋島民的諮詢委員會主席，在在表現他過人的毅力與智慧。他延攬下科學團隊，與奧林匹克、哈佛醫學博士、教授……合作，於 2015 年在加拿大溫哥華成立 Allysian 愛力思科學公司。2017 年晉升運動名人堂，溜冰鞋展示在世界拳王阿里的手套之上。

一位運動家在奧運金牌競爭激烈得主年輕化，一位已退休奧運名將重返體壇仍能獲取獎牌，愛力思產品展現在創辦人身上的效果可見一般，這也是我願意使用愛力思產品的原因。

想深入了解公司，歡迎聯絡：

盧錫琳

- 手機：0983613505
- Line：b0983613505
- Email：d0983613505@gmail.com

盧錫琳 Line

全集中！財富自由的呼吸法！——陳詩元

我是Aaron，目前在科技業擔任業務主管一職，因為希望在工作以外打造第二專長及收入，因此花費 20 多萬上過很多老師的課程。記得第一次見到威樺老師是 2020 年 8 月在新店矽谷國際會議中心，魔法講盟舉辦的八大名師大會，八大名師高峰會是魔法講盟每年六月分定期舉辦的國際級盛會，邀請各領域頂尖大師來分享成功賺大錢的方法，每每吸引上千人與會。當天聽到威樺老師上台分享自己的網路行銷經驗及他即將出版的第一本書《社群營銷的魔法：社群媒體營銷聖經》。聽著老師侃侃而談他比任何同期的年輕人更熱愛學習、更敢於投資學習的費用，才能直接從世界級名師得到最寶貴的行銷技巧，讓同為salesman的我心中欽佩不已，心裡想著「有為者，亦若是」（這也是我今年以來會願意花費很多資金在學習上的主因之一）。所以我當場就報名老師每月第一週週二開課的行銷課程「營銷魔法學」，並預購威樺老師的新書。謝謝老師的教導，我目前一方面跟威樺老師學習，也把所學到的行銷技巧透過說故事的方式與各位分享如下：

從前有一個海灘很美，但在退潮時，一整片沙灘都是海星。剛好有一天陽光很烈，海星漸漸被晒乾死亡。這時有一個小男孩，一個一個拾起海星放回大海。旁邊的遊客笑道：**「整片沙灘的海星，你能救多少呢？」男孩說：「對我手中的這個海星，就有意義！」**

I have a dream！我有一個夢想，和這個男孩一樣，希望幫助更多的人，所以在 8 年前認養了一個非洲的女兒，我的夢想就是未來在她的國家建造一所小學，造福更多的孩子。但我只是個上班族，單靠工作的死薪水，何時才能財富自由呢？努力投資了 8 年的股市，卻在今年初大賠，心想這不是穩定的致富之道。所以我花了 20 多萬元到處上課、跟老師學習，感謝主，經過了一年，我現在學會很多知名老師的理財之道，也準備出書把這 20 萬學到的精華分享給更多人。

我還是那個男孩，希望幫助更多的孩子，明年第一季時這本理財工具書即將開始募資，我需要你們的力量，一起拯救更多的海星（孩子），影響更多的生命，請先成為我的好友（我的 line ID：fonechen，也可以掃後面的二維碼加好友喔），讓我們一起開始邁向財富自由的同時，也把愛傳出去！《全集中！財富自由的呼吸法！》原價 360 元，預購期間每一本書早鳥價為 200 元（超商取貨 260 元），每一本書我會捐 5 元版稅作為創校基金。凡一次預購 10 本（或以上）的讀者，即贈送價值 2000 元金融科技理財講座的免費入場券。謝謝你們的愛心，願神祝福你們！

這裡拋出二個問題給大家腦力激盪：

1. 我們有多少種收入方式？何時可以達到財富自由？

2. 我們可以用什麼方法成長？及如何把自已行銷出去？

這是我正在學習中的，將不定時提供最新的學習心得給大家，與大家一同成長，未來也計畫開設一系列的金融科技理財講座，希望有更多的朋友一起來學習喔。

陳詩元 Aaron 阿倫

- 上市科技公司業務經理
- 22 年 IT 產業工作經驗
- 8 年理財投資經驗
- 魔法講盟／價值思維學堂／好葉學院推廣合作伙伴
- 部落格：https://aaronrichway.blogspot.com/
- Line 群組 ID：fonechen

陳詩元 Line

 學習是打開成功之門的快捷方式——劉慶弟

魔法講盟是台灣最專業的成人培訓機構，其完整的行銷課程體系，滿足每個想要拓展事業與賺大錢的人可以學習與精進，想要苦盡甘來就是要不斷的學習並且去實踐，來到魔法講盟學習行銷知識，在行銷大師威樺老師的課堂上和書本裡，學習到各種行銷模式，非常受用。

威樺老師是一位親切、樂於與學員貼近且傾心竭力教導學員的好老師，他非常希望學員能將所學勇於付出行動運用出來，智慧與財富都能有所增長。威樺老師的每一堂課與每一本書，都是他費盡心思整理的寶庫，現在是網路宅經濟的時代，想要在網路上賺錢的你，學會了多少網賺的技能呢？「御財術」網路賺錢教學平台，能教會你網賺的基本功，同時也能從中獲取收益，想要學習網賺技能的朋友們，歡迎洽詢劉慶弟小姐。

重生生化科技有限公司是以出口高級天然保養品起家，經營了近 20 年，由於疫情的關係轉型做組織行銷，打破傳統組織行銷的模式，改用 30 人小組織循環的方式，讓會員在這裡不但能夠使用到高級天然保養品，以及由美國引進時下最新最夯的保健食品 NMN 之外，並且讓會員能夠健康美麗與財富兼具，還能賺永續財，還可世襲。邀請大家加入「重生」，和我們一起蛻變重生，活出精彩人生、逐夢踏實，為未來儲備安養金。

- 圓夢專線：0977-586-188
- 劉慶弟小姐 Line ID：0977586188

邊旅遊邊賺錢的人生——Sophie Chen

一、真誠助人承自晴天文化

第一次看到威樺老師在台上講社群營銷，他，跟一般的培訓講師很不一樣！大部分的培訓講師，眼神犀利，動作張揚，說話聲調抑揚頓挫，有時快如機關槍，火力十足；有時充滿濃情，感人肺腑。遠觀，猶如舞台劇演員。而威樺老師呢？他像個鄰家大男孩，笑容靦腆，聲調平實，相較起來很低調，但他的授課內容非常豐富紮實，而且很實用，馬上可以應用到戰場上，不管在哪個產業、平台都可以運用自如。

記得以前去聽一些培訓課程，台上的講師講得慷慨激昂，我們也聽得目不轉睛，但內容和目標卻跟我們距離十萬八千里。也常聽到一些學員動輒一次課程就花費數十萬，結果落得「上課一條龍，下課一條蟲」。而我，很少遇到像威樺老師這樣真誠的老師！不曉得這是不是師承自王晴天博士的文化，因為王博士也是一位讓我萬分感動的人生導師（這可能要占很多篇幅才能述說得完。）

記得我在上威樺老師的第一堂課後，就單獨到魔法講盟位於中和的總部跟他請益網路營銷的事，老師的態度非常謙虛真誠，而且一針見血解答我的問題，脫口而出的文案，都讓我拍案叫絕。威樺老師完全不藏私，傾囊相授，

讓我對網營有更多的了解，我私下找他三次，他的態度都一樣的認真誠摯。我心想這幾次的「一對一」諮詢，換成別的培訓老師不知道要花費多少鉅資呢？這不是因為威樺老師比較年輕或不夠「資深」，就網路營銷的領域，他可是一位佼佼者，而且上他課的學費和坊間比起來真是佛心價！

威樺老師原來的背景是工程師，每天和電腦、網路為伍，所以轉做網路營銷對他而言是平行轉移、毫不費力，造就他他真的是一位網路營銷的專才、專家。其實，會這些技術並不難，難得的是像他一樣謙虛真誠，始終如一！

二、如魚得水的工作和美麗的意外

介紹完大家都喜愛的威樺老師，再回到我自己。我從小對自己的志向就很清楚，早早規劃將來一定要從事文化、媒體的相關工作，因為藉著一支筆就可以行俠仗義。大學畢業、出國留學，都順著這條路走，從小編、主編到總編輯，一路如魚得水，然而人生往往不是我們能計畫或預料的。多年後生命中發生了一件美麗的意外，我居然去做了組織行銷，而且非常認真拼命，很快就升到公司的第二高階。大江南北，我一路過關斬將，這幾年的經驗帶給我許多的成長和不同的視野。

我一直在追求更寬闊的境界，也常常思考怎麼平衡自己的人生，試問：以下這五個面向你會如何排序呢？健康、關係、學習、事業、財富。人生上半場的我，一直在追求成就感，忽略了很多生命中重要的人和事，因此思考著人生這五個面向要重新排序。當你想要做改變時，心中的吶喊，宇宙會聽見，宇宙就會為你開門。

三、最潮也最強的新商業模式

百年一遇的商業大變革，萬物皆可訂閱的時代已經來臨。

2020 年 7 月，我接觸到頂尖企業都在運用的「訂閱經濟」，訂閱經濟是典範轉移的大趨勢，Costco 就是典型訂閱制的成功模式，亞太地區 85 %的企業高層把訂閱經濟的投資和轉型，列為董事會最高優先決策。在這個蓬勃發展訂閱經濟的時代，所有權已經落伍，使用權才是新的王道。

一生難得一遇的趨勢商機

我接觸的這個平台Bluuclub.com，就是在八兆產業的旅遊市場中使用訂閱制，是第一家使用訂閱經濟的旅遊平台。訂閱經濟平台，我們是首創，這必須是財力背景非常強大的公司才辦得到，公司願景很清晰、策略很清楚，因為這是人心所嚮往的模式。如果你還不知道，沒關係，因為你只是暫時不知道，終有一天你會知道，因為它是全球的。使用權取代擁有權，這觀念的轉變，都是不約而同的。台灣沒有流行訂閱，因此大家感覺不到，不代表事情沒有發生。當我們真正去了解時，會發現全世界已經風起雲湧。

BluuClub.com擁有全球260萬家酒店、私人產業及豪華游輪的訂房引擎，涵蓋全世界2百多個國家和地區，全球總部位於美國猶他州，亞太區總部位於新加坡。其商業模式為訂閱經濟模式結合全球共享分紅運算系統，是一個史無前例的新創共享機制。簡單來說，是Costco模式加上Amazon思維，Costco 提供會員產品批發價，百分之70以上的淨利來自會員年費，2021年預期達到40億美元。BluuClub以同樣的模式提供會員訂房底價，然而更加上Amazon 淨利率趨近於零的思維，把訂閱會員年費收益百分之90以上再與會員共享，使BluuClub商業模式成為訂閱經濟的首創典型。

訂閱制的概念和買東西不同，買東西可以這個月買，下個月不買；但訂閱制只能年繳或每月自動扣繳，都是長期的訂閱，所以也表示全球獎金是穩定、長久的被動收入。過去是會員經濟（免費）、Google 模式；現在則是訂閱經濟（付費）；過去是產品所有權，現在是使用權時代。訂閱經濟要的是龐大的市占率，要建立管道，全世界都在摩拳擦掌。

現在的商業模式早就轉移到訂閱制了，如早期的Amazon、微軟，目前的Netflix、汽車業、健身房也都大行其道，疫情更是推波助瀾。而我們是在八兆

產業的旅遊業中，率先、唯一採行訂閱制的平台，BluuClub 是全球首家完成建水道模式的平台，我們很有信心和 Expedia 及 booking.com 三分天下。訂閱經濟的關鍵，在於和消費者建立更穩定、更密切、更長久的關係。也是第一家訂閱經濟＋共享經濟，讓會員參與分紅。

既然這個商業模式這麼好，為什麼 Expedia 和 Booking.com 不採用這樣的會員模式呢？通常在網路上訂房的人都會很認真去做比價，他們會去比 Agoda，Trivago，Hotels……他們不知道原來這些都是這兩大集團分身，他們最厲害的並不在於他們是訂房的網站，而是他們是一個行銷公司！他們的行銷策略就是用免費策略。上一波最大的經濟體，就是免費會員經濟體，這個會員經濟體最主要的收入來源，就是 Google 的廣告。像 Expedia 和 Booking.com 的收入來源就包含廣告的收益，高達幾億美金，但他們更大的收益是來自於訂房的差額，這個營收占利潤的 70 %以上，基本上這是最大的收益來源，所以這兩大集團沒有辦法轉型，因為他們有很多的收益需要對股東負責，有很大的包袱。

而 BluuClub 是新創公司，所以可以用最低價，不賺會員錢的商業模式。例如，全世界最大的零售商是 Walmart（Costco 是最第二大），但是 Walmart 敢收會員費嗎？全聯、頂好敢收會員費嗎？這些公司的包袱一樣很重。所以這個問題也好比是問：既然 Costco 這麼成功，為什麼他們不採用它的模式，道理是一樣的。

不過如果 BluuClub 用會員制做得很成功的話，難道另外兩家公司不會轉型嗎？他們可能會，但他們會用分身；而我們是第一家，已經遙遙領先。其實他們之所以那麼大，也是有獨到的行銷策略，也有獎勵模式跟會員忠誠計畫，每一家的商業模式都能一定程度的圈粉，BluuClub 的模式也不一定讓所有人都買單。

Costco 不賺產品錢，光是收年費一年可達 40 億美元，BluuClub 遵循成功者模式，而且把全部的年費拿來分紅，讓會員成為股東，用的就是利潤趨近於零、全球共享的獎金機制，這部分跳脫、顛覆了全世界既有的框架，這是其他平台沒有辦法複製的；如果要做獎金部分，會參考的是聯盟行銷，但聯盟行銷讓利是個位數，都是 10 %以內，所以產生的誘因不大。BluuClub設計了很高的門檻，利潤趨近於零，也就是 90 %以上分潤出去，後面要追趕的，也很難追上。

在旅遊產業中，若只算Expedia和Booking.com兩大集團的年營業額 1900 億美金，就超過全世界幾萬家直銷公司的總額，你就知道旅遊產業這塊餅有多大了。但很多人會問，現在疫情這麼嚴重，旅遊業慘兮兮的，怎麼推這個平台呢？疫情總有結束的時候，物極必反，之後會有報復性消費旅遊，而且大家悶太久了，會刺激更大的旅遊潮，也可以先做國內旅遊。Expedia和Booking.com都在大動作高調打廣告，搶攻市場，全世界都在準備下一波旅遊潮。如果你不預先準備好自己，等到那個時刻來臨了，就會措手不及，被排拒在門外。

有人會好奇，BluuClub與worldventure是否一樣？worldventure是直銷公司，提供旅遊行程等套組產品，用的是直銷制度；BluuClub則是類似booking.com，是一個提供訂房的平台，就是最大的區別。這種朋友旅遊省錢，你就可以賺取現金的直銷獎勵方式，無法在社群媒體上傳播分享，單在美國就有幾十家直銷公司附加旅遊產品，這些以旅遊為輔的直銷公司，旅遊配套平均每個月收費＄30～＄120元不等，一開始還依內容收一筆幾百元美金到一萬多美金的分銷權利金或套組費用，收費較低的只提供他們的直銷商旅遊訂房省錢的價值，不列入獎金計算；列入獎金計算的，多數會以相對較低的PV比例納入獎金制度。

現在是最好的時間點，當大家還不知道什麼是訂閱經濟的時候，你已經參與在其中。Bluuclub.com的優勢：

1. 全球最低訂房價，訂貴退價差，並加增 10 %。

2. 沒有一個訂閱經濟平台願意分享利潤，Bluuclub 是唯一旅遊平台用訂閱制，並且經濟共享。
3. 這是國際大平台第一次給台灣在所有國家之前，台灣占盡天時地利人和。
4. 不是直銷，是聯盟行銷模式，全球排序，比你慢的都排在你後面。
5. 你是訂閱者，也就是消費者，並沒有投資，卻可以經濟共享。
6. Bluuclub.com 發明了史無前例的獎勵計畫，制度完全顛覆了傳統，一定會打破業界的收入。
7. 最初創始會員很有機會拿到全球永久分紅 1 %，亞太區僅限 1000 個名額。

任何一次機遇的到來，都必將經歷四個階段：「看不見」、「看不起」、「看不懂」，請不要讓自己「來不及」。一切都還在開展中，有什麼樣的商機，不是直銷、不是資金盤，一開始就可以接觸到的呢？想當一位先趨者嗎？不要等到一切都就位了，才懊悔！

選擇了才有機會，相信了才有可能。相信是這個世界上最強大的力量！你對你現在做的事情很滿意？還是可以 Open？你願意了解一個很特別的趨勢和商機嗎？因為這個東西和任何事業、平台都可以並行，不衝突，如果你有興趣，請和我聯絡。

歡迎掃碼聯繫：

 Sophie 的 line	 免費賓客的連結

 新智慧零售電商——梁上燕

2020 年 11 月 18 日，台灣出現了一家電商，這家公司很特別，不用入會費，不用繳月費、年費，不用購買不需要的套裝產品，只要你「免費註冊」，你就是這家公司的股東，享有分紅。是的，「免費註冊」後你就是這家公司的股東。你在這家電商公司的所有購物，立即買立即有 PV4 %的現金回饋，不是「點數」，是馬上可以用的「現金」而且是「新台幣」，你要將它提領出來或是繼續購物都可以。等於未來生活購物都可以免費，而且確確實實，已經很多人實現。最棒的是，你介紹的朋友，以及朋友的朋友，朋友的朋友的朋友，他們的購物，除了他們本人自賺現金回饋 4 %，你也都有 4 %現金回饋，一起共賺日用分潤。你可以介紹多少朋友呢？答案是無限多。你想要創業嗎？你想要無風險的增加被動式的收入嗎？「樂瑞」是你唯一的答案。

樂瑞的創辦初衷，就是要幫助台灣想要創業成功的平民百姓，打破所有銷售模式，真正創造一個三方共享利潤的平台，有個簡單安全創業的機會。你沒有看錯，樂瑞是一家很特別、有潛力的公司，有著無窮的賺錢機會與未來，無限想像，只要使用會賺錢的購物 APP，購買你的日常用品，發送連結碼給你的朋友就可以開啟你的事業了。

樂瑞網站精選台灣的優質產品，每件商品，就算是維力牛肉泡麵、金蘭醬油、蘇菲衛生棉、泰山沙拉油……，都是台灣老品牌、大品牌，每樣都經由公平會看過，通過嚴格的審核。現在只要免費註冊，樂瑞等於幫你做到以下所有事：

1. 商場幫你開好

2. 客服幫你請好

3. 物流幫你找好

4. 服務幫你搞好

5. 質量幫你選好

6. 利潤幫你算好

只要好東西跟好朋友分享，就可以利用原本就要買的日用品，賺你原本賺不到的利潤。這麼簡單的事情，只需要「你願意改變消費模式，改變行為模式，你的人生將因你的改變而變得不一樣」。要如何擁有收入呢？很簡單，用推薦碼發送給朋友，在 7 層內的消費都可以核算成你的當月收入。

例如：7 代內有 2000 店，每個人都消費日用品日，每個用 1500 元核算，金額大約為：2000 店×1500PV×4 %＝ 12 萬元。

這麼簡單好康的事情，你還在等什麼呢？

免費註冊：https://bit.ly/LeRich777

或掃瞄右方 QRcode，註冊後請加我（樂瑞購物專業人才招募部行銷經理梁上燕）的 Line：0916988875，我會邀你進群共贏。

梁上燕 Line

房地產多元收入——陳育妙

大家好，我是育妙，一開始是在網路上認識威樺老師，透過線上活動看到老師的 Line 行銷社群模式，對此充滿好奇。後來參加威樺老師的線下說明活動後，當下就報名了他的網路行銷培訓課程。在威樺老師每一次舉辦的課程中，我看到他對事業堅持的態度，威樺老師認為社群營銷是未來的趨勢，印象最深刻的是他常常問我們的一句話：「**未來你在網路上是要當消費者，還是要當經營者？**」

在接受威樺老師培訓的過程中，我看到他對學員的關心與期待，他總是希望我們變得更好，所以常常對我們提出要求。他不斷的叮嚀我：「**育妙，你的白頭髮太多了，什麼時候去染一染啊？**」、「**你的身形，可以再纖細一點嗎？如果要買戰袍，要瘦下來了再買喔！**」、「**衣服可以穿得再整齊乾淨一點！**」這樣的貼心提醒，對我不是苛刻或為難，反而感受到他的關切，對我來說是一種正面的忠告。我想經營房地產事業，但自己完全沒有經驗，威樺老師不但教我商業談判的技巧與方法，還介紹了我幾位房地產專家。現在我有兩棟房子在出租，每個月都有五位數的被動收入。威樺老師常提醒我：學做生意，不管是線上或線下，總是要有一些基本的素養，我們必須具備銷售的能力、演說的能力、談判的能力、投資的能力，以及說服的能力，都是我們追求卓越的必備技能。

威樺老師願意毫無保留傾囊相授，在每一次的課程裡，總是提供給學員們滿滿的新靈感及新點子，更重要的是能有效的落地執行。威樺老師也常說：「**我一定要讓你賺到錢！**」在這樣的自我要求下，威樺老師對自己的夥伴更是滴水不漏地指導，這樣的人格特質讓我十分欣賞。只要威樺老師答應過的事情，不管多晚、不論多遠，他都一定會處理。

威樺老師對待學員就像朋友般親近，每當一接收到新的資訊，他就會馬上分享給大家，他盡善盡美的個性，也贏得很多學員的認可。我記得他曾分

享過一套營銷模式，就是ABC法則，透過借力來提升成交率的模式：B就是我們自己，C就是我們的客戶或要成交的對象，我們B要做的就是把A推薦給C，是A和C之間的橋樑。在我們的團隊中，大家原本互不相識，透過威樺老師的協助，大家就像家人一般，共同學習網路社群經營，即使我們從來沒有見過面，但威樺老師為團隊建立了一個非常優質的團隊文化，讓每個人感到舒適，也能共同成長。

威樺老師是一個非常努力的人，他拼命三郎的個性，在每一場演說下來總是大汗淋漓，但他還是會跟夥伴們開會後檢討，總是要求自己做到最好。我是如此地幸運，能遇到為了我們的夢想而如此付出的人，在威樺老師的帶領下，我也成功地在網路上賺到了錢，這是我從來沒有想過與做過的事，當獎金匯到自己的帳戶時，真的很開心，原來網路行銷真的可以賺到錢，這都是威樺老師耐心指導下所得到的結果。

威樺老師常在臉書分享他的生活日常，除了在台上侃侃而談的專業形象外，他也有放鬆、愛家的另一面，他熱愛閱讀，喜歡與家人相聚、旅遊，也熱愛運動，更特別的是，他已經有如此成功的智慧與經驗，還是願意不斷地進修學習，追求卓越。現在威樺老師要出第二本書了，他要把這幾年來學到的所有商業智慧，匯集在這本書裡，再用更有效、省錢、快速的方法，幫助讀者完成他們的夢想。我真的很推薦各位一定要買《銷魂文案》這本書，看完保證讓你增加一甲子的功力。在文案的領域裡，我們想跟著世界的趨勢輕鬆快樂地走，就要讓威樺老師加入你的生活，這也是很難得的事喔，歡迎你跟我們一起快樂實現夢想。

不斷突破的創業之路——黃凱玲

各位讀者大家好！我是黃凱鈴（鋼鐵小鈴）。

為何叫「鋼鐵小鈴」？八年前隻身從台北來到台中，開啟了我的創業之路時，一切從 0 開始，不僅透過互聯網賺到錢、提升了生活品質外，還打開了全省從北到南，甚至到中國、馬來西亞的人脈圈，這一路經歷過挫折，遇到了艱難的考驗，反而越挫越勇，不斷的跨越與突破，進而練就了鋼鐵之心。因為我知道，唯有強化自己的內心，不斷的精進、進化自己，才更有力量在這條互聯網的創業之路上，過關斬將，打出自己的一片天地。

早期經營網路行銷至今，已有八年的經驗，從網拍代購 2G、3G 時代，一路見証互聯網世代的演變，來到了現在短視頻、直播當道的自媒體 5G 時代，在這轉變之快的世代下，你跟著 Update 了嗎？

在這個互聯網世代，除了更新一些行銷和商業的資訊外，最重要的還是學習，而且透過學習和走出網路世界看一看，視野也會跟著 Update，眼界自然也就跟著提升。我和本書作書陳威樺老師，也是透過互聯網認識的，當時在威樺老師的社群版面看見魔法講盟亞洲八大名師高峰會的二日講座——打造自動賺錢機器，讓我十分好奇會是怎麼樣的課程講座，於是報名參加，特別專程從台中前往新店台北矽谷國際會議中心，上了兩整天的講座課程。第一個課程講座就是威樺老師的「社群營銷」，當時也直接在現場買了他的《社群營銷的魔法》，威樺老師的課程內容和書都是互聯網創業者最好的一堂入門課和入門實戰書了，在此真誠的推薦給大家。

威樺老師在書中提到「資訊的落差就等於財富的落差」，這點我十分認同，因為在這個轉瞬即變的互聯網世代，唯一要做的就是「跟上」，只有掌握資訊跟著趨勢走就對了。一支手機開啟了這網路世代的世界，讓原本需要花上數小時見上一面對談的商務業務銷售，只需用數分鐘即可進行線上服務、完成成交，可以說網路互聯網突破了原有的很多限制。

一、為何要學習網路銷售？

1. 突破地域性限制（不用飛出國，照樣可以做全世界的生意）

2. 無時無刻都能成交；有立即性的收入產生

3. 在家照樣能用一支手機工作賺錢

4. 量大是致富的關鍵（唯有網路生意才能做到更大的量）

5. 低成本、零風險

從 0 到有，已不需要數年，可能只是 1 個月甚至是 1 天或是 1 秒，即可快速透過網路創業，由此可見網路創業的便利及可塑性。現在人手一支手機，想運用網路再增加一份收入已非難事，「斜槓」這個名詞也在這個網路和疫情衝擊的世代，成為一個主流的話題和名稱。

二、何謂「斜槓」？

意指現代人不再滿足於專一職業的工作模式，而選擇有多重職業及身分的生活，這些具有多重事業的人可能同時擔任兩份或以上的專業工作，又或在某一行業得到相當成就時就轉往另一行業發展。大多的斜槓族會在不影響原有的工作或生活之餘，一邊透過手機創業或加盟事業體，甚至是一邊打工，從而達到多元收入的效果。

而我自己也擁有一個「斜槓」多重身分，從早年產品導向銷售，到開始經營個人形象品牌，不怕產品的汰換，更多時候賣的是自己，與自己想傳遞的價值。這一路上有不少貴人的提攜，讓我不斷的成長與提升自己的層次，認識到更多高端人脈，甚至跨領域到房地產，掌握第一手資訊，運用此項目創業，協助更多人一起改變，提升並擁有優質收入，進而提升生活品質，再到跨界學習成為一名專業講師，將好的經驗與這一路的經歷所帶來的影響力和感染力傳達給更多的人，幫助更多人擁有改變的行動力，更有勇氣創造更高品質的生活。「成就他人，卓越自己」是一份崇高的精神，也是我一直努力的方向。

早前的教育體制僅教導我們學習書本知識，從 12 年國教到大學、研究所碩士、博士，取得高學歷畢業後就有好工作好收入，但在這二十一世紀的年代，它並非是一個定論，加上這波疫情導致很多員工失業，甚至很多店家面臨倒閉危機。因此很多時候，沒有一個絕對安全、零風險的情況，於是在我跌撞顛簸創業的這些年，也領悟到了，只有讓自己多元化發展，順勢而變，懂得掌握時局，跟著更新自己的思維、運營方針，調整與精化，才能在這個轉瞬即變的世代中，站穩一席之地。

這個世代最經典的一句話：「**工具決勝負，速度定乾坤**」。那麼你的商機在哪呢？5G自媒體時代，我們如何開創個人社群影響力，並且創造更具效益的社群營銷呢？關鍵在於掌握二大能力：直播變現的能力、打造個人 IP 掌握流量並串聯整合跨界的能力。最佳例子就是內地網紅、美妝主播「李佳琦」，號稱「口紅一哥」的李佳琦，在小紅書上坐擁 3 百多萬粉絲，只要一開直播就能讓品牌進貨到手軟，在一場和馬雲的直播競賽裡，2 小時賣出 1000 多支口紅，成為地表最強帶貨王！為何李佳琦能紅？正因為他掌握了上述提到的二大能力。

淘寶直播負責人給李佳琦的定位是「全域網紅」，透過抖音圈粉打造個人 IP 擴大影響力，成功的把淘寶外的流量轉化到直播間變現。而和馬雲 PK 直播賣貨、甚至邀請國際影后鐘麗緹上他的直播間，更是將他的跨界能力，推到一個巔峰。光是掌握能力還不夠，李佳琦每天的工作量非常飽和，高強度的直播工作＋更新頻率，加上 BA 出身＋主播的強帶貨屬性，一些稍誇張的語氣和演繹，強吸住粉絲的注意力，甚至最後李佳琦推出的獨家優惠，敢吼出「全網最低價」，背後商務團隊的強大支持與整個團隊的配合及爭取到的資源，也是不可或缺的重要關鍵。

由此可見，在這個 5G 當道的世代，沒有誰是一夜爆紅或者莫名其妙成功的，懂得掌握住時局與趨勢，運用相當的能力，再加上該有的努力，仍可以成功打造自己的自媒體 IP，快速引流聚粉，並透過社群營銷帶來變現的商機。

三、好的人脈鏈結

除了自身努力跟進趨勢外，還有最重要的一點，那便是威樺老師《社群營銷的魔法》一書中有提到：站在巨人的肩膀上，你能看到更遠的視野，同時也讓更多人看見了你。成功是可以複製的，跟在成功者身邊（學以致用），你可以減少失敗的碰撞，截取快速直徑，複製成功模式與個人獨特魅力，你也能擁有自己的一條成功道路。感恩這一路闖蕩出的一片天，讓我有很好的人脈鏈結，跟在每一個成功的貴人身邊學習，受益良多。

最後感恩威樺老師的邀請，讓我有機會在他新書中的一篇專欄中曝光，這次老師的新書《銷魂文案》也是我很期待的，在此大力的推薦，「好的文案」可以讓你在短時間內吸引住人的目光，讓人印象深刻。要記住，在這個5G時代，讓人快速記住你，文案絕對是不可少的一門工具。

如果你和我一樣擁有多重「斜槓」創業之路，或是你也想擁有自己的「斜槓創業」，歡迎來到「鋼鐵小鈴的創業日記」一起交流。

鋼鐵小玲的創業日記

如果你對於自媒體打造個人IP創業有興趣，也歡迎加「鋼鐵小鈴自媒體創業」官方帳號，掃QRcord將可以獲得自媒體創業相關豐富內容的電子筆記書。

鋼鐵小玲自媒體創業

銀髮的逆襲——蜻蜓媽（徐孟利）

大家好，我是蜻蜓媽，是個善於相夫教子的資深母親，曾經為了孩子的教育搬過十幾次家，足跡遍及新竹、宜蘭、北京、楊梅、中壢……宛如現代版孟母三遷；還進修藝術與人文教育研究所，成為一名藝術自療教師。認識威樺老師，是在魔法講盟的課程及亞洲八大名師高峰會會場，非常佩服威樺老師年紀輕輕卻能在自己的工作領域遭逢挫敗時，奮力學習行銷專業知識，將所學轉化為成功的應用場景及教學內容的精神。拜讀老師的著作《社群營銷的魔法》，也讓想了解網路世代社群生態的我大開眼界！感覺跟網路世代的青少年距離拉近了許多。很榮幸這次有機會能在老師的新書中，談談自己從原生家庭到經營再生家庭的歷程中，對不同時代的家庭成員互動的觀察體會，也希望能提供大家一同思考的空間。

一、灰灰的童年

我出生于民國 60、70 年代的新竹，爸爸是家中老么，上有四個哥哥、兩位姊姊，可想而知，奶奶生下爸爸時已是高齡產婦，所以印象中我讀幼稚園的時候，爺爺奶奶已經是七十多歲的年紀。他們為了省電，整天不開燈在家躺著、坐著，勉強煮出一些不怎麼美味的三餐，常常只有白飯配地瓜葉或空心菜（這兩種是我家後院種植的蔬菜），經常聽到他們用力咳嗽，奮力地把痰吐在小鐵罐子中，讓我覺得家的顏色是灰灰的。

我喜歡爸爸媽媽在家的時候，特別是爸爸，他脾氣好又幽默，經常講故事給我聽，還常常騎著摩托車載我去兜風，但他們是國中老師，每天都很忙，通常下班來不及煮飯，因此我們就一起吃著這些不怎麼美味的晚餐，偶而能到美乃斯麵包店買些熱食加菜，就是人間美味了。也因此，上小學後特別喜歡幫忙到外面餐館買食物回家，因為那代表我們可以享受一頓美食，有美食的餐桌讓我覺得家裡充滿了亮光。

我有一個大我九歲的哥哥，但是對他的好印象從幼稚園以後就沒有了，看著照片，依稀還能想起在我 5 歲、他 14 歲時，哥哥會在假日騎著腳踏車載我去附近的學校玩耍，但不知道從何時起，我對哥哥的印象只剩下他整天關在房間裡聽吵死人的搖滾音樂，害我無法靜心讀書寫作業。

我不喜歡待在家裡，不喜歡爺爺奶奶的老人味，不喜歡沒有變化的三餐，不喜歡哥哥吵翻天的搖滾樂，不喜歡爸爸媽媽整天罵哥哥放學亂跑不回家的聲音⋯⋯還好，我家有很多書可以看，在那個沒有網路、電視，只有三台（中

午晚上才有節目）的年代，書中世界是我唯一能逃離現實的出口。我喜歡讀書、看港劇，創作自己的武俠小說，但並不代表我喜歡上學，除了國語、社會、音樂之外，自然、數學、體育都是我的罩門，高年級後更害怕每一次的考試，那種錯一題要被打一下手心的刺痛，讓我想盡辦法逃避上學。於是小小的我常常想著，如果可以生病不用去上學該有多好。潛意識的力量真的是不容小覷，慢慢的，我竟常常因為生病而不用去上學。

媽媽生我時已 36 歲，也算高齡產婦，聽說在我兩歲時我就因為發燒而住進醫院，從有記憶起總是全身發癢，長痘長瘡，皮膚都是抓痕，整天在擦止癢藥膏，堪稱先天不足後天失調。因為家裡通常沒什麼好吃的食物，所以下課後總是在回家前繞去雜貨店買乖乖、王子麵、巧克力、冰棒，這樣晚餐也就經常吃不太下。現在回想起來，長期飲食營養不均衡與吃飯時間不固定，埋下了我體質虛寒的種子。

小學時，我和另一位同學堪稱黛玉姐妹花，病假請最多的就是我們倆，三天兩頭就會感冒胃痛，印象中我平均每個月感冒一次，爸爸就會帶我去小兒科診所打點滴，每年因為胃痛會去住院一週，體育課時老師也不敢太刁難我們，所以我們總是在操場邊坐著聊天。有一天，在學校上課時，我的好姊妹沒來學校，老師說她胃穿孔去住院了，隔天，卻傳來她不治的消息。五年級的我們全都嚇傻了！小小年紀的我們不知道生命這麼脆弱，天天一起玩的同學，竟突然消失在我們的生活中。後來我們一起去殯儀館見她最後一面，大家心情都很沉重，她的爸爸媽媽一定更難過——因為那是他們唯一的寶貝女兒。

在那之後的幾年，我陸續經歷了奶奶膀胱癌，爺爺、外公的辭世，他們都活到八十多歲，在當時算很高壽。但我好害怕參加喪禮，天人永隔的沉重氛圍、道士念經與無止盡的跪拜都讓我覺得窒息，然而我卻這樣一層一層的被覆蓋。

二、微光的青少年

這些覆蓋著我的陰影，在國三哥哥結婚後，逐漸有了一些亮光。賢慧的嫂嫂是廚藝高手，總能從容嫻熟的變出一桌子好菜，讓我愛上在家吃飯的好日子，過往在家沒人可以聊天的我，也有了嫂嫂可以對話。再過一兩年，可愛的大姪子也出生了，整個家看起來生氣蓬勃許多。

上了高中後，我熱愛交友，經常在新竹苗栗各鄉鎮的同學家互相住宿往來，位於市區的家也因為哥哥結婚而重建為透天厝，自然成為我高中同學們交通方便又空間寬敞的聚會所，最高紀錄曾經同時有 12 個同學來投宿，這對從小回家沒朋友，只能羨慕同學有兄弟姊妹可以一起玩的我來說，實在是非常愉悅的事情。

只是，在聯考前兩個月，爸爸突然在生活中出現諸多反常的行為與說話模式，讓家人與同事感到十分不解，後來送醫診斷竟為腦瘤，必須馬上手術切除，這讓好不容易感受到一點生命之光的我，又回到蒙灰的心情。爸爸是個認真的國文老師，也一直是成長過程中最懂我的人，是他帶我進入文學與藝術的世界，載著我去上各種喜歡的才藝課程，在平淡的生活中得以馳騁書海，探索自我；在我無法和哥哥、媽媽相處的情況時，忍受著我的壞脾氣，調和著整個家庭的和諧。很慶幸，那次腦瘤的手術十分順利，一個月後復原的父親，甚至在我聯考考完後還能教我開車，並且幫忙載開學的行李到台北的大學宿舍。

三、失怙的日子

原以為一切都恢復正常了；殊不知，這才是挑戰的開始。

在快樂的大一新生迎新之後，媽媽來電告知爸爸腦瘤病情復發並惡化，需轉至林口長庚醫院作放療與化療！哥哥與嫂嫂忙於工作與照顧新生的二姪子、小姪子，照顧爸爸的大部分責任就由媽媽承擔。幾次在假期中拖著沉重的心情去看爸爸，發現原本壯碩的他，越來越消瘦無力，媽媽花了不少錢買

了當時人稱抗癌最有效的巴西蘑菇及各種能取得的營養品，想挽救爸爸的生命，爸爸卻從臥床失禁、到意識不清認不得我，最後被醫院告知不用再繼續住下去了。媽媽說她為了照顧爸爸已精疲力盡，我和哥哥忙於學業與工作，也無法照顧爸爸，於是辦理出院後，失去意識的爸爸被安置到郊區的安養院。

其實在我心中，失去意識的爸爸，已經不是我原來敬愛的爸爸了！腦瘤不知壓壞了他哪根神經，讓他脾氣乖戾，說出來的話與表現出來的行徑既沒禮貌又讓人覺得困窘，每次探望完爸爸，我的心情都非常低落，一方面要接受堅如靠山的爸爸已經軟癱如泥；一方面回到學校要面對青春洋溢的同學們揪團出遊，自己卻因家人生病、心情沉重而無法跟隨的無奈。在孝順與不孝順之間掙扎，也許是這樣的心情夾擊，在一個冷風颼颼的初冬傍晚，從醫院探望完爸爸騎車回學校的途中，車子在林口的山丘上打滑自摔，傷口被處理的很粗糙，自此開始了我長達 20 年的左膝疼痛。

身體上的痛加上一年後父親在安養院過世的心痛，成了我大學生活的灰色基調，所幸學校輔導室老師溫暖的接住了我，每週一次的晤談時段，幫助我釐清自己的狀態，得以重獲能量面對課業與生活的解憂時光。

四、修身齊家的心路歷程

慢慢地，我學會了凡事得靠自己，包括處理自己灰色的心情與虛弱的身體。身體和心情的狀態有所連動，是我一直能夠感受到的。從小自己就容易頭暈，皮膚發癢長疹子，三天兩頭感冒發燒、胃痛請假；高中時是耳鼻喉科的常客，經常因為鼻塞必須去診所吸鼻涕；後來又加上車禍造成不時抽痛的左膝，如實的影響著我的心境，讓我總是感到心情沉重。而我也逐步發現西醫的對抗性治療方式，實在無法解決自己先天的體質問題。上大學後，參與某個穴道指壓按摩課程，認識了經絡與中醫，自此減少尋求西醫的治療，而改看中醫調理身體。大學畢業後，在很短的時間內就結婚生子當了媽媽，開始料理寶寶的副食品與三餐，也因著孩子過敏的體質，發現「上醫治未病」，舉凡日常食物的採買，都得從有機無毒開始，才能避免吃到不健康、容易累積毒素或致病的食材，原來食療才是王道！

除了日常三餐的飲食之外，我也從不排斥親友推薦的各種健康食品，因為自己從小就是藥罐子，深深體會「藥即是毒」。記得兒子二歲多時，重感冒發燒求診大醫院小兒科，醫生開給他每天三餐飯後吃四種藥，持續吃了一星期仍然咳嗽不止，我抱著病懨懨的孩子回診時，醫生輕描淡寫的說：「**沒關係，我再加兩顆藥給他就好！**」我想起自己小時候吃西藥的經驗，直覺這樣不行，於是求助於藥局，找到一種一盒兩千多元的百合蜂膠粉，每天固定吃三次，孩子咳嗽的狀況就慢慢不藥而癒了！此後我們家的感冒，真的都是靠各種自然食材或營養食品調養恢復，20 年來不曾再看過西醫。兩個孩子的身體，很少生病看醫生，比我這個體弱媽媽健康多了。

隨著兒女長大，在先生和娘家媽媽協助照顧家務的支持下，我開始進修藝術與人文教育領域的研究所課程，也在畢業後從事藝術自療理念相關的教學工作，試著以涵容的心境悅納每個課堂中的孩子，當時的教學工作十分忙碌，卻發現七十多歲一向老當益壯，能夠自行坐火車來回幫我照顧兒女的媽媽，身體也開始出了狀況。

民國 105 年某天，媽媽在家無預警地跌坐地上不起，緊急送醫後被檢查出血糖指數 800 多，當晚立刻被安排住進加護病房，隨後我拖著精疲力竭的身體，陪媽媽住院九天。適逢流感期間，好不容易可以安排到四人病房床位，只能痛苦的忍耐著隔壁床已經住院五個月，進入彌留狀態的老奶奶，整日不停歇、內容重複無數次的譫妄囈語。神經緊張的我，夜間根本完全無法入睡，大學時陪父親住院的夢魘再度出現，突如其來的這一切遠遠超過身體所能承受。照顧生病的媽媽，感覺我也去了半條命。還好媽媽後來注意減醣飲食，二個月後恢復了正常的生活機能，我也重獲平靜。

但民國 107 年 2 月，媽媽無預警的腰椎第二節壓迫性骨折，就沒這麼幸運了。當時我已經排定教課的行程，因為醫師診斷必須緊急動手術，教學只好告假停擺。媽媽手術後經過二、三個月休養，腰部還是會劇痛、舉步維艱，原本能夠幫我照顧子女的她，只能忍受臥床失禁之苦。身為主要照顧者的我，再次面臨整天頭昏腦脹，還要照顧一家老小，泥菩薩過江，自身難保的困境！

記得每次帶媽媽回診時，都要準備輪椅讓媽媽下車時乘坐，媽媽從轎車座椅移動到輪椅時，必須要喬到最適合的角度才不會牽動痛處，無論上車下車，都要折騰個十分鐘才能完成，每每跟媽媽卡在大醫院絡繹不絕的車陣中，我只能不斷跟後方等待的車子道歉，著實倍感壓力。很感謝幾個月後有位朋友，好意跟我分享一種小分子肽的產品，雖然不便宜，但在足量持續食用的情況下，讓媽媽在一兩個月後病況很明顯地有起色，不但翻身起床的疼痛越來越少，甚至後來連尿布都不需要包了。唯獨腸胃道的部分，仍然有些無解的狀況。此時又來了幾位久未聯絡，在宜蘭開有機早餐店的朋友與她的客人朋友們，邀請我去聽一場健康講座，並試喝一款特別富含 88 種酵素與益生菌的果汁，我因為經年胃痛，一喝之下竟然胃部反應相當激烈，在有機店朋友的說明之下，嘗試以這樣的飲品取代早餐的精力湯，發現泡得輕鬆、喝的愉快之外，竟然逐漸根本地解決了我長年的胃脹氣與胃絞痛問題。媽媽使用後的反應也相當的好，曾經因十二指腸腫瘤切除的腸胃不適症狀，都獲得很明顯的改善。

在這兩家產品的支持下，短短半年內，媽媽從臥床坐輪椅，到後來能推著助輪車外出，並且有力氣接受復健治療，目前已能不扶物自由行走，也能夠為趕上班的我們準備早餐，甚至到家附近的長照據點上課與出遊。回想起當時決定讓媽媽開始使用這些保健食品，是用兩個月的看護費下去賭！賭輸了，就準備請看護；如果賭贏了，就有機會把看護費移轉為每月吃健康食品的費用，換得媽媽的生活尊嚴，與全家不蒙灰影的生活品質。我因為替媽媽補充營養、促使她有力氣能常活動，並規劃合宜的高齡友善居家宅與家人共生養老的理念，榮獲 2020 年弘道老人基金會孝親獎頒發「溫暖貼心獎」呢！

五、銀髮如何逆襲

從小經歷多次親友往生的場景，再加上這二十年當媽媽，照顧自己與家人的過程中，體會到一個現象—中壯領薪真難為，工作家庭兩頭燒，養兒育女需後盾，照顧父母是責任！未來少子化與超高齡化社會對中壯世代的挑戰，只會越來越嚴峻。因為自己走過照顧老病父母的路，知道箇中辛苦，疼惜孩子，不願意自己在未來成為下一代的負擔。然而歲月不饒人，生命趨向衰老凋零本就是宇宙自然的法則，但如同李豔秋夫婦提倡的「長照不如常動」，良好的運動習慣再搭配完整的營養補充品，確實是保持青春活力缺一不可的元素，母親也是在補充了足夠的營養之後，才有力氣開始做復健運動，順利恢復行走功能。

在照顧子女與父母的歷程中，我也深刻體會到家中主要照顧者本身的健康與能量，更是需要有意識的維持，千萬不能省，否則連自己都累倒了，只會讓失去經濟支柱的家庭更蒙灰。這幾年高科技的營養食品，確實比起二十多年前進步太多了，幾乎所有的疑難雜症，在足量持續補充營養之下，在我自身與親友使用的經驗中，都能夠恢復到非常令人滿意的狀態。也因此造就了無比龐大的健康產品市場，我很幸運終於找到數種先進的保健與美容保養品，能夠維持好自己和家人的健康狀態，因此我也開始連結多位營養師、健康管理師、有機餐飲及美容師朋友們，一起建構完善的健檢與諮詢團隊，幫助許多和我一樣曾經遭遇身體病痛，又工作家庭兩頭燒的朋友，恢復健康與青春活力。願和有緣的讀者，分享這些美好的自療與逆齡資源，一起為銀髮生活的健康與財富做好萬全的規劃，讓銀髮逆襲成為支持下一代愛與智慧的象徵與典範。

歡迎掃碼聯繫：

 銀髮的逆襲 FB 粉絲專頁	 逆齡時代 Line 群組	 蜻蜓媽 Line 帳號

創造魔法見證——李清淇

大家好！我是李清淇，我是清淇國際有限公司負責人。我司跨界整合從事的產業領域相當廣泛，專營屋頂防水、外牆防水、壁癌處理、灌注止漏、鋼筋外露、結構補強。關於房屋結構或漏水的問題，北北基桃宜都可找清淇到府免費估價喔！防水修繕找清淇，安心居住沒問題！有需電商／平面／網頁／動畫／遊戲設計／影片後製／中文校稿等服務，也歡迎找清淇。另外，我也有服務辦理人脈、創業、行銷培訓等課程。

特愛學習的我，很榮幸能跟成功者學習，擴展眼界，成為全球華語魔法講盟股份有限公司董事長——王晴天博士的弟子，並經晴天老師提攜為魔法講盟（台灣最大、最多元、最專業的開放式培訓機構，致力於打造全球最佳國際級成人培訓系統）專案推廣部部長。

魔法講盟專辦開放式多元化課程：Business & You（一日齊心論劍班、二日成功激勵班、三日快樂創業班、四日 OPM 眾籌談判班、五日市場 ing 行銷專班，1＋2＋3＋4＋5 共 15 日完整課程，整合成功激勵學與落地實戰派，借力高端人脈建構自己的魚池！）、WWDB & BU642、區塊鏈國際認證講師班、密室逃脫創業祕訓、魔法講堂、講師培訓、區塊鏈課程、激勵課程、抖音課程、管理課程、行銷課程、創業課程、出書出版班、主持人培訓班、眾籌班、世界級公眾演說班，及定期舉辦「創業、行銷、投資」為內容核心的知識型大型講座、高峰會。

這次能與幾位老師共同參與、分享所學、盡點心力。在此與讀者們大力推薦陳威樺老師，在商業培訓、社群營銷深耕多年，以最實務落地的實作經驗分享，勢必讀者能獲益良多，更上層樓！

想讓威樺老師當您的行銷顧問，網路行銷系統指導，手把手的帶領你打造個人品牌，幫助你用最低的成本開發最大的市場，歡迎報名實戰性有結果的社群營銷、網路行銷課程〈營銷魔法學〉。

【魔法講盟】BU 行銷專班會教您行銷三大體系：菲力浦・科特勒的 NP 系統，傑・亞伯拉罕的行銷擴增系統，以及 WWDB642 的高收入行銷系統。

BU行銷專班也將詳細教授「接、建、初、追、轉」五大銷售步驟，揭露行銷的祕密！保證讓您絕對成交！

現在是個「人人都能發聲」的自媒體時代，企業如果想要生存並突破發展困境，用最少的資源達到最大的收益，就必須要學會一種能力，叫做以「課」導「客」！利用課程，來帶動客人上門，這些來上課的學生，即將是您「未來的客戶、為你轉介紹客戶、成為你的員工、投資人、供應商、合作夥伴」，而最好的方式是「一對多銷講」一次達成。

你找到你的人生教練了嗎？如果還沒有，歡迎你加入我們魔法講盟，我們提供培訓，舞台，平台讓你成為下一個魔法見證。

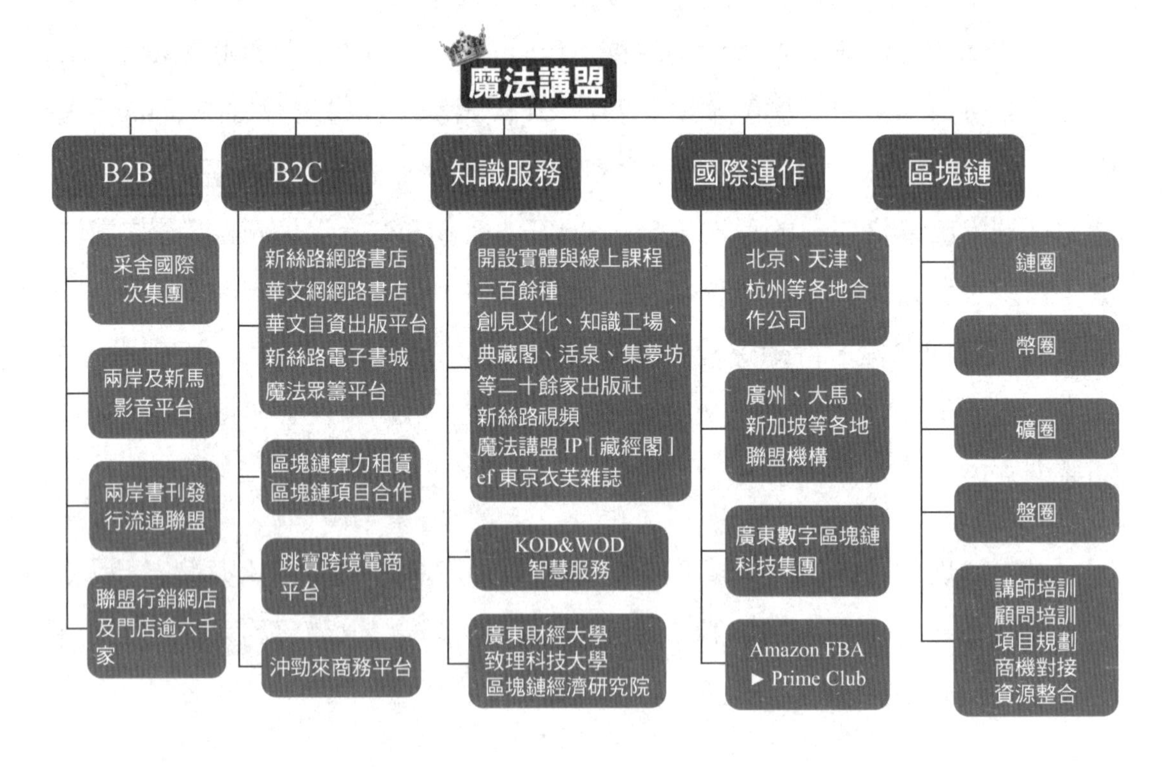

喜歡資源整合、分享互助、人脈交流的您，歡迎加入 Line 群。Line 群將提供最新資訊、行銷脈動、好康情報，強強聯盟合作，共創多贏未來。

社群營銷魔法學群組

你有在網路購物嗎？掃 QRcode 加入送您 500 元東森幣，至東森購物享回饋，一起加入東森全球事業店主，不但能以超優惠價格購買美妝保養品，還能賺結帳回饋的獎金喔！消費能一省再省，買越多賺越多～這麼好康的現金回饋，趕緊立馬手刀加入！

東森購物

- Facebook：李清淇
- 電話：(+886)966-863-204
- Line ID：0966863204
- We Chat ID：liqingqi1255
- YouTube：http://bit.ly/38LAPch
- 免費領取東森幣：http://bit.ly/38rvtFL

李清淇 Line

紙水糊與紙文物修護的關係及其應用——姜正華

在中國的傳統的紙文物修護作業中，除了匠師的高超技藝外，必不可少的就屬「紙、水、糊」這三樣東西了。因此，本文將探究其「紙文物修護」與紙水糊的關係及其應用，以下分述如後。

一、紙文物修護用紙的原則和標準

1. 修護用紙原則：所謂「紙」，係指植物纖維經物理、化學作用所提純與分散，其漿液在多孔模具簾上濾水並形成濕纖維層，乾燥後交結成的薄片狀材料。廣義上還包括動物纖維、礦物纖維及合成纖維或其混合物所製成之片狀物(CNS4790-3)。植物纖維包括韌皮纖維、木漿及禾本纖維。而其植物纖維中所含的主要化學成分是纖維素、半纖維素和木質素等物質。

選擇紙文物修護用紙，必須符合「高保存性」的要求。所謂「高保存性」(Permanence)，係指：「紙張在圖書館與檔案室之正常使用與保存狀況下，至少能維持數百年之久而不致產生明顯損壞的性質〔CNS13776〕」。

紙文物修護用紙，可採用紙質強韌、輕、薄、緻密，無雜質、無紙瘤且纖維組成均勻的傳統「手工純楮皮紙」。另針對兩面有字的紙文物，則可選擇基重為 5 g / cm^2 的「典具帖紙」為托紙。

2. 修復用紙標準：

⑴機械強度高，手感棉韌：包括乾、濕抗張強度，撕裂度和耐折度高；抗機械衝擊和抗磨損性亦強。

⑵鹼性耐久紙：酸是加速紙張老化變黃發脆的最主要物質，修復用紙的酸鹼值(pH)一般應選擇在 7.5～10 之間。

⑶輕量薄紙：一刀（100 張）紙的重量，最好在 1.8 公斤以下。因為修護後的紙文物，必定較未修護前來的厚，且會壓縮到紙文物原本的儲存空間。

⑸伸縮性小：托紙遇水浸濕後的膨脹係數小，應力平均；俾易於塗布漿糊和理平，不易撓曲和崩裂。

⑸原色修復用紙：紙張白度在 60 %左右，勿使用經化學藥品（亞硫酸鹽或過氧化氫等）漂白太過的酸性（或鹼性）紙張。

⑹紙末上礬：造紙明礬的化學式為硫酸鋁（$Al_2(SO_4)_3 \cdot 18H_2O$），紙或紙板製造過程中，添加於紙料中以調節紙料之電位與酸鹼度，以利上膠、染色或保留。

造紙明礬是強酸弱鹼鹽，易溶於水，其水溶液呈酸性。當 $4 < pH < 7$ 的介質中時，造紙明礬有如下水解反應：

$$Al_2(SO_4)_3 + 12H_2O \rightarrow 2(Al(H_2O)_6)^{3+} + 3SO_4^{2-}$$

水解產生的六水合鋁離子 $(Al(H_2O)_6)^{3+}$ 是帶正電荷的絮狀凝膠物，它對松香顆粒、纖維素纖維、填料均有親和力。松香膠的沉澱是靠六水合鋁離子的吸附作用。施膠時明礬產生的六水合鋁離子多施膠效果較好。當保持漿液的pH值為4～5時，能獲得較多的六水合鋁離子，所以施膠時常用氫氧化納（NaOH）、碳酸鈉（Na_2CO_3）或硫酸（H_2SO_4）把紙漿的pH值調成4～5，因而紙漿抄成紙後呈酸性。

3. 墊紙、吸水紙：紙文物在修護時，可使用不同厚度之化纖紙（嫘縈纖維或稱不織布）為墊紙；吸水紙則可選擇無酸或中性和不同厚度之機製吸水紙吸除多於水分。

二、紙文物修護用水

紙文物修護用水切不可直接使用自來水，自來水中含有用於消毒之「氯（Cl_2）」，並含有鐵、銅等重金屬離子。應採用適當方法將自來水中餘氯、有機物質及金屬離子等去除。氯加入水中與水結合後，生成鹽酸和次氯酸的「酸性水」，會加速紙張纖維素的氧化和水解作用，以及顏料和字跡媒材的褪色，對紙文物自然有不利的影響。化學式如下：

$$Cl_2 + H_2O \rightarrow HOCl + HCl$$

是以，一般以蒸餾水或純水為紙文物修護用水為宜。

三、漿糊

紙文物修護所使用之漿糊，應使用自製小麥澱粉漿糊，切不可使用添加有明礬，及其他化學防腐劑（如：酚類化合物）之文具用漿糊（pH在3.0-3.1之間），亦不可使用高分子聚合物黏著劑，例如膠水、口紅膠、合成樹脂等等。

1. 小麥澱粉漿糊：就紙文物保存而言，通常要求使用自製小麥澱粉漿糊，所用原料為洗除麵筋並經適當浸泡發酵後之小麥澱粉，然後將適當稀釋之小麥澱粉漿，於適當溫度下「糊化」而製成。製作過程一般採用「鍋煮法」和「水沖法」；以下就「水沖法」作介紹。

⑴取一定量小麥澱粉加入同等量冷水，用木棒充分攪勻成湯狀。

⑵隨即用沸水（100℃）沖入，加入之沸水量，為原小麥澱粉總體積之五倍。水流要猛要快；另一手提電動攪拌器在陶盆內，以同一方向不斷旋轉攪拌。切不可一會順時針，一下又反時針方向。

⑶小麥澱粉受熱吸水能力增強，溫度不斷升高，小麥澱粉微粒體積迅速澎漲，當達到80～85℃時開始「糊化」；一旦澱粉經由灰白轉暗乳白色再轉半透明色（狀似晶瑩）等過程的凝膠態，拉起攪拌棒糊成絲狀，糊化即告完成。

⑸輕輕的由陶盆邊注入水於漿糊之上約1公分。

⑸待冷卻後，加蓋放在乾燥且陰涼的處所或冰箱冷藏室內存放。

⑹自沖製完成起，室溫在 10～20℃時，每日換水一次；室溫超過20℃，則一天換兩次水，以避免水質發酸變臭，成為寄生黴菌的營養基。

⑺小麥澱粉漿糊的糊力是逐日降解，通常漿糊應於 5～7 天內使用完，如於保存期間發生酸敗者應即棄去。

2. 調糊：製作完成的漿糊待一天之後，始依每日用量挖取糊塊進行搓揉，再一邊慢慢的加入純水，一邊仍不斷的繼續搓揉。待漿糊稀釋成適當濃度後，用篩網過濾以去除殘留糊塊或雜質，然後再次注入水使糊和水的比率達糊 1：水 3～5 之比即可。

   漿糊之濃稠度應依紙之吸水性適當調整。原則上，吸水性低或抗水滲透性較強之紙，漿糊宜濃稠；反之，當紙之吸水性較大時，則使用較稀薄之漿糊。可同時準備一稠、一稀的兩盆漿糊，以方便使用，漿糊應隨調隨用。

四、結論

由以上的論述不難發現，為了要修護已劣損的紙文物，除了紙文物本身需先經「預處理」外，紙水糊三者亦應遠離「酸」，再加上有良好的典藏環境，方能真正達到保存修護的目的。

最後，僅讓我以萬分感恩的心，感謝尊敬的威樺、晴天老師，給予巨著的一隅，將我近三十年的理論和實操所得發布於是書之中。謝謝您！

本書的文案範例有許多來自於各大官網及網路媒體，使本書的內容達到最佳的昇華境界，在此附上書中引用的文案資料來源推薦給所有的讀者參考，以表達誠摯的謝意。

1.餐飲句子：	2.珠寶文案：	3.吃貨文案：
4.化妝品文案：	5.100 句美食文案：	6.一天一句微情話：
7.實用品牌標語大全：	8.一篇關於美食的文案：	9.粥道世家創業計畫書：
10.去旅游的朋友圈文案：	11.畢業時刻，朋友圈文案：	12.Nt Susu Cafe-牙擦蘇：
13.網貸平台商業計畫書：	14.超級感人的愛情故事：	15.寫到你胃裡的美食文案：

16.有哪些可愛的朋友圈文案：	17.令人難以忘懷的廣告詞：	18.最全 slogan 集錦，值得收藏：
19.整理了一些美食發圈文案：	20.我是怎麼寫出一篇文案的？	21.微商朋友圈的十條扎心文案：
22.把 1000 句文案裝進腦袋（第 1 發）：	23.把 1000 句文案裝進腦袋（第 11 發）：	24.把 1000 句文案裝進腦袋（第 12 發）：
25.把 1000 句文案裝進腦袋（第 22 發）：	26.大學生創業企畫書範文一萬字：	27.智子，請好好照顧我們的孩子：
28.如果在意體重，那就對不起食物了：	29.【美食日常】心里有光，慢食三餐：	30.100 句美食文案，看完都肚子餓了：
31.「醫美文案」我害怕比我漂亮的人：	32.頂級文案學習李欣頻文案，句句精華！	33.三八女王節文案、廣告語、朋友圈文案：

34.想要創業嗎？一份詳細的創業案例免費喲：	35.美食文案分享：「生活不僅要吃甜頭，還要吃肉」：	36.新手文案想看的經典廣告文案，我都幫你整理好啦：
37.你的吃相是最美的模樣，是我聽過最感人的土味情話：	38.口紅是女人的一件衣服，不塗點口紅這簡直就是裸體出門啊：	39.「1.卡路里充值成功 2.三餐正常，四餐滿意 3.火鍋咕嘟咕嘟」：
40.100 條可可愛愛的朋友圈文案，轉發起來，承包你一年的朋友圈：	41.2020 抖音最火的文案，抖音經典創意文案短句大全：	42.適合長期不更動態發的朋友圈文案：
43.抖音文案怎麼寫吸引人？	—	—

魔法講盟 專業賦能，
賦予您 6 大超強利基！
助您將知識變現，
人生就此翻轉！

Beloning → Becoming

1 輔導弟子與學員們與大咖對接，斜槓創業以 MSIR 被動收入財務自由，打造屬於自己的自動賺錢機器。

2 培育弟子與學員們成為國際級講師，在大、中、小型舞台上公眾演說，實現理想或開課銷講。

3 協助弟子與學員們成為兩岸的暢銷書作家，用自己的書建構專業形象與權威地位。

4 助您找到人生新方向，建構屬於您自己的 π 型智慧人生，直接接班現有企業！。

5 台灣最強區塊鏈培訓體系：國際級證照＋賦能應用＋創新商業模式。

6 舉凡成為弟子，過去〔藏經閣〕、現在及未來所有課程全部免費，且終身複訓！

魔法講盟 專業賦能，是您成功人生的最佳跳板！

只要做對決定，您的人生從此不一樣！

唯有第一名與第一名合作，才可以發揮更大的影響力，
如果您擁有世界第一・華人第一・亞洲第一・台灣第一的課程，
歡迎您與行銷第一的我們合作。

許多的新創如雨後春筍般出現，最終黯然退場的也不少。
沒有強項只想圓夢的創業、沒有市場需求的創業、搞不定人、跟風、趕流行的創業項目……
這些新創難逃五年內會陣亡的魔咒!!

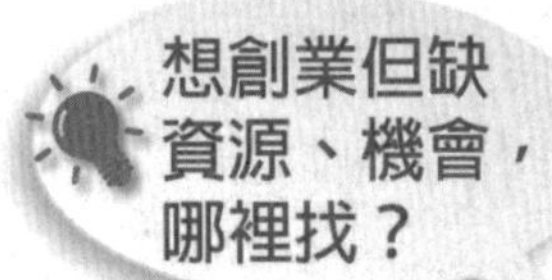

想創業但缺資源、機會，哪裡找？

創業夥伴怎麼選？

資金短缺/融資用完，怎麼辦？

如何因應競爭者的包圍？

創業，會遇到哪些挑戰？
從0到1、從生存到成功……
絕對不容易！！

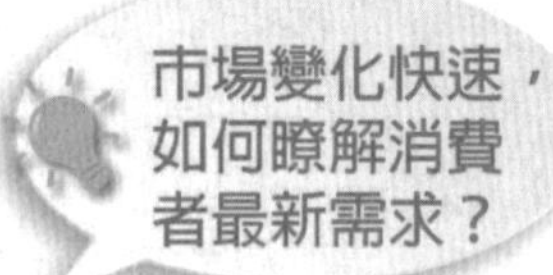

市場變化快速，如何瞭解消費者最新需求？

服務/產品如何設計？如何獲利賺錢？

經營、管理、領導的異同為何？

其實，創業跟你想像中的很不一樣……

創過業的人才懂創業家的痛點

- ☑ 我想創業，哪些事情「早知道」會更好？
- ☑ 想創業但缺資源、機會，哪裡找？
- ☑ 盈利模式不清晰，發展陷入迷局？
- ☑ 我想自創品牌，該如何切入？
- ☑ 經營團隊能力不能互補，如何精準「看人」？
- ☑ 如何達成銷售額最大化和成本最小化？
- ☑ 行銷如何 STP 精準做到位？
- ☑ 賺一次的錢？還是持續賺客戶的錢？
- ☑ 急著賺錢：卻失去了客戶的核心價值，咋辦？
- ☑ 以為產品比對手好，消費者就會買單嗎？

在創業導師團隊的協助與指引下，

帶您走出見樹不見林的誤區，

一起培養創業腦！

魔法講盟 創業大師

Innovation & Startup SEMINAR

創業導師傳承智慧
拓展創業的視野與深度

由神人級的創業導師——

王晴天博士親自主持，以一個月一個主題的博士級 Seminar 研討會形式，透過問題研討與策略練習，帶領學員找出「真正的問題」並解決它，學到公司營運的實戰經驗。激發創業者自身創造力，提升尋求解決辦法和對策的技能，完成蛻變，至創業成功財務自由為止！

經由創業導師的協助與指引，能充分了解新創公司營運模式，
同時培養創新思維，
引導您成為未來的新創之星。

Business & You

不只教你創業，是一起創業

密室逃脫創業培訓，

採行**費曼式學習法**，由創業導師**王晴天**博士親自主持，以其三十多年創業實戰經驗為基調，並取經美國Draper University（DU）、SLP（Startup Leadership Program）、貝布森學院（Babson College）、日本盛和塾、松下幸之助經營塾、中國的湖畔大學……等東西方最夯的國際級創業課程之精華，融合最新的創業趨勢、商業模式，設計規劃**「密室逃脫創業育成」**課程，精煉出數十道創業致命關卡的挑戰！以一個月一個主題的博士級 Seminar 研討會形式，透過學員分組 Case Study、分享解決之道，在老師與學員的互動中進行問題研討與策略練習，學到公司營運的實戰經驗，突破創業困境。再輔以〈一起創業吧〉的專業團隊輔導，手把手一起創業賺大錢！

體驗創業 → 沙盤推演 → 成功見習

Coaching

用行動去學習：費曼式學習法

Richard Feynman

由諾貝爾物理獎得主

理查德費曼（Richard Feynman）

所創造費曼學習法的核心精神——

透過**「教學」**與**「分享」**

加速深度理解的過程，

分享與教學，能加深記憶，

轉換成為內在的知識與外顯的能力。

斜槓創業

Live / Your / Startup / Dream

王晴天 著

打造人生、財富多軌制，讓自己潛力加值無上限！

教學就是最好的內化與驗證

「你是不是真的懂了？」的方式，

如果你不能運用自如，

怎麼教別人呢？

一個人只有通過教・學・做，才能真正學會！

掃碼了解更多▶

One can only learn by teaching

書讀得再多、學習得再廣，
如果不能寫出來、不能向別人說出來，
就無法成為自己的東西。

教學能讓大腦由被動接受轉為主動創造而刺激學習效能。

美國國家訓練實驗室研究證實，不同的學習方式，學習者的平均效率是完全不同的。

傳統學習方式

例如聽講、閱讀，屬於被動的個人學習，學習吸收率低於30%。

主動學習法

例如小組討論，轉教別人，學習吸收率可以達到50%以上。

模擬教學學習法

費曼強調的「模擬教學學習法」，吸收率達到了90%！

而又如何能達到 99%的信度與效度呢？

授課形式

創業有方法，成功也有門道！

魔法講盟

OPT ▶ 大咖聚

NTF ▶ 眾籌

OPE ▶ 幣礦鏈盤

★ 經驗與新知相乘

★ 西方與東方相輔

★ 資源與人脈互搭

Learning by Experience

「密室逃脫創業育成」課程，提供一套落地實戰，歐美、兩岸都熱衷運用的創業方法論。每月選定一創業關卡主題，由學員負責講授分享，再由導創導師點評、建議策略與指導，並有創業教練的陪伴式輔導，確保您一直走在正確的道路上，直至創業成功為止！

教中學、學中做的授課形式 »

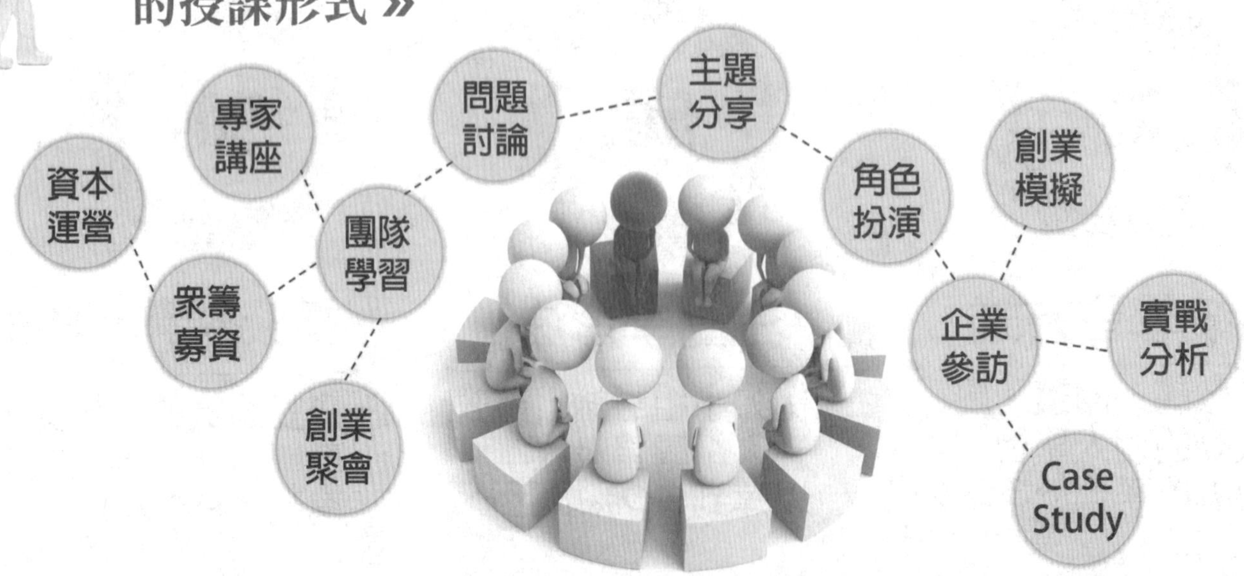

一起學習，共同成長!!

沒有空談，只有乾貨

課程架構

創業
智能養成
×
落地實戰
技術育成

「密室逃脫創業育成」
課程架構與規劃

我們將新創公司面臨的關鍵挑戰分成：**營運發展**、**市場**、**資金**、**管理**、**團隊**這五大面向來討論。每一面向之下，再選出創業家要面對的問題與關卡如：**價值訴求**、**目標客群**、**行銷**、**品牌**、**通路**、**盈利模式**、**用人**、**識人**、**風險管理**、**資本運營**……等數十個課題，做為每月主題來研究與剖析，由專業教練手把手帶你解開謎題，只有正視困境，才能在創業路上未雨綢繆，突破創業困境，走向成功。

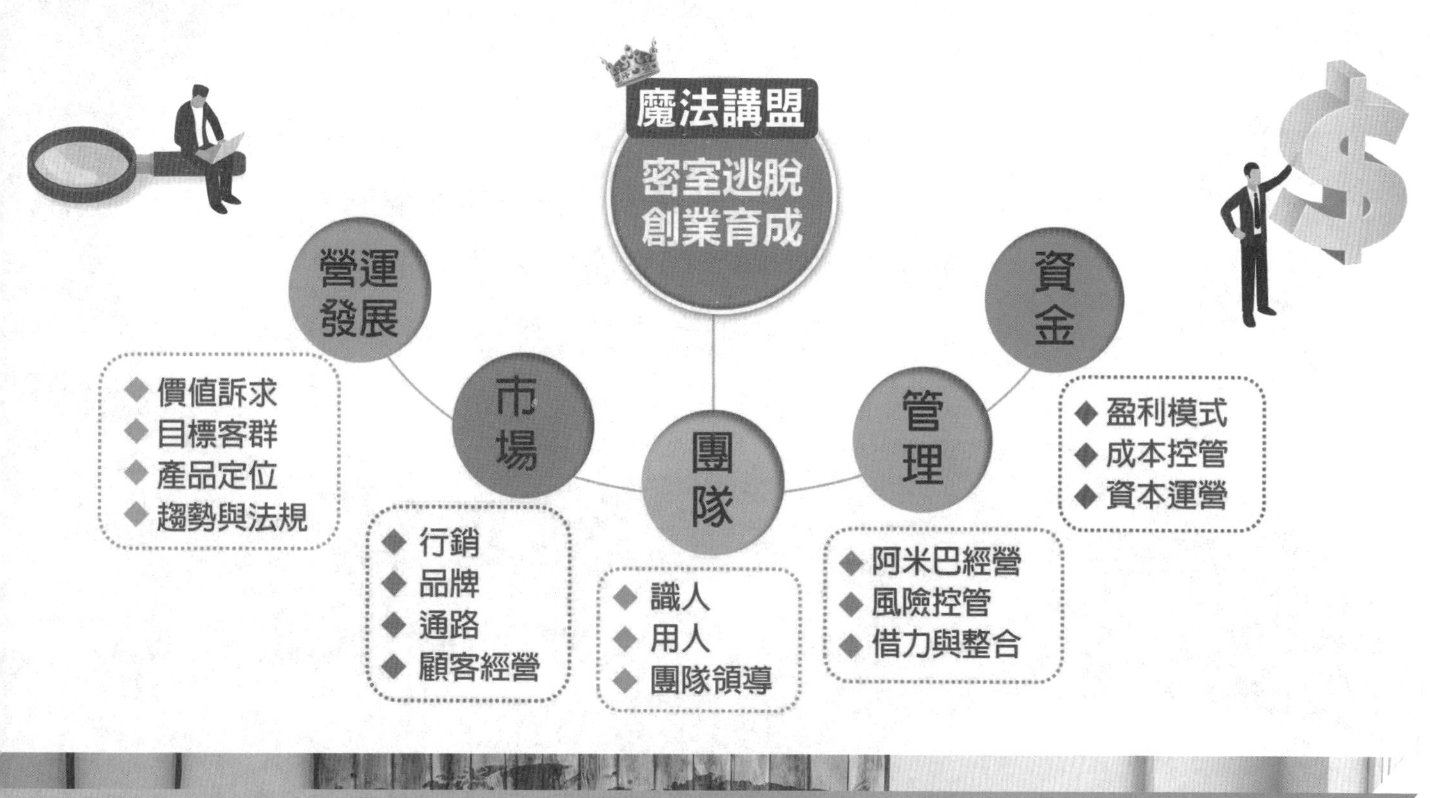

將帶給您保證有效的創業智慧與經驗，並結合歐美日中東盟……等最新趨勢、新知與必備知識，如最夯的「阿米巴」、「反脆弱」、OKR、跨界競爭、平台思維、新零售、全通路、系統複製、卡位與定位、社群化互聯網思維、沉沒成本、價格錨點、邊際成本、機會成本、USP → ESP → MSP、ROE、格雷欣法則、雷尼爾效應、波特．五力模型……等全方位、無死角的知識與架構我們已為您備妥！在名師指引下，手把手地帶領創業者們衝破創業枷鎖。

來參加密室逃脫創業培訓的學員，
保證提升您創業成功的機率增大數十倍以上！

Innovation & Startup
SEMINAR

你是否對創業有興趣，卻不知從何尋找資源？

醞釀許久的好點子，卻不知如何起步？

正在創業，卻面臨資金及人才的不足？

有明確的創業計劃，卻不知該如何行動？

別再盲目摸索了——

一年 Seminar 研究

二年 Startup 個別指導

三年保證創業成功賺大錢！

時間：★為期三年★

- 每月第三個星期二 15:00 起 ▶ 創業 Seminar
- 每月第三個星期四 15:00 起 ▶ 創業弟子密訓及接班人見習
- 每月第三個星期五晚 ▶〈一起創業吧〉

費用：★非會員價★280,000　★魔法弟子 & 百 W 股東★免費

上課地點

新北市中和區中山路二段 366 巷 10 號 3 樓　中和魔法教室

★★★ 弟子永續免費受訓！手把手一起創業賺大錢！保證成功！★★★

開課日期及詳細授課資訊，請掃描 QR Code 或撥打真人客服專線 02-8245-8318

亦可上新絲路官網 新・絲・路・網・路・書・店 silkbook○com www.silkbook.com 查詢

人人適用的成名之路：出書

當大部分的人都不認識你，不知道你是誰，他們要如何快速找到你、了解你、與你產生連結呢？試想以下的兩種情況：

- **不用汲汲營營登門拜訪，就有客戶來敲門，你覺得如何？**
- **有兩個業務員拜訪你，一個有出書，另一個沒有，請問你更相信誰？**

無論行銷任何產品或服務，當你被人們視為「專家」，就不再是「你找他人」，而是「他人主動找你」，想達成這個目標，關鍵就在「出一本書」。

透過「出書」，能迅速提升影響力，建立「專家形象」。在競爭激烈的現代，「出書」是建立「專家形象」的最快捷徑。

想成為某領域的權威或名人？出書就是正解！

體驗「名利雙收」的12大好處

暢銷書的魔法，絕不僅止於銷售量。當名字成為品牌，你就成為自己的最佳代言人；而書就是聚集粉絲的媒介，進而達成更多目標。當你出了一本書，隨之而來的，將是 12 個令人驚奇的轉變：

01 增強自信心

對每個人來說，看著自己的想法逐步變成一本書，能帶來莫大的成就感，進而變得更自信。

02 提高知名度與指名度

雖然你不一定能上電視、錄廣播、被雜誌採訪，但卻絕對能出一本書。出書，是提升知名度最有效的方式，出書 + 好行銷 = 知名度飆漲。

03 擴大企業影響力

一本宣傳企業理念、記述企業如何成長的書，是一種長期廣告，讀者能藉由內文，更了解企業，同時產生更高的共鳴感，有時比花錢打一個整版報紙或雜誌廣告的效果要好得多，同時也更能讓公司形象深入人心。

04 滿足內心的榮譽感

書，向來被視為特別的存在。一個人出了書，便會覺得自己完成了一項成就，有了尊嚴、光榮和地位。擁有一本屬於自己的書，是一種特別的享受。

05 讓事業直線上衝

出一本書，等於讓自己的事業得到認證，因此能讓求職更容易、升遷更快捷、加薪有籌碼。很多人在出書後，彷彿打開了人生勝利組的開關，人生和事業的發展立即達到新階段。出書所帶來的光環和輻射效應，不可小覷。

06 結識更多新朋友

在人際交往愈顯重要的今天，單薄的名片並不能保證對方會對你有印象；贈送一本自己的書，才能讓人眼前一亮，比任何東西要能讓別人記住自己。

07 讓他人刮目相看

把自己的書，送給朋友，能讓朋友感受到你對他們的重視；送給客戶，能贏得客戶的信賴，增加成交率；送給主管，能讓對方看見你的上進心；送給部屬，能讓他們更尊敬你；送給情人，能讓情人對你的專業感到驚艷。這就是書的魅力，能讓所有人眼睛為之一亮，如同一顆糖，送到哪裡就甜到哪裡。

08 塑造個人形象

出書，是自我包裝效率最高的方式，若想成為社會的精英、眾人眼中的專家，就讓書替你鍍上一層名為「作家」的黃金，它將持久又有效替你做宣傳。

09 啟發他人，廣為流傳

把你的人生感悟寫出來，不但能夠啟發當代人們，還可以流傳給後世。不分地位、成就，只要你的觀點很獨到，思想有價值，就能被後人永遠記得。

10 闢謠並訴說心聲

是否曾經對陌生人的中傷、身邊人的誤解，感到百口莫辯呢？又或者，你身處於小眾文化圈，而始終不被理解，並對這一切束手無策？這些其實都可以透過出版一本書糾正與解釋，你可以在書中盡情袒露心聲，彰顯個性。

11 倍增業績的祕訣

談生意，尤其是陌生開發時，遞上個人著作 & 名片，能讓客戶立刻對你刮目相看，在第一時間取得客戶的信任，成交率遠高於其他競爭者。

12 給人生的美好禮物

歲月如河，當你的形貌漸趨衰老、權力讓位、甚至連名氣都漸趨平淡時，你的書卻能為你留住人生最美好的的黃金年代，讓你時時回味。

魔法講盟 ▶ 出書出版班

書的面子與裡子，全部教給你！

★出版社不說的暢銷作家方程式★

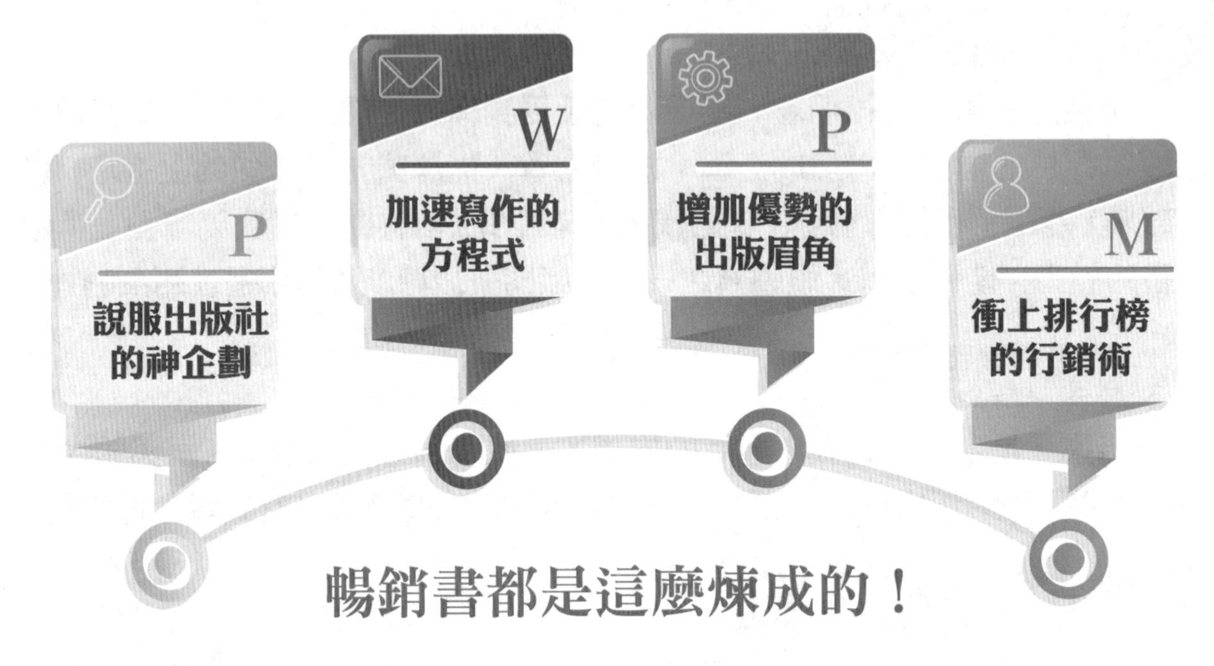

暢銷書都是這麼煉成的！

P PLANNING 企劃 好企劃是快速出書的捷徑！

投稿次數＝被退稿次數？對企劃毫無概念？別擔心，我們將在課堂上公開出版社的審稿重點。從零開始，教你神企劃的 NO.1 方程式，就算無腦套用，也能讓出版社眼睛為之一亮。

W WRITING 寫作 卡住只是因為還不知道怎麼寫！

動筆是完成一本書的必要條件，但寫作路上，總會遇到各種障礙，靈感失蹤、沒有時間、寫不出那麼多內容……在課堂上，我們教你主動創造靈感，幫助你把一個好主意寫成暢銷書。

P PUBLICATION 寫作 懂出版，溝通不再心好累！

為什麼某張照片不能用？為什麼這邊必須加字？我們教你出版眉角，讓你掌握出版社的想法，研擬最佳話術，讓出書一路無礙；還會介紹各種出版模式，剖析優缺點，選出最適合你的出版方式。

M MARKETING 行銷 100% 暢銷保證，從行銷下手！

書的出版並非結束，而是打造個人品牌的開始！資源不足？知名度不夠？別擔心，我們教你素人行銷招式，搭配魔法講盟的行銷活動與資源，讓你從第一本書開始，創造素人崛起的暢銷書傳奇故事。

魔法講盟出版班：優勢不怕比

	魔法講盟 出書出版班	普通寫作出書班
① 課程完整度	完整囊括 PWPM 勝	只談一小部分
② 講師專業度	各大出版社社長 	不一定是業界人士
③ 課堂互動	理論教學＋分組實作 	只講完理論就結束
④ 課後成果	有實際的 SOP 與材料 勝	聽完之後還是無從下手
⑤ 學員指導程度	多位社長分別輔導 勝	一位講師難以照顧學生
⑥ 上完課是否能直接出書	• 是出版社，直接談出書  • 出版模式最多元，保證出書	上課歸上課，要出書還是必須自己找出版社

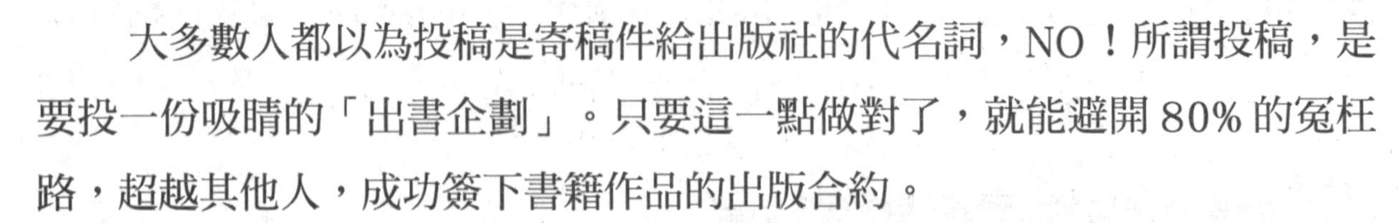

大多數人都以為投稿是寄稿件給出版社的代名詞，NO！所謂投稿，是要投一份吸睛的「出書企劃」。只要這一點做對了，就能避開 80% 的冤枉路，超越其他人，成功簽下書籍作品的出版合約。

企劃，就像是出版的火車頭，必須由火車頭帶領，整輛火車才會行駛。那麼，什麼樣的火車頭，是最受青睞的呢？要提案給出版社，最重要的就是讓出版社看出你這本書的「市場價值」。除了書的主題 & 大綱目錄之外，也千萬別忘了作者的自我推銷，比如現在很多網紅出書，憑藉的就是作者本身的號召力。

光憑一份神企劃，有時就能說服出版社與你簽約。先用企劃確定簽約關係後，接下來只需要將你的所知所學訴諸文字，並與編輯合作，就能輕鬆出版你的書，取得夢想中的斜槓身分 — 作家。

企劃這一步成功後，接下來就順水推舟，直到書出版的那一天。

關於 Planning，我們教你：

- 提案的方法，讓出版社樂意與你簽約。
- 具賣相的出書企劃包含哪些元素 & 如何寫出來。
- 如何建構作者履歷，讓菜鳥寫手變身超新星作家。
- 如何鎖定最夯議題 or 具市場性的寫作題材。
- 吸睛、有爆點的文案，到底是如何寫出來的。
- 如何設計一本書的架構，並擬出目錄。
- 投稿時，如何選擇適合自己的出版社。
- 被退稿或石沉大海的企劃，要如何修改。

魔法講盟 ▶ 出書出版班

Writing 菜鳥也上手的寫作

寫作沒有絕對的公式，平凡、踏實的口吻容易理解，進而達到「廣而佈之」的效果；匠氣的文筆則能讓讀者耳目一新，所以，寫書不需要資格，所有的名作家，都是從素人寫作起家的。

雖然寫作是大家最容易想像的環節，但很多人在創作時還是感到負擔，不管是心態上的過不去（自我懷疑、完美主義等），還是技術面的難以克服（文筆、靈感消失等），我們都將在課堂上一一破解，教你加速寫作的方程式，輕鬆達標出書門檻的八萬字或十萬字。

課堂上，我們將邀請專業講師 & 暢銷書作家，分享他們從無到有的寫書方式。本著「絕對有結果」的精神，我們只教真正可行的寫作方法，如果你對動輒幾萬字的內文感到茫然，或者想要獲得出版社的專業建議，都強烈推薦大家來課堂上與我們討論。

學會寫作方式，就能無限複製，創造一本接著一本的暢銷書。

關於 Writing，我們教你：

- 了解自己是什麼類型的作家 & 找出寫作優勢。
- 巧妙運用蒐集力或 ghost writer，借他人之力完成內文。
- 運用現代科技，讓寫作過程更輕鬆無礙。
- 經驗值為零的素人作家如何寫出第一本書。
- 有經驗的寫作者如何省時又省力地持續創作。
- 如何刺激靈感，文思泉湧地寫下去。
- 完成初稿之後，如何有效率地改稿，充實內文。

Publication 懂出版的作家更有利

完成書的稿件，還只是開端，要將電腦或紙本的稿件變成書，需要同時藉助作者與編輯的力量，才有可看的內涵與吸睛的外貌，不管是封面設計、內文排版、用色學問，種種的一切都能影響暢銷與否；掌握這些眉角，就能斬除因不懂而產生的誤解，提升與出版社的溝通效率。

另一方面，現在的多元出版模式，更是作家們不可不知的內容。大多數人一談到出書，就只想到最傳統的紙本出版，如果被退稿，就沒有其他辦法可想；但隨著日新月異的科技，我們其實有更多出版模式可選。你可以選擇自資直達出書目標，也可以轉向電子書，提升作品傳播的速度。

條條道路皆可圓夢，想認識各個方案的優缺點嗎？歡迎大家來課堂上深入了解。你會發現，自資出版與電子書沒有想像中複雜，有時候，你與夢想的距離，只差在「懂不懂」而已。

出版模式沒有絕對的好壞，跟著我們一起學習，找出最適解。

關於 Publication，我們教你：

- 依據市場品味，找到兼具時尚與賣相的設計。
- 基礎編務概念，與編輯不再雞同鴨講。
- 身為作者必須了解的著作權注意事項。
- 電子書的出版型態、製作方式、上架方法。
- 自資出版的真實樣貌 & 各種優惠方案的諮詢。
- 取得出版補助的方法 & 眾籌出書，大幅減低負擔。

魔法講盟 ▶ 出書出版班

Marketing 行銷布局，打造暢銷書

一路堅持，終於出版了你自己的書，接下來，就到了讓它大放異彩的時刻了！如果你還以為所謂的書籍行銷，只是配合新書發表會露個臉，或舉辦簽書會、搭配書店促銷活動，就太跟不上二十一世紀的暢銷公式了。

要讓一本書有效曝光，讓它在發行後維持市場熱度、甚至加溫，刷新你的銷售紀錄，靠的其實是行銷布局。這分成「出書前的布局」與「出書後的行銷」。大眾對於銷售的印象，90% 都落在「出書後的行銷」（新書發表會、簽書會等），但許多暢銷書作家，往往都在「布局」這塊下足了功夫。

事前做好規劃，取得優勢，再加上出版社的推廣，就算是素人，也能秒殺各大排行榜，現在，你可不只是一本書的作者，而是人氣暢銷作家了！

好書不保證大賣，但有行銷布局的書一定會好賣！

關於 Marketing，我們教你：

- 新書衝上排行榜的原因分析 & 實務操作的祕訣。
- 善用自媒體 & 其他資源，建立有效的曝光策略。
- 素人與有經驗的作家皆可行的出書布局。
- 成為自己的最佳業務員，延續書籍的熱賣度。
- 如何善用書腰、贈品等周邊，行銷自己的書。
- 網路 & 實體行銷的互相搭配，創造不敗攻略。
- 推廣品牌 & 服務，讓書成為陌生開發的利器。

掌握出版新趨勢，保證有結果！

在現今愈來愈多元的出版模式下，你只知道一種出書方式嗎？魔法講盟的出版班除了傳授傳統投稿的撇步，還會介紹出版新趨勢——自資出版與電子書。更重要的是，我們不僅上課，還提供最完整的出版服務 & 行銷資源，成果看得見！

一、傳統投稿出版：理論 & 實作的 NO.1 選擇

魔法講盟出版班的講師，包括各大出版社的社長，因此，我們將以業界的專業角度 & 經驗，100% 解密被退稿或石沉大海的理由，教你真正能打動出版社的策略。

除了 PWPM 的理論之外，我們還會以小組方式，針對每個人的選題 & 內容，悉心個別指導，手把手教學，親自帶你將出書夢化為暢銷書的現實。

二、自資出版： 最完整的自資一條龍服務

不管你對自資出版有何疑惑，在課堂上都能得到解答！不僅如此，我們擁有全國最完整的自費出版服務，不僅能為您量身打造自助出版方案、替您執行編務流程，還能在書發行後，搭配行銷活動，將您的書廣發通路、累積知名度。

別讓你的創作熱情，被退稿澆熄，我們教你用自資管道，讓出版社後悔打槍你，創造一人獨享的暢銷方程式。

三、電子書： 從製作到上架的完整教學

隨著科技發展，每個世代的閱讀習慣也不斷更新。不要讓知識停留在紙本出版，但也別以為電子書是萬靈丹。在課堂上，我們會告訴你電子書的真正樣貌，什麼樣的人適合出電子書？電子書能解決 & 不能解決的面向為何？深度剖析，創造最大的出版效益。

此外，電子書的實際操作也是課程重點，我們會講解電子書的製作方式與上架流程，只要跟著步驟，就能輕鬆出版電子書，讓你的想法能與全世界溝通。

紙電皆備的出版選擇，圓夢最佳捷徑！

原來你參加的讀書會都是假的!?

在這個訊息爆炸，人們的吸收能力遠不及知識產生速度的年代，你是否苦於書海浩瀚如煙，常常不知從哪裡入手？王晴天大師以其三十年的人生體驗與感悟，帶您一次讀通、讀透上千本書籍，透過「真永是真·真讀書會」解決您「沒時間讀書」、「讀完就忘」、「抓不到重點」的困擾。在大師的引導下，上千本書的知識點全都融入到每一場演講裡，讓您不僅能「獲取知識」，更「引發思考」，進而「做出改變」；如果您想體驗有別於導讀會形式的讀書會，歡迎來參加 20 年共 900 場**「真永是真·真讀書會」**，真智慧也！

真永是真，讓您獲得不斷前進的原動力，

找到人生的方向並建構卍型人生！

魔法講盟

02 區塊鏈講師班

區塊鏈為史上最新興的產業，對於講師的需求量目前是很大的，加上區塊鏈賦能傳統企業的案例隨著新冠肺炎疫情而爆增，對於區塊鏈培訓相關的講師需求大增。魔法講盟擁有兩岸培訓市場，對於大陸區塊鏈的市場更是無法想像的大，只要你擁有區塊鏈相關證照及專業，魔法講盟將提供你國際講師舞台，讓你區塊鏈講師的專業發光發熱，更有實質可觀的收入。

03 區塊鏈技術班

目前擁有區塊鏈開發技術的專業人員，平均年薪都破百萬，在中國許多企業更高達兩三百萬台幣的年薪，目前全世界發展區塊鏈最火的就是中國大陸了，區塊鏈專利最多的國家也是中國，魔法講盟與中國火鏈科技合作，特聘中國前騰訊的技術人員來授課，將打造您成為區塊鏈程式開發的專業人才，讓你在市場上擁有絕對超強的競爭力。

04 區塊鏈顧問班

區塊鏈賦能傳統企業目前已經有許多成功的案例，目前最缺乏的就是導入區塊鏈前後時的顧問！顧問是一個職稱，對某些範疇知識有專業程度的認識，他們可以提供顧問服務，例如法律顧問、政治顧問、投資顧問、國策顧問、地產顧問等。魔法講盟即可培養您成為區塊鏈顧問。

05 數字資產規畫班

世界目前因應老年化的到來，資產配置規劃尤為重要，傳統的規劃都必須有沉重的稅賦問題，工欲善其事，必先利其器，由於數字貨幣世代的到來，透過數字貨幣規劃將資產安全、免稅（目前）、便利的將資產轉移至下一代或他處將是未來趨勢。

學習領航家——新絲路視頻

讓您一饗知識盛宴，偷學大師真本事！

活在知識爆炸的 21 世紀，您要如何分辨看到的是落地資訊還是忽悠言詞？
成功者又是如何在有限時間內，從龐雜的資訊中獲取最有用的智慧？
巨量的訊息，帶來新的難題，新絲路視頻讓您睜大雙眼，
從另一個角度重新理解世界，看清所有事情的真相，
培養視野、養成觀點！

想做個聰明的閱聽人，您必須懂得善用新媒體，不斷地學習。**新絲路視頻** 便提供閱聽者一個更有效的吸收知識方式，讓想上進、想擴充新知的你，在短短 30 ～ 90 分鐘的時間內，便能吸收最優質、充滿知性與理性的內容（知識膠囊），快速習得大師的智慧精華，讓您閒暇的時間也能很知性！

師法大師的思維，長知識、不費力！

新絲路視頻 重磅邀請台灣最有學識的出版之神——王晴天博士主講，有料會寫又能說的王博士憑著扎實學識，被喻為台版「羅輯思維」，他不僅是天資聰穎的開創者，同時也是勤學不倦，孜孜矻矻的實踐家，再忙碌，每天必撥時間學習進修。他根本就是終身學習的終極解決方案！

在 **新絲路視頻** ，您可以透過**「歷史真相系列 1 ～」**、**「說書系列 2 ～」**、**「文化傳承與文明之光 3 ～」**、**「寰宇時空史地 4 ～」**、**「改變人生的 10 個方法 5 ～」**、**「真永是真真讀書會 6 ～」**一同與王博士探討古今中外歷史、文化及財經商業等議題，有別於傳統主流的思考觀點，不只長知識，更讓您的智慧升級，不再人云亦云。

新絲路視頻 於 YouTube 及兩岸的視頻網站、各大部落格及土豆、騰訊、網路電台……等皆有發布，邀請您一同成為知識的渴求者，跟著 **新絲路視頻** 偷學大師的成功真經，開闊新視野、拓展新思路、汲取新知識。

www.silkbook.com 新・絲・路・網・路・書・店 silkbook ○ com

華文版 Business & You 完整 15 日絕頂課程

從內到外，徹底改變您的一切！

以大自然為背景，一群人、一個項目、一條心、一塊兒拼、然後一起贏！古有〈華山論劍〉，今有〈BU 齊心論劍〉，「齊心」的前提是互相認識，大家充份了解，彼此會心理解，擰成一股繩兒，一條鞭是也！

1 日 齊心論劍班

以《BU 藍皮書》《覺醒時刻》為教材，採用 NLP 科學式激勵法，激發潛意識與左右腦併用，BU 獨創的創富成功方程式，可同時完成內在與外在的富足，含章行文內外兼備是也！

2 日 成功激勵班

以《BU 紅皮書》與《BU 綠皮書》兩大經典為本，保證教會您成功創業、財務自由之外，也將提升您的人生境界，達到真正快樂的人生目的。並藉遊戲式教學，讓您了解 DISC 性格密碼，對組建團隊與人脈之開拓能力均可大幅提升。

3 日 快樂創業班

以《BU 黑皮書》超級經典為本，手把手教您眾籌與商業模式之 T&M，輔以無敵談判術，完成系統化的被動收入模式，由 E 與 S 象限，進化到 B 與 I 象限，達到真正的財富自由！

E B
S I

4 日 OPM 眾籌談判班

以史上最強的
棕皮書》為主
教會學員絕對
的祕密與終極
之技巧，並整
全球行銷大師
密技與 642 系
專題研究，堪
前地表上最強
銷培訓課程。

接 建 初 進

5 日市場
行銷專

以上 1+2+3+4+5 共 15 日 BU 完整課程，

整合全球培訓界主流的二大系統及參加培訓者的三大目的：

成功激勵學 × 落地實戰能力 × 借力高端人脈

建構自己的魚池，讓您徹底了解《借力與整合的秘密》

以上課程報名，請上 新絲路網路書店 silkbook.com 新絲路 www.silkbook.com

全球華
魔法講
Magic

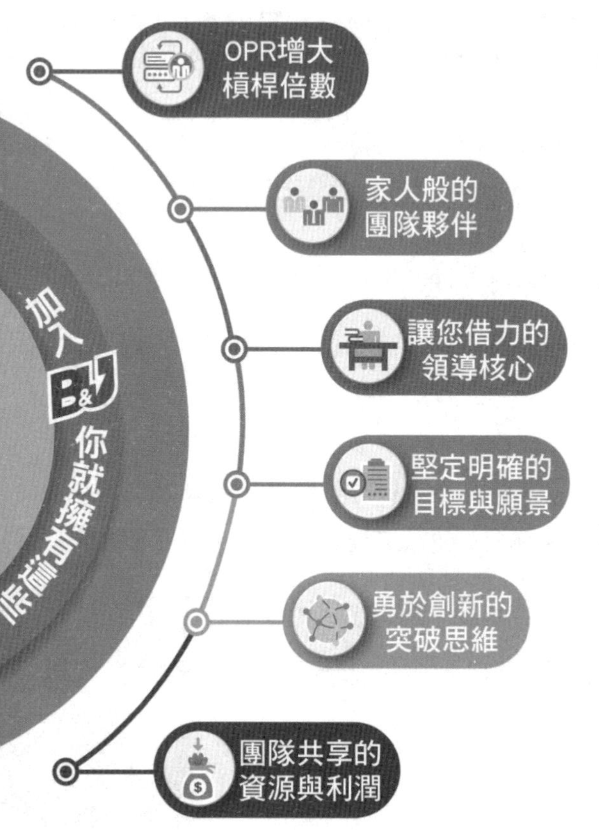

★Business&You完整15天養成班，課程內容豐富且多元，異地複訓，藉「借力」結識高端人脈！

★模式化運作的全球菁英642系統，保證讓您脫胎換骨！魔法眾籌可助您短期內財務自由！

★與志同道合的夥伴培養出革命情感，凝聚成一股強大的力量，形成堅不可摧的高端核心圈，課後各自輻射狀向外拓展，組建萬人團隊，共創事業巔峰！

★路其實是別人走出來的，OPT、OPM……，運用貴人之力，共創雙贏共好！

加入B&U助您找到神一般的隊友，讓更多人為您賣命，打造完美班底，發揮團隊綜效，建構最完整的商業模式。

成功激勵·專業能力·高端人脈·一石三鳥的落地課程！

開啟您高端人生的密碼!! ▶▶▶

課程詳情·報名·開課日期請上魔法講盟官網查詢

全球華語魔法講盟

Magic https://www.silkbook.com/magic/ 新絲路網路書店 silkbook.com

博覽人類經典書
珍藏永恆智慧庫

福爾摩斯經典全集 上下

享譽百年的偵探典型，
一生不可不讀的推理鉅作

亞瑟．柯南．道爾 / 原著
丁凱特 / 譯者
定價上冊 399 元 / 下冊 420 元

亞森．羅蘋經典探案集 上下

引領預告犯罪之風潮，
史上歷久不衰的紳士怪盜

莫里斯 ． 盧布朗 / 原著
楊爍 / 譯者
定價上冊 420 元 / 下冊 420 元

和古人輕鬆對話，穿越古今無代溝

成語好好讀之春秋戰國

國學大師 郭建球/編著

定價 380元

46篇兵荒馬亂的左傳記事×29則動盪變革的戰國篇章
在春秋戰國的戰亂舞台上，無數英雄豪傑崛起、敗亡，
交織出一幕又一幕驚心動魄的歷史。

唐詩好好讀

清代 蘅塘退士/原著、詩詞專家 丁朝陽/編著

定價 420元

311首千古冠絕的唐詩×77位驚才絕艷的詩人
帶你一窺大唐的盛世風華，
品讀悲歡離合的人生滋味。

世說新語好好讀

魏晉的軼聞趣事

南朝宋 劉義慶/原著、史學專家 謝哲夫/編著

定價 380元

領略世家大族日常中的縱情瀟灑，
帶你一本看盡魏晉時期的政治社會和人文縮影。

典藏閣

與您一同贏戰各種升學考試！

專業出版團隊＋補教頂尖師資

日常實力累積密技・考前衝刺制勝關鍵！

升大學學科能力測驗

解題王

歷屆試題精要解析

- 學測所有考科一應俱全。
- 名師傾囊相授，觀念鞏固，直搗答題關鍵！

SUPER BRAIN

學霸 超強筆記

（108課綱）

搞定你的各科弱點

- 掌握考點 ➡ 突破重點 ➡ 征服難點
- 神奇紅色記憶板讓學習更有效率！

全國各大書局熱力銷售中

新絲路網路書店 www.silkbook.com

華文網網路書店 www.book4u.com.tw

終身不停學
線上課程
魔法講盟
LEARNING—2

零成本完售自己的電子書

成為雲端宅作家，開啟人生新外掛

課程講師：范心瑜、王晴天　課程時間：200 分鐘

出一本書可以傳播你心中的理念，將你的想法讓全世界的人都聽見。

出一本書可以幫助你推廣自己，讓自己成為最具有價值的 IP 品牌，成功賺大錢。

出一本書可以一圓你心中的作家夢，讓你在人生的這場馬拉松達成最重要的里程碑。

線上買起來

為你的斜槓履歷中，加一個作家頭銜！

將從最簡單的平台分析，到如何申請亞馬遜 KDP 平台帳號；

從上架一本電子書的詳細流程，到如何製作專屬於自己的書籍封面；

從面向全球讀者的亞馬遜 KDP 平台，到針對華人市場的 Readmoo、Pubu 平台。

我們將用最簡單的步驟，幫助初學者的你上架屬於你自己的第一本電子書！

特色1

▶ 零成本從製作到完售自己的電子書

最適合你的小資斜槓副業，從製作到銷售完全零成本，打造專屬於你的第一本電子書。

特色2

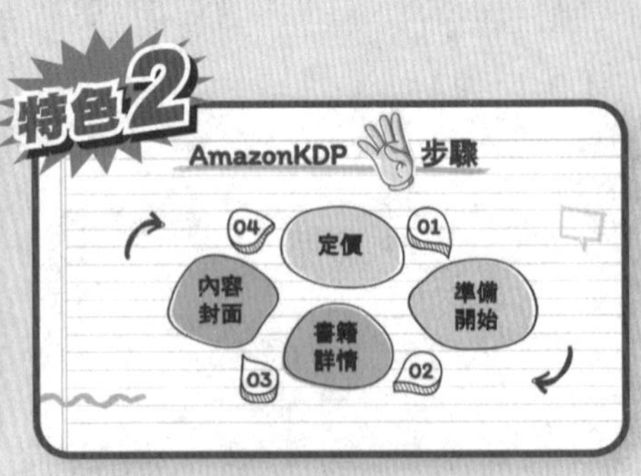

▶ 完整實際操作畫面✕講師真人 PPT 解說

各大電子書平台上架流程，實際操作給你看，只要跟著做就可以成功上架屬於你的電子書。

特色3

▶ 超簡單步驟，最完整課程

從零開始布局並製作電子書，到完成後的自助行銷工具，用最簡單的步驟給你最完整的線上課程。

報名請上 新絲路網路書店 silkbook ○ com 查詢，或電洽真人客服專線 (02) 8245-8318

魔法講盟
終身不停學
線上課程
LEARNING 4.5

保證出書

PWPM
暢銷書出版黃金公式

實體課程

線上課程

COUPON優惠券免費大方送！

The Asia's Eight Super Mentors

2022 亞洲八大名師高峰會

創業培訓高峰會
人生由此開始改變

邀請您一同跨界創富，一樣在賺錢，您卻能比別人更富有！

地點 新店台北矽谷（新北市新店區北新路三段223號 大坪林站）

時間 2022年**6/18**、**6/19**，每日上午9:00到下午6:00

1. 憑本票券可直接免費入座6/18、6/19兩日核心課程一般席，或加價千元入座VIP席，領取貴賓級五萬元贈品！
2. 若因故未能出席，仍可持本票券於2023、2024年任一八大盛會使用。歡迎每年參加，與各領域大咖交流。

憑本券 **免費入場**

原價：~~49,800~~ 元

推廣特價：~~19,800~~ 元

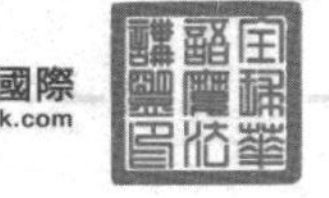

更多詳細資訊請洽 (02) 8245-8318 或上官網新絲路網路書店 silkbook.com www.silkbook.com 查詢

2022 世界華人八大明師

創富諮詢｜創富圓夢｜創富育成

讓您組織倍增、財富倍增，產生指數型複利魔法，創富成癮！

地點 新店台北矽谷（新北市新店區北新路三段223號 大坪林站）

時間 2022年**7/23**、**7/24**，每日上午9:00到下午6:00

- 憑本票券可直接免費入座7/23、7/24兩日核心課程一般席，或加價千元入座VIP席，領取貴賓級八萬元贈品！
- 若因故未能出席，仍可持本票券於2023、2024年任一八大盛會使用，敬請踴躍參加，一同打開財富之門。

原價：~~49,800~~ 元　推廣特價：~~19,800~~ 元　憑本券 **免費入場**

更多詳細資訊請洽（02）8245-8318 或上官網 silkbook.com www.silkbook.com 查詢

COUPON優惠券免費大方送！

國家圖書館出版品預行編目資料

銷魂文案 / 王晴天 , 陳威樺著 .-- 新北市：
創見文化出版 , 采舍國際有限公司發行 ,
民 111.01　面 ; 公分
ISBN 978-986-97636-6-0（平裝）

1. 廣告文案 2. 廣告寫作

497.5　　110007222

銷魂文案：

打造變現力 No.1 的超給力文案生成器

作者／王晴天、陳威樺
出版者／魔法講盟 委託創見文化出版發行
總顧問／ Jacky
總編輯／歐綾纖
副總編輯／陳雅貞
責任編輯／ Yoonee
特約編輯／ Dorae
美術設計／陳君鳳
內文排版／王芋崴

郵撥帳號／ 50017206 采舍國際有限公司（郵撥購買，請另付一成郵資）
台灣出版中心／新北市中和區中山路 2 段 366 巷 10 號 10 樓
電話／（02）2248-7896
傳真／（02）2248-7758
ISBN ／ 978-986-97636-6-0
出版日期／ 2022 年 1 月初版二刷

全球華文市場總代理／采舍國際有限公司
地址／新北市中和區中山路 2 段 366 巷 10 號 3 樓
電話／（02）8245-8786
傳真／（02）8245-8718

全系列書系特約展示門市
新絲路網路書店
地址／新北市中和區中山路 2 段 366 巷 10 號 10 樓
電話／（02）8245-9896
網址／ www.silkbook.com

本書於兩岸之行銷（營銷）活動悉由采舍國際公司圖書行銷部規畫執行。